高等学校土木工程学科专业指导委员会规划教材

高等学校土木工程本科指导性专业规范配套系列教材

总主编 何若全

土力学与基础工程（第5版）

TULIXUE YU
JICHU GONGCHENG

主　编　代国忠　李鹏波
副主编　史贵才　吴晓枫
参　编　鲁良辉　顾欢达

U0281859

重庆大学出版社

内 容 提 要

本书是根据新的《高等学校土木工程本科指导性专业规范》编写的土木工程专业系列教材之一,较系统地介绍了土力学与基础工程的基本理论知识、分析计算方法及在工程实践中的应用等。本书体现了土力学与基础工程的有机结合,强调了"土力学"是"基础工程"设计和应用的理论基础。全书共分为12章,除绪论外,内容包括:土的结构组成与物理性质、土体中的应力计算、土的压缩性与地基沉降计算、土的抗剪强度及土压力、地基承载力及土坡稳定性、浅基础及挡土墙、桩基础、基坑工程、沉井基础与地下连续墙、地基处理技术、特殊土地基。本书密切结合土木工程本科人才培养目标和要求,突出实用性和综合应用性,各章内容由浅入深、概念清楚、层次分明、重点突出,涉及基础工程设计部分均依照我国现行规范进行编写,主要章节附有综合性设计计算实例及习题。

本书主要作为普通高等学校土木工程专业本科的教学用书,亦可供其他专业师生及工程技术人员参考使用。

图书在版编目(CIP)数据

土力学与基础工程 / 代国忠,李鹏波主编. -- 5 版
. -- 重庆:重庆大学出版社,2021.8(2024.1 重印)
高等学校土木工程本科指导性专业规范配套系列教材
ISBN 978-7-5624-6086-2

①土… Ⅱ.①代… ②李… Ⅲ.①土力学—高等
学校—教材②基础(工程)—高等学校—教材 Ⅳ.①TU4
中国版本图书馆 CIP 数据核字(2021)第 150157 号

高等学校土木工程本科指导性专业规范配套系列教材

土力学与基础工程
(第5版)

主 编 代国忠 李鹏波
副主编 史贵才 吴晓枫
责任编辑:林青山 版式设计:莫 西
责任校对:夏 宇 责任印制:赵 晟

*

重庆大学出版社出版发行
出版人:陈晓阳
社址:重庆市沙坪坝区大学城西路 21 号
邮编:401331
电话:(023) 88617190 88617185(中小学)
传真:(023) 88617186 88617166
网址:http://www.cqup.com.cn
邮箱:fxk@cqup.com.cn(营销中心)
全国新华书店经销
重庆华林天美印务有限公司印刷

*

开本:889mm×1194mm 1/16 印张:26 字数:771 千
2011 年 8 月第 1 版 2021 年 8 月第 5 版 2024 年 1 月第 13 次印刷
印数:28 001—30 000
ISBN 978-7-5624-6086-2 定价:69.00 元

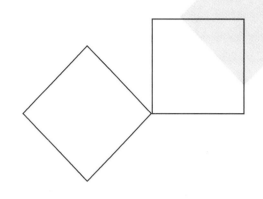

编委会名单

总 主 编： 何若全

副总主编： 杜彦良　　邹超英　　桂国庆　　刘汉龙

编　　委（以姓氏笔画为序）：

总　序

　　进入 21 世纪的第二个十年,土木工程专业教育的背景发生了很大的变化。"国家中长期教育改革和发展规划纲要"正式启动,中国工程院和国家教育部倡导的"卓越工程师教育培养计划"开始实施,这些都为高等工程教育的改革指明了方向。截至 2010 年底,我国已有 300 多所大学开设土木工程专业,在校生达 30 多万人,这无疑是世界上该专业在校大学生最多的国家。如何培养面向产业、面向世界、面向未来的合格工程师,是土木工程界一直在思考的问题。

　　由住房和城乡建设部土建学科教学指导委员会下达的重点课题"高等学校土木工程本科指导性专业规范"的研制,是落实国家工程教育改革战略的一次尝试。"专业规范"为土木工程本科教育提供了一个重要的指导性文件。

　　由"高等学校土木工程本科指导性专业规范"研制项目负责人何若全教授担任总主编,重庆大学出版社出版的《高等学校土木工程本科指导性专业规范配套系列教材》力求体现"专业规范"的原则和主要精神,按照土木工程专业本科期间有关知识、能力、素质的要求设计了各教材的内容,同时对大学生增强工程意识、提高实践能力和培养创新精神做了许多有意义的尝试。这套教材的主要特色体现在以下方面:

　　(1)系列教材的内容覆盖了"专业规范"要求的所有核心知识点,并且教材之间尽量避免了知识的重复;

　　(2)系列教材更加贴近工程实际,满足培养应用型人才对知识和动手能力的要求,符合工程教育改革的方向;

　　(3)教材主编们大多具有较为丰富的工程实践能力,他们力图通过教材这个重要手段实现"基于问题、基于项目、基于案例"的研究型学习方式。

　　据悉,本系列教材编委会的部分成员参加了"专业规范"的研究工作,而大部分成员曾为"专业规范"的研制提供了丰富的背景资料。我相信,这套教材的出版将为"专业规范"的推广实施,为土木工程教育事业的健康发展起到积极的作用!

中国工程院院士　哈尔滨工业大学教授

沈世钊

前　言

（第 5 版）

　　本书自 2011 年 8 月出版以来，被国内很多高校选为土木工程（或城市地下空间工程）本科专业教学用书，深受广大教师和学生欢迎，并得到工程技术人员的好评。为紧跟当代土木工程行业发展的步伐，满足广大读者的使用要求，本书再次进行了修订。第 5 版基本保持了原作的风格与特点，依然根据新的《高等学校土木工程指导性专业规范》编写，并融入了"立德树人"的有关要求。

　　本书较系统地介绍了土力学与基础工程的基本理论知识、分析计算方法及在工程实践中的应用等，体现了土力学和基础工程的有机结合，并强调了"土力学"是"基础工程"设计和应用理论基础及其在工程设计的作用。

　　本书土力学部分各章内容结构布局合理，既兼顾传统理论，又有创新突破，如增加了土的渗透性和渗透问题。基础工程部分着重对基坑工程、地基处理、特殊土地基等部分内容进行修订。各章内容充实，有一定深度和广度。浅基础、挡土墙、桩基础、基坑工程等章有综合性设计计算实例，可通过教与学实现基础工程设计能力和应用能力的提高。

　　教材各章内容力求实现与建筑桩基技术规范、岩土工程勘察规范、建筑地基基础设计规范、建筑地基处理技术规范、建筑基桩检测技术规范、建筑抗震设计规范、建筑基坑支护技术规程、公路桥涵地基及基础设计规范、湿陷性黄土地区建筑标准等各类现行技术规范或规程的深入融合，以指导工程设计与施工。

　　本书力求内容充实、概念清楚、层次分明、覆盖面广、重点突出。本书主要作为普通高等学校土木工程（或城市地下空间工程）本科专业的教学用书，并可作为地基基础课程设计的参考资料；亦可供其他相近专业师生及工程技术人员参考使用。

　　本书第 5 版由常州工学院代国忠教授、李鹏波博士担任主编。全书由代国忠教授制定编写大纲，并编写第 1,3,4,8,9 章；常州工学院李鹏波博士编写第 2,10,11,12 章；史贵才教授编写第 5,6 章，吴晓枫副教授编写第 7 章，鲁良辉副教授参与了第 8,9 章的编写；苏州科技大学顾欢达教授参与了第 4,10 章的编写。全书由代国忠教授负责统稿。

　　限于编者理论水平，书中错误或不当之处在所难免，恳请读者批评指正。

编　者

2021 年 4 月

目　录

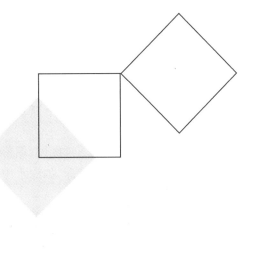

1 绪　论

1.1　土力学、地基及基础的基本概念

1)土力学

　　土木工程中遇到的各种与土有关的问题,归纳起来可以分为三类:作为建筑物(房屋、桥梁、道路、水工结构等)地基的土,作为建筑材料(路基材料、土坝材料)的土和作为建筑物周围介质或环境(隧道、挡土墙、地下建筑、滑坡问题等)的土。不管哪一类情况,工程技术人员最关心的是土的力学性质,即在静、动荷载作用下土的强度和变形特性,以及这些特性随时间变化、应力历史和环境条件改变而变化的规律。

　　土力学(Soil Mechanics)是利用力学的一般原理,研究地表土的物理、力学特性及其受力后强度和体积变化规律的学科。实际上,土力学就是以力学为基础,研究土的渗流、变形和强度特性,并据此进行土体的变形和稳定性计算的一门学科。

　　土力学的研究对象是碎散材料的土,是一种天然的三相碎散堆积物。而与土力学相近的理论力学的研究对象是质点或刚体,材料力学的研究对象是单个弹性杆件(杆、轴、梁),结构力学的研究对象是若干弹性杆件组成的杆件结构,弹性力学的研究对象是弹性实体结构或板壳结构,水力学的研究对象是不可压缩的连续流体(水)。它们的研究对象都是连续固体或连续流体。

　　在与生产实践的结合过程中,又产生了土力学的许多分支,例如土动力学、计算土力学、实验土力学、非饱和土力学、冻土力学、环境土力学、海洋土力学、月球土力学等,对区域性土和特殊类土(例如湿陷性黄土、红黏土、胀缩土、软土、盐碱土、污染土、工业废料等)的研究也在不断深入。由于土是一种很特殊的材料,在学习土力学时特别要注意区别土与其他材料的特性。

2)地基与基础

　　一般来说,工业与民用建筑、高层建筑、桥梁建筑等各类建筑物均由上部结构与地下基础两大部分组成。通常以室外地面整平标高(或河床最大冲刷线)为基准,基准线以上部分称之为上部结构,基准线以下部分称之为基础。有关地基与基础的概念如下:

　　(1)地基　地基是建筑物荷载作用下产生不可忽略的附加应力与变形的那部分地层。地基可分为天然地基和人工地基。不需要对地基进行处理就可以直接放置基础的天然土层称为天然地基;如天然地层土质过于软弱或有不良的工程地质问题,需要经过人工加固或处理后才能修筑基础的地基称之为人工地基(或称之为地基处理)。

　　(2)基础　基础是埋藏于地面下承受上部结构荷载,并将荷载传递给下卧层的人工构筑物。一般按基础的埋置深度,可分为浅基础和深基础两大类,但有时其界限不是很明显。

浅基础:埋深 $h \leqslant 5$ m,可用简便施工方法进行基坑开挖和排水的基础,如柱下独立基础(钢筋混凝土扩展基础)、条形基础(毛石或素混凝土基础)、筏板基础、交叉梁基础。

深基础:埋深 $h > 5$ m,需用专门施工方法建造的基础,如桩基、沉井、地下连续墙、箱形基础、较深的筏板基础等。某些基础工程,在土层内深度虽较浅($h \leqslant 5$ m),但在水下部分较深,如深水中的桥墩基础,亦可按深基础进行设计。

(3)基础工程　基础工程是基础的设计与施工工作,以及有关的工程地质勘察,基础施工所需基坑的开挖、支护、降水和地基加固工作的总称。

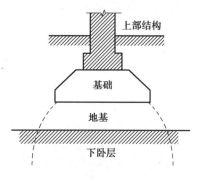

图 1.1　基础与地基示意图

如图 1.1 所示,建筑物的上部结构荷载通过基础传至地层中,使其产生附加应力和变形。若将地层看作是一个半无限空间体,地层中附加应力向四周深部扩散,并迅速减弱,当传到某一深度后,上部结构荷载引起的附加应力与变形已甚小,对工程实际的影响可忽略。故一般将基础底部标高至该深度范围内的地层统称为建筑物的地基。对地基承载力和变形起主要作用的地层称之为地基主要受力层(简称为地基受力层)。在地基受力层范围内,又将基础底面处的地层称之为持力层,持力层下的地层称之为下卧层,而强度明显低于持力层的下卧层则称之为软弱下卧层。

(4)基础的功能　通过以上分析,可总结出基础的主要功能有:

①扩散压力。当地基土的承载力较低时,采用锥形或板式的基础,扩大基础的底面积,可将基础所承受的较大荷载扩散为较低的压力。

②传递压力。当上部地层较差时,采用深基础(桩基、墩基、地下连续墙、沉井等)将荷载传递到深部较好的地层(岩层或砂卵石层)。

③调整地基变形。利用厚筏、箱形基础、群摩擦桩等基础所具有的刚度和上部结构共同作用,以调整地基的不均匀变形或不均匀沉降。

④抗滑或抗倾覆及减振。由于基础建造在地表以下较牢固的地基之上,因此对于其上部结构来说,均具有一定的抗滑或抗倾覆及减振的作用。

3)地基基础设计的基本要求

(1)地基的强度要求　地基要有足够的强度,在上部结构的荷载作用下,地基土不应发生剪切破坏或失稳。

(2)地基的变形要求　为确保建筑物的正常使用,地基不应产生过大的沉降或不均匀沉降。

(3)基础结构本身应有足够的强度和刚度　在地基反力作用下,建筑物基础不会产生过大的强度破坏,并具有改善沉降与不均匀沉降的能力。

1.2　土力学与基础工程的发展简史

土力学与基础工程包括土力学和基础工程两部分内容。土力学是基础,基础工程是土力学在土木工程中的具体应用,两者是密不可分的有机整体。

1)土力学的发展简史

18 世纪欧洲工业革命开启了土力学的理论研究。法国的库仑(C.A.Coulomb,1773)根据试验创立了著名的砂土抗剪强度公式,提出了计算挡土墙土压力的滑楔理论,这一理论被认为是土力学的开始。法国的达西(H.Darcy,1856)根据对两种均匀砂土渗透试验结果提出了渗透定律。英国的朗肯(W.J.M.Rankine,1857)发表了土压力塑性平衡理论,与库仑理论共同形成了古典土压力理论,这对后来土体强度理论的发展起了很大作用。法国的布辛奈斯克(J.Boussinesq,1885)提出了半无限空间弹性体中应力分布计算公式,成为计算地基中应力的主要方法,如今这一理论仍在土力学有关课题中广泛使用。

20世纪初开始,因出现了铁路塌方、地基失稳、差异沉降过大、滑坡等一些重大的工程事故,对地基问题提出了新的要求,从而推动了土力学的研究,使土力学理论得到了迅速发展,发表了许多有关理论和著作。如:由瑞典的彼德森(K.E.Peterson,1916)提出,以后又由费伦纽斯(W.Fellenius,1936)及美国的泰勒(D.W.Taylor,1937)等进一步发展的土坡稳定分析的整体圆弧滑动法;法国的普朗德尔(L.Prandtl,1920)发表的地基滑动面计算的数学公式。

美籍奥地利人太沙基(K.Terzaghi,1925)发表了《土力学》专著,提出了著名的饱和土有效应力原理,系统地论述了土力学若干重要问题。太沙基指出土具有黏性、弹性和渗透性,按物理性质把土分成黏土和砂土,并探讨了它们的强度机理,提出了饱和土的一维固结理论。有效应力原理反映了土的力学性质的本质,使土力学确立了自己的特色,成为土力学学科的一个重要原理,极大地推动了土力学的发展。太沙基把当时零散的有关定律、原理、理论等按土的特性加以系统化,从而使土力学形成一门独立的学科。

自土力学作为一门独立学科以来,大致可以分为两个发展阶段。

第一阶段从20世纪的20年代到60年代,称古典土力学阶段。这一阶段的特点是在不同的课题中分别把土看成线弹性体或刚塑性体,又根据课题需要把土视为连续介质或分散体。这一阶段的土力学研究主要在太沙基理论基础上,形成以有效应力原理、渗透固结理论、极限平衡理论为基础的土力学理论体系,研究土的强度与变形特性,解决地基承载力和变形、挡土墙土压力、土坡稳定等与工程密切相关的土力学课题。这一阶段取得了关于黏性土抗剪强度、饱和土性状、有效应力法和总应力法、软黏土性状、孔隙压力系数等方面的研究成果,以及钻取不扰动土样、室内试验(尤其三轴试验)技术和一些原位测试技术的发展,对弹塑性力学的应用也有了一定认识。

第二阶段从20世纪60年代开始,称为现代土力学阶段。其最重要的特点是把土的应力、应变、强度、稳定等受力变化过程统一用一个本构关系加以研究,改变了古典土力学中把各受力阶段人为割裂开来的情况,从而更符合土的真实特性。这一阶段的出现依赖于数学、力学的发展和计算机技术的突飞猛进。较为著名的本构关系有邓肯非线性弹性模型和剑桥弹塑性模型。国内学者在这方面也做了不少工作,例如南京水利科学研究院所提出的弹塑性模型。土的本构关系代表土工研究的发展趋势,促进了土力学研究的重大变革,使土工设计和研究达到新的水平。

从土木工程发展和相关学科的进步考虑,国内外学者认为21世纪土力学发展特点是:

①进一步汲取现代数学、力学的成果和利用计算机技术,深入研究土的非线性、各向异性、流变等特性,建立新的更符合土的真实特性的本构模型以及将该模型用于解决实际问题的计算方法。

②充分考虑土工问题的不确定性,进行风险分析和优化决策,使岩土工程的定值设计方法逐步向可靠度设计转化。这一转化不仅需要大量的工程统计资料,而且概率论、模糊数学、灰色理论等也将在岩土工程中发挥更大的作用。

③对非饱和土的深入研究,充分揭示土粒、水、气三相界面的表面现象对非饱和土力学特性的影响,建立起非饱和土强度变形的理论框架。

④土工测试设备和测试技术将得到较快发展。因高应力、粗粒径、大应变、多因素和复杂应力组合的试验设备和方法得到很大发展,使原位测试、土工离心试验等得到更大应用,计算机仿真成为特殊的土工试验手段,声波法、γ射线法、CT识别法等也将加入到土工试验方法的行列。

⑤环境土力学将得到极大的重视。炉渣、粉煤灰、尾矿石的利用和处理,污染土和污染水的性质和治理,固体废料深埋处置方法中废料、周围土介质和地下水的相互作用以及污染物的扩散规律等研究将大大加强。由开矿、抽水、各种岩土工程活动造成的地面沉降和对周围环境的影响及防治继续受到重视。

此外,沙漠化、盐碱化、区域性滑坡、洪水、潮汐、泥石流、地震等大环境问题也将进入土力学研究的范畴。

⑥用微观和细观的手段,研究和揭示岩土力学特性的本质。

⑦人工合成材料在排水、防渗、滤层、加筋等方面已得到很好的应用,但对其与土一起作为复合材料的相互作用机理的了解尚很初步,设计理论和方法还很不完善,对这种复合材料的深入研究将给土力学研究增加新的内容。

2) 基础工程的发展简史

基础工程是一项古老的工程技术,发展到今天已成为一门专门的科学。

在中国,基础工程伴随着华夏5 000年的文明史。考古工作者发现人类早在5 000年前就开始建造房屋,只是当时的基础很简单。如:浙江省余姚河姆渡文化遗址,其房屋底层是架空在埋于地下的木桩基础上的;西安半坡村遗址中的基础是夯实的红烧土和陶瓷片;洛阳王湾仰韶文化遗址,其基础是在墙下挖槽,槽内填卵石夯实,类似于近代的换土填层处理人工地基。

春秋战国时期,夯土的基础与城墙已有相当高的水平。玉门关一带的汉长城用砂、砾石和红柳或芦苇层层压实,至今其残垣仍有5~6 m高。很多古代建筑,如隋朝的赵州桥、郑州超化寺、晋祠的圣母殿水池等,都是由于基础工程的牢固,方能历经千百载地下水活动、多次地震或强风后而安然屹立至今。到了元明清年代,我国的建筑基础工程得到了进一步发展,如北京故宫三大殿用灰土台基,天安门用群桩基础,前门采用了木筏基础等,这些都反映出了我国数百年前一些高大重建筑的基础工程水平。

西方国家,自18世纪兴起工业革命以来,随着城市建设的扩大,工厂、铁路、水坝的兴建,促使土力学理论的产生和基础工程技术的发展。特别是第二次世界大战之后,基础设计理论、计算方法、施工工艺都有较大发展。如1893年美国芝加哥人工挖孔桩问世,1950年意大利米兰地下连续墙出现,1957年德国首先采用土层锚杆桩墙支护深基坑等。此外,全液压抓斗、长螺旋钻进设备、正(反)循环回转钻进设备、双轮铣反循环钻进设备、盾构掘进机等成孔(或洞、槽)机械设备的研制与应用都极大地提高了基础工程施工的效率。

我国改革开放以后,基础设施建设蓬勃发展,基础工程的设计理论、施工工艺水平也不断提高,已与世界同步发展。如大直径桩基础工程,一般直径为0.5~6 m,深度可从几十米到上百米;桩基础竖向承载力计算考虑了群桩效应,水平承载力计算采用了弹性地基梁m法;深基坑工程的支护方法、支护结构内力和变形的计算理论等也很成熟。

随着岩土工程及其他相关学科的不断发展,基础工程在设计计算理论和方法、施工技术和机械设备等方面都有长足的进展。20世纪90年代以来,颁布实施的现行规范规程有《建筑地基基础设计规范》(GB 50007—2011)、《建筑地基处理技术规范》(JGJ 79—2012)、《建筑桩基技术规范》(JGJ 94—2008)、《公路桥涵地基与基础设计规范》(JTG 3363—2019)、《建筑基桩检测技术规范》(JGJ 106—2014)、《岩土工程勘察规范》(GB 50021—2001,2009版)、《建筑抗震设计规范》(GB 50011—2010)、《建筑基坑支护技术规程》(JGJ 120—2012)、《既有建筑地基基础加固技术规范》(JGJ 123—2012)、《膨胀土地区建筑技术规范》(GB 50112—2013)等。这些现行规范规程是基础工程各个领域中取得的科研成果和工程经验的高度概括,反映了基础工程的发展水平。

目前,基础工程的关注点之一是在设计计算理论和方法方面的研究探讨,包括考虑上部结构、基础与地基共同工作的理论和设计方法,概率极限状态设计理论和方法,优化设计方法,数值分析方法和计算机技术的应用等。另外,随着高层建筑和大跨度大空间结构的涌现、地下空间的开发等,与之密切相关的两种技术也得到极大的重视。其一,桩基础技术,其中桩土共同工作理论,桩基设计变形控制理论,桩基非线性分析和设计方法,桩基承载力和沉降的合理估算,新的桩型例如大直径成孔灌注桩、预应力管桩、挤扩支盘桩、套筒桩、微型桩等的研究开发,后注浆技术在桩基工程中的应用,桩基础的环境效应等都成为研究和开发的热点。其二,深基坑支护技术,研究的重点放在土、水压力的估算,基坑支护设计理论和方法的深化——优化设计、静态设计和动态设计、考虑时空效应的方法等。新的基坑支护方法例如复合土钉墙、作为主体结构应用的地下连续墙、锚杆挡墙等的开发研究,基坑开挖对环境的影响,逆作法技术的应用等也都受到高度重视。

在地基处理方面,进一步完善复合地基理论,对各类地基处理方法机理的深化研究以及施工检测技术的改进也是基础工程关心的问题。对于深水和复杂地质条件下的基础工程,例如在大型桥梁、水工结构、近海工程中,重要的是深入研究地震、风和波浪冲击的作用,以及发展深水基础(超长大型水下桩基、新型沉井等)的设计和施工方法。

1.3 学习土力学与基础工程的重要性

地基与基础是建筑物的根基,是整个建筑工程的重要组成部分。它的勘察、设计和施工质量直接影响到建筑物的安全、经济和正常使用。由于基础工程均位于地下或水下,施工难度较大,因而其工程造价、工期在整个建筑工程中所占比重亦较大。据国内外资料统计,一般多层建筑中地下基础部分的造价占总造价的 1/4 左右,工期占总工期的 25% ~ 30%,若需人工处理地基或采用深基础,则造价和工期所占比例将更大。在桥梁工程中其基础部分的造价和工期所占比例会更高一些,具体视河流情况和桥梁设计方案而定。

因地基勘察精确,基础设计方案合理,工程施工质量好的成功实例举不胜举,如建于隋代的赵州桥,建于明代的北京故宫,以及现代的南京长江大桥、润扬长江大桥、上海东方明珠电视塔、上海金茂大厦、上海环球金融中心、人民大会堂、北京奥体中心等工程均取得了成功。

基础工程因多属于地下隐蔽工程,一旦出现事故后,其处理和整治补救较困难。下面将通过一些发生严重事故的基础工程实例介绍,进一步说明学习土力学与基础工程的重要性。

1)意大利比萨斜塔

意大利比萨(Pisa)斜塔自 1173 年 9 月 8 日动工,至 1178 年建至第 4 层中部,高度 29 m 时,因塔明显倾斜而停工。94 年后,1272 年复工,经过 6 年时间建完第 7 层,高 48 m,再次停工中断 82 年。1360 年再次复工,至 1370 年竣工,前后历经近 200 年。该塔共 8 层,高 55 m,全塔总荷重 145 MN,相应的地基平均压力约为 50 kPa。地基持力层为粉砂,下面为粉土和黏土层。由于地基的不均匀下沉,至今塔南侧沉降了约 3 m,北侧沉降了 1 m 多,塔向南倾斜5.8°,南北两端沉降差 1.8 m,塔顶偏离中心线已达 5.27 m。近年来,该塔每年下沉约 1 mm,已成为世界上最著名的基础工程处理难题。1993—2001 年,比萨斜塔拯救委员会采取了堆载与抽土联合纠偏技术,比萨斜塔的倾斜才得以控制。

2)苏州虎丘塔

该塔位于苏州市虎丘公园山顶,落成于宋太祖建隆二年(公元 961 年),距今已有 1050 年。全塔 7 层,高 47.5 m。平面呈八角形,青砖砌筑。

1980 年时,塔身已向东北方向严重倾斜,塔顶离中心线已达 2.31 m,底层塔身出现不少裂缝。虎丘塔发生不均匀沉降的主要原因是:塔无基础,塔墩直接砌筑在人工填土地基上,基底应力过大;塔建于南高北低的岩坡土层上,地基土持力层北厚南薄,产生了不均匀的压缩变形,导致了塔身倾斜;塔基及其周围地面未作妥善处理,因地表水渗入地基,由南向北潜流侵蚀等因素,使塔北人工填土层产生较多孔隙,造成不均匀沉降的发展;塔体由黏性黄土砌筑,灰缝较宽,塔身倾斜后形成偏心压力,加剧了不均匀压缩变形。

3)上海锦江饭店

1954 年兴建的上海工业展览馆中央大厅,因地基约有 14 m 厚的淤泥质软黏土,尽管采用了 7.27 m 长的箱形基础,建成后当年就下沉 600 mm。1957 年 6 月展览馆中央大厅四角的沉降最大达 1 465.5 mm,最小沉降量为 1 228 mm。1957 年 7 月,经苏联专家及清华大学陈希哲、陈梁生等教授的观察与分析,认为如果能采取有效措施控制不均匀沉降,该建筑还可以继续使用。

上述事故主要是因地基土的变形过大,或产生较大的不均匀沉降所至。由于地基强度不足造成的地基失稳事故著名例子有加拿大特朗斯康谷仓和阪神大地震中地基液化等。

4)加拿大特朗斯康谷仓地基事故

1941年建于加拿大特朗斯康(Transcona)的谷仓,如图1.2所示。该谷仓南北长59.44 m,东西宽23.47 m,高31.00 m。基础为钢筋混凝土筏板基础,厚61 cm,埋深3.66 m。谷仓1911年动工,1913年秋完成。谷仓自重20 000 t,相当于装满谷物后总重的42.5%。1913年9月装谷物,至31 822 m³时,发现谷仓1 h内竖向沉降达30.5 cm,并向西倾斜,24 h后倾倒,西侧下陷7.32 m,东侧抬高1.52 m,倾斜27°。该谷仓的地基虽破坏,但钢筋混凝土筒仓却安然无恙,后用388个500 kN千斤顶及支撑系统对其筏板基础实施纠正,效果较好,但基础标高比原来降低4 m。

图1.2 加拿大特朗斯康谷仓地基事故

加拿大特朗斯康谷仓地基事故原因是:设计时未对谷仓地基承载力进行调查研究,而采用了邻近建筑地基352 kPa的承载力,事后1952年的勘察试验与计算表明,该基础下有16 m厚软黏土层,地基实际承载力为193.8~276.6 kPa,远小于谷仓地基破坏时329.4 kPa的地基压力,地基因超载而发生强度破坏。

5)阪神大地震中地基液化

地基液化是指松砂地基在振动荷载作用下丧失强度变成流动状态的一种现象。1995年1月17日,日本关西兵库县南部发生了里氏7.2级的地震。地震引起神户码头大面积砂土地基液化,产生很大的侧向变形和沉降,大量的建筑物倒塌或遭到严重损伤。

6)La Conchita大滑坡

1995年1月和3月,美国南加利福尼亚州的异常强降水诱发了Los Angeles县和Ventura县的灾难性泥石流、深层滑坡和洪水,该事件中最引人注目的滑坡是La Conchita深层滑坡。这一滑坡与当地的一个泥石流叠加作用,摧毁或严重损坏了La Conchita小城的十多处民房。发生滑坡时,因居民已提前撤离,幸未造成人员伤亡。

7)长江堤基管涌

1998年长江全流域特大洪水时,万里长江堤防经受了严峻的考验,一些地方的大堤垮塌,大堤地基发生严重管涌,洪水淹没了大片土地,人们生命财产遭受巨大的威胁。仅湖北省沿江段就查出4 974处险情,其中重点险情540处中,有320处属地基险情;溃口性险情34处中,除3处是涵闸险情外,其余都是地基和堤身的险情。

国内外基础工程事故的种类归结起来有地基严重下沉、建筑物倾斜、建筑物墙体和基础开裂、地基滑动、地基溶蚀、土坡滑动失稳、堤基管涌等,这些都是由土的特性所决定的。基础工程方面的事故具有突发性、灾害性和全局性的特点,不仅会使工程损失巨大,而且常殃及四邻,危害环境。为了防止工程事故的发生,在工程的各个阶段都应十分重视场地地基勘察、基础设计与施工、工程检测等各个环节。

由此可见,基础工程是建筑物的根基,实属百年大计,必须认真对待,坚持做到准确勘察、周密设计、精心施工,杜绝各类基础工程事故的发生。这正是学习土力学与基础工程的重要性之所在。

1.4 课程性质和学习要求

1)课程性质

本课程包括土力学(专业基础课)和基础工程(专业课)两部分,是土木工程专业必修的重要课程,也是一门实践性很强的课程。本课程主要反映学科发展的新成就、新概念、新方法与新技术,突出土力学与基础工程理论与实践的有机结合。

2)学习目的

学习本课程的目的在于掌握土的工程性质,掌握土的物理力学性质指标的测试方法及其与建筑物相互作用的力学过程;掌握浅基础、深基础和深基坑工程的设计计算原理和计算方法,并使学生具有分析解决基础工程问题的初步设计能力。

土力学部分教学重点内容有:土的物理状态指标、地基附加应力计算、有效应力原理、地基的最终沉降量计算、土的固结理论、土的抗剪强度理论、挡土墙的土压力计算、地基的极限荷载及地基承载力特征值的确定、土坡的稳定性分析等。

基础工程部分教学重点内容有:基础埋置深度的确定、扩展基础设计、连续基础的设计、重力式挡土墙设计、桩基础设计计算、支护结构的受力及变形计算、桩墙支护结构内力计算、沉井的设计与计算及地基处理技术等。

通过本课程学习,学生应掌握土力学基本原理和概念、地基基础设计基本原理,并运用这些原理,结合有关结构设计理论,分析和解决地基基础问题。同时还应具有进行一般工程基础设计规划的能力,和从事基础工程施工管理的能力。对于常见的基础工程事故,能正确分析发生事故的原因,并作出合理的评价。

3)学习要求

本课程涉及土力学、工程地质学、结构工程、岩土工程、基础工程等学科领域,其内容广泛,综合性强。学习时,应该重视土力学与基础工程的基本知识,培养阅读和使用工程地质勘察资料的能力;必须牢固地掌握土的应力、变形、强度和地基计算等土力学基本原理,从而能够应用这些基本概念和原理,结合有关建筑结构设计理论和施工知识,分析和解决地基基础问题。《高等学校土木工程本科指导性专业规范》对本课程的相关知识点有详细的要求,扫左边二维码即可查看。

此外,要能够正确地使用建筑地基基础设计规范、建筑桩基技术规范、建筑地基处理技术规范、公路桥涵地基及基础设计规范、岩土工程勘察规范、建筑抗震设计规范、湿陷性黄土地区建筑规范、膨胀土地区建筑技术规范、建筑基坑支护技术规程等现行规范或规程,解决地基基础设计中所遇到的有关问题。强调现行规范与地区经验的结合,并应充分考虑地基、基础和上部结构的共同作用,重视施工质量和现场测试工作。

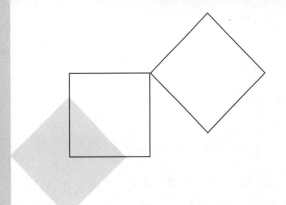

2 土的结构组成与物理性质

本章导读：

- **基本要求** 了解土的形成和特性、土的结构与构造；正确理解土的三相组成、土的固体颗粒与级配等基本概念；掌握土的物理性质指标及换算关系，土的物理状态指标及其测定方法；掌握土的渗透性及达西定律，渗透系数的测定方法、渗透力和渗透问题；掌握岩土的工程分类。
- **重点** 土的固体颗粒与级配，土的物理性质指标及换算关系；土的物理状态指标及黏性土的液限和塑限测定方法；土的渗透性及达西定律，渗透系数的测定方法，渗透力和渗透问题。
- **难点** 黏性土的物理状态指标，土的压实特性，土的渗透性及达西定律。

2.1 概　述

1)土的生成

土是由岩石经风化(物理风化、化学风化和生物风化等)、剥蚀、搬运、沉积后,形成的固体矿物、水和气体的集合体。地壳表层的坚硬岩石,在长期的风化、剥蚀等外力作用下,破碎成大小不等的颗粒,这些颗粒在各种形式的外力作用下,被搬运到适当的环境里沉积下来就形成了土。初期形成的土是松散的,颗粒之间没有任何联系。随着沉积物逐渐增厚,产生上覆土层压力,使得较早沉积的颗粒排列渐趋稳定,颗粒之间由于长期的接触产生了一些胶结,加之沉积区气候干湿循环、冷热交替的持续影响,最终形成了具有某种结构连接的地质体(工程地质学中称为土体),并通常以成层的形式(土层)广泛覆盖于前第四纪坚硬的岩层(岩体)之上。堆积下来的土在漫长的地质年代中发生复杂的物理化学变化,逐渐压密、岩化,最终又形成岩石。岩石和土交替形成,是自然界的一种重复循环过程。

工程上遇到的大多数土都是在第四纪地质时期内形成的。第四纪地质年代又分为更新世和全新世,更新世距今 1.2 万~100 万年,全新世距今小于 1.2 万年。

2)土的基本特性

(1)碎散性　土是非连续介质,土受到外力以后极易发生变形,且体积变化主要是土的孔隙发生变化,土的剪切变形主要是由颗粒相对位移所引起的,土的强度低。

(2)三相体系　土本身是多相介质,它由固相(土骨架)、液相(水)和气相(空气)三相体系所组成,因此,土具有多孔性。这就决定了土在受到外力时,将由土骨架、孔隙、介质共同承担外力作用,存在较复杂的相互作用关系,且存在孔隙流体流动的问题。

(3)渗透性　多孔介质的土,大部分孔隙在空间上是互相连通的,当土中两点存在压力差时,土中水就会从压力较高(即能量较高)的位置向压力较低(即能量较低)的位置流动。水在压力差作用下流过土体孔隙的现象,称为渗流。土体具有被水渗透通过(透水)的能力称为土的渗透性或透水性。土中水总是沿最容易流动的线路(即阻力最小的路径)通过,当存在阻挡物时,水会发生绕流,如图2.1所示。渗流问题,是岩土工程中最常见的问题之一,如土坡、土坝、堤防、基坑等由于渗流引起地基内土的结构和应力状态的逐渐改变,导致土体丧失稳定而酿成边坡破坏、地面隆起、堤坝失稳、基坑失稳等事故。因此,土的渗透性强弱对土体的固结变形、强度都有重要影响。

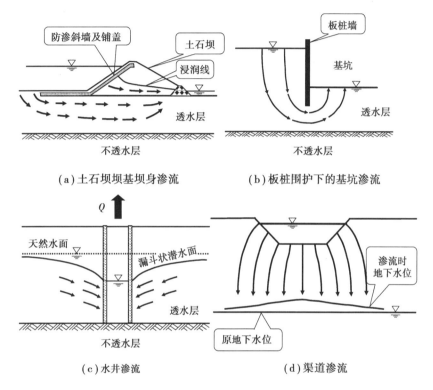

图 2.1　常见的岩土工程渗流问题示意图

(4)自然变异性　土具有非均匀性、各向异性、结构性、时空变异性等自然变异属性。

由此可见,土的力学特性非常复杂,其变形、强度和渗透特性是土力学研究的主要问题。

2.2　土的三相组成及土的结构

2.2.1　土的三相体系

天然形成的土通常由固体颗粒、液体水和气体三个部分组成,通常称为土的三相体系。土的三相组成中各部分的质量和体积之间的比例关系,随着各种条件的变化而改变,如天气的晴雨、地下水位的升降、建筑物施加的荷载等。

土的三相体系组成的情况,特别是固体颗粒的性质,直接影响土的工程特性。另外,同一种土,密实时强度高,松散时强度低。对于细粒土,含水量少时硬,含水量多时则软。这说明土的性质不仅取决于三相组成的性质,而且三相之间的比例关系也是重要的影响因素。例如,固体+气体(无液体)为干土,此时黏土呈坚硬状态；固体+气体+液体为湿土，此时黏土多为可塑状态；固体+液体（无气体）为饱和土。

若将土中交错分布的固体颗粒、水和气体三相分别集中起来，可构成理想的三相关系图，如图2.2所示。在三相图的左侧，注明各相的质量或重力，右侧注明各相的体积。

图2.1中各符号的意义如下：

V_s,V_w,V_a——土的固体颗粒、土中水、土中气的体积；

V_v——土的孔隙部分体积，$V_v=V_w+V_a$；

V——土的总体积，$V=V_s+V_w+V_a$；

m_w,m_s——分别为土中水质量、固体颗粒质量；

m_a——土中气体的质量，相对较小，可以忽略，即 $m_a\approx0$；

m——土的总质量，$m=m_s+m_w$。

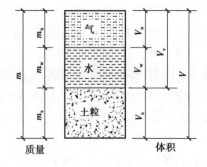

图2.2　土的三相组成示意图

2.2.2　土的固体颗粒与级配

土的三相组成中，固体颗粒构成土的骨架，其矿物成分及其组成、大小和形状是决定土物理力学性质的重要因素。

1）土的矿物组成

土的矿物成分主要取决于母岩的成分及其所经受的风化作用。土的固体颗粒物质分为无机矿物颗粒和有机质两类，无机矿物颗粒的成分又分原生矿物和次生矿物两大类。

（1）原生矿物　原生矿物是指岩浆在冷凝过程中形成的矿物，如石英、长石、云母等。原生矿物是母岩经物理风化作用（机械破碎的过程）形成的，其物理化学性质较稳定。

（2）次生矿物　次生矿物是原生矿物经化学风化作用后形成的新矿物，主要有黏土矿物（蒙脱石、伊利石、高岭石）、无定形氧化物（Al_2O_3，Fe_2O_3）和盐类（$CaCO_3$，$NaCl$）等。

（3）有机质　微生物参与风化过程，在土中产生有机质成分，如腐殖质。土中腐殖质含量多，会使土的压缩性增大。对有机质含量大于3%~5%的土，不宜作为填筑材料。

2）土颗粒的大小和形状

天然土中土粒大小变化悬殊，如大颗粒漂石的粒径 $d>200$ mm，细粒土黏粒直径 $d<0.005$ mm，两者粒径相差几万倍。土粒形状也不一样，有块状、粒状、片状等。这与土的矿物成分有关，也与土粒所经历的风化、搬运过程有关。

土粒的大小称为粒度，通常以粒径表示。工程上常把大小、性质相近的土粒合并为一组，称为粒组。划分粒组的分界尺寸称为界限粒径。根据我国《土的工程分类标准》（GB/T 50145—2007）规定了5个界限粒径（200，60，2，0.075 和 0.005 mm），3个统称，6个粒组，其粒组划分标准见表2.1。

表2.1　常用土粒粒组划分（GB/T 50145—2007）

粒组统称	粒组名称	粒径 d/mm	一般特征
巨粒	漂石或块石粒	$d>200$	透水性很大，无黏性，无毛细水
	卵石或碎石粒	$200\geqslant d>60$	

粒组统称	粒组名称		粒径 d/mm	一般特征
粗粒	圆砾或角砾	粗	$60 \geqslant d > 20$	透水性大,无黏性,毛细水上升高度不超过粒径大小
		中	$20 \geqslant d > 5$	
		细	$5 \geqslant d > 2$	
	砂粒	粗	$2 \geqslant d > 0.5$	易透水,当混入云母等杂质时透水性减小,而压缩性增加;无黏性,遇水不膨胀,干燥时松散;毛细水上升高度不大,随粒径变小而增大
		中	$0.5 \geqslant d > 0.25$	
		细	$0.25 \geqslant d > 0.075$	
细粒	粉粒		$0.075 \geqslant d > 0.005$	透水性小,湿时稍有黏性,遇水膨胀小,干时稍有收缩,毛细水上升高度大,易出现冻胀现象
	黏粒		$d \leqslant 0.005$	透水性很小,湿时有黏性,遇水膨胀大,干时收缩显著,毛细水上升高度很大,但速度缓慢

3) 土的粒径级配

自然界中的土绝大部分是由几种粒组混合而成,很难遇到单一粒组所组成的土。因此,为了说明天然土颗粒的组成情况,不仅要了解土颗粒的大小,还要了解各种颗粒所占的比例。土粒的大小及其组成情况,通常以土中各个粒组的相对含量(指土样各粒组的质量占土粒总质量的百分数)来表示,称为土的颗粒级配或粒度成分。

土的颗粒粒径及其级配是通过土的颗粒分析试验测定的。常用的方法有两种:对粒径大于0.075 mm的土粒,常用筛分法;对于粒径小于0.075 mm的土粒,则用沉降分析的方法。

筛分法是用一套不同孔径的标准筛把各种粒组分离出来。按我国原有的标准,最小孔径的筛是0.1 mm,2007年筛孔标准改为0.075 mm,这相当于美国ASTM标准的200号筛。通过0.075 mm筛子的土粒用筛分法无法再加以细分,这就需要用沉降分析法。

用沉降分析法测定土的粒度成分可用两种方法,即比重计法和移液管法。比重计是用来测定液体密度的一种仪器,对于不均匀的液体,从比重计读出的密度只表示浮泡形心处的液体密度。移液管法是用一种特定的装置在一定深度处吸出一定量的悬液,用烘干的方法求出其密度。用上述两种方法都可以求出土粒的粒径和累计百分含量。

根据颗粒分析试验结果,常采用颗粒级配累积曲线表示土的颗粒级配或粒度成分,如图2.3所示。图中的横坐标为粒径,由于土粒粒径的值域很宽,因此用对数坐标表示,纵坐标为小于(或大于)某粒径的土粒累计质量百分比。

从曲线的形态上看,可以大致判断土粒的均匀程度或级配是否良好。如曲线平缓表示粒径大小相差悬殊,颗粒不均匀,级配良好(如图曲线 B);反之,则颗粒均匀,级配不良(如图曲线 A,C)。为了定量说明问题,工程中常用不均匀系数 C_u 和曲率系数 C_c 反映土颗粒级配的不均匀程度。

$$C_u = \frac{d_{60}}{d_{10}} \tag{2.1}$$

$$C_c = \frac{d_{30}^2}{d_{10} \cdot d_{60}} \tag{2.2}$$

式中　d_{60},d_{30},d_{10}——分别相当于小于某粒径土重累积百分含量为60%、30%及10%对应的粒径,分别称为限制粒径、中值粒径和有效粒径。

不均匀系数 C_u 反映了大小不同粒组的分布情况,即土粒大小(粒度)的均匀程度。C_u 越大表示粒度

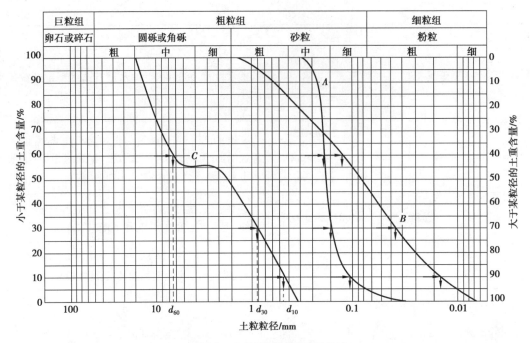

图2.3　土的颗粒级配累积曲线

的分布范围越广,土粒越不均匀,级配越良好。曲率系数 C_c 描述了级配曲线分布的整体形态,表示是否有缺失的情况。

当砾类土或砂类土同时满足 $C_u \geq 5$ 和 $C_c = 1 \sim 3$ 两个条件时,为良好级配砾或良好级配砂。如不能同时满足,则为级配不良。

工程中用级配良好的土作为堤坝或其他土建工程的填方用料,容易获得较大的密实度。

2.2.3　土中水和气体

1)土中水

土中水按存在形态分为液态水、固态水和气态水。按照水与土相互作用程度的强弱,可将土中水分为结合水和自由水两大类。

(1)结合水　结合水是指受土粒静电引力等作用吸附于土粒表面的水膜,又称吸着水,受带电粒子引力的控制而不服从静水力学规律,其冰点低于 0 ℃。这种电分子吸引力高达几千到几万个大气压,使水分子和土粒表面牢固地粘结在一起。

结合水又可分为强结合水和弱结合水。强结合水在最靠近土颗粒表面处,水分子和水化离子排列非常紧密,以致其密度大于1.0,并有过冷现象,即温度降到零度以下不发生冻结的现象。强结合水没有溶解能力,不能传递静水压力,只有吸热变成蒸汽时才能移动。黏性土中只含有强结合水时,呈固体状态,磨碎后呈粉末状态。弱结合水是紧靠于强结合水的外围而形成的结合水膜,可从较厚水膜缓慢迁移到邻近较薄的水膜处,但仍不能传递静水压力。当土中含有较多弱结合水时,土具有一定的可塑性。

(2)自由水　自由水是存在于土粒表面电场范围以外的水。它的性质和普通水一样,能传递静水压力,冰点为 0 ℃,有溶解能力。

自由水可分为重力水和毛细水。重力水是存在于地下水位以下的透水层中的地下水。它在重力或压力差作用下能在土中渗流,对土颗粒和建筑物都有浮力作用。重力水的渗流特征是地下工程排水的主要控制因素之一,对土中的应力状态和开挖基槽、基坑以及修筑地下构筑物都有重要的影响。毛细水不仅受到重力的作用,还受到表面张力的支配,能沿着土的细孔隙从潜水面上升到一定的高度。这种毛细上升对于公路路基的干湿状态及建筑物的防潮有重要影响。

2)土中气体

土中的气体存在于土孔隙中未被水所占据的部分,包括与大气连通的和不连通的两类。与大气连通的气体对土的工程性质没有多大影响,它的成分与空气相似,当土受到外力作用时,这种气体很快从孔隙中挤出;与大气不连通的密闭气体对土的工程性质有很大影响,在压力作用下,这种气体可被压缩或溶解于水中,而当压力减小时,气泡会恢复原状或重新游离出来。含气体的土称为非饱和土,非饱和土的工程性质研究已成为土力学的一个新分支。

在淤泥、泥炭等有机土中,由于微生物的分解作用,在土中积蓄了一定数量的可燃和有害气体(如硫化氢、甲烷等),含气的土层在自重作用下长期得不到压密,而形成高压缩性土层。施工时要注意土中有害气体的危害。

2.2.4 土的结构和构造

1)土的结构

土的结构是指土粒的原位集合体特征,是由土颗粒大小、形状、表面特征、相互排列和联结关系等因素形成的综合特征。按土颗粒的排列及联结一般把土的结构分为单粒结构、蜂窝结构和絮状结构,如图2.4所示。

(1)单粒结构 单粒结构是由粗大土粒(粒径大于0.075 mm)在水中或空气中下沉而形成的,土颗粒相互间有稳定的空间位置,是碎石类土和砂土的结构特征。土粒间无联结存在,或联结微弱,可以略去不计。单粒结构分为紧密和疏松两种状态。

①疏松的单粒结构。如图2.4(a)所示,疏松的单粒结构土,其骨架是不稳定的,当受到振动及其他外力作用时,土粒易发生移动,土中孔隙减少,会引起很大变形。这种土层未经处理一般不宜作为建筑物地基或路基。

②紧密的单粒结构。如图2.4(b)所示,由于其土粒排列紧密,在动、静荷载作用下都不会产生较大的沉降,所以强度较大,压缩性较小,一般是良好的天然地基。

(2)蜂窝结构 蜂窝结构主要是粉粒或细砂粒组成的土的结构形式。粒径为0.075~0.005 mm(粉粒粒组)的土粒在水中沉积时,基本上是以单个土粒下沉,当碰上已沉积的土粒时,由于土粒之间的黏结力大于其重力,因此土粒就停留在最初的接触点上不再下沉,逐渐形成土粒链。土粒链组成弓架结构,形成具有很大孔隙的蜂窝状结构,如图2.4(c)所示。

具有蜂窝结构的土有很大孔隙。但由于弓架作用和一定程度的粒间联结,使其可承担一般的水平静载荷。当承受较高水平荷载或动力荷载时,其结构将破坏,导致严重的地基沉降。

  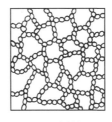 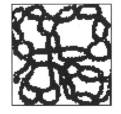

(a)疏松的单粒结构　　(b)紧密的单粒结构　　(c)蜂窝结构　　(d)絮状结构

图2.4　土的结构示意图

(3)絮状结构 对细小的黏粒(粒径<0.005 mm)或胶粒(粒径<0.002 mm),其重力作用很小,能够在水中长期悬浮,不因自重而下沉。这种土粒在水中运动,相互碰撞而吸引逐渐形成小链环状的土集粒,质量增大而下沉,当一个小链环碰到另一个小链环时相互吸引,不断扩大形成大链环,称为絮状结构,如图

2.4(d)所示。由于土粒的角、边常带正电荷,土粒的面带负电荷。角、边与面接触时净引力最大,因此絮状结构以土粒之间角、边与面的接触或边与边的搭接形式为主,具有很大的孔隙。

絮状结构土实际是不稳定的,例如在很小的施工扰动下,土粒之间的连接脱落,造成结构破坏,强度降低。但土粒之间的联结强度(结构强度)往往由于长期的压密和胶结作用而得到加强。所以,集粒间的联结特征是影响这一类土工程性质的主要因素之一。

2)土的构造

土体的宏观结构称为土的构造,是指土体形成过程中的层理、裂隙及大孔隙等宏观特征。土的构造有以下几种类型:

①层状构造。它是在土的形成过程中,由于不同阶段沉积的物质成分、颗粒大小或颜色的不同而呈现的成层特征,常见的有水平层理构造和交错层理构造。

②裂隙状构造。土体中有很多不连续的小裂隙,如某些硬塑或坚硬状态的黏土构造,黄土的柱状裂隙等。裂隙的存在大大降低土体的强度和稳定性,增大透水性,对工程不利。

③分散构造。土层中土粒分布均匀,性质相近,如砂与卵石层为分散构造。

④结核状构造。细粒土中混有粗颗粒或包裹物,如结核体、腐殖物、贝壳等。

2.3 土的物理性质指标

2.3.1 土的基本物理指标

土的基本物理指标指土的密度、土粒比重和土的含水量等,需通过试验来测定。

1)土的密度和重度

土的密度为天然状态下单位体积土的质量,用 ρ 表示,其表达式为:

$$\rho = \frac{m}{V} \tag{2.3}$$

土的密度变化范围较大。一般黏性土和粉土 $\rho = 1.8 \sim 2.0$ g/cm^3;砂土 $\rho = 1.6 \sim 2.0$ g/cm^3;腐殖土 $\rho = 1.5 \sim 1.7$ g/cm^3。土的密度可采用"环刀法""蜡封法"及"灌砂法"等测定。

土的重度定义为单位体积土的重量,用 γ 表示,其表达式为:

$$\gamma = \frac{G}{V} = \frac{mg}{V} = \rho g \tag{2.4}$$

式中　γ——土的重度,kN/m^3;

　　　G——土的重量,kN;

　　　g——重力加速度,$g = 9.806\ 65$ m/s^2,工程上为了计算方便,取 $g = 10$ m/s^2。

2)土的相对密度

土的密度(单位体积土粒的质量)与 4 ℃时纯水密度之比,称为土的相对密度(过去习惯上叫比重),用 d_s(或 G_s)表示,为无量纲量,其表达式为:

$$d_s = \frac{\dfrac{m_s}{V_s}}{\rho_{w1}} = \frac{\rho_s}{\rho_{w1}} \tag{2.5}$$

式中　d_s——土的相对密度,无量纲;

　　　ρ_{w1}——4 ℃时纯水的密度,g/cm^3,$\rho_{w1} = 1$ g/cm^3;

ρ_s——土的密度,g/cm^3,即单位体积土的质量,$\rho_s = m_s / V_s$。

实际上,土的相对密度在数值上等于土的密度,土的相对密度可在试验室内用比重瓶法测定。由于土的相对密度变化不大,通常可按经验数值选用,一般参考值见表2.2。

表2.2　土的相对密度参考值

土的名称	砂土	粉土	黏性土	
			粉质黏土	黏土
土的相对密度	2.65~2.69	2.70~2.71	2.72~2.73	2.74~2.76

3)土的含水量

土的含水量也称为土的含水率。土的含水量定义为土中水的质量与土粒质量之比,用 w 表示,以百分数计,其表达式为:

$$w = \frac{m_w}{m_s} \times 100\% = \frac{m - m_s}{m_s} \times 100\% \tag{2.6}$$

含水量 w 是标志土的干湿程度的一个重要物理指标。含水量越小,土越干;反之土很湿或饱和。一般来说,同一类土,当其含水量增大时,其强度就降低。

天然土层的含水量变化范围很大。一般干的粗砂,其值接近于零,而饱和砂土,可达40%;坚硬黏性土的含水量可小于30%;而饱和软黏土(如淤泥)可达60%或更大。土的含水量对黏性土、粉土的影响较大,对粉砂、细砂稍有影响,而对碎石土等没有影响。土的含水量一般采用烘干法测定。

2.3.2　特定条件下土的密度指标

1)反映土松密程度的指标

(1)土的孔隙比 e　土的孔隙比是土中孔隙体积与土粒体积之比,即

$$e = \frac{V_v}{V_s} \tag{2.7}$$

孔隙比用小数表示,用来评价土的密实程度。一般 $e < 0.6$ 的土是密实的低压缩性土,$e > 1.0$ 的土是松散的高压缩性土。

(2)土的孔隙率 n　土的孔隙率是土中孔隙的体积与土的总体积之比,以百分数计,即

$$n = \frac{V_v}{V} \times 100\% \tag{2.8}$$

土的孔隙率与孔隙比之间有下列关系:

$$n = \frac{e}{1 + e} \times 100\% \tag{2.9a}$$

$$e = \frac{n}{1 - n} \tag{2.9b}$$

一般情况下,e 和 n 越大,土越疏松。

2)反映土中含水程度的指标

工程上往往需要知道孔隙中充满水的程度,这可用饱和度 S_r 表示。土的饱和度 S_r 定义为土中被水充满的孔隙体积与孔隙总体积之比,即

$$S_r = \frac{V_w}{V_v} \tag{2.10}$$

土的饱和度是一个辅助性指标,可以用来评价土的干湿状态。完全干燥的土 $S_r = 0$,完全饱和的土 $S_r = 100\%$。根据土的饱和度,可以把砂土分为稍湿($S_r \leqslant 50\%$)、很湿($50\% < S_r \leqslant 80\%$)和饱和($S_r > 80\%$)三种状态。

3)特定条件下土的密度指标

(1)土的干密度 ρ_d 和土的干重度 γ_d

①土的干密度指单位土体体积中干土的质量,即

$$\rho_d = \frac{m_s}{V} \tag{2.11}$$

②土的干重度指单位土体体积干土的重量,即

$$\gamma_d = \rho_d g \approx 10\rho_d \tag{2.12}$$

一般情况下,$\rho_d = 1.3 \sim 2.0$ g/cm^3,$\gamma_d = 13 \sim 20$ kN/m^3。土的干密度和干重度越大,土越密实,强度就越高,水稳定性也好。

(2)土的饱和密度 ρ_{sat} 和土的饱和重度 γ_{sat}

①土的饱和密度为孔隙中全部充满水时,单位土体体积的质量,即

$$\rho_{sat} = \frac{m_s + V_v \rho_w}{V} \tag{2.13}$$

②土的饱和重度为孔隙中全部充满水时,单位土体体积的重量,即

$$\gamma_{sat} = \rho_{sat} g \approx 10\rho_{sat} \tag{2.14}$$

一般情况下,$\rho_{sat} = 1.8 \sim 2.3$ g/cm^3,$\gamma_{sat} = 18 \sim 23$ kN/m^3。

(3)土的有效重度 γ'

处于地下水位以下的土体,将扣除水浮力后单位体积土所受的重力称为土的有效重度 γ'(或称之为浮重度)。当认为水下土是饱和时,它在数值上等于饱和重度 γ_{sat} 与水的重度 γ_w($\gamma_w = \rho_w g$)之差,即

$$\gamma' = \gamma_{sat} - \gamma_w \tag{2.15}$$

一般情况下,$\gamma' = 8 \sim 13$ kN/m^3,各重度指标有如下关系:$\gamma_{sat} \geqslant \gamma \geqslant \gamma_d \geqslant \gamma'$。

2.3.3 各指标的换算关系

在测定出 3 个基本指标:土的相对密度、含水量和重度后,可以换算出其余各个指标。常采用三相图进行各指标间关系的推导。

如图 2.5 所示,令 $V_s = 1$,根据孔隙比的定义,可得到孔隙体积 $V_v = e$,这样,土的总体积 $V = 1 + e$;根据土粒相对密度 d_s 定义,土粒的重力 $W_s = d_s V_s \gamma_w = d_s \gamma_w$。

根据土的含水量的定义,土中水的重力 $W_w = w W_s = w d_s \gamma_w$,这样,土的总重力 $W = W_s + W_w = d_s \gamma_w + w d_s \gamma_w = d_s \gamma_w (1 + w)$。再根据有关定义,可得土的各项物理性质指标。

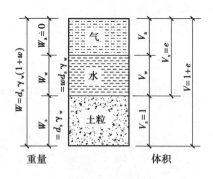

图 2.5 土的三相图及各参数关系

土的重度

$$\gamma = \frac{W}{V} = \frac{(1+w) d_s \gamma_w}{1+e}$$

土的孔隙比

$$e = \frac{d_s \gamma_w (1+w)}{\gamma} - 1 = \frac{d_s \gamma_w}{\gamma_d} - 1$$

土的干重度

$$\gamma_d = \frac{W_s}{V} = \frac{d_s \gamma_w}{1+e} = \frac{\gamma}{1+w}$$

土的饱和重度 $\qquad \gamma_{sat} = \dfrac{W_s + V_v \gamma_w}{V} = \dfrac{d_s \gamma_w + e\gamma_w}{1+e} = \dfrac{\gamma_w(d_s + e)}{1+e}$

土的有效重度 $\qquad \gamma' = \dfrac{W_s - V_s \gamma_w}{V} = \dfrac{d_s \gamma_w - \gamma_w}{1+e} = \dfrac{\gamma(d_s - 1)}{d_s(1+w)}$

土的饱和度 $\qquad S_r = \dfrac{V_w}{V_v} = \dfrac{\dfrac{wd_s \gamma_w}{\gamma_w}}{e} = \dfrac{wd_s}{e} = \dfrac{wd_s \gamma}{d_s \gamma_w(1+w) - \gamma}$

土的孔隙率 $\qquad n = \dfrac{e}{1+e} = 1 - \dfrac{\gamma}{d_s(1+w) \cdot \gamma_w}$

【例题 2.1】 一土样经试验测得,重度 $\gamma = 17.5\ \text{kN/m}^3$,土粒相对密度 $d_s = 2.70$,土的含水量 $w = 10\%$,求孔隙比、饱和度和干重度。

【解】 本题有两种解法:一是直接代入换算关系式计算;二是利用三相图求得 3 种物质的重力和体积,然后按定义计算。工程上常用第一种方法计算。

孔隙比: $e = \dfrac{d_s \gamma_w(1+w)}{\gamma} - 1 = \dfrac{2.70 \times 10\ \text{kN/m}^3 \times (1+0.10)}{17.5\ \text{kN/m}^3} - 1 = 0.697$

饱和度: $S_r = \dfrac{wd_s}{e} = \dfrac{0.1 \times 2.70}{0.697} = 0.387$

干重度: $\gamma_d = \dfrac{\gamma}{1+w} = \dfrac{17.5\ \text{kN/m}^3}{1+0.10} = 15.909\ \text{kN/m}^3$

【例题 2.2】 已知饱和土的重度 $\gamma = 17.0\ \text{kN/m}^3$,土的含水率 $w = 30\%$,求干重度和孔隙比。

【解】 此题可以利用饱和土的饱和度 $S_r = 1$ 这个条件。

干重度: $\gamma_d = \dfrac{\gamma}{1+w} = \dfrac{17.0\ \text{kN/m}^3}{1+0.30} = 13.1\ \text{kN/m}^3$

根据饱和度与孔隙比的关系 $S_r = \dfrac{wd_s}{e}$,得 $d_s = \dfrac{S_r e}{w} = \dfrac{1 \times e}{0.3} = 3.333e$

又 $e = \dfrac{d_s \gamma_w}{\gamma_d} - 1 = \dfrac{3.333e \times 10\ \text{kN/m}^3}{13.1\ \text{kN/m}^3} - 1 = 2.544e - 1$,则

孔隙比: $e = \dfrac{1}{2.544 - 1} = 0.648$

2.4 土的物理状态指标

2.4.1 无黏性土的物理状态指标

无黏性土一般是指砂(类)土和碎石(类)土。这两大类土中一般黏粒含量少,呈单粒结构。这类土的物理状态主要取决于土的密实程度。无黏性土呈密实状态时,强度较大,是良好的天然地基;反之,密实度小,呈松散状态时则是一种软弱地基,如饱和砂土或粉土,其结构常处于不稳定状态,在振动荷载作用下可能发生液化。砂土的密实状态可以分别用孔隙比 e、相对密度 D_r 和标准贯入锤击数 N 进行评价。

1) 根据孔隙比 e 判断

评价无黏性土密实度可根据孔隙比的大小,分为稍松的、中等密实的和密实的 3 种。一般认为 e 较小时($e < 0.6$),表示土中孔隙少,压缩变形小,强度大,是良好的天然地基;反之, e 较大时($e > 0.85$),表示

土中孔隙多,土疏松,强度低。但对于级配相差较大的不同类土,孔隙比难以有效判断密实度的相对高低。因此工程中引入了相对密实度的概念。

2)根据相对密实度 D_r 判断

相对密实度也称为相对密度 D_r,即

$$D_r = \frac{e_{max} - e}{e_{max} - e_{min}} \tag{2.16}$$

式中　e_{max},e_{min}——同一种土的最疏松状态和最密实状态的孔隙比,即最大孔隙比和最小孔隙比。

e——土在天然状态的孔隙比。

当 $e = e_{max}$ 时,$D_r = 0$,表示土处于最疏松状态;若 $e = e_{min}$,则 $D_r = 1$,表示土处于最密实状态。

土的 e_{max} 测定方法:将松散的风干土样通过长颈漏斗轻轻地倒入容器,避免重力冲击,求得土的最小干密度再经换算得到最大孔隙比。

土的 e_{min} 测定方法:将松散的风干土样分批装入金属容器内,按规定的方法进行振动或锤击夯实,直至密实度不再提高,求得最大干密度再经换算确定。

当砂土的天然孔隙比 e 接近最小孔隙比 e_{min} 时,则其相对密度 D_r 较大,砂土处于较密实状态。当 e 接近最大孔隙比 e_{max} 时,则其 D_r 较小,砂土处于较疏松状态。用相对密度 D_r 判定砂土的密实度标准为:

$$0 \leq D_r \leq \frac{1}{3} \qquad 松散$$

$$\frac{1}{3} < D_r \leq \frac{2}{3} \qquad 中密$$

$$\frac{2}{3} < D_r \leq 1 \qquad 密实$$

在静水中缓慢沉积形成的土,其孔隙比有时可能比实验室测得的 e_{max} 还大;同样,在漫长地质年代中堆积形成的土,其孔隙比有时可能比实验室测得的 e_{min} 还小。此外,在地下深处,特别是地下水位以下的粗粒土的天然孔隙比 e,很难准确测定。

由于测定 e_{max} 和 e_{min} 的试验方法不够完善,人为误差较大。最困难的是现场取样,现有条件无法保持砂土的天然结构,其天然孔隙比的数值很不可靠。故相对密度 D_r 这一指标对于天然土尚难以应用。我国现行的《建筑地基基础设计规范》(GB 50007—2011)采用标准贯入试验的锤击数 N 来评价砂类土的密实度。

3)根据标准贯入击数 N 判断

标准贯入试验是用标准锤重(63.5 kg),以一定的落距(76 cm)自由下落产生的锤击能,将试验孔中的标准贯入器打入要测试的土体中,记录贯入器贯入土体中30 cm 的锤击数 N,贯入击数 N 值反映了天然土层的密实程度。表2.3列出了《岩土工程勘察规范》(GB 50021—2001,2009 版)、《建筑地基基础设计规范》(GB 50007—2011)和《公路桥涵地基与基础设计规范》(JTG D063—2007)中,按原位标准贯入试验锤击数 N 划分砂类土密实度的界限值,这三个规范标准相同。

表 2.3　原位标准贯入试验锤击数 N 划分砂类土密实度

砂土密实度	松散	稍密	中密	密实
标贯击数 N	≤ 10	$10 < N \leq 15$	$15 < N \leq 30$	> 30

4)碎石土密实度的野外鉴别

碎石土可根据野外鉴别的可挖性、可钻性和骨架颗粒含量与排列方式,可划分为密实、中密、稍密三种密实状态,其划分标准见表2.4。

表2.4　碎石土密实度野外鉴别方法

密实度	骨架颗粒含量与排列	可挖性	可钻性
密实	骨架颗粒含量大于总重的60%~70%,呈交叉排列,连续接触	锹镐挖掘困难,用撬棍方能松动;井壁一般较稳定	钻进极困难;冲击钻探时,钻杆、吊锤跳动剧烈;孔壁较稳定
中密	骨架颗粒含量等于总重的60%~70%,呈交叉排列,大部分接触	锹镐可挖掘;井壁有掉块现象,从井壁取出大颗粒后,能保持凹面形状	钻进较困难;冲击钻探时,钻杆、吊锤跳动不剧烈;孔壁有坍塌现象
稍密	骨架颗粒含量小于总重的60%,排列混乱,大部分不接触	锹可以挖掘;井壁易坍塌,从井壁取出大颗粒后,砂土立即坍落	钻进较容易;冲击钻探时,钻杆稍有跳动;孔壁易坍塌

2.4.2　黏性土的物理状态指标

黏性土是指具有可塑性质的土,它们在外力作用下,可塑成任何形状而不发生裂缝,当外力去掉后,仍可保持原形状不变。黏性土由于其含水量不同,可以呈现出固态、半固态、可塑状态及流动状态,如图2.6所示。

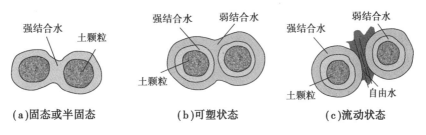

(a)固态或半固态　　**(b)可塑状态**　　**(c)流动状态**

图2.6　黏性土的不同状态

1)液限、塑限和缩限

黏性土从一种状态转变为另一状态,可用某一界限含水量来区分。这种界限含水量称为稠度界限或Atterberg界限。工程上常用的稠度界限有:液限 w_L(%)、塑限 w_P(%)和缩限 w_S(%)。

(1)液限(liquid limit)　液限又称液性界限、流限,它是流动状态与可塑状态的界限含水量,也就是可塑状态的上限含水量,用 w_L 表示。

(2)塑限(plastic limit)　塑限又称塑性界限,它是可塑状态与半固体状态的界限含水量,也就是可塑状态的下限含水量,用 w_P 表示。

(3)缩限(shrinkage limit)　缩限是半固体状态与固体状态的界限含水量。土由半固体状态不断蒸发水分使体积缩小,直到体积不再缩小时的界限含水量称为缩限,用 w_S 表示。

黏性土的界限含水量和土粒组成、矿物成分、土粒表面吸附阳离子的性质等有关,受诸因素的综合影响。因此,界限含水量对黏性土的分类和工程性质的评价有着重要意义。

2)塑性指数、液性指数

(1)塑性指数(plasticity index)　塑性指数是指液限 w_L 与塑限 w_P 的差值(省去%符号),用符号 I_P 表示,即

$$I_P = w_L - w_P \tag{2.17}$$

注意,塑性指数用不带百分号的数值表示。例如,某一土样的 $w_L = 32.6\%$,$w_P = 15.4\%$,则塑性指数

$I_P = 17.2$，而非 17.2%。

塑性指数越大，土处于可塑状态的含水量范围就越大。因此塑性指数的大小与土中结合水的可能含量有关。土粒越细，比表面积越大，土的黏粒或亲水矿物（如蒙脱石）含量越高，土处于可塑状态的含水量范围就越大。

由于塑性指数在一定程度上综合反映了影响黏性土特征的各种重要因素，因此，工程上普遍按塑性指数对黏性土进行分类，$I_P > 17$ 为黏土，$10 < I_P \leqslant 17$ 为粉质黏土。

（2）液性指数（liquidity index）　液性指数是指黏性土的天然含水量 w 与塑限含水量 w_P 的差值与塑性指数 I_P 之比值，表征土的天然含水量与界限含水量之间的相对关系，用符号 I_L 表示，即

$$I_L = \frac{w - w_P}{I_P} = \frac{w - w_P}{w_L - w_P} \tag{2.18}$$

从式中可见：当土的天然含水量 $w < w_P$ 时，$I_L < 0$，天然土处于坚硬状态；$w > w_P$ 时，$I_L > 1$，土处于流动状态；当 I_L 介于 0~1，土处于可塑状态。因此，可以利用液性指数 I_L 作为黏性土状态的划分指标。I_L 值越大，土质越软；反之，土质越硬。判断黏性土物理状态的标准见表 2.5。

表 2.5　判别黏性土物理状态的标准（GB 50007—2011，JTG D063—2007）

状态	坚硬	硬塑	可塑	软塑	流塑
液性指数 I_L	$I_L \leqslant 0$	$0 < I_L \leqslant 0.25$	$0.25 < I_L \leqslant 0.75$	$0.75 < I_L \leqslant 1.0$	$I_L > 1.0$

必须指出，液限和塑限都是用重塑土测定的，因此，液性指数没有反映土的原状结构对强度的影响。保持原状结构的土，在其含水量达到液限以后，仍可能有一定的强度，不处于流动状态。但当土的结构遭受震动、挤压等而破坏后，土的强度便立即丧失而呈流动状态。因此，在基础施工中，应注意保护基槽，尽量减少对地基土结构的扰动。

3）土的灵敏度和触变性

（1）灵敏度 S_t　灵敏度指黏性土的原状土无侧限抗压强度（q_u）与原土结构完全破坏的重塑土（保持含水量和密度不变）的无侧限抗压强度（q'_u）的比值，即

$$S_t = \frac{q_u}{q'_u} \tag{2.19}$$

灵敏度反映黏性土结构性的强弱，根据灵敏度数值大小分为三类土：

$$S_t > 4 \qquad 高灵敏土$$
$$2 < S_t \leqslant 4 \qquad 中灵敏土$$
$$S_t \leqslant 2 \qquad 低灵敏土$$

（2）触变性　土的含水量不变，密度不变，因重塑而强度降低，又因静置而逐渐强化，强度逐渐恢复的现象，称为触变性。土的触变性是土结构中联结形态发生变化引起的，是土结构随时间变化的宏观表现。目前尚没有合理的描述土触变性的方法和指标。

2.5　土的物理指标室内试验方法

2.5.1　含水量测定

含水量测定的标准方法为烘干法，一般黏性土都可以采用。对于砂类土也可采用比重法测定其含水量。烘干法主要仪器设备有：电热烘箱（应能控制温度为 105~110 ℃）、天平（感量为 0.01 g）。

1)烘干法操作步骤

①将称量盒擦净,放在天平上称量,准确至 0.01 g,并记下盒号。

②取具有代表性试样 15~30 g 或用环刀中的试样,有机质土、砂类土和整体状构造冻土为 50 g,放入称量盒内,盖上盒盖,称盒加湿土质量,准确至 0.01 g。

③打开盒盖,将盒置于烘箱内,在 105~110 ℃的恒温下烘至恒量。烘干时间:黏土、粉土不得少于 8 h;砂土不得少于 6 h;含有机质超过干土质量 5% 的土,应将温度控制在 65~70 ℃的恒温下烘至恒量。

④将称量盒从烘箱中取出,盖上盒盖,放入干燥容器内冷却至室温,称盒加干土质量,准确至 0.01 g。

2)试样的含水率计算(准确至 0.1%)

$$w_0 = \left(\frac{m_0}{m_d} - 1\right) \times 100\% \tag{2.20}$$

式中　m_d——干土质量,g,为称量盒加干土质量与称量盒质量之差;

　　　m_0——湿土质量,g,为称量盒加湿土质量与称量盒质量之差。

3)层状和网状构造的冻土含水率试验要求

用四分法切取 200~500 g 试样(视冻土结构均匀程度而定,结构均匀少取,反之多取)放入搪瓷盘中,称盘和试样质量,准确至 0.1 g。

待冻土试样融化后,调成均匀糊状(土太湿时,多余的水分让其自然蒸发或用吸球吸出,但不得将土粒带出;土太干时,可适当加水),称土糊和盘质量,准确至 0.1 g。从糊状土中取样测定含水率,试验步骤同上。

层状和网状冻土的含水率,按式(2.21)计算(准确至 0.1%):

$$w = \left[\frac{m_1}{m_2}(1 + 0.01 w_h) - 1\right] \times 100\% \tag{2.21}$$

式中　m_1, m_2——分别为冻土试样质量、糊状土试样质量,g;

　　　w_h——糊状土试样的含水率,%。

烘干法试验必须对两个试样进行平行测定(取两个测值的平均值),测定差值:当含水率<40% 时为 1%,当含水率≥40% 时为 2%,对层状和网状构造的冻土≤3%。

2.5.2　密度测定

一般黏性土,宜采用环刀法测定其密度;对于易破碎、难以切削的土,可采用蜡封法测定;对于砂土与砂砾土,可用现场的灌水法或灌砂法测定。

1)环刀法

环刀法(见图 2.7)适用于细粒土密度测定。主要仪器设备有:环刀(内径 6.18 cm,面积30 cm²,高 20 mm,壁厚 1.5 mm)、天平(感量为 0.1g ,称量为 500~1 000 g)、修土刀、钢丝锯、凡士林等。

(a)轻轻向下压环刀　　　　　　　　(b)制备2个土样平行测定

图 2.7　环刀法密度试验

环刀法操作步骤如下:

①按工程需要取原状土或人工制备所需要状态的扰动土样,其直径和高度大于环刀尺寸,修平两端放在玻璃板上。

②称量环刀质量。在环刀内壁涂一薄层凡士林油,并将其刃口向下放在试样上。

③用修土刀削去环刀外缘部分土样,将环刀垂直下压,边压边修,至土样上端伸出环刀为止。随后用修土刀仔细削平两端余土,注意刮平时不得使土样扰动或压密。

④擦净环刀外壁,称量环刀加土的质量,准确至 0.1 g。

试样的湿密度按下式计算:

$$\rho_0 = \frac{m_0}{V} \tag{2.22}$$

式中　ρ_0——试样的湿密度,g/cm^3,准确到 0.01 g/cm^3;

　　　m_0——湿土质量,为称量盒加湿土质量与称量盒质量之差,g;

　　　V——环刀容积,cm^3。

试样的干密度按下式计算:

$$\rho_d = \frac{\rho_0}{1 + 0.01 w_0} \tag{2.23}$$

环刀法应进行两次平行测定,两次测定的差值不得大于 0.03 g/cm^3,取两次测值的平均值。

2) 蜡封法试验

蜡封法试验适用于易破裂土和形状不规则的坚硬土的密度测定。蜡封法试验步骤如下:

①从原状土样中,切取体积不小于 30 cm^3 的代表性试样,清除表面浮土及尖锐棱角,系上细线,称试样质量,准确至 0.01 g。

②持线将试样缓缓浸入刚过溶点的蜡液中,浸没后立即提出,检查试样周围的蜡膜,当有气泡时应用针刺破,再用蜡液补平,冷却后称蜡封试样质量。

③将蜡封试样挂在天平的一端,浸没于盛有纯水的烧杯中,称蜡封试样在纯水中的质量,并测定纯水的温度。

④取出试样,擦干蜡面上的水分,再称蜡封试样质量。当浸水后试样质量增加时,应另取试样重做试验。

试样的密度,按下式计算:

$$\rho_0 = \frac{m_0}{\dfrac{m_n - m_{nw}}{\rho_{wT}} - \dfrac{m_n - m_0}{\rho_n}} \tag{2.24}$$

式中　m_n, m_{nw}——分别为蜡封试样质量、蜡封试样在纯水中的质量,g;

　　　ρ_n, ρ_{wT}——分别为蜡的密度、纯水在温度 T 时的密度,g/cm^3。

3) 灌水法

灌水法试验适用于现场测定粗粒土的密度,所用的主要仪器设备有:储水筒(直径应均匀,并附有刻度及出水管)、台秤(称量 50 kg,最小分度值 10 g)等。

灌水法试验,应按下列步骤进行:

①根据试样最大粒径,确定试坑尺寸(见表 2.6)。

②将选定试验处的试坑地面整平,除去表面松散的土层。

③按确定的试坑直径划出坑口轮廓线,在轮廓线内下挖至要求深度,边挖边将坑内的试样装入盛土容器内,称试样质量,准确到 10 g,并测定试样的含水率。

表 2.6　灌水法试验试坑尺寸

试样最大粒径/mm	试坑尺寸/mm	
	直径	深度
5(20)	150	200
40	200	250
60	250	300

④试坑挖好后,放上相应尺寸的套环,用水准尺找平,将大于试坑容积的塑料薄膜袋平铺于坑内,翻过套环压住薄膜。

⑤记录储水筒内初始水位高度,拧开储水筒出水管开关,将水缓慢注入塑料薄膜袋中。当袋内水面接近套环边缘时,将水流调小,直至袋内水面与套环边缘齐平时关闭出水管,持续时间 3~5 min,记录储水筒内水位高度。当袋内出现水面下降时,应另取塑料薄膜袋重做试验。

试坑的体积,按下式计算:

$$V_p = (H_1 - H_2) \times A_w - V_0 \tag{2.25}$$

试样的密度,按下式计算:

$$\rho_0 = \frac{m_p}{V_p} \tag{2.26}$$

式中　V_p, V_0——分别为试坑体积、套环体积,cm^3;

H_1, H_2——分别为储水筒内初始水位高度、注水终了时的水位高度,cm;

A_w——储水筒断面面积,cm^2;

m_p——取自试坑的试样质量,g。

2.5.3　液塑限测定

1)黏性土的液限测定

黏性土的液限常用电动落锥法、手提落锥法、联合测定法和手摇落碟式液限仪等试验方法测定,主要适用于粒径小于 0.5 mm 颗粒组成及有机质含量不大于干土质量 5% 的土。

我国常采用电动落锥法进行黏性土的液限测定,所用的光电式液塑限联合测定仪组成如图 2.8 所示,圆锥仪锥体质量有 76 g 与 100 g 两种。试验操作步骤如下:

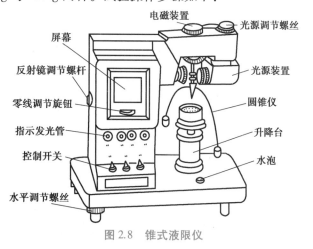

图 2.8　锥式液限仪

①土样制备。应尽可能采用天然含水量的土样来测定，若土样相当干燥，允许用风干土样进行制备。取代表性风干土样 150 g，放入研罐研碎后，通过 0.5 mm 筛子，取土约 100 g，放入调土皿并加水调成均匀浓稠状，静置一段时间。

②取出拌匀的土样，分层装入试杯中，边装边压不要使土样中留有空隙，装满试杯，刮去杯口多余的土与杯口齐平，将试杯置于杯座上。

③取圆锥仪，锥体总质量为(100±0.2)g，锥尖为(30°±0.2°)，在锥尖上涂以薄层凡士林油，接通电源，使电磁铁吸稳圆锥仪。

④调节屏幕准线，使初始读数位于零位刻度线上，调节升降座螺母，当锥尖刚好与土面接触时，计算指示灯亮，圆锥仪即可自由落下，延时 5 s，读数指示管亮，即可读数。如要手动操作，可把开关扳向"手动"一侧。当锥尖与土接触，接触指示灯管亮，而圆锥仪不下落，需按手动按钮，使圆锥仪自由落下。读数后，要按仪器复位按钮，以便下次再用。

⑤当锥尖下沉正好 20 mm 时，土的含水量即为液限，若锥体入土深度大于或小于 20 mm 时，表示该土样含水量高于或低于液限，这时应挖去带有凡士林油部分的土，将剩余的土样放回调土盆中，重新吹干或加水调制。直至锥体下沉深度为 20 mm 为止(允许误差±0.1 mm)。

⑥将试验合格的土样，挖出带有凡士林油部分，取锥体附近试样 10~15 g 放入铝盒中，测取含水量，即为液限 w_L。

液限测定需做两次平行试验，取其平均值，其平行差不大于 2%。

美国、日本等国家采用碟式液限仪来测定黏性土的液限 w_L，如图 2.9 所示。碟式液限仪是将土膏分层装入圆蝶内，刮平表面，用切槽刮刀在土膏中刮出一条底宽 2 mm 的槽，然后以每秒 2 圈的速度转动摇柄，使圆碟上抬 10 mm 并自由落下，连续下落 25 次后，如刮出的土槽合拢长度正好为 13 mm 时，则该土样的含水量即为液限。

图 2.9　碟式液限仪

2)黏性土的塑限测定

黏性土的塑限多采用搓条法测定。把呈塑性状态的土放在玻璃板上，用手掌缓慢地单方向搓条，土样中的水分渐渐蒸发，若搓到直径为 3 mm 时，刚好断裂成若干段，则此时的含水量即为塑限 w_P。

由于搓条法人为因素的影响较大，测试成果不稳定。为此，可利用锥式液限仪联合测定其液、塑限。联合测定法是采用锥式液限仪以电磁放锥，利用光电方法测读锥入土深度，试验时对不同含水量(三组以上试样)进行测试，在双对数坐标纸上做出锥入土深度与含水量的关系曲线(大量试验表明其接近于一条直线)，如采用 76 g 的锥形仪，则对应于圆锥体入土深度为 17 mm 及 2 mm 时土样的含水量分别为该土的液限和塑限。不同的规范其规定值是有差别的。

2.6　土的压实性

2.6.1　击实试验与土的压实特性

土的压实是采用一定的压实方法(如碾压法或振动法)，把具有一定级配、含水量的松散的土压实到具有一定强度的土层，减小土的压缩性和渗透性。实践表明，土的压实效果的好坏，与颗粒级配和含水量有关。

1)击实试验

(1)击实试验原理

击实试验是用锤击方法使土密度增加，来模拟现场土的压实。土的压实性是指土体在短暂不规则荷载作用下密度增加的性状,通常在室内进行击实试验测定扰动土的压实性指标。

击实试验分轻型和重型两种。轻型击实试验适用于粒径小于 5 mm 的黏性土,重型击实试验适用于粒径不大于 20 mm 的土。采用三层击实时,最大粒径不大于 40 mm。轻型击实试验单位体积击实功为 592.2 kJ/m³,重型击实试验单位体积击实功为 2 684.9 kJ/m³。

（2）试验设备

击实试验主要设备是击实仪。击实仪包括击实筒、击锤及导筒等。击实筒有轻型与重型之分,其构造组成如图 2.10 所示。击锤与导筒结构组成如图 2.11 所示,击锤与导筒间应有足够间隙使锤能自由下落。电动操作的击锤须有控制落距的跟踪装置和锤击点按一定角度(轻型53.5°,重型45°)均匀分布的装置(重型击实仪中心点每圈要加一击)。重型击实试验击锤质量为 4.5 kg,落高为457 mm,击实筒容积 2 103.9 cm³;轻型击实试验击锤质量为 2.5 kg,落高为305 mm,击实筒容积 947.4 cm³。

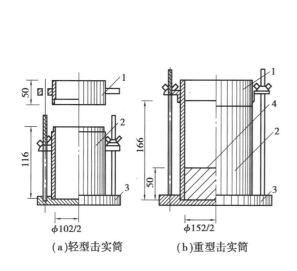

图 2.10　击实筒

1—套筒;2—击实筒;3—底板;4—垫块

（a）轻型击实筒　　（b）重型击实筒

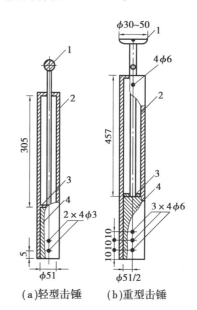

图 2.11　击锤与导筒

1—提手;2—导筒;3—橡塑皮垫;4—击锤

（a）轻型击锤　　（b）重型击锤

击实试验其他仪器设备有:天平(称量 200 g,最小分度值,0.01 g)、台秤(称量 10 kg,最小分度值 5 g)、标准筛(孔径为 20 mm、40 mm 和 5 mm)、试样推出器(宜用螺旋式千斤顶或液压式千斤顶,亦可用刮刀和修土刀从击实筒中取出试样)。

（3）击实试验操作步骤

①取重 3~3.5 kg 的土样通过筛孔 5 mm 的筛,并加水润湿。如为黏性土加水至塑限的50%。

②一般至少做 5 个含水量试样,依次相差约 2%。且其中至少有两个大于最优含水量及两个小于最优含水量(最优含水量可按土的塑限估算)。可按下式计算所需加水量:

$$g_w = \frac{g_0}{1 + 0.01 w_0} \times 0.01 (w - w_0) \tag{2.27}$$

式中　g_w, g_0——分别为所需加水量、含水量 w_0 时土样的重量,g;

w, w_0——分别为要求达到的含水量、土样已有含水量,%。

③将击实仪平稳置于刚性基础上,击实筒与底座联接好,安装好护筒,击实筒内壁均匀涂一薄层润滑油。将试样倒入击实筒内,分层击实,轻型击实试样为 2~5 kg,分 3 层,每层 25 击;重型击实试样为 4~10 kg,分 5 层,每层 56 击,若分 3 层,每层 94 击。每层试样高度宜相等,两层交界处的土面应刨毛。击实完成时,超出击实筒顶的高度应小于 6 mm。

④卸下护筒,用直刮刀修平击实筒顶部的试样,拆除底板,试样底部若超出筒外,也应修平,擦净筒外

壁,称筒与试样的总质量,准确至 1 g,并计算试样的湿密度。

⑤用推土器将试样从击实筒中推出,取两个代表性试样测定含水率,两个含水率的差值应不大于 1%。

（4）试验数据处理

$$干密度计算:\rho_d = \frac{\rho_0}{1 + 0.01 w_i} \tag{2.28}$$

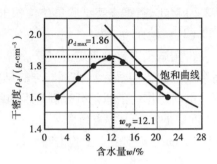

图 2.12 ρ_d-w 关系曲线

式中 ρ_d——试样的干密度,g/cm³;

ρ_0——击实后试样的密度,g/cm³;

w_i——某点试样的含水率,%。

以干密度为纵坐标,含水量为横坐标,绘制干密度与含水量的关系曲线,如图 2.12 所示。

如曲线没有峰值点时,应进行补点。

$$饱和含水量计算:w_{set} = \left(\frac{1}{\rho_d} - \frac{1}{d_s}\right) \times 100\% \tag{2.29}$$

式中 d_s——土的相对密度。

在轻型击实试验中,当试样中粒径大于 5 mm 的土质量小于或等于试样总质量的 30% 时,应对最大干密度和最优含水率进行校正,校正计算式为:

$$\rho'_{d_{max}} = \left(\frac{1 - P_5}{\rho_{d_{max}}} + \frac{P_5}{\rho_w \cdot G_{s2}}\right)^{-1} \tag{2.30}$$

$$w'_{opt} = w_{opt}(1 - P_5) + P_5 \cdot w_{ab} \tag{2.31}$$

式中 $\rho'_{d_{max}}$——校正后试样的最大干密度,g/cm³;

P_5——粒径大于 5 mm 土的质量百分数,%;

G_{s2}——粒径大于 5 mm 土粒的饱和面干相对密度(土粒承饱和状态时的土粒总质量与相当于土粒总体积的 4 ℃ 时质量的比值);

w'_{opt}, w_{opt}——分别为校正后样的最优含水率、击实试验的最优含水率,%;

w_{ab}——粒径大于 5 mm 土粒的吸着含水率,%。

2）土的压实特性

从土的击实曲线(见图 2.12)分析土的压实特性如下:

①曲线具有峰值。对于某一土样,在一定的击实功的作用下,只有当土的含水量为某一适宜值时,土样才能达到最密实,峰点所对应的纵坐标值为最大干密度 ρ_d,对应横坐标值为最优含水量 w_{op}。工程上常按 $w = w_{op} \pm (2\% \sim 3\%)$ 来选定填土层合适的含水量。

②在击实过程中,通过土粒的相互位移,容易将土中气体挤出,但要挤出土中水分来达到压实的效果,对于黏性土,短时间的加载难以实现。同时,当土的含水量接近或大于最优含水量时,土孔隙中的气体将处于与大气不连通的状态,击实作用已不能将其排出土体之外。一般压实最好的土,气体含量也还有 3%~5%(以总体计)留在土中,亦即击实土不可能被击实到完全饱和状态,击实曲线必然位于饱和曲线的左侧而不可能与饱和曲线有交点。

③对较干(含水量较小)的土进行夯实或碾压,不能使土充分压实;对较湿(含水量较大)的土进行夯实或碾压,同样也不能使土得到充分压实,此时土体还出现软弹现象,俗称"橡皮土";只有当含水量为某一适宜值即最优含水量时,土才能得到充分压实,得到土的最大干密度。这是因为当土很干时,水处于强结合水状态,土粒之间的摩擦力和黏聚力都很大,土的相对移动有困难,因而不易压实;当含水率增加时,水的薄膜变厚,摩擦力和黏结力都减小,土粒间彼此容易移动。故随着含水率增大,土的压实性增强,至最优含水率时,其干密度达到最大值,且土的稳定性最好。

④在相同击实功的条件下,不同土类及级配其压实性是不一样的。一般含粗粒越多的土样其最大干密度越大,而最优含水量越小。同一类土中,级配均匀的土,压实后其干密度要比级配不均匀的低。这是因为在级配均匀的土体内,较粗土粒形成的孔隙很少有细土粒去填充,而级配不均匀的土则相反,有足够的细土粒填充,因而可以获得较高的干密度。

⑤对于同一土料,加大击实功,能克服较大的粒间阻力,会使土的最大干密度增加,而最优含水量减小。但当含水量较高时,含水量与干密度的关系曲线趋近于饱和曲线,也就是说,这时靠加大击实功来提高土的密实度是无效的。

2.6.2 压实特性在人工填土工程中的应用

土的压实特性是从室内击实试验中得到的,而现场碾压或夯实的情况与室内击实试验有差别。例如现场填筑时的碾压机械和击实试验的自由落锤的工作情况就不一样,前者大都是碾压而后者则是冲击。现场填筑中土在填方中的变形条件与击实试验时土在刚性击实筒中的变形条件也不一样,前者可产生一定的侧向变形,后者则完全受到侧限。

工程实践中,用土的压实度或压实系数来直接控制填方的工程质量。压实系数为工地压实时要求达到的干密度 ρ_d 与室内击实试验所得到的最大干密度 ρ_{max} 之比值。即

$$\lambda = \frac{\rho_d}{\rho_{max}} \tag{2.32}$$

可见,压实系数 λ 值越接近 1.0,表示对压实质量的要求越高,这主要应用于受力层或者重要工程。在高速公路的路基工程中,要求 $\lambda > 0.95$。对于路基的下层或次要工程,λ 值可取小一些,要求 $\lambda > 0.92$ 即可。在工地对压实度的检验,一般采用灌砂(水)法、湿密度仪法或核子密度仪法来测定土的干密度和含水量。

2.7 土的渗透性和渗透问题

2.7.1 土的渗透定理

1)达西定律

水的流动状态分为层流和紊流两种。层流是指水质点的运动轨迹为平滑直线,相邻质点的轨迹相互平行而不混杂。此时,水头损失与流速的一次方成正比。当流速增大到一定数值后,水质点的运动轨迹极为紊乱,水质点间相互混杂和碰撞,这种流动状态称为紊流(又称湍流)。此时,水头损失几乎与流速的二次方成正比。

地下水在土体孔隙中流动时,由于土颗粒对水的阻力作用,沿途将伴随着能量的损失。为了揭示水在土体中的渗透规律,法国工程师达西(H.Darcy)利用如图 2.13 所示的试验装置,对均匀砂土的渗透性进行了大量试验研究,得出了层流条件下,土中水渗流速度与能量(水头)损失之间的关系,即达西定律。

达西试验装置的主要部分是一个上端开口的直立圆筒,下部放碎石,碎石上放一块多孔滤板,滤板上面放置颗粒均匀的土样,土样截面积为 A,长度为 L。筒的侧壁装有两只测压管,分别设置在土样

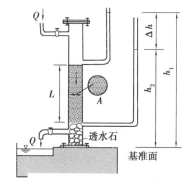

图 2.13　达西渗透示意图

上下两端的过水断面处。水从上端进水管注入圆筒,自上而下流经土样,从装有控制阀门的弯管流入容器中。保持测压管中的水面恒定不变,以台座顶面为基准面,h_1 为土样顶面处的测压管水头,h_2 为土样底面处的测压管水头,$\Delta h = h_1 - h_2$ 为经过渗流长度 L 的土样后的水头损失。

达西对不同截面尺寸的圆筒、不同类型和长度的土样进行试验,发现单位时间内的渗出水量 q 与圆筒截面积 A 和水力梯度 $i = \Delta h / L$ 成正比,且与土的透水性质有关,即

$$q = kA \frac{\Delta h}{L} = kiA \tag{2.33}$$

或

$$v = \frac{q}{A} = ki \tag{2.34}$$

式中 q——单位渗水量,cm^3/s;

      v——断面平均渗流速度,$\mathrm{cm/s}$;

      i——水力梯度,$i = \Delta h / L$;

      A——过水断面面积,cm^2;

      k——反映土透水性的比例系数,称为土的渗透系数,相当于水力梯度 $i = 1$ 时的渗流速度,$\mathrm{cm/s}$。

式(2.33)或式(2.35)即为达西定律表达式。

达西定律是由均质砂土试验得到的,后来推广至其他土体,如黏土和具有细裂缝的岩石等。大量试验表明,对于砂性土及密实度较低的黏土,孔隙中主要为自由水,渗流速度较小,渗流状态为层流,渗流速度与水力梯度呈线性关系,符合达西定律,如图 2.14(a)所示。

对于密实黏土(颗粒极细的高压缩性土,可自由膨胀的黏性土等),颗粒比表面积较大,孔隙大部分或全部充满吸着水,吸着水具有较大的粘滞阻力。因此,当水力梯度较小时,密实黏土的渗透速度极小,与水力梯度不成线性关系,甚至不发生渗流。只有当水力梯度增大到某一数值,克服了吸着水的粘滞阻力以后,才能发生渗流。将开始发生渗流时的水力梯度称为起始水力梯度 i_0。一些试验资料表明,当水力梯度超过起始水力梯度后,渗流速度与水力梯度呈非线性关系,如图 2.14(b)中的实线所示,为了使用方便,常用图中的虚直线来描述渗流速度与水力梯度的关系,即 $v = k(i - i_0)$。

对于粗粒土(砾石、卵石地基或填石坝体),只有在较小的水力梯度下,流速不大时,属层流状态,渗流速度与水力梯度呈线性关系,当流速超过临界流速 v_{cr}($v_{cr} \approx 0.3 \sim 0.5 \ \mathrm{cm/s}$)时,渗流已非层流而呈紊流状态,渗流速度与水力梯度呈非线性关系,此时达西定律不适用,如图 2.14(c)所示,用 $v = ki^m$ 来表达。

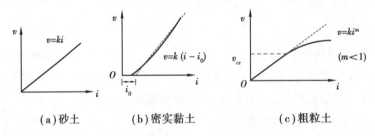

(a)砂土   (b)密实黏土   (c)粗粒土

图 2.14   土的渗流速度与水力梯度的关系

2)渗透系数确定方法及其影响因素

土的渗透系数 k 反映了土体渗透性的强弱,常作为判别土层透水性强弱的标准和选择坝体填筑料的依据。确定渗透系数的方法主要有试验法、经验估算法和反演法等。试验法直接可靠,可以在室内或现场进行。室内试验法主要有常水头法和变水头法。

(1)室内常水头法

常水头法是在整个试验过程中,水头保持不变。常水头法适用于透水性较大($k > 10^{-3} \ \mathrm{cm/s}$)的无黏性土,应用粒组范围大致为细砂到中等卵石。常水头法试验装置如图 2.15 所示,设试样的高度即渗径长

度为 L，截面积为 A，试验时的水头差为 Δh，用量筒和秒表测得在 t 时段内经过试样的渗水量 Q，即可求出该时段内通过土体的单位渗水量 q：

$$q = \frac{Q}{t} \tag{2.35}$$

将式(2.35)代入式(2.33)中，得到土的渗透系数

$$k = \frac{QL}{\Delta h A t} \tag{2.36}$$

（2）室内变水头法

黏性土由于渗透系数很小，流经试样的水量很少，加上水的蒸发，用常水头法难以直接准确量测，因此，采用变水头法。变水头法的试验装置如图 2.16 所示，在整个试验过程中，水头随着时间而变化，试样的一端与细玻璃管相连，在压力差作用下，水自下向上经试样渗流，细玻璃管中的水位慢慢下降，即水柱高度随时间 t 增加而逐渐减小，在试验过程中通过量测某一时段内细玻璃管中水位的变化，根据达西定律，可求得土的渗透系数。

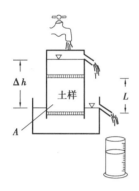

图 2.15　常水头试验装置示意图

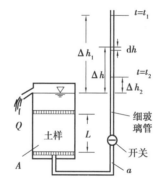

图 2.16　变水头试验装置示意图

设细玻璃管的内截面积为 a，试验开始以后任一时刻 t 的水位差为 Δh，经过时间段 dt，细玻璃管中水位下落 dh，则在时段 dt 内细玻璃管的流水量为：

$$dQ = -a\,dh \tag{2.37}$$

式中，负号表示渗水量随 h 的减少而增加。

根据达西定律，在时段 dt 内流经试样的水量为：

$$dQ = kA\frac{\Delta h}{L}dt \tag{2.38}$$

根据水流连续性原理，同一时间内经过土样的渗水量应与细玻璃管流水量相等：

$$-a\,dh = kA\frac{\Delta h}{L}dt$$

则有：

$$dt = -\frac{aL\,dh}{kA\,\Delta h}$$

对上式两边积分，得：

$$\int_{t_1}^{t_2}dt = -\int_{\Delta h_1}^{\Delta h_2}\frac{aL}{kA}\frac{dh}{\Delta h}$$

即可得到土的渗透系数：

$$k = \frac{aL}{A(t_2 - t_1)}\ln\frac{\Delta h_1}{\Delta h_2} \tag{2.39a}$$

如用常用对数表示，上式可写为：

$$k = 2.3 \times \frac{aL}{A(t_2 - t_1)} \lg \frac{\Delta h_1}{\Delta h_2} \qquad (2.39b)$$

式(2.39)中的 a、L、A 为已知,试验时只要量测与时刻 t_1、t_2 对应的水位 Δh_1、Δh_2,就可求出渗透系数。

（3）现场试验法

室内试验法具有设备简单,费用较低的优点,但由于取土样时产生的扰动,以及对所取土样尺寸的限制,使得其难以完全代表原状土体的真实情况。考虑到土的渗透性与结构性之间有很大的关系,因此,对于比较重要的工程,有必要进行现场试验。现场试验大多在钻孔中进行,试验方法多种多样,在此介绍基于井流理论的抽水试验确定 k 值的方法。

在现场打一口试验井,贯穿需要测定 k 值的砂土层,然后以不变的速率在井中连续抽水,引起井周围的地下水位逐渐下降,形成一个以井孔为轴心的漏斗状地下水面,如图 2.17 所示。假定地下水是水平流向水井,则渗流的过水断面为一系列的同心圆柱面。在距井轴线为 r_1、r_2 处设置两个观测孔,待抽水量和井中的动水位稳定一段时间后,若单位时间自井内抽出的水量即单位渗水量为 q,观测孔内的水位高度分别为 h_1、h_2,则根据试验井和观测孔的稳定水位,可以画出测压管水位变化图,利用达西定律可求出土层的 k 值。

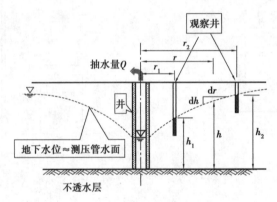

图 2.17　抽水试验示意图

在距井轴线为 r 的过水断面处,其水面高度为 h,则过水断面面积为 $A = 2\pi rh$;假设该过水断面上水力梯度 i 为常数,且等于地下水位线在该处的坡度,即 $i = dh/dr$。根据达西定律,有:

$$q = \frac{Q}{t} = kAi = k2\pi rh \frac{dh}{dr}$$

$$q \frac{dr}{r} = 2\pi kh dh$$

对等式两边进行积分:

$$q \int_{r_1}^{r_2} \frac{dr}{r} = 2\pi k \int_{h_1}^{h_2} h dh$$

$$q \ln \frac{r_2}{r_1} = \pi k(h_2^2 - h_1^2)$$

从而得到土的渗透系数:

$$k = \frac{q}{\pi} \frac{\ln(r_2/r_1)}{(h_2^2 - h_1^2)} \qquad (2.40a)$$

用常用对数表示,则为:

$$k = 2.3 \frac{q}{\pi} \frac{\lg(r_2/r_1)}{(h_2^2 - h_1^2)} \qquad (2.40b)$$

土的渗透系数还可以用孔压静力触探试验、地球物理勘探方法等进行现场测定。无实测资料时,还可以参照有关规范或已有工程资料选定。常见土的渗透系数 k 参考值见表2.7。

表 2.7　土的渗透系数参考值

土的类别	渗透系数 $k/(\text{cm} \cdot \text{s}^{-1})$	土的类别	渗透系数 $k/(\text{cm} \cdot \text{s}^{-1})$
黏土	$<10^{-7}$	中砂	10^{-2}
粉质黏土	$10^{-5} \sim 10^{-6}$	粗砂	10^{-2}
粉土	$10^{-4} \sim 10^{-5}$	砾砂	10^{-1}
粉砂	$10^{-3} \sim 10^{-4}$	砾石	$>10^{-1}$
细砂	10^{-3}		

(4)影响渗透系数的主要因素

土体的渗透特性与土体孔隙率、含水率、颗粒组成、颗粒之间的相互作用方式等因素有关。对于无黏性土,土体颗粒的排列方式主要受土颗粒自重作用控制,因而影响渗透性的主要因素是土体颗粒的级配与土体的孔隙率;对于黏性土,土体颗粒的排列方式主要受到土颗粒之间的相互作用方式控制,其渗透性除受土体的颗粒组成、孔隙率影响外,还与土颗粒的矿物成分、黏粒表面存在的吸着水膜、水溶液的化学性质有关。此外,土体的渗透特性还与通过的流体性质(比如水、油)有关,其密度、粘滞性等直接影响土体的渗透能力。

影响渗透系数的主要因素有:

①土的结构。细粒土在天然状态下具有复杂结构,结构一旦扰动,原有的过水通道的形状、大小及其分布就会全部改变,因而 k 值也就不同。扰动土样与击实土样的 k 值通常均比同一密度原装土样的 k 值为小。

②土的构造。土的构造因素对 k 值的影响也很大。例如,在黏性土层中有很薄的砂土夹层的层理构造,会使土在水平方向的 k_h 值比垂直方向的 k_h 值大许多倍,甚至几十倍。因此,在室内做渗透试验时,土样的代表性很重要。

③土的粒度成分。一般土粒愈粗、大小愈均匀、形状愈圆滑,k 值也就愈大。粗粒土中含有细粒土时,随细粒含量的增加,k 值急剧下降。

④土的密实度。土愈密实,k 值愈小。

⑤土的饱和度。一般情况下饱和度愈低,k 值愈小。这是因为低饱和度的土孔隙中存在较多的气泡会减小过水断面面积,甚至堵塞细小孔道。同时,气体因孔隙水压力的变化而胀缩。

⑥水的温度。土的渗透系数 k 与渗流液体(水)的重度 γ_w 以及粘滞度 η 有关。水温不同时,γ_w 相差不多,但 η 变化较大。水温愈高,η 愈低;k 与 η 基本上呈线性关系。《土工试验方法标准》(GB/T 50123—2019)和《公路土工试验规程》(JTG 3430—2020)均采用20 ℃为标准温度。因此在标准温度20 ℃下的渗透系数应按下式计算:

$$k_{20} = \frac{\eta_T}{\eta_{20}} k_T \tag{2.41}$$

式中　k_T, k_{20}——分别为 T ℃和20 ℃时土的渗透系数,cm/s;

η_T, η_{20}——分别为 T ℃和20 ℃时土的粘滞度。

【例题 2.3】　设做变水头渗透试验的粘土试样的截面积为30 cm^2,厚度为4 cm,渗透仪细玻璃管的内径为0.4 cm,试验开始时的水位差为160 cm,经时段15 min 后,观察得水位差为52cm,试验时的水温为

30℃。试求试样的渗透系数？

【解】已知试样截面积 $A = 30 \text{ cm}^2$，渗径长度 $L = 4 \text{ cm}$，细玻璃管的内截面积为：

$$a = \frac{\pi d^2}{4} = \frac{3.14 \times (0.4)^2}{4} = 0.125\,6(\text{cm}^2)$$

由于，$h_1 = 160 \text{ cm}$，$h_2 = 52 \text{ cm}$，$\Delta t = 900 \text{ s}$，则试样在 30 ℃时的渗透系数为：

$$k_{30} = 2.3 \times \frac{aL}{A(t_2 - t_1)} \lg \frac{h_1}{h_2} = 2.3 \times \frac{0.1256 \times 4}{30 \times 900} \times \lg \frac{160}{52} = 2.09 \times 10^{-5}(\text{cm/s})$$

3）成层土的等效渗透系数

天然沉积土往往由厚薄不一且渗透性不同的土层所组成，宏观上具有非均匀性。成层土的渗透性质除了与各土层的渗透性有关，也与渗流的方向有关。对于平面问题中平行于土层层面和垂直于土层层面的简单渗流情况，当各土层的渗透系数和厚度为已知时，可求出整个土层与层面平行和垂直的平均渗透系数，作为进行渗流计算的依据。

水平渗流即水流方向与层面平行的渗流情况，如图 2.18 所示。在渗流场中截取的渗流长度为 L 的一段渗流区域，各土层的水平向渗透系数分别为 k_{1x}、$k_{2x} \cdots k_{nx}$，厚度分别为 H_1、$H_2 \cdots H_n$。各土层的过水断面面积为：$A_i = H_i \cdot 1 = H_i$；土体总过水断面面积为；$A = 1 \cdot H = \sum_{i=1}^{n} H_i$。水平渗流时，$\Delta h_i = \Delta h$，由于渗流路径相等，故 $i_i = i$。若通过各土层的单位渗水量为 q_{1x}、$q_{2x} \cdots q_{nx}$，则通过整个土层的总单位渗水量 q_x 应为各土层单位渗水量之总和，即：

$$q_x = q_{1x} + q_{2x} + \ldots + q_{nx} = \sum_{i=1}^{n} q_{ix} \tag{2.42}$$

根据达西定律，土体总单位渗水量表示为：

$$q_x = k_x i A \tag{2.43}$$

任一土层的单位渗水量为：

$$q_{ix} = k_{ix} i A_i \tag{2.44}$$

将式（2.43）和式（2.44）代入式（2.42），得到整个土层与层面平行的平均渗透系数为：

$$k_x = \frac{1}{H} \sum k_{ix} H_i \tag{2.45}$$

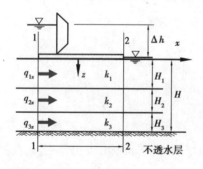

图 2.18　与层面平行的渗流

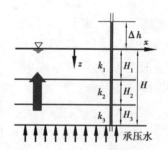

图 2.19　与层面垂直的渗流

对于垂直渗流即水流方向与层面垂直情况，如图 2.19 所示。设通过各土层的单位渗水量为 q_{1z}、$q_{2z} \cdots q_{nz}$，通过整个土层的单位渗水量为 q_z，根据水流连续原理，有 $q_z = q_{1z}$，土体总过水断面面积 A 与各土层的过水断面面积 A_i 相等，根据达西定律 $v = q/A = ki$，可知土体总流速 v_z 与各土层的流速 v_{iz} 相等，即有

$$v_z = k_z i = v_{iz} = k_{iz} i_i \tag{2.46}$$

每一土层的水力梯度 $i_i = \Delta h_i / H_i$，整个土层的水力梯度 $i = \Delta h / H$，根据总的水头损失 Δh 等于每一土

层水头损失 Δh_i 之和 ,则有:

$$\Delta h = iH = \frac{v_z}{k_z}H = \sum_{i=1}^{n}\Delta h_i = \sum_{i=1}^{n}\frac{v_{iz}}{k_{iz}}H_i \tag{2.47}$$

将 $v_z = v_{iz}$ 代入式(2.47)得到:

$$\frac{H}{k_z} = \sum_{i=1}^{n}\frac{H_i}{k_{iz}}$$

可推出:

$$k_z = \frac{H}{\sum_{i=1}^{n}\dfrac{H_i}{k_{iz}}} = \frac{H}{\dfrac{H_1}{k_{1z}} + \dfrac{H_2}{k_{2z}} + \dots + \dfrac{H_n}{k_{nz}}} \tag{2.48}$$

　　由此可见,对于成层土,如果各土层的厚度大致相近,而渗透性却相差悬殊时,与层向平行的平均渗透系数将取决于最大透水层的厚度和渗透性。如果各土层的厚度大致相近,而渗透性却相差悬殊时,与层面垂直的平均渗透系数将取决于最不透水层的厚度和渗透性。在实际工程中,在选用等效渗透系数时,一定要注意渗透水流的方向。

2.7.2　渗透力及渗透变形

1)渗透力

　　水在土体中流动时,由于受到土粒的阻力,而引起水头损失。从作用力与反作用力的原理可知,水的渗流将对土骨架产生拖拽力,导致土体中的应力与变形发生变化。单位体积土粒所受到的拖拽力为渗透力。流土试验如图2.20所示,设厚度为 L 的均匀砂样装在容器内,试样的截面积为 A,贮水器的水面与容器的水面等高时,$\Delta h = 0$ 则不发生渗流现象;若将贮水器逐渐上提,则 Δh 逐渐增大,贮水器内的水则透过砂样自下向上渗流,在溢水口流出,贮水器提得

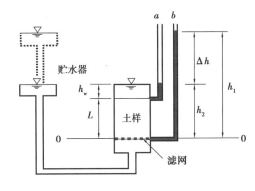

图 2.20　流土试验示意图

越高,则 Δh 越大,渗流速度越大,渗流量越大,作用在土体中的渗透力也越大。当 Δh 增大到某一数值时,作用在土粒上的向上的渗透力大于向下的重力时,可明显地看到渗水翻腾并挟带砂子向上涌出,从而发生渗透破坏。

　　水透过砂样自下向上渗流时,因为要克服试样内砂粒对水流的阻力 F,总水压力降低了 $\gamma_w \Delta h A$,根据力的平衡条件,渗流作用于试样的总渗透力 $J = F = \gamma_w \Delta h A$,作用于单位体积土体的渗透力为:

$$j = \frac{J}{AL} = \frac{\gamma_w \Delta h A}{AL} = \frac{\gamma_w \Delta h}{L} = \gamma_w i \tag{2.49}$$

　　从式(2.49)可知,渗透力是一种体积力,量纲与 γ_w 相同。渗透力的大小和水力梯度 i 成正比,其方向与渗流方向一致。

　　工程上,若渗流方向是自上而下的,即与土重力方向一致时,渗透力将起到压密土体的作用;若渗流方向是自下而上的,即与土重力方向相反时,一旦向上的渗透力大于土的浮重度时,土粒就会被渗流水挟带向上涌出,这是渗透变形现象的本质。因此,在进行稳定分析时,必须考虑渗透力的影响,分析发生渗透变形的机理。

2)渗透变形

　　渗透变形是土体在渗流作用下发生变形和破坏的现象,包括流土和管涌两种基本形式。

（1）流土

流土（也称之为流砂）是指在自下而上的渗流过程中，表层局部范围内的土体或颗粒群同时发生悬浮、移动而流失的现象。任何类型的土，只要水力坡降达到一定的大小，都可发生流土破坏，流土主要发生于渗流溢出处而不发生于土体内部。它的发生一般是突发性的，对工程危害极大。开挖渠道或基坑时碰到的砂沸现象，就属于流土类型。

在砂样表面取一单元体积的土体分析，由于土浮重度 $\gamma' = \gamma_{sat} - \gamma_w = \dfrac{(d_s - 1)\gamma_w}{1 + e}$，当渗透力 j 等于土的浮重度 γ' 时，即当 $j = \gamma_w i = \gamma' = \dfrac{(d_s - 1)\gamma_w}{1 + e}$ 时，土的有效重量为零，土体处于临界状态，将产生流土现象。使土开始发生流土现象时的水力梯度称为临界水力梯度 i_{cr}，可知：

$$i_{cr} = \frac{\gamma_w}{} = \frac{d_s - 1}{1 + e} = (d_s - 1)(1 - n) \tag{2.50}$$

式（2.50）表明，临界水力梯度与土性密切相关，只要土的孔隙比 e 和土粒相对密度 d_s 或 γ' 为已知，则土的 i_{cr} 为定值，一般在 $0.8 \sim 1.2$ 之间。在工程中，为了保证安全，应使渗流区域内的实际水力梯度小于临界水力梯度。由于流土从开始至破坏历时较短，且破坏时某一范围内的土体会突然地被抬起或冲毁，故定义允许水力梯度：

$$[i] = \frac{i_{cr}}{K} \tag{2.51}$$

式中 K 为安全系数，一般取 $K = 2.0 \sim 2.5$。

流土一般发生在渗流逸出处，渗流逸出处的水力梯度为 i_e 称为逸出梯度，若 $i_e < [i]$，则土体处于稳定状态；若 $i_e = [i]$，则土体处于临界状态；若 $i_e > [i]$，则土体处于流土状态。

【例题 2.4】 某土坝地基土的比重 $G_s = 2.68$，孔隙比 $e = 0.82$，下游渗流出口处经计算水力坡降 i 为 0.2，若取安全系数 F_s 为 2.5，试问该土坝地基出口处土体是否会发生流土破坏？

【解】 临界水力坡降为：

$$i_{cr} = \frac{G_s - 1}{1 + e} = \frac{2.68 - 1}{1 + 0.82} = 0.92$$

允许水力坡降为：

$$[i] = \frac{i_{cr}}{F_s} = \frac{0.92}{2.5} = 0.37$$

因实际水力坡降 $i = 0.2 < 0.37$，即 $i < [i]$，故土坝地基出口处土体不会发生流土破坏。

（2）管涌

管涌是指在水流渗透作用下，土中的细颗粒在粗颗粒形成的孔隙中移动，在渗流逸出处流失；随着土粒流失，土的孔隙不断扩大，渗流速度不断增加，较粗的颗粒也渐渐流失，导致土体内形成贯通的渗流管道，造成土体塌陷的现象。管涌破坏可发生于土体内部和渗流溢出处，从管涌开始到破坏有一定的时间发展过程，是一种渐进性质的破坏。

产生管涌必须具备两个条件：一是几何条件（内因）：土中粗颗粒所构成的孔隙直径必须大于细颗粒的直径且相互连通，不均匀系数 $C_u > 10$；二是水力条件（外因）：渗透力足够大，能够带动细颗粒在孔隙间滚动或移动，可用管涌的临界水力梯度来表示，但管涌临界水力梯度的计算至今尚未成熟。对于重大工程，应尽量由试验确定。

（3）防治渗透变形的措施

防治渗透变形的措施，也就是渗流控制，即防止渗流破坏、保证建（构）筑物的渗透稳定性，有时也要减少渗透水量的损失。渗流控制的问题包括设计、施工、运行管理及渗流原位观测等各个方面。防止渗流破坏的工程措施主要有防渗、排渗和加固三个大类，常见方法有延长渗流途径、隔断渗流路径以及设置排水和反滤层等几种。

增加渗透途径，降低水力坡降或渗流速度，可使危险的集中冲刷不致发生。如在易被渗流集中冲刷的接触面上设结合槽、齿墙、刺墙、截流环或局部放宽接触断面等。

采用防渗措施往往不能完全控制渗流。因此，除坝体或地基本身能找到排水作用可以不专门设置排渗措施外，通常，对渗流的控制采取排渗措施更为重要。设置排渗措施导泄渗流，可以降低渗压。特别当坝体或地基的透水性较小时，甚至只要设置排渗措施就可以达到减小渗流压力控制渗流的目的。

一般设置排水需同时设置反滤层。反滤层是由2~4层颗粒大小不同的砂、碎石或卵石等材料做成的，顺着水流的方向颗粒逐渐增大，任一层的颗粒都不允许穿过相邻较粗一层的孔隙。同一层的颗粒也不能产生相对移动。设置反滤层后渗透水流出时就带不走堤坝体或地基中的土体。从而可防止管涌或流土的发生。反滤层的作用在于防止土颗粒随渗流流失；经反滤层保护的土，同时加上排水体本身或上部建筑物的压重作用，也就提高了渗流出口处土体的临界水力坡降。许多工程实例表明，内部管道的形成往往是从渗流出口处的局部破坏开始的，因此反滤排水对出口的保护向时也能防止内部连通管道的发生。

土层加固措施主要是充填土颗粒之间的空隙，增加土颗粒间的摩擦，降低土的渗透系数，增加水流过的水头损失，从而降低水力梯度。工程中常用的加固措施主要有冷冻法和灌浆。

2.8 岩土的工程分类

2.8.1 按现行规范进行岩土的分类

《建筑地基基础设计规范》（GB 50007—2011）、《岩土工程勘察规范》（GB 50021—2001，2009版）和《公路桥涵地基与基础设计规范》（JTJ D063—2019）对岩土的分类标准是相同的。该分类体系的主要特点是，在考虑划分标准时，注重土的天然结构特性和强度，并始终与土的主要工程特性——变形和强度特征紧密联系。因此，该分类标准既考虑了按沉积年代和地质成因的划分，同时又将某些特殊形成条件和特殊工程性质的区域性特殊土与普通土区别开来。

地基土按沉积年代可划分为：

①老沉积土：第四纪晚更新世 Q_3 及其以前沉积的土，一般呈超固结状态，具有较高的结构强度。

②新近沉积土：第四纪全新世近期沉积的土，一般呈欠固结状态，结构强度较低。根据地质成因土可分为残积土、坡积土、洪积土、冲积土、湖积土、海积淤积土、风积土和冰积土。作为建筑地基的岩土可分为岩石、碎石土、砂土、粉土、黏性土、人工填土和特殊土。

1）岩石

岩石为颗粒间牢固黏结，呈整体或具有节理隙的岩体称为岩石，岩石的坚硬程度可根据岩块的饱和单轴抗压强度 f_r 分类，见表 2.8。

表 2.8　岩石坚硬程度划分

坚硬程度类别	坚硬岩	较坚硬岩	较软岩	软岩	极软岩
f_r/MPa	$f_r > 60$	$30 < f_r \leq 60$	$15 < f_r \leq 30$	$5 < f_r \leq 15$	$f_r \leq 5$

2）碎石土

粒径大于 2 mm 的颗粒含量超过全重50%的土称为碎石土。根据颗粒级配和颗粒性质可分为漂石、块石、卵石、碎石、圆砾和角砾，见表 2.9。

表 2.9　碎石土分类

土的名称	颗粒形状	颗粒级配
漂石	圆形及亚圆形为主	粒径大于 200 mm 的颗粒含量超过全重 50%
块石	棱角形为主	
卵石	圆形及亚圆形为主	粒径大于 20 mm 的颗粒含量超过全重 50%
碎石	棱角形为主	
圆砾	圆形及亚圆形为主	粒径大于 2 mm 的颗粒含量超过全重 50%
角砾	棱角形为主	

注:定名时应根据颗粒级配由大到小以最先符合者确定。

3）砂土

粒径大于 2 mm 的颗粒含量不超过全重 50%,且粒径大于 0.075 mm 的颗粒含量超过全重 50% 的土称为砂土。根据颗粒级配可分为砾砂、粗砂、中砂、细砂和粉砂,见表 2.10。

表 2.10　砂土分类

土的名称	颗粒级配
砾砂	粒径大于 2 mm 的颗粒含量占全重 25%~50%
粗砂	粒径大于 0.5 mm 的颗粒含量超过全重 50%
中砂	粒径大于 0.25 mm 的颗粒含量超过全重 50%
细砂	粒径大于 0.075 mm 的颗粒含量超过全重 85%
粉砂	粒径大于 0.075 mm 的颗粒含量超过全重 50%

4）粉土

粉土也称为粉性土,是介于砂土和黏性土之间,塑性指数 $I_P \leqslant 10$,粒径大于 0.075 mm 的颗粒含量不超过全重 50% 的土。粉土的密实度根据孔隙比 e 划分为密实、中密和稍密,其湿度根据土的含水量 w 划分为稍湿、湿、很湿,见表 2.11 和表 2.12。

表 2.11　粉土密实度分类

密实度	密实	中密	稍密
孔隙比 e	$e<0.75$	$0.75 \leqslant e \leqslant 0.90$	$e >0.90$

表 2.12 粉土湿度分类

湿度	稍湿	湿	很湿
含水量 $w/\%$	$w<20$	$20 \leqslant w \leqslant 30$	$w>30$

5）黏性土

黏性土是指塑性指数 $I_P>10$ 的土。根据塑性指数又可分为粉质黏土和黏土。

$$I_P > 17 \qquad 黏土$$
$$10 < I_P \leqslant 17 \qquad 粉质黏土$$

在静水或缓慢的流水环境中沉积,并经生物化学作用形成,其天然含水量大于液限、天然孔隙比 $e \geqslant 1.5$ 的黏性土称为淤泥。当天然含水量大于液限而 $1.5>e \geqslant 1.0$ 的黏性土或粉土为淤泥质土。用液性指数判别黏性土物理状态的标准见表 2.5。

6)人工填土

由于人类活动而形成的堆积土称为人工填土。人工填土的物质成分较杂乱,均匀性较差,根据其物质组成和成因,可分为素填土、压实填土、杂填土和冲填土。

7)特殊土

在一定区域分布,具有特殊成分、状态和结构特征的土称为特殊土,它分为湿陷性土、红黏土、软土(包括淤泥、淤泥质土、泥炭质土、泥炭等)、混合土、填土、冻土、膨胀岩土、盐渍岩土、风化岩与残积土、污染土。

淤泥为在静水或缓慢的流水环境中沉积,并经生物化学作用形成,其天然含水量大于液限、天然孔隙比大于或等于 1.5 的黏性土。当天然含水量大于液限,而天然孔隙比小于 1.5 但大于或等于 1.0 的黏性土或粉土为淤泥质土。含有大量未分解的腐殖质,有机质含量大于 60% 的土为泥炭,有机质含量 ≥10% 且 ≤60% 的土为泥炭质土。

红黏土为碳酸盐岩系的岩石经红土化作用形成的高塑性黏土。其液限一般大于 50%。红黏土经再搬运后仍保留其基本特征,其液限 >45% 的土为次生红黏土。

人工填土根据其组成和成因,可分为素填土、压实填土、杂填土、冲填土。素填土为由碎石土、砂土、粉土、黏性土等组成的填土。经过压实或夯实的素填土为压实填土。

杂填土为含有建筑垃圾、工业废料、生活垃圾等杂物的填土。冲填土为由水力冲填泥砂形成的填土。

膨胀土为土中黏粒成分主要由亲水性矿物组成,同时具有显著的吸水膨胀和失水收缩特性,其自由膨胀率 ≥40% 的黏性土。

湿陷性土为在一定压力下浸水后产生附加沉降,其湿陷系数 ≥0.015 的土。

【例题 2.5】 某饱和土的含水量为 $w=40\%$,液限 $w_L=29\%$,塑限 $w_P=18\%$,土粒比重 $d_s=2.72$,试确定该土样的名称和状态。

【解】 (1)确定土样名称

$I_P=29-18=11>10$,但小于 17,可得此土样为粉质黏土;又含水量 40%>液限 29%,如果孔隙比 $e\geq1.0$,有可能是淤泥或淤泥质土。所以要计算孔隙比。

由于饱和土样 $S_r=1$,根据饱和度与孔隙比的关系 $S_r=wd_s/e$,得:

$$e=\frac{wd_s}{S_r}=\frac{0.4\times2.72}{1}=1.09$$

因 $1.0<(e=1.09)<1.5$,故为淤泥质土。所以,土样最后定名为淤泥质粉质黏土。

(2)确定土的状态

$$I_L=\frac{w-w_P}{w_L-w_P}=\frac{0.40-0.18}{0.29-0.18}=2.0>1.0$$

由表 2.5 知,土样呈流塑状态。

2.8.2 细粒土塑性图分类

细粒土是指粒径小于 0.075 mm 者超过 50% 的土,可参照塑性图进一步细分。塑性图由美国 Cassagrande 教授于 1947 年提出的一种细粒土的分类方法。各国在 Cassagrand 提出的塑性图基础上,经过补充和修改,形成了适合自己国情的塑性图。我国《土的工程分类标准》(GB/T 50145—2007)采用的细粒土塑性图,如图 2.21 所示。

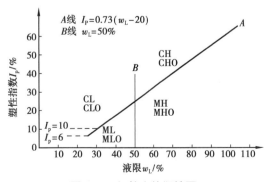

图 2.21 细粒土的塑性图

图中 A 线方程 $I_P = 0.73(w_L - 20)$，B 线方程 $w_L = 50\%$，其中 w_L 是以 76 g 锥式液限仪锥尖 5 s 入土 17 mm 为标准测定的。若锥入土深度为 10 mm 时，$I_P = 0.63(w_L - 20)$，$w_L = 40\%$。当点位于 B 线以右时，在 A 线以上者为高液限黏土(CH)，A 线以下者为高液限粉土(MH)；当点位于 B 线以左时，在 A 线与 $I_P = 10$ 线以上者为低液限黏土(CL)；在 A 线与 $I_P = 10$ 线以下者为低液限粉土(ML)。对这一范围的土，还可按 $I_P = 6$ 再划分。

土中有机质应根据未完全分解的动植物残骸和无定形物质判定。有机质呈黑色、青黑色或暗色，有臭味、弹性和海绵感，可采用目测、手摸或嗅觉判别。当不能判别时，可将试样放入 100～110 ℃ 的烘箱中烘烤。当烘烤后试样的液限小于烘烤前液限的 3/4 时，试样为有机质土。

用塑性图划分细粒土，是以扰动土的两个指标 I_P 和 w_L 为依据，它能较好地反映土粒与水相互作用的一些性质，却忽略了决定天然土工程性质的另一重要因素——土的结构性。因此，对于以土料为工程对象时，它是一种较好的分类方法；而对于以天然土样作为地基时，却还存在不足。另外，用塑性图得出的同一土类中，还包括许多名称不同而性质相近的土。为此，在确定土类以后，必要时还应根据习惯名称、当地俗名或地质名称等为土命名，并进行必要的描述。

习　题

2.1　一土样，颗粒分析结果如下表所示，试确定该土样的名称。

粒径/mm	2~0.5	0.5~0.25	0.25~0.075	0.075~0.005	0.005~0.001	<0.001
粒组含量/%	5.6	17.5	27.4	24	15.5	10.0

2.2　已知某土样天然重度 $\gamma = 21$ kN/m³，含水量 $w = 15\%$，颗粒相对密度 $d_s = 2.71$，求孔隙比 e。

2.3　某砂土的天然重度 $\gamma = 17.6$ kN/m³，含水量 $w = 8.6\%$，颗粒相对密度 $d_s = 2.66$，最小孔隙比 $e_{min} = 0.462$，最大孔隙比 $e_{max} = 0.710$，求砂土的相对密实度 D_r。

2.4　已知某地基土试样有关数据如下：①天然重度 $\gamma = 18.4$ kN/m³，干重度 $\gamma_d = 13.2$ kN/m³；②液限 $w_L = 40.8\%$，塑限 $w_P = 26.8\%$。求：

(1)土的天然含水量 w，塑性指数和液性指数；

(2)土的名称和状态。

2.5　已知土的试验指标为天然重度 $\gamma = 17$ kN/m³，相对密度 $d_s = 2.72$，含水量 $w = 10\%$，求孔隙比 e 和饱和度 S_r。

2.6　某饱和土样的液限 $w_L = 42\%$，塑限 $w_P = 20\%$，含水量 $w = 40\%$，天然重度 $\gamma = 18.2$ kN/m³，求孔隙比 e 和相对密度 d_s。

2.7　某土样在天然状态下的体积为 210 cm³，质量为 350 g，烘干后的质量为 310 g，设土粒相对密度 d_s 为 2.67，试求该试样的密度 ρ、含水量 w、孔隙比 e 和饱和度 S_r。

2.8　某砂土试样，测得含水量 w 为 23.2%，重度 γ 为 16.0 kN/m³，土粒相对密度 d_s 为 2.68，取水的重度 γ_w 为 10 kN/m³。将该砂样放入振动容器中，振动到最密实时量得砂样的体积为 220 cm³，其质量为 415 g；最松散时量得砂样的体积为 350 cm³，其质量为 420 g。试求该砂样的天然孔隙比 e 和相对密度 D_r。

2.9　在常水头渗透试验中，已知渗透仪直径 $D = 75$ mm，在 $L = 200$ mm 渗流路径上的水头损失 $\Delta h = 83$ mm，在 60 s 时间内的渗水量 $Q = 71.6$ cm³。试求土的渗透系数。

2.10　变水头渗透试验中，黏土试样的截面积为 30 cm²，厚度为 4 cm，渗透仪细玻璃管的内径为 0.4 cm，试验开始时的水位差为 145 cm，经时段 7 分 25 秒后观察得水位差为 100 cm，试验时的水温为 20 ℃。试求土样的渗透系数。

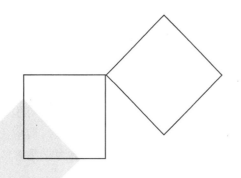

3 土体中的应力计算

本章导读：

- **基本要求** 了解土力学中应力符号的规定及地基中常见的应力状态；掌握土中自重应力、基底压力和基底附加压力的计算；掌握矩形面积均布荷载、矩形面积三角形分布荷载、圆形面积均布荷载，以及条形荷载等条件下的土中竖向附加应力计算方法及分布规律；掌握土的有效应力原理。
- **重点** 自重应力、基底压力和各种荷载分布下的地基竖向附加应力计算。
- **难点** 各种荷载分布下地基中竖向附加压力计算，有效应力原理。

3.1 概　述

　　地基土受荷以后将产生应力和变形，如果应力和变形过大，将会产生土体失去稳定和变形的工程问题。为了对建筑物地基基础进行沉降（变形）、承载力与稳定性分析，必须首先了解和计算在建筑物修建前后土体中应力的分布和变化情况。地基中的应力，按照其产生的原因主要有两种，即由土体本身重力引起的自重应力和由外荷载（上部结构荷载、地震惯性力等）引起的附加应力。两种应力由于产生原因不同，因而分布规律和计算方法也不同。

1）土力学中应力符号的规定

　　土中应力是指土体在自身重力、建筑物荷载以及其他因素（如土中水渗流、地震等）作用下土中所产生的应力。计算地基应力时，一般将地基当作弹性半空间体来考虑，即把地基看成是一个具有水平界面，深度和广度都无限大的空间弹性体，如图 3.1 所示。

　　在所选定的直角坐标系中，地基中任一点的 $M(x, y, z)$ 的应力状态，可用 3 个法向应力 $\sigma_x, \sigma_y, \sigma_z$ 和三对剪应力 $\tau_{xy} = \tau_{yx}, \tau_{yz} = \tau_{zy}, \tau_{zx} = \tau_{xz}$，共 6 个应力分量来表示。由于土力学所研究的对象（例如自重压力，附加应

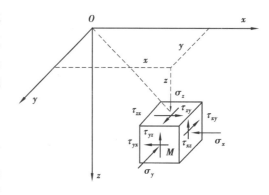

图 3.1　土中一点的应力状态

力,土压力等)绝大部分都是压应力,所以规定以压应力为正,拉应力为负。剪应力的正负号规定是:当剪应力作用面上的法向应力方向与坐标轴的正方向一致时,剪应力的方向与坐标轴方向一致时为正,反之为负;若剪应力作用面上的法向应力方向与坐标轴的正方向相反时,剪应力的方向与坐标轴方向一致时为负,反之为正。由此可见,土力学中应力符号的规定与材料力学是有区别的。

2)地基中常见的应力应变状态

(1)三维应变状态(空间应变状态)　在局部荷载作用下,地基中的应变状态均属于三维应变状态。三维应变状态是建筑物地基中最普遍的一种应变状态,例如独立柱基下,地基中各点应变就是典型的三维空间应变状态。

(2)二维应变状态(平面应变状态)　当建筑物基础一个方向的尺寸远比另一个方向的尺寸大得多,且每个横截面上的应力大小和分布形式均一样时,在地基中引起的应力应变状态,即可简化为二维应变状态(如堤坝、墙下条形基础或挡土墙下的地基等)。此时沿长度方向切出任一横截面都可以认为是对称面,$\varepsilon_y = 0$,由于对称性,$\tau_{yz} = \tau_{yz} = 0$。

(3)一维应变状态(侧限应变状态)　侧限应力状态是指侧限应变为零的一种应力状态,地基在自重和无限均布荷载作用下的应力状态即属于此种应力状态。由于把地基视为半无限弹性体,因此同一深度处的土体受力条件相同,土体不可能发生侧向变形,而只能发生竖向变形。由于任何竖直面都是对称面,$\varepsilon_x = \varepsilon_y = 0$,任何竖直面和水平面上都没有剪应力存在,即$\tau_{xy} = \tau_{yz} = \tau_{zx} = 0$,且有$\sigma_x = \sigma_y$。

前面所讨论的地基中常见应力应变状态的矩阵形式如下所示:

$$\sigma = \begin{bmatrix} \sigma_x & \tau_{xy} & \tau_{xz} \\ \tau_{yx} & \sigma_y & \tau_{yz} \\ \tau_{zx} & \tau_{zy} & \sigma_z \end{bmatrix}; \quad \sigma = \begin{bmatrix} \sigma_x & 0 & \tau_{xz} \\ 0 & \sigma_y & 0 \\ \tau_{zx} & 0 & \sigma_z \end{bmatrix}; \quad \sigma = \begin{bmatrix} \sigma_x & 0 & 0 \\ 0 & \sigma_y & 0 \\ 0 & 0 & \sigma_z \end{bmatrix}$$

　　(1)三维应变状态　　　　　　(2)二维应变状态　　　　　　(3)一维应变状态

3.2　自重应力计算

通过引入连续介质假定、线弹性假定、均质性假定以及各向同性假定,可以用线弹性理论来研究复杂的三相组成的碎散土体,即假定其应力与应变呈线性关系,服从广义虎克定律,从而可直接应用弹性理论得出应力的解析式。线弹性理论是对真实土体性质的一种简化,得到的解答会有一定的误差。但是,在一定的条件下,采用弹性理论计算土中应力是能够满足工程需要的。

在修建建筑物之前,由土体自身重量而引起的应力称为土的自重应力,记为σ_{cz}。研究地基自重应力的目的是为了确定土体的初始应力状态。

3.2.1　均质土的自重应力

如图3.2所示,将均质地基视为弹性半空间体,在其内部任一与地面平行的平面上,土体在自重应力作用下只能产生竖向变形,而无侧向位移及剪切变形存在,即满足侧限应力条件。因此,在深度z处平面上,土体因自重只产生的竖向应力σ_{cz}和水平向应力$\sigma_{cx} = \sigma_{cy}$,而剪应力$\tau = 0$。竖向应力(即土体自重应力)等于单位面积上土柱的重力,即

$$\sigma_{cz} = \gamma z \tag{3.1}$$

可见,土的竖向自重应力σ_{cz}沿水平面均匀分布,且与z成正比,即随着深度呈线性增大,呈三角形分布。

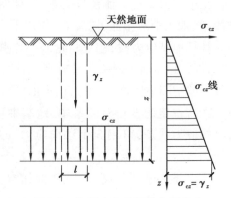

图3.2　均质土中的竖向自重应力

3.2.2　成层土的自重应力计算

地基土往往是成层的,因而各土层具有不同的重度。计算时应以天然土层层面作为分层界面,如图 3.3 所示,各土层的厚度分别为 $H_1, H_2, \cdots, H_n$,相应的重度分别为 $\gamma_1, \gamma_2, \cdots, \gamma_n$,则地基中的深度 z 处的竖向自重应力为:

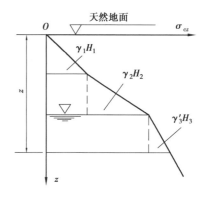

$$\sigma_{cz} = \gamma_1 H_1 + \gamma_2 H_2 + \gamma_3 H_3 + \cdots + \gamma_n H_n = \sum_{i=1}^{n} \gamma_i H_i \quad (3.2)$$

式中　σ_{cz}——天然地基下任意深度处的竖向自重应力,kPa;

n——深度 z 范围内的土层总数;

H_i——第 i 土层的厚度,m;

γ_i——第 i 土层的天然重度,地下水位以下一般用浮重度 γ',kN/m³。

图 3.3　成层土中的竖向自重应力

3.2.3　有地下水时的自重应力

地基土中往往存在地下水,因而各土层与天然土层相比具有不同的特性。计算时应以地下水位面作为分层界面,如图 3.3 所示。

通常认为地下水位以下的砂性土是应该考虑浮力作用的,采用土的浮重度 γ' 来计算自重应力。而黏性土地基需要结合黏性土的稠度状态来确定,当 $I_L \leqslant 0$,即位于地下水位以下的土为坚硬黏土时,土体中只存在强结合水,不能传递静水压力,故认为土体不受水的浮力作用,采用土的饱和重度 γ_{sat} 来计算自重应力;当 $I_L \geqslant 1$,即位于地下水位以下的土为流动状态时,土颗粒之间存在大量自由水,能够传递静水压力,故认为土体受到水的浮力作用,采用土的浮重度 γ' 来计算自重应力;当 $0 < I_L < 1$,即位于地下水位以下的土为塑性状态时,土体是否受到水的浮力作用比较难确定,在实践中一般按不利情况考虑。

地下水位以下,如埋藏有不透水层(岩层或坚硬黏土层),由于不透水层中不存在水的浮力,层面以下的自重应力应按上覆土层的水土总重计算。这样,紧靠上覆层和不透水层界面上下的自重应力将产生突变,使层面处有两个自重应力值。

另外,地下水位的升降会引起土中自重应力的变化。例如在软土地区,常因大量抽取地下水而导致地下水位长期大幅度下降,使地基中原水位以下的土层的自重应力增大,造成地表大面积下沉。

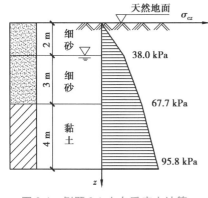

图 3.4　例题 3.1 土自重应力计算

【**例题** 3.1】　如图 3.4 所示,确定地基自重应力并绘制出其分布图。细砂(水上)$\gamma_1 = 19$ kN/m³,$\gamma_{s1} = 25.9$ kN/m³,$w_1 = 18\%$;黏土 $\gamma_2 = 16.8$ kN/m³,$\gamma_{s2} = 26.8$ kN/m³,$w_2 = 50\%$,$w_{L2} = 48\%$,$w_{P2} = 25\%$。

【**解**】　(1)细砂层地下水位有效重度

$$\gamma_1' = \frac{(\gamma_{s1} - \gamma_w)\gamma_1}{\gamma_{s1}(1 + w_1)} = \frac{(25.9 - 10) \times 19}{25.9 \times (1 + 0.18)} \text{ kN/m}^3 = 9.9 \text{ kN/m}^3$$

(2)黏土层的液性指数

$$I_L = \frac{w - w_p}{w_L - w_p} = \frac{50 - 25}{48 - 25} = 1.09 > 1$$

黏土层受到水的浮力作用,地下水位以下用有效重度计算。

$$\gamma'_2 = \frac{(\gamma_{s2} - \gamma_w)\gamma_2}{\gamma_{s2}(1 + w_2)} = \frac{(26.8 - 10) \times 16.8}{26.8 \times (1 + 0.50)} \text{ kN/m}^3 = 7.02 \text{ kN/m}^3$$

(3)自重应力计算

a 点:$z = 0$ m,$\sigma_{cz} = \gamma_1 z = 0$ kPa

b 点:$z = 2$ m,$\sigma_{cz} = \gamma_1 z = 19$ kN/m$^3 \times 2$ m $= 38$ kPa

c 点:$z = 5$ m,$\sigma_{cz} = \sum \gamma_i h_i = 19$ kN/m$^3 \times 2$ m $+ 9.9$ kN/m$^3 \times 3$ m $= 67.7$ kPa

d 点:$z = 9$ m,$\sigma_{cz} = \sum \gamma_i h_i = 19$ kN/m$^3 \times 2$ m $+ 9.9$ kN/m$^3 \times 3$ m $+ 7.02$ kN/m$^3 \times 4$ m $= 95.8$ kPa

(4)绘制自重应力 σ_{cz} 沿深度的分布,如图 3.4 所示。

3.3　基底压力计算

3.3.1　基底压力分布概念

建筑物通过基础将上部荷载传给地基。作用于建筑物基础底面与地基土接触面上的压力称为基底压力,也称为基底接触压力。而地基支撑基础的反力称为基底反力。基底压力与基底反力是大小相等、方向相反的作用力与反作用力。

影响基底压力的大小和分布状况的因素很多,如荷载的大小、方向和分布,基础的刚度、形状、尺寸和埋置深度,地基土的性质等。其中,基础的刚度影响较大。基础按照其与地基土的相对抗弯刚度可以分为三类,即绝对柔性基础($EI \approx 0$)、绝对刚性基础($EI \approx \infty$)和有限刚度基础。关于柔性基础和刚性基础的概念见 7.5.1 节。

工程上最常见的是有限刚度基础,且地基也不是完全弹性体。当地基两端的压力足够大,超过土的极限强度后,土体就会形成塑性区,这时基底两端处地基土所承受的压力不能继续增大,多余的应力自行调整向中间转移。又因为基础也不是绝对刚性的,可以稍微弯曲,故基底压力分布的形式较复杂。对于黏性土表面上的条形基础,其基底压力随荷载增大分别呈近似弹性解、马鞍形、抛物线形和倒钟形分布,如图 3.5 所示,其中,$P_1 < P_2 < P_3 < P_4$。

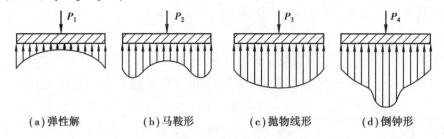

(a)弹性解　　(b)马鞍形　　(c)抛物线形　　(d)倒钟形

图 3.5　黏性土地基条形基础基底反力的分布

根据弹性力学理论,基底压力的具体分布形式对地基应力计算的影响仅局限于一定深度范围,超出此范围以后,地基中附加应力不受基底压力分布形状的影响。因此,对于有限刚度且尺寸较小的基础等,其基底压力可近似地按直线分布,应用材料力学公式进行简化计算。

3.3.2 基底压力简化计算方法

1) 中心荷载作用下的基底压力

当上部竖向荷载的合力通过基础底面的形心时,基底压力均匀分布,如图 3.6 所示,并按下式计算:

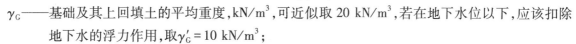

$$p = \frac{F + G}{A} \qquad (3.3)$$

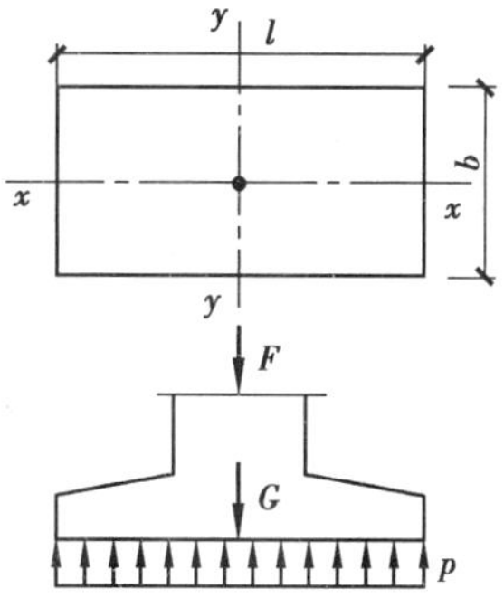

图 3.6 中心荷载下基底反力分布

式中 p——基底平均压力,kPa;

G——基础及其埋深范围内回填土的总重,kN,$G = \gamma_G A d$;

γ_G——基础及其上回填土的平均重度,kN/m³,可近似取 20 kN/m³,若在地下水位以下,应该扣除地下水的浮力作用,取 $\gamma'_G = 10$ kN/m³;

d——基础埋置深度,m,一般从设计地面或室内外平均设计地面算起;

F——上部结构传至基础顶面的竖向力设计值,kN;

A——基础底面积,m²,对于矩形基础,$A = bl$;

b, l——分别为矩形基础的宽度和长度。

对于条形基础,基础长度大于宽度的 10 倍,通常沿基础长度方向取 1 延米来计算,则有:

$$p = \frac{F + G}{b} \qquad (3.4)$$

式中 F——上部结构传至基础顶面的每延米竖向力设计值,kN/m;

b——条形基础的宽度,m。

2) 偏心荷载作用下的基底压力

(1)单向偏心荷载 如图 3.7 所示,单向偏心荷载下的矩形基础设计时,通常取基底长边方向与偏心方向一致,此时两短边边缘最大压力设计值 p_{max} 与最小压力设计值 p_{min} 按材料力学偏心受压公式计算。

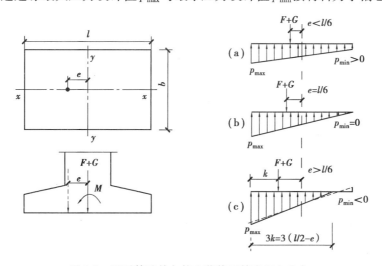

图 3.7 矩形基础单向偏心荷载下基底反力分布

$$p_{min}^{max} = \frac{F + G}{bl} \pm \frac{M}{W} \qquad (3.5)$$

式中 M——作用于基础底面处的力矩,kN·m;

W——基础底面处弯矩抵抗矩,m³,$W = bl^2/6$;

l, b——分别为力矩作用方向的基础边长、矩形基础底面的短边长度,m。

将偏心荷载的偏心矩 $e=M/(F+G)$ 代入式(3.5)得：

$$p_{min}^{max} = \frac{F+G}{bl}\left(1 \pm \frac{6e}{l}\right)$$ (3.6)

由式(3.6)可知，按偏心荷载偏心矩 e 的大小，基底压力的分布有三种情况。

①当 $e<l/6$ 时，$p_{min}>0$，基底压力分布呈梯形，如图 3.8(a)所示。

②当 $e=l/6$ 时，$p_{min}=0$，基底压力分布呈三角形，如图 3.8(b)所示。

③当 $e>l/6$ 时，距偏心荷载较远的基底边缘反力为负值，即 $p_{min}<0$，如图 3.7(c)中虚线所示。由于基础与地基之间不能承受拉应力，基底将与地基局部脱开，必然导致基底压力的重新分布。依据基底反力应与偏心荷载平衡条件，三角形基底反力的合力应该与偏心荷载形成一对平衡力。调整后的基底边缘的最大压力为：

$$p_{max} = \frac{2(F+G)}{3b\left(\dfrac{l}{2}-e\right)}$$ (3.7)

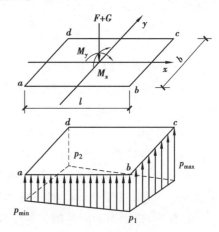

图 3.8 双向偏心荷载下基底反力分布

（2）双向偏心荷载　如图 3.8 所示，矩形基础在双向偏心荷载作用下，若基底最小压力 $p_{min}\geq 0$，则矩形基底边缘四个角点处的压力计算式为：

$$p_{min}^{max} = \frac{F+G}{bl} \pm \frac{M_x}{W_x} \pm \frac{M_y}{W_y}$$ (3.8a)

$$p_2^1 = \frac{F+G}{bl} \mp \frac{M_x}{W_x} \pm \frac{M_y}{W_y}$$ (3.8b)

式中　b,l——分别为垂直于 x 轴和 y 轴的基础边长；

M_x,M_y——作用在矩形基础底面处绕 x 轴和 y 轴的力矩，$kN \cdot m$；

W_x,W_y——矩形基础底面处绕 x 轴和 y 轴的弯矩抵抗矩，m^3。

$$W_x = \frac{b^2 l}{6}, W_y = \frac{bl^2}{6}$$

双向偏心荷载下基础底面任意点的压力为：

$$p(x,y) = \frac{F+G}{bl} + \frac{M_x}{I_x} \cdot y + \frac{M_y}{I_y} \cdot x$$ (3.9)

式中　I_x,I_y——矩形基础底面处绕 x 轴和 y 轴的惯性矩，m^4。

若条形基础在宽度方向上受偏心荷载作用（e 为基础底面竖向荷载在宽度方向上的偏心矩），同样可在长度方向取 1 延米进行计算，则基底宽度方向两端的压力为：

$$p_{min}^{max} = \frac{F+G}{b}\left(1 \pm \frac{6e}{b}\right)$$ (3.10)

3.3.3　基础底面附加压力计算

基底附加压力是指建筑物荷载引起的超出原有基底压力的压力增量。建筑物修建前，土中存在着自重应力，在其形成至今的很长的地质年代中，其在自重作用下的变形早已稳定。因此，只有基底附加压力才能引起地基的附加应力和变形。

1)基础位于地面上

基础建在地面上,如图 3.9(a)所示,基础底面附加压力等于基底接触压力,即

$$p_0 = p \qquad (3.11)$$

2)基础位于地面下

通常基础建在地面下,如图 3.9(b)所示,设基础的埋深为 d,则基础底面中心点的附加压力为:

$$p_0 = p - \gamma_m d \qquad (3.12)$$

式中　d——自天然地面算起的基础埋深,m;

　　　γ_m——基面以上地基土加权平均重度,地下水位以下取有效重度加权平均值,kN/m^3;

　　　p_0, p——分别为基底附加压力和基底接压力,kPa。

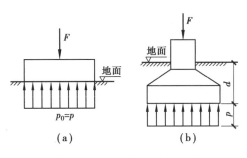

图 3.9　基底附加压力的计算

3.4　地基附加应力计算

地基附加应力是指建筑物荷载在地基内引起的应力增量。对一般天然土层而言,自重应力引起的压缩变形在地质历史上早已完成,不会再引起地基的沉降。而附加应力是因为建筑物的修建而在自重应力基础上新增加的应力,因此它是使地基产生变形,引起建筑物沉降的主要原因。在计算地基中的附加应力时,一般假定地基土是连续、均质、各向同性的半无限空间线弹性体,直接应用弹性力学中关于弹性半空间的理论解答。

3.4.1　竖向集中力作用下的地基附加应力计算

1)布辛奈斯克解

集中荷载在地基中引起的应力解答是求解地基内附加应力及其分布的基础。在半无限空间弹性体表面上作用着竖直集中力时,弹性体内部任意点处所引起的附加应力和位移的弹性力学解答是由法国 J. 布辛奈斯克(J.Boussinesq,1885)得出的。如图 3.10 所示,在半无限空间内任意一点 $M(x,y,z)$ 处的六个应力分量和三个位移分量的解答如下。

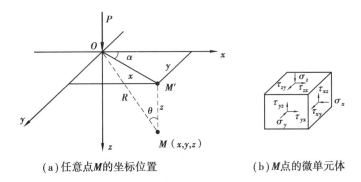

(a)任意点 M 的坐标位置　　　　(b) M 点的微单元体

图 3.10　竖直集中力下的附近应力

竖向应力:
$$\sigma_z = \frac{3P}{2\pi} \cdot \frac{z^3}{R^5} \qquad (3.13)$$

其他应力:$\sigma_x = \dfrac{3P}{2\pi} \cdot \left\{ \dfrac{x^2 z}{R^5} + \dfrac{1-2\mu}{3}\left[\dfrac{R^2 - Rz - z^2}{R^3(R+z)} - \dfrac{x^2(2R+z)}{R^3(R+z)^2} \right] \right\}$

$$\sigma_y = \frac{3P}{2\pi} \cdot \left\{ \frac{y^2 z}{R^5} + \frac{1-2\mu}{3} \left[\frac{R^2 - Rz - z^2}{R^3(R+z)} - \frac{y^2(2R+z)}{R^3(R+z)^2} \right] \right\}$$

$$\tau_{xy} = \tau_{yx} = \frac{3P}{2\pi} \cdot \left[\frac{xyz}{R^5} - \frac{1-2\mu}{3} \cdot \frac{xy(2R+z)}{R^3(R+z)^2} \right]$$

$$\tau_{yz} = \tau_{zy} = -\frac{3P}{2\pi} \cdot \frac{yz^2}{R^5}; \tau_{zx} = \tau_{xz} = -\frac{3P}{2\pi} \cdot \frac{xz^2}{R^5}$$

位移分量：$u = \dfrac{P(1+\mu)}{2\pi E} \left[\dfrac{xz}{R^3} - (1-2\mu)\dfrac{x}{R(R+z)} \right]$

$$v = \frac{P(1+\mu)}{2\pi E} \left[\frac{yz}{R^3} - (1-2\mu)\frac{y}{R(R+z)} \right]; w = \frac{P(1+\mu)}{2\pi E} \left[\frac{z^2}{R^3} + 2(1-\mu)\frac{1}{R} \right]$$

式中　P——作用在坐标原点 O 的竖向集中力，kN；

　　　$\sigma_x, \sigma_y, \sigma_z$——分别为平行于 x, y, z 坐标轴的正应力，kPa；

　　　$\tau_{xy}, \tau_{xz}, \tau_{zy}$——剪应力，kPa，前一脚标表示与它作用微面法线方向平行的坐标轴，后一脚标表示与它作用方向平行的坐标轴；

　　　u, v, w——M 点沿坐标轴 x, y, z 方向的位移，mm；

　　　R——M 点至坐标原点 O 的距离，m，$R = \sqrt{x^2 + y^2 + z^2} = \sqrt{r^2 + z^2}$；

　　　r——M 点至坐标原点 O 的水平距离，m；

　　　μ, E——分别为土的泊松比；弹性模量，kPa（采用地基变形模量 E_0 代替）。

对土力学而言，σ_z 具有特别重要的意义，它是使地基土产生压缩变形的原因。由公式可知，垂直应力 σ_z 只与荷载 P 及 M 点的位置有关，而与地基土变形性质（μ, E）无关。为应用方便，通过几何关系推导，式(3.13)可以写为：

$$\sigma_z = \frac{3P}{2\pi} \cdot \frac{z^3}{R^5} = \frac{3P}{2\pi} \cdot \frac{z^3}{(r^2 + z^2)^{\frac{5}{2}}} = \frac{3}{2\pi} \cdot \frac{1}{\left[\left(\frac{r}{z}\right)^2 + 1 \right]^{\frac{5}{2}}} \cdot \frac{P}{z^2} = \alpha \frac{P}{z^2} \qquad (3.14)$$

$$\alpha = \frac{3}{2\pi} \frac{1}{\left[\left(\frac{r}{z}\right)^2 + 1 \right]^{\frac{5}{2}}} \qquad (3.15)$$

式中　α——竖直集中力作用下的地基竖向附加应力系数，简称集中应力系数，无因次，是 r/z 的函数，可由表 3.1 中查得。

由于竖直集中力作用下地基中的应力状态与坐标(x, y)无关，所以是轴对称空间问题。如图 3.11 所示，σ_z 分布特征如下：

①σ_z 在集中力作用线的分布。当 $r = 0$ 时，计算得知 $\alpha = 3/(2\pi)$，$\sigma_z = 3P/(2\pi z^2)$，可见，在集中力作用线上，σ_z 的分布是随深度的增加而递减的。当 $z = 0$ 时，$\sigma_z = \infty$，这是由于将集中力的作用面积视为零，出现奇异；当 $z = \infty$ 时，$\sigma_z = 0$。

②σ_z 在 $r > 0$ 柱面上的分布。当 $z = 0$ 时，$\sigma_z = 0$；随着深度 z 的增加，σ_z 从零逐渐增大，至一定深度后又随着深度 z 的增加而逐渐减小。

③σ_z 在 z 水平面上的分布。当 $z = $ 常数时，σ_z 在集中力的作用线上最大，并随着 r 的增加而逐渐减小。随着深度 z 的增加，集中力作用线上的 σ_z 减小，而水平面上的应力分布趋于均匀。

④σ_z 应力等值面的分布。在空间中将 σ_z 相同的点连成曲面，可以得到 σ_z 应力等值面，如图 3.11(b)所示，其形状如泡状，也如植物的球根，故也称为应力泡或应力球根。

表 3.1 集中应力系数 α

r/z	α	r/z	α	r/z	α	r/z	α	r/z	α
0.00	0.477 5	0.40	0.329 4	0.80	0.138 6	1.20	0.051 3	1.68	0.016 7
0.02	0.477 0	0.42	0.318 1	0.82	0.132 0	1.22	0.048 9	1.70	0.016 0
0.04	0.475 6	0.44	0.306 8	0.84	0.125 7	1.24	0.046 5	1.74	0.014 7
0.06	0.473 2	0.46	0.295 5	0.86	0.119 6	1.26	0.044 3	1.78	0.013 5
0.08	0.469 9	0.48	0.284 3	0.88	0.113 8	1.28	0.042 2	1.80	0.012 9
0.10	0.465 7	0.50	0.273 3	0.90	0.108 3	1.30	0.040 2	1.84	0.011 9
0.12	0.460 7	0.52	0.262 5	0.92	0.103 1	1.32	0.038 4	1.90	0.010 5
0.14	0.454 8	0.54	0.251 8	0.94	0.098 1	1.34	0.036 5	1.94	0.009 7
0.16	0.448 2	0.56	0.241 4	0.96	0.093 3	1.36	0.034 8	1.98	0.008 9
0.18	0.440 9	0.58	0.231 3	0.98	0.088 7	1.38	0.033 2	2.00	0.008 5
0.20	0.432 9	0.60	0.221 4	1.00	0.084 4	1.40	0.031 7	2.10	0.007 0
0.22	0.424 2	0.62	0.211 7	1.02	0.080 3	1.42	0.030 2	2.20	0.005 8
0.24	0.415 1	0.64	0.202 4	1.04	0.076 4	1.44	0.028 8	2.40	0.004 0
0.26	0.405 4	0.66	0.193 4	1.06	0.072 7	1.46	0.027 5	2.60	0.002 9
0.28	0.395 4	0.68	0.184 6	1.08	0.069 1	1.48	0.026 3	2.80	0.002 1
0.30	0.384 9	0.70	0.176 2	1.10	0.065 8	1.50	0.025 1	3.00	0.001 5
0.32	0.374 2	0.72	0.168 1	1.12	0.062 6	1.54	0.022 9	3.50	0.000 7
0.34	0.363 2	0.74	0.160 3	1.14	0.059 5	1.58	0.020 9	4.00	0.000 4
0.36	0.352 1	0.76	0.152 7	1.16	0.056 7	1.60	0.020 0	4.50	0.000 2
0.38	0.340 8	0.78	0.145 5	1.18	0.053 9	1.64	0.018 3	5.00	0.000 1

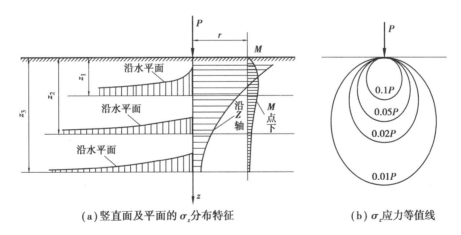

（a）竖直面及平面的 σ_z 分布特征　　（b）σ_z 应力等值线

图 3.11　竖直集中力下地基竖向附加应力分布特征

2) 等代荷载法

工程实践中,荷载很少是以集中力的形式作用在土体上的,而往往是通过基础分布在一定的面积上。若基础底面形状或者基底荷载分布不是规则的,则可以把荷载面或基础底面划分为若干个规则的单元面积,每个单元面积上的荷载近似地以作用在单元面积形心上的集中力来代替,如图 3.12 所示。如此则可以应用布辛奈斯克解和叠加原理来计算地基中的应力分布。这种近似方法精度取决于单元面积的大小。

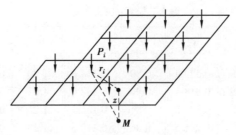

图 3.12 等代荷载法计算附加应力

当地面上有若干个集中力 P_i 同时作用时，地基中任意点 M 处的应力 σ_z 为：

$$\sigma_z = \alpha_1 \frac{P_1}{z^2} + \alpha_2 \frac{P_2}{z^2} + \cdots + \alpha_n \frac{P_n}{z^2} = \frac{1}{z^2} \sum_{i=1}^{n} \alpha_i P_i \tag{3.16}$$

式中　α_i——集中力 P_i 作用下的集中应力系数。

3.4.2　竖向分布荷载作用下的地基附加应力计算

1)矩形面积在竖直均布荷载作用下地基中的竖向附加应力

（1）竖直均布荷载作用于矩形面积角点下的竖向附加应力计算

一般建筑物下基础通常是矩形底面，在中心荷载作用下，基底压力均匀分布，基础角点下任意深度 z 处 M 的竖向附加应力，如图 3.13 所示，可以利用基本公式(3.13)沿着整个矩面积进行积分求得。

设基础荷载面的长度和宽度分别为 l 和 b，作用于地基上竖直均布荷载强度为 p。根据布辛奈斯克解及等代荷载法基本原理，将均匀分布于矩形面积上的荷载划分为无数个荷载微元体，其面积为 $dxdy$，以集中力 $dP = pdxdy$ 代替其上的分布荷载，代入式(3.13)，求 dP 在 M 点引起的竖向附加应力 $d\sigma_z$ 为：

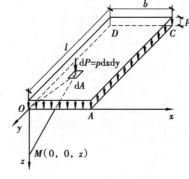

图 3.13　均布矩形荷载
角点下附加应力

$$d\sigma_z = \frac{3p \cdot dx \cdot dy \cdot z^3}{2\pi(x^2 + y^2 + z^2)^{\frac{5}{2}}} \tag{3.17}$$

整个矩形面积 A 上均布荷载在 M 点引起的竖向附加应力 σ_z 等于式(3.17)的积分值：

$$\sigma_z = \int_0^b \int_0^l \frac{3p}{2\pi} \cdot \frac{z^3}{(x^2 + y^2 + z^2)^{\frac{5}{2}}} dxdy$$

$$= \frac{p}{2\pi} \left[\frac{mn}{\sqrt{1 + m^2 + n^2}} \times \left(\frac{1}{m^2 + n^2} + \frac{1}{1 + n^2} \right) + \arctan\left(\frac{m}{n\sqrt{1 + m^2 + n^2}} \right) \right]$$

令　　　$$\alpha_c = \frac{1}{2\pi} \left[\frac{mn}{\sqrt{1 + m^2 + n^2}} \times \left(\frac{1}{m^2 + n^2} + \frac{1}{1 + n^2} \right) + \arctan\left(\frac{m}{n\sqrt{1 + m^2 + n^2}} \right) \right]$$

则有　　　$$\sigma_z = \alpha_c p \tag{3.18}$$

式中　m, n——计算参数，$m = l/b$，$n = z/b$，l 和 b 分别为矩形的长边和短边的长度；

　　　α_c——矩形均布荷载作用下角点的竖直附加应力分布系数，简称角点应力系数，可以从表 3.2 中查得。

表 3.2　角点应力系数 α_c

z/b	m = l/b								
	1.4	1.6	1.8	2.0	3.0	4.0	5.0	6.0	10.0
	0.250	0.250	0.250	0.250	0.250	0.250	0.250	0.250	0.250
	0.249 0	0.249 1	0.249 1	0.249 1	0.249 2	0.249 2	0.249 2	0.249 2	0.249 2
	0.242 9	0.243 4	0.243 7	0.243 9	0.244 2	0.244 3	0.244 3	0.244 3	0.244 3
		0.231 5	0.232 4	0.233 0	0.233 9	0.234 1	0.234 2	0.234 2	0.234 2
		0.214 7	0.216 5	0.217 6	0.219 6	0.220 0	0.220 2	0.220 2	0.220 2
		0.195 5	0.198 1	0.199 9	0.203 4	0.204 4	0.204 5	0.204 5	0.204 6
	0.170 5	0.175 7	0.179 3	0.181 8	0.187 0	0.188 2	0.188 5	0.188 7	0.188 8
	0.150 8	0.156 9	0.161 3	0.164 4	0.171 2	0.173 0	0.173 5	0.173 8	0.174 0
1.8	0.117 2	0.124 0	0.129 4	0.133 4	0.143 4	0.146 3	0.147 4	0.147 8	0.148 2
2.0	0.103 4	0.110 3	0.115 8	0.120 2	0.131 4	0.135 0	0.136 3	0.136 8	0.137 4
2.2	0.091 5	0.098 3	0.103 9	0.108 4	0.120 5	0.124 8	0.126 4	0.127 1	0.127 7
2.4	0.081 3	0.087 9	0.093 4	0.097 9	0.110 8	0.115 6	0.117 5	0.118 4	0.119 2
2.6	0.072 5	0.078 8	0.084 2	0.088 6	0.102 0	0.107 3	0.109 6	0.110 6	0.111 6
2.8	0.064 9	0.070 9	0.076 0	0.080 5	0.094 1	0.099 9	0.102 4	0.103 6	0.104 8
3.0	0.058 3	0.064 0	0.068 9	0.073 2	0.087 0	0.093 1	0.095 9	0.097 3	0.098 7
3.2	0.052 6	0.057 9	0.062 7	0.066 8	0.080 6	0.087 0	0.090 1	0.091 6	0.093 2
3.4	0.047 7	0.052 7	0.057 1	0.061 1	0.074 7	0.081 4	0.084 7	0.086 4	0.088 2
3.6	0.043 3	0.048 0	0.052 3	0.056 1	0.069 4	0.076 3	0.079 8	0.081 6	0.083 7
3.8	0.039 5	0.043 9	0.047 9	0.051 6	0.064 6	0.071 7	0.075 3	0.077 3	0.079 6
4.0	0.036 2	0.040 3	0.044 1	0.047 5	0.060 3	0.067 4	0.071 2	0.073 3	0.075 8
4.2	0.033 2	0.037 1	0.040 7	0.043 9	0.056 3	0.063 4	0.067 4	0.069 6	0.072 4
4.4	0.030 6	0.034 2	0.037 6	0.040 7	0.052 6	0.059 8	0.063 9	0.066 2	0.069 2
4.6	0.028 3	0.031 7	0.034 8	0.037 8	0.049 3	0.056 4	0.060 6	0.063 0	0.066 3
4.8	0.026 2	0.029 4	0.032 4	0.035 2	0.046 3	0.053 3	0.057 5	0.060 1	0.063 5
5.0	0.024 3	0.027 3	0.030 1	0.032 8	0.043 5	0.050 4	0.054 7	0.057 3	0.061 0
6.0	0.017 4	0.019 6	0.021 7	0.023 8	0.032 5	0.038 8	0.043 1	0.046 0	0.050 6
7.0	0.013 0	0.014 7	0.016 4	0.018 0	0.025 1	0.030 6	0.034 7	0.037 6	0.042 8
8.0	0.010 1	0.011 4	0.012 7	0.014 0	0.019 8	0.024 6	0.028 3	0.031 2	0.036 7
9.0	0.008 0	0.009 1	0.010 2	0.011 2	0.016 1	0.020 2	0.023 5	0.026 2	0.031 9
10.0	0.006 5	0.007 4	0.008 3	0.009 2	0.013 2	0.016 8	0.019 8	0.022 2	0.027 9

（2）竖直均布荷载作用于矩形面积其任意点下的竖向附加应力计算

此时,可以将荷载面积化为几部分,每一部分都是矩形,并使待求应力之点处于所划分的几个矩形的共同角点之下,然后利用式（3.18）分别计算各部分荷载产生的附加应力,最后利用叠加原理计算出全部附加应力。这种方法叫做角点法,角点法主要有以下几种情况（见图 3.14）。

①边点:求图 3.14(a)所示边点 O 的附加应力,可以将面积过 O 点划分为两个矩形,再相加即可。

$$\sigma_z = (\alpha_{c\,I} + \alpha_{c\,II})p \tag{3.19}$$

式中　$\alpha_{c\,I}, \alpha_{c\,II}$——相应面积 I 和 II 的角点应力系数。

②内点:图 3.14(b)所示内点 O 附加应力,将面积过 O 点划分为四个矩形相加即可。

$$\sigma_z = (\alpha_{c\,I} + \alpha_{c\,II} + \alpha_{c\,III} + \alpha_{c\,IV})p \tag{3.20}$$

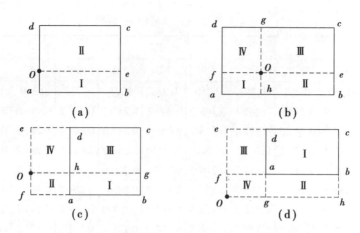

图 3.14　角点法计算矩形均布荷载下的地基附加应力

式中　α_{cI}，α_{cII}，α_{cIII}，α_{cIV}——相应面积 I，II，III 和 IV 角点附加应力系数。

如果点 O 位于矩形面积的形心，则有 $\alpha_{cI}=\alpha_{cII}=\alpha_{cIII}=\alpha_{cIV}$，得：

$$\sigma_z = 4\alpha_{cI}p \tag{3.21}$$

式（3.21）即为利用角点法求竖直均布荷载作用于矩形面积中心点下 σ_z 的解。

③外点 I 型：此类外点 O 位于荷载范围的延长区域内，可按图 3.14（c）所示的方式进行划分。此时，荷载 $abcd$ 可以看作 I（$Ofbg$）与 II（$Ofah$）之差和 III（$Oecg$）与 IV（$Oedh$）之差的合成，即附加应力按下式计算：

$$\sigma_z = (\alpha_{cI} - \alpha_{cII} + \alpha_{cIII} - \alpha_{cIV})p \tag{3.22}$$

④外点 II 型：此类外点 O 位于荷载范围的延长区域外，可按图 3.14（d）所示的方式进行划分。此时，荷载 $abcd$ 可以看作 I（$Ohce$）与 IV（$Ogaf$）之和扣除 II（$Ohbf$）与 III（$Ogde$）之和的合成，即附加应力按下式计算：

$$\sigma_z = (\alpha_{cI} + \alpha_{cIV} - \alpha_{cIII} - \alpha_{cII})p \tag{3.23}$$

【例题 3.2】　某矩形基础，长边 2.0 m，宽度为 1.0 m，作用均布荷载 $p=100$ kPa，如图 3.15 所示。计算此矩形面积角点 A、边点 E、中心点 O，以及矩形面积外 F 点和 G 点下，深度 $z=1.0$ m 处的附加应力。

【解】　（1）计算角点 A 下应力 σ_{zA}

$l/b = 2.0$ m$/1.0$ m$=2.0$

$z/b = 1.0$ m$/1.0$ m$=1.0$，

查表 3.2 应力系数 $\alpha_c = 0.1999$。则 $\sigma_{zA}=\alpha_c p = 0.1999 \times 100$ kPa$=19.99$ kPa。

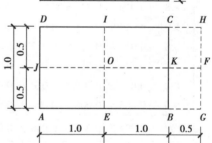

图 3.15　例题 3.3 角点法计算简图

（2）计算边点 E 下的应力 σ_{zE}

作辅助线 IE，将原矩形 $ABCD$ 划分为两个相等的小矩形 $EADI$ 和 $EBCI$。

在矩形 $EADI$ 中，$l/b = 1.0$ m$/1.0$ m$=1.0$，$z/b = 1.0$ m$/1.0$ m$=1.0$，查得 $\alpha_c = 0.1752$，则 $\sigma_{zE}=2\alpha_c p = 2\times 0.1752 \times 100$ kPa$=35.04$ kPa。

（3）计算中心点 O 下的应力 σ_{zO}

作辅助线 JOK 和 IOE，将原矩形 $ABCD$ 划分为 4 个相等的小矩形 $OEAJ$，$OJDI$，$OICK$ 和 $OKBE$。

在矩形 $OEAJ$ 中，$l/b = 1.0$ m$/0.5$ m$=2.0$，$z/b = 1.0$ m$/0.5$ m$=2.0$，查得 $\alpha_c = 0.1202$，则 $\sigma_{zO}=4\alpha_c p = 4\times 0.1202 \times 100$ kPa$=48.08$ kPa。

（4）计算矩形面积外 F 点下的应力 σ_{zF}

作辅助线 JKF，HFG，CH 和 BG，将原矩形 $ABCD$ 划分为两个相等的长矩形 $FGAJ$，$FJDH$ 和两个相等的

小矩形 $FGBK$, $FKCH$。

在矩形 $FGAJ$ 中，$l/b=2.5$ m$/0.5$ m$=5.0$，$z/b=1.0$ m$/0.5$ m$=2.0$，查得 $\alpha_{dⅠ}=0.136\,3$；在矩形 $FGBK$ 中，$l/b=0.5$ m$/0.5$ m$=1.0$，$z/b=1.0$ m$/0.5$ m$=2.0$，查得 $\alpha_{cⅡ}=0.084\,0$。则 $\sigma_{zF}=2(\alpha_{cⅠ}-\alpha_{cⅡ})p=2\times(0.136\,3-0.084\,0)\times100$ kPa$=10.46$ kPa。

（5）计算矩形面积外 G 点下的应力 σ_{zG}

作辅助线 BG, HG 和 CH，将原矩形 $ABCD$ 划分为一个大矩形 $GADH$ 和一个小矩形 $GBCH$。

在矩形 $GADH$ 中，$l/b=2.5$ m$/1.0$ m$=2.5$，$z/b=1.0$ m$/1.0$ m$=1.0$，查得 $\alpha_{cⅠ}=0.201\,7$；在矩形 $GBCH$ 中，$l/b=1.0$ m$/0.5$ m$=2.0$，$z/b=1.0$ m$/0.5$ m$=2.0$，查得 $\alpha_{cⅡ}=0.120\,2$。

则 $\sigma_{zG}=(\alpha_{cⅠ}-\alpha_{cⅡ})p=(0.201\,7-0.120\,2)\times100$ kPa$=8.15$ kPa。

2）矩形面积在竖直三角形分布荷载作用下地基中的竖向附加应力

如图 3.16 所示，在矩形面积上竖直作用三角形分布荷载，最大荷载强度为 p_t，把荷载强度为零点作为坐标原点，利用式（3.13）和积分方法，可以求出角点 O 下任意深度处的附加应力 σ_z。

在荷载面积内，任取一微面积 $\mathrm{d}x\mathrm{d}y$，以集中力 $\mathrm{d}P=p_t x\mathrm{d}x\mathrm{d}y/b$ 代替作用在其上的分布荷载，则 $\mathrm{d}P$ 在点 O 下任意深度处引起的竖向附加应力为：

$$\mathrm{d}\sigma_z=\frac{3p_t}{2\pi b}\cdot\frac{xz^3}{\left(x^2+y^2+z^2\right)^{\frac{5}{2}}}\mathrm{d}x\mathrm{d}y$$

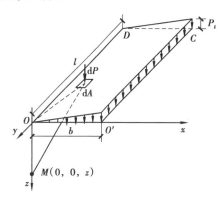

图 3.16　矩形面积上竖直作用三角形分布荷载角点下的附加应力计算

将上式沿矩形面积积分，即可得到竖直三角形分布荷载作用下矩形面积角点下的竖向附加应力为：

$$\sigma_z=\alpha_{tc1}p_t \tag{3.24}$$

$$\alpha_{tc1}=\frac{mn}{2\pi}\left[\frac{1}{\sqrt{m^2+n^2}}-\frac{n^2}{\left(1+n^2\right)\sqrt{1+m^2+n^2}}\right] \tag{3.25}$$

式中　m, n——计算参数，$m=\dfrac{l}{b}$，$n=\dfrac{z}{b}$；

b, l——分别为矩形上三角形荷载变化方向上的边长及另一边长；

α_{tc1}——竖直三角形分布荷载作用下矩形面积角点 O 下的竖向附加应力分布系数，可从表 3.3 中查得。

表 3.3　竖直三角形分布荷载作用下矩形面积角点 O 下的竖向附加应力分布系数 α_{tc1}

z/b \ l/b	0.2	0.4	0.6	0.8	1.0	1.2	1.4	1.6	1.8	2.0	3.0	4.0	6.0	8.0	10.0
0.0	0.000 0	0.000 0	0.000 0	0.000 0	0.000 0	0.000 0	0.000 0	0.000 0	0.000 0	0.000 0	0.000 0	0.000 0	0.000 0	0.000 0	0.000 0
0.2	0.022 3	0.028 0	0.029 6	0.030 1	0.030 4	0.030 5	0.030 5	0.030 6	0.030 6	0.030 6	0.030 6	0.030 6	0.030 6	0.030 6	0.030 6
0.4	0.026 9	0.042 0	0.048 7	0.051 7	0.053 1	0.053 9	0.054 3	0.054 5	0.054 6	0.054 7	0.054 8	0.054 9	0.054 9	0.054 9	0.054 9
0.6	0.025 9	0.044 8	0.056 0	0.062 1	0.065 4	0.067 3	0.068 3	0.069 0	0.069 4	0.069 6	0.070 1	0.070 2	0.070 2	0.070 2	0.070 2
0.8	0.023 2	0.042 1	0.055 3	0.063 7	0.068 8	0.072 0	0.073 9	0.075 1	0.075 9	0.076 4	0.077 3	0.077 5	0.077 6	0.077 6	0.077 6
1.0	0.020 1	0.037 5	0.050 8	0.060 2	0.066 6	0.070 8	0.073 5	0.075 3	0.076 6	0.077 4	0.079 0	0.079 4	0.079 5	0.079 6	0.079 6
1.2	0.017 1	0.032 4	0.045 0	0.054 6	0.061 5	0.066 4	0.069 8	0.072 1	0.073 8	0.074 9	0.077 4	0.077 9	0.078 2	0.078 2	0.078 3

续表

l/b z/b	0.2	0.4	0.6	0.8	1.0	1.2	1.4	1.6	1.8	2.0	3.0	4.0	6.0	8.0	10.0
1.4	0.014 5	0.027 8	0.039 2	0.048 3	0.055 4	0.060 6	0.064 4	0.067 2	0.069 2	0.070 7	0.073 9	0.074 8	0.075 2	0.075 2	0.075 3
1.6	0.012 3	0.023 8	0.033 9	0.042 4	0.049 2	0.054 5	0.058 6	0.061 6	0.063 9	0.065 6	0.069 7	0.070 8	0.071 4	0.071 5	0.071 5
1.8	0.010 5	0.020 4	0.029 4	0.037 1	0.043 5	0.048 7	0.052 8	0.056 0	0.058 5	0.060 4	0.065 2	0.066 6	0.067 3	0.067 5	0.067 5
2.0	0.009 0	0.017 6	0.025 5	0.032 4	0.038 4	0.043 4	0.047 4	0.050 7	0.053 3	0.055 3	0.060 7	0.062 4	0.063 4	0.063 6	0.063 6
2.5	0.006 3	0.012 5	0.018 3	0.023 6	0.028 4	0.032 5	0.036 2	0.039 3	0.041 9	0.044 0	0.050 4	0.052 9	0.054 3	0.054 7	0.054 8
3.0	0.004 6	0.009 2	0.013 5	0.017 6	0.021 4	0.024 9	0.028 0	0.030 7	0.033 1	0.035 2	0.041 9	0.044 9	0.046 9	0.047 4	0.047 6
5.0	0.001 8	0.003 6	0.005 4	0.007 1	0.008 8	0.010 4	0.012 0	0.013 4	0.014 8	0.016 1	0.021 4	0.024 8	0.028 3	0.029 6	0.030 1
7.0	0.000 9	0.001 9	0.002 8	0.003 8	0.004 7	0.005 6	0.006 4	0.007 3	0.008 1	0.008 9	0.012 4	0.015 2	0.018 6	0.020 4	0.021 2
10.0	0.000 5	0.000 9	0.001 4	0.001 9	0.002 3	0.002 8	0.003 2	0.003 7	0.004 1	0.004 6	0.006 6	0.008 4	0.011 1	0.012 8	0.013 9

若要求荷载最大值边的角点 O' 下任意深度处的竖向附加应力,可利用应力叠加原理来计算,如图 3.17 所示。显然,已知三角形分布荷载等于均布荷载与一个倒三角形荷载之差。则荷载最大值边的角点 O' 下任意深度处的竖向附加应力为:

$$\sigma_z = \alpha_{tc2} \cdot p_t = (\alpha_c - \alpha_{tc1}) \cdot p_t \tag{3.26}$$

式中　α_{tc2}——竖直三角形分布荷载作用下矩形面积角点 O' 下的竖向附加应力分布系数。

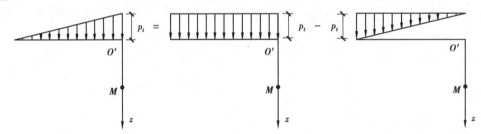

图 3.17　三角形分布荷载分解图

3)圆面积上竖直均布荷载作用下地基中的竖向附加应力

圆形面积上竖直作用均布荷载,荷载强度为 p,如图 3.18 所示。把荷载中心点作为坐标原点,利用式(3.13)和积分方法,可求出中心点 O 下任意深度处的附加应力 σ_z。

在荷载面积内,任取一微面积 $\mathrm{d}A = r\mathrm{d}\rho\mathrm{d}\theta$,以集中力 $\mathrm{d}P = pr\mathrm{d}r\mathrm{d}\theta$ 代替作用在其上的分布荷载,$\mathrm{d}P$ 在点 O 下任意深度处引起的竖向附加应力为:

$$\mathrm{d}\sigma_z = \frac{3pz^3}{2\pi} \cdot \frac{r\mathrm{d}r\mathrm{d}\theta}{(r^2 + z^2)^{\frac{5}{2}}}$$

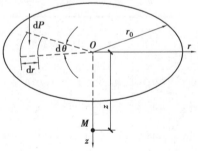

图 3.18　圆形面积上竖直作用均布荷载
其中心点下的附加应力计算

将上式沿圆形面积积分,即可得到中心点下竖直均布荷载作用的附加应力。

$$\sigma_z = \iint_D \mathrm{d}\sigma_z = \frac{3pz^3}{2\pi} \int_0^{2\pi} \int_0^r \frac{r\mathrm{d}r\mathrm{d}\theta}{(r^2 + z^2)^{\frac{5}{2}}} = p \left[1 - \frac{1}{\left(1 + \dfrac{r^2}{z^2} \right)^{\frac{3}{2}}} \right] \tag{3.27}$$

令 $\alpha_0 = \left[1 - \dfrac{1}{\left(1 + \dfrac{r^2}{z^2} \right)^{\frac{3}{2}}} \right]$，代入式(3.27)，则有：

$$\sigma_z = \alpha_0 p \tag{3.28}$$

式中　r_0——圆面的半径，m；

　　　α_0——竖直均布荷载作用下圆形面积中心点下竖向附加应力分布系数，查表 3.4 取得。

表 3.4　竖直均布荷载作用下圆形面积中心点下的竖向附加应力分布系数 α_0

z/r_0	α_0	z/r_0	α_0	z/r_0	α_0	z/r_0	α_0	z/r_0	α_0	z/r_0	α_0
0.0	1.000 0	0.8	0.756 2	1.6	0.390 2	2.4	0.213 5	3.2	0.130 4	4.0	0.086 9
0.1	0.999 0	0.9	0.700 6	1.7	0.359 6	2.5	0.199 6	3.3	0.123 5	4.2	0.079 4
0.2	0.992 5	1.0	0.646 4	1.8	0.332 0	2.6	0.186 9	3.4	0.117 0	4.4	0.072 8
0.3	0.976 3	1.1	0.594 9	1.9	0.307 0	2.7	0.175 4	3.5	0.111 0	4.6	0.066 9
0.4	0.948 8	1.2	0.546 6	2.0	0.284 5	2.8	0.164 8	3.6	0.105 5	4.8	0.061 7
0.5	0.910 6	1.3	0.502 0	2.1	0.264 0	2.9	0.155 1	3.7	0.100 4	5.0	0.057 1
0.6	0.863 8	1.4	0.461 2	2.2	0.245 5	3.0	0.146 2	3.8	0.095 6	10.0	0.014 8
0.7	0.811 4	1.5	0.424 0	2.3	0.228 7	3.1	0.138 0	3.9	0.091 1	20.0	0.003 7

3.4.3　线荷载和条形荷载作用下的地基附加应力计算

1)竖直线荷载作用下的附加应力——弗拉曼(Flamant)课题

如图 3.19 所示，当地面上作用竖直线荷载 p(沿无限长直线作用，kN/m)，地基内部任一深度 z 处点 M 的附加应力解答首先由 Flamant 得出。该种情况属于弹性力学中的平面应变问题。在线布荷载上取微分长度 $\mathrm{d}y$，以集中力 $\mathrm{d}P = p\mathrm{d}y$ 代替作用在其上的分布荷载，利用式(3.13)和积分方法，则 $\mathrm{d}P$ 在地基中 M 点引起的竖向附加应力为：

$$\mathrm{d}\sigma_z = \frac{3pz^3}{2\pi R^5} \mathrm{d}y \tag{3.29}$$

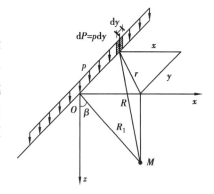

图 3.19　直线荷载下的附加应力计算

将上式沿整条线积分，得到竖直线荷载作用下地基中 M 点的竖向附加应力为：

$$\sigma_z = \int_{-\infty}^{+\infty} \frac{3pz^3 \mathrm{d}y}{2\pi (x^2 + y^2 + z^2)^{\frac{5}{2}}} = \frac{2pz^3}{\pi (x^2 + z^2)^2} \tag{3.30}$$

同理，按上述方法可推导出：

$$\sigma_x = \frac{2px^2z}{\pi (x^2 + z^2)^2} ; \tau_{xz} = \tau_{zx} = \frac{2pxz^2}{\pi (x^2 + z^2)^2} \tag{3.31}$$

由于线荷载沿 y 坐标轴均匀分布而且无限延伸，因此与 y 轴垂直的任何平面状态都完全相同。这种情况就属于弹性力学中的平面问题，此时按广义虎克定律和 $\varepsilon_y = 0$ 的条件，可得：

$$\tau_{xy} = \tau_{yx} = \tau_{yz} = \tau_{zy} = 0 \tag{3.32}$$

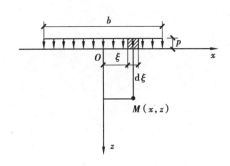

图 3.20　条形均布荷载下的
附加应力计算

$$\sigma_y = \mu(\sigma_x + \sigma_z) \tag{3.33}$$

由此可见,在平面问题中需计算的应力分量只有 σ_z、σ_x 和 τ_{xz} 三个。以 Flamant 解为基础,通过积分就可以推导出条形面积上作用的各种分布荷载在地基中引起的应力计算方法。

2)条形面积上竖直均布荷载作用下的附加应力

条形荷载宽度为 b,荷载强度为 p,如图 3.20 所示。取微分宽度 $d\xi$,利用式(3.30)求出线荷载 $dP = pd\xi$ 在任意点 M 所引起竖向附加应力为:

$$d\sigma_z = \frac{2p}{\pi} \cdot \frac{z^3 d\xi}{[(x-\xi)^2 + z^2]^2} \tag{3.34}$$

再将上式沿宽度由 $-b/2$ 积分至 $b/2$,即可得到条形基底受均布荷载作用时的竖向附加应力为:

$$\sigma_z = \alpha_{sz} p \tag{3.35}$$

$$\alpha_{sz} = \frac{1}{\pi}\left[\arctan\frac{1-2n}{2m} + \arctan\frac{1+2n}{2m} - \frac{4m(4n^2-4m^2-1)}{(4n^2+4m^2-1)^2 + 16m^2}\right] \tag{3.36}$$

同理,可得出 M 点另外两个附加应力分量计算公式如下:

$$\sigma_x = \alpha_{sx} p; \tau_{xz} = \tau_{zx} = \alpha_{sxz} p \tag{3.37}$$

$$\alpha_{sx} = \frac{1}{\pi}\left[\arctan\frac{1-2n}{2m} + \arctan\frac{1+2n}{2m} + \frac{4m(4n^2-4m^2-1)}{(4n^2+4m^2-1)^2 + 16m^2}\right] \tag{3.38}$$

$$\alpha_{sxz} = \frac{1}{\pi}\left[\frac{32m^2 n}{(4n^2+4m^2-1)^2 + 16m^2}\right] \tag{3.39}$$

以上各式中的 α_{sz}、α_{sx} 和 α_{sxz} 分别为均布条形荷载作用下相应的附加应力分布系数,都是 $m = z/b$ 和 $n = x/b$(b 为基底宽度)的函数,可查表 3.5 确定。

表 3.5　条形面积上竖直均布荷载作用下的竖向附加应力分布系数

z/b	x/b											
	0.00			0.25			0.50			1.00		
	α_{sz}	α_{sx}	α_{sxz}	α_{sz}	α_{sx}	α_{sxz}	α_{sz}	α_{sx}	α_{sxz}	α_{sz}	α_{sx}	α_{sxz}
0.00	1.00	1.00	0	1.00	1.00	0	0.50	0.50	0.32	0.00	0.00	0.00
0.25	0.96	0.45	0	0.90	0.39	0.13	0.50	0.35	0.30	0.02	0.17	0.06
0.50	0.82	0.18	0	0.73	0.19	0.16	0.48	0.23	0.25	0.08	0.21	0.13
0.75	0.67	0.08	0	0.61	0.10	0.13	0.45	0.14	0.20	0.15	0.18	0.16
1.00	0.55	0.04	0	0.51	0.06	0.10	0.41	0.09	0.16	0.18	0.15	0.16
1.25	0.46	0.02	0	0.44	0.03	0.07	0.37	0.06	0.12	0.20	0.11	0.14
1.50	0.40	0.01	0	0.38	0.02	0.06	0.33	0.04	0.10	0.21	0.08	0.13
1.75	0.35	—	0	0.33	0.01	0.04	0.30	—	0.08	0.21	0.06	0.11
2.00	0.31	—	0	0.30	—	0.03	0.27	—	0.06	0.20	0.05	0.10
3.00	0.21	—	0	0.21	—	0.02	0.20	—	0.03	0.17	0.02	0.06

续表

z/b	x/b											
	0.00			0.25			0.50			1.00		
	α_{sz}	α_{sx}	α_{sxz}	α_{sz}	α_{sx}	α_{sxz}	α_{sz}	α_{sx}	α_{sxz}	α_{sz}	α_{sx}	α_{sxz}
4.00	0.16	—	0	0.16	—	0.01	0.15	—	0.02	0.14	0.01	0.03
5.00	0.13	—	0	0.13	—		0.12	—		0.12	—	
6.00	0.11	—	0	0.11	—		0.10	—		0.10	—	

z/b	x/b											
	1.5			2.0			2.5			3.0	4.0	5.0
	α_{sz}	α_{sx}	α_{sxz}	α_{sz}	α_{sx}	α_{sxz}	α_{sz}	α_{sx}	α_{sxz}	α_{sz}	α_{sz}	α_{sz}
0.00	0.00	0.00	0.00	0.00	0.00	0.00	0.00	0.00	0.00	0.000	0.000	0.000
0.25	0.00	0.07	0.01	0.00	0.04	0.01	0.00	0.04	0.00	0.000	0.000	0.000
0.50	0.02	0.12	0.04	0.01	0.07	0.02	0.00	0.07	0.02	0.001	0.000	0.000
0.75	0.04	0.14	0.08	0.02	0.09	0.04	0.02	0.10	0.04	0.003	0.001	0.000
1.00	0.07	0.13	0.10	0.03	0.10	0.05	0.03	0.13	0.05	0.007	0.002	0.001
1.25	0.10	0.12	0.10	0.04	0.10	0.07	0.04	0.11	0.07	0.012	0.005	0.002
1.50	0.11	0.10	0.11	0.06	0.10	0.07	0.06	0.10	0.07	0.018	0.007	0.003
1.75	0.13	0.09	0.10	0.07	0.09	0.08	0.07	0.09	0.08	0.025	0.010	0.005
2.00	0.13	0.07	0.10	0.08	0.08	0.08	0.08	0.08	0.08	0.031	0.013	0.006
3.00	0.14	0.03	0.10	0.10	0.04	0.07	0.10	0.04	0.07	0.054	0.028	0.015
4.00	0.12	0.02	0.07	0.10	0.03	0.05	0.10	0.03	0.05	0.066	0.040	0.025
5.00	0.11	—	0.04	0.09	—		0.09	—		0.069	0.048	0.032
6.00	0.09	—		0.09	—			—		0.068	0.051	0.037

3）条形面积上竖直三角形分布荷载作用下的附加应力

条形荷载宽度为 b，分布沿宽度变化，其中一边荷载强度为零，另一边荷载强度为 p_t，如图 3.21 所示。利用式（3.30）求出微分宽度 $d\xi$ 上作用的线荷载 $dP = p_t\xi d\xi/b$ 在任意点 M 所引起的竖向附加应力为：

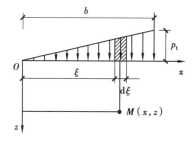

$$d\sigma_z = \frac{2p_t}{\pi} \cdot \frac{\dfrac{\xi}{b}z^3 d\xi}{\left[(x-\xi)^2+z^2\right]^2} \qquad (3.40)$$

图 3.21　条形面积上竖直三角形分布荷载下附加应力计算

再将上式沿宽度由 0 积分至 b，即可得到条形基底受三角形分布荷载作用时的竖向附加应力为：

$$\sigma_z = \alpha_{st} p_t \qquad (3.41)$$

$$\alpha_{st} = \frac{1}{\pi}\left[m\left(\arctan\frac{m}{n} - \arctan\frac{m-1}{n}\right) - \frac{(m-1)n}{(m-1)^2+n^2}\right] \qquad (3.42)$$

式中 α_{st}——条形面积上竖直三角形分布荷载作用下竖向附加应力分布系数,查表 3.6 确定;

m,n——计算参数,$m=x/b;n=z/b$(b 为基底的宽度)。

表 3.6　条形面积上竖直三角形分布荷载作用下的竖向附加应力分布系数 α_{st}

z/b \\ x/b	-2.00	-1.50	-1.00	-0.75	-0.50	-0.25	0.00	0.25	0.50	0.75	1.00	1.50	2.00	3.00
0.00	0.00	0.00	0.00	0.00	0.00	0.00	0.25	0.25	0.50	0.75	0.50	0.00	0.00	0.00
0.25	0.00	0.00	0.00	0.00	0.00	0.01	0.07	0.26	0.48	0.64	0.42	0.02	0.00	0.00
0.50	0.00	0.00	0.01	0.01	0.02	0.05	0.13	0.26	0.41	0.47	0.35	0.06	0.01	0.00
0.75	0.00	0.01	0.01	0.02	0.04	0.08	0.15	0.25	0.33	0.36	0.30	0.10	0.03	0.00
1.00	0.01	0.01	0.02	0.04	0.06	0.10	0.16	0.22	0.27	0.29	0.25	0.12	0.05	0.01
1.50	0.01	0.02	0.04	0.06	0.09	0.11	0.15	0.18	0.20	0.20	0.19	0.13	0.07	0.02
2.00	0.02	0.03	0.06	0.07	0.09	0.11	0.13	0.14	0.15	0.15	0.15	0.12	0.08	0.03
2.50	0.03	0.04	0.06	0.07	0.09	0.10	0.11	0.12	0.12	0.12	0.10	0.08	0.04	
3.00	0.03	0.05	0.06	0.07	0.08	0.09	0.10	0.10	0.10	0.10	0.10	0.09	0.07	0.04
4.00	0.04	0.05	0.06	0.06	0.07	0.07	0.07	0.08	0.08	0.08	0.08	0.07	0.06	0.04
5.00	0.04	0.05	0.05	0.05	0.06	0.06	0.06	0.06	0.06	0.06	0.06	0.06	0.06	0.04

3.4.4　水平荷载作用下的附加应力计算

地基表面上作用着水平荷载时,地基中应力分布的计算式由西罗提(Cerruti)导出。

1)水平集中力作用下土中附加应力计算

如图 3.22(a)所示,在水平集中力 Q 作用下,根据西罗提课题,地基中任一点 $M(x,y,z)$ 的竖向应力 σ_z 及在水平力作用方向上的位移 Δ_x 计算公式为:

$$\sigma_z = \frac{3Q}{2\pi R^5}xz^2 \tag{3.43}$$

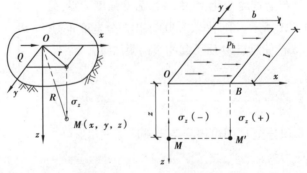

(a)水平集中荷载作用　　　(b)均布的水平矩形荷载作用

图 3.22　水平荷载作用下的附加应力计算

$$\Delta_x = \frac{Q}{4\pi GR}\left\{1 + \frac{x^2}{R^2} + (1 - 2\mu)\left[\frac{R}{R + z} - \frac{x^2}{(R + z)^2}\right]\right\} \tag{3.44}$$

式中 G——土的剪切模量，$G = E/[2(1+\mu)]$（E 为土的变形模量）。

2）均布的水平矩形荷载作用下土中附加应力计算

如图 3.22(b)所示，设矩形荷载面的长度和宽度分别为 l 和 b，当地基上作用一均布水平荷载 p_h 时，可利用西罗提解求出矩形角点下任意深度 z 处的附加应力 σ_z，令 $m = l/b$，$n = z/b$，简化后计算公式为：

$$\sigma_z = \pm K_h p_h \tag{3.45}$$

$$K_h = \frac{1}{2\pi}\left[\frac{m}{\sqrt{m^2 + n^2}} - \frac{mn^2}{(1 + n^2)\sqrt{1 + m^2 + n^2}}\right] \tag{3.46}$$

式中 K_h——均布的水平矩形荷载角点下的竖向附加应力系数，查表 3.7 确定；

b, l——分别为与水平荷载方向平行及垂直方向的边长。

表 3.7 均布的水平矩形荷载角点下的应力系数 K_h

$n=z/b$	$m=l/b$										
	1.0	1.2	1.4	1.6	1.8	2.0	3.0	4.0	6.0	8.0	10.0
0.0	0.159 2	0.159 2	0.159 2	0.159 2	0.159 2	0.159 2	0.159 2	0.159 2	0.159 2	0.159 2	0.159 2
0.2	0.151 8	0.152 3	0.152 6	0.152 8	0.152 9	0.152 9	0.153 0	0.153 0	0.153 0	0.153 0	0.153 0
0.4	0.132 8	0.134 7	0.135 6	0.136 2	0.136 5	0.136 7	0.137 1	0.137 2	0.137 2	0.137 2	0.137 2
0.6	0.109 1	0.112 1	0.113 9	0.115 0	0.115 8	0.116 0	0.116 8	0.116 9	0.117 0	0.117 9	0.117 0
0.8	0.086 1	0.090 0	0.092 4	0.093 9	0.094 8	0.095 5	0.096 7	0.096 9	0.097 0	0.097 0	0.097 0
1.0	0.066 6	0.070 8	0.073 5	0.075 3	0.076 6	0.077 4	0.079 0	0.079 4	0.079 5	0.079 6	0.079 6
1.2	0.051 2	0.055 3	0.058 2	0.060 1	0.061 5	0.062 4	0.064 5	0.065 0	0.065 2	0.065 2	0.065 2
1.4	0.039 5	0.043 3	0.046 0	0.048 0	0.049 4	0.050 5	0.052 8	0.053 4	0.053 7	0.053 7	0.053 8
1.6	0.030 8	0.034 1	0.036 6	0.038 5	0.040 0	0.041 0	0.043 6	0.044 3	0.044 6	0.044 7	0.044 7
1.8	0.024 1	0.027 0	0.023 3	0.031 1	0.032 5	0.033 6	0.036 2	0.037 0	0.037 4	0.037 5	0.037 5
2.0	0.019 2	0.021 7	0.023 7	0.025 3	0.026 6	0.027 7	0.030 3	0.031 2	0.031 7	0.031 8	0.031 8
2.5	0.011 3	0.013 0	0.014 5	0.015 7	0.016 7	0.017 6	0.020 2	0.021 1	0.021 7	0.021 9	0.021 9
3.0	0.007 0	0.008 3	0.009 3	0.010 2	0.011 0	0.011 7	0.014 0	0.015 0	0.015 6	0.015 8	0.015 9
5.0	0.001 8	0.002 1	0.002 4	0.002 7	0.003 0	0.003 2	0.004 3	0.005 0	0.005 7	0.005 9	0.006 0
7.0	0.000 7	0.000 8	0.000 9	0.001 0	0.001 2	0.001 3	0.001 8	0.002 2	0.002 7	0.002 9	0.003 0
10.0	0.000 2	0.000 3	0.000 3	0.000 4	0.000 4	0.000 5	0.000 7	0.000 8	0.001 1	0.001 3	0.001 4

应当注意，当计算的角点位于水平荷载的前方时，如图 3.22(b)的 B 点下的竖向应力为压应力，则 σ_z 取"+"号；反之，如角点 O 下的竖向应力则取"−"号。

3.4.5 应力计算中的其他一些问题

实践证明，在引入连续介质、线弹性、均质性以及各向同性假定的基础上，引用古典弹性理论计算土中应力，是对真实土体性质的高度简化，得到的解答会有一定的误差。

1）非均质地基

实际工程中常遇到的土体多是分层的，因而各层土的性质并不相同。从简单情况的解答发现，有两种不同压缩性的土层构成的双层地基与各向同性的均质地基相比较,对地基的竖向应力的影响有两种情况:一种是坚硬土层上覆盖着不厚的可压缩土层,另一种则是上层坚硬、下层软弱的双层地基。

(1)当上层土的压缩模量比下层土低时(即 $E_1 < E_2$) 土中的竖向附加应力将发生应力集中的现象,如图 3.23(a)中曲线 2 所示(图中虚曲线 1 为均质地基中竖向附加应力的分布);两土层分界面上的应力分布如图 3.23(b)所示。

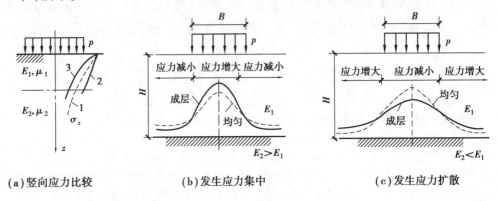

(a)竖向应力比较　　　　　　(b)发生应力集中　　　　　　(c)发生应力扩散

图 3.23　双层地基界面上地基竖向附加应力的分布

应力集中的程度与荷载面的宽度 B 及压缩层的厚度 H 的比值有关,也与压缩层的泊松比 μ 及两层分界面处的摩擦力大小有关。叶戈洛夫(Eropos,K.E)求得竖直均布条形荷载作用下,存在下卧硬层的压缩层中,沿荷载面轴线下各点的附加应力分布系数 α_{sz} 如表 3.8 所示,其中 z 由硬面层向上为正。

表 3.8　存在下卧硬层时的附加应力分布系数 α_{sz}

z/H	下卧硬层的埋藏深度		
	$H = 0.5B$	$H = B$	$H = 2.5B$
1.000 0	1.000 0	1.00	1.00
0.800 0	1.009 0	0.99	0.82
0.600 0	1.020 0	0.92	0.57
0.400 0	1.024 0	0.84	0.44
0.200 0	1.023 0	0.78	0.37
0.000 0	1.022 0	0.76	0.36

由表 3.8 可知,随 H/B 和 z/B 的增大,应力集中现象逐渐减弱。因此,若下卧硬层的埋藏较浅,常会引起显著的应力集中,从而使其上土层的变形增大。对于重要的水工建筑物,在计算中应该予以考虑。

(2)当上层土的压缩模量比下层土高时(即 $E_1 > E_2$) 土中的竖向附加应力将发生应力扩散的现象,如图 3.23(a)中曲线 3 所示。两土层分界面上应力分布如图 3.23(c)所示。同样,Eropos 假定两层分界面处的摩擦力为零,求得竖直均布条形荷载作用下,两层分界面处的最大附加应力分布系数 α'_{sz} 如表 3.9 所示。查表时首先按下式计算 m 值。

$$m = \frac{E_1}{E_2} \times \frac{1 - \mu_1^2}{1 - \mu_2^2} \tag{3.47}$$

式中　E_1,μ_1,E_2,μ_2——分别为上下层土的弹性模量和泊松比。

表3.9　上硬下软土层界面处的最大附加应力分布系数 α'_{sz}

$2H/B$	$m=1$	$m=5$	$m=10$	$m=15$
0.0	1.00	1.00	1.00	1.00
0.5	1.02	0.95	0.87	0.82
1.0	0.90	0.69	0.58	0.52
2.0	0.60	0.41	0.33	0.29
3.3	0.39	0.26	0.20	0.18
5.0	0.27	0.17	0.16	0.12

由表3.9可知,随 H/B 和 m 的增大,应力扩散现象逐渐减弱。在道路工程路面设计中,常采用一层比较坚硬的路面来降低地基中的应力集中,减小路面因不均匀变形而破坏。同样,在软土地区,地表有一层硬壳层,由于应力扩散作用,可以减小地基的沉降,在设计中基础应尽量浅埋,在施工中也应采取保护措施,避免硬壳层遭到破坏。

（3）变形模量随深度增大的地基　土体在沉积过程中,一般下层土要比上层土更密实,即其变形模量随深度增大。这种现象在砂土中尤其显著。与通常假定的均质地基相比,沿荷载中心线下,非均质地基附加应力 σ_z 将发生应力集中。对集中力 P 作用下的地基附加应力计算,可采用弗罗利克（Frohlich, O. K）应力集中因素 ν 对布辛奈斯克解进行修正:

$$\sigma_z = \frac{\nu P}{2\pi R^2} \cos^\nu \theta \tag{3.48}$$

式中　ν——应力集中因素。对黏性土或完全弹性体,$\nu=3$;对砂土,$\nu=6$;对砂土与黏性土之间的土类,$\nu=3\sim6$;

θ——应力扩散角。

2）各向异性地基

一般软土地基是逐年沉积而受上覆土重压缩而成的,故其竖直方向变形模量 E_z 和水平方向的变形模量 E_x 是不同的。沃尔夫（Wolf.A,1935）假定竖直方向和水平方向的变形模量不同,而泊松比相同时求得均布线荷载 p 下各向异性地基中的附加应力为:

$$\sigma'_z = m \cdot \frac{2p}{\pi} \cdot \frac{z^3}{r^2 r_1^2} \tag{3.49}$$

其中,$m = \sqrt{\dfrac{E_x}{E_z}}$;$r^2 = x^2 + z^2$;$r_1^2 = m^2(x^2 + z^2)$。

韦斯脱加特（Westergard,1938）假定半空间体内夹有间距极小的、完全柔性的水平薄层时,这些薄层只允许产生竖向变形,从而得出了集中荷载 P 作用下地基中附加应力 σ_z 的计算公式为:

$$\sigma_z = \frac{C}{2\pi} \cdot \frac{1}{(C^2 + r^2/4)^{\frac{3}{2}}} \cdot \frac{P}{z^2} \tag{3.50}$$

$$C = \sqrt{\frac{1-2\mu}{2(1-\mu)}} \tag{3.51}$$

式中　μ——柔性薄层的泊松比,一般 $\mu=0.3\sim0.4$,当 $\mu=0$ 时,则 $C=1/\sqrt{2}$。

3）应力扩散角的概念

应用弹性理论计算土中应力的结果表明,地面荷载通过土体向深部扩散,在距地表越深的平面上,

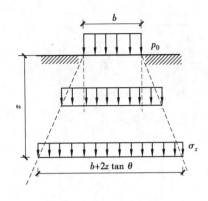

图 3.24　应力扩散角法

应力作用面积越大,则 σ_z 越小。由此,可采用应力扩散角法(或称压力扩散角法)进行附加应力的简化计算。如图 3.24 所示,假定随着深度 z 的增加,荷载 p_0 在按规律 $z\tan\theta$ 扩大的面积上均匀分布。

①条形基础。附加竖向应力按下式计算:

$$\sigma_z = \frac{bp_0}{b + 2z\tan\theta} \tag{3.52}$$

②矩形基础。附加竖向应力按下式计算:

$$\sigma_z = \frac{blp_0}{(b + 2z\tan\theta)(l + 2z\tan\theta)} \tag{3.53}$$

式中　θ ——应力扩散角,一般取 $\theta = 22°$。当验算软弱下卧层强度时,上层土为密实的碎卵石土、粗砂及硬黏土时,可取 $\theta = 30°$。

3.5　有效应力原理

计算土中应力的目的是为了研究土体受力以后的变形和强度问题,由于土作为一种三相物质构成的散粒体,其体积变化和强度大小并不是直接取决于土体所受的全部应力(即总应力)。土体受力后还存在着外力如何分担、各分担应力如何传递与相互转化,以及它们与材料的强度和变形有哪些关系等问题。太沙基(K.Terzaghi,1923)发现并研究了这些问题,提出了有效应力原理和渗透固结理论。普遍认为,有效应力原理阐明了碎散颗粒材料与连续固体材料在应力-应变关系上的重大区别,是使土力学成为一门独立学科的重要标志。

3.5.1　有效应力原理基本概念

如图 3.25 所示,自完全饱和土体中某点任取一放大了的截面,该截面平均面积为 A。其截面包括颗粒接触点的面积 A_s 和孔隙水的面积 A_w。为了更清晰地表示力的传递,设想把分散的颗粒集中为大颗粒。用 σ' 表示单位面积上土颗粒受到的压力,P_{sv} 表示通过颗粒接触面积传递的竖向总压力,P_w 表示通过孔隙水传递的总压力,u 表示单位面积上孔隙水受到的压力。设作用在截面上的总压力为 P,根据力的平衡条件有:

$$P = P_{sv} + P_w = P_{sv} + uA_w \tag{3.54}$$

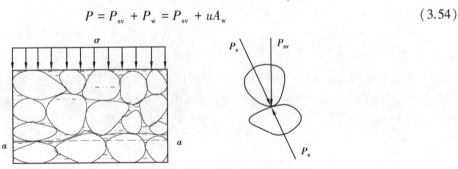

图 3.25　有效应力原理计算示意图

式(3.54)两边同除以 A 得:

$$\sigma = \frac{P_{sv}}{A} + u\frac{A_w}{A} = \sigma' + u\frac{A_w}{A} \tag{3.55}$$

在式(3.55)中令 $\sigma' = \dfrac{P_{sv}}{A}$；$\dfrac{A_w}{A} \approx 1.0$。故式(3.55)可写为：

$$\sigma = \sigma' + u \quad \text{或者} \quad \sigma' = \sigma - u \tag{3.56}$$

式中　σ, σ'——分别为作用在土中任意面上总应力和同一平面土骨架上的有效应力,kPa；

　　　　u——作用在土中同一平面孔隙水上孔隙水压力,kPa。

式(3.56)是太沙基给出的饱和土体的有效应力原理,即饱和土中的总应力为有效应力和孔隙水压力之和。

有效应力控制了土的强度与变形。土体产生变形的原因主要是颗粒克服摩擦相对滑移、滚动或者因接触点处应力过大而破碎,这些变形都只取决于有效应力；而土体的强度的成因,即土的凝聚力和摩擦力,也与有效应力有关。

孔隙水压力对土颗粒间摩擦、土粒的破碎没有影响,并且水不能承受剪应力,因而孔隙水压力对土的强度没有直接影响。孔隙水压力在各个方向相等,只能使土颗粒本身受到等向压力,由于颗粒本身压缩模量很大,故土粒本身压缩变形极小,因而孔隙水压力对变形也没有直接影响,土体不会因为受到水压力的作用而变得密实。所以,孔隙水压力又称为中性压力。

3.5.2　饱和土中孔隙水压力和有效应力的计算

由于有效应力 σ' 作用在土骨架的颗粒之间,很难直接测定,通常都是在求得总应力 σ 和测定孔隙水压力 u 之后,利用有效应力原理计算得出。

在静水位条件下某土层分布如图3.26所示。已知总应力为自重应力,地下水位位于地面下 h_1 处,地下水位以上土的重度为 γ_1,地下水位以下土的重度为 γ_{sat}。作用在地面下深度为 $h_1 + h_2$ 处 C 点水平面上的总应力 σ,应等于该点以上单位土柱体和水柱体的总重量：

$$\sigma = \gamma_1 h_1 + \gamma_{sat} h_2 \tag{3.57}$$

孔隙水压力应等于该点的静水压力,即

$$u = \gamma_w h_2 \tag{3.58}$$

根据有效应力原理,C 点处竖直有效应力 σ' 应为：

$$\sigma' = \sigma - u = \gamma_1 h_1 + \gamma_{sat} h_2 - \gamma_w h_2 = \gamma_1 h_1 + (\gamma_{sat} - \gamma_w) h_2 = \gamma_1 h_1 + \gamma' h_2 \tag{3.59}$$

式中　γ'——土的有效重度,kN/m³。

由式(3.59)可见,在静水条件下,土中 A 的有效应力 σ' 就是该点的(有效)自重应力。

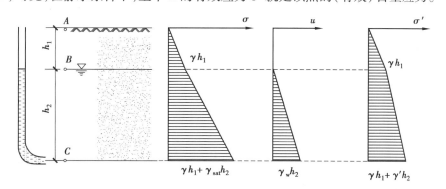

图3.26　静水条件下土中总应力、孔隙水压力及有效应力计算

3.5.3 毛细水上升时土中有效自重应力的计算

已知某土层中因毛细水上升,地下水位以上高度 h_c 范围内出现毛细饱和区如图 3.27 所示。毛细区内的水由于表面张力的作用,呈张拉状态,孔隙水压力是负值。毛细水压力分布与静水压力分布一致,任一点孔隙水压力为:

$$u = -\gamma_w h \tag{3.60}$$

式中　h——该点至地下水位的垂直距离,m。

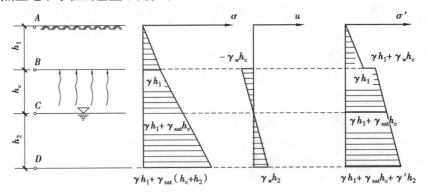

图 3.27　毛细水上升时土中总应力、孔隙水压力及有效应力计算

由于 u 是负值,根据有效应力原理,毛细饱和区有效应力 σ' 将会比总应力增大,即

$$\sigma' = \sigma - u = \sigma + |u| \tag{3.61}$$

在毛细区内地下水位以上,由于孔隙水压力 u 是负值,使得土的有效应力 σ' 增大而地下水位以下,由于水对土颗粒的浮力作用,使得土的有效应力 σ' 减小。

【**例题 3.3**】　某工程地基土自上而下分为三层。第一层为砂土,重度 $\gamma_1 = 18.0 \ kN/m^3$,$\gamma_{sat1} = 21.0 \ kN/m^3$,层厚 5.0 m;第二层为黏土,$\gamma_{sat2} = 21.0 \ kN/m^3$,层厚 5.0 m;第三层为透水层。地下水位深 5.0 m,地下水位以上砂土呈毛细饱和状态,毛细水上升高度为 3.0 m。试计算地基土中总应力、孔隙水压力、有效应力,并绘出总应力、孔隙水压力和有效应力沿深度的分布图形。

【**解**】　①总应力、孔隙水压力、有效应力的计算地基土 2 m 深处,即毛细饱和区顶面以上:

$$\sigma_{c1} = \gamma_1 h_1 = 18.0 \ kN/m^3 \times 2.0 \ m = 36.0 \ kPa$$

$u_1^{\perp} = 0.0 \ kPa, u_1^{\top} = -\gamma_w h_2 = -10.0 \ kN/m^3 \times 3.0 \ m = -30.0 \ kPa$（负孔隙水压力）

$$\sigma_{c1}'^{\perp} = \sigma_{c1} - u_1^{\perp} = 36.0 \ kPa - 0.0 \ kPa = 36.0 \ kPa$$

$$\sigma_{c1}'^{\top} = \sigma_{c1} - u_1^{\top} = 36.0 \ kPa - (-30.0 \ kPa) = 66.0 \ kPa$$

地基土 5 m 深,即地下水位处:

$$\sigma_{c2} = \sigma_{c1} + \gamma_{sat1} h_2 = 36.0 \ kPa + 21.0 \ kN/m^3 \times 3.0 \ m = 99.0 \ kPa; u_2 = 0.0 \ kPa$$

$$\sigma_{c2}' = \sigma_{c2} - u_2 = 99.0 \ kPa - 0.0 \ kPa = 99.0 \ kPa$$

地基土 10 m 深,即黏土层底处:

$$\sigma_{c3} = \sigma_{c2} + \gamma_{sat2} h_3 = 99.0 \ kPa + 21.0 \ kN/m^3 \times 5.0 \ m = 204.0 \ kPa$$

$$u_3 = \gamma_w h_3 = 10.0 \ kN/m^3 \times 5.0 \ m = 50.0 \ kPa; \sigma_{c3}' = \sigma_{c3} - u_3 =$$

$$204.0 \ kPa - 50.0 \ kPa = 154.0 \ kPa$$

②总应力、孔隙水压力和有效应力沿深度的分布图形如图 3.28 所示。

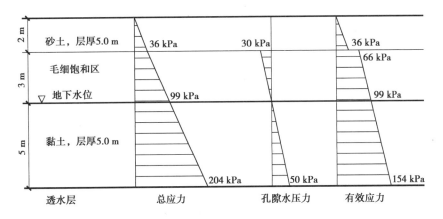

图 3.28 例题 3.3 总应力、孔隙水压力和有效应力沿深度的分布图

3.5.4 土中水渗流时有效应力计算

水在土中渗流时,土中水将对土颗粒产生动水力,这就必然影响土中有效应力分布。如图 3.29 所示,土中水渗流对有效应力分布的影响可有 3 种情况。

图 3.29(a)中水静止不动,即土中 a,b 两点的水头相等;图 3.29(b)中 a,b 两点有水头差 h,水自上向下渗流;图 3.29(c)中 a,b 两点有水头差 h,但水自下向上渗流。现按 3 种情况计算土中总应力 σ、孔隙水压力 u 及有效应力 σ',具体见图 3.29 计算结果。

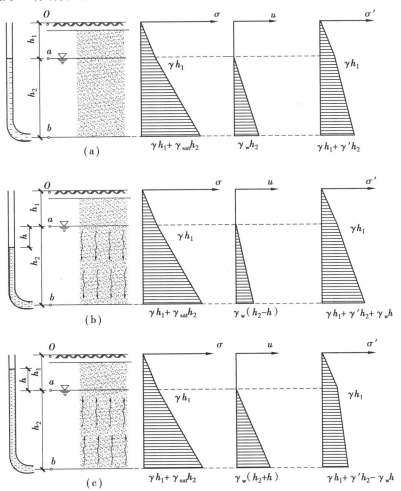

图 3.29 土中水渗流时总应力、孔隙水压力及有效应力计算

从图 3.29 计算结果可见,三种不同情况水渗流时土中的总应力 σ 是相同的,土中水的渗流不影响总应力值。水渗流时产生动水力,导致土中有效应力和孔隙水压力发生变化。土中水自上向下渗流时,动水力方向与土的重力方向一致,使有效应力增加,孔隙水压力减小,产生渗流压密。反之,土中水自下向上渗流时,动水力方向与土的重力方向相反,使有效应力减小,孔隙水压力增加。

习　题

3.1　某商店地基为粉土,层厚 4.80 m。地下水位深 1.10 m,地下水位以上粉土呈毛细饱和状态。粉土的饱和重度 $\gamma_{sat} = 20.1$ kN/m³。计算粉土层底面土的自重应力。

3.2　如图 3.30 所示,计算地基中的自重应力并绘制出其分布图。已知细砂(水上): $\gamma = 17.5$ kN/m³, $\gamma_s = 26.5$ kN/m³, $w = 20\%$;黏土: $\gamma = 18$ kN/m³, $\gamma_s = 27.2$ kN/m³, $w = 22\%$, $w_L = 48\%$, $w_P = 24\%$。

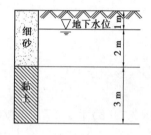

图 3.30　习题 3.2 图

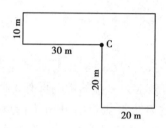

图 3.31　习题 3.3 图

3.3　如图 3.31 所示面积上作用均布荷载 $p = 100$ kPa,试用角点法计算 C 点下深度 20 m 处的竖向应力值。

3.4　已知某工程为条形基础,宽度为 b。在偏心荷载作用下,基础底面边缘处附加应力 $\sigma_{max} = 150$ kPa, $\sigma_{min} = 50$ kPa。选择一种最简方法,计算此条形基础中心点下,深度分别为 0, $0.25b$, $0.50b$, $1.0b$, $2.0b$ 和 $3.0b$ 处地基中的附加应力。

3.5　已知某矩形基础,长度为 l,宽度为 b,且 $l > 5b$。在中心荷载作用下,基础底面的附加应力 $\sigma_0 = 100$ kPa。采用一种最简方法,计算此基础长边端部中点下,深度分别为 0, $0.25b$, $0.50b$, $1.0b$, $2.0b$ 和 $3.0b$ 处地基中的附加应力。

3.6　某条形基础,宽度 6.0 m,集中荷载 $P = 2\,400$ kN/m,偏心距 $e = 0.25$ m。计算距基础边缘 3.0 m 的某 A 点下深度为 9.0 m 处的附加应力。

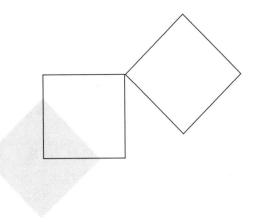

4 土的压缩性与地基沉降计算

本章导读：

● **基本要求** 理解地基土的压缩性、地基沉降和固结的概念；掌握土的固结试验与压缩性指标，土的变形模量和变形计算，地基沉降量计算，饱和土体的渗流固结理论，地基沉降与时间的关系；了解应力历史的概念及对地基沉降的影响。

● **重点** 侧限压缩试验的方法及压缩性指标的确定，地基最终沉降量的计算，土体的渗流固结理论及地基沉降与时间的关系。

● **难点** 分层总和法地基最终沉降量计算，一维固结理论及固结度计算。

4.1 概　述

　　建筑物荷载通过基础将荷载传给地基，使地基原有的应力状态发生改变，即通过基底压力的作用，在地基土中产生附加应力，引起地基土发生竖向、侧向和剪切变形，导致地基土各点的竖向和侧向位移，而地基土的竖向位移将引起建筑物基础下沉。工程上将基础下沉称为基础的沉降。由于荷载差异、地基不均匀、基础形状以及应力分布等原因，基础沉降往往是不均匀的，如果基础的沉降量过大或产生过量的不均匀沉降，不仅会影响建筑物的正常使用，而且可能导致建筑物发生开裂、倾斜，严重时甚至会造成建筑物的倒塌。为了保证建筑物的安全和正常使用，必须对建筑物基础可能产生的最大沉降量和沉降差进行估算。

　　要进行地基的变形计算，首先要确定地基土的压缩性及相关的压缩性指标。土的压缩性是指土体在压力作用下体积缩小的特性。试验表明，在一般压力（100~600 kPa）作用下，固体颗粒和水的压缩性与土体的总压缩量之比非常小，可以忽略不计，少量封闭的土中气体被压缩，也可以忽略不计。因此，土的压缩可以看作是土中水和气体从孔隙中被挤出，与此同时，土粒发生移动，重新排列，互相靠拢挤紧，土中孔隙体积减小，所以土的压缩是土中孔隙体积缩小的结果。土的压缩性指标需要通过室内试验或原位测试来测定。

　　常用室内侧限压缩试验方法测试土的压缩性指标。实际地基土的变形可能并不符合侧限压缩的条件，但在实用上，很多情况可以近似按单向压缩进行处理。例如：天然土层在自重作用下的固结；大范围填土地基的固结；薄压缩层地基的变形；地下水位下降引起的地基土固结等。原位测试测定土的压缩性指标,一般的浅层地基可以采用浅层平板载荷试验;对于深层土,可以采用深层平板载荷试验或旁压试验,也可以采用标准贯入试验、静力触探试验、动力触探试验等较简便的原位测试方法,但必须与现场载荷试验成果对比后才能使用。

土体压缩变形的快慢与土的渗透性有关。在荷载作用下,透水性大的饱和无黏性土,其压缩过程短,在外荷载施加完毕时,可认为其压缩变形已基本完成,因此,一般不考虑无黏性土的固结问题;而透水性小的黏性土,其压缩变形过程所需时间长,十几年甚至几十年压缩变形才稳定。土体在外力作用下,压缩随时间增长的过程,称为土的固结。

4.2 土的固结试验与压缩性指标

4.2.1 土的固结试验

室内土的固结试验在侧限压缩仪内完成。压缩试验仪由固结容器、加载设备和量测设备组成,其构造如图 4.1 所示。

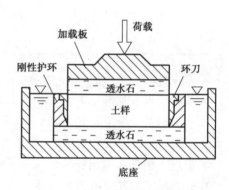

图 4.1 侧限压缩试验仪示意图

1)试验方法及步骤

①用环刀切取土样,用天平称质量。一般切取扁圆柱体,高 2 cm,直径应为高度的 2.5 倍,面积为 30 cm² 或 50 cm²。

②将土样装入侧限压缩仪的容器。先装入透水石,再将试样连同环刀装入刚性护环中,形成侧限条件;然后在试样上加上透水石和加载板,安装测微计(百分表)并调零。

③加上杠杆,分级施加竖向压力 p_i。为减少对土结构的扰动,加荷率(前后两级荷载之差与前一级荷载之比)应 ≤1,一般按 $p = 50, 100, 200, 300, 400$ kPa 5 级加荷,软土第一级压力宜从 12.5 kPa 或 25 kPa 开始,最后一级压力均应大于地基中计算点的自重应力与预估附加应力之和。

④用测微计(百分表)按一定时间间隔测读每级荷载施加后的读数(ΔH_i)。

⑤计算每级压力稳定后试验的孔隙比。

由于试样在压缩过程中不产生侧向变形而只有竖向压缩,故将这种条件下的压缩试验称为单向压缩试验或侧限压缩试验。

2)试验结果分析

假定试样中土粒体积不变,土体的压缩仅是孔隙体积的减小,故土的压缩变形常用孔隙比 e 的变化来表示。下面导出各级压力 p_i 作用下土样竖向变形稳定后的孔隙比 e_i 的计算公式。设土样的初始高度为 H_0,受压后土样的高度为 H_i,则 $H_i = H_0 - \Delta H_i$,ΔH_i 为压力 p_i 作用下土样的稳定压缩量,如图 4.2 所示。

由于压力作用下土粒体积不变,故令 $V_s = 1$,则 $e = \dfrac{V_v}{V_s} = V_v$,即受压前 $V_v = e_0$,受压后 $V_v = e_i$。又根据侧限条件(土样受压前后的横截面面积不变),故受压前土粒的初始高度 $\dfrac{H_0}{1+e_0}$ 等于受压后土粒的高度 $\dfrac{H_i}{1+e_i}$,即

$$\frac{H_0}{1+e_0} = \frac{H_i}{1+e_i} = \frac{H_0 - \Delta H_i}{1+e_i}$$

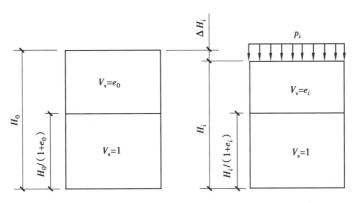

图 4.2　侧限条件下土样原始孔隙比的变化

则有

$$e_i = e_0 - \frac{\Delta H}{H_0}(1 + e_0) \tag{4.1}$$

式中　e_0——土的初始孔隙比，$e_0 = \dfrac{\rho_w \cdot d_s(1+w_0)}{\rho_0} - 1$；

　　d_s, w_0, ρ_0, ρ_w——分别为土粒比重、土样初始含水量、土样初始密度和水的密度。

只要测得土样在各级压力 p_i 作用下的稳定压缩量 ΔH_i，就可按式(4.1)计算出相应孔隙比 e_i，从而绘制土的压缩曲线。土的压缩曲线有两种样式，一种是按普通直角坐标绘制 e-p 曲线，另一种是横坐标取压力 p 的常用对数值，按半对数坐标绘制 e-$\lg p$ 曲线，如图 4.3 所示。

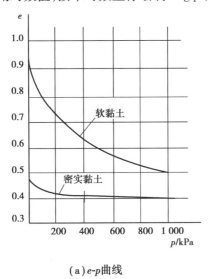

（a）e-p曲线　　　　　　　　　（b）e-$\lg p$曲线

图 4.3　土的压缩曲线

4.2.2　土的压缩性指标

1）土的压缩系数 a

土的压缩系数为土体在侧限条件下孔隙比减小量与有效压应力增量的比值，即 e-p 曲线上某一压力段的割线斜率。如图 4.4 所示，当压力由 p_1 至 p_2 的压力变化范围不大时，可将压缩曲线上相应的曲线段 M_1M_2 近似地用直线来代替。M_1M_2 段的斜率可用下式表示：

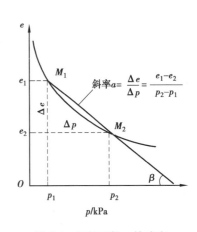

图 4.4　压缩系数 a 的确定

$$a = \frac{\Delta e}{\Delta p} = \frac{e_1 - e_2}{p_2 - p_1} \tag{4.2}$$

式中　a——土的压缩系数，MPa^{-1} 或 kPa^{-1}；

　　　p_1——地基某深度处土中竖向自重应力，指土中某点的"原始压力"；

　　　p_2——地基某深度处土中竖向自重应力与竖向附加应力之和，指土中某点"总和压力"；

　　　e_1, e_2——对应于 p_1, p_2 作用下压缩稳定后的孔隙比。

压缩系数愈大，表明在某压力变化范围内孔隙比减少得愈多，曲线愈陡，压缩性就愈高。为便于比较，通常采用压力段 $p_1 = 0.1\ MPa(100\ kPa)$ 至 $p_2 = 0.2\ MPa(200\ kPa)$ 时压缩系数 a_{1-2} 作为判别土的压缩性高低的标准：

- $a_{1-2} < 0.1\ MPa^{-1}$，为低压缩性土；
- $0.1\ MPa^{-1} \leqslant a_{1-2} < 0.5\ MPa^{-1}$，为中压缩性土；
- $a_{1-2} \geqslant 0.5\ MPa^{-1}$，为高压缩性土。

2）土的压缩指数 C_c

土的压缩指数是土体在侧限条件下孔隙比减小量与有效压应力常用对数值增量的比值，即 $e\text{-}\lg p$ 曲线上某一压力段的直线斜率。如图 4.5 所示，土的 $e\text{-}\lg p$ 曲线在较高的压力范围内，近似为一直线段，因此，取直线段的斜率为土的压缩指数 C_c，即

$$C_c = \frac{e_1 - e_2}{\lg p_2 - \lg p_1} = \frac{\Delta e}{\lg\left(\dfrac{p_2}{p_1}\right)} \tag{4.3}$$

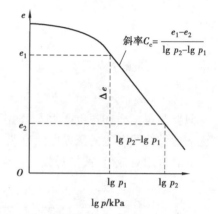

图 4.5　压缩指数 C_c 的确定

式中　C_c——土的压缩指数。当 $C_c < 0.2$，为低压缩性土；$0.2 \leqslant C_c \leqslant 0.4$，为中压缩性土；$C_c > 0.4$，为高压缩性土。

其余符号同式(4.2)。

对于正常固结的黏性土，压缩指数 C_c 和压缩系数 a 之间存在如下关系：

$$C_c = \frac{a(p_2 - p_1)}{\lg p_2 - \lg p_1} \tag{4.4}$$

3）压缩模量 E_s

土的压缩模量指土体在侧限条件下竖向附加压应力与竖向应变的比值（MPa），表达式为：

$$E_s = \frac{\Delta\sigma}{\Delta\varepsilon} = \frac{\Delta p}{\dfrac{\Delta H}{H}} \tag{4.5}$$

根据图 4.2 所示关系，设土样的初始孔隙比为 e_0，某级荷载下压缩后土的孔隙比为 e_1，则土的压缩模量 E_s 与压缩系数 a 的关系推导如下：

由于

$$\Delta\varepsilon = \frac{\Delta H}{H_0} = \frac{e_0 - e_1}{1 + e_0} = \frac{\Delta e}{1 + e_0}; \quad a = \frac{\Delta e}{\Delta p}$$

所以

$$E_s = \frac{\Delta p}{\dfrac{\Delta H}{H_0}} = \frac{\Delta p}{\dfrac{\Delta e}{1 + e_0}} = \frac{1 + e_0}{a} \tag{4.6}$$

式(4.6)表示土体在侧限条件下，当土中应力变化不大时，压应力增量与压应变增量成正比，其比例系数为 E_s，称为土的压缩模量（或称侧限模量），以便与无侧限条件下简单拉伸或压缩时的弹性模量（杨氏模量）E 相区别。

土的压缩模量 E_s 与压缩系数 a 成反比，即 a 越大，E_s 越小，土的压缩性越高。土的压缩模量随所取

的压力范围不同而变化。为了便于比较,工程上常用从 0.1 MPa 至 0.2 MPa 压力范围内的压缩模量 E_{s1-2}（对应于土的压缩系数为 a_{1-2}）来判断土的压缩性高低的标准:

- $E_{s1-2}<4$ MPa,为高压缩性土;
- 4 MPa$\leqslant E_{s1-2}\leqslant 15$ MPa,为中等压缩性土;
- $E_{s1-2}>15$ MPa,为低压缩性土。

4）体积压缩系数 m_v

工程中还常用体积压缩系数 m_v 这一指标作为地基沉降的计算参数,其定义为土体在侧限条件下竖向体积应变与竖向附加应力之比,体积压缩系数在数值上等于压缩模量的倒数,其表达式为:

$$m_v = \frac{a}{1 + e_0} = \frac{1}{E_s} \tag{4.7}$$

式中　m_v——单位为 MPa^{-1}（或 kPa^{-1}）,m_v 值越大,土的压缩性越高。

4.2.3　土的回弹再压缩曲线

在某些情况下,土体可能在受荷压缩后卸荷,然后再加荷,如拆除老建筑后在原址上建造新建筑物。当需要考虑现场的实际加载情况对土体变形影响时,应进行土的回弹再压缩试验,其试验曲线 e-$\lg \sigma'$ 如图 4.6 所示。

土样卸荷后的回弹曲线并不沿压缩曲线回升。这是由于土不是弹性体,当压力卸除后,不能恢复到原来的位置。除了部分弹性变形外,还有相当部分是不可恢复的残留变形。

土体回弹之后,接着重新逐级加压,可测得土样在各级荷载作用下再压缩稳定后的孔隙比,相应地画出再压缩曲线,并可计算出回弹指数 C_e（也称再压缩指数）。

一般 $C_e \approx 0.1 \sim 0.2 C_c$；$C_e \ll C_c$。

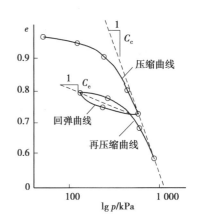

图 4.6　土的回弹和再压缩曲线

利用土的回弹和再压缩对数曲线,可以分析应力历史对土压缩性的影响。

4.2.4　土的变形模量与弹性模量

室内侧限压缩试验操作简单,是测定地基土压缩性的常用方法。但在遇到地基土为粉土、细砂、软土,取原状土样困难,或国家一级工程、规模大或建筑物对沉降有严格要求的工程,或土层分布不均匀,土试样尺寸小、代表性差等情况,室内侧限压缩试验就不再适用。此时,应采用原位测试方法测定地基土的压缩性,常用的原位测试方法包括载荷试验、旁压试验、静力触探试验等。

1）平板载荷试验及变形模量

在工地现场,选择有代表性部位进行平板载荷试验。根据测试点深度,载荷试验可以分为浅层平板载荷试验（埋深 $H<3$ m）和深层平板载荷试验（埋深 $H \geqslant 3$ m）两种。载荷试验是通过承压板对地基土分级施加压力 p,观测记录每级荷载作用下沉降随时间的发展以及稳定时的沉降量 s,利用地基沉降的弹性力学理论反算出地基土的变形模量。

（1）试验装置与试验方法　平板载荷试验装置一般包括加荷装置、反力装置和量测装置三部分。其中,加荷装置由载荷板、垫块及千斤顶等组成。如图 4.7 所示,根据提供的反力装置不同,载荷试验有堆重平台反力法和地锚反力架法两类,前者通过平台上的堆重来平衡千斤顶的反力,后者则将千斤顶的反力通过地锚传至地基中去。量测装置由百分表、基准桩和基准梁等组成。

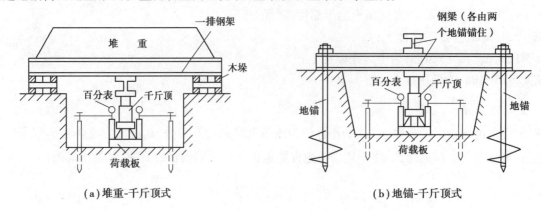

（a）堆重-千斤顶式　　　　　　　　　　　（b）地锚-千斤顶式

图 4.7　浅层平板载荷试验示意图

试验一般在试坑内进行，《地基基础规范》规定承压板底面积为 0.25～0.5 m^2，对软土及人工填土不应小于 0.5 m^2（正方形边长为 0.707 m 或圆形直径为 0.798 m），承压板应具有足够的刚度。试坑深度为基础设计埋深 d，试坑宽度 $B \geqslant 3b$（b 为载荷试验压板宽度或直径）。安装承压板前，应注意保持试验土层的原状结构和天然湿度，宜在拟试压表面用不超过20 mm厚的粗、中砂找平试坑。

试验采用慢速维持荷载法，其加荷标准如下：

①第一级荷载 $p_1 = \gamma d$（含设备重），相当于开挖试坑所卸除的土自重应力；

②其后，每级荷载增量，对松软土采用 10～25 kPa，对坚实土则用 50～100 kPa；

③加荷等级不应少于 8 级；

④最后一级荷载是判定承载力的关键，应细分二级加荷，以提高成果的精确度，最大加载量不应少于荷载设计值的 2 倍；

⑤荷载试验所施加的总荷载，应尽量接近地基极限荷载 p_u。

测记承压板沉降量。第一级荷载施加后，相应的承压板沉降量不计；此后在每级加载后，应按间隔 10，10，10，15，15 min 及以后每隔 30 min 读一次百分表读数（沉降量）。每级加载后，当连续两次测记压板沉降量 $s_i < 0.1$ mm/h 时，认为沉降已趋稳定，可加下一级荷载。

当出现下列情况之一时，即可终止加载：

①承压板周围的土有明显的侧向挤出（砂土）或发生裂纹（黏性土或粉土）；

②沉降 s 急骤增大，荷载-沉降（$p\text{-}s$）曲线出现陡降段；

③在某一级荷载下，24 h 内沉降速率不能达到稳定标准；

④沉降量与承压板宽度或直径之比 $\geqslant 0.06$。

满足终止加荷标准①，②，③三种情况之一时，其对应的前一级荷载定为极限荷载 p_u。

（2）地基土的变形模量　根据各级荷载 p 及其相应的相对稳定沉降的观测数据 s，可采用适当的比例绘制荷载-沉降（$p\text{-}s$）曲线，如图 4.8（a）所示。绘制各级荷载下的沉降-时间（$s\text{-}t$）曲线，如图 4.8（b）所示。

荷载-沉降（$p\text{-}s$）典型曲线的开始阶段接近直线（Oa 段），直线段终点对应的荷载称为地基比例界限荷载 p_0（或 p_{cr}），一般地基容许承载力或地基承载力特征值的取值接近于此荷载。可利用地基表面沉降的弹性力学公式，计算均布荷载作用下的地基沉降量：

$$s = \frac{\omega(1 - \mu^2)pb}{E_0} \tag{4.8}$$

式中　s,p——地基沉降量，mm；荷载板的压应力，kPa；

　　　　b,E_0——矩形荷载板短边或圆形荷载板的直径，m；地基土的变形模量，MPa；

　　　　μ——地基土的泊松比，可查表4.1取值；

　　　　ω——形状系数，刚性方形荷载板 $\omega = 0.886$，刚性圆形荷载板 $\omega = 0.785$。

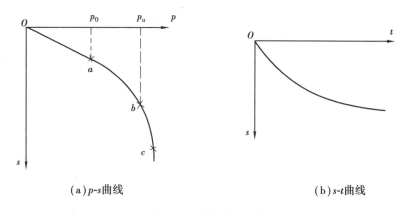

（a）p-s曲线　　　　　　　　　　　（b）s-t曲线

图 4.8　载荷试验结果

表 4.1　地基土的泊松比 μ、侧压系数 K_0 及 β 值

土的名称	状态	泊松比 μ	侧压系数 K_0	系数 β
碎石土		0.15~0.20	0.18~0.25	0.95~0.83
砂土		0.20~0.25	0.25~0.33	0.83~0.74
粉土		0.25	0.33	0.74
粉质黏土	坚硬状态	0.25	0.33	0.83
	可塑状态	0.30	0.43	0.74
	软塑及流塑状态	0.35	0.53	0.62
黏土	坚硬状态	0.25	0.33	0.83
	可塑状态	0.35	0.53	0.62
	软塑及流塑状态	0.42	0.72	0.39

在荷载较小阶段的线性变形阶段，p-s 曲线 Oa 段呈线性关系。用此阶段实测的沉降值 s，利用式（4.8）即可反算地基土的变形模量 E_0（MPa），即

$$E_0 = \omega(1 - \mu^2)p_0 \frac{b}{s_0} \tag{4.9}$$

式中　p_0——荷载试验p-s 曲线上比例界限 a 点所对应的荷载，kPa；

　　　s_0——相应于 p-s 曲线上 a 点的沉降量，mm，当 p-s 曲线不出现明显起始直线段时，可取 $s_0/b = 0.01 \sim$ 0.015（低压缩性土取低值，高压缩性土取高值）对应的荷载 p_0 代入计算。

载荷试验压力的影响深度可达 1.5~2.0b（b 为压板边长），因而试验成果能反映较大一部分土体的压缩性，比钻孔取样在室内试验所受到的扰动要小得多，且土中应力状态在承压板较大时与实际情况比较接近。其缺点是试验工作量大，费时久，所规定的沉降稳定标准也带有较大的近似性。据有些地区的经验，它所反映的土的固结程度仅相当于实际建筑施工完毕时的早期沉降量。对于成层土，必须进行深层土的载荷试验。

深层平板载荷试验适用于埋深不小于 3 m 的地基土层及大直径桩的桩端土层，测试在承压板下应力主要影响范围内的承载力及变形模量，承压板采用直径 0.8 m 的刚性板。深层平板载荷试验加荷等级可按预估极限荷载的 1/15~1/10 分级施加，最大荷载宜达到使土层破坏，且不应小于荷载设计值的两倍。其试验终止加载的标准与浅层荷载试验有所区别：

①沉降 s 急骤增大，荷载-沉降（p-s）曲线上可判定极限荷载的陡降段，且沉降量超过 0.04d（d 为承压板直径）；

②在某一级荷载下，24 h 内沉降速率不能达到稳定标准；

③本级沉降量大于前一级沉降量的 5 倍；

④当持力层土层坚硬，沉降量很小时，最大加载量不小于设计要求的 2 倍。

深层平板载荷试验确定土的变形模量的计算公式如下：

$$E_0 = 0.785 I_1 I_2 (1 - \mu^2) p_0 \frac{d}{s_0} \tag{4.10}$$

式中 I_1——与承压板埋深 z 有关的修正系数,当 $z > d$ 时,$I_1 = 0.5 + 0.23 d/z$;

I_2——与土的泊松比 μ 有关的修正系数,$I_2 = 1 + 2\mu^2 + 2\mu^4$,碎石土 μ 取 0.27、砂土取 0.30、粉土取 0.35、粉质黏土取 0.38、黏土取 0.42。

其余符号与式(4.9)相同。

2)旁压试验及变形模量

法国梅纳尔于 20 世纪 50 年代末研制出了三腔式旁压仪。旁压试验比浅层载荷试验耗资少,简单方便,而且能进行深层土的原位测试,深度可达到 20 m 以下。旁压仪由旁压器、量测与输送系统、加压系统 3 部分组成,其仪器安装如图 4.9 所示。

(1)试验原理 在试验场地钻孔,将旁压器放入钻孔中至测试高程。用水加压力,使充满水的旁压器圆筒形橡胶膜膨胀,对孔壁的土体施加压力,迫使孔周围的土变形外挤,直至破坏。分级加压,量测所加的压力 p 的大小以及旁压器测量腔的体积 V 的变化,得到压力与体积变化的关系曲线,计算地基土的旁压模量。

(2)地基土的旁压模量 如图 4.10 所示,为旁压试验曲线(p-V 曲线),曲线可以分为(Ⅰ)首曲线段、(Ⅱ)拟直线段和(Ⅲ)尾曲线段 3 段。第Ⅰ段是旁压器中腔的橡皮膜逐渐膨胀到与土壁完全接触的阶段,p_0 为原位水平压力,即初始压力;第Ⅱ段相当于弹性变形阶段,p_f 为开始屈服的压力,即临塑压力;第Ⅲ段相当于塑性变形阶段,p_l 为趋向与纵轴平行的渐近线时对应的压力,即极限压力。

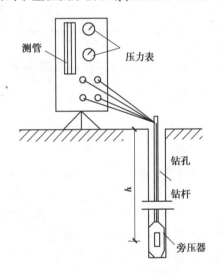

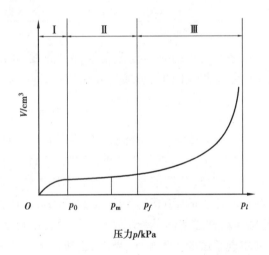

图 4.9 旁压试验示意图   图 4.10 旁压仪压力与体积变化关系曲线

根据 p-V 曲线的直线段斜率,可以按下式计算地基土的旁压模量:

$$E_m = 2(1 + \mu)\left(V_c + \frac{V_0 + V_f}{2}\right)\frac{\Delta p}{\Delta V} \tag{4.11}$$

式中 E_m——旁压模量,kPa;

V_c——旁压器量测腔(中腔)初始固有体积,cm³;

V_0, V_f——与初始压力 p_0 对应的体积;与临塑压力 p_f 对应的体积,cm³;

$\Delta p / \Delta V$——旁压曲线直线段的斜率,kPa/cm³;

μ——土的泊松比(碎石土 0.27、砂土 0.30、粉土 0.35、粉质黏土 0.38、黏土 0.42)。

预钻式旁压仪设备简单,操作方便,但预钻孔对周围土体产生扰动影响,在软土中为避免成孔后缩颈,可采用自钻式旁压仪,即在旁压器下端装置钻头,使旁压器自行钻进。旁压试验适用于碎石土、砂土、粉土、黏性土、残积土、极软岩和软岩等。根据测定的初始压力、临塑压力、极限压力和旁压模量,结合地区经验可以确定地基承载力和评定地基变形参数等。

3)变形模量与压缩模量的关系

土的变形模量 E_0 是土体在无侧限条件下的应力与应变的比值,而土的压缩模量 E_s 是土体在侧限条件下的应力与应变的比值。理论上两者可以互相换算。

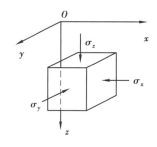

图4.11　单元土体应力状态

如图4.11所示,根据侧限压缩试验的应力条件,单元土体在 z 方向作用有竖向应力 σ_z 时,水平方向的正应力为:

$$\sigma_x = \sigma_y = K_0\sigma_z \tag{4.12a}$$

式中　K_0——侧压力系数,可以通过实验测定,在无试验资料的情况下,也可按表4.1取值。

在侧限压缩条件下, $\varepsilon_x = \varepsilon_y = 0$,由广义虎克定律得:

$$\varepsilon_x = \frac{\sigma_x}{E_0} - \frac{\mu}{E_0}(\sigma_y + \sigma_z) = 0 \tag{4.12b}$$

将式(4.12a)代入上式,可以得出侧压力系数 K_0 与泊松比 μ 的关系:

$$K_0 = \frac{\mu}{1 - \mu}$$

或者

$$\mu = \frac{K_0}{1 + K_0} \tag{4.12c}$$

同样,沿 z 轴方向的应变为:

$$\varepsilon_z = \frac{\sigma_z}{E_0} - \frac{\mu}{E_0}(\sigma_y + \sigma_x) = \frac{\sigma_z}{E_0}(1 - 2\mu K_0) \tag{4.12d}$$

根据压缩模量定义 $E_s = \sigma_z/\varepsilon_z$,可以得到:

$$E_0 = \beta E_s \tag{4.13}$$

式中, $\beta = 1 - 2\mu K_0 = (1+\mu)(1-2\mu)/(1-\mu)$,可查表7.1取值。

必须指出,上述关系仅是 E_0 和 E_s 之间的理论关系。实际上,由于压缩试验的土样容易受到扰动(尤其是低压缩性土),载荷试验与压缩试验的加荷速率、压缩稳定的标准不一样, μ 值不易精确确定等因素影响,式(4.13)的计算结果可能会出现偏差。实际上, E_0 值可能是 βE_s 值的倍数关系,土越坚硬则倍数越大,而软土的 E_0 值与 βE_s 值比较接近。

4)土的弹性模量

由于土并非理想弹性体,它的变形包括了可恢复的弹性变形和不可恢复的残余变形两部分。在静荷载作用下计算土的变形所采用的变形参数为压缩模量和变形模量,通常地基变形计算的分层总和法公式都采用土的压缩模量,当运用弹性力学公式计算地基变形时则采用变形模量或弹性模量。

土的弹性模量是指土体在无侧限条件下瞬时压缩的应力-应变模量,是正应力 σ 与弹性(可恢复)正应变 ε_d 的比值,以 E 表示。一般土的弹性模量远大于变形模量。

确定土弹性模量的方法,一般采用室内三轴仪进行三轴压缩试验或无侧限压缩仪进行单轴压缩试验,得到的应力-应变关系曲线所确定的初始切线模量 E_i 或相当于现场载荷条件下的再加荷模量 E_r 作为弹性模量 E 。

进行三轴压缩试验时,需要重复加荷和卸荷5~6个循环后,在主应力差 $(\sigma_1 - \sigma_3)$ 与轴向应变 ε 关系图上测得 E_i 和 E_r ,如图4.12所示。在周期荷载作用下,土样随着应变增量而逐渐硬化。这样确定的再加荷模量 E_r 就是符合现场条件下的土的弹性模量。

用不排水三轴剪切试验所得到的强度指标,可以间接地估算出土的弹性模量:

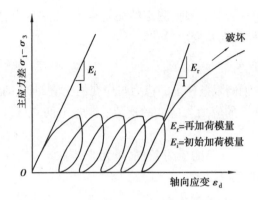

图 4.12　三轴压缩试验确定土的弹性模量

$$E = (250 \sim 500)(\sigma_1 - \sigma_3) \tag{4.14}$$

式中　$\sigma_1-\sigma_3$——不排水三轴压缩试验土样破坏时的主应力差。

4.3　地基的最终沉降量计算

地基最终沉降量是指地基在建筑物附加荷载作用下,不断产生压缩,直至压缩稳定后地基表面的沉降量。计算地基最终沉降量的方法有弹性理论法、分层总和法和地基规范法等。

4.3.1　地基变形的弹性力学公式

布西奈斯克(Boussinesq)给出了在弹性半空间表面作用一个竖向集中力 P 时,半空间内任意点(至作用点的距离为 R)处引起的应力和位移的弹性力学解答,如取坐标 $z=0$,则得到的半空间表面任意点的垂直位移 $w(x,y,0)$ 可以作为地基表面任意点沉降量 s,即

$$s = w(x,y,0) = \frac{P(1 - \mu^2)}{\pi E r} \tag{4.15}$$

式中　s——竖向集中荷载 P 作用下地基表面任意点的沉降;

　　　r——地基表面任意点到竖向集中力作用点的距离,$r=\sqrt{x^2+y^2}$;

　　　E——地基土的弹性模量,常用土的变形模量 E_0 代替;

　　　μ——地基土的泊松比。

1)柔性基础下地基的沉降计算

对于柔性基础,在局部柔性荷载作用下地基表面的沉降,可利用式(4.15)根据叠加原理积分求得。如图 4.13(a)所示,设荷载面 A 内 $N(\xi,\eta)$ 点处微面积 $\mathrm{d}\xi\mathrm{d}\eta$ 上的分布荷载为 $p(\xi,\eta)$,则该微面积上的分布荷载可由集中力 $P=p(\xi,\eta)\mathrm{d}\xi\mathrm{d}\eta$ 代替。地基表面上任一点 M 与集中力作用点(N 点)距离为 $r=\sqrt{(x-\xi)^2+(y-\eta)^2}$,$M(x,y)$ 点的沉降 $s(x,y,0)$ 可由式(4.15)积分求得:

$$s(x,y,0) = \frac{1 - \mu^2}{\pi E} \iint_D \frac{p(\xi,\eta)\,\mathrm{d}\xi\mathrm{d}\eta}{\sqrt{(x - \xi)^2 + (y - \eta)^2}} \tag{4.16}$$

对于均布矩形荷载,$p(\xi,\eta)=p$(常数),矩形角点下产生的沉降根据上式积分得到:

$$s = \delta_c p \tag{4.17}$$

其中

$$\delta_c = \frac{1 - \mu^2}{\pi E}\left[\ln\frac{b + \sqrt{l^2 + b^2}}{l} + b\ln\frac{1 + \sqrt{l^2 + b^2}}{b}\right] \tag{4.18}$$

式中　δ_c——单位均布矩形荷载 $p=1$ 在角点处产生的沉降,称为角点沉降系数,它是矩形荷载面的长度 l

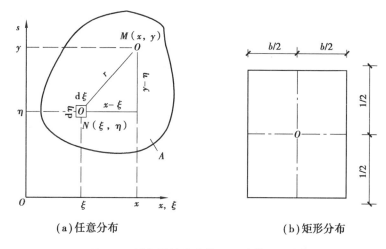

（a）任意分布　　　　　　　　（b）矩形分布

图 4.13　局部柔性荷载作用下地基沉降计算

和宽度 b 的函数。

令 $m = l/b$ 代入式（4.17），则有：

$$s = \frac{b(1-\mu^2)}{\pi E}\left[m \ln \frac{1+\sqrt{1+m^2}}{m} + \ln(m + \sqrt{1+m^2})\right]p \tag{4.19}$$

令 $\omega_c = \frac{1}{\pi}\left[m \ln \frac{1+\sqrt{1+m^2}}{m} + \ln(m + \sqrt{1+m^2})\right]$，$\omega_c$ 称为角点沉降影响系数，式（4.19）可改写为：

$$s = \frac{1-\mu^2}{E}\omega_c b p \tag{4.20}$$

利用上式，采用类似求附加应力时的角点法，可以求得矩形均布荷载作用下地基表面任意点的沉降。如图 4.13（b）中，矩形荷载中心点 O 处沉降量是虚线划分的 4 个相同小矩形角点 O 沉降量之和，由于小矩形的长宽比 $m = \left(\dfrac{l}{2}\right)\Big/\left(\dfrac{b}{2}\right) = \dfrac{l}{b}$，所以中心点的沉降为：

$$s = 4\frac{1-\mu^2}{E}\omega_c\left(\frac{b}{2}\right)p = 2\frac{1-\mu^2}{E}\omega_c b p \tag{4.21}$$

即矩形荷载中心点沉降量为角点沉降量的两倍。如令 $\omega_0 = 2\omega_c$，则：

$$s = \frac{1-\mu^2}{E}\omega_0 b p \tag{4.22}$$

式中　ω_0——中心点沉降影响系数。

对于一般基础（柱下独立基础）都具有一定的抗弯刚度，因而沉降依基础刚度的大小而趋于均匀。中心荷载作用下的基础沉降可以近似地按绝对柔性基础基底平均沉降计算，即

$$s = \iint\limits_{D} s(x,y)\frac{\mathrm{d}x\mathrm{d}y}{A} \tag{4.23}$$

对矩形均布荷载，式（4.23）积分结果为：

$$s = \frac{1-\mu^2}{E}\omega_m b p \tag{4.24}$$

式中　A——基础底面积，m^2；

　　　ω_m——平均沉降影响系数。

2）刚性基础下地基的沉降计算

设刚性基础基底范围内 $s(x,y)$ 为常数，按静力平衡条件 $\iint\limits_{D} p(\xi,\eta)\mathrm{d}\xi\mathrm{d}\eta = P$，代入式（4.16），积分可得

基底各点的反力 $p(x,y)$ 和沉降量 s 为：

$$s = \frac{1-\mu^2}{E}\omega_r bp \tag{4.25}$$

式中　p——地基表面均布荷载，kPa，$p=P/A$（A 为基底面积，P 为中心荷载合力）；

　　　ω_r——刚性基础沉降影响系数，与柔性荷载平均沉降影响系数 ω_m。

为了便于查表计算，可将计算地基表面沉降的弹性力学公式写成统一的形式：

$$s = \frac{1-\mu^2}{E}\omega bp \tag{4.26}$$

式中　s——地基表面任意点的沉降量，mm；

　　　b——矩形荷载（基础）的宽度或圆形荷载（基础）的直径，mm；

　　　p,E——分别为地基表面均布荷载、地基土的变形模量，kPa；

　　　ω——沉降影响系数，按基础刚度、底面形状及计算点位置而定，查表4.2。

表 4.2　沉降系数 ω 值

基础刚度 ＼ 基础形状		圆形	方形 1.0	矩形(l/b)											
				1.5	2.0	3.0	4.0	5.0	6.0	7.0	8.0	9.0	10.1	100.0
柔性基础	ω_c	0.64	0.56	0.68	0.77	0.89	0.98	1.05	1.11	1.16	1.20	1.24	1.27	2.00
	ω_0	1.00	1.12	1.36	1.53	1.78	1.96	2.10	2.22	2.32	2.40	2.48	2.54	4.01
	ω_m	0.85	0.95	1.15	1.30	1.52	1.20	1.83	1.96	2.04	2.12	2.19	2.25	3.70
刚性基础 ω_r		0.79	0.88	1.08	1.22	1.44	1.61	1.72	—	—	—	—	2.12	3.40

4.3.2　分层总和法

1)基本计算原理

如图 4.14 所示，在地基压缩层深度范围内，将地基土分为若干水平土层，各土层厚度分别为 $h_1,h_2,h_3,\cdots,h_n$。计算每层土的压缩量 $s_1,s_2,s_3,\cdots,s_n$。然后累计起来，即为总的地基沉降量 s。

$$s = s_1 + s_2 + s_3 + \cdots + s_n = \sum_{i=1}^{n} s_i \tag{4.27}$$

2)基本假定

①基底附加压力 p_0 为作用于地表面的局部柔性荷载，对于非均质地基，由其引起的附加应力可按均质地基考虑，按弹性理论方法计算地基中的附加应力。

②只计算地基中竖向附加应力 σ_z 作用下土层压缩变形的沉降量，剪应力作用忽略不计。

③土层压缩时不发生侧向变形。

根据以上假定，可以采用侧限条件下得到的压缩性指标计算各土层的压缩量。对于小型基础，一般只计算基底中点下的沉降量；对于基础底面较大的基础，可以选取若干点计算并取平均值；当基础倾斜时，要以倾斜方向基础两端点下的附加应力计算地基变形。

一般情况下，地基土在自重作用下的压缩已经稳定，局部附加压力在地基中引起的附加应力沿深度减小，因此，超过一定深度以下土的变形对沉降影响可以忽略不计。沉降时应考虑其变形的深度范围称为地基压缩层，该深度称为地基沉降计算深度。

3)计算方法和步骤

①按比例绘制地基土层分布和基础剖面图，并按以下原则进行分层（见图 4.15）：

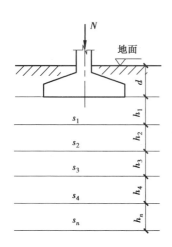

图 4.14　分层总和法计算原理

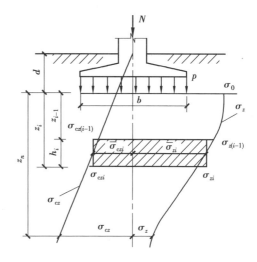

图 4.15　分层总和法计算地基最终沉降量

薄层厚度 $h_i \leqslant 0.4b$（b 为基础宽度）。天然土层面及地下水位处都应作为薄层分界面。

②计算基底中心点下各分层面上土的自重应力 σ_c 和基底压力 p。

③计算基础底面附加压力 p_0 及地基中的附加应力 σ_z 的分布。

④确定地基沉降计算深度 z_n。一般可根据 $\dfrac{\sigma_{zn}}{\sigma_{cn}} \leqslant 0.2$（软土 $\dfrac{\sigma_{zn}}{\sigma_{cn}} \leqslant 0.1$）确定地基沉降计算深度 z_n。

⑤计算各分层土平均自重应力 $\overline{\sigma}_{czi} = \dfrac{\sigma_{cz(i-1)} + \sigma_{czi}}{2}$。

⑥计算各分层土平均附加应力 $\overline{\sigma}_{zi} = \dfrac{\sigma_{z(i-1)} + \sigma_{zi}}{2}$。

⑦计算土压缩前、后的孔隙比。令 $p_{1i} = \overline{\sigma}_{czi}$，$p_{2i} = \overline{\sigma}_{czi} + \overline{\sigma}_{zi}$，在该土层的 e-p 压缩曲线上，由 p_{1i} 和 p_{2i} 查出相应的 e_{1i} 和 e_{2i}，也可由有关计算公式确定 e_{1i} 和 e_{2i}。

⑧计算每一薄层的沉降量。可用以下公式，计算第 i 层土的压缩量 s_i。

$$s_i = \frac{e_{1i} - e_{2i}}{1 + e_{1i}} h_i = \frac{a_i}{1 + e_{1i}} \overline{\sigma}_{zi} h_i = \frac{\overline{\sigma}_{zi}}{E_{si}} h_i \tag{4.28}$$

式中　$\overline{\sigma}_{zi}$——作用在第 i 层土上的平均附加应力，kPa；

E_{si}——第 i 层土的侧限压缩模量，kPa；

h_i，a_i——第 i 层土的计算厚度，mm；第 i 层土的压缩系数，kPa^{-1}；

e_{1i}，e_{2i}——分别为第 i 层土压缩前的孔隙比、压缩后的孔隙比。

⑨按式（4.28）计算地基最终沉降量。将地基压缩层 z_n 范围内各土层压缩量相加，即 $s = \sum\limits_{i=1}^{n} s_i$ 为所求的地基最终沉降量。

【例题 4.1】　某工业厂房采用框架结构，柱基底面为正方形，边长 $l = b = 4.0$ m，基础埋深 $d = 1.0$ m，如图 4.16 所示。上部结构传至基础顶面荷载为 $P = 1\,440$ kN，地基为粉质黏土，其天然重度 $\gamma = 16.0$ kN/m³，土的天然孔隙比 $e = 0.97$。地下水位深 3.4 m，地下水位以下土的饱和重度 $\gamma_{sat} = 18.2$ kN/m³。试计算柱基中点的沉降量。

【解】　（1）计算地基土的自重应力

基础底面　$\sigma_{cd} = \gamma d = 16$ kN/m³×1 m = 16 kPa

地下水位处　$\sigma_{cw} = 3.4$ m $\gamma = 3.4$ m×16 kN/m³ = 54.4 kPa

地面下 2b 处　$\sigma_{c8} = 3.4$ m γ + 4.6 m γ' = 3.4 m×16 kN/m³ + 4.6 m×8.2 kN/m³ = 92.1 kPa

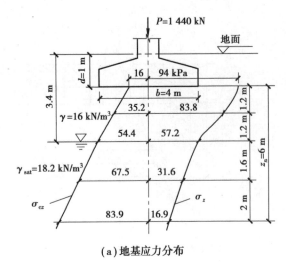
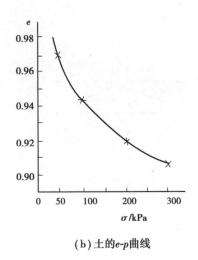

(a)地基应力分布　　　　　　　(b)土的e-p曲线

图 4.16　例题 4.1 图

(2)计算基础底面接触压力　设基础和回填土的平均重度 $\gamma_G = 20\ \text{kN/m}^3$，则：

$$p = \frac{P}{l \times b} + \gamma_G d = \frac{1\ 440\ \text{kN}}{4\ \text{m} \times 4\ \text{m}} + 20\ \text{kN/m}^3 \times 1\ \text{m} = 110.0\ \text{kPa}$$

(3)计算基础底面附加应力　$\sigma_0 = \sigma - \gamma d = 110.0\ \text{kPa} - 16.0\ \text{kPa} = 94.0\ \text{kPa}$

(4)计算地基中的附加应力　用角点法计算，将矩形基底面分成相等的四小块，计算边长 $l = b = 4.0\ \text{m}$。其附加应力 $\sigma_z = 4\alpha_c \sigma_0$，查表确定应力系数 α_c，计算结果列于表 4.3。

表 4.3　附加应力计算结果

深度 z/m	l/b	z/b	应力系数 α_c	附加应力 $\sigma_z = 4\alpha_c \sigma_0$/kPa
0	1.0	0	0.250 0	94.0
1.2	1.0	0.6	0.222 9	83.8
2.4	1.0	1.2	0.151 6	57.2
4.0	1.0	2.0	0.084 0	31.6
6.0	1.0	3.0	0.044 7	16.9
8.0	1.0	4.0	0.027 0	10.2

(5)计算地基受压层深度 z_n　由图 4.16 中自重应力与附加应力分布的两条曲线，计算出 $\sigma_z = 0.2\sigma_{cz}$ 的深度 z。当 $z = 6.0\ \text{m}$ 时，$\sigma_z = 16.9\ \text{kPa}$，$\sigma_{cz} = 83.9\ \text{kPa}$，$\sigma_z \approx 0.2\sigma_{cz} = 16.9\ \text{kPa}$。故受压层深度取 $z_n = 6.0\ \text{m}$。

(6)地基沉降计算分层　各分层的厚度 $h_i \leqslant 0.4b = 1.6\ \text{m}$，在地下水位以上 2.4 m 分两层，各 1.2 m；第三层 1.6 m，第四层因附加应力已很小，可取 2.0 m。

柱基中点总沉降量 $s = \sum\limits_{i=1}^{n} s_i = 20.16\ \text{mm} + 14.64\ \text{mm} + 11.46\ \text{mm} + 7.18\ \text{mm} \approx 53.4\ \text{mm}$

(7)地基沉降计算　计算各分层土的平均自重应力 $\overline{\sigma}_{czi} = \dfrac{\sigma_{cz(i-1)} + \sigma_{czi}}{2}$ 和平均附加应力 $\overline{\sigma}_{zi} = \dfrac{\sigma_{z(i-1)} + \sigma_{zi}}{2}$。令 $p_{1i} = \overline{\sigma}_{czi}$，$p_{2i} = \overline{\sigma}_{czi} + \overline{\sigma}_{zi}$。

应用式(4.28)，$s_i = \dfrac{e_{1i} - e_{2i}}{1 + e_{1i}} h_i$，计算结果列于表 4.4。

表 4.4 地基沉降计算结果

土层编号	土层厚度 h_i/mm	平均自重应力 $\overline{\sigma}_{czi}$/kPa	平均附加应力 $\overline{\sigma}_{zi}$/kPa	$p_{2i}=\overline{\sigma}_{czi}+\overline{\sigma}_{zi}$ /kPa	由 p_{1i} 查 e_{1i}	由 p_{2i} 查 e_{2i}	层沉降量 s_i/mm
1	1 200	25.6	88.9	114.5	0.970	0.937	20.16
2	1 200	44.8	70.5	115.3	0.960	0.936	14.64
3	1 600	61.0	44.4	105.4	0.954	0.940	11.46
4	2 000	75.7	24.3	100.0	0.948	0.941	7.18

柱基中点总沉降量 $S = \sum\limits_{i=1}^{n} S_i = (20.16 + 14.64 + 11.46 + 7.18)$ mm $= 53.4$ mm

4.3.3 《建筑地基基础设计规范》推荐沉降计算法

通过对大量建筑物进行沉降观测,并与分层总和法计算结果相对比发现:中等强度地基,计算的沉降量与实测沉降量相接近;软弱地基,计算的沉降量小于实测沉降量;坚实地基,计算的地基沉降量远大于实测沉降量。

为了使地基沉降量的计算值与实测沉降值相吻合,《建筑地基基础设计规范》(GB 50007—2011,以下简称《地基基础规范》)引入了沉降计算经验系数 ψ_s,对分层总和法计算结果进行修正,使计算结果与基础实际沉降更趋于一致。同时,《地基基础规范》法采用了"应力面积"的原理,可按地基土的天然层面分层,使计算工作得以简化。

1)计算公式推导

《地基基础规范》推荐的计算公式也采用侧限条件 e-p 曲线的压缩性指标,但引入了地基平均附加应力系数的概念及参数,并通过以下过程得到地基沉降量计算公式。

(1)按分层总和法计算第 i 土层的压缩量

$$s'_i = \frac{\overline{\sigma}_{zi}h}{E_{si}} \tag{4.29a}$$

由图 4.17 可知,上式右端分子 $\overline{\sigma}_{zi}h_i$ 等于第 i 层土的附加应力的面积 A_{3456}。

(2)附加应力的面积计算

$$A_{3456} = A_{1234} - A_{1256}$$

其中: $\quad A_{1234} = \int_0^{z_i} \sigma_z \mathrm{d}z = \overline{\sigma}_i z_i$; $A_{1256} = \int_0^{z_{i-1}} \sigma_z \mathrm{d}z = \overline{\sigma}_{i-1} z_{i-1}$

则有: $\quad s'_i = \dfrac{A_{3456}}{E_{si}} = \dfrac{A_{1234}-A_{1256}}{E_{si}} = \dfrac{\overline{\sigma}_i z_i - \overline{\sigma}_{i-1} z_{i-1}}{E_{si}} \tag{4.29b}$

式中 $\quad \overline{\sigma}_{i-1}, \overline{\sigma}_i$——分别为深度 z_{i-1} 和 z_i 范围的平均附加应力。

(3)平均附加应力系数 $\overline{\alpha}_i$ 计算

$$\overline{\alpha}_i = \frac{\overline{\sigma}_i}{p_0}, \ 或 \ \overline{\sigma}_i = p_0\overline{\alpha}_i \tag{4.29c}$$

$$\overline{\alpha}_{i-1} = \frac{\overline{\sigma}_{i-1}}{p_0}, \ 或 \ \overline{\sigma}_{i-1} = p_0\overline{\alpha}_{i-1} \tag{4.29d}$$

（4）计算第 i 层土的压缩量　将式（4.29c）与式（4.29d）代入式（4.29b）得：

$$s' = \frac{1}{E_{si}}(p_0\overline{\alpha_i}z_i - p_0\overline{\alpha_{i-1}}z_{i-1}) = \frac{p_0}{E_{si}}(z_i\overline{\alpha_i} - z_{i-1}\overline{\alpha_{i-1}}) \tag{4.29e}$$

（5）地基总沉降量计算

$$s' = \sum_{i=1}^{n} \frac{p_0}{E_{si}}(z_i\overline{\alpha_i} - z_{i-1}\overline{\alpha_{i-1}}) \tag{4.29f}$$

（6）引入计算经验系数 ψ_s，即得《地基基础规范》法地基沉降计算公式

$$s = \psi_s s' = \psi_s \sum_{i=1}^{n} \frac{p_0}{E_{si}}(z_i\overline{\alpha_i} - z_{i-1}\overline{\alpha_{i-1}}) \tag{4.30}$$

式中　s, s'——分别为地基最终沉降量、按分层总和法计算的地基沉降量，mm；

　　　ψ_s——沉降计算经验系数，根据地区沉降观测资料及经验确定，无地区经验时可采用表 4.6 的数值；

　　　n——地基变形计算深度范围内所划分的土层数，如图 4.18 所示；

　　　p_0——对于荷载效应准永久组合时的基础底面处的附加应力，kPa；

　　　E_{si}——基础底面第 i 层土压缩模量，MPa，应取土的自重压力至土的自重压力与附加压力之和的压力段计算；

　　　z_i, z_{i-1}——基础底面至第 i 层土、第 $i-1$ 层土底面的距离，m；

　　　$\overline{\alpha_i}, \overline{\alpha_{i-1}}$——基础底面至第 i 层土、第 $i-1$ 层土底面范围内平均附加应力系数，查表 4.7。

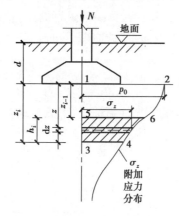

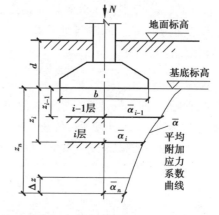

图 4.17　《地基基础规范》法计算原理　　　　　图 4.18　基础沉降分层示意图

应当注意：平均附加应力系数 $\overline{\alpha_i}$ 系指基础底面计算点至第 i 层土底面范围内全部土层的附加应力系数平均值，而非地基中第 i 层土本身附加应力系数。

计算矩形基础中点下的沉降量时，将基础底面分成 4 块相同的小块，按 $l/b, 2z/b$ 角点法查得的平均附加应力系数应乘以 4，得到中心竖线上的平均附加应力系数。对于条形基础，可取 $l/b = 10$ 查表计算（l 和 b 分别为基础的长边和短边）。

2）地基沉降计算深度

（1）无相邻荷载的基础中点　当无相邻荷载影响，基础宽度在 $1 \sim 30$ m 范围内时，基础中点的地基变形计算深度也可按下列简化公式计算。

$$z_n = b(2.5 - 0.4\ln b) \tag{4.31}$$

（2）考虑相邻荷载的影响　考虑相邻荷载影响时，应满足下式要求：

$$\Delta s_n' \leqslant 0.025 \sum_{i=1}^{n} \Delta s_i' \tag{4.32}$$

式中　b——基础宽度，m；

$\Delta s_i'$——在计算深度范围内，第 i 层土的计算变形值；

$\Delta s_n'$——在计算深度 z_n 处，向上取厚度为 Δz 的土层计算变形值，Δz 意义如图 4.18 所示，Δz 可按表 4.5 确定。

表 4.5 计算厚度 Δz 值

b/m	$b \leqslant 2$	$2 < b \leqslant 4$	$4 < b \leqslant 8$	$b > 8$
$\Delta z/\mathrm{m}$	0.3	0.6	0.8	1.0

如按上式计算变形时，计算深度下部如有较软弱土层，则应向下继续计算，直至软弱土层中所取规定厚度 Δz 的计算变形值满足式(4.32)为止。在计算范围内存在基岩时，z_n 可取至基岩表面，当存在较厚的坚硬黏性土层，其孔隙比小于 0.5、压缩模量大于 50 MPa，或存在较厚的密实砂卵石层，其压缩模量大于 80 MPa，z_n 可取至该层土表面。

3)沉降计算经验系数 ψ_s

将其计算结果与大量沉降观测资料结果比较发现：低压缩性的地基土，s' 计算值偏大；高压缩性的地基土，s' 计算值偏小。因此引入经验系数 $\psi_s = s_\infty / s'$，s_∞ 为利用基础沉降观测资料推算的最终沉降量。沉降计算经验系数 ψ_s 取值可查表 4.6。

表 4.6 沉降计算经验系数 ψ_s

$\overline{E}_{si}/\mathrm{MPa}$ 基底附加压力	2.5	4.0	7.0	15.0	20.0
$p_0 \geqslant f_{ak}$	1.4	1.3	1.0	0.4	0.2
$p_0 \leqslant 0.75 f_{ak}$	1.1	1.0	0.7	0.4	0.2

注：$\overline{E}_s$ 为变形计算深度范围内压缩模量的当量值，$\overline{E}_s = \sum \Delta A_i / \sum \dfrac{\Delta A_i}{E_{si}}$；其中，$\Delta A_i$ 为第 i 层土附加应力系数沿土层厚度的积分值，$\Delta A_i = A_i - A_{i-1} = p_0 (z_i \overline{\alpha}_i - z_{i-1} \overline{\alpha}_{i-1})$。

表 4.7 矩形面积上均布荷载作用下角点的平均附加应力系数 $\overline{\alpha}_i$

z/b	l/b												
	1.0	1.2	1.4	1.6	1.8	2.0	2.4	2.8	3.2	3.6	4.0	5.0	10.0
0.0	0.250 0	0.250 0	0.250 0	0.250 0	0.250 0	0.250 0	0.250 0	0.250 0	0.250 0	0.250 0	0.250 0	0.250 0	0.250 0
0.2	0.249 6	0.249 7	0.249 7	0.249 8	0.249 8	0.249 8	0.249 8	0.249 8	0.249 8	0.249 8	0.249 8	0.249 8	0.249 8
0.4	0.247 4	0.247 9	0.248 1	0.248 3	0.248 3	0.248 4	0.248 5	0.248 5	0.248 5	0.248 5	0.248 5	0.248 5	0.248 5
0.6	0.242 3	0.243 7	0.244 4	0.244 8	0.245 1	0.245 2	0.245 4	0.245 5	0.245 5	0.245 5	0.245 5	0.245 5	0.245 6
0.8	0.234 6	0.237 2	0.238 7	0.239 5	0.240 0	0.240 3	0.240 7	0.240 8	0.240 9	0.240 9	0.241 0	0.241 0	0.241 0
1.0	0.225 2	0.229 1	0.231 3	0.232 6	0.233 5	0.234 0	0.234 6	0.234 9	0.235 1	0.235 2	0.235 2	0.235 3	0.235 3
1.2	0.214 9	0.219 9	0.222 9	0.224 8	0.226 0	0.226 8	0.227 8	0.228 2	0.228 5	0.228 6	0.228 7	0.228 8	0.228 9
1.4	0.204 3	0.210 2	0.214 0	0.216 4	0.219 0	0.219 1	0.220 4	0.221 1	0.221 5	0.221 7	0.221 8	0.222 0	0.222 1
1.6	0.193 9	0.200 6	0.204 9	0.207 9	0.209 9	0.211 3	0.213 0	0.213 8	0.214 3	0.214 6	0.214 8	0.215 0	0.215 2
1.8	0.184 0	0.191 2	0.196 0	0.199 4	0.201 8	0.203 4	0.205 5	0.206 6	0.207 3	0.207 7	0.207 9	0.208 2	0.208 4
2.0	0.174 6	0.182 2	0.187 5	0.191 2	0.193 8	0.195 8	0.198 2	0.199 6	0.200 4	0.200 9	0.201 2	0.201 5	0.201 8
2.2	0.165 9	0.173 7	0.179 3	0.183 3	0.186 2	0.188 3	0.191 1	0.192 7	0.193 7	0.194 3	0.194 7	0.195 2	0.195 5
2.4	0.157 8	0.165 7	0.171 5	0.175 7	0.178 9	0.181 2	0.184 3	0.186 2	0.187 3	0.188 0	0.188 5	0.189 0	0.189 5
2.6	0.150 3	0.158 3	0.164 2	0.168 6	0.171 9	0.174 5	0.177 9	0.179 9	0.181 2	0.182 0	0.182 5	0.183 2	0.183 8
2.8	0.143 3	0.151 4	0.157 4	0.161 9	0.165 4	0.168 0	0.171 7	0.173 9	0.175 3	0.176 3	0.176 9	0.177 7	0.178 4

续表

z/b	l/b												
	1.0	1.2	1.4	1.6	1.8	2.0	2.4	2.8	3.2	3.6	4.0	5.0	10.0
3.0	0.136 9	0.144 9	0.151 0	0.155 6	0.159 2	0.161 9	0.165 8	0.168 2	0.169 8	0.170 8	0.171 5	0.172 5	0.173 3
3.2	0.131 0	0.139 0	0.145 0	0.149 7	0.153 3	0.156 2	0.160 2	0.162 8	0.164 5	0.165 7	0.166 4	0.167 5	0.168 5
3.4	0.125 6	0.133 4	0.139 4	0.144 1	0.147 8	0.150 8	0.155 0	0.157 7	0.159 5	0.160 7	0.161 6	0.162 8	0.163 9
3.6	0.120 5	0.128 2	0.134 2	0.138 9	0.142 7	0.145 6	0.150 0	0.152 8	0.154 8	0.156 1	0.157 0	0.158 3	0.159 5
3.8	0.115 8	0.123 4	0.129 3	0.134 0	0.137 8	0.140 8	0.145 2	0.148 2	0.150 2	0.151 6	0.152 6	0.154 1	0.155 4
4.0	0.111 4	0.118 9	0.124 8	0.129 4	0.133 2	0.136 2	0.140 8	0.143 8	0.145 9	0.147 4	0.148 5	0.150 0	0.151 6
4.2	0.107 3	0.114 7	0.120 5	0.125 1	0.128 9	0.131 9	0.136 5	0.139 6	0.141 8	0.143 4	0.144 5	0.146 2	0.147 9
4.4	0.103 5	0.110 7	0.116 4	0.121 0	0.124 8	0.127 9	0.132 5	0.135 7	0.137 9	0.139 6	0.140 7	0.142 5	0.144 4
4.6	0.100 0	0.107 0	0.112 7	0.117 2	0.120 9	0.124 0	0.128 7	0.131 9	0.134 2	0.135 9	0.137 1	0.139 0	0.141 0
4.8	0.096 7	0.103 6	0.109 1	0.113 6	0.117 3	0.120 4	0.125 0	0.128 3	0.130 7	0.132 4	0.133 7	0.135 7	0.137 9
5.0	0.093 5	0.100 3	0.105 7	0.110 2	0.113 9	0.116 9	0.121 6	0.124 9	0.127 3	0.129 1	0.130 4	0.132 5	0.134 8
5.2	0.090 6	0.097 2	0.102 6	0.107 0	0.110 6	0.113 6	0.118 3	0.121 7	0.124 1	0.125 9	0.127 3	0.129 5	0.132 0
5.4	0.087 8	0.094 3	0.099 6	0.103 9	0.107 5	0.110 5	0.115 2	0.118 6	0.121 1	0.122 9	0.124 3	0.126 5	0.129 2
5.6	0.085 2	0.091 6	0.096 8	0.101 0	0.104 6	0.107 6	0.112 2	0.115 6	0.118 1	0.120 0	0.121 5	0.123 8	0.126 6
5.8	0.082 8	0.089 0	0.094 1	0.098 3	0.101 8	0.104 7	0.109 4	0.112 8	0.115 3	0.117 2	0.118 7	0.121 1	0.124 0
6.0	0.080 5	0.086 6	0.091 6	0.095 7	0.099 1	0.102 1	0.106 7	0.110 1	0.112 6	0.114 6	0.116 1	0.118 5	0.121 6
6.2	0.078 3	0.084 2	0.089 1	0.093 2	0.096 6	0.099 5	0.104 1	0.107 5	0.110 1	0.112 0	0.113 6	0.116 1	0.119 3
6.4	0.076 2	0.082 0	0.086 9	0.090 9	0.094 2	0.097 1	0.101 6	0.105 0	0.107 6	0.109 6	0.111 1	0.113 7	0.117 1
6.6	0.074 2	0.079 9	0.084 7	0.088 6	0.091 9	0.094 8	0.099 3	0.102 7	0.105 3	0.107 3	0.108 8	0.111 4	0.114 9
6.8	0.072 3	0.077 9	0.082 6	0.086 5	0.089 8	0.092 6	0.097 0	0.100 4	0.103 0	0.105 0	0.106 6	0.109 2	0.112 9
7.0	0.070 5	0.076 1	0.080 6	0.084 4	0.087 7	0.090 4	0.094 9	0.098 2	0.100 8	0.102 8	0.104 4	0.107 1	0.110 9
7.2	0.068 8	0.074 2	0.078 7	0.082 5	0.085 7	0.088 4	0.092 8	0.096 2	0.098 7	0.100 8	0.102 3	0.105 1	0.109 0
7.4	0.067 2	0.072 5	0.076 9	0.080 6	0.083 8	0.086 5	0.090 8	0.094 2	0.096 7	0.098 8	0.100 4	0.103 1	0.107 1
7.6	0.065 6	0.070 9	0.075 2	0.078 9	0.082 0	0.084 6	0.088 9	0.092 2	0.094 8	0.096 8	0.098 4	0.101 2	0.105 4
7.8	0.064 2	0.069 3	0.073 6	0.077 1	0.080 2	0.082 8	0.087 1	0.090 4	0.092 9	0.095 0	0.096 6	0.099 4	0.103 6
8.0	0.062 7	0.067 8	0.072 0	0.075 5	0.078 5	0.081 1	0.085 3	0.088 6	0.091 2	0.093 2	0.094 8	0.097 6	0.102 0
8.2	0.061 4	0.066 3	0.070 5	0.073 9	0.076 9	0.079 5	0.083 7	0.086 9	0.089 4	0.091 4	0.093 1	0.095 9	0.100 4
8.4	0.060 1	0.064 9	0.069 0	0.072 4	0.075 4	0.077 9	0.082 0	0.085 2	0.087 8	0.098 9	0.091 4	0.094 3	0.098 8
8.6	0.058 8	0.063 6	0.067 6	0.071 0	0.073 9	0.076 4	0.080 5	0.083 6	0.086 2	0.088 2	0.089 8	0.092 7	0.097 3
8.8	0.057 6	0.062 3	0.066 3	0.069 6	0.072 4	0.074 9	0.079 0	0.082 1	0.084 6	0.086 6	0.088 2	0.091 2	0.959 0
9.2	0.055 4	0.059 9	0.063 7	0.067 0	0.069 7	0.072 1	0.076 1	0.079 2	0.081 7	0.083 7	0.085 3	0.088 2	0.093 1
9.6	0.053 3	0.057 7	0.061 4	0.064 5	0.067 2	0.069 6	0.073 4	0.076 5	0.078 9	0.080 9	0.082 5	0.085 5	0.090 5
10.0	0.051 4	0.055 6	0.059 2	0.062 2	0.064 9	0.067 2	0.071 0	0.073 9	0.076 3	0.078 3	0.079 9	0.082 9	0.088 0
10.4	0.049 6	0.053 7	0.057 2	0.060 1	0.062 7	0.064 9	0.068 6	0.071 6	0.073 9	0.075 9	0.077 5	0.080 4	0.085 7
10.8	0.047 9	0.051 9	0.055 3	0.058 1	0.060 6	0.062 8	0.066 4	0.069 3	0.071 7	0.073 6	0.075 1	0.078 1	0.083 4
11.2	0.046 3	0.050 2	0.053 5	0.056 3	0.058 7	0.060 9	0.064 4	0.067 2	0.069 5	0.071 4	0.073 0	0.075 9	0.081 3
11.6	0.044 8	0.048 6	0.051 8	0.054 5	0.056 9	0.059 0	0.062 5	0.065 2	0.067 5	0.069 4	0.070 9	0.073 8	0.079 3
12.0	0.043 5	0.047 1	0.050 2	0.052 9	0.055 2	0.057 3	0.060 6	0.063 4	0.065 6	0.067 4	0.069 0	0.071 9	0.077 4
12.8	0.040 9	0.044 4	0.047 4	0.049 9	0.052 1	0.054 1	0.057 3	0.059 9	0.062 1	0.063 9	0.065 4	0.068 2	0.073 9
13.6	0.038 7	0.042 0	0.044 8	0.047 2	0.049 3	0.051 2	0.054 3	0.056 8	0.058 9	0.060 7	0.062 1	0.064 9	0.070 7
14.4	0.036 7	0.039 8	0.042 5	0.044 8	0.046 8	0.048 6	0.051 6	0.054 0	0.056 1	0.057 7	0.059 2	0.061 9	0.067 7
15.2	0.034 9	0.037 9	0.040 4	0.042 6	0.044 6	0.046 3	0.049 2	0.051 5	0.053 5	0.055 1	0.056 5	0.059 2	0.065 0
16.0	0.033 2	0.036 1	0.038 5	0.040 7	0.042 5	0.044 2	0.046 9	0.049 2	0.051 1	0.052 7	0.054 0	0.056 7	0.062 5
18.0	0.029 7	0.032 3	0.034 5	0.036 4	0.038 1	0.039 6	0.042 2	0.044 2	0.046 0	0.047 5	0.048 7	0.051 2	0.057 0
20.0	0.026 9	0.029 3	0.031 2	0.033 0	0.034 5	0.035 9	0.038 3	0.040 2	0.041 8	0.043 2	0.044 4	0.046 8	0.052 4

【例题 4.2】 某独立柱基底面尺寸为 2.5 m×2.5 m,柱轴向力设计值 F = 1 562.5 kN,基础自重和覆土标准值 G = 250 kN。基础埋深 d = 2 m,如图 4.19 所示。试计算地基最终沉降量。

【解】 (1)求基础底面附加压力

基底附加压力采用对应荷载标准值的数值。

$$F_k = \frac{F}{1.25} = \frac{1\ 562.5\ \text{kN}}{1.25} = 1\ 250\ \text{kN}$$

1.25 为假定恒载与活载的比值 ρ = 3 时荷载设计值与标准值之比。

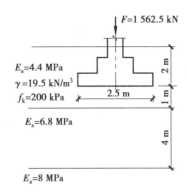

图 4.19　例题 4.2 图

基础底面压力:

$$p = \frac{F_k + G_k}{A} = \frac{1\ 250\ \text{kN} + 250\ \text{kN}}{2.5\ \text{m} \times 2.5\ \text{m}} = 240\ \text{kPa}$$

基底附加压力:

$$p_0 = p - \gamma d = 240\ \text{kPa} - 19.5\ \text{kN/m}^3 \times 2\ \text{m} = 201\ \text{kPa}$$

(2)确定沉降计算深度

$$z = b(2.5 - 0.4\ \ln b) = 2.5\ \text{m}(2.5 - 0.4\ \ln 2.5) = 5.33\ \text{m},取\ z = 5.4\ \text{m}。$$

(3)计算地基沉降计算深度范围内土层压缩量(见表 4.8)

表 4.8　各土层压缩量计算结果

z /m	l/b	$2z/b$	$\overline{\alpha}_i$	$z_i \overline{\alpha}_i$ /mm	$z_i \overline{\alpha}_i - z_{i-1} \overline{\alpha}_{i-1}$ /mm	E_{si} /MPa	$\Delta s'$ /mm	$s' = \sum \Delta s'_i$ /mm
0	1.0	0	4×0.25 =1.000	0				
1.0	1.0	0.8	4×0.234 6 =0.938 4	0.938 4	0.938 4	4.4	42.87	42.87
5.0	1.0	4.0	4×0.111 4 =0.445 6	2.228 0	1.289 6	6.8	38.12	80.99
5.4	1.0	4.32	4×0.105 0 =0.420 1	2.268 5	0.040 5	8.0	1.02	82.01

(4)确定基础最终沉降量

$$\overline{E}_s = \frac{\sum \Delta A_i}{\sum \dfrac{\Delta A_i}{E_{si}}} = \frac{0.938\ 4\ \text{mm} + 1.289\ 6\ \text{mm} + 0.040\ 5\ \text{mm}}{\dfrac{0.938\ 4\ \text{mm}}{4.4\ \text{MPa}} + \dfrac{1.289\ 6\ \text{mm}}{6.8\ \text{MPa}} + \dfrac{0.040\ 5\ \text{mm}}{8\ \text{MPa}}}$$

$$= \frac{2.268\ 5\ \text{mm}}{0.407\ 98\ \text{mm/MPa}} = 5.56\ \text{MPa}$$

由表 4.6 查得: $\psi_s = 1 + \dfrac{7\ \text{MPa} - 5.56\ \text{MPa}}{7\ \text{MPa} - 4\ \text{MPa}}(1.3 - 1) = 1.144 \approx 1.1$

则最终沉降量为: $s = \psi_s s' = 1.1 \times 82.01\ \text{mm} = 90.21\ \text{mm}$。

4.3.4 相邻荷载对地基沉降的影响

1) 相邻荷载影响的原因

相邻荷载产生附加应力扩散时,产生应力叠加,引起地基的附加沉降。许多建筑物因没有充分估计相邻荷载的影响,而导致不均匀沉降,致使建筑物墙面开裂和结构破坏。相邻荷载对地基变形的影响在软土地基中尤为严重(其附加沉降可达自身沉降量的50%以上)。

相邻荷载影响因素包括:两基础的距离、荷载大小、地基土的性质、施工先后顺序等。其中以两基础的距离为最主要因素。距离越近,荷载越大,地基越软弱,则影响越明显。

软弱地基相邻建筑物基础间的净距,可按表4.9选用。

表4.9 相邻建筑物基础间的净距 单位:m

影响建筑物的预估平均沉降量 s/mm	被影响建筑物的长高比	
	$2.0 \leqslant \dfrac{l}{H_f} < 3.0$	$3.0 \leqslant \dfrac{l}{H_f} < 5.0$
70~150	2~3	3~6
160~250	3~6	6~9
260~400	6~9	9~12
>400	9~12	≥12

注:①l 为建筑物长度或沉降缝分割的单元长度,m;H_f 为基础底面标高算起的建筑物高度,m。
②当被影响建筑物的长高比 $1.5 < l/H_f < 2.0$ 时,其净间距可适当减小。

2) 相邻荷载对地基沉降影响的计算

当需要考虑相邻荷载影响时,可用角点法计算相邻荷载引起地基中的附加应力 p_0,并按式(4.28)或式(4.30)计算附加沉降量。单独基础,当基础间净距大于相邻基础宽度时,相邻荷载可按集中荷载计算;条形基础,当基础间净距大于4倍相邻基础宽度时,相邻荷载可按线性荷载计算。一般情况下,相邻基础间净距大于10 m时,可不考虑相邻荷载影响。

如图4.20所示,计算乙基础底面附加应力 p_0 对甲基础 o 点引起的附加沉降量 s_0。有:

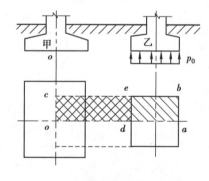

图4.20 角点法计算相邻荷载影响

$$s_0 = 2(s_{oabc} - s_{odec}) \tag{4.33}$$

4.4 应力历史对土的压缩性影响

4.4.1 正常固结、超固结和欠固结的概念

为研究应力历史对黏性土压缩性的影响,引进固结应(压)力的概念。所谓固结应力,是指使土体产生固结或压缩的应力。就地基土层而言,使土体产生固结或压缩的应力主要有两种:其一是土的自重应力,其二是外荷载在地基内部引起的附加应力。对于新近沉积的土或人工填土,起初土粒尚处于悬浮状态,土的自重应力由孔隙水承担,有效应力为零。随着时间的推移,土在自重作用下逐渐沉降固结,最后

自重应力全部转化为有效应力,故这类土的自重应力就是固结应力。但对大多数天然土,由于经历了漫长的地质年代,在自重作用下已固结,此时的自重应力已不再引起土层固结,于是能够进一步使土层产生固结的,只有外荷载引起的附加应力,故此时的固结应力仅指附加应力。

应力历史是指土在形成的地质年代中经受应力变化的情况。天然土层在历史上受过的最大固结压力(指土体在固结过程中所受最大竖向有效应力),称先期固结压力。根据天然土层所承受过的先期固结压力 p_c 与现在所承受自重压力 p_1($p_1 = \gamma z$ 即自重压力)相比较,把两者之比定义为超固结比 OCR,即

$$OCR = \frac{p_c}{p_1} \tag{4.34}$$

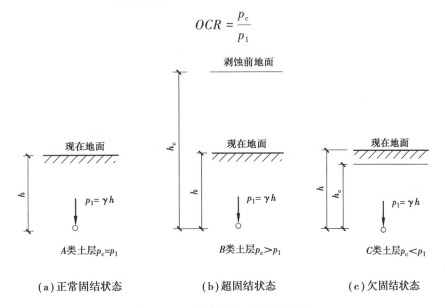

图 4.21　天然土层的三种固结状态

如图 4.21 所示,根据土的超固结比 OCR 大小,可以将天然土层划分为 3 种固结状态:

①正常固结状态($OCR = 1$):是指土层在历史上最大固结压力 p_c 作用下压缩稳定,沉积后土层厚度无大变化,也没有受到其他荷载的继续作用,即 $p_c = p_1 = \gamma z$。大多数建筑物场地土层都属于正常固结状态的土。

②超固结状态($OCR > 1$):是指天然土层在地质历史上受到过的固结压力 p_c 大于目前的上覆压力 p_1。上覆压力由 $p_c = \gamma h_c$ 减小至 $p_1 = \gamma h$,可能是由于地面上升或水流冲刷将其上部的一部分土体剥蚀掉,或古冰川下的土层曾经受过冰荷载(荷载强度为 p_c)的压缩,后遇气候转暖,冰川融化以致上覆压力减小。

③欠固结状态($OCR < 1$):是指土层逐渐沉积到现在地面,但未达到固结稳定状态。如新近沉积黏性土、人工填土等,由于沉积后经历时间不久,其自重固结作用尚未完成,即 p_c($p_c = \gamma h_c$,h_c 为固结完成后地面下的计算点深度)还小于现有的土自重应力 $p_1 = \gamma z$,所以为欠固结土。

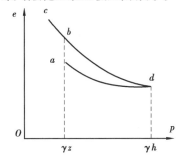

图 4.22　不同固结状态的土

如图 4.22 所示,若上述三个状态的土层为同一种土,在目前地面下深度 z 处,土的自重应力都等于 $p_1 = \gamma z$,但是三者在压缩曲线上却不是同一个点。正常固结土相当于现场原始压缩曲线上的 b 点,超固结土层相当于卸荷回弹曲线上的 a 点,欠固结土层则相当于原始压缩曲线上的 c 点。三种状态下土的压缩特性并不相同。

4.4.2 土的现场压缩曲线推求

1) 先期固结压力 p_c 的确定

当考虑土层的应力历史进行变形计算时,应进行高压固结试验,确定先期固结压力、压缩指数等压缩性指标,试验成果用 e-lg p 曲线表示。

为了判断地基土的固结状态,必须先确定它的先期固结应力 p_c。对于 e-lg p 曲线曲率变化明显的土层,常用美国学者卡萨格兰德(A.Casagrande,1936)建议的经验作图法确定先期固结压力 p_c,如图 4.23 所示。具体步骤如下:

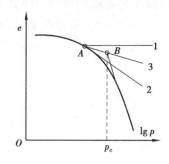

图 4.23　先期固结压力的确定

①从 e-lg p 曲线上找出曲率半径最小的一点 A,过 A 点作水平线 A1 和切线 A2 以及它们夹角的平分线 A3。

②把压缩曲线下部的直线段向上延伸交 A3 线于 B 点,B 点所对应的有效应力就是 p_c。

2) 现场压缩曲线的推求

依据室内压缩曲线的特征,即可推求出现场原始压缩曲线。

(1)正常固结土($p_c = p_1$)的现场压缩曲线

①Terzaghi 和 Peck 法:假定土样保持不膨胀,现场土天然孔隙比就是实验室测定的试样初始孔隙比 e_0。e_0 与土的先期固结压力 p_c 向上延长线交于 a 点,再由 e-lg p 曲线直线段向下延伸与横坐标轴交于 b 点。a,b 两点的连线 $\overline{ab}$,即为所求正常固结土的现场原始压缩曲线,如图4.24所示。该线段斜率为正常固结土的压缩指数 C_c,$C_c = \dfrac{\Delta e}{\lg\left(\dfrac{p_2}{p_1}\right)}$。

②Schmertmann 法:该法与上述方法类似,不同之处在于取 e-lg p 曲线的 b' 点(其纵坐标 $e = 0.42e_0$),连接 $\overline{ab'}$ 直线,即为所求正常固结土的现场原始压缩曲线,见图 4.24 中虚线段。许多室内压缩结果表明,对试样施加不同程度的扰动,所得到的室内压缩曲线的直线段都大致相交于 $0.42e_0$ 处,由此可推想现场压缩曲线也大致交于该点。

(2)超固结土($p_c > p_1$)的现场压缩曲线　超固结土由先期固结应力 p_c 减至现在有效应力 p_1 期间曾在原位经历了回弹。因此,当超固结土受到外荷载作用引起附加应力 Δp 时,它将开始沿着现场再压缩曲线压缩。如果 Δp 较大,超过$(p_c - p_0)$,它才会沿现场原始压缩曲线压缩。为了推求这条现场原始压缩曲线,应改变压缩试验的程序,经过反复卸荷与加荷确定出再压缩指数(即回弹指数)C_e。

如图 4.25 所示,超固结土的现场原始压缩曲线确定步骤如下:

①确定先期固结压力 p_c。

②先作 a_1 点,其纵坐标为 e_0,横坐标为 p_1。由前述可知,$a_1(p_1, e_0)$ 点必然位于原状土的再压缩曲线上。

③过 a_1 点作斜率为 C_e 的直线,该直线与通过 p_c 的垂线交于 a 点,连线 $\overline{a_1 a}$ 平行于室内回弹曲线,该线就是现场再压缩曲线。

④再作 b' 点,室内压缩曲线上纵坐标 $e = 0.42e_0$ 的点就是 b' 点。

⑤然后连接 $\overline{ab'}$ 直线,这线段就是现场压缩曲线的直线段,该线段的斜率就是超固结土的压缩指数 C_c,$C_c = \dfrac{\Delta e}{\lg\left(\dfrac{p_2}{p_1}\right)}$。

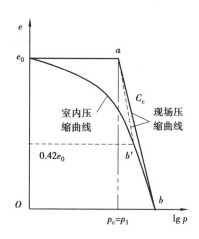

图 4.24 正常固结土的原始压缩曲线

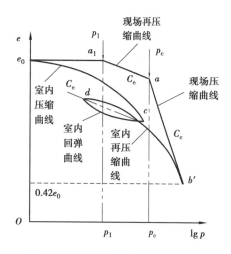

图 4.25 超固结土的原始压缩和原始再压缩曲线

（3）欠固结土（$p_c < p_1$）的现场压缩曲线 对于欠固结土，由于自重作用下的压缩尚未稳定，实际上属于正常固结土的一种特例，只能近似地按与正常固结土相同的方法求得原始压缩曲线，从而确定压缩指数 C_c 值，但压缩的起始点较高。

4.4.3 考虑应力历史影响的地基最终沉降量计算

考虑应力历史的影响计算地基最终沉降量，通常采用侧限条件下压缩量的基本公式和分层总和法公式，其基本方法与 e-p 曲线法相似。对正常固结土、超固结土和欠固结土分别用不同方法求各分层的压缩量，然后，将各分层的压缩量累加得最终沉降量。

1）正常固结土（$p_c = p_1$）的沉降计算

由现场压缩曲线确定压缩指数 C_c 后，按式（4.35）计算正常固结土固结沉降量：

$$s_c = \sum_{i=1}^{n} \frac{\Delta e_i}{1 + e_{0i}} h_i = \sum_{i=1}^{n} \frac{h_i}{1 + e_{0i}} \left(C_{ci} \lg \frac{p_{1i} + \Delta p_i}{p_{1i}} \right) \tag{4.35}$$

式中 Δe_i——由现场压缩曲线确定的第 i 层土的孔隙比的变化；

Δp_i——第 i 层土附加应力的平均值（有效应力增量），$\Delta p_i = \dfrac{\sigma_{zi} + \sigma_{z(i-1)}}{2}$；

p_{1i}——第 i 层土自重应力的平均值，$p_{1i} = \dfrac{\sigma_{czi} + \sigma_{cz(i-1)}}{2}$；

e_{0i}——第 i 层土的初始孔隙比；

C_{ci}——由现场压缩曲线确定的第 i 层土的压缩指数；

h_i——第 i 层土的厚度。

2）超固结土（$p_c > p_1$）的沉降计算

计算超固结土的沉降时，应由现场压缩曲线和现场再压缩曲线分别确定土的压缩指数 C_c 和回弹指数 C_e。对于超固结土地基，由于现场压缩曲线和现场再压缩曲线的斜率不同，因此其沉降的计算应针对分层土的有效应力增量 Δp_i 大小而区分为 $p_1 + \Delta p \geqslant p_c$ 和 $p_1 + \Delta p < p_c$ 两种情况，超固结土的最终沉降量应按这两种情况分别计算。

①当 $p_{1i} + \Delta p_i \geqslant p_{ci}$ 时，如图 4.26（a）所示，第 i 层的土层在 Δp_i 作用下孔隙比将先沿着现场再压缩曲线 b_1b 段减小 $\Delta e_i'$，然后沿着现场原始压缩曲线 bc 段减小 $\Delta e_i''$，即相应于 Δp_i 的孔隙比变化为 $\Delta e_i = \Delta e_i' + \Delta e_i''$。

对于 $p_{1i} + \Delta p_i \geqslant p_{ci}$ 的各分层总和的固结沉降量为：

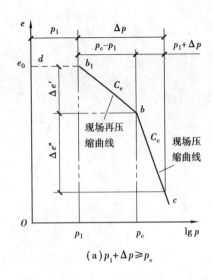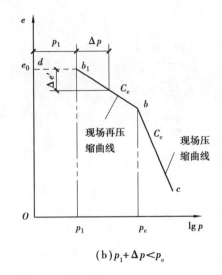

(a)$p_1+\Delta p\geqslant p_c$ (b)$p_1+\Delta p<p_c$

图 4.26　超固结土的孔隙比变化

$$s_{cn}=\sum_{i=1}^{n}\frac{\Delta e_i}{1+e_{0i}}h_i=\sum_{i=1}^{n}\frac{\Delta e'_i+\Delta e''_i}{1+e_{0i}}h_i$$

$$=\sum_{i=1}^{n}s_i=\sum_{i=1}^{n}\frac{h_i}{1+e_{0i}}\left(C_{ei}\lg\frac{p_{ci}}{p_{1i}}+C_{ci}\lg\frac{p_{1i}+\Delta p_i}{p_{ci}}\right)\tag{4.36a}$$

其中　　　　　　　　$$\Delta e'_i=C_{ci}\lg\left(\frac{p_{ci}}{p_{1i}}\right)\;;\Delta e''_i=C_{ci}\lg\left(\frac{p_{1i}+\Delta p_i}{p_{ci}}\right)\tag{4.36b}$$

式中　　n,h_i——分别为土层中 $p_{1i}+\Delta p_i\geqslant p_{ci}$ 的分层数、第 i 层土的厚度；

　　　　Δe_i——第 i 分层土总孔隙比的变化，$\Delta e_i=\Delta e'_i+\Delta e''_i$；

　　　　$\Delta e'_i$——第 i 分层土由现有土平均自重压力 p_{1i} 增大到先期固结压力 p_{ci} 时的孔隙比变化，即沿着图 4.26(a)压缩曲线 b_1b 段孔隙比变化；

　　　　$\Delta e''_i$——第 i 分层土由先期固结压力 p_{ci} 增大到 $p_{1i}+\Delta p_i$ 时孔隙比变化，即沿着图 4.26(a)压缩曲线 bc 段孔隙比变化；

　　　　C_{ci},C_{ei}——分别为第 i 层土的压缩指数、回弹指数。

②当 $p_{1i}+\Delta p_i<p_{ci}$ 时，如图 4.26(b)所示，第 i 层土在 Δp_i 作用下，其孔隙比将只沿着原始再压缩曲线 b_1b 段减小 Δe_i。$p_{1i}+\Delta p_i<p_{ci}$ 各土层分层总和固结沉降量为：

$$s_{cm}=\sum_{i=1}^{m}\frac{\Delta e_i}{1+e_{0i}}h_i=\sum_{i=1}^{m}\frac{h_i}{1+e_{0i}}C_{ei}\lg\frac{p_{1i}+\Delta p_i}{p_{1i}}\tag{4.37}$$

式中　m——计算沉降时，土层中 $p_{1i}+\Delta p_i<p_{ci}$ 的分层数。

超固结土层中，同时有 $p_{1i}+\Delta p_i\geqslant p_{ci}$，$p_{1i}+\Delta p_i<p_{ci}$ 分层时，其沉降量应分别按式(4.36)和式(4.37)进行计算，最后将两部分叠加即可。

$$s_c=s_{cn}+s_{cm}\tag{4.38}$$

3)欠固结土($p_c<p_1$)的沉降计算

在欠固结土层上施加荷载时，基础的沉降量应包括自重下继续固结所引起沉降量与新增固结应力 Δp 所引起的沉降量两部分。

如图 4.27 所示，欠固结土总沉降量计算公式为：

$$s=\sum_{i=1}^{n}\frac{h_i}{1+e_{0i}}C_{ci}\lg\frac{p_{1i}+\Delta p_i}{p_{ci}}\tag{4.39}$$

式中　p_{ci}——第 i 层土实际有效应力，小于土自重应力 p_{1i}。

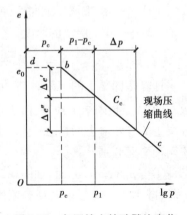

图 4.27　欠固结土的孔隙比变化

4.5 固结理论及地基变形与时间的关系

4.5.1 饱和土的渗透固结

1) 饱和土的渗透固结过程

饱和土体在压力作用下,随时间增长,孔隙水被逐渐排出,孔隙体积随之缩小的过程,称为饱和土的渗透固结。饱和土体受荷产生固结压缩主要表现有三个方面:土体孔隙中自由水逐渐排出;土体孔隙体积逐渐减小;孔隙水压力逐渐转移由土骨架来承受,成为有效应力。因此,饱和土体的固结作用为排水、压缩和压力转移三者同时进行的一个过程。渗透固结所需时间的长短主要与土的渗透性和土层厚度有关,土的渗透性越小、土层越厚,孔隙水被排出所需的时间越长。

2) 渗透固结力学模型

如图 4.28 所示,用弹簧活塞力学模型研究饱和土体的渗透固结过程。在一个盛满水的圆筒中,筒底与弹簧一端连接,弹簧另一端连接一个带排水孔的活塞。其中弹簧表示土的固体颗粒骨架,容器内的水表示土孔隙中的自由水,整个模型表示饱和土体。因此,由水和土骨架(弹簧)共同承担外荷 σA(A 为活塞底面积)的作用,设弹簧承担的压力为 $\sigma' A$,圆筒中的水(土孔隙水)承担的压力为 uA,根据静力平衡条件可知:

$$\sigma = \sigma' + u \tag{4.40}$$

式中 σ', u——分别为有效应力、孔隙水压力(以测压管中水的超高表示);

σ——总应力,通常指作用在土中的附加应力。

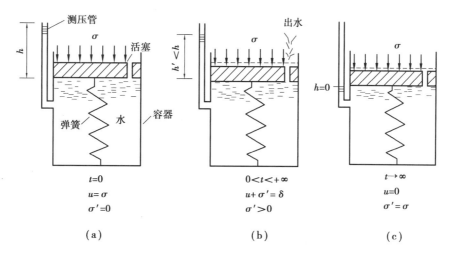

图 4.28　饱和土的渗透固结模型

由试验可观察到以下一些现象:

①当 $t=0$ 时,在活塞顶面骤然施加荷载 p 的瞬间,容器中的水尚未从活塞上的细孔排出时,压力 σ 完全由水承担,弹簧没有变形和受力,有效应力 $\sigma'=0$;孔隙水压力 $u=\sigma=\gamma_w h$。此时从测压管量得水柱高 $h=\sigma/\gamma_w$。

②经过时间 t 以后($0<t<\infty$),随着水压力增大,容器中的水不断地从活塞排水孔排出,活塞下降,迫使弹簧受到压缩而受力。此时,土的有效应力 σ' 逐渐增大,孔隙水压力 u 逐渐减小,$\sigma=\sigma'+u$,$\sigma'>0$,$u<\sigma$。测压管量得的水柱高 $h'<\sigma/\gamma_w$。

③当时间 t 经历很长以后($t\to\infty$,为"最终"时间),容器中的水完全排出,停止流动,孔隙水压力完全

消散,活塞不再下降,外荷载 σ 全部由弹簧承担。此时,$h=0$,$u=\gamma_w h=0$,$\sigma'=\sigma$,土的渗透固结完成。

饱和土的渗透固结,是土中孔隙水压力 u 消散,并逐渐转移为有效应力 σ' 的过程。

3)固结过程中的应力分布

实际上,土体的有效应力 σ' 与孔隙水压力 u 的变化,不仅与时间 t 有关,而且还与该点离透水面的距离 z 有关,即孔隙水压力 u 是距离 z 和时间 t 的函数:

$$u = f(z,t) \tag{4.41}$$

如图 4.29(a)所示,室内固结试验的土样,上下面双向排水,设土样厚度为 $2H$(H 为排水距离),上半部孔隙水向上排,下半部孔隙水向下排。土样在外力 σ 作用后,经历不同时间 t,沿土样深度方向,孔隙水压力 u 和有效应力 σ' 的分布,如图 4.29(b)所示。

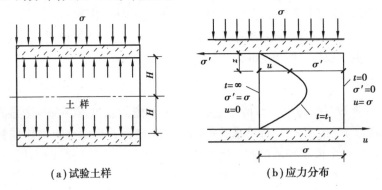

(a)试验土样　　　　　　　　(b)应力分布

图 4.29　固结试验过程中应力随时间与深度的分布

①当时间 $t=0$,即外力施加后的一瞬间,孔隙水压力 $u=\sigma$,有效应力 $\sigma'=0$。此时,u 和 σ' 两种应力分布如图 4.29(b)中右端竖直线所示。

②经历一段时间后,$t=t_1$ 时,u 和 σ' 两种应力都存在,$\sigma=\sigma'+u$,这两种应力分布如图 4.29(b)中部的曲线所示。

③当经历很长时间以后,时间 $t\to\infty$,此时孔隙水压力 $u=0$,有效应力 $\sigma'=\sigma$。这两种应力分布如图 4.29(b)中左侧竖直线所示。

4.5.2　太沙基一维固结理论

一维固结又称单向固结,是在荷载作用下土中水的流动和土体的变形仅发生在一个方向(如竖直向)的土体固结问题。为了求得饱和土层在渗透固结过程中任意时间的变形,通常采用太沙基(K. Terzaghi,1925)提出的一维固结理论进行计算。

1)一维固结理论的基本假定

①土层是均质、各向同性和完全饱和的,土粒和孔隙水都是不可压缩的。

②土中水的渗流和土的压缩只沿竖向发生,水平方向不排水,不发生压缩。

③土中水的渗流服从达西定律,且渗透系数 k 保持不变。

④在固结过程中,压缩系数 a 保持不变。

⑤外荷载(附加应力)一次骤然施加,且沿土层深度呈均匀分布。

⑥土体变形完全是由土层中有效应力增加引起的。

2)单向固结微分方程的建立

(1)单向固结微分方程建立　如图 4.30 所示,设饱和黏性土层厚度为 $2H$,土层上、下两面均为透水层。作用于土层顶面的竖直荷载 σ 为无限均匀分布,在任一深度 z 处,取一微小单元土体进行分析。

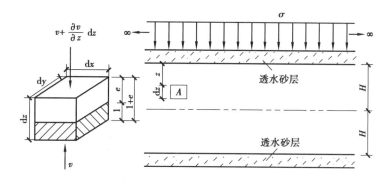

图 4.30　饱和土的固结计算

微元体水平方向的断面积为 $\mathrm{d}x\mathrm{d}y$，高度为 $\mathrm{d}z$，令 $V_\mathrm{s}=1$，则 $V_\mathrm{v}=e$，$V=1+e$。在单位时间里，从单元体内排出的水量 Δq，等于该单元体内孔隙体积的减少量 ΔV。设单元体底面渗流流速为 v，顶面流速为 $v+\dfrac{\partial v}{\partial z}\mathrm{d}z$，则有：

$$\Delta q = \left[\left(v + \frac{\partial v}{\partial z}\mathrm{d}z\right) - v\right]\mathrm{d}x\mathrm{d}y\mathrm{d}t = \frac{\partial v}{\partial z}\mathrm{d}x\mathrm{d}y\mathrm{d}z\mathrm{d}t \tag{4.42a}$$

根据达西定律：

$$v = ki = k\frac{\partial h}{\partial z}$$

式中的 h 为孔隙水压力水头，由 $u = \gamma_\mathrm{w}h$，得 $h = u/\gamma_\mathrm{w}$，因此：

$$v = k\frac{\partial h}{\partial z} = \frac{k}{\gamma_\mathrm{w}} \cdot \frac{\partial u}{\partial z}$$

$$\frac{\partial v}{\partial z} = \frac{k}{\gamma_\mathrm{w}} \cdot \frac{\partial^2 u}{\partial z^2}$$

代入式(4.42a)得：

$$\Delta q = \frac{k}{\gamma_\mathrm{w}} \cdot \frac{\partial^2 u}{\partial z^2}\mathrm{d}x\mathrm{d}y\mathrm{d}z\mathrm{d}t \tag{4.42b}$$

单元土体孔隙体积的压缩量：

$$\Delta V = \mathrm{d}V_\mathrm{v} = \mathrm{d}(nV) = \mathrm{d}\left(\frac{e}{1+e}\mathrm{d}x\mathrm{d}y\mathrm{d}z\right) = \frac{\mathrm{d}e}{1+e}\mathrm{d}x\mathrm{d}y\mathrm{d}z \tag{4.42c}$$

根据压缩系数的定义，$\dfrac{\mathrm{d}e}{\mathrm{d}\sigma'}=-a$，则 $\mathrm{d}e = -a\mathrm{d}\sigma' = -a\mathrm{d}(\sigma-u) = a\mathrm{d}u = a\dfrac{\partial u}{\partial t}\mathrm{d}t$，代入式(4.42c)得：

$$\Delta V = \frac{a}{1+e} \cdot \frac{\partial u}{\partial t}\mathrm{d}x\mathrm{d}y\mathrm{d}z\mathrm{d}t \tag{4.42d}$$

对于饱和土体，在 $\mathrm{d}t$ 时间内应满足 $\Delta q = \Delta V$，即

$$\frac{k}{\gamma_\mathrm{w}}\frac{\partial^2 u}{\partial z^2}\mathrm{d}x\mathrm{d}y\mathrm{d}z\mathrm{d}t = \frac{a}{1+e}\frac{\partial u}{\partial t}\mathrm{d}x\mathrm{d}y\mathrm{d}z\mathrm{d}t \tag{4.42e}$$

化简之后得：

$$\frac{\partial u}{\partial t} = \frac{k(1+e)}{\gamma_\mathrm{w}a} \cdot \frac{\partial^2 u}{\partial z^2} = C_\mathrm{v}\frac{\partial^2 u}{\partial z^2} \tag{4.42f}$$

式中　C_v——土的竖向固结系数，$C_\mathrm{v} = k(1+e)/(\gamma_\mathrm{w}a)$，$\mathrm{cm}^2/$年；

　　　k——土的渗透系数，$\mathrm{cm}/$年；

　　　e——渗流固结前土的孔隙比；

　　　γ_w——水的重度，$10^{-5}\times\mathrm{kN/cm}^3$；

　　　a——土的压缩系数，$10^4\times\mathrm{kPa}^{-1}$。

（2）固结微分方程的解　根据图 4.29 中所示的孔隙水压力 u 和有效应力 σ' 的初始条件（开始固结时的附加应力分布情况）和边界条件（可压缩土层顶底面的排水条件），可知：

- 当 $t=0$ 和 $0 \leqslant z \leqslant 2H$ 时，$u = \sigma =$ 常数；
- 当 $0 < t < \infty$ 和 $z=0$ 时，$u=0$；
- 当 $0 < t < \infty$ 和 $z=2H$ 时，$u=0$；
- 当 $t = \infty$ 时，$u = 0$。

根据初始条件和边界条件，采用分离变量法，应用傅里叶级数，可求得式（4.42f）解为：

$$u_{zt} = \frac{4\sigma}{\pi} \sum_{m=1}^{\infty} \frac{1}{m} \sin \frac{m\pi z}{2H} e^{-m^2 \frac{\pi^2}{4} T_v} \tag{4.43}$$

其中

$$T_v = \frac{C_v}{H^2} t = \frac{k(1+e)t}{a\gamma_w H^2} \tag{4.44}$$

式中　m——为正奇整数，即 $1,3,5,\cdots,m$；

　　　u_{zt}, σ——分别为深度 z 处某一时刻 t 的孔隙水压力、附加应力（不随深度变化）；

　　　H——压缩土层最大的排水距离，如为双面排水，H 为土层厚度之半，若为单面排水，H 为土层的总厚度；

　　　e, t——分别为自然对数的底、固结所需的时间；

　　　T_v——竖向固结时间因素（无量纲）。

3）地基固结度计算

地基固结度是指在外荷载作用下，经历时间 t 时地基土层所产生的固结变形量与最终沉固结变形量之比值，或经历时间 t 后的有效应力 σ' 与总应力 σ 之比值，常用 $U_{z,t}$ 表示，即

$$U_{z,t} = \frac{s_{ct}}{s_c} \text{ 或 } U_{z,t} = \frac{\sigma'_{zt}}{\sigma} = \frac{\sigma - u_{zt}}{\sigma} \tag{4.45}$$

由于地基中各点的有效应力不等，且各点距排水面的距离也不等，而土层中各点的固结度也不相等，因此，引入某一土层的平均固结度 U_t 的概念。对于竖向排水情况，由于固结变形与有效应力成正比，所以把某一时间 t 的有效应力图面积与总附加应力图面积之比称为平均固结度 U_t，计算公式如下：

$$U_t = \frac{A_{\sigma'}}{A_\sigma} = \frac{A_\sigma - A_u}{A_\sigma} = 1 - \frac{A_u}{A_\sigma} = 1 - \frac{\int_0^H u_{zt}\,dz}{\int_0^H \sigma\,dz} \tag{4.46}$$

式中　$A_{\sigma'}$——有效应力的分布面积，等于平均有效应力 σ_m 与土层厚度的乘积；

　　　A_σ——全部固结完成后的附加应力面积，等于总应力的分布面积；

　　　A_u——孔隙应力的分布面积，等于平均孔压 u_m 与土层厚度的乘积；

其他符合意义同式（4.43）。

根据图 4.29（b），可计算平均孔隙水压力 u_m 为：

$$u_m = \frac{1}{2H} \int_0^{2H} u\,dz = \frac{1}{2H} \int_0^{2H} \left(\frac{4\sigma}{\pi} \sum_{m=1}^{\infty} \frac{1}{m} \sin \frac{m\pi z}{2H} e^{-m^2 \frac{\pi^2}{4} T_v} \right) dz$$

积分上式，求得 A_u 和 A_σ 之后，代入式（4.46），得到地基平均固结度：

$$U_t = 1 - \frac{8}{\pi^2} \left(e^{-\frac{\pi^2}{4} T_v} + \frac{1}{9} e^{-\frac{9\pi^2}{4} T_v} + \cdots \right)$$

上式中括号内的级数收敛得很快，当 T_v 值较大时，可只取第一项，即

$$U_t = 1 - \frac{8}{\pi^2} e^{-\frac{\pi^2}{4} T_v} \tag{4.47}$$

式（4.47）也适用于双面排水附加应力直线分布（包括非均匀分布线性分布）的情况。

对于单面排水,且上、下面附加应力不等的情况,引入系数 λ。

$$\lambda = \frac{排水面附加应力}{不排水面附加应力} = \frac{\sigma_1}{\sigma_2} \tag{4.48}$$

由系数 λ,可得出土层任意时刻的平均固结度的计算通式:

$$U_t = 1 - \frac{\frac{\pi}{2}\lambda - \lambda + 1}{1 + \lambda} \frac{32}{\pi^3} e^{-\frac{\pi^2}{4}T_v} \tag{4.49}$$

根据 λ 值的不同,可分为如图 4.31 中的几种情况。实际工程的几种情况如图 4.31(a)所示,简化的地基应力分布形式如图 4.31(b)所示。

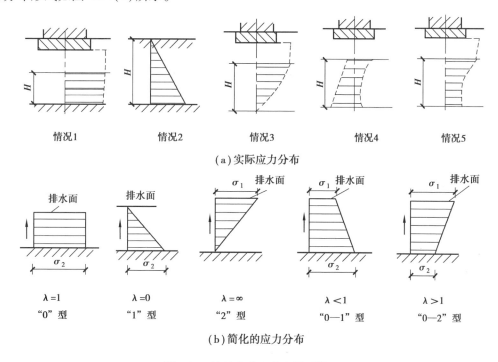

情况1　　情况2　　　情况3　　　情况4　　　情况5

(a)实际应力分布

$\lambda = 1$　　$\lambda = 0$　　$\lambda = \infty$　　$\lambda < 1$　　$\lambda > 1$
"0"型　　"1"型　　"2"型　　"0—1"型　　"0—2"型

(b)简化的应力分布

图 4.31　地基中应力分布图形情况

①当 $\lambda = 1$ 时("0"型),薄压缩地基,或大面积均布荷载的情况。双面排水条件时,取 $\lambda = 1.0$,代入式(4.49)则式(4.47)成立。

②当 $\lambda = 0$ 时("1"型),土层在自重应力作用下的固结。

③当 $\lambda = \infty$ 时("2"型),基底面积小,传至压缩层底面附加应力接近于零。

④当 $\lambda < 1$ 时("0—1"型),自重应力作用下尚未固结土层,又在其上修建基础的情况。

⑤当 $\lambda > 1$ 时("0—2"型),基底面积较小,传至压缩层底面附加应力不为 0。

已知 λ 值($\lambda = \sigma_1/\sigma_2$)和 U_t,由式(4.49)可计算时间因数 T_v 的值,列于表 4.10 中。

实际工程中,荷载总是分级逐渐施加的。因此,根据上述理论方法求得的固结时间关系或沉降时间关系都必须加以修正,修正的方法常用改进的高木俊介法(见 11.4.1 节)。

表 4.10　竖向固结时间因素 T_v

λ	地基土的平均固结度 U_t											类型
	0.0	0.1	0.2	0.3	0.4	0.5	0.6	0.7	0.8	0.9	1.0	
0.0	0.0	0.049	0.100	0.154	0.217	0.290	0.380	0.500	0.660	0.95	∞	1 型

续表

λ	地基土的平均固结度 U_t											类型
	0.0	0.1	0.2	0.3	0.4	0.5	0.6	0.7	0.8	0.9	1.0	
0.2	0.0	0.027	0.073	0.126	0.186	0.26	0.35	0.46	0.63	0.92		
0.4	0.0	0.016	0.056	0.106	0.164	0.24	0.33	0.44	0.60	0.90	∞	0—1型
0.6	0.0	0.012	0.042	0.092	0.148	0.22	0.31	0.42	0.58	0.88		
0.8	0.0	0.010	0.036	0.079	0.134	0.20	0.29	0.41	0.57	0.86		
1.0	0.0	0.008	0.031	0.071	0.126	0.20	0.29	0.40	0.57	0.85	∞	0型
1.5	0.0	0.008	0.024	0.058	0.107	0.17	0.26	0.38	0.54	0.83		
2.0	0.0	0.006	0.019	0.050	0.095	0.16	0.24	0.36	0.52	0.81	∞	0—2型
3.0	0.0	0.005	0.016	0.041	0.082	0.14	0.22	0.34	0.50	0.79		
4.0	0.0	0.004	0.014	0.040	0.080	0.13	0.21	0.33	0.49	0.78		
5.0	0.0	0.004	0.013	0.034	0.069	0.12	0.20	0.32	0.48	0.77		
7.0	0.0	0.003	0.012	0.030	0.065	0.12	0.19	0.31	0.47	0.76	∞	0—2型
10.0	0.0	0.003	0.011	0.028	0.060	0.11	0.18	0.30	0.46	0.75		
20.0	0.0	0.003	0.010	0.026	0.060	0.11	0.17	0.29	0.45	0.74		
∞	0.0	0.002	0.009	0.024	0.048	0.09	0.16	0.23	0.44	0.73	∞	2型

4.5.3 地基变形与时间关系计算目的

在工程设计中,很多情况下除了要知道地基最终沉降量外,还需要计算建筑物在施工期间和使用期间的地基沉降量(地基变形量),掌握地基沉降与时间的关系,以便设计预留建筑物有关部分之间的净空。尤其对发生裂缝、倾斜等事故的建筑物,更需要了解当时的沉降与今后沉降的发展,即沉降与时间的关系,作为确定事故处理方案的重要依据。采用堆载预压方法处理地基时,也需要考虑地基变形与时间的关系。

对于砂土和碎石土地基,因压缩性较小,透水性较大,一般在施工完成时,地基的沉降已完成80%以上。对于低压缩性黏性土,施工期间可完成最终沉降量50%~80%;中压缩性黏性土,可完成最终沉降量的20%~50%;高压缩性黏性土,可完成最终沉降量的5%~20%。

对于层厚较大的饱和淤泥质黏性土地基,沉降有时需要几十年才能达到稳定。例如,上海展览中心馆,1954年5月开工时,中央大厅的平均沉降量当年年底仅为60 mm,1957年6月为140 mm,1979年9月达到160 mm。沉降经过23年仍然没有达到稳定。

4.5.4 地基变形与时间关系的计算方法

根据地基土平均固结度与时间的关系,计算某特定时间 t 地基沉降量可按以下步骤进行:

①计算地基最终沉降量 s_c:用分层总和法或《地基基础规范》推荐的方法进行计算。

②计算附加应力比值 $\lambda = \sigma_1/\sigma_2$:由地基附加应力计算。

③假定一系列地基平均固结度 U_t,如 $U_t = 20\%, 40\%, 60\%, 80\%, 90\%$。

④计算时间因子 T_v:由假定的每一个平均固结度 U_t 与 λ 值,查表4.10。

⑤由地基土的性质指标和土层厚度:由公式(4.44)计算 U_t 所对应的时间 t。

⑥计算时间 t 的沉降量 s_{ct}：由公式 $U_t = s_{ct}/s_c$，可得 $s_{ct} = U_t s_c$。

⑦绘制 s_{ct} 与 t 的曲线：由计算的 s_{ct} 为纵坐标，时间 t 为横坐标，绘制 s_{ct}-t 关系曲线，则可求任意时间 t_1 的沉降量 s_1。

【例题 4.3】　某饱和黏土地基，厚 8.0 m，顶部为薄砂层，底部为不透水基岩，如图 4.32(a)所示。基础中点 O 下的附加应力：基底 240 kPa，基岩顶面 160 kPa。黏土地基孔隙比 $e_1 = 0.88$，$e_2 = 0.83$，$k = 0.6 \times 10^{-8}$ cm/s。求地基沉降与时间的关系。

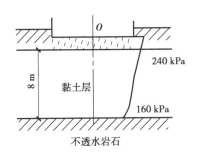

(a)附加应力分布

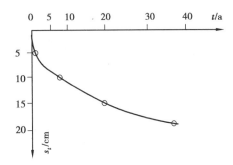

(b) s_t-t 曲线

图 4.32　例题 4.3 图

【解】　(1)地基总沉降量的估算

$$s_c = \frac{e_1 - e_2}{1 + e_1} H = \frac{0.88 - 0.83}{1 + 0.88} \times 800 \text{ cm} = 21.3 \text{ cm}$$

(2)计算附加应力比值 λ

$$\lambda = \frac{\sigma_1}{\sigma_2} = \frac{240 \text{ kPa}}{160 \text{ kPa}} = 1.50$$

(3)假定平均固结度　$U_t = 25\%, 50\%, 75\%, 90\%$。

(4)确定时间因子 T_v　由 λ 与 U_t 查表 4.10 可得：$T_v = 0.04, 0.17, 0.45, 0.83$。

(5)计算相应的时间 t

①压缩系数：$a = \dfrac{\Delta e}{\Delta \sigma} = \dfrac{e_1 - e_2}{\dfrac{0.24 \text{ MPa} + 0.16 \text{ MPa}}{2}} = \dfrac{0.88 - 0.83}{0.20 \text{ MPa}} = 0.25 \text{ MPa}^{-1}$

②渗透系数：$k = 0.6 \times 10^{-8}$ cm/s $\times 3.15 \times 10^7$ s/年 $= 0.19$ cm/年

③固结系数：$C_v = \dfrac{k(1 + e_m)}{0.1 a \gamma_w} = \dfrac{0.19 \text{ cm/年} \times \left[1 + \dfrac{0.88 + 0.83}{2}\right]}{0.1 \times 0.25 \text{ MPa}^{-1} \times 0.001 \text{ MN/cm}^3} = 14\,100 \text{ cm}^2/\text{年}$

（式中引入量纲换算系数 0.1）

④时间因子　$T_v = \dfrac{C_v t}{H^2} = \dfrac{14\,100 \text{ cm}^2/\text{年} \times t}{800^2 \text{ cm}^2}$，则 $t = \dfrac{640\,000}{14\,100} T_v \text{ 年} = 45.5 T_v \text{ 年}$

计算结果见表 4.11。地基沉降与时间的关系 s_t-t 曲线如图 4.32(b)所示。

表 4.11　计算结果

固结度 U_t	系数 λ	时间因子 T_v	时间 t/a	沉降量 s_{ct}/cm
25%	1.5	0.04	1.82	5.32
50%	1.5	0.17	7.735	10.64
75%	1.5	0.45	20.475	15.96
90%	1.5	0.83	37.765	19.17

4.5.5　地基瞬时沉降与次固结沉降

在外荷载作用下,观测黏性土地基的实际变形,可认为地基最终沉降量是由下面三部分组成的,如图 4.33(a)所示。

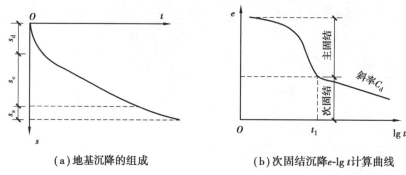

（a）地基沉降的组成　　　　　　　（b）次固结沉降e-$\lg t$计算曲线

图 4.33　地基瞬时沉降与次固结沉降

$$s = s_d + s_c + s_s \tag{4.50}$$

式中　s_d——瞬时沉降(畸变沉降);

　　　s_c——固结沉降(主固结沉降);

　　　s_s——次固结沉降。

对于公路工程,路基的总沉降量也可采用沉降(经验)系数 m 与主固结沉降量 s_c 计算:

$$s = ms_c \tag{4.51}$$

式中　m——经验系数,取值范围为 $1.1 \sim 1.7$,m 值与地基条件、荷载强度、加载速率等因素有关,应根据现场沉降观测资料确定。

1）瞬时沉降 s_d

瞬时沉降(畸变沉降)是地基受荷后立即发生的沉降。瞬时沉降与基础形状、尺寸及附加应力大小等因素有关,可近似用弹性力学公式进行计算,即

$$s_d = \frac{\omega(1 - \mu^2)}{E}pB \tag{4.52}$$

式中　μ——土的泊松比,假定土体的体积不可压缩,取 0.5;

　　　ω——沉降系数,刚性方形取 0.8,刚性圆形取 0.79;

　　　B,p——分别为矩形荷载的短边尺寸、均匀荷载值;

　　　E——地基土变形模量,三轴试验初始切线模量 E_i 或现场实际荷载下再加荷模量 E_r。

变形模量也可近似采用 $E = (500 \sim 1\,000)C_u$ 估算,C_u 为不排水抗剪强度。对于成层土地基,计算参数 E 和 μ 应在地基压缩层范围内近似取按土层厚度计算的加权平均值。

2）固结沉降（主固结沉降）s_c

在荷载作用下饱和土体中随着孔隙水的逐渐排出,孔隙体积相应减小,土体逐渐压密而产生的沉降,称为主固结沉降,它是地基沉降主要部分。

此期间,孔隙水应力逐渐消散,有效应力逐渐增加,当孔隙水应力消散为零,有效应力最终达到一个稳定值时,主固结沉降完成。通常用分层总和法计算固结沉降 s_c(见 4.3.2 节)。

3）次固结沉降 s_s

在主固结沉降完成(即孔隙水应力消散为零)之后,土体还会随时间增长进一步产生的沉降,称为次固结沉降。次固结沉降被认为与土的骨架蠕变有关。对于坚硬土或超固结土,s_s 相对较小,而对于软黏

土,尤其是土中含有一些有机质(如胶态腐植质等),或是在深处可压缩土层中当压力增量比(土中附加应力与自重应力之比)较小的情况下,s_s 值比较大,必须引起注意。次固结沉降计算公式如下:

$$s_s = \sum_{i=1}^{n} \frac{H_i}{1 + e_{0i}} C_{di} \lg \frac{t}{t_1} \quad (4.53)$$

式中 C_{di}——第 i 分层土的次固结系数,半对数图上 e-$\lg t$ 直线段斜率,如图 4.33(b)所示,C_{di} 一般由试验确定,$C_{di} \approx 0.018w$,w 为土的天然含水量;

t——所求次固结沉降的时间,$t > t_1$;

t_1——相当于主固结度为 100% 的时间,根据 e-$\lg t$ 曲线求得。

习 题

4.1 某钻孔土样的压缩试验记录见表 4.12,试绘制压缩曲线和计算各土层的压缩系数 $a_{1\text{-}2}$ 及相应的压缩模量 E_s,并评定土的压缩性。

表 4.12 土样的压缩试验成果

压力/kPa		0	50	100	200	300	400
孔隙比	土样 1	0.982	0.964	0.952	0.936	0.924	0.919
	土样 2	1.190	1.065	0.995	0.905	0.850	0.810

4.2 某工程采用箱形基础,基础底面尺寸为 10 m×10 m,基础高度与埋深都等于 6 m,基础顶面与地面齐平。地下水位埋深 2.0 m。地基为粉土 $\gamma_{sat} = 20$ kN/m³,$E_s = 5$ MPa,基础顶部中心集中荷载 $N = 8\,000$ kN,基础自重 $G = 3\,600$ kN。试估算该基础的沉降量。

4.3 方形基础边长 4.0 m,基础埋深 2.0 m,基础顶面中心荷载 $P = 4\,720$ kN(准永久组合)。地表层为细砂,$\gamma_1 = 17.5$ kN/m³,$E_{s1} = 8.0$ MPa,厚度 $h_1 = 6.00$;第二层为粉质黏土,$E_{s2} = 3.33$ MPa,厚度 $h_2 = 3.0$ m;第三层为碎石,厚度 $h_3 = 4.50$ m,$E_{s3} = 22$ MPa。用分层总和法计算粉质黏土层沉降量。

4.4 某矩形基础长 3.6 m,宽 2.0 m,埋深 1.0 m,上部结构作用基础顶面中心荷载 $N = 900$ kN。地基为粉质黏土,$\gamma = 16.0$ kN/m³,$e_1 = 1.0$,$a = 0.4$ MPa^{-1}。试用《建筑地基基础设计规范》法计算基础中心的最终沉降量。

4.5 某大厦筏形基础,长 45 m,宽 15 m,埋深 4.0 m。基础底面附加应力 $p_0 = 220$ kPa,基底铺设排水砂层,地基为黏土,$E_s = 8.0$ MPa,渗透系数 $K = 0.6 \times 10^{-8}$ cm/s,厚度 10.0 m,其下为不透水的页岩,页岩顶面附加应力为 $\sigma_2 = 160$ kPa。试确定地基沉降与时间的关系。

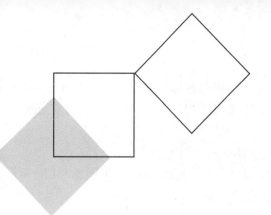

5 土的抗剪强度及土压力

本章导读：

- **基本要求**　掌握土的抗剪强度理论和极限平衡条件；掌握抗剪强度的各种测试方法；掌握不同排水条件下抗剪强度指标及孔隙压力系数的确定；熟悉砂土的振动液化机理及液化判别；掌握朗肯、库仑土压力理论及土压力计算。
- **重点**　土的极限平衡条件；抗剪强度的直接剪切试验和三轴压缩试验；砂土的振动液化判别；朗肯、库仑土压力理论及土压力计算。
- **难点**　土的极限平衡条件；土的剪切试验；地基的液化等级划分，朗肯、库仑两种土压力理论。

5.1 概　述

1)地基强度的意义

为了保证土木工程的安全与正常使用，要求地基必须同时满足下列两个条件：

①地基变形条件：包括地基的沉降量、沉降差、倾斜与局部倾斜都不超过相关规范规定的地基变形允许值。

②地基强度条件：在上部荷载作用下，确保地基稳定性，不发生地基剪切或滑动破坏。

这两个条件中，地基变形条件已在第4章阐述过。本章着重介绍地基强度问题。工程实践和室内试验都证实了土是由于受剪而产生破坏，剪切破坏是土体强度破坏的重要特点。

2)地基强度的应用

在工程实践中，与土的强度有关的工程问题，主要有以下3类：

(1)土作为建筑物地基的承载力问题　当上部荷载较小，地基处于压密阶段或地基中塑性变形区很小时，地基是稳定的。当上部荷载很大，地基塑性变形区越来越大，最后连成一片，则地基发生整体滑动，即强度破坏，这种情况下地基是不稳定的。

(2)土作为材料构成的土工构筑物的稳定性问题

①天然构筑物：为自然界天然形成的山坡、河岸、海滨等。

②人工构筑物：人类活动造成的构筑物，如土坝、路基、基坑等。

（3）土作为工程构筑物环境的稳定问题（即土压力问题）

若边坡较陡不能保持稳定或场地不容许采用平缓边坡时，可以修筑挡土墙来保持力的平衡，如挡土墙、地下结构等。作用在墙面上的力称为土压力。

研究土的强度问题包括：了解抗剪强度的来源、影响因素、测试方法和指标的取值；研究土的极限平衡理论和土的极限平衡条件；掌握地基受力状况和确定地基承载力的途径。

5.2 土的抗剪强度理论

5.2.1 抗剪强度的库仑定律

土体发生剪切破坏时，将沿着其内部某一曲面（滑动面）产生相对滑动，而该滑动面上的剪应力就等于土的抗剪强度。法国的库仑（Coulomb，1776）通过土的抗剪强度实验提出了土的抗剪强度规律：砂土的抗剪强度 τ_f 与作用在剪切面上的法向压力 σ 成正比，比例系数为内摩擦系数；黏性土的抗剪强度 τ_f 比砂土的的抗剪强度增加了土的黏聚力 c。即：

砂土 $$\tau_f = \sigma \tan \varphi \tag{5.1}$$

黏性土 $$\tau_f = c + \sigma \tan \varphi \tag{5.2}$$

式中 τ_f，σ——分别为土的抗剪强度、剪切滑动面上的法向应力，kPa；

φ，c——土的内摩擦角，（°）；黏聚力，kPa。

式（5.1）、式（5.2）称为库仑公式或库仑定律，c，φ 为土抗剪强度指标。库仑公式在 τ_f-σ 坐标中为一条直线，如图 5.1 所示。无黏性土（如砂土）的 $c = 0$，因而式（5.1）是式（5.2）的一个特例。黏性土的抗剪强度由两部分组成：一部分是摩擦力，与法向应力成正比；另一部分是土粒间的黏聚力，它是由黏性土颗粒之间的胶结作用和静电引力效应等因素引起的。

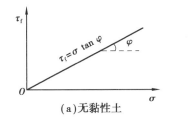 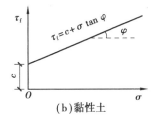

（a）无黏性土 （b）黏性土

图 5.1 抗剪强度与法向应力之间的关系

实际上，土的抗剪强度不仅与土的性质有关，还与试验时的排水条件、剪切速率、应力状态和应力历史等许多因素有关，其中最重要的是试验时的排水条件。根据太沙基（Terzaghi）有效应力概念，土体内的剪应力仅能由土的骨架承担，因此，土的抗剪强度应表示为剪切破坏面上的法向有效应力的函数，库仑公式应修改为：

$$\left.\begin{array}{l} \tau_f = \sigma' \tan \varphi' \\ \tau_f = \sigma' \tan \varphi' + c' \end{array}\right\} \tag{5.3}$$

式中 σ'——剪切破坏面上的法向有效应力，kPa；

φ'，c'——土的有效内摩擦角，（°）；有效黏聚力，kPa。

试验研究表明，土的抗剪强度取决于土粒间的有效应力，然而，采用库仑公式计算土的抗剪强度比较方便，被广泛应用于岩土工程土工问题的分析方法中。

5.2.2 莫尔-库仑强度理论

莫尔(Mohr,1910)提出材料的破坏是剪切破坏,当任一平面上的剪应力等于材料的抗剪强度时该点就发生破坏,并提出在破坏面上的剪应力,即抗剪强度,是该面上法向应力的函数,即

$$\tau_f = f(\sigma) \tag{5.4}$$

式(5.4)定义的函数曲线称为莫尔包线,或称为抗剪强度包线,如图 5.2 实线所示,莫尔包线表示材料受到不同应力作用达到极限状态时,剪切破坏面上法向应力 σ 与剪应力 τ_f 关系。土的莫尔破坏包线通常可以近似地用直线代替,如图 5.4 虚线所示,该直线方程就是库仑公式表达的方程。由库仑公式表示莫尔破坏包线的强度理论,称为莫尔-库仑强度理论。

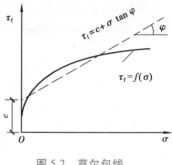

图 5.2　莫尔包线

5.2.3 土的极限平衡条件

当土体中任意一点在某一平面上发生剪切破坏时,该点即处于极限平衡状态,根据莫尔-库仑强度理论,可得到土体中一点的剪切破坏条件,即土的极限平衡条件。下面仅考虑平面问题来建立土的极限平衡条件,并引用材料力学中有关表达一点应力状态的应力圆方法。

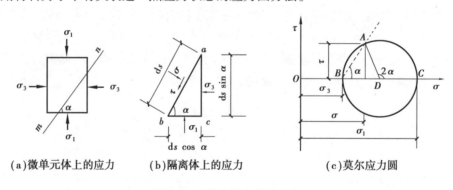

(a)微单元体上的应力　　(b)隔离体上的应力　　(c)莫尔应力圆

图 5.3　土体中任意点的应力

如图 5.3 所示,在土体中取一微单元体,设作用在该单元体上的两个主应力为 σ_1 和 σ_3($\sigma_1 > \sigma_3$),在单元体内与大主应力 σ_1 作用平面成任意角 α 的 mn 平面上有正应力 σ 和剪应力 τ。τ-σ 坐标系中,以 D 为圆心,($\sigma_1 - \sigma_3$)为直径作一圆(莫尔圆),DC 逆时针旋转 2α 与圆周交于 A 点。可以证明,A 点的横坐标即为斜面 mn 上的正应力 σ,纵坐标即为剪应力 τ。这样,莫尔应力圆就可以表示土体中一点的应力状态,圆周上各点的坐标就表示该点在相应平面上的正应力和剪应力大小。即

$$\begin{cases} \sigma = \dfrac{1}{2}(\sigma_1 + \sigma_3) + \dfrac{1}{2}(\sigma_1 - \sigma_3)\cos 2\alpha \\ \tau = \dfrac{1}{2}(\sigma_1 - \sigma_3)\sin 2\alpha \end{cases} \tag{5.5}$$

如果给定了土的抗剪强度参数 φ 和 c 以及土中某点的应力状态,则可将抗剪强度包线与莫尔应力圆画在同一张坐标图上,如图 5.4 所示。它们之间的关系有以下三种情况:

①整个莫尔圆位于抗剪强度包线的下方(见图 5.4 中圆 I),表明该点在任何平面上的剪应力都小于土所能发挥的抗

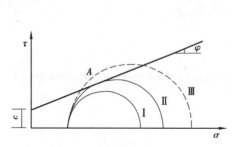

图 5.4　莫尔圆与抗剪强度之间关系

剪强度($\tau < \tau_f$)。因此,该点不会发生剪切破坏。

②莫尔圆与抗剪强度包线相切(见图 5.4 中圆Ⅱ),该切点为 A ,说明 A 点所在的平面上,剪应力正好等于抗剪强度($\tau = \tau_f$),该点就处于极限平衡状态。圆Ⅱ称为极限应力圆。根据极限应力圆与抗剪强度包线之间的关系,可建立土的极限平衡条件。

③莫尔应力圆与抗剪强度包线相割(见图 5.4 中圆Ⅲ),表明 A 点早已破坏。实际上圆Ⅲ所代表的应力状态是不可能存在的,因为任何方向的剪应力都不可能超过土的抗剪强度(不存在 $\tau > \tau_f$ 的情况。

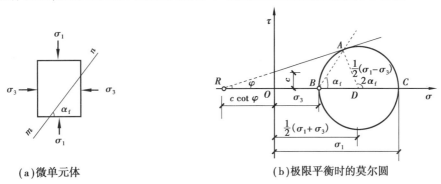

(a)微单元体   (b)极限平衡时的莫尔圆

图 5.5   土体中一点达极限平衡状态时的莫尔应力圆

根据上述第二种情况,即莫尔圆与抗剪强度包线相切的土体极限平衡状态,可推导出黏性土的极限平衡条件计算公式。设土体中某点剪切破坏时的破裂面与大主应力 σ_1 作用平面成 α_f 角,如图 5.5(a)所示。该点处于极限平衡状态的莫尔圆如图 5.5(b)所示,将抗剪强度包线延长与轴交于 R 点,由直角三角形 ARD 可知:

$$\sin \varphi = \frac{\overline{AD}}{\overline{RD}} = \frac{\dfrac{\sigma_1 - \sigma_3}{2}}{c \cot \varphi + \dfrac{\sigma_1 + \sigma_3}{2}} \tag{5.6}$$

化简并通过三角函数间的变换关系,可得到极限平衡条件为:

$$\sigma_{1f} = \sigma_3 \tan^2\left(45° + \frac{\varphi}{2}\right) + 2c \tan\left(45° + \frac{\varphi}{2}\right) \tag{5.7a}$$

或 $$\sigma_{3f} = \sigma_1 \tan^2\left(45° - \frac{\varphi}{2}\right) - 2c \tan\left(45° - \frac{\varphi}{2}\right) \tag{5.7b}$$

对于无黏性土($c = 0$),则其极限平衡条件为:

$$\sigma_{1f} = \sigma_3 \tan^2\left(45° + \frac{\varphi}{2}\right) \tag{5.7c}$$

$$\sigma_{3f} = \sigma_1 \tan^2\left(45° - \frac{\varphi}{2}\right) \tag{5.7d}$$

由直角三角形 ARD 外角与内角的关系可得: $2\alpha_f = 90° + \varphi$,即

$$\alpha_f = 45° + \frac{\varphi}{2} \tag{5.8}$$

从上述关系式及图 5.5 可以得出以下几点结论:

①土体剪切破坏时的破裂面不是发生在最大剪应力 τ_{max} 的作用面($\alpha = 45°$)上,而是发生在与大主应力作用面成 $\alpha_f = 45° + \varphi/2$ 的平面上。

②如果同一种土有几个试样在不同的大、小主应力组合下受剪破坏,则在 τ-σ 图上可得到几个莫尔极限应力圆,这些应力圆的公切线就是其强度包线,这条包线实际上是一条曲线,但在实用上常作直线处理,以简化分析。

③土体受力状态判定：

● 当 $\sigma_{1f} > \sigma_1$ 或 $\sigma_{3f} < \sigma_3$ 时,土体达到极限平衡状态要求的大主应力大于实测状态大主应力,或实测状态的小主应力大于维持极限平衡状态的小主应力,此时,土体处于稳定状态;

● 当 $\sigma_{1f} = \sigma_1$ 或 $\sigma_{3f} = \sigma_3$ 时,土体处于极限平衡状态;

● 当 $\sigma_{1f} < \sigma_1$ 或 $\sigma_{3f} > \sigma_3$ 时,说明土体处于失稳状态。

式(5.7)及式(5.8)是验算土体中某点是否达到极限平衡状态的基本表达式,这些表达式具有较好的适用性,如在土压力、地基承载力等计算中均可用到。

【例题 5.1】　设某土样承受主应力 $\sigma_1 = 300$ kPa,$\sigma_3 = 110$ kPa,土的抗剪强度指标 $c = 20$ kPa,$\varphi = 26°$,试判断该土体处于什么状态。

【解】　由式(5.7b)得土体处于极限平衡状态时所能承受的最小主应力 σ_{3f}：

$$\sigma_{3f} = \sigma_1 \tan^2\left(45° - \frac{\varphi}{2}\right) - 2c \tan\left(45° - \frac{\varphi}{2}\right) = 300 \text{ kPa} \times \tan^2 32° - 2 \times 20 \text{ kPa} \times \tan 32° = 92 \text{ kPa}$$

由于 $\sigma_{3f} < \sigma_3 = 110$ kPa,故可判定该土体处于稳定状态。

或由式(5.7a),可得土体处于极限平衡状态(最小主应力 $\sigma_3 = 110$ kPa)时的最大主应力为:$\sigma_{1f} = 346$ kPa。

由于 $\sigma_{1f} > \sigma_1 = 300$ kPa,故可判定该土体处于稳定状态。

5.3　土的抗剪强度试验

土的抗剪强度试验有多种,在实验室内常用的有直接剪切试验、三轴压缩试验和无侧限抗压强度试验,在原位测试的有十字板剪切试验、大型直接剪切试验等。

5.3.1　直接剪切试验

直接剪切仪分为应变控制式和应力控制式两种,前者是等速推动试样产生位移,测定相应的剪应力,后者则是对试件分级施加水平剪应力测定相应的位移。我国普遍采用的是应变控制式直剪仪,如图5.6所示。

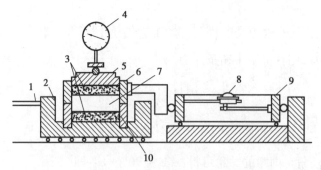

图 5.6　应变控制式直剪仪

1—轮轴;2—底座;3—透水石;4—量表;5—活塞;

6—上盒;7—土样;8—量表;9—量力环;10—下盒

该仪器主要由固定的上盒和活动的下盒组成,试样放在上下盒内上下两块透水石之间。试验时,由杠杆系统通过加压活塞和上透水石对试件施加某一垂直压力 $\sigma = N / F$(F 为土样的截面积),然后等速转动手轮对下盒施加水平推力,使试样在上下盒之间的水平接触面上产生剪切变形,直至破坏,剪应力的大小可借助于上盒接触的量力环的变形值计算确定。在剪切过程中,随着上下盒相对剪切变形的发展,土样中的抗剪强度逐渐发挥出来,直到剪应力等于土的抗剪强度时,土样剪切破坏,故土样的抗剪强度可用剪切破坏时的剪应力来量度。

试样在剪切过程中剪应力 τ 与剪切位移 δ 之间关系见图 5.7(a)，当曲线出现峰值时，取峰值剪应力为该级法向应力 σ 下的抗剪强度 τ_f；当曲线无峰值时，可取剪切位移 $\delta = 4$ mm 时所对应的剪应力作为该级法向应力 σ 下的抗剪强度 τ_f。

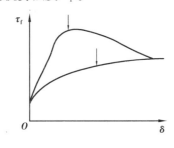
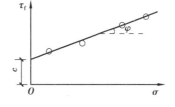

(a)剪应力 τ 与剪切位移 δ 之间关系　　　　(b)黏性土试验结果

图 5.7　直接剪切试验结果

对同一种土至少取 4 个重度和含水量相同的试样，分别在不同法向压力 σ 下剪切破坏，一般可取垂直压力为 100,200,300,400 kPa，将试验结果绘制成如图 5.7(b)所示的抗剪强度 τ_f 和法向压力 σ 之间的关系图。直剪试验的剪切位移及剪应力计算公式如下：

$$\Delta L = \Delta ln - R \tag{5.9}$$

$$\tau = \left(\frac{CR}{A_0}\right) \times 10 \tag{5.10}$$

式中　ΔL，Δl ——分别为剪切位移,0.01 mm,和手轮转一圈位移量,一般 $\Delta l = 20 \times 0.01$ mm；

　　　n，R——分别为手轮转动的圈数和测力计读数,精确到 0.01 mm；

　　　τ，C——分别为试样的剪切力,kPa,和测力计率定系数,N/0.01 mm；

　　　A_0——试样的初始断面积,cm^2,若环刀内径 6.18 cm,其面积为 30 cm^2。

试验表明：对于黏性土，其 τ_f-σ 关系曲线基本上成直线，该直线与横轴的夹角为内摩擦角 φ，在纵轴上的截距为黏聚力 c，直线方程可用库仑公式(5.2)表示；对于无黏性土，τ_f 与 σ 之间关系则是通过原点的一条直线，可用式(5.1)表示。

为模拟土体现场受剪时排水与体积变化，直接剪切试验可分为快剪、固结快剪和慢剪三种方法。

(1)快剪试验　在试样施加竖向压力 σ 后，立即快速施加水平剪应力使试样剪切破坏。由于剪切的速度很快，对于渗透系数比较低的土，可以认为土样在这短暂时间没有排水固结。得到的抗剪强度指标用 c_q，φ_q 表示。

(2)固结快剪　在试样施加竖向压力 σ 后，允许试样充分排水，待固结稳定后，再快速施加水平剪应力使试样剪切破坏。其抗剪强度指标用 c_{cq}，φ_{cq} 表示。

(3)慢剪试验　在试样施加竖向压力 σ 后，允许试样充分排水，待固结稳定后，以缓慢的速率施加水平剪应力使试样剪切破坏，使试样在受剪过程中一直充分排水和产生体积变化。得到的抗剪强度指标用 c_s，φ_s 表示。

直接剪切试验是室内土工试验常用方法，其操作比较方便。但它存在以下一些缺点：

①剪切面限定在上下盒之间的平面，而不是沿土样最薄弱的面剪切破坏。

②剪切面上剪应力分布不均匀，土样剪切破坏时先从边缘开始，在边缘发生应力集中现象，且竖向荷载会发生偏转。试验时，上、下盒之间的缝隙中易嵌入砂粒，使试验结果偏大。

③剪切过程中，土样剪切面逐渐缩小，而计算抗剪强度却是按土样的原截面积计算的。

④试验时不能严格控制排水条件，不能量测孔隙水压力，在进行不排水剪切时，不排水试验结果不够理想。

5.3.2　无侧限抗压强度试验

无侧限抗压强度试验是三轴压缩试验的一种特殊情况,即周围压力 $\sigma_3 = 0$ 的抗压强度试验,所以又称单轴试验。该试验所使用的无侧限压力仪如图5.8(a)所示,试验时,在不加任何侧向压力情况下,对圆柱体试样施加轴向压力,直至试样破坏为止。试样破坏时的轴向压力 q_u 称为无侧限抗压强度。

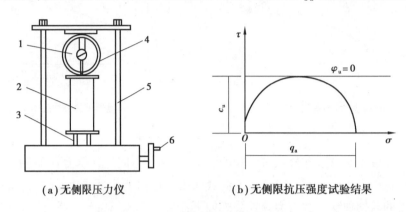

(a)无侧限压力仪　　　　　　　(b)无侧限抗压强度试验结果

图 5.8　无侧限抗压强度试验

1—量表;2—试件;3—升降螺杆;4—量力环;5—加压框架;6—手轮

饱和黏性土的无侧限抗压试验结果表明,其破坏包线为一水平线,即 $\varphi_u = 0$,如图5.8(b)所示。即有:

$$\tau_f = c_u = \frac{q_u}{2} \tag{5.11}$$

式中　τ_f, c_u, q_u——分别为土的不排水抗剪强度、黏聚力、无侧限抗压强度,kPa。

利用无侧限抗压强度试验也可以测定饱和黏性土的灵敏度 S_t。土的灵敏度是以原状土的强度与同一种土经重塑后(完全扰动但含水量不变)的强度之比来表示的,即

$$S_t = \frac{q_u}{q_0} \tag{5.12}$$

式中　q_u, q_0——分别为原状土的无侧限抗压强度、重塑土的无侧限抗压强度,kPa。

根据灵敏度的大小,可将饱和黏性土分为:一般黏土($2<S_t \leqslant 4$)、灵敏性黏土($4<S_t \leqslant 8$)和特别灵敏性黏土($S_t>8$)三类。土的灵敏度越高,其结构性越强,受扰动后土的强度降低就越多。

5.3.3　三轴剪切试验

三轴剪切(或称压缩)试验是测定土抗剪强度较为完善的方法。常规三轴剪切仪由压力室、轴向加荷系统、施加围压系统、孔隙水压力量测系统等组成,如图5.9所示。压力室是三轴压缩仪主要组成部分,它是一个有金属上盖、底座和透明有机玻璃圆筒组成的密闭容器。

常规剪切试验方法步骤如下:将土切成圆柱体套在橡胶膜内,放在密封压力室中,然后向压力室内施加液压或气压,使试件各向都受到周围压力 σ_3,并使该周围压力在整个试验过程中保持不变,这时试件内各向的三个主应力都相等,因此不产生剪应力,如图5.10(a)所示。然后再通过轴向加荷系统对试件施加竖向压力,当水平向主应力保持不变,而竖向主应力逐渐增大时,试件终于受剪而破坏,如图5.10(b)所示。设剪切破坏时由轴向加荷系统加在试件上的竖向压应力为 $\Delta\sigma_1$,则试件上的大主应力为 $\sigma_1 = \sigma_3 + \Delta\sigma_1$,小主应力为 σ_3。以 $\sigma_1 - \sigma_3$ 为直径可画出一个极限应力圆,如图5.12(c)所示。

用同一种土样的若干个试件(3 个以上)分别在不同的周围压力 σ_3 下进行试验,可得一组极限应力

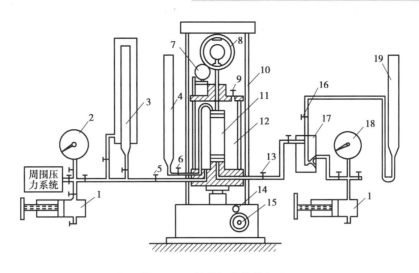

图 5.9　三轴剪切仪结构组成

1—调压筒；2—周围压力表；3—体变管；4—排水管；5—周围压力阀；6—排水阀；7—变形量表；
8—量力环；9—排气孔；10—轴向加压设备；11—试样；12—压力室；13—孔隙压力阀；14—离合器；
15—手轮；16—量管阀；17—零位指示器；18—孔隙水压力表；19—量管

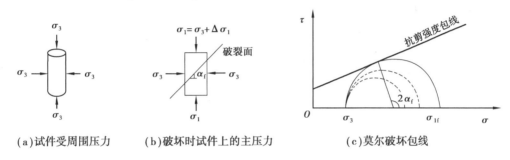

（a）试件受周围压力　　　（b）破坏时试件上的主压力　　　（c）莫尔破坏包线

图 5.10　三轴剪切试验原理

圆。根据莫尔-库仑理论,作一条公切线,该直线与横坐标的夹角为土的内摩擦角 φ ,在纵坐标上的截距为黏聚力 c ,如图 5.11 所示。

　　根据土样剪切固结排水条件的不同,常规三轴剪切试验分为 3 种试验方法：

　　（1）不固结不排水剪（UU 试验）　试样在施加周围压力和随后施加竖向压力直至剪坏的整个试验过程中都不允许排水,这样,从开始加压直至试样剪坏,土中的含水量始终保持不变,孔隙水压力也不可能消散。这种试验方法所对应的实际工程条件相当于饱和软黏土快速加荷时的应力状况,得到的抗剪强度指标用 c_u , φ_u 表示。

　　（2）固结不排水剪（CU 试验）　在压力室底座上放置透水板与滤纸,使试样底部与孔隙水压力量测系统相通。在施加周围压力 σ_3 后,将孔隙水压力阀门打开,测定出孔隙水压力 u ,然后打开排水阀,使试样的中的孔隙水压力消散,直至孔隙水压力消散 95% 以上,待固结稳定后关闭排水阀门,然后再施加竖向压力,使试样在不排水的条件下剪切破坏。由于不排水,试样在剪切过程中没有任何体积变化。

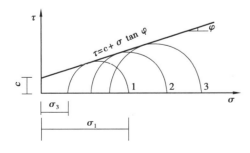

图 5.11　三轴剪切试验莫尔破坏强度包线

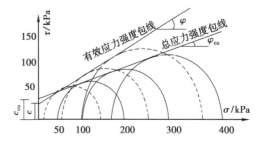

图 5.12　三轴剪切试验强度包线

总应力强度指标以 $(\sigma_{1f}+\sigma_3)/2$ 为圆心,$(\sigma_{1f}-\sigma_3)/2$ 为半径,绘制的莫尔圆如图 5.12 实线所示,得到总应力强度包线,并得到总应力强度指标 c_{cu} 和 φ_{cu}。如用有效应力法表示,其有效大主应力为 $\sigma_1'=\sigma_1-u$,有效小主应力为 $\sigma_3'=\sigma_3-u$,以 $(\sigma_{1f}'+\sigma_3')/2$ 为圆心,$(\sigma_{1f}'-\sigma_3')/2$ 为半径绘制有效破损应力圆。同组试样不同 σ_3' 的有效应力圆公切线即为有效应力强度包线,如图5.12中虚线所示,并得到有效应力强度指标 c' 和 φ'。

固结不排水剪试验适用的工程条件经常是一般正常固结土层在工程竣工或在使用阶段,受到大量、快速的活荷载或新增加的荷载的作用时所对应的受力情况。

(3)固结排水剪(CD 试验) 在施加周围压力 σ_3 时允许排水固结,待固结稳定后,再在排水条件下施加竖向压力直至试件剪切破坏,得到的抗剪强度指标用 c_d,φ_d 表示。

三轴剪切试验优点是能够控制排水条件以及可以量测土样中孔隙水压力的变化。此外,三轴试验中试件的应力状态比较明确,剪切破坏时的破裂面在试件的最弱处,不像直接剪切仪那样限定在上下盒之间。三轴剪切仪还可用以测定土的弹性模量等力学指标。

常规三轴剪切试验主要缺点是试样所受的力是轴对称的,也即试件所受的三个主应力中,有两个是相等的,但在工程际中土体的受力情况并非属于这类轴对称的情况。如使用真三轴仪,可在不同的三个主应力($\sigma_1 \neq \sigma_2 \neq \sigma_3$)作用下进行试验,使试验条件更加符合实际。

【例题 5.2】 某饱和黏性土在三轴剪切仪中进行固结不排水试验,三轴室的压力 $\sigma_3=210$ kPa,得有效应力抗剪强度参数 $c'=22$ kPa,$\varphi'=20°$,破坏时测得孔隙水压力 $u=50$ kPa,试问:破坏时轴向增加多少压力?

【解】 $\sigma_3'=\sigma_3-u=210$ kPa -50 kPa $=160$ kPa

$$\sigma_1'=\sigma_3'\tan^2\left(45°+\frac{\varphi}{2}\right)+2c'\tan\left(45°+\frac{\varphi}{2}\right)=389.2 \text{ kPa}$$

轴向增加压力为:$\sigma_1'-\sigma_3'=389.2$ kPa -160 kPa $=229.2$ kPa

5.3.4 孔隙压力系数 A 和 B

用有效应力法对饱和土体进行强度计算和稳定分析时,需估计外荷载作用下土体中产生的孔隙水压力。英国斯肯普顿(A.W.Skempton,1954)首先提出孔隙压力系数的概念,用以表示孔隙水压力的发展和变化,他认为土中的孔隙水压力不仅是由于法向应力产生,而且剪应力的作用也会产生新的孔隙水压力增量。根据三轴剪切试验结果,引用孔隙压力系数 A 和 B,建立了轴对称应力状态下土中孔隙压力与大、小主应力之间的关系。

图 5.13 表示单元土体中孔隙压力的发展。图 5.13(a)表示在地基表面瞬时施加一分布荷载,在地基中某点 M 产生附加应力增量 $\Delta\sigma_1$ 和 $\Delta\sigma_3$(不考虑 $\Delta\sigma_2$ 的影响)。图 5.13(b)是土样在室内三轴试验模拟 M 点的应力发生的情况。

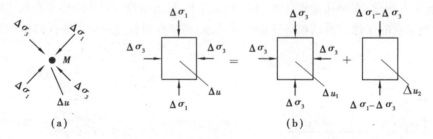

(a) (b)

图 5.13 地基中初始孔隙水压力计算

M 点瞬时(不排水条件)承受 $\Delta\sigma_1$ 和 $\Delta\sigma_3$ 的应力条件,可以分解为两个过程:增加周围均匀压力 $\Delta\sigma_3$;轴向增加偏应力 $\Delta\sigma_1-\Delta\sigma_3$。因此,$M$ 点产生的孔隙水压力 Δu 等于 $\Delta\sigma_3$ 引起的孔隙水压力 Δu_1 和

由（$\Delta\sigma_1 - \Delta\sigma_3$）引起的 Δu_2 之和。

令孔隙水压力系数：$B = \dfrac{\Delta u_1}{\Delta\sigma_3}$，$B \times A = \dfrac{\Delta u_2}{\Delta\sigma_1 - \Delta\sigma_3}$，则 M 点的孔隙水压力 Δu 可用下式表示：

$$\Delta u = B\Delta\sigma_3 + B \times A(\Delta\sigma_1 - \Delta\sigma_3) \tag{5.13}$$

或者写成一般的全量表达式：

$$u = B\sigma_3 + B \times A(\sigma_1 - \sigma_3) \tag{5.14}$$

式中 A, B——分别为不同应力条件下的孔隙压力系数。

孔隙水压力系数 A 和 B 与土的性质有关，可以在室内三轴试验中测定。知道了这两个系数的大小，通过应力分析，应用公式（5.13）就可估计出地基中各点的孔隙水压力的数值。孔隙水压力系数 B 与土的饱和度有关。当土完全饱和时，孔隙中的水是不可压缩的，根据有效应力原理得到 $B = 1$；当土是干燥时，孔隙中的空气的压缩系数无穷大，而 $B = 0$，所以 B 的变化范围为 $0 \sim 1$。

孔隙水压力系数 A 表示在偏应力增量作用下的孔隙水压力系数，它随偏应力增加呈非线性变化，高压缩性土的 A 值比较大。A 的变化范围比较复杂，可参考表 5.1 的数值。超固结土在偏应力作用下将发生体积膨胀，孔隙水压力 Δu_2 可能很小甚至会出现负值；欠固结土或结构性很强、灵敏度很高的土，在偏应力作用下发生体积收缩，产生附加应力，孔隙水压力 Δu_2 会很大，甚至大于所施加的剪应力。因此，A 值可以小于零，也可以大于 1。

表 5.1 孔隙水压力系数 A 的参考数值

土样（饱和）	A（用于计算沉降）	土样（饱和）	A_f（用于计算土体破坏）
很松的细砂	2~3	高灵敏的软黏土	>1
灵敏黏土	1.5~2.5	正常固结黏土	0.5~1
正常固结黏土	0.7~1.3	超固结黏土	0.25~0.5
轻度超固结黏土	0.3~0.7	严重超固结黏土	0~0.25
严重超固结黏土	−0.5~0		

对于 A 值很高的土，应特别注意因扰动或其他因素引发很高孔隙水压力而造成工程事故。在实际工程中更关心的是土体在剪损时的孔隙水压力系数 A_f，故常在试验中监测土样剪坏时的孔隙水压力 u_f，其相应的强度值为 $(\sigma_1 - \sigma_3)_f$，所以对于饱和土可得：

$$A_f = \frac{u_f}{(\sigma_1 - \sigma_3)_f} \tag{5.15}$$

【例题 5.3】 某无黏性土饱和试样进行排水剪试验，测得 $c' = 0$，$\varphi' = 31°$，如果对同一试样进行固结不排水剪试验，施加的周围压力 $\sigma_3 = 200$ kPa，试样破坏时的轴向偏应力 $(\sigma_1 - \sigma_3)_f = 180$ kPa。试求破坏时的孔隙水压力 u_f 和孔隙水压力系数 A_f。

【解】 破坏时，$\sigma_1 = 180$ kPa + 200 kPa = 380 kPa，$\sigma_3 = 200$ kPa

由式（5.7c），$\dfrac{\sigma_1'}{\sigma_3'} = \tan^2\left(45° + \dfrac{\varphi'}{2}\right) = 3.124$

又 $(\sigma_1' - \sigma_3')_f = (\sigma_1 - \sigma_3)_f = 180$ kPa

联立求解以上二式，可得有效大、小主应力 $\sigma_1' = 264.8$ kPa，$\sigma_3' = 84.7$ kPa。破坏时的孔隙水压力 $u_f = (\sigma_3 - \sigma_3')_f = 200$ kPa $- 84.7$ kPa $= 115.3$ kPa。

饱和土的孔隙水压力系数 $B = 1$，由式（5.15）得破坏时的孔隙水压力系数：

$$A_f = \frac{u_f}{(\sigma_1 - \sigma_3)_f} = \frac{115.3}{180} = 0.64$$

5.3.5 试验方法与强度指标的选用

根据工程的性质,对地基进行强度和稳定分析的方法有有效应力法或总应力法,对应地采用土的有效应力强度指标或总应力强度指标。当土中的孔隙水压力能通过实验、计算或其他方法加以确定时,宜采用有效应力法。有效应力强度可用直剪的慢剪、三轴排水剪和三轴固结不排水剪(测孔隙水压力)等方法测定。

若建筑物施工速度较快,而地基土的渗透性较小和排水条件不良时,可采用三轴仪不固结不排水试验或直剪仪快剪试验;如果地基荷载增长速率较慢,地基土的渗透性不太小(如低塑性的黏土)以及排水条件又较佳时,则可以采用固结排水或慢剪试验;如果介于以上两种情况之间,可用固结不排水或固结快剪试验。

直剪试验不能控制排水条件,因此,若用同一剪切速率和同一固结时间进行直剪试验,对渗透性不同的土样来说,不但有效应力不同而且固结状态也不明确,若不考虑这一点,则使用直剪试验结果就会带有很大的随意性。但直剪试验设备构造简单,操作方便,比较普及。

5.3.6 应力路径的概念

对某种土样采用不同的加荷方式,试样中的应力状态变化也会各不相同。为了分析应力变化对土的抗剪强度的影响,在应力图中用应力点的移动轨迹来描述土体在加荷过程中的应力状态的变化,这种应力点的移动轨迹即称为应力路径。

以三轴剪切试验为例,如果保持 σ_3 不变,逐渐增加 σ_1,试样应力变化过程可以用一系列应力圆表示,也可在圆上适当选择一个特征应力点来代表整个应力圆。常用特征点是应力圆的顶点(剪应力为最大),其坐标为 $p=(\sigma_1+\sigma_3)/2$ 和 $q=(\sigma_1-\sigma_3)/2$,如图 5.14(a)所示。按应力变化顺序把这些点连接起来就是应力路径,如图 5.14(b)所示,并以箭头指明应力状态的发展方向。

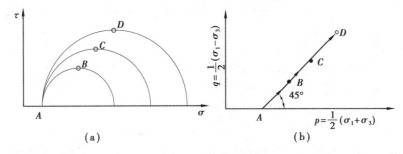

图 5.14 应力路径示意图

试验加荷方法不同,应力路径也不同。若保持 σ_3 不变,逐渐增加 σ_1,最大剪应力面上的应力路径为图 5.15 所示的 AB 线;如保持 σ_1 不变,逐渐减少 σ_3,则应力路径为 AC 线。

应力路径可以用来表示总应力与有效应力的变化,图 5.16 表示正常固结黏土三轴固结不排水试验的应力路径,图中总应力路径 AB 是直线,而有效应力路径 AB' 则是曲线,两者之间的距离即为孔隙水压力 u_f。因为正常固结黏土在不排水剪切时产生正的孔隙水压力,如果总应力路径 AB 线上任意一点的坐标为 $p=(\sigma_1+\sigma_3)/2$ 和 $q=(\sigma_1-\sigma_3)/2$,则相应于有效应力路径 AB' 上该点的坐标为 $p'=(\sigma_1+\sigma_3)/2-u_f$ 和 $q=(\sigma_1-\sigma_3)/2=(\sigma_1'-\sigma_3')/2$,$u_f$ 为剪切破坏时的孔隙水压力。

有效应力路径在总应力路径的左边,从 A 点开始,沿曲线至 B' 点剪破,B' 点与 B 点高度相同。图中 K_f 线和 K_f' 线分别为以总应力和有效应力表示的极限应力圆顶点的连线。不同应力路径所获得的内摩擦角大致相同,一般不超过 $1°～2°$,但不同应力路径其剪切破坏时的偏应力差($\sigma_1-\sigma_3$)却相差悬殊。

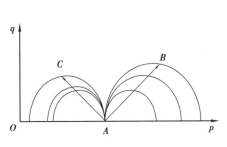

图 5.15　不同加荷方法的应力路径

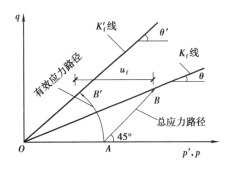

图 5.16　三轴固结不排水试验的应力路径

把具有不同围压 σ_3 作用下都达到破坏的不同应力圆的顶点连接起来形成 K_f 线,称为强度线或破坏线。利用 K_f 线可以求得抗剪强度指标 c 和 φ。将 K_f 线与破坏包线绘在同一张图上,设 K_f 线与纵坐标的截距为 a,倾角为 α,如图 5.17 所示。可以证明,α、a 与 c、φ 之间有如下关系:

$$\sin \varphi = \tan \alpha ; c = \frac{a}{\cos \varphi} \tag{5.16}$$

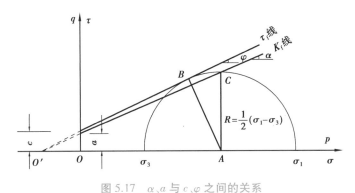

图 5.17　α、a 与 c、φ 之间的关系

根据 α、a 反算 c、φ 的方法称为应力途径法,该法比较容易从同一批土样而较为分散的试验结果中得出 c、φ 值。同样,利用固结不排水试验的有效应力路径确定的 K_f' 线,可以求得有效应力强度参数 c' 和 φ'。

由于土体的变形和强度不仅与受力的大小有关,更重要的还与土的应力历史有关,土的应力路径可以模拟土体实际的应力历史,全面地研究应力变化对土的力学性质的影响。

5.4　砂土的振动液化问题

5.4.1　砂土振动液化的现象

在动荷载作用下,土的强度和变形特性都将受到影响。动荷载作用对土体产生的影响有:土的强度降低、地基产生附加沉降、砂土与粉土的液化、黏性土产生蠕变。砂土的振动液化模拟实验如图 5.18 所示。饱和松砂在振动情况下孔压急剧升高,瞬间砂土就呈液态,使地基承载力丧失或减弱,这种现象一般称为砂土液化或地基土液化。

对于无黏性土、粉煤灰、尾矿砂、砂砾石等土类,特别是饱和松散的砂土,在振动荷载作用下,由于孔隙压力增大和有效应力减少,而使土体从固态变为液态的过程称为液化,甚至喷水冒砂。液化的过程就是土完全丧失抗剪强度的过程。地震、波浪、打桩、爆炸、机械振动及车辆荷载等引起的振动力,均可能引起土的振动液化。

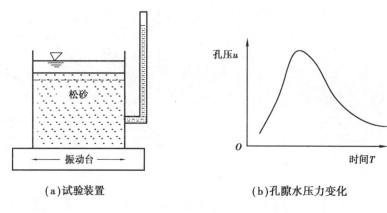

(a)试验装置　　　　　　　　　　(b)孔隙水压力变化

图 5.18　砂土的振动液化模拟实验

　　液化使土体的抗剪强度丧失,引起地基不均匀沉陷并引发建筑物的破坏甚至倒塌。发生于1964年的美国阿拉斯加地震和日本新泻地震,都出现了因大面积砂土液化而造成建筑物严重破坏。在我国,1975年海城地震和1976年唐山地震也都发生了大面积的地基液化震害。

5.4.2　砂土的振动液化机理及影响因素

1) 砂土的振动液化机理

　　①在振动(地震)作用前,土中应力(自重应力和附加应力)由土颗粒组成的土骨架所承担,饱和松砂层中的颗粒处于相对稳定的位置,如图5.19(a)所示。

　　②当振动(地震)作用时,足够大的振动力使砂土颗粒离开原来的稳定位置而开始运动,并力图达到新的稳定位置,这将使砂土趋于密实,土孔隙造到挤压。对于饱和砂土,因砂土中的孔隙完全充满水,此时,运动着的土颗粒必然挤压孔隙水。在此极短时间内(地震作用时间仅为几十秒钟左右),受挤压的孔隙水来不急排出,必然导致孔隙水压力的急剧上升。根据有效应力原理,当上升的水压力达到土中原先由土骨架承担并传递的全部有效应力时,土体中的有效应力为零,此时砂土颗粒之间不再传递应力,土粒处于悬浮状态,其抗剪强度必然为零,砂土就成为液化土,如图5.19(b)所示。

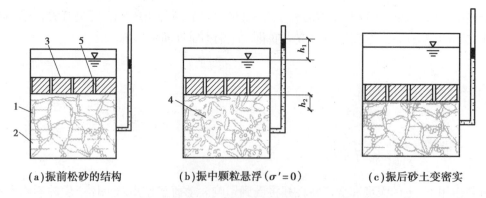

(a)振前松砂的结构　　　(b)振中颗粒悬浮($\sigma'=0$)　　　(c)振后砂土变密实

图 5.19　砂土振动液化机理

1—砂土颗粒;2—孔隙水;3—覆盖压力;4—液化状态;5—排水孔

　　③在振动(地震)作用后,随着孔隙水逐渐排出,砂土颗粒之间的有效应力逐渐增大,颗粒重新接触并开始传递应力,组成新的骨架,砂土又达到新的稳定状态。此时砂土已被压缩(地基突沉量已很大),与振动荷载作用前相比更为密实,如图5.19(c)所示。

2) 影响砂土液化的主要因素

　　(1)内因方面　土的类别、初始密实度、饱和度等对砂土振动液化影响很大。粉细砂、粉土较粗砂易发生液化,不均匀系数小的砂土较易发生液化。黏性土因有黏聚力作用,很难发生液化。一般平均粒径小于 2 mm,黏粒含量低于 10% ~ 15%,塑性指数低于 7 的饱和土在振动作用下,易发生液化。土的初始密实度越大,越不容易发生振动液化。这是因为当砂土密实度增大之后,其剪缩性会减弱,剪胀性增大,土的阻抗能力增加,抗液化能力也就会提高。如 1964 年日本新潟地震,相对密实度 $D_r > 0.7$ 的土没有发生液化,而相对密实度 $D_r = 0.5$ 的土普遍发生了液化。此外,扰动土较原状土更容易发生液化,新沉积的土较古积土容易发生液化。

（2）外因方面　土的初始应力状态、往复应力（地震）强度与作用持续时间、地下水位的变化等对砂土的振动液化都有影响。

5.4.3　砂土液化的可能性判别

根据对液化判别的研究经验,液化可分两步判别,即初步判别和标准贯入试验判别。凡经初步判别划为不液化或不考虑液化影响,可不进行第二步判别,以节省勘察工作量。

1）初步判别

饱和的砂土或粉土,当符合下列条件之一时,可初步判别为不液化或不考虑液化影响:

①地质年代为第四纪晚更新世（Q_3）及其以前时,且设防地震烈度为 7 度、8 度时。

②粉土的黏粒（粒径小于 0.005 mm 的颗粒）含量百分率 ρ_c,当设防地震烈度为 7 度、8 度、9 度分别大于 10%、13%、16% 时。

③地下水位深度和覆盖非液化土层厚度满足以下各式之一时。

$$d_w > d_0 + d_b - 3 \tag{5.17}$$

$$d_u > d_0 + d_b - 2 \tag{5.18}$$

$$d_u + d_w > 1.5d_0 + 2d_b - 4.5 \tag{5.19}$$

式中　d_w——地下水位深度,按建筑使用期内年平均最高水位采用,也可按近期内年最高水位采用,m;

d_0——液化土特征深度,按表 5.2 采用,m;

d_b——基础埋置深度,小于 2 m 时采用 2 m;

d_u——上覆非液化土层厚度,计算时应注意将淤泥和淤泥质土层扣除,m。

表 5.2　液化土特征深度 d_0　　　　　　单位:m

饱和土类别	烈度		
	7 度	8 度	9 度
粉土	6	7	8
砂土	7	8	9

2）《建筑抗震设计规范》的液化判别方法

《建筑抗震设计规范》（GB 50011—2010）规定:当初步判别认为场地土有液化的可能,需进一步进行液化判别时,应采用标准贯入试验判别其是否会发生液化。

当地面下 20 m 深度范围土的实测标准贯入锤击数 $N_{63.5}$ 小于按式（5.20）确定的临界值 N_{cr} 时,则应判为液化土,否则为不液化土。

$$N_{cr} = N_0 \beta \left[\ln(0.6d_s + 1.5) - 0.1d_w \right] \sqrt{\frac{3}{\rho_c}} \tag{5.20}$$

式中　N_{cr}, N_0——分别为液化判别标准贯入锤击数临界值、液化判别标准锤击数基准值,N_0 按表 5.3 采用;

d_s——饱和土标准贯入点深度,m;

ρ_c——饱和土的黏粒含量百分率,当ρ_c小于3或为砂土时,取$\rho_c = 3$;

β——调整系数,设计地震第一组取0.8,第二组取0.95,第三组取1.05。

表5.3 液化判别标准贯入锤击数基准值 N_0

设计基准加速度 g	0.10	0.15	0.20	0.30	0.40
N_0 值	7	10	12	16	19

3)《岩土工程勘察规范》的液化判别方法

《岩土工程勘察规范》(GB 50021—2001,2009 版)在液化判别的条文说明中,建议用剪切波速判别地面下 15 m 范围内饱和砂土和粉土的地震液化。临界剪切波速 v_{scr} 为:

$$v_{scr} = v_{s0}(d_s - 0.0133d_s^2)^{0.5}\left[1.0 - 0.185\left(\frac{d_w}{d_s}\right)\right]\left(\frac{3}{\rho_c}\right)^{0.5} \tag{5.21}$$

式中　v_{scr}——分别为饱和砂土或饱和粉土的液化剪切波速临界值,m/s;

　　　v_{s0}——与烈度、土类有关的经验系数,见表5.4取值;

　　　d_s, d_w——分别为剪切波速测点深度、地下水位深度,m。

当场地实测剪切波速 $v_s < v_{scr}$ 时,判为液化,否则判为不液化。

表5.4 与烈度、土类有关的经验系数 v_{s0}

地震烈度	7 度	8 度	9 度
砂土	65	95	130
粉土	45	65	90

4)基于室内试验的计算对比经验判别方法

通过室内动三轴、动单剪试验,模拟地震受力状态,可以确定土样的抗液化试验强度 τ_1,用对应于作用周次的动剪应力比(τ_1/σ_0'-N_{eq})曲线来表示。对于指定场地及指定土层,在地震中发生的动剪应力 τ_{deq},可按下式近似计算:

$$\tau_{deq} = 0.65r_d\sigma_v\frac{a_{max}}{g} \tag{5.22}$$

式中　σ_v——上覆地层竖向压力,地下水位以下土重分别用天然重度和饱和重度计算,kPa;

　　　a_{max}——地面水平振动加速度时程曲线最大峰值,m/s^2;

　　　g——重力加速度,取 10 m/s^2;

　　　r_d——土层地震剪应力折减系数,见以下经验公式。

Liao 和 Whitman 建议(1986 年):当深度 $z \leqslant 9.15$ m 时,$r_d = 1.0 - 0.00765z$;当 9.15 m$<z\leqslant 23$ m 时,$r_d = 1.174 - 0.0267z$。陈国兴等建议(2002 年):当 23 m$<z\leqslant 30$ m 时,$r_d = 0.757 - 0.00857z$。同时,按土层的有效重度(地下水位以下取浮重度 γ')计算同一处的上覆竖向有效应力 σ_v',当满足下式时,可判别该土层为可能的液化层。

$$\frac{\tau_{deq}}{\sigma_v'} > C_r\frac{\tau_1}{\sigma_0'} \tag{5.23}$$

式中　C_r——考虑室内试验条件与现场差别的修正系数,一般可取 $C_r = 0.60$;

　　　τ_1, σ_0'——分别为土样的抗液化试验强度、动三轴试验的固结压力,kPa。

在应用式(5.23)时,还要考虑等效动剪应力的作用周数 N_{eq},见表5.5。

表 5.5　考虑地震震级时的等效动剪应力的作用周数 N_{eq}

震级 M	5.5~6	6.5	7.0	7.5	8.0
作用周数 N_{eq}	5	8	12	20	30

5）地基的液化等级划分

已判别为液化土的地基,应通过计算地基液化指数 I_{lE} 进行液化等级划分,评价液化土可能造成的危害程度,液化指数 I_{lE} 计算式为:

$$I_{lE} = \sum_{i=1}^{n} \left(1 - \frac{N_i}{N_{cri}} \right) d_i W_i \tag{5.24}$$

式中　n ——在判别深度范围内每一个钻孔标准贯入试验点的总数;

$\quad N_i$, N_{cr} ——分别为第 i 点标准贯入锤击数的实测值和临界值,当实测值大于临界值时应取临界值的数值;

$\quad d_i$ ——第 i 点所代表土层厚度,m。可采用与该标准贯入试验点相邻的上、下两标准贯入试验点深度差的一半,即 $d_i = (z_{i+1} - z_{i-1})/2$, z_{i-1} 和 z_{i+1} 分别为 $(i-1)$ 点和 $(i+1)$ 点的深度,但上界不高于地下水位深度,下界不深于液化深度;

$\quad W_i$ ——第 i 土层单位土层厚度的层位影响权函数值,m^{-1}。当该层中点深度不大于 5 m 时应采用 10,等于 20 m 时应采用零,5~20 m 时应按线性内插法取值,即:

$$W_i = \frac{2}{3}(20 - d_s) \quad (5 < d_s \leq 20) \tag{5.25}$$

根据液化指数 I_{lE} 的大小,可将液化地基划分为三个等级,见表 5.6。不同等级的液化地基,地面的喷水冒砂情况和对建筑物造成的危害有着显著的不同,见表 5.7。

表 5.6　液化等级与液化指数的对应关系

液化等级	轻微	中等	严重
液化指数 I_{lE}	$0 < I_{lE} \leq 6$	$6 < I_{lE} \leq 18$	$I_{lE} > 18$

表 5.7　不同液化等级的可能震害

液化等级	地面喷水冒砂情况	对建筑的危害情况
轻微	地面无喷水冒砂,或仅在洼地、合编有零星的喷水冒砂点	危害性小,一般不至引起明显的震害
中等	喷水冒砂可能性大,从轻微到严重均有,多数属中等	危害性较大,可造成不均匀沉陷和开裂,有时不均匀沉陷可能达到 200 mm
严重	一般喷水冒砂都很严重,地面变形很明显	危害性大,不均匀沉陷可能大于 200 mm,高重心结构可能产生不容许的倾斜

【例题 5.4】　某工程按 8 度设防,其工程地质年代属 Q_4,钻孔资料自上向下为:砂土层 2.1 m,砂砾层至 4.4 m,细砂层至 8.0 m,粉质黏土层至 15 m;砂土层及细砂层黏粒含量均低于 8%;地下水位深度 1.0 m;基础埋深 1.5 m;设计地震场地分组属于第一组,8 度烈度,设计基本加速度为 0.15g。试验结果如表 5.8,试对该工程场地液化可能做出评价。

【解】 （1）初步判别

$$d_0 + d_b - 3 = 7 > 1 = d_w; d_u = 0; d_0 + d_b - 2 = 8 + 1.5 - 2 = 7.5;$$
$$1.5d_0 + 2d_b - 4.5 = 11.5 > 1 = d_w + d_u$$

均不满足不液化条件,需进一步判别。

（2）标准贯入试验判别

按式（5.20）计算 N_{cr} ,式中 $N_0 = 10$（8 度、第一组）, $d_w = 1.0$,题中给出各标准贯入点所代表土层厚度,计算结果见表 5.8 ,可见 4 点为不液化土层。

表 5.8 液化分析表

测点	测源深度 d_{si}	标贯值 N_i	测点土层厚 d_i/m	标贯临界值 N_{cr}	d_i 的中点深度 d_i/m	W_i	I_{IE}
1	1.4	5	1.1	6.0	1.55	10	1.83
2	5.0	7	1.1	11.23	4.95	10	4.14
3	6.0	11	1.0	12.23	6.0	9	0.94
4	7.0	16	1.0	13.12			

计算层位影响函数。例如第一点,地下水位为 1.0 m,故上界为 1.0 m,土层厚 1.1 m。

$$z_1 = 1.0 + \frac{1.1}{2} = 1.55; W_1 = 10$$

第二点,上界为砂砾层层底深 4.4 m,代表土层厚 1.1 m,故

$$z_2 = 4.4 + \frac{1.1}{2} = 4.95; W_2 = 10;依此类推。$$

按式（5.24）计算各层液化指数,结果见表 5.8。最终给出 $I_{IE} = 6.91$,据表 5.6,液化等级为中等。

5.4.4 抗液化的工程措施

液化地基是一种在震动下变得极软的地基,能产生极大的沉降与不均匀沉降,因此采取防止或减轻不均匀沉降的措施,对预防地基发生液化是有效的。进行建筑结构工程设计时,除次要的建筑（如地震破坏不容易造成人员伤亡和较大经济损失的建筑物）,一般不宜将建筑物基础放在未经处理的液化土层上。对于液化地基,要根据建筑物的重要性、地基液化等级的大小,针对不同情况采取不同层次的措施。

1）全部消除地基液化沉陷的工程措施

①可采用桩基、深基础、土层加密法或挖除全部液化土层等措施。采用桩基时,桩端伸入液化深度以下稳定土层中的长度（不包括桩尖部分）应按计算确定,且对碎石土,砾、粗、中砂,坚硬黏性土和密实粉土不应小于 0.5 m,对其他非岩石土则不宜小于 1.5 m。

②对深基础,基础底面埋入液化深度以下稳定土层中的深度不应小于 0.5 m。

③采用加密方法（如振动加密、强夯等）对可液化地基进行加固时,应处理至液化深度下界,且处理后土层的标准贯入锤击数实测值应大于相应下限值。

④当直接位于基底下的可液化土层较薄时,可全部挖除液化土层,然后分层回填非液化土。在采用加密法或换土法处理时,基础边缘以外的处理宽度,应超过基础底面下处理深度的 1/2,且不小于处理宽度的 1/5。

2）部分消除液化地基沉陷的工程措施

①处理深度应使处理后的地基液化指数减少,当判别深度为 15 m 时,其值不宜大于 4,当判别深度为

20 m时,其值不宜大于5。对于独立基础和条形基础,处理深度尚不应小于基础底面下液化土特征深度和基础宽度的较大值。

②采用振冲或挤密碎石桩加固后,桩间土的标准贯入锤击数不宜小于液化判别标准贯入锤击数临界值。

③基础边缘以外的处理宽度,应超过基础底面处理深度的1/2,且不小于基础宽度的1/5。

3)减轻液化影响的基础和上部结构处理的综合措施

①选择合适的基础埋置深度;调整基础底面积,减少基础偏心。

②加强基础整体性和刚度,如采用箱基、筏基或十字交叉梁基础,加设基础圈梁等。

③减轻荷载,增强上部结构的整体刚度和均匀对称性,合理设置沉降缝,避免采用不均匀沉降敏感的结构形式。管道穿过建筑处应预留足够尺寸或采用柔性接头等。

5.5 挡土墙的土压力计算

5.5.1 土压力的种类和影响因素

由于土体自重、土上荷载或结构物的侧向挤压作用,挡土结构物所承受的来自墙后填土的侧向压力叫做挡土墙的土压力,挡土墙的土压力计算是挡土墙设计的重要依据。

1)土压力试验

通过挡土墙的模型试验,可以测得当挡土墙产生不同方向的位移时,将产生三种不同性质的土压力。

如图5.20所示,在一个长方形的模型槽中部插上一块刚性挡板,在板的一侧安装压力盒,填上土,板的另一侧临空。在挡板静止不动时,测得板上的土压力为E_0。如果将挡板向离开土体的临空方向移动或转动时,则土压力逐渐减小,当墙后土体发生滑动时达到最小值,测得板上的土压力为E_a。反之,将挡板推向填土方向则土压力逐渐增大,当墙后土体发生滑动时达到最大值,测得板上土压力为E_p。

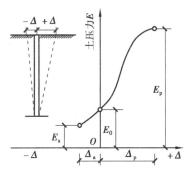

图5.20 墙身位移与土压力的关系

2)土压力种类

根据上述土压力试验,可将土压力分为静止土压力、主动土压力和被动土压力三种情况。

(1)静止土压力(E_0) 如图5.21(a)所示,挡土墙在墙后填土的推力作用下,不发生任何方向的移动或转动时,墙后土体没有破坏,而处于弹性平衡状态,作用于墙背的水平压力称为静止土压力E_0。例如,地下室外墙在楼面和内隔墙的支撑作用下几乎无位移发生,作用在外墙面上的土压力即为静止土压力。

(2)主动土压力(E_a) 如图5.21(b)所示,挡土墙在填土压力作用下,向着背离土体方向发生移动或转动时,墙后土体由于侧面所受限制的放松而有下滑的趋势,土体内潜在滑动面上的剪应力增加,使作用在墙背上的土压力逐渐减小。当挡土墙移动或转动达到一定数值时,墙后土体达到主动极限平衡状态,此时作用在墙背上的土压力称为主动土压力E_a。

试验研究可知,墙体向前的位移值,对于墙后填土为密砂时,$\Delta_a = 0.5\%H$,对于墙后填土为密实黏性土时,$\Delta_a = (1\% \sim 2\%)H$,即可产生主动土压力。

(3)被动土压力(E_p) 如图5.21(c)所示,当挡土墙在较大的外力作用下,向着土体的方向移动或

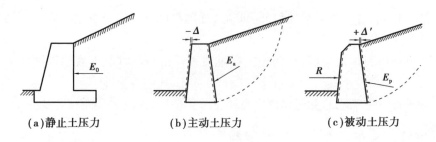

(a)静止土压力　　　　(b)主动土压力　　　　(c)被动土压力

图 5.21　土压力的类型

转动时,墙后土体由于受到挤压,有向上滑动的趋势,土体内潜在滑动面上的剪应力反向增加,使作用在墙背上的土压力逐渐增大。当挡土墙的移动或转动达到一定数值时,墙后土体达到被动极限平衡状态,此时作用在墙背上的土压力称为被动土压力 E_p。

试验研究可知,墙体在外力作用下向后的位移值,墙后填土为密砂时,$\Delta_p = (2\% \sim 5\%)H$,墙后填土为密实黏性土时,$\Delta_p = (5\% \sim 10\%)H$,才会产生被动土压力。而被动土压力充分发挥需要如此大的位移是实际工程结构所不容许的,因此,一般只能利用被动土压力的一部分。

静止土压力计算主要应用弹性理论方法;主动土压力和被动土压力的计算主要应用朗肯、库仑土压力理论,以及由此发展起来的一些近似解法。试验表明,在相同条件下,主动土压力小于静止土压力,而静止土压力又小于被动土压力,即 $E_a < E_0 < E_p$。

5.5.2　静止土压力计算

1)静止土压力产生条件

静止土压力产生的条件是挡土墙静止不动,位移 $\Delta = 0$,转角为零。在岩石地基上的重力式挡土墙,由于墙的自重大,地基坚硬,墙体不会产生位移和转动;地下室外墙在楼面和内隔墙的支撑作用下也几乎无位移和转动发生。此时,挡土墙或地下室外墙后的土体处于静止的弹性平衡状态,作用在挡土墙或地下室外墙面上的土压力即为静止土压力。

此外,当拱桥的拱座不允许产生位移时,也应按静止土压力计算;水闸、船闸边墙因为与闸底板连成整体,边墙位移可以忽略不计,也可按静止土压力计算。

2)静止土压力计算公式

假定挡土墙其后填土水平,容重为 γ。挡土墙静止不动,墙后填土处于弹性平衡状态。在填土表面以下深度 z 处取一微小单元体,如图 5.22(a)所示。作用在此微元体上的竖向力为土的自重应力 γz,该处的水平向作用力便为静止土压力(沿墙高呈三角形分布),即

$$e_0 = K_0 \gamma z \tag{5.26}$$

式中　e_0, K_0——分别为静止土压力,kPa;静止土压力系数;

　　　γ, z——分别为填土的重度,kN/m³;计算点的深度,m。

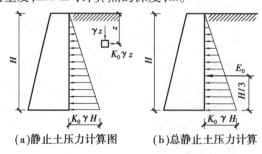

(a)静止土压力计算图　　　(b)总静止土压力计算

图 5.22　静止土压力计算

静止侧压力系数 K_0（即土的侧压力系数）可通过静止侧压力试验（如单向固结试验、三轴试验）测定，也可按照经验法估算。K_0 确定方法如下：

（1）按照经典弹性力学理论计算

$$K_0 = \frac{\Delta \sigma_3}{\Delta \sigma_1} = \frac{\mu}{1 - \mu} \tag{5.27}$$

（2）半经验公式

对于无黏性土及正常固结黏土，可近似按下列公式计算：

$$K_0 = 1 - \sin \varphi' \tag{5.28}$$

对于超固结黏性土可用下式计算：

$$(K_0)_{o \cdot c} = (K_0)_{N \cdot C} \cdot (OCR)^m \tag{5.29}$$

式中　μ, φ' ——墙后填土的泊松比；填土的有效摩擦角；

　　　$(K_0)_{o \cdot c}, (K_0)_{N \cdot C}$ ——超固结土的 K_0 值；正常固结土的 K_0 值；

　　　OCR, m ——超固结比；经验系数（可取 $m = 0.41$）。

（3）经验取值

一般砂土 $K_0 = 0.34 \sim 0.45$；黏性土 $K_0 = 0.5 \sim 0.7$。

3）总静止土压力

如图 5.22（b）所示，作用在单位长度（1 延米）挡土墙上的总静止土压力为土压力分布图的三角形面积，即

$$E_0 = \frac{1}{2} \gamma H^2 K_0 \tag{5.30}$$

式中　H ——挡土墙的高度，m。总静止土压力的作用点位于静止土压力三角形分布图形的重心，即墙底面以上 $H/3$ 处。

5.5.3　朗肯土压力理论

1）基本原理

英国科学家朗肯（W.J.M RanKine，1857）研究了半无限土体在自重应力作用下，土体内各点从弹性平衡状态发展为极限平衡状态的应力条件，推导出挡土墙土压力计算公式，提出了朗肯土压力理论。朗肯土压力理论的假设条件为：表面水平的半无限土体，处于极限平很状态。如图 5.23 所示，将垂线 AB 左侧的土体，换成虚构的墙背竖直光滑挡土墙。当挡土墙发生离开 AB 线的水平位移时，墙后土体处于主动极限平衡状态，则作用在此挡土墙上的土压力为三角形分布的墙侧水平荷载。

朗肯土压力理论的适用条件为：挡土墙的墙背垂直、光滑，挡土墙墙后填土表面水平。

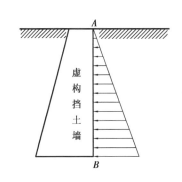

图 5.23　朗肯土压力理论基本假定

2）朗肯主动土压力

（1）理论研究　如图 5.24（a）所示，当代表挡土墙墙背的竖直光滑面 AB 向左逐渐平移时，墙后土体中离地表任意深度 z 处单元体的应力状态将随之逐渐变化。此时，单元体的竖直法向应力是大主应力，且保持不变，即有 $\sigma_1 = \sigma_z = \gamma z$；而水平法向应力是小主应力，即 $\sigma_3 = \sigma_x$，且逐渐减小。

如图 5.24（b）所示，当水平法向应力变化到使墙后土体达到极限平衡状态（摩尔应力圆与强度包线

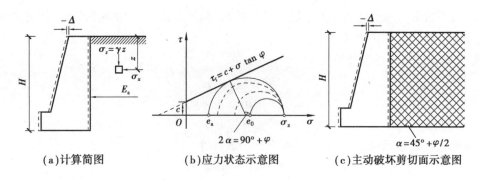

(a)计算简图　　　　　　(b)应力状态示意图　　　　　　(c)主动破坏剪切面示意图

图 5.24　朗肯主动土压力计算

相切)时,小主应力即为朗肯土压力理论的主动土压力,即有 $e_a = \sigma_3 = \sigma_x$。

如图 5.24(c)所示,根据土的强度理论,剪切破坏面与大主应力作用面的夹角是 $45° + \varphi/2$。墙后土体达到主动极限平衡状态时,大主应力为垂直应力,其作用面是水平面,故剪切破坏面是与水平面成 $45° + \varphi/2$ 夹角的两组共轭面。

(2)主动土压力强度计算　根据土的强度理论,当达到主动极限平衡状态时,黏性土中任一点的大、小主应力(σ_1 和 σ_3)之间应满足以下关系式:

$$\sigma_3 = \sigma_x = \sigma_1 \tan^2\left(45° - \frac{\varphi}{2}\right) - 2c \tan\left(45° - \frac{\varphi}{2}\right) \tag{5.31}$$

将 $\sigma_3 = e_a$,$\sigma_1 = \gamma z$ 代入式(5.31),并令 $K_a = \tan^2(45° - \varphi/2)$,则黏性土的主动土压力强度计算公式为:

$$e_a = \gamma z K_a - 2c \sqrt{K_a} \tag{5.32}$$

对无黏性土,因土的黏聚力 $c = 0$,则有:

$$e_a = \gamma z K_a \tag{5.33}$$

式中　e_a,K_a ——主动土压力强度,kPa;主动土压力系数,

$$K_a = \tan^2\left(45° - \frac{\varphi}{2}\right)$$

γ ——墙后填土的重度,地下水位以下用有效重度,kN/m³;

c,φ ——分别为墙后填土的黏聚力,kPa;内摩擦角,(°);

z ——计算点离填土表面的距离,m。

(3)总主动土压力计算

①无黏性土。由式(5.33)可知:墙顶部 $z = 0$ 时,$e_a = 0$;墙底部 $z = H$,$e_a = \gamma H K_a$。主动土压力沿墙高呈三角形分布,如图 5.25 所示。故单位墙长度的总主动土压力为:

$$E_a = \frac{1}{2}\gamma H^2 K_a \tag{5.34}$$

无黏性土总主动土压力作用点位于三角形图形的重心,即位于墙底面以上 $H/3$ 处。

②黏性土。由式(5.32)可知,黏性土的主动土压力由两部分组成。第一部分为 $\gamma z K_a$,与无黏性土相同,由土的自重产生,与深度 z 成正比,沿墙高呈三角形分布;第二部分为 $-2c \sqrt{K_a}$,由黏性土的黏聚力 c 产生,与深度 z 无关,是一常数。这两部分土压力叠加后为 $\triangle abc$ 的面积,如图 5.26 所示。

墙顶部主动土压力三角形($\triangle aed$)对墙顶部的作用力为负值,即拉力。实际上,在很小的拉力作用下,墙与土即呈分离状态,说明挡土墙不能承受拉力,此时,可认为挡土墙顶部 ae 段墙上土压力为零。因此,黏性土的主动土压力分布只有 $\triangle abc$ 部分,墙底 $z = H$ 处,$e_a = \gamma H K_a - 2c \sqrt{K_a}$。

对于黏性土,土压力为零的 a 点的深度 z_0 称为临界深度。令式(5.32)为零,得:

$$z_0 = \frac{2c}{\gamma \sqrt{K_a}} \tag{5.35}$$

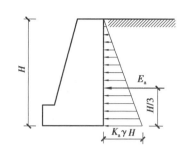 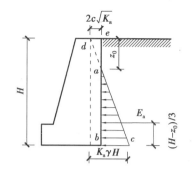

图 5.25 无黏性土朗肯主动土压力分布　　　图 5.26 黏性土朗肯主动土压力分布

作用在单位长度挡土墙上的总主动土压力(分布图 $\triangle abc$ 的面积)为:

$$E_a = \frac{1}{2}(\gamma H K_a - 2c\sqrt{K_a})(H - z_0) = \frac{1}{2}\gamma H^2 K_a - 2cH\sqrt{K_a} + \frac{2c^2}{\gamma} \tag{5.36}$$

黏性土总主动土压力作用点位于 $\triangle abc$ 图形的重心,即墙底面以上 $\dfrac{H - z_0}{3}$ 处。

3)朗肯被动土压力

(1)理论研究　在表面水平的半无限空间弹性土体内,假设用一个墙背竖直光滑的挡土墙来代替另一部分土体。如图 5.27(a)所示,设单元体的竖直法向应力 $\sigma_z = \gamma z$ 保持不变,而水平法向应力 $\sigma_x = K_0\gamma z$ 将不断增大并最终超过 σ_z。

如图 5.27(b)所示,当水平法向应力增大到使墙后土体达到极限平衡状态(摩尔应力圆与强度包线相切)时,水平法向应力即为朗肯土压力理论的被动土压力,即有 $e_p = \sigma_1 = \sigma_x$。

如图 5.27(c)所示,根据土的强度理论,剪切破坏面与大主应力作用面夹角为 $45° + \varphi/2$。墙后土体达到主动极限平衡状态时,大主应力为水平应力 σ_x,其作用面是竖直面,故剪切破坏面与竖直面的夹角为 $45° + \varphi/2$(与水平面夹角为 $45° - \varphi/2$)的两组共轭面。

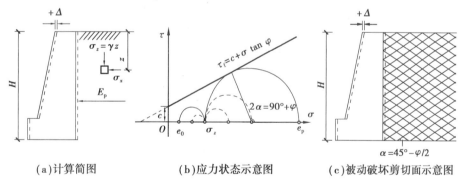

(a)计算简图　　　　(b)应力状态示意图　　　　(c)被动破坏剪切面示意图

图 5.27 朗肯被动土压力计算

(2)被动土压力强度计算　根据土的强度理论,当达到被动极限平衡状态时,黏性土中任一点的大、小主应力(σ_1 和 σ_3)之间应满足以下关系式:

$$\sigma_1 = \sigma_x = \sigma_3 \tan^2\left(45° + \frac{\varphi}{2}\right) + 2c\tan\left(45° + \frac{\varphi}{2}\right) \tag{5.37}$$

将 $\sigma_1 = e_p$, $\sigma_3 = \gamma z$ 代入式(5.37),并令 $K_p = \tan^2\left(45° + \dfrac{\varphi}{2}\right)$,则黏性土的被动土压力强度计算公式为:

$$e_p = \gamma z K_p + 2c\sqrt{K_p} \tag{5.38}$$

对无黏性土,因土的黏聚力 $c = 0$,则有:

$$e_p = \gamma z K_p \tag{5.39}$$

式中，e_p 为被动土压力强度，kPa；K_p 为被动土压力系数，$K_p = \tan^2\left(45° + \dfrac{\varphi}{2}\right)$。

（3）总被动土压力计算

①无黏性土。由式（5.39）可知：墙顶部 $z = 0$ 时，$e_p = 0$；墙底部 $z = H$，$e_p = \gamma H K_p$。故无黏性土被动土压力沿墙高呈三角形分布，如图 5.28（a）所示。单位墙长度的总被动土压力为：

$$E_p = \frac{1}{2}\gamma H^2 K_p \tag{5.40}$$

该总被动土压力的作用点位于三角形图形的重心，即墙底面以上 $H/3$ 处。

②黏性土。由式（5.38）可知，黏性土被动土压力由两部分组成。其中："$\gamma H K_p$"与无黏性土相同，由土自重产生，与深度 z 成正比，沿墙高呈三角形分布；而"$2c\sqrt{K_p}$"由黏性土的黏聚力 c 产生，与深度 z 无关，是一常数，故此部分土压力呈矩形分布。这两部分土压力叠加后，呈梯形分布，如图 5.28（b）所示。墙顶部 $z = 0$，$e_p = 2c\sqrt{K_p}$；墙底部 $z = H$，$e_p = \gamma H K_p + 2c\sqrt{K_p}$。

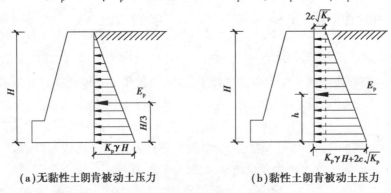

（a）无黏性土朗肯被动土压力　　　　　（b）黏性土朗肯被动土压力

图 5.28　朗肯被动土压力分布

沿墙长度方向取 1 延米，计算土压力梯形的面积即为总被动土压力值：

$$E_p = \frac{1}{2}\gamma H^2 K_p + 2cH\sqrt{K_p} \tag{5.41}$$

总被动土压力作用点位于位于被动土压力梯形图形的重心，其距墙底面的距离 h 可由式（5.42）计算：

$$h = \frac{6c + \gamma H\sqrt{K_p}}{12c + 3\gamma H\sqrt{K_p}} H \tag{5.42}$$

【例题 5.5】　已知某混凝土挡土墙墙高为 $H = 6.0$ m，墙背竖直光滑，墙后填土面水平。填土重度 $\gamma = 19.0$ kN/m³，黏聚力 $c = 10$ kPa，内摩擦角 $\varphi = 30°$。计算作用在此挡土墙上的静止土压力、主动土压力、被动土压力，并画出土压力分布图。

【解】（1）挡土墙上的静止土压力的计算

$$K_0 = 1 - \sin\varphi = 1 - \sin 30° = 0.50；e_0 = \gamma H K_0 = 19.0 \text{ kN/m}^3 × 6.0 \text{ m} × 0.5 = 57.00 \text{ kPa}$$

$$E_0 = \gamma H^2 K_0 / 2 = 19.0 \text{ kN/m}^3 × 6.0^2 \text{m}^2 × 0.5/2 = 171.00 \text{ kN/m}$$

静止土压力的合力作用点在离挡土墙底面高 2.0 m 处。

（2）挡土墙上的主动土压力的计算

$$K_a = \tan^2(45° - \varphi/2) = \tan^2(45° - 30°/2) = 1/3$$

$$z_0 = \frac{2c}{\gamma\sqrt{K_a}} = \frac{2 × 10 \text{ kPa}}{19 \text{ kN/m}^3 × \sqrt{1/3}} = 1.82 \text{ m}$$

$$e_a^\perp = -2c\sqrt{K_a} = -2 × 10.0 \text{ kPa} × \sqrt{1/3} = -11.55 \text{ kPa}$$

$$e_{\mathrm{a}}^{\mathrm{F}} = \gamma H K_{\mathrm{a}} - 2c\sqrt{K_{\mathrm{a}}} = 19.0 \ \mathrm{kN/m^3} \times 6.0 \ \mathrm{m} \times 1/3 - 2 \times 10.0 \ \mathrm{kPa} \times \sqrt{1/3} = 26.45 \ \mathrm{kPa}$$

$$E_{\mathrm{a}} = \frac{1}{2}\gamma H^2 K_{\mathrm{a}} - 2cH\sqrt{K_{\mathrm{a}}} + \frac{2c^2}{\gamma}$$

$$= \frac{1}{2} \times 19.0 \ \mathrm{kN/m^3} \times 6.0^2 \mathrm{m^2} \times 1/3 - 2 \times 10.0 \ \mathrm{kPa} \times 6.0 \ \mathrm{m} \times \sqrt{1/3} + \frac{2 \times (10.0 \ \mathrm{kPa})}{19.0 \ \mathrm{kN/m^3}}$$

$$= 55.24 \ \mathrm{kN/m}$$

合力作用点在离挡土墙底面高 h_1 处,$h_1 = (6.0-1.82) \ \mathrm{m}/3.0 = 1.39 \ \mathrm{m}$。

(3)挡土墙上的被动土压力的计算

$$K_{\mathrm{p}} = \tan^2(45° + \varphi/2) = \tan^2(45° + 30°/2) = 3$$

$$e_{\mathrm{p}}^{\mathrm{L}} = 2c\sqrt{K_{\mathrm{p}}} = 2 \times 10.0 \ \mathrm{kPa} \times \sqrt{3} = 34.64 \ \mathrm{kPa}$$

$$e_{\mathrm{p}}^{\mathrm{F}} = \gamma H K_{\mathrm{p}} + 2c\sqrt{K_{\mathrm{p}}} = 19.0 \ \mathrm{kN/m^3} \times 6.0 \ \mathrm{m} \times 3 + 2 \times 10.0 \ \mathrm{kPa} \times \sqrt{3} = 376.64 \ \mathrm{kPa}$$

$$E_{\mathrm{p}} = \frac{1}{2}\gamma H^2 K_{\mathrm{p}} + 2cH\sqrt{K_{\mathrm{p}}} = \frac{1}{2} \times 19.0 \ \mathrm{kN/m^3} \times 6.0^2 \ \mathrm{m^2} \times 3 + 2 \times 10.0 \ \mathrm{kPa} \times 6.0 \ \mathrm{m} \times \sqrt{3}$$

$$= 1 \ 233.85 \ \mathrm{kN/m}$$

合力作用点在离挡土墙底面高 h_2 处,

$$h_2 = \frac{34.64 \times 6.0 \times 3.0 + 1/2 \times (376.64 - 34.64) \times 6.0 \times 2.0}{1 \ 233.85} \ \mathrm{m} = 2.17 \ \mathrm{m}$$

(4)挡土墙上的静止土压力、主动土压力、被动土压力沿深度的分布图,如图5.29所示。

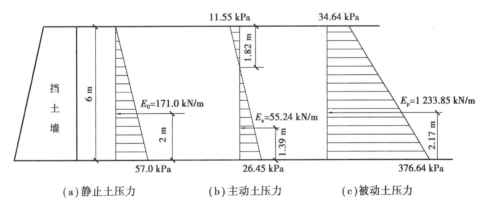

图 5.29　例题 5.5 土压力分布及其合力作用点

5.5.4　库仑土压力理论

1)基本原理

法国科学家库仑(C.A.Coulomb,1776)提出了用于挡土墙设计的库仑土压力理论。库仑根据假设墙后土体处于极限平衡状态并形成一滑动趋势的土楔体,并依据该滑动楔体的静力平衡条件给出了作用于墙背上的土压力计算公式。

(1)库仑研究的课题模型

①墙后填土为均质的无黏性土(理想砂土),即土的黏聚力 $c = 0$。

②墙背俯斜,具有倾角 ε ,如图5.30所示。

③墙背粗糙,墙与填土间摩擦角为 δ 。

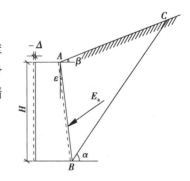

图 5.30　库仑研究的课题模型

④填土表面倾斜,坡角为 β 。

可见,与朗肯土压力理论相比,库仑土压力理论更具有普遍实用意义。

(2)库仑土压力理论的基本假设

①平面滑裂面假设:当墙面向前或向后移动,使墙后填土达到破坏时,填土将沿两个平面同时下滑或上滑;一个是墙背 AB 面,另一个是土体内某一滑动面 BC ,并设 BC 面与水平面成 α 角(见图5.30)。

②刚体滑动假设:将破坏土楔体△ABC视为刚体,不考虑滑动楔体内部应力和变形。

③楔体状态假设:楔体△ABC整体处于极限平衡状态,楔体△ABC对墙背的推力即为主动土压力 E_a 。

2)库仑主动土压力计算

(1)土压力分析 如图5.31(a)所示,挡土墙在墙后填土推力作用下向前移动而远离填土,使滑动楔体△ABC达到极限平衡状态,墙后填土沿墙背 AB 面和填土内某一滑动面 BC 同时下滑。取挡土墙1延米宽,作用在楔体△ABC上的作用力有:

①△ABC土楔自重 W ,方向垂直向下,其计算公式为:

$$W = \frac{\gamma H^2}{2} \cdot \frac{\cos(\varepsilon - \beta)\cos(\alpha - \varepsilon)}{\cos^2\varepsilon \sin(\alpha - \beta)} \tag{5.43}$$

②墙背 AB 对下滑楔体的支撑力 E_a 与欲求的土压力大小相等,方向相反。E_a 的方向已知,与墙背法线 N_2 成 δ 角(墙与填土间摩擦角)。若墙背光滑,没有剪力,则 $\delta = 0$ 。因为土体下滑,墙给土体的阻力朝斜上方向,故支撑力 E_a 在法线 N_2 的下方。

③在墙后填土中的滑动面 BC 上,作用有滑动面下方不动土体对滑动楔体△ABC的反力 R 。反力 R 的方向与滑动面 BC 的法线 N_1 成 φ 角。因为土体下滑,不动土体对滑动楔体的阻力朝斜上方向,故支撑力 E 在法线 N_1 的下方。

滑动楔体△ABC在自重 W 、挡土墙的支撑力 E_a 以及不动土体的反力 R 的共同作用下处于静力平衡状态。因而这三个力交于一点,为一组平衡力系,可形成封闭的力三角形△abc,如图5.31(b)所示。

由力三角形 △abc 可知:$\angle 1 + \alpha = 90°$,$\angle 1 + \angle 2 + \varphi = 90°$,所以有 $\angle 2 + \varphi = \alpha$,即 $\angle 2 = \alpha - \varphi$ 。令 W 与 E_a 之间夹角为 $\psi(\psi = 90° - \varepsilon - \delta)$,则 E_a 与 R 之间夹角为 $180° - [\psi + (\alpha - \varphi)]$ 。

取不同的滑动面(变化坡角 α),则 W ,E 与 R 的数值以及方向将随之变化,找出最大的 E 值(此时,该滑动面为最危险滑动面),即为所求的主动土压力 E_a 。

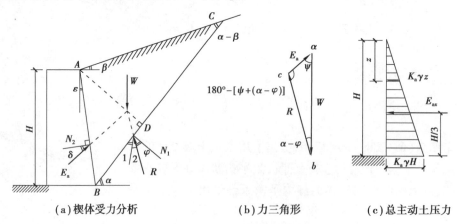

(a)楔体受力分析   (b)力三角形   (c)总主动土压力

图5.31 库仑主动土压力计算简图

(2)库仑主动土压力计算 在力三角形 △abc 中应用正弦定理,可得:

$$\frac{E}{\sin(\alpha - \varphi)} = \frac{W}{\sin(\psi + \alpha - \varphi)} \tag{5.44}$$

或
$$E = \frac{W\sin(\alpha - \varphi)}{\sin(\psi + \alpha - \varphi)} \tag{5.45}$$

因 $E = f(\alpha)$，为求其最大值，需通过 $\mathrm{d}E/\mathrm{d}\alpha = 0$ 得出相应的最危险滑动面的 α 值，并将其代入式 (5.46) 可得无黏性土的库仑主动土压力计算公式：

$$E_a = \frac{1}{2}\gamma H^2 K_a \tag{5.46}$$

其中
$$K_a = \frac{\cos^2(\varphi - \varepsilon)}{\cos^2\varepsilon\cos(\delta + \varepsilon)\left[1 + \sqrt{\dfrac{\sin(\delta + \varphi)\sin(\varphi - \beta)}{\cos(\delta + \varepsilon)\cos(\varepsilon - \beta)}}\right]^2} \tag{5.47}$$

式中 δ ——墙背与填土之间的摩擦角，(°)，由试验确定，或由表5.9查得；

K_a ——主动土压力系数，可由表5.10查得；

H，γ ——挡土墙高度，m；墙后填土的重度，kN/m³；

φ，β ——墙后填土的内摩擦角；墙后填土面的倾角，(°)；

ε ——墙背的倾斜角度，(°)，俯斜时取正号，仰斜时取负号。

式(5.46)与朗肯土压力理论公式(5.34)形式完全相同，但主动土压力系数计算式不同。当 $\varepsilon = 0$，$\delta = 0$，$\beta = 0$ 时，代入式(5.47)得：$K_a = \tan^2(45° - \varphi/2)$，与朗肯主动土压力系数一致，这说明朗肯土压力理论是库仑土压力理论的特例。

（3）库仑主动土压力的分布 与朗肯主动土压力类似，墙顶部 $z = 0$ 时，$e_a = 0$；墙底部 $z = H$，$e_a = \gamma H K_a$。主动土压力沿墙高呈三角形分布，如图5.31(c)所示。但这种分布形式只表示土压力大小，并不代表实际作用于墙背上的土压力方向。沿墙背面的压强则为 $\gamma z K_a \cos\varepsilon$。库仑总主动土压力作用点位于三角形图形的重心，即墙底面以上 $\dfrac{H}{3}$ 处。

表5.9 墙背与填土之间的摩擦角 δ

挡土墙情况	墙背平滑，排水不良	墙背粗糙，排水良好	墙背很粗糙，排水良好	墙背与填土间无滑动
摩擦角 δ	$(0\sim0.33)\varphi_k$	$(0.33\sim0.5)\varphi_k$	$(0.5\sim0.67)\varphi_k$	$(0.67\sim1.0)\varphi_k$

注：φ_k 为墙后填土的内摩擦角标准值(°)。

表5.10 库仑主动土压力系数 K_a 值

δ	ε	β \ φ	15°	20°	25°	30°	35°	40°	45°	50°
0°	0°	0	0.589	0.490	0.406	0.333	0.271	0.217	0.172	0.132
		10	0.704	0.569	0.462	0.374	0.300	0.238	0.186	0.142
		20		0.883	0.572	0.441	0.344	0.267	0.204	0.154
		30				0.750	0.436	0.318	0.235	0.172
	10°	0	0.652	0.559	0.478	0.407	0.343	0.287	0.238	0.194
		10	0.784	0.654	0.550	0.461	0.384	0.318	0.261	0.211
		20		1.015	0.684	0.548	0.444	0.360	0.291	0.232
		30				0.925	0.566	0.433	0.337	0.262

续表

δ	ε	β＼φ	15°	20°	25°	30°	35°	40°	45°	50°
0°	20°	0	0.735	0.648	0.569	0.498	0.434	0.375	0.322	0.274
		10	0.895	0.767	0.662	0.572	0.492	0.421	0.358	0.302
		20		1.205	0.833	0.687	0.576	0.483	0.405	0.337
		30				1.169	0.740	0.586	0.474	0.385
	−10°	0	0.539	0.433	0.344	0.270	0.209	0.158	0.117	0.083
		10	0.643	0.500	0.389	0.301	0.229	0.171	0.125	0.088
		20		0.785	0.482	0.353	0.261	0.190	0.136	0.094
		30				0.614	0.331	0.226	0.155	0.104
	−20°	0	0.497	0.380	0.287	0.212	0.153	0.106	0.070	0.043
		10	0.594	0.438	0.323	0.234	0.166	0.114	0.074	0.045
		20		0.707	0.401	0.274	0.188	0.125	0.080	0.047
		30				0.498	0.239	0.147	0.090	0.051
10°	0°	0	0.533	0.447	0.373	0.308	0.253	0.204	0.163	0.127
		10	0.664	0.531	0.431	0.350	0.282	0.225	0.177	0.136
		20		0.897	0.549	0.420	0.326	0.254	0.195	0.148
		30				0.762	0.423	0.306	0.226	0.166
	10°	0	0.603	0.520	0.448	0.384	0.326	0.275	0.229	0.189
		10	0.759	0.626	0.524	0.440	0.368	0.307	0.253	0.206
		20		1.064	0.674	0.534	0.432	0.351	0.283	0.227
		30				0.969	0.564	0.427	0.332	0.258
	20°	0	0.695	0.615	0.543	0.478	0.419	0.365	0.316	0.271
		10	0.890	0.752	0.646	0.558	0.481	0.414	0.354	0.300
		20		1.308	0.844	0.687	0.573	0.481	0.403	0.337
		30				1.268	0.758	0.593	0.478	0.388
	−10°	0	0.476	0.385	0.309	0.245	0.191	0.146	0.109	0.078
		10	0.590	0.455	0.354	0.275	0.211	0.159	0.116	0.082
		20		0.773	0.450	0.328	0.242	0.177	0.127	0.088
		30				0.605	0.313	0.212	0.146	0.098
	−20°	0	0.427	0.330	0.252	0.188	0.137	0.096	0.064	0.039
		10	0.529	0.388	0.286	0.209	0.149	0.103	0.068	0.041
		20		0.675	0.364	0.248	0.170	0.114	0.073	0.044
		30				0.475	0.220	0.135	0.082	0.047

续表

δ	ε	β\φ	15°	20°	25°	30°	35°	40°	45°	50°
15°	0°	0	0.518	0.434	0.363	0.301	0.248	0.201	0.160	0.125
		10	0.655	0.522	0.423	0.343	0.277	0.221	0.174	0.135
		20		0.914	0.546	0.415	0.323	0.251	0.194	0.147
		30				0.776	0.422	0.305	0.225	0.165
	10°	0	0.592	0.511	0.441	0.378	0.323	0.273	0.228	0.188
		10	0.759	0.622	0.520	0.437	0.366	0.305	0.252	0.206
		20		1.103	0.679	0.535	0.432	0.350	0.284	0.228
		30				1.005	0.570	0.430	0.333	0.260
	20°	0	0.690	0.611	0.540	0.476	0.419	0.366	0.317	0.273
		10	0.903	0.757	0.649	0.560	0.483	0.416	0.357	0.303
		20		1.382	0.862	0.697	0.579	0.486	0.408	0.341
		30				1.341	0.778	0.605	0.487	0.395
	−10°	0	0.457	0.371	0.298	0.237	0.186	0.142	0.106	0.076
		10	0.575	0.441	0.344	0.267	0.205	0.155	0.114	0.081
		20		0.776	0.441	0.320	0.236	0.174	0.125	0.087
		30				0.607	0.308	0.209	0.143	0.097
	−20°	0	0.405	0.314	0.240	0.180	0.132	0.093	0.062	0.038
		10	0.509	0.372	0.274	0.201	0.144	0.100	0.066	0.040
		20		0.667	0.352	0.239	0.164	0.110	0.071	0.042
		30				0.470	0.214	0.131	0.080	0.046
20°	0°	0			0.357	0.297	0.245	0.199	0.160	0.125
		10			0.419	0.340	0.275	0.220	0.174	0.135
		20			0.547	0.414	0.322	0.250	0.193	0.147
		30				0.798	0.425	0.305	0.225	0.166
	10°	0			0.438	0.377	0.322	0.273	0.229	0.190
		10			0.521	0.438	0.367	0.306	0.254	0.207
		20			0.690	0.540	0.435	0.354	0.286	0.230
		30				1.051	0.582	0.437	0.338	0.263
	20°	0			0.543	0.479	0.422	0.370	0.321	0.277
		10			0.659	0.568	0.490	0.423	0.363	0.309
		20			0.890	0.714	0.592	0.496	0.417	0.349
		30				1.434	0.807	0.624	0.501	0.406
	−10°	0			0.291	0.232	0.182	0.140	0.105	0.076
		10			0.337	0.262	0.202	0.153	0.113	0.080
		20			0.436	0.316	0.233	0.171	0.123	0.086
		30				0.614	0.306	0.207	0.142	0.096
	−20°	0			0.232	0.174	0.128	0.090	0.061	0.038
		10			0.266	0.195	0.140	0.097	0.064	0.039
		20			0.344	0.233	0.160	0.108	0.069	0.042
		30				0.468	0.210	0.129	0.079	0.045

【例题 5.6】 已知挡土墙高度 $H=6.0$ m,墙背倾角 $\varepsilon=10°$,墙后填土倾角 $\beta=10°$,墙背与填土间的摩擦角 $\delta=20°$。墙后填土为中砂,$\gamma=18.5$ kN/m³,内摩擦角 $\varphi=30°$。计算作用在此挡土墙上的主动土压力 E_a。

【解】 挡土墙不光滑,墙背与填土间摩擦角 $\delta=20°$,采用库仑土压力公式(5.46)进行主动土压力的计算。

由 $\varphi=30°,\delta=20°,\varepsilon=\beta=10°$,查表 5.10 得:

$$K_a=0.438$$

$$E_a=\gamma H^2\frac{K_a}{2}=18.5\ \text{kNm}^3\times6.0^2\ \text{m}^2\times\frac{0.438}{2}=145.9\ \text{kN/m}。$$

主动土压力呈三角形分布,合力作用点离墙底面高:

$$h=\frac{H}{3}=\frac{6.0\ \text{m}}{3}=2.0\ \text{m}$$

E_a 的作用方向与墙背的法向线"N—N"成 $\delta=20°$,位于该法线的上侧,如图 5.32 所示。

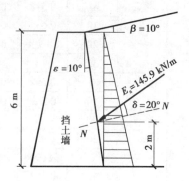

图 5.32 例题 5.6 库仑主动土压力计算

3) 库仑被动土压力计算

(1) 受力分析 与库仑主动土压力分析类似,取滑动楔体 $\triangle ABC$ 为隔离体进行受力分析,如图 5.33 (a)所示。挡土墙在外力作用下向后移动,推向填土,使滑动楔体 $\triangle ABC$ 达到极限平衡状态,墙后填土沿墙背 AB 面和填土内某一滑动面 BC 同时向上滑动。取挡土墙 1 延米宽,作用于楔体 $\triangle ABC$ 各力为:

① $\triangle ABC$ 楔体自重 W,方向垂直向下,其计算见式(5.43)。

② 墙背 AB 对滑动楔体的推力 E_p。该支撑力与欲求的被动土压力大小相等,方向相反。E_p 的方向已知,与墙背法线 N_2 成 δ 角。因为土楔体向上滑动,墙背给土体的推力朝斜下方向,故推力 E_p 在法线 N_2 的上方。

③ 墙后填土中的滑动面 BC 上,作用着滑动面下方不动土体对滑动楔体 $\triangle ABC$ 反力 R,R 的方向与滑动面 BC 法线 N_1 成 φ 角。因土楔体向上滑动,故支撑力 R 在法线 N_1 上方。

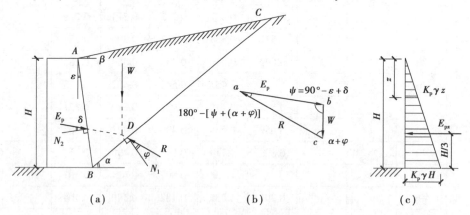

图 5.33 库仑被动土压力计算

如图 5.33(b)所示,由静力平衡三角形 $\triangle abc$ 可知:W 与 R 的夹角为 $\alpha+\varphi$,令 W 与 E_p 之间夹角为 ψ($\psi=90°-\varepsilon-\delta$),则 E_p 与 R 之间的夹角为 $180°-[\psi+(\alpha+\varphi)]$。

取不同的滑动面(变化坡角 α),则 W、E 与 R 的数值以及方向将随之变化,找出最小的 E 值(此时该滑动面为最危险滑动面),即为所求的被动土压力 E_p。

(2) 计算公式 在力三角形 $\triangle abc$ 中应用正弦定理,可得:

$$\frac{E}{\sin(\alpha+\varphi)}=\frac{W}{\sin(\psi+\alpha+\varphi)} \tag{5.48}$$

即
$$E = \frac{W\sin(\alpha + \varphi)}{\sin(\psi + \alpha + \varphi)} \tag{5.49}$$

因 $E = f(\alpha)$，为求其最大值，需通过 $\mathrm{d}E/\mathrm{d}\alpha = 0$ 得出相应的最危险滑动面的 α 值，并将其代入式 (5.49) 可得无黏性土库仑被动土压力 E_p 为：

$$E_p = \frac{1}{2}\gamma H^2 K_p \tag{5.50}$$

其中
$$K_p = \frac{\cos^2(\varphi + \varepsilon)}{\cos^2\varepsilon \cdot \cos(\varepsilon - \delta)\left[1 - \sqrt{\dfrac{\sin(\delta + \varphi) \cdot \sin(\varphi + \beta)}{\cos(\varepsilon - \delta) \cdot \cos(\varepsilon - \beta)}}\right]^2} \tag{5.51}$$

式中 K_p——被动土压力系数；其他符号意义同式(5.47)。

式(5.50)与朗肯土压力理论公式(5.40)形式完全相同，但被动土压力系数公式不同。当 $\varepsilon = 0$，$\delta = 0$，$\beta = 0$ 时，代入式(5.51)得 $K_p = \tan^2(45° + \varphi/2)$，与朗肯被动土压力系数一致，证实了朗肯土压力理论是库仑土压力理论的特例。

(3)库仑被动土压力分布　与无黏性土朗肯被动土压力的分布类似，墙顶部 $z = 0$ 时，$e_p = 0$；墙底部 $z = H$，$e_p = \gamma H K_p$。被动土压力沿墙高呈三角形分布，如图 5.32(c)所示。但这种分布形式只表示土压力大小，并不代表实际作用于墙背上的土压力方向。

总被动土压力的作用点位于被动土压力三角形图形的重心，即墙底面以上 $H/3$ 处。

对于黏性土，可直接应用朗肯土压力理论计算。而采用库仑土压力理论时，无法直接应用，可以采用规范推荐的公式或图解法进行求解。

5.5.5　几种常见情况的土压力计算

1)《建筑地基基础设计规范》推荐的公式法

当挡土墙的墙背倾斜、粗糙、黏性土填土表面倾斜的情况下，无法直接应用库仑土压力理论，此时可用《建筑地基基础设计规范》(GB 50007—2011)推荐的公式或等效内摩擦角法求解。如图 5.34 所示，主动土压力的计算公式为：

$$E_a = \varphi_c \frac{1}{2}\gamma H^2 K_a \tag{5.52}$$

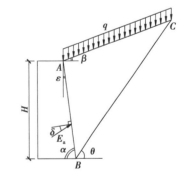

图 5.34　规范法计算库仑主动土压力

式中 φ_c——主动土压力增大系数，土坡高度小于 5 m 时宜取 1.0，高度为 5~8 m 时宜取 1.1，高度大于 8 m 时宜取 1.2；

H——挡土墙高度，m；

γ——墙后填土的重度，kN/m^3；

K_a——库仑主动土压力系数。

$$K_a = \frac{\sin(\alpha + \beta)}{\sin^2\alpha \sin^2(\alpha + \beta - \varphi - \delta)}\{k_q[\sin(\alpha + \beta)\sin(\alpha - \delta) + \sin(\varphi + \delta)\sin(\varphi - \beta)] +$$
$$2\eta\sin\alpha\cos\varphi\cos(\alpha + \beta - \varphi - \delta) - 2[(k_q\sin(\alpha + \beta)\sin(\varphi - \beta) + \eta\sin\alpha\cos\varphi) \cdot$$
$$(k_q\sin(\alpha - \delta)\sin(\varphi + \delta) + \eta\sin\alpha\cos\varphi)]^{\frac{1}{2}}\} \tag{5.53}$$

其中
$$k_q = 1 + \frac{2q}{\gamma h}\frac{\sin\alpha\cos\beta}{\sin(\alpha + \beta)}, \quad \eta = \frac{2c}{\gamma h} \tag{5.54}$$

式中 q——地表均布荷载(以单位水平投影面上的荷载强度计算)，kPa。

2）地面均布荷载作用下的土压力计算

（1）挡土墙墙背垂直、填土表面水平时　在水平面上作用均布荷载 q（kPa）时，可把均布荷载 q 视为虚构的填土自重 γh。虚构填土的当量高度为 $h = q/\gamma$，如图 5.35（a）所示。作用在挡土墙墙背上的主动土压力由两部分组成：

①实际填土高 H 产生的土压力 $\gamma H^2 K_a/2$。

②由均匀荷载 q 换算成的当量填土高 h 产生的土压力 qHK_a。

墙背作用的总主动土压力为：

$$E_a = \frac{1}{2}\gamma H^2 K_a + qHK_a \tag{5.55}$$

土压力呈梯形分布，作用点在梯形的重心。

（2）挡土墙墙背倾斜、填土表面倾斜时　计算当量填土高度 $h = q/\gamma$，此虚构填土的表面斜向延伸与墙背 AB 向上延长线交于 A' 点，如图 5.35（b）所示。按 $A'B$ 为虚构墙背计算主动土压力，此虚构挡土墙的高度为 $h' + H$。

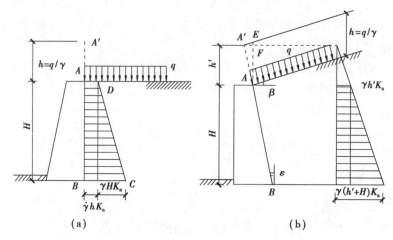

图 5.35　填土表面有均布荷载时的土压力计算

在 $\triangle AA'F$ 及 $\triangle AA'E$ 中，应用正弦定理可得：

$$\frac{h'}{\sin(90° - \varepsilon)} = \frac{AA'}{\sin 90°}, \quad \frac{h}{\sin(90° - \varepsilon + \beta)} = \frac{AA'}{\sin(90° - \beta)}$$

故

$$AA' = \frac{h \cdot \sin(90° - \beta)}{\sin(90° - \varepsilon + \beta)} = \frac{h'\sin 90°}{\sin(90° - \varepsilon)}$$

即

$$h' = h\frac{\sin(90° - \beta)\sin(90° - \varepsilon)}{\sin(90° - \varepsilon + \beta)\sin 90°} = h\frac{\cos\beta\cos\varepsilon}{\cos(\varepsilon - \beta)} \tag{5.56}$$

墙背作用的总主动土压力按式（5.57）计算，主动土压力呈梯形分布，作用点在梯形的重心。

$$E_a = \frac{1}{2}\gamma H^2 K_a + \gamma h'HK_a \tag{5.57}$$

同理，对于有地面均布荷载作用下的被动土压力按式（5.58）计算，被动土压力呈梯形分布，作用点在梯形的重心。

$$E_p = \frac{1}{2}\gamma H^2 K_p + qHK_p \tag{5.58}$$

3）车辆荷载引起的土压力计算

在挡土墙或桥台设计时，应考虑车辆荷载引起的土压力。《公路桥涵设计通用规范》（JTG D60—2015）中对车辆荷载引起的土压力计算方法，作出了具体规定。计算原理是按照库仑土压力理论，把填土破坏棱体范围内的车辆荷载,换算成等代均布土层厚度 h_e 来计算,然后用库仑土压力公式计算。

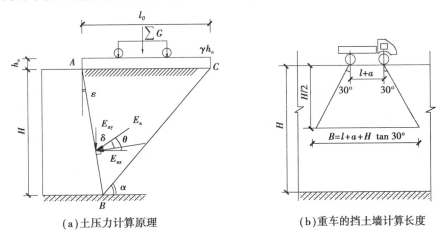

图 5.36　车辆荷载引起的土压力计算

如图 5.36(a)所示,当土层特性无变化(地面水平),但有车辆荷载作用时,作用在桥台、挡土墙后的主动土压力标准值可按式(5.59)计算:

$$E_a = \frac{1}{2}\gamma H(H + 2h_e)K_a \tag{5.59}$$

式中　E_a——主动土压力标准值,kN;

　　　H , K_a——计算土层高度,m;库仑主动土压力系数;

　　　h_e——汽车荷载的等代均布土层厚度,m。按式(5.60)计算。

$$h_e = \frac{\sum G}{Bl_0\gamma} \tag{5.60}$$

式中　γ——土的重度,kN/m³;

　　　$\sum G$——布置在 $B \times l_0$ 面积内的车轮的总重力,kN;

　　　l_0——桥台或挡土墙后填土的破坏棱体长度,m;

　　　B——桥台的计算宽度或挡土墙的计算长度,m。见规范规定,重车挡土墙的计算长度如图 5.36(b)所示,$B = l + a + H\tan 30° = 13 + H\tan 30°$。

主动土压力的水平分力 $E_{ax} = E_a\cos\theta$,其作用点距墙脚的竖直距离为:

$$C_y = \frac{H}{3} \times \frac{H + 3h_e}{H + 2h_e} \tag{5.61}$$

主动土压力的垂直分力 $E_{ay} = E_a\sin\theta$,其作用点距墙脚 B 点的水平距离为:

$$C_x = C_y\tan\varepsilon \tag{5.62}$$

4) 墙后填土分层的情况

若挡土墙墙后填土有几层不同性质的水平土层,如图 5.37 所示。此时,土压力计算分第一层土和第二层土两部分。

①对于第一层土,挡土墙墙高 h_1,填土指标 γ_1,c_1,φ_1,土压力计算与前面单层土计算方法相同。

②计算第二层土的土压力时,将第一层土的重度 $\gamma_1 h_1$ 折算成与第二层土的重度 γ_2 相应的当量厚度 h_1' 来计算,$h_1' = \gamma_1 h_1/\gamma_2$。按挡土墙高度为 $h_1' + h_2$,计算土压力为 $\triangle gef$,第二层范围内的梯形 $bdef$ 部分土压力,即为所求。

由于上下各层土的性质与指标不同,各自相应的主动土压力系数 K_a 不相同。因此,交界面上下土压力的数值不一定相同,会出现突变。

5) 填土中有地下水的情况

当挡土墙后填土中有地下水位时,作用在挡土墙上的压力除了土压力外,还有水压力的作用。在计算挡土墙所受的总侧压力时,地下水位以上部分的土压力计算同前,地下水位以下部分的土压力和水压力的计算,通常采用"水土分算"和"水土合算"的方法。

(1)水土分算 对于地下水位以下的碎石土和砂土,一般采用"水土分算"法,如图 5.38 所示。分别计算作用在墙背上的土压力和水压力,然后进行叠加。

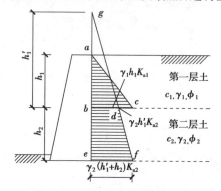

图 5.37 填土分层时土压力计算

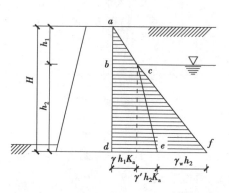

图 5.38 填土中有地下水时土压力计算

在地下水位以下,土体的重度采用有效重度 γ',土压力系数采用有效应力抗剪强度指标计算,并计算水压力。例如水深 h_2,墙底处土压力 $p_a = \gamma' h_2 K_a$,其中,K_a 应该采用 φ' 计算。水压力可按下式计算:

$$E_w = \frac{1}{2} \gamma_w h_2^2 \tag{5.63}$$

采用"水土分算"法,总土压力减小了;因考虑了水压力,作用在墙背上总压力增加了。

(2)水土合算 对于地下水位以下的黏性土、粉土、淤泥及淤泥质土,通常采用"水土合算"法,土的重度采用饱和重度,土压力系数采用总应力抗剪强度指标计算。

【例题 5.7】 如图 5.39 所示,某挡土墙高度 $H = 6.0$ m,墙背竖直、光滑,墙后填土表面水平。墙后填土分两层:上层重度 $\gamma_1 = 19.0$ kN/m³,内摩擦角 $\varphi_1 = 16°$,黏聚力 $c_1 = 10$ kPa,层厚 $h_1 = 3.0$ m;下层重度 $\gamma_2 = 17.0$ kN/m³,内摩擦角 $\varphi_2 = 30°$,黏聚力 $c_2 = 0$ kPa,层厚 $h_2 = 3.0$ m。计算作用在此挡土墙上的总主动土压力及其分布。

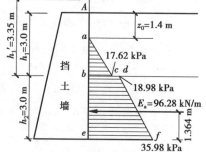

图 5.39 例题 5.7 土压力计算结果

【解】 (1)上层土底部土压力计算

$$K_{a1} = \tan^2(45° - 16°/2) = 0.568$$

$$z_0 = \frac{2c}{\gamma_1 \sqrt{K_{a1}}} = \frac{2 \times 10 \text{ kPa}}{19 \text{ kN/m}^3 \times \sqrt{0.568}} \approx 1.4 \text{ m}$$

$$e_{a1} = \gamma_1 h_1 K_{a1} - 2c\sqrt{K_{a1}} = 19.0 \text{ kN/m}^3 \times 3.0 \text{ m} \times 0.568 - 2 \times 10 \text{ kPa} \times \sqrt{0.568} = 17.3 \text{ kPa}$$

(2)下层土土压力计算

上层土折算厚度:$h_1' = \dfrac{h_1 \gamma_1}{\gamma_2} = \dfrac{3.0 \text{ m} \times 19.0 \text{ kN/m}^3}{17.0 \text{ kN/m}^3} \approx 3.35 \text{ m}$

$$K_{a2} = \tan^2\left(45° - \frac{\varphi_2}{2}\right) = \tan^2\left(45° - \frac{30°}{2}\right) = 0.333$$

下层土顶部土压力:$e_{a2} = \gamma_2 h_1' K_{a2} = 17.0 \text{ kN/m}^3 \times 3.35 \text{ m} \times 0.333 = 18.98 \text{ kPa}$

下层土底部土压力:$e_{a3} = \gamma_2 (h_1' + h_2) K_{a2} = 17.0 \text{ kN/m}^3 \times 6.35 \text{ m} \times 0.333 = 35.95 \text{ kPa}$

（3）总主动土压力计算

土压力分布为两部分，上层土为三角形 abc，下层土为梯形 $befd$。

$$E_a = \frac{e_{a1}(h_1 - z_0)}{2} + \frac{(e_{a2} + e_{a3})h_2}{2} = \frac{17.3 \text{ kPa} \times (3.0 - 1.4) \text{ m}}{2} +$$

$$\frac{(18.98 + 35.95) \text{kPa} \times 3.0 \text{ m}}{2} = 13.84 \text{ kN/m} + 82.40 \text{ kN/m} = 96.24 \text{ kN/m}$$

总主动土压力作用点：

$$h_0 = \frac{\left[\frac{1}{2} e_{a1}(h_1 - z_0)\left(\frac{h_1 - z_0}{3} + h_2\right) + \frac{1}{2} e_{a2} h_2^2 + \frac{1}{2}(e_{a3} - e_{a2})\frac{h_2^2}{3}\right]}{E_a}$$

$$= \frac{\frac{1}{2} \times 17.30 \times (3.0 - 1.4) \times \left(\frac{3.0 - 1.4}{3} + 3.0\right) + \frac{1}{2} \times 18.98 \times 3.0^2 + \frac{1}{2}(35.95 - 18.98) \times \frac{3.0^2}{3}}{96.24}$$

$$= 1.66 (\text{m})$$

习　题

5.1　某土样的抗剪强度指标为 $c = 20$ kPa，$\varphi = 26°$，承受大、小主应力分别为 $\sigma_1 = 400$ kPa，$\sigma_3 = 150$ kPa，该土样是否达到极限平衡状态？

5.2　某土样进行直剪试验，在法向应力为 50 kPa，100 kPa，200 kPa，300 kPa 时，测得抗剪强度 τ_f 分别为 31.2 kPa，62.5 kPa，125.0 kPa，187.5 kPa，求：

（1）用作图法确定该土样的抗剪强度指标；

（2）若地基中某点的主应力 $\sigma_1 = 350$ kPa，$\sigma_3 = 100$ kPa，该点是否已发生剪切破坏？

5.3　某饱和黏性土用三轴仪进行固结不排水剪试验，测得 $c' = 0$，$\varphi' = 28°$。如果这个试样受到 $\sigma_1 = 200$ kPa，$\sigma_3 = 150$ kPa 作用，测得孔隙水压力 $u = 100$ kPa，问试件是否被破坏？

5.4　某饱和黏土做三轴不固结不排水试验，测得 4 个试样剪破时的最大主应力、最小主应力和孔隙水压力如下表所示，试用总应力法和有效应力法确定土的抗剪强度指标。

σ_1/kPa	145	218	310	401
σ_3/kPa	50	100	150	200
u/kPa	31	57	92	126

5.5　某住宅地基表面为素填土，层厚 $h_1 = 1.5$ m；第 2 层为粉土，深 3.50 m 处，$N = 8$，层厚 $h_2 = 4.5$ m；第 3 层为粉砂，深 8.00 m 处，$N = 9$，层厚 $h_3 = 3.2$ m；第 4 层为细砂，深 11.00 m 处，$N = 15$，层厚 $h_4 = 5.4$ m；第 5 层为卵石，层厚 $h_5 = 4.80$ m。地下水位深度 2.20 m。若设计地震场地分组属于第一组，地震烈度为 8 度区，该地基是否会发生液化？

5.6　某挡土墙高度 $H = 4.0$ m，墙背竖直、光滑，墙后填土表面水平。填土黏性土，天然重度 $\gamma = 18.0$ kN/m³，饱和重度 $\gamma_{sat} = 21.0$ kN/m³，内摩擦角 $\varphi = 21°$，黏聚力 $c = 30$ kPa，地下水位埋深 2.0 m。计算作用在此挡土墙上的静止土压力 E_0（可取 $K_0 = 0.4$）、主动土压力 E_a、被动土压力 E_p 的数值。

5.7　某挡土墙高度 $H = 5.0$ m，墙顶宽度 $b = 1.5$ m，墙底宽度 $B = 2.5$ m。墙面竖直，墙背倾斜 $\varepsilon = 10°$，墙背与填土间摩擦角 $\delta = 20°$，填土表面倾斜 $\beta = 12°$。墙后填土为中砂，重度 $\gamma = 17.0$ kN/m³，内摩擦角 $\varphi = 30°$。计算作用在此挡土墙上的主动土压力 E_a 和被动土压力 E_p。

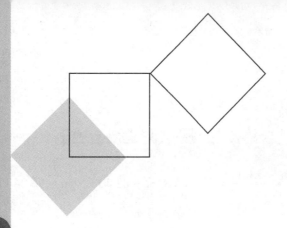

6 地基承载力及土坡稳定性

本章导读:

- **基本要求** 熟悉地基承载力、地基破坏模式的概念;掌握临塑荷载、临界荷载和极限荷载的主要计算方法;掌握地基承载力特征值的确定方法,能进行软弱下卧层承载力和地基稳定性的验算;了解无黏性土土坡和黏性土土坡稳定性分析计算方法。
- **重点** 地基塑性区边界方程,普朗德尔、太沙基极限荷载的计算方法;地基承载力特征值的确定;黏性土土坡稳定性分析的费伦纽斯条分法和毕肖普条分法。
- **难点** 地基极限荷载的普朗德尔计算公式和汉森计算公式;费伦纽斯确定最危险滑动面圆心的方法。

6.1 概 述

6.1.1 地基承载力的概念

地基承载力是指地基土单位面积上承受荷载的能力。建筑物因地基问题引起的破坏,一般有两种可能:一种是由于建筑物基础在荷载作用下产生过大的变形或不均匀沉降,从而导致建筑物严重下沉、倾斜或挠曲,上部结构开裂,建筑功能变坏;另一种是由于建筑物的荷重过大,超过地基的承载能力,引起地基内土体的剪应力增加,使地基出现较大范围的塑性区,最终导致地基产生剪切破坏或丧失稳定性。

在建筑工程设计中,必须使建筑物基础底面压力不超过规定的地基承载力,以保证地基土不致产生剪切破坏而丧失稳定性,同时也要确保建筑物不会产生超过允许范围的沉降和沉降差。

对于承受荷载的建筑物基础,当基础底面以下的地基土中将要出现而尚未出现塑性变形区时,地基所能承受的最大荷载称为临塑荷载 p_{cr} ;当地基土中的塑性变形区发展到某一阶段,即塑性区达到某一深度,通常为相当于基础宽度的 1/3 或 1/4 时,地基土所能承受的最大荷载称为临界荷载 $p_{1/3}$ 或 $p_{1/4}$;当地基土中的塑性变形区充分发展并形成连续贯通的滑动面时,地基土所能承受的最大荷载称为极限荷载 p_u 。

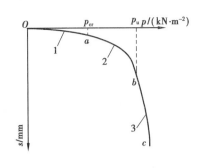

6.1.2 载荷试验方法应用

利用载荷试验的荷载与沉降关系曲线（p-s 曲线）可直观地说明上述地基承载力的概念。载荷试验是确定荷载主要影响范围内土的承载力和变形特性的最基本方法（见 4.2.4 节）。

图 6.1 载荷试验 p-s 曲线
1—地基土压密阶段；2—塑性变形阶段；
3—破坏阶段

由载荷试验的结果可以绘制成 p-s 曲线，如图 6.1 所示。格尔谢万诺夫（Н.М. Герсеванов）根据载荷试验 p-s 曲线，提出了地基破坏过程经历 3 个发展阶段，如图 6.2 所示。

第一阶段：压密变形阶段（Oa 段），承压板上的荷载比较小，荷载与沉降成直线关系，对应于直线段终点 a 的荷载即为临塑荷载 p_{cr}。这一阶段，地基上只发生竖向压缩并呈弹性状态，地基的沉降与荷载之间的关系大致上符合弹性理论沉降计算公式。

第二阶段：塑性变形阶段（ab 段），承压板上的荷载逐渐增大，地基的变形与荷载之间不再成直线关系，说明地基土的性质不再符合弹性性质，局部发生剪切破坏，呈现塑性状态。对应于 b 点的荷载即为极限荷载 p_u，临界荷载为塑性变形阶段 ab 段中某一点相对应的荷载，如前所述的 $p_{1/3}$ 或 $p_{1/4}$。

第三阶段：破坏阶段（bc 段），在这一阶段，塑性区已发展到连成一片，地基中形成连续的滑动面，只要荷载稍微增加一些，沉降就急剧增加，地基土发生侧向挤出，承压板周围地面大量隆起，最终发生整体破坏。

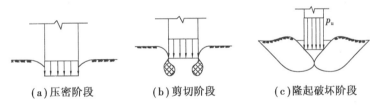

（a）压密阶段　　（b）剪切阶段　　（c）隆起破坏阶段

图 6.2 地基土中应力状态的 3 个阶段

6.1.3 地基的破坏模式

地基在极限荷载作用下发生剪切破坏的模式可分为整体剪切破坏、局部剪切破坏和冲切破坏三种。如图 6.3 所示，根据载荷试验 p-s 曲线特征可以了解不同性质土体的地基破坏机理。曲线 a 在开始阶段呈直线关系，但当荷载增大到某个极限值以后沉降急剧增大，呈脆性破坏的特征；曲线 b 在开始阶段也呈直线关系，到某个极限值以后虽然随着荷载增大，沉降增大较快，但不出现急剧增大的特征；曲线 c 在沉降发展过程中不出现明显的拐弯点，沉降对压力的变化率也没有明显的变化。这三种曲线代表三种不同的地基破坏模式。

1）整体剪切破坏

整体剪切破坏的特征如图 6.4(a) 所示，当基础上荷载较小时，基础下形成一个三角形压密区 I，这时 p-s 曲线呈直线关系（图 6.3 中曲线 a）。随着荷载增加，压密区向两侧挤压，土中产生塑性区，塑性区先在基础边缘产生，然后逐步扩大形成 II、III 塑性区。这时，基础的沉降增长率较前一阶段增大，故 p-s 曲线呈曲线状。当荷载达到极限值 p_u 后，土中形成连续滑动面，并延伸到地面，土从基础两侧挤出并隆起，基础沉降急剧增加，整个地基失稳破坏。这时，p-s 曲线上出现明显的转折点。

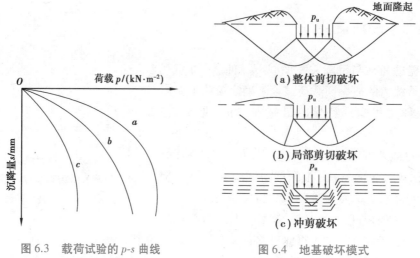

图 6.3　载荷试验的 p-s 曲线　　　　　图 6.4　地基破坏模式

2)局部剪切破坏

局部剪切破坏的特征如图 6.4(b)所示,随着荷载的增大,地基中产生压密区 I 和塑性区 II,但塑性区仅限制在地基某一范围内,土中滑动面并不延伸到地面,基础两侧土体有部分隆起,但不会出现明显的倾斜和倒塌。其 p-s 曲线也有一个转折点,但不像整体剪切破坏那么明显。在转折点后,其沉降量增长率虽较前一阶段大,但不像整体剪切破坏那样急剧增加(图 6.3 中曲线 b)。局部剪切破坏介于整体剪切破坏和冲剪破坏之间。

3)冲切破坏

冲切破坏也叫刺入破坏(或冲剪破坏),它是一种在荷载作用下地基土体发生垂直剪切破坏,使基础产生较大沉降的一种地基破坏模式,如图 6.4(c)所示。其特征是:随着荷载的增加,基础下面的土层发生压缩变形,基础随之下沉并在基础周围附近土体发生竖向剪切破坏,破坏时基础好像"刺入"土中,不出现明显的破坏区和滑动面。从冲剪破坏的 p-s 曲线看,沉降随着荷载的增大而不断增加,但 p-s 曲线上没有明显的转折点(图 6.3 中曲线 c)。冲切破坏常发生在松砂及软土地基。

地基的剪切破坏形式与基础埋置深度、加荷速度等因素也有关系。在密砂和坚硬黏土地基中,一般会出现整体剪切破坏,但当基础埋置很深时,在很大荷载作用下才会出现冲剪破坏;而对于压缩性比较大的松砂和软黏土地基,当加荷速度较慢时,会产生压缩变形而出现冲剪破坏,但当加荷很快时,由于土体不能产生压缩变形,就可能发生整体剪切破坏。若基础埋置深度较大,无论是砂性土还是黏性土地基,最常见的地基的破坏形式是局部剪切破坏。

6.2　地基临塑荷载和临界荷载

6.2.1　地基的临塑荷载

1)地基临塑荷载的概念

临塑荷载是指基础边缘地基中刚要出现塑性区时基底单位面积上所承担的荷载,它相当于地基土中应力状态从压缩阶段过渡到剪切阶段时的界限荷载。

2)地基塑性区边界方程

假设在均质地基表面上,作用一均布条形荷载 p_0,如图 6.5(a)所示,根据弹性理论,它在地表下任一

点 M 处产生的大、小主应力可按下式表达:

$$\left.\begin{array}{c}\sigma_1\\\sigma_3\end{array}\right\}=\frac{p_0}{\pi}(\beta_0\pm\sin\beta_0)\tag{6.1}$$

式中　p_0——均布条形荷载,kPa;

　　　β_0——任意点 M 到均布条形荷载两端点的夹角,弧度。

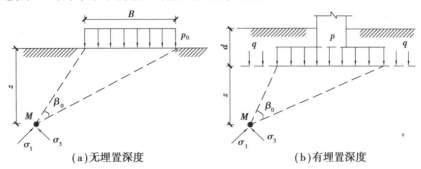

(a)无埋置深度　　　　　　(b)有埋置深度

图 6.5　均布条形荷载作用下地基中的主应力

　　其中,σ_1 的作用方向与 β_0 角的平分线一致。实际工程中的基础一般都有埋深 d,如图6.5(b)所示,此时地基中某点 M 的应力除了有基底附加应力 $p_0=p-\gamma_m d$ 以外(γ_m 为基础底面以上土的加权平均重度),还有土自重应力。假定土的自重应力在各向相等,即土的静止侧压力系数 $K_0=1$ 时,M 点的土自重应力为 $q+\gamma z$,其中,$q=\gamma_m d$ 为条形基础两侧荷载。自重应力场没有改变 M 点附加应力场的大小和主应力的作用方向,因此,地基中任意点 M 的大、小主应力为:

$$\left.\begin{array}{c}\sigma_1\\\sigma_3\end{array}\right\}=\frac{p-\gamma_m d}{\pi}(\beta_0\pm\sin\beta_0)+\gamma_m d+\gamma z\tag{6.2}$$

式中　γ_m——基础底面以上土的加权平均重度,地下水位以下取浮重度,kN/m^3;

　　　γ——基础底面以下土的重度,地下水位以下取浮重度,kN/m^3;

　　　d,z—— 分别为基础埋深、M 点离基底的距离,m。

　　当 M 点应力达到极限平衡状态时,该点的大、小主应力极限平衡条件为:

$$\sin\varphi=\frac{\dfrac{\sigma_1-\sigma_3}{2}}{c\cdot\cot\varphi+\dfrac{\sigma_1+\sigma_3}{2}}\tag{6.3}$$

将式(6.2)代入式(6.3)有:

$$z=\frac{p-\gamma_m d}{\pi\gamma}\left(\frac{\sin\beta_0}{\sin\varphi}-\beta_0\right)-\frac{1}{\gamma}(c\cdot\cot\varphi+q)\tag{6.4}$$

　　此即满足极限平衡条件的地基塑性区边界方程。如果已知荷载 p、基础埋深 d 以及土的指标 γ,γ_m,c,φ,则根据此式可绘出塑性区的边界线。

3)临塑荷载

　　随着基础荷载的增大,在基础两侧以下土中塑性区对称地扩大。在一定荷载作用下,塑性区的最大深度 $z_{\max}$ 可根据式(6.4)通过求极值的方法,由 $\mathrm{d}z/\mathrm{d}\beta_0$ 的条件求得:

$$\frac{\mathrm{d}z}{\mathrm{d}\beta_0}=\frac{p_0}{\pi\gamma}\left(\frac{\cos\beta_0}{\sin\varphi}-1\right)=0\tag{6.5}$$

解得:

$$\beta_0=\frac{\pi}{2}-\varphi\tag{6.6}$$

　　将式(6.6)代入式(6.4)得 $z_{\max}$ 的表达式:

$$z_{max} = \frac{p - \gamma_m d}{\gamma \pi}\left(\cot\varphi + \varphi - \frac{\pi}{2}\right) - \frac{1}{\gamma}(c \cdot \cot\varphi + \gamma_m d) \qquad (6.7)$$

临塑荷载是指基础边缘地基中刚要出现塑性区时基底单位面积上所承担的荷载,即 $z_{max} = 0$ 时的荷载,则令式(6.7)右侧为零,可得临塑荷载 p_{cr} 的公式:

$$p_{cr} = \frac{\pi(c\cot\varphi + \gamma_m d)}{\cot\varphi + \varphi - \dfrac{\pi}{2}} + \gamma_m d \qquad (6.8a)$$

或写成 $\qquad\qquad p_{cr} = cN_c + \gamma_m d N_q \qquad (6.8b)$

式中　N_c,N_q——承载力系数,均为 φ 的函数,见表6.1。其中:

$$N_c = \frac{\pi\cot\varphi}{\cot\varphi + \varphi - \dfrac{\pi}{2}};$$

$$N_q = \frac{\cot\varphi + \varphi + \dfrac{\pi}{2}}{\cot\varphi + \varphi - \dfrac{\pi}{2}} = 1 + N_c\tan\varphi$$

从式(6.8b)可看出,临塑荷载 p_{cr} 由两部分组成,第一部分为地基土黏聚力 c 的作用,第二部分为基础埋深 d 的影响。p_{cr} 随 φ,c,d 的增大而增大。

6.2.2　地基的临界荷载

临界荷载是指允许地基产生一定范围塑性区所对应的荷载。工程实践表明,即使地基发生局部剪切破坏,只要塑性区范围不超出某一限度,就不致影响建筑物的安全和正常使用,因此用允许地基产生塑性区的临塑荷载 p_{cr} 作为地基承载力往往偏于保守。对于中等强度以上的地基土,若采用临界荷载作为地基承载力,使地基既有足够的安全度,保证稳定性,又能充分地发挥地基的承载能力,从而达到优化设计的目的。

根据工程经验,对于一般建筑工程,在中心荷载作用下,控制塑性区最大开展深度 $z_{max} = b/4$;在偏心荷载作用下,控制 $z_{max} = b/3$。$p_{1/4}$,$p_{1/3}$ 分别是允许地基产生 $z_{max} = b/4$ 和 $b/3$ 范围塑性区所对应的两个临界荷载。

根据定义,分别将 $z_{max} = b/4$ 和 $b/3$ 代入式(6.7),得:

$$p_{1/4} = \frac{\pi\left(c \cdot \cot\varphi + \gamma_m d + \gamma \cdot \dfrac{b}{4}\right)}{\cot\varphi + \varphi - \dfrac{\pi}{2}} + \gamma_m d \qquad (6.9a)$$

或写成 $\qquad\qquad p_{1/4} = cN_c + \gamma_m d N_q + \gamma b N_{1/4} \qquad (6.9b)$

$$p_{1/3} = \frac{\pi\left(c \cdot \cot\varphi + \gamma_m d + \gamma \cdot \dfrac{b}{3}\right)}{\cot\varphi + \varphi - \dfrac{\pi}{2}} + \gamma_m d \qquad (6.10a)$$

或写成 $\qquad\qquad p_{1/4} = cN_c + \gamma_m d N_q + \gamma b N_{1/3} \qquad (6.10b)$

式中　$N_{1/4}$,$N_{1/3}$——承载力系数,均为 φ 的函数。其中:

$$N_{1/4} = \frac{\pi}{4\left(\cot\varphi + \varphi - \dfrac{\pi}{2}\right)} = \frac{N_c\tan\varphi}{4}$$

$$N_{1/3} = \frac{\pi}{3\left(\cot\varphi + \varphi - \dfrac{\pi}{2}\right)} = \frac{N_c \tan\varphi}{3}$$

从以上公式可看出,两个临界荷载由三部分组成:第一、二部分反映了地基土黏聚力和基础埋深对承载力的影响,这两部分组成了临塑荷载;第三部分为基础宽度和地基土重度的影响,即受塑性区发展深度的影响。它们都随内摩擦角 φ 的增大而增大。各承载力系数 N_c,N_q,$N_{1/4}$,$N_{1/3}$ 与土内摩擦角 φ 关系见表 6.1。

表 6.1　地基临塑荷载和临界荷载的承载力系数 N_c，N_q，$N_{1/4}$，$N_{1/3}$ 数值

$\varphi/(°)$	$N_{1/4}$	$N_{1/3}$	N_q	N_c	$\varphi/(°)$	$N_{1/4}$	$N_{1/3}$	N_q	N_c
0	0.00	0.00	1.00	3.14	22	0.61	0.81	3.44	6.04
2	0.03	0.04	1.12	3.32	24	0.72	0.96	3.87	6.45
4	0.06	0.08	1.25	3.51	26	0.84	1.12	4.37	6.90
6	0.10	0.13	1.39	3.71	28	0.98	1.31	4.93	7.40
8	0.14	0.18	1.55	3.93	30	1.15	1.53	5.59	7.94
10	0.18	0.24	1.73	4.17	32	1.33	1.78	6.34	8.55
12	0.23	0.31	1.94	4.42	34	1.55	2.07	7.22	9.27
14	0.29	0.39	2.17	4.69	36	1.81	2.41	8.24	9.96
16	0.36	0.48	2.43	4.99	38	2.11	2.81	9.43	10.80
18	0.43	0.58	2.73	5.31	40	2.46	3.28	10.84	11.73
20	0.51	0.69	3.06	5.66	45	3.66	4.88	15.64	14.64

【**例题** 6.1】　某建筑物地基土的天然重度 $\gamma = 19$ kN/m³,黏聚力 $c = 25$ kPa,内摩擦角 $\varphi = 20°$,如果设置一宽度 $b = 1.20$ m,埋深 $d = 1.50$ m 的条形基础,地下水位与基底持平,基础底面以上土的加权平均重度 $\gamma_m = 18$ kN/m³,计算地基的临塑荷载 p_{cr} 和临界荷载 $p_{1/4}$。

【**解**】　先把内摩擦角化为弧度:$\varphi = 20° = 20° \times 2\pi$ 弧度 $/360° = 0.349$ 弧度

由公式(6.8a)得临塑荷载:

$$p_{cr} = \frac{\pi(c\cot\varphi + \gamma_m d)}{\cot\varphi + \varphi - \dfrac{\pi}{2}} + \gamma_m d = \frac{\pi(25\ \text{kPa}\cot 20° + 18\ \text{kN/m}^3 \times 1.5\ \text{m})}{\cot 20° + 0.349 - \dfrac{\pi}{2}} + 18\ \text{kN/m}^3 \times 1.5\ \text{m}$$

$$= 223.8\ \text{kPa}$$

由公式(6.9a)得临界荷载:

$$p_{1/4} = \frac{\pi\left(c\cot\varphi + \gamma_m d + \dfrac{\gamma b}{4}\right)}{\cot\varphi + \varphi - \dfrac{\pi}{2}} + \gamma_m d$$

$$= \frac{\pi\left(25\ \text{kPa}\cot 20° + 18\ \text{kN/m}^3 \times 1.5\ \text{m} + \dfrac{19\ \text{kN/m}^3 \times 1.2\ \text{m}}{4}\right)}{\cot 20° + 0.349 - \dfrac{\pi}{2}} + 18\ \text{kN/m}^3 \times 1.5\ \text{m}$$

$$= 229.4\ \text{kPa}$$

6.3 地基的极限荷载

6.3.1 地基的极限荷载概念

1）地基的极限荷载定义

地基极限承载力指地基剪切破坏发展至即将失稳时所能承受的极限荷载，亦称地基极限荷载。它相当于地基土中应力状态从剪切阶段过渡到隆起阶段时的界限荷载。有些参考资料将地基的极限荷载定义为地基在外荷作用下产生的应力达到极限平衡时的荷载，也就是 $p\text{-}s$ 曲线 b 点所对应的荷载 p_u。

2）地基的极限荷载计算公式

地基极限承载力的求解有两类途径：一类是微分极限平衡解法，根据土体的极限平衡方程，按已知的边界条件求解，如普朗德尔（L.Prandtl）解等。此解法由于存在着数学上的困难，仅能对某些边界条件比较简单的情况得出解析解。第二类为假定滑动面求解法，此类方法是根据模型试验，研究地基整体剪切破坏模式的滑动面形状，作适当简化后，再根据简化后滑动面上的静力平衡条件求得，如太沙基（K.Terzaghi）计算公式等。下面以最简单的受力分析，推导出地基极限荷载的一般计算公式为：

$$p_u = \frac{1}{2}\gamma b N_\gamma + c N_c + q N_q \tag{6.11}$$

式中 p_u ——地基极限荷载，kPa；

   γ ——基底以下地基土的天然重度，kN/m^3；

   c ——基底以下地基土的黏聚力，kPa；

   q ——基础旁侧荷载，即为基础埋深范围土的自重压力，kPa，$q = \gamma d$；

   N_γ，N_c，N_q ——地基承载力系数，均为 $\tan\alpha = \tan(45° + \varphi/2)$ 的函数，可直接计算或查有关图表确定。

如图 6.6 所示，基础宽度为 b，基础埋深 d，地基土的天然重度 γ，内摩擦角 φ，黏聚力 c，按条形基础承受均匀荷载情况，以基础底面为计算面，并假定：

①地基滑裂面形状为折线，即 AC 和 CE。滑裂面 AC 与大主应面即基础底面之夹角 $\alpha = 45° + \varphi/2$；

②基础埋深范围土的自重压力 $q = \gamma d$，视为基础两边的旁侧荷载；

③滑裂体土重 $\gamma z = \gamma b \tan\alpha$，平分作用于滑裂体上、下两面，各为 $0.5\gamma b \tan\alpha$。

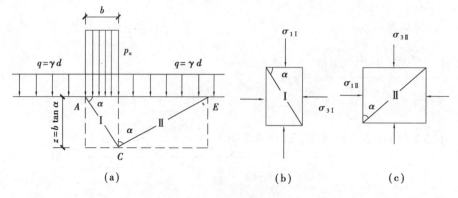

图 6.6 地基极限荷载分析

在极限荷载 p_u 作用下，基础底面的 I 区首先滑动，然后推动右侧的 II 区滑动。

   I 区：$\sigma_{1\mathrm{I}}$ 为竖向应力，$\sigma_{3\mathrm{I}}$ 为水平应力，$\sigma_{1\mathrm{I}} = p_u + 0.5\gamma b \tan\alpha$，如图 6.6（b）所示。

Ⅱ区：$\sigma_{1\text{Ⅱ}}$ 为水平应力，$\sigma_{3\text{Ⅱ}}$ 为竖向应力，$\sigma_{3\text{Ⅱ}} = q + 0.5\gamma b \tan \alpha$，如图 6.6(c)所示。

根据黏性土的极限平衡条件，得Ⅱ区的极限平衡方程为：

$$\sigma_{1\text{Ⅱ}} = \sigma_{3\text{Ⅱ}} \tan^2\left(45° + \frac{\varphi}{2}\right) + 2c \tan\left(45° + \frac{\varphi}{2}\right)$$

设 α 为滑裂面 AC 与基础底面之夹角，$\alpha = 45° + \varphi/2$，则有：

$$\sigma_{1\text{Ⅱ}} = \left(q + \frac{1}{2}\gamma b \tan \alpha\right) \tan^2\alpha + 2c \cdot \tan \alpha$$

同理，由 $\sigma_{3\text{Ⅰ}} = \sigma_{1\text{Ⅱ}}$，得Ⅰ区的极限平衡方程为：

$$p_{\text{u}} + \frac{1}{2}\gamma b \tan \alpha = \left[\left(q + \frac{1}{2}\gamma b \tan \alpha\right) \tan^2\alpha + 2c \cdot \tan \alpha\right] \tan^2\alpha + 2c \cdot \tan \alpha$$

$$= \frac{1}{2}\gamma b \tan^5\alpha + 2c(\tan^3\alpha + \tan \alpha) + q \tan^4\alpha$$

整理得

$$p_{\text{u}} = \frac{1}{2}\gamma b(\tan^5\alpha - \tan \alpha) + 2c(\tan^3\alpha + \tan \alpha) + q \tan^4\alpha$$

故有

$$p_{\text{u}} = \frac{1}{2}\gamma b N_{\gamma} + c N_{\text{c}} + q N_{\text{q}}$$

式中，N_{γ}，N_{c}，N_{q} 为承载力系数，$N_{\gamma} = \tan^5\alpha - \tan \alpha$，$N_{\text{c}} = 2(\tan^3\alpha + \tan \alpha)$，$N_{\text{q}} = \tan^4\alpha$。

3) 极限荷载的工程应用

极限荷载为地基开始滑动破坏的荷载。进行基础工程设计时，不能采用极限荷载作为地基承载力，必须有一定的安全系数 K。K 值的大小，应根据建筑物的等级、规模与重要性，以及各种极限荷载公式的理论、假定条件与适用情况而确定。通常取安全系数 $K \geqslant 2.0$。

6.3.2　普朗德尔-赖斯诺计算公式

普朗德尔(Prandtl L,1920)根据塑性理论，推导出刚性体压入无质量的半无限刚塑性介质中的极限压应力公式。随后，赖斯诺(Reissner,1924)导出了计入基础埋深后的极限承载力计算公式。普朗德尔-赖斯诺在推导公式时作了 3 个假设：

①地基土是均匀、各向同性的无重量介质，即认为土的 $\gamma = 0$，只具有 c，φ 值。

②基础底面光滑，即基础底面与土之间无摩擦力存在，基底应垂直于地面。

③如埋置深度 d 小于基础宽度 b，可以把基底平面当成地基表面，滑裂面只延伸到这一假定的地基表面。在这个平面以上基础两侧的土体，当成作用在基础两侧的均布荷载 $q = \gamma d$，d 表示基础的埋置深度。经过简化后，地基表面的荷载如图 6.7 所示。

根据弹塑性极限平衡理论及由上述假定所确定的边界条件，将滑动面所包围的区域分为五个区：一个Ⅰ区，2 个Ⅱ区，2 个Ⅲ区。假设荷载板底面是光滑的，因此，Ⅰ区中的竖向应力即为大主应力，成为朗肯主动区，滑动面与水平面成($45° + \varphi/2$)。由于Ⅰ区的土楔体 AA_1D 向下位移，把附近的土体挤向两侧，使Ⅲ区中的土体 A_1EF 和 AE_1F_1 达到被动朗肯状态，成为朗肯被动区，滑动面与水平面成 α 角($\alpha = 45° - \varphi/2$)。在主动区与被动区之间是由一组对数螺线和一组辐射线组成的过渡区。对数螺线方程为 $r = r_0\exp(\theta \tan \varphi)$，式中 $r_0 = AD = A_1D$。以 A_1(或 A)为极点，可证明两条对数螺线分别与主、被动区滑动面相切。

将滑动土体的一部分 $ODEC$ 视为刚体，根据该刚体上力的平衡条件，推求地基的极限承载力 p_{u} 如下：

① OA_1 面(即基底面)上的极限承载力的合力为 $p_{\text{u}}b/2$，它对 A_1 点的力矩为：

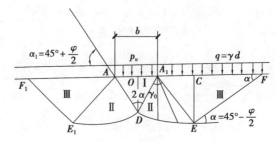

（a）滑动面假设

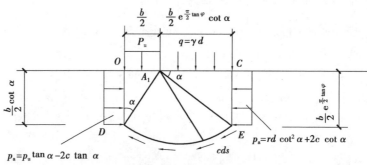

（b）ODEC脱离体平衡分析

图6.7　普朗德尔-赖斯诺极限承载力计算图示

$$M_1 = \frac{1}{2}p_u b \times \frac{b}{4} = \frac{1}{8}p_u b^2$$

②OD 面上主动土压力的合力 $E_a = \left(p_u\tan^2\alpha - 2c\tan\alpha\right)\dfrac{b}{2}\cot\alpha$，它对 A_1 点力矩为：

$$M_2 = E_a \frac{b}{4}\cot\alpha = \frac{1}{8}p_u b^2 - \frac{1}{4}b^2 c \cot\alpha$$

③A_1C 面上超载的合力为 $q\dfrac{b}{2}\exp\left(\dfrac{\pi}{2}\tan\varphi\right)\cot\alpha$，对 A_1 点的力矩为：

$$M_3 = \left[q\frac{b}{2}\exp\left(\frac{\pi}{2}\tan\varphi\right)\cot\alpha\right] \times \left[\frac{b}{4}\exp\left(\frac{\pi}{2}\tan\varphi\right)\cot\alpha\right] = \frac{1}{8}b^2\gamma d \exp(\pi\tan\varphi)\cot^2\alpha$$

④EC 面上被动土压力的合力 $E_p = \left(\gamma d\cot^2\alpha + 2c\cot\alpha\right)\dfrac{b}{2}\exp\left(\dfrac{\pi}{2}\tan\varphi\right)$，对 A_1 点的力矩为：

$$M_4 = E_p \frac{b}{4}\exp\left(\frac{\pi}{2}\tan\varphi\right) = \frac{1}{8}b^2\gamma d \exp(\pi\tan\varphi)\cot^2\alpha + \frac{1}{4}cb^2\exp(\pi\tan\varphi)\cot\alpha$$

⑤DE 面上黏聚力的合力，对 A_1 点的力矩为：

$$M_5 = \int_0^l cds(r\cos\varphi) = \int_0^{\frac{\pi}{2}} cr^2\mathrm{d}\theta = \frac{1}{8}cb^2\frac{\exp(\pi\tan\varphi)-1}{\sin^2\alpha\tan\varphi}$$

⑥DE 面上反力的合力 F，其作用线通过对数螺旋曲线的中心点 A_1，其力矩为零。

根据力矩的平衡条件，应有：$\sum M = M_1 + M_2 - M_3 - M_4 - M_5 = 0$

将上列各式代入并经整理后得到地基极限承载力公式为：

$$p_u = cN_c + qN_q \tag{6.12}$$

其中　　　　　　　$N_c = (N_q - 1)\cot\varphi$，$N_q = \tan^2\left(45° + \dfrac{\varphi}{2}\right)\exp(\pi\tan\varphi)$

式中　q，γ ——分别为基础边侧超载、基础两侧土的加权重度；

　　　d ——基础的埋置深度；

N_c，N_q——地基极限承载力系数，均是土的内摩擦角 φ 的函数，可查表 6.3 确定。

式(6.12)表明,对于无重地基,滑动土体没有重量,不产生抗力。地基的极限承载力由边侧荷载 q 和滑动面上黏聚力 c 产生的抗力构成。对于黏性大、排水条件差的饱和黏性土地基,可按 $\varphi = 0$ 求 p_u。此时 $N_q = 1$,而 N_c 需按式(6.13)求极限来确定:

$$\lim_{\varphi \to 0} N_c = \lim_{\varphi \to 0} \frac{\dfrac{d}{d\varphi}\left[\exp(\pi \tan \varphi)\tan^2\left(45° + \dfrac{\varphi}{2}\right) - 1\right]}{\dfrac{d}{d\varphi}\tan \varphi} = \pi + 2 \approx 5.14 \tag{6.13}$$

此时,地基的极限荷载为:
$$p_u = 5.14c + q \tag{6.14}$$

采用式(6.12)计算 p_u,当基础置于无黏性土($c = 0$)的表面($d = 0$)时,地基的承载力将等于零,这显然是不合理的。其原因主要是将土当作无重量介质所造成的。为了弥补这一缺陷,太沙基(Terzaghi,1943)、泰勒(Taylor,1948)、梅耶霍夫(Meyerhof,1951)、汉森(Hansen,1961)、魏西克(Vesic,1973)等许多学者在普朗德尔理论的基础上作了修正和发展,使极限承载力计算公式逐步得到完善。

泰勒对普朗德尔公式的补充如下:考虑土体质量,将其等代为换算黏聚力 $c' = \gamma h \tan \varphi$,滑动土体的换算高度 $h = \dfrac{b}{2}\tan\left(\dfrac{\pi}{4} + \dfrac{\varphi}{2}\right)$,用 $(c + c')$ 代替式(6.12)中的 c 值,整理得:

$$p_u = \frac{1}{2}\gamma b N_\gamma + cN_c + qN_q \tag{6.15}$$

其中
$$N_\gamma = \tan\left(\frac{\pi}{4} + \frac{\varphi}{2}\right)\left[\exp(\pi \tan \varphi)\tan^2\left(\frac{\pi}{4} + \frac{\varphi}{2}\right) - 1\right] \tag{6.16}$$

式中　N_γ——极限承载力系数,仅是土的内摩擦角 φ 的函数。

6.3.3　太沙基计算公式

太沙基(Terzaghi,1943)在推导均质地基上的条形基础受中心荷载作用下的极限承载力时,把土作为有重力的介质,并作了如下一些假设:

①基础底面完全粗糙,即它与土之间有摩擦力存在。

②地基土是有重力的($\gamma \neq 0$),但忽略地基土重度对滑移线形状的影响。因为,根据极限平衡理论,如果考虑土的重度,塑性区内的两组滑移线形状就不一定是直线。

③当基础埋置深度为 d 时,则基底以上两侧的土体用当量均布超载 $q = \gamma d$ 来代替,不考虑两侧土体抗剪强度的影响。

根据以上假定,条形基础在均布荷载作用下,地基滑动面可以分成三个区,如图 6.8(a)所示。

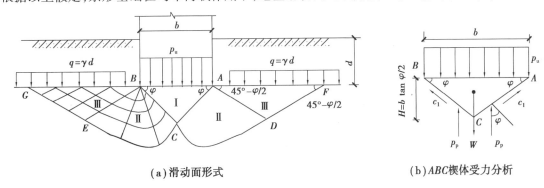

(a)滑动面形式　　　　　　　　　　(b)ABC楔体受力分析

图 6.8　太沙基极限承载力计算图示

Ⅰ区——楔形弹性压密区。在基础底面下的土楔体 ABC,由于假定基底是粗糙的,具有很大的摩擦力,因此 AB 面不会发生剪切位移,Ⅰ区内土体处于弹性压密状态,它与基础底面一起移动。太沙基假定滑动面 AC(或 BC)与水平面间的角度是土的内摩擦角 φ。

Ⅱ区——过渡区。假定滑动面一组是通过 A,B 点的辐射线,另一组是对数螺旋曲线 CD,CE。太沙基忽略了土的重度对滑动面形状的影响。由于滑动面 AC 与 CD 间的夹角应该等于($90°+\varphi$),所以对数螺旋曲线在 C 点的切线是竖直的。

Ⅲ区——朗金被动状态区。滑动面 AD 及 DF 与水平面成 ($45° - \varphi/2$) 角。

若作用在基底的极限荷载为 p_u 时,假设此时发生整体剪切破坏,那么,基底下的弹性压密区(Ⅰ区)ABC 将贯入土中,向两侧挤压土体 $ACDF$ 及 $BCEG$ 达到被动破坏。在 AC 及 BC 面上将作用被动土压力 p_p,p_p 与作用面的法线方向成 φ 角,故 p_p 是竖直向的,如图 6.8(b)所示。取脱离体 ABC,考虑单位长度基础,根据平衡条件,有:

$$p_u b = 2c_1 \sin \varphi + 2p_p - W \tag{6.17}$$

式中　c_1——AC 及 BC 面上土黏聚力合力,$c_1 = c \times \overline{AC} = \dfrac{cb}{2\cos \varphi}$;

　　　　W——土楔体 ABC 的重力,$W = \dfrac{1}{2}\gamma Hb = \dfrac{1}{4}\gamma b^2 \tan \varphi$;

　　　　b——基础宽度。

被动土压力 p_p 是由土的重度 γ、黏聚力 c 及超载 $q = \gamma_m d$ 三种因素引起的总值,要精确地确定它是很困难的。太沙基从实际工程要求的精度出发对极限承载力计算进行了简化,得:

$$p_u = \frac{1}{2}\gamma b N_\gamma + cN_c + qN_q \tag{6.18}$$

其中

$$N_\gamma = \frac{1}{2}\left(\frac{K_{pr}}{2\cos^2 \varphi} - 1\right)\tan \varphi \tag{6.19a}$$

$$N_c = (N_q - 1)\cot \varphi \tag{6.19b}$$

$$N_q = \frac{\exp\left[\left(\dfrac{3\pi}{2} - \varphi\right)\tan \varphi\right]}{2\cos^2\left(45° + \dfrac{\varphi}{2}\right)} \tag{6.19c}$$

式(6.18)即为太沙基的极限承载力公式。N_γ,N_c,N_q 为承载力系数,均与土的内摩擦角 φ 有关,见表 6.2。其中,N_γ 表示土重影响的承载力系数,包含相应被动土压力系数 K_{pr},需由试算确定。

式(6.18)只适用于条形基础。圆形或方形基础属于三维问题,因数学上的困难,至今尚未能得出其分析解,太沙基提出了半经验的极限荷载公式:

圆形基础　　　　　　　$p_u = 0.6\gamma b N_\gamma + 1.2cN_c + qN_q \tag{6.20}$

方形基础　　　　　　　$p_u = 0.4\gamma b N_\gamma + 1.2cN_c + qN_q \tag{6.21}$

式中　b——圆形基础的半径。

　　　其余符号意义同前。

太沙基的极限承载力公式一般只适用于地基土是整体剪切破坏的情况,即地基土较密实,其 p-s 曲线有明显的转折点,破坏前沉降不大等情况。对于松软土质,地基破坏是局部剪切破坏,沉降较大,其极限荷载较小,太沙基建议在此情况下将 c 和 $\tan \varphi$ 均降低 2/3,即

$$\tan \overline{\varphi} = \frac{2\tan \varphi}{3}, \overline{c} = \frac{2c}{3}$$

根据 $\overline{\varphi}$ 值从表 6.2 中查承载力系数,并用 $\overline{c}$ 代入有关公式计算即得 p_u。

表 6.2　太沙基极限荷载计算承载力系数 N_γ,N_c 和 N_q

$\varphi/(°)$	0	5	10	15	20	25	30	35	40	45
N_γ	0	0.51	1.20	1.80	4.00	11.0	21.8	45.4	125	326
N_c	5.71	7.32	9.58	12.9	17.6	25.1	37.2	57.7	95.7	172.2
N_q	1.00	1.64	2.69	4.45	7.42	12.7	22.5	41.4	81.3	173.3

6.3.4　斯凯普顿计算公式

对于饱和软土地基,内摩擦角 $\varphi=0$,太沙基公式难以应用,这是由于太沙基计算公式中土体承载力系数 N_γ,N_c 和 N_q 都是 φ 的函数。斯凯普顿(A.W.Skempton,1952)针对饱和软黏土地基($\varphi=0$)提出了极限荷载计算公式,适用于浅基础和矩形基础。一般浅基础的埋深 $d\leqslant2.5b$(b 为基础宽度)。同时,斯凯普顿还考虑了基础宽度与长度的比值 b/l 的影响。

斯凯普顿提出的地基极限承载力公式为:

$$p_u = 5c\left(1 + 0.2\frac{b}{l}\right)\left(1 + 0.2\frac{d}{b}\right) + \gamma_m d \tag{6.22}$$

式中　c——地基土黏聚力(kPa),取基底以下 $0.7b$ 深度范围内的平均值,当考虑饱和黏性土和粉土在不排水条件下的短期承载力时,黏聚力应采用土的不排水抗剪强度 c_u;

　　b,l——分别为基础的宽度和长度,m;

　　γ_m——基础埋置深度 d 范围内土的重度,kN/m³。

对于不排水条件,在 $\varphi=0$ 的情况,圆形和方形基础下的地基极限承载力简化计算式为:

$$p_u = 6.85c_u + \gamma d \tag{6.23}$$

工程实践表明,用斯肯普顿公式计算软土地基的承载力是比较符合实际的。

6.3.5　汉森计算公式

魏西克(Vesic A.S)、卡柯(Caquot A)、汉森(Hansen J.B)等人在普朗德尔理论的基础上,考虑了基础形状、埋置深度及偏心和倾斜荷载的效应,对极限承载力理论进行了深入研究。

用汉森(Hansen J.B)法计算地基或基底倾斜情况如图6.9所示,对于均质地基、基础底面完全光滑,在中心倾斜荷载作用下,汉森建议按下式计算竖向地基极限承载力:

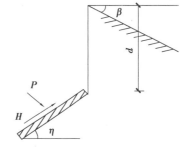

图 6.9　地基或基底倾斜情况

$$p_u = \frac{1}{2}\gamma b N_\gamma i_\gamma s_\gamma d_\gamma g_\gamma b_\gamma + q N_q i_q s_q d_q g_q b_q + c N_c i_c s_c d_c g_c b_c \tag{6.24}$$

式中　N_γ,N_q,N_c——汉森地基承载力系数;

　　s_r,s_q,s_c——基础形状修正系数;

　　d_r,d_q,d_c——考虑埋深范围内土强度修正系数;

　　i_r,i_q,i_c——荷载倾斜修正系数;

　　g_r,g_q,g_c——地面倾斜修正系数;

　　b_r,b_q,b_c——基础底面倾斜修正系数。

汉森提出的上述各系数计算公式如下:

①地基承载力系数

N_γ, N_q, N_c 查表 6.3 确定, N_q 和 N_c 可按普朗德尔式(6.13)计算, 而 N_γ 可按式(6.25)计算

$$N_\gamma = 1.8(N_q - 1)\cot\varphi \tag{6.25}$$

②基础形状修正系数

$$s_\gamma = 1 - 0.4 i_\gamma K; s_q = 1 + i_q K \sin\varphi; s_c = 1 + 0.2 i_c K \tag{6.26}$$

矩形基础 $K = b/l$; 方形或圆形基础 $K = 1$。偏心荷载时, b, l 采用有效宽(长)度 b', l'。

③深度修正系数

$$d_\gamma = 1$$

$$d_q = \begin{cases} 1 + 2\tan\varphi(1 - \sin\varphi)^2 \dfrac{d}{b}, & d \leqslant b \\[2mm] 1 + 2\tan\varphi(1 - \sin\varphi)^2 \arctan\dfrac{d}{b}, & d > b \end{cases}$$

$$d_c = \begin{cases} 1 + 0.35\dfrac{d}{b}, & d \leqslant b \\[2mm] 1 + 0.4\arctan\dfrac{d}{b}, & d > b \end{cases} \tag{6.27}$$

式中, b 在偏心荷载时采用有效宽度 b'。

④荷载倾斜修正系数

$$i_\gamma = \left(1 - \frac{0.7H - \dfrac{\eta}{450°}}{P + cA\cot\varphi}\right)^5 > 0; i_q = \left(1 - \frac{0.5H}{cA\cot\varphi}\right)^5 > 0 \tag{6.28a}$$

$$i_c = \begin{cases} 0.5 - 0.5\sqrt{1 - \dfrac{H}{cA}}, & \varphi = 0 \\[3mm] i_q - \dfrac{1 - i_q}{cN_c}, & \varphi > 0 \end{cases} \tag{6.28b}$$

式中　P, H——分别为作用在基础底面的竖向荷载与水平荷载;

　　　A——基础底面面积, $A = b \times l$ (偏心荷载时为有效面积 $A' = b' \times l'$);

　　　η——倾斜基底与水平面的夹角, (°)。

⑤地面倾斜修正系数

$$g_c = 1 - \frac{\beta}{147°}; g_q = g_\gamma = (1 - 0.5\tan\beta)^5 \tag{6.29}$$

式(6.29)适用条件为地面与水平面的倾角 β 和基底与水平面的夹角 η 均为正值, 且满足 $\eta + \beta \leqslant 90°$。

⑥基底倾斜修正系数

$$b_c = 1 - \frac{\eta}{147°}, b_q = \exp(-2\eta\tan\varphi), b_\gamma = \exp(-2.7\eta\tan\varphi) \tag{6.30}$$

汉森公式考虑的承载力影响因素较全面, 在国外许多设计规范中得到采用, 如丹麦基础工程实用规范等。如果作用在基础底面的荷载是竖直偏心荷载, 那么计算极限超载力时, 可引入假想的基础有效宽度 $b' = b - 2e_b$ 来代替基础的实际宽度 b, 其中 e_b 为荷载偏心距。如果有两个方向的偏心, 再用有效长度 $l' = l - 2e_l$ 代替基础实际长度 l。

式(6.24)中的第一项中的 γ 是基底下最大滑动深度范围内地基土的重度, 第二项中的 $q = \gamma_m d$, γ_m 是基底以上地基土的重度, 在进行承载力计算时, 水下的土均采用有效重度, 如果在各自范围内的地基由重度不同的多层土组成, 应按层厚加权平均取值。

【例题 6.2】　若例题 6.1 的地基属于整体剪切破坏,试分别采用太沙基公式及汉森公式求极限承载力。

【解】　(1)用太沙基公式计算

根据 $\varphi = 20°$,由表 6.2 查得 $N_\gamma = 4.0, N_c = 17.6, N_q = 7.42$, 由式(6.18)计算得:

$$p_u = \frac{1}{2}\gamma b N_\gamma + c N_c + q N_q$$

$$= \frac{1}{2} \times (19 - 10)\ kN/m^3 \times 1.2\ m \times 4.0 + 25\ kPa \times 17.6 + 18\ kN/m^3 \times 1.5\ m \times 7.42$$

$$= 661.94\ kPa$$

(2)用汉森公式计算

根据 $\varphi = 20°$,查表 6.3 得: $N_\gamma = 3.54, N_q = 6.40, N_c = 14.83$;垂直荷载 $i_\gamma = i_q = i_c = 1$;条形基础 $s_\gamma = s_q = s_c = 1$;又 $\beta = 0$ 和 $\eta = 0$, 故 $g_\gamma = g_q = g_c = b_\gamma = b_q = b_c = 1$。

表 6.3　汉森地基承载力系数 N_γ, N_q, N_c

$\varphi/(°)$	N_γ	N_q	N_c	$\varphi/(°)$	N_γ	N_q	N_c
0	0.00	1.00	5.14	24	6.90	9.60	19.32
2	0.01	1.20	5.63	26	9.53	11.85	22.25
4	0.05	1.43	6.19	28	13.13	14.72	25.80
6	0.14	1.72	6.81	30	18.08	18.40	30.14
8	0.27	2.06	7.53	32	24.94	23.18	35.49
10	0.47	2.47	8.35	34	34.53	29.44	42.16
12	0.76	2.97	9.28	36	48.06	37.75	50.59
14	1.16	3.59	10.37	38	67.41	48.93	61.35
16	1.72	4.34	11.63	40	95.45	64.20	75.32
18	2.49	5.26	13.1	42	136.75	85.37	93.71
20	3.54	6.40	14.83	44	198.70	115.31	118.37
22	4.96	7.82	16.88	45	241.00	134.87	133.87

注: 表中 N_q、N_c 值适用于普朗德尔计算公式(6.12)。

根据 $d/b = 1.25$, 由式(6.27)计算得:

$$d_\gamma = 1$$

$$d_q = 1 + 2\tan\varphi(1 - \sin\varphi)^2 \arctan\left(\frac{d}{b}\right)$$

$$= 1 + 2\tan 20°(1 - \sin 20°)^2 \arctan 1.25 = 1.28$$

$$d_c = 1 + 0.4\arctan\frac{d}{b} = 1 + 0.4 \times \arctan 1.25 = 1.36$$

由式(6.24)计算得:

$$p_u = \frac{1}{2}\gamma b N_\gamma i_\gamma s_\gamma d_\gamma g_\gamma b_\gamma + q N_q i_q s_q d_q g_q b_q + c N_c i_c s_c d_c g_c b_c$$

$$= \frac{1}{2} \times (19 - 10)\ kN/m^3 \times 1.2\ m \times 3.54 \times 1 \times 1 \times 1 \times 1 \times 1 + 18\ kN/m^3 \times 1.5\ m \times$$

$$6.4 \times 1 \times 1 \times 1.28 \times 1 \times 1 + 25\ kPa \times 14.83 \times 1 \times 1 \times 1.36 \times 1 \times 1 = 744.52\ kPa$$

6.4 地基的承载力和稳定性

6.4.1 地基计算的基本规定

1）地基基础设计等级

根据地基复杂程度、建筑物规则和功能特征，以及由于地基问题可能造成建筑物破坏或影响正常使用的程度，现行《地基基础规范》（GB 50007—2011）将地基基础设计划分为三个设计等级，见表6.4。

表6.4 地基基础设计等级

设计等级	建筑和地基类型
甲 级	重要的工业与民用建筑； 30 层以上的高层建筑； 休型复杂，层数相差超过 10 层的高低层连成一体建筑物； 大面积的多层地下建筑物（如地下车库、商场、运动场等）； 对地基变形有特殊要求的建筑物； 复杂地质条件下的坡上建筑物（包括高边坡）； 对原有工程影响较大的新建建筑物； 场地和地基条件复杂的一般建筑物； 位于复杂地质条件及软土地区的二层及二层以上地下室的基坑工程
乙 级	除甲级、丙级以外的工业与民用建筑物
丙 级	场地和场基条件简单、荷载分布均匀的 7 层及 7 层以下民用建筑及一般工业建筑物，次要的轻型建筑物

2）地基计算的规定

根据建筑物地基基础设计等级及长期荷载作用下地基变形对上部结构的影响程度，地基基础的设计与计算应符合下列规定：

①基础应有足够的强度、刚度与耐久性。

②地基应具有足够的强度和稳定性。《地基基础规范》要求各级建筑物地基均应满足承载力计算的有关规定；对经常承受水平荷载作用的高层建筑、高耸结构和挡土墙等，以及建造在斜坡上或边坡附近的建筑物和构筑物，应验算其稳定性，以保证地基在防止整体剪切破坏方面有足够的安全储备。

③地基应满足变形方面的要求。设计等级为甲级、乙级的建筑物，均应按地基变形设计；设计等级为丙级的建筑物可不做变形验算，但有下列情况之一时，仍应做变形验算：

● 地基承载力特征值小于 130 kPa，且体型复杂的建筑；

● 在基础上及其附近有地面堆载或相邻基础荷载差异较大，可能引起地基产生过大的不均匀沉降时；

● 软弱地基上的建筑物存在偏心荷载时；

● 相邻建筑距离过近，可能发生倾斜时；

● 地基内有厚度较大或厚薄不匀的填土，其自重固结未完成时。

④对经常受水平荷载作用的高层建筑、高耸结构和挡土墙等，以及建造在斜坡上或边坡附近的建筑物和构筑物，尚应验算其稳定性。

⑤基坑工程应进行稳定性验算。

⑥建筑地下室或地下构筑物存在上浮问题,尚应进行抗浮验算。

3)荷载取值的规定

①确定基础底面积及埋深时,或按单桩承载力确定桩数时,传至基础底面上的荷载效应应采用按正常使用极限状态下荷载效应的标准组合值,相应的抗力应采用地基承载力特征值或单桩承载力特征值。

②计算地基变形时,传至基础底面上的荷载效应应采用按正常使用极限状态下荷载效应的准永久组合值,且不计入风荷载和地震作用,相应的限值应为地基变形允许值。

③计算挡土墙土压力、地基和斜坡稳定及滑坡推力时,传至基础底面上的荷载效应应按承载能力极限状态下荷载效应的基本组合值,但其分项系数均为1.0。

④确定基础高度、支挡结构截面、计算基础或支挡结构内力、确定配筋和验算材料强度时,上部结构传至基础底面上的荷载效应组合和相应的基底反力,应按承载能力极限状态下荷载效应的基本组合值,采用相应的分项系数。当需要验算基础裂缝宽度时,应按正常使用极限状态荷载效应标准组合。

⑤由永久荷载效应控制的基本组合值可取标准组合值的1.35倍。

6.4.2 地基承载力特征值的确定

1)确定地基承载力的方法

正确的地基设计,既要保证地基稳定性的要求,又要满足地基变形的要求,称之为"两种极限状态设计"。这就要求作用在基底的压应力不超过地基的极限承载力,并有足够的安全度,而且所引起的变形不能超过建筑物的容许变形。满足这两项要求后,地基单位面积上所能承受的荷载就称之为地基的承载力。

《地基基础规范》将地基的承载力称之为地基承载力的特征值;《公路桥涵地基与基础设计规范》(JTJ D3363—2019)将地基的承载力称之为地基的承载力容许值。确定地基承载力的方法主要有:按控制地基内塑性区的发展范围确定,按理论公式计算确定极限承载力,按载荷试验方法或其他原位测试方法确定,根据规范方法确定等。

(1)根据载荷试验的 p-s 曲线来确定地基承载力　根据载荷试验曲线确定地基承载力时,有三种确定方法:

①用极限承载力 p_u 除以安全系数 K 可得到地基承载力,一般 $K = 2.0$。

②取 p-s 曲线上比例界限荷载 p_{cr} 作为地基承载力。

③对于拐点不明显的试验曲线,可以用相对变形来确定地基承载力。对软塑或可塑黏性土,取相对沉降 $s = 0.02b$(b 为载荷试验的载荷板宽度或直径)所对应的压力作为地基的承载力;对砂土或坚硬黏性土,取 $s = (0.01 \sim 0.015)b$ 所对应的压力作为地基的承载力。

(2)根据设计规范确定　在一些设计规范或勘察规范中常给出了一些土类的地基承载力表,它是以载荷试验资料确定的地基承载力与土的物理指标或原位测试结果,用统计方法建立经验公式,并经过工程经验修正后编制成的。

(3)根据地基承载力理论公式确定地基承载力　其一,根据土体极限平衡条件导出的临塑荷载和临界荷载计算公式;其二,根据地基土刚塑性假定而导得的极限承载力计算公式。工程实践中,可以根据建筑物不同要求,用临塑荷载或临界荷载作为地基承载力。也可用普朗德尔·赖斯诺、太沙基、斯凯普顿、汉森等地基极限荷载理论公式计算出的极限荷载 p_u 除以安全系数 K($K \geqslant 2.0$),作为地基承载力特征值。

由于影响承载力的因素很多,主要有土的成因及堆积年代,物理力学性质,基础埋深、基底尺寸和上部结构形式。因此,确定土层的承载力不能单纯按土的强度理论考虑,还必须考虑上部结构形式对地基变形的限制,即在满足建筑物正常使用极限状态下的承载力,才具有实际的价值。在具体工程中应根据地基基础的设计等级、地基岩土条件并结合当地工程经验选择确定地基承载力的适当方法,必要时可以按多种方法综合确定。

2) 按《地基基础规范》确定地基承载力特征值

《地基基础规范》确定地基承载力特征值的原则是:由载荷试验或其他原位测试、理论公式计算,并结合工程实践经验等方法综合确定。

(1)地基承载力特征值的计算 当荷载偏心矩 e 小于或等于 0.033 倍基础底面宽度时,根据土的抗剪强度指标可按式(6.31)计算确定地基承载力特征值,并应满足变形要求,不需要作深度和宽度的修正。

$$f_a = M_b \gamma b + M_d \gamma_m d + M_c c_k \tag{6.31}$$

式中　f_a ——由土的抗剪强度指标确定的地基承载力特征值,kPa;

　　b ——基础底面宽度,大于 6 m 按 6 m 考虑,对于砂土,小于 3 m 按 3 m 考虑;

　　M_b, M_d, M_c ——承载力系数,按 φ_k 值查表 6.5 确定,

$$M_b = \frac{\pi}{4\left(\cot \varphi_k + \varphi_k - \frac{\pi}{2}\right)}, M_d = 1 + \frac{\pi}{\cot \varphi_k + \varphi_k - \frac{\pi}{2}}, M_c = \frac{\pi}{\tan \varphi_k \left(\cot \varphi_k + \varphi_k - \frac{\pi}{2}\right)}$$

　　φ_k, c_k ——基底下一倍短边宽深度内土的内摩擦角标准值、黏聚力标准值;

　　γ ——基底以下土的重度,地下水位以下取有效重度;

　　γ_m ——基础底面以上土的加权平均重度,地下水位以下取有效重度;

　　d ——基础埋置深度,一般自室外地面标高算起。

表 6.5　承载力系数 M_b, M_d, M_c

土的内摩擦角标准值 $\varphi_k /(°)$	M_b	M_d	M_c	土的内摩擦角标准值 $\varphi_k /(°)$	M_b	M_d	M_c
0	0	1.00	3.14	22	0.61	3.44	6.04
2	0.03	1.12	3.32	24	0.80	3.87	6.45
4	0.06	1.25	3.51	26	1.10	4.37	6.90
6	0.10	1.39	3.71	28	1.40	4.93	7.40
8	0.14	1.55	3.93	30	1.90	5.59	7.95
10	0.18	1.73	4.17	32	2.60	6.35	8.55
12	0.23	1.94	4.42	34	3.40	7.21	9.22
14	0.29	2.17	4.69	36	4.20	8.25	9.97
16	0.36	2.43	5.00	38	5.00	9.44	10.80
18	0.43	2.72	5.31	40	5.80	10.84	11.73
20	0.51	3.06	5.66				

土的内摩擦角标准值 φ_k 和黏聚力标准值 c_k ,可按下列规定计算:

①据室内 n 组三轴压缩试验结果,计算某一土性指标的变异系数、试验平均值和标准差:

$$\delta = \frac{\sigma}{\mu}, \mu = \frac{\sum\limits_{i=1}^{n} \mu_i}{n}, \sigma = \sqrt{\frac{\sum\limits_{i=1}^{n} \mu_i^2 - n\mu^2}{n-1}} \tag{6.32}$$

式中　δ ——变异系数;

　　μ ——试验平均值;

σ——标准差。

②计算内摩擦角和黏聚力的统计修正系数 ψ_φ，ψ_c：

$$\psi_\varphi = 1 - \left(\frac{1.704}{\sqrt{n}} + \frac{4.678}{n^2} \right) \delta_\varphi ; \psi_c = 1 - \left(\frac{1.704}{\sqrt{n}} + \frac{4.678}{n^2} \right) \delta_c \tag{6.33}$$

式中　δ_φ——内摩擦角的变异系数；

　　　δ_c——黏聚力的变异系数。

③计算内摩擦角标准值 φ_k 和黏聚力标准值 c_k：

$$\varphi_k = \psi_\varphi \varphi_m ; c_k = \psi_c c_m \tag{6.34}$$

式中　φ_m——内摩擦角的试验平均值；

　　　c_m——黏聚力的试验平均值。

对于岩石地基，可按岩基载荷试验方法确定岩石地基承载力特征值。对完整、较完整和较破碎的岩石，可根据室内饱和单轴抗压强度计算其承载力特征值：

$$f_a = \psi_r f_{rk} \tag{6.35}$$

式中　f_{rk}——岩石饱和单轴抗压强度标准值，kPa；

　　　ψ_r——折减系数。

对折减系数，可根据岩体完整程度以及结构面的间距、宽度、产状和组合，由地区经验确定。无地区经验时，对完整岩体可取 0.5；对较完整岩体可取 0.2~0.5；对较破碎岩体可取 0.1~0.2；对于黏土质岩，在确保施工期及使用期不致遭水浸泡时，也可采用天然湿度的试样，不进行饱和处理。

对破碎、极破碎的岩石地基承载力特征值，可根据地区经验取值。无地区经验时，可根据平板载荷试验确定。

(2)地基承载力特征值的修正　基础宽度大于 3 m 或埋置深度大于 0.5 m 时，应按式(6.36)进行地基承载力特征值修正：

$$f_a = f_{ak} + \eta_b \gamma (b - 3) + \eta_d \gamma_m (d - 0.5) \tag{6.36}$$

式中　f_a——修正后的地基承载力特征值；

　　　f_{ak}——地基承载力特征值，按《地基规范》的原则确定；

　　　η_b，η_d——基础宽度和埋深的地基承载力修正系数，按基底下土的类别查表 6.6 取值；

　　　γ——基底持力层土的天然重度，地下水位以下取有效重度 γ'；

　　　b——基础底面宽度，当 $b < 3$ m 按 3 m 计，当 $b > 6$ m 按 6 m 计；

　　　γ_m——基础底面以上土的加权平均重度，地下水位以下取有效重度；

　　　d——基础埋置深度。

表 6.6　承载力修正系数

土的类别		η_b	η_d
淤泥和淤泥质土		0	1.0
人工填土 e 或 I_L 大于等于 0.85 的黏性土		0	1.0
红黏土	含水比 $\alpha_w > 0.8$	0	1.2
	含水比 $\alpha_w \leqslant 0.8$　$\left(a_w = \dfrac{w}{w_L} \right)$	0.15	1.4
大面积 压实填土	压实系数大于 0.95、粘粒含量 $\rho_c \geqslant 10\%$ 的粉土	0	1.5
	最大干密度大于 2 100 kg/m³ 的级配砂石	0	2.0
粉土	黏粒含量 $\rho_c \geqslant 10\%$ 的粉土	0.3	1.5
	黏粒含量 $\rho_c \leqslant 10\%$ 的粉土	0.5	2.0

续表

土的类别	η_b	η_d
e 或 I_L 均小于 0.85 的黏性土	0.3	1.6
粉砂、细砂(不包括很湿与饱和时的稍密状态)	2.0	3.0
中砂、粗砂、砾砂和碎石土	3.0	4.4

注:①强风化和全风化的岩石,可参照所风化成的相应土类取值,其他状态下的岩石不修正。

②深层平板载荷试验取 $\eta_d = 0$。

基础埋置深度一般自室外地面标高算起。在填方整平地区,可自填土地面标高算起,但填土在上部结构施工后完成时,应从天然地面标高算起;对于地下室,如采用箱形基础或筏基时,基础的埋置深度自室外地面标高算起;当采用独立基础或条形基础时,应从室内地面标高算起;当 $d < 0.5$ m 按 0.5 m 计。

3)按《公路桥涵地基与基础设计规范》确定地基承载力容许值

《公路桥涵地基与基础设计规范》(JTG D3363—2019)规定地基承载力容许值(相当于建筑地基承载力特征值)按式(6.37)修正,当基础位于水下不透水层上时,$[f_a]$ 按平均常水位至一般冲刷线的水深每米再增大 10 kPa。

$$[f_a] = [f_{a0}] + k_1\gamma_1(b - 2) + k_2\gamma_2(h - 3) \tag{6.37}$$

式中　$[f_a]$——修正后的地基承载力容许值,kPa;

$[f_{a0}]$——地基承载力基本允许值,kPa。应由载荷试验或其他原位测试确定,其值不应超过地基极限承载力的 1/2,对中小桥、涵洞受现场条件限制无法进行载荷试验或原位测试时,可根据岩土类别、状态及其物理力学指标查规范确定;

b——基础底面最小边宽(或直径),当 $b < 2$ m 时,取 $b = 2$ m,当 $b > 10$ m 时,取 $b = 10$ m;

h——基底埋置深度,m,自自然地面算起,有水流冲刷时自一般冲刷线起算,当 $h < 3$ m 时,取 $h = 3$ m,当 $h/b > 4$ 时,取 $h = 4b$;

k_1, k_2——基底宽度、深度修正系数,根据基底持力层土的类别查表 6.7 确定;

γ_1——基底持力层土的天然重度,kN/m³,若持力层在水面以下且为透水层时,应采用浮重度;

γ_2——基底以上土层的加权平均重度,kN/m³,换算时若持力层在水面以下,且为不透水时,不论基底以上土的透水性质如何,一律取饱和重度,当透水时水中部分土层则应取浮重度。

表 6.7　地基土承载力宽度、深度修正系数

土类\系数	黏性土				粉土	砂土								碎石土			
	老黏性土	一般黏性土		新近沉积黏性土	—	粉砂		细砂		中砂		砾砂、粗砂		碎石、圆砾、角砾		卵石	
		$I_L \geq 0.5$	$I_L < 0.5$			中密	密实	中密	密实	中密	密实	中密	密实	中密	密实	中密	密实
k_1	0	0	0	0	0	1.0	1.2	1.5	2.0	2.0	3.0	3.0	4.0	3.0	4.0	3.0	4.0
k_2	2.5	1.5	2.5	1.0	1.5	2.0	2.5	3.0	4.0	4.0	5.5	5.0	6.0	5.0	6.0	6.0	10.0

注:①对于稍密和松散状态的砂、碎石土上,k_1, k_2 值可采用表列中密值的 50%。

②强风化和全风化的岩石,可参照所风化成的相应土类取值;其他状态下的岩石不作宽、深修正。

对于软土地基的地基承载力容许值,必须同时满足稳定和变形的要求,可按以下方法确定:

①根据原状土天然含水量 w,按表 6.8 确定软土地基承载力基本允许值 $[f_{a0}]$,然后按式(6.38)计算修正后的地基承载力容许值 $[f_a]$:

$$[f_a] = [f_{a0}] + \gamma_2 h \tag{6.38}$$

表 6.8 软土地基承载力基本允许值 $[f_{a0}]$

天然含水量 $w/\%$	36	40	45	50	55	65	75
$[f_{a0}]$/kPa	100	90	80	70	60	50	40

②根据原状土强度指标确定软土地基承载力容许值 $[f_a]$:

$$[f_a] = \frac{5.14}{m} k_p c_u + \gamma_2 h \tag{6.39}$$

其中
$$k_p = \left(1 + 0.2\frac{b}{l}\right)\left(1 - \frac{0.4H}{blc_u}\right) \tag{6.40}$$

式中 m——抗力修正系数,可视软土灵敏度及基础长宽比等因素选用 1.5~2.5;

c_u——地基土不排水抗剪强度标准值,kPa;

H——由作用标准值引起的水平力,kN;

b——基础宽度,m,有偏心荷载作用时,取 $b - 2e_b$;

l——垂直于 b 边的基础长度,m,有偏心荷载作用时,取 $l - 2e_l$;

e_b,e_l——分别为偏心作用在基础宽度方向、长度方向的偏心距;

γ_2,h——符号意义同前。

采用式(6.39)计算的基底承载力容许值不再按基础深、宽进行修正。

《公路桥涵地基与基础设计规范》规定:在基础使用阶段,地基承载力容许值 $[f_a]$ 应根据地基受荷阶段及受荷情况,乘以下列规定的抗力系数 γ_R 予以提高。

①当地基受作用短期效应组合或作用效应偶然组合时,可取 $\gamma_R = 1.25$;对承载力容许值 $[f_a]$ 小于 150 kPa 的地基,应取 $\gamma_R = 1.0$。

②当地基受的作用短期效应组合仅包括结构自重、预加力、土重、土侧压力、汽车和人群效应时,应取 $\gamma_R = 1.0$。

③当基础建于经多年压实未遭破坏的旧桥基(岩石旧桥除外)上时,不论地基承受的作用情况如何,抗力系数均可取 $\gamma_R = 1.5$;对 $[f_a]$ 小于 150 kPa 的地基,可取 $\gamma_R = 1.25$。

④基础建于岩石旧桥基上,应取 $\gamma_R = 1.0$。

在施工阶段,地基在施工荷载作用下,可取 $\gamma_R = 1.25$;当墩台施工期间承受单向推力时,可取 $\gamma_R = 1.5$。

6.4.3 地基变形计算

前述方法确定的地基承载力特征值,可保证建筑物在防止地基剪切破坏方面具有足够的安全度,但却不一定能保证地基变形满足要求。如果地基变形超出了允许的范围,就必须降低地基承载力特征值,以保证建筑物的正常使用和安全可靠。

建筑物的地基变形验算公式如下:
$$s < [s] \tag{6.41}$$

式中 s——地基变形计算值,按《地基基础规范》推荐沉降计算法计算,详见 4.3.3 节;

$[s]$——地基变形允许值。

地基变形按其特征一般分为沉降量、沉降差、倾斜和局部倾斜。对于因建筑地基不均匀、荷载差异很大、体型复杂等因素引起的地基变形,砌体承重结构应由局部倾斜控制;对于框架结构和单层排架结构应由相邻柱基的沉降差控制;对于多层或高层建筑和高耸结构应由倾斜值控制;必要时尚应控制平均沉降量。

在必要情况下,需要分别预估建筑物在施工期间和使用期间的地基变形值,以便预留建筑物有关部分之间的净空,选择连接方法和施工顺序。建筑物的地基变形允许值,可根据表6.9选取。对表中未包括的其他建筑物的地基变形允许值,可根据上部结构对地基变形的适应能力和使用上的要求确定。

表6.9 建筑物地基变形允许值

变形特征		地基土类别	
		中、低压缩性土	高压缩性土
砌体承重结构基础的局部倾斜		0.002	0.003
工业与民用建筑相邻柱基沉降差	框架结构	0.002l	0.003l
	砖石墙填充的边排柱	0.000 7l	0.001l
	基础不均允沉降不产生附加应力的结构	0.005l	0.005l
单层排架结构(柱距为6 m)柱基的沉降量/mm		120	200
体型简单的高层建筑基础的平均沉降量/mm		200	
桥式吊车轨面的倾斜(按不调整轨道考虑)	纵向	0.004	
	横向	0.003	
多层和高层建筑的整体倾斜	$H_g \leq 24$	0.004	
	$24 < H_g \leq 60$	0.003	
	$60 < H_g \leq 100$	0.002 5	
	$H_g > 100$	0.002	
高耸结构基础的倾斜	$H_g \leq 24$	0.008	
	$24 < H_g \leq 50$	0.006	
	$50 < H_g \leq 100$	0.005	
	$100 < H_g \leq 150$	0.004	
	$150 < H_g \leq 200$	0.003	
	$200 < H_g \leq 250$	0.002	
高耸结构的基础沉降量/mm	$H_g \leq 100$	400	
	$100 < H_g \leq 200$	300	
	$200 < H_g \leq 250$	200	

注:①本表数值依据《建筑地基基础设计规范》(GB 50007—2011)。

②本表数值为建筑物地基实际最终变形允许值,有扩号者仅适用于中压缩性土。

③l为相邻柱基中心距离,mm,H_g为自室外地面起算的建筑物高度,m。

④倾斜指基础倾斜方向两端点沉降差与其距离的比值。

⑤局部倾斜指砌体承重结构沿纵向6~10 m内基础两点沉降差与其距离的比值。

若建筑物均匀下沉,即使沉降量较大,也不会对结构本身造成损坏,但可能会影响建筑物的正常使用,或使邻近建筑物倾斜,或导致与建筑物有联系的其他设施的损坏。如单层排架结构的沉降量过大会造成桥式吊车净空不够而影响使用,高耸结构(如烟囱、水塔等)的沉降量过大,会造成管道或烟道的拉裂等。

6.4.4 软弱下卧层承载力验算

直接承受基础荷载的土层称为持力层,位于持力层下面的土层称为下卧层,承载力显著低于持力层的下卧层称为软弱下卧层。当地基受力层范围内存在软弱下卧层时,在验算持力层承载力后,还必须对软弱下卧层进行承载力验算。即

$$p_z + p_{cz} \leq f_{az} \tag{6.42}$$

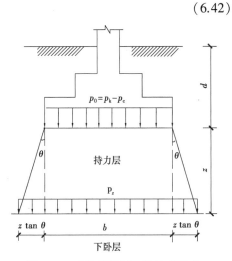

式中 p_z——相应于作用的标准组合时软弱下卧层顶面处的附加压力值；

p_{cz}——软弱下卧层顶面处土的自重压力值；

f_{az}——软弱下卧层顶面处经深度修正后的承载力特征值。

《地基基础规范》提出按压力扩散角的简化计算方法，如图 6.10 所示。假设基底处的附加压力（$p_0 = p_k - p_c$）往下传递时按压力扩散角 θ 向外扩散至软弱下卧层表面，根据基底与扩散面积上的总附加压力相等的条件，可得到附加压力 p_z 的计算公式：

条形基础：

$$p_z = \frac{(p_k - p_c)b}{b + 2z\tan\theta} \tag{6.43}$$

图 6.10 验算软弱下卧层计算图式

矩形基础（附加压力沿两个方向扩散）：

$$p_z = \frac{(p_k - p_c)bl}{(b + 2z\tan\theta)(l + 2z\tan\theta)} \tag{6.44}$$

式中 b——条形基础或矩形基础的底面宽度；

l——矩形基础的底面长度；

z——基底至软弱下卧层顶面的距离；

p_c——基底处土的自重压力值；

p_k——相应于作用的标准组合时，基础底面处的平均压力值；

θ——地基压力扩散角，查表 6.10 确定。

表 6.10 地基压力扩散角 θ

$\alpha = E_{s1}/E_{s2}$	$z/b = 0.25$	$z/b = 0.50$
1	4°	12°
3	6°	23°
5	10°	25°
10	20°	30°

注：① E_{s1} 为上层土压缩模量，E_{s2} 为下层土压缩模量。

② 当 $z/b < 0.25$ 时，一般取 $\theta = 0°$，必要时由试验确定；$z/b > 0.5$ 时，θ 值不变。

如果软弱下卧层强度不满足，条件许可时可增加基础底面积，以减小 p_0；也可减小基础埋置深度 d（使 z 值增大），使 p_0 扩散至软弱下卧层顶面处的面积加大，而相应减小 p_z 值。

6.5 土坡的稳定性分析

6.5.1 土坡稳定性分析的工程意义

土坡就是具有倾斜表面的土体。工程实际中的土坡包括天然土坡和人工土坡。天然土坡是指由于地质作用自然形成的土坡，如山坡、江河的岸坡等；人工土坡则是指人工开挖基坑、基槽、路堑或填筑路堤、土坝形成的边坡。土坡的外形和各部分名称，如图 6.11 所

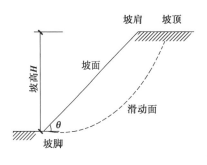

图 6.11 土坡的各部分名称

示。土坡内部分土体在自然或人为因素的影响下沿某一界面发生向下和向外滑动的现象,称为边坡失稳。

土坡滑动失稳的原因一般有以下两类情况:

①外界力的作用破坏了土体内原来的应力平衡状态。如基坑的开挖,由于地基自身重力发生变化,改变了土体原来的应力状态;又如路堤的填筑、土坡顶面作用外荷载、土体内水的渗流、地震力的作用等也都会破坏土体内原有的应力平衡状态,导致土坡失稳。

②土的抗剪强度由于受到外界各种因素的影响而降低,促使土坡失稳破坏。如外界气候等自然条件的变化,使土时干时湿、收缩膨胀、冻结、融化等,从而使土变松,强度降低;土坡内因雨水的浸入使土湿化,强度降低;土坡附近因打桩、爆破或地震力的作用引起土的液化或触变,使土的强度降低。

土坡稳定分析属于土力学中的稳定问题。影响土坡稳定有多种因素,包括土坡的边界条件、土质条件和外界条件等:

①土坡坡度:土坡坡度有两种表示方法:一种以高度和水平尺度之比来表示,例如 1∶2 表示高度 1 m,水平长度为 2 m 的缓坡;另一种以坡角 θ 的大小来表示,坡角 θ 越小则土坡越稳定,但不经济,坡角 θ 越大则土坡越经济,但不安全。

②土坡高度:土坡高度 H 越小,土坡越稳定。

③土的性质:土的性质越好(即土的抗剪强度指标 c、φ 值较大),土坡越稳定。

④气象条件:晴朗干燥土的强度大,稳定性好;连续下雨,造成大量的雨水入渗,使土的强度降低,可能导致土坡滑动。

⑤地下水的渗透:当土坡中存在与滑动方向一致的渗透力时,对土坡稳定不利。

⑥震动荷载:地震、工程爆破、车辆震动等产生的附加震动荷载,降低土坡的稳定性。震动荷载还可能使土体中的孔隙水压力升高,降低土体的抗剪强度。

⑦人类活动和生态环境:经过漫长时间形成的天然土坡原本是稳定的,如在土坡上建造房屋,增加了坡上荷载,有可能引起土坡的滑动。

6.5.2　无黏性土土坡的稳定性分析

对于均质的无黏性土土坡,无论在干坡还是在完全浸水条件下,由于无黏性土的黏聚力 $c=0$,因此,只要无黏性土土坡面上的土颗粒能够保持稳定,则整个土坡就是稳定的。

分析无黏性土土坡稳定时,一般可假定滑动面是通过坡脚的斜直面,如图 6.12 所示。已知均质无黏性土土坡坡高为 H,坡角为 β,土的重度为 γ,土的抗剪强度为 $\tau_f = \sigma \tan \varphi$。

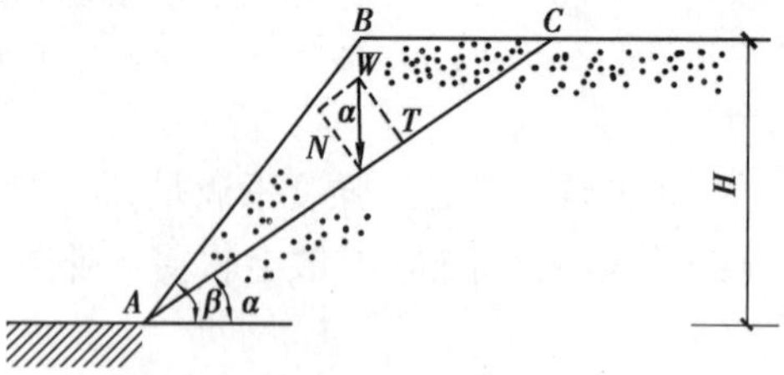

设滑动面 AC 的倾斜角度为 α,沿土坡长度方向截取单位长度土坡,按平面应变问题分析,滑动土体 ABC 的重力 $W = \gamma \times 1 \times S_{\triangle ABC}$。

图 6.12　无黏性土土坡稳定分析

重力 W 在 AC 上的法向分力及切向分力为:

$$N = W \cos \alpha, T = W \sin \alpha$$

各分力在 AC 上引起的正应力及剪应力为:

$$\sigma = \frac{N}{AC} = \frac{W \cos \alpha}{AC}, \tau = \frac{T}{AC} = \frac{W \sin \alpha}{AC}$$

土的抗剪强度与土坡中剪切力之比定义为无黏性土土坡的滑动稳定安全系数 K_s,即

$$K_{s} = \frac{\tau_{f}}{\tau} = \frac{\sigma \tan \varphi}{\tau} = \frac{\dfrac{W \cos \alpha}{AC} \tan \varphi}{\dfrac{W \sin \alpha}{AC}} = \frac{\tan \varphi}{\tan \alpha} \tag{6.45}$$

由式(6.45)可见,当 $\alpha = \beta$ 时,滑动稳定安全系数最小,即土坡面上的一层土是最易发生滑动的。当滑动面倾角与土的内摩擦角相等($\alpha = \varphi$)时,稳定安全系数 $K_{s} = 1$,土坡处于极限平衡状态,此时抗滑力等于滑动力,相应的坡角称之为自然休止角。

从式(6.45)还可以看出,该类土坡的稳定性与土坡的高度 H 无关,仅仅取决于坡角 β ,只要 $\beta \leqslant \varphi$,则 $K_{s} \geqslant 1$,土坡就是稳定的。为了安全起见,可取 $K_{s} = 1.1 \sim 1.5$ 。当土坡坡面存在与滑动方向一致的渗透力时,无黏性土土坡的稳定安全系数会降低1/2左右。

6.5.3　黏性土土坡的稳定性分析

1)滑动面的形式

在非均质黏性土层中,如果土坡下面有软弱层,则滑动面大部分将通过软弱土层,形成曲折的滑动面,如果土坡位于倾斜的岩石上,则滑动面往往沿岩石层面产生,如图6.13所示。

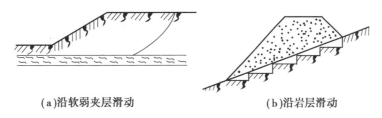

(a)沿软弱夹层滑动　　　　　　　(b)沿岩层滑动

图6.13　非均质黏性土层中的滑动面

对于均质黏性土,当土坡发生失稳破坏时,其滑动面是一曲面,通常接近于圆弧面。圆弧滑动面的形式与土坡的坡角 β 、土的强度指标及土中硬层的位置等有关,一般有以下3种:

①圆弧滑动面通过坡脚 B 点,称为坡脚圆,如图6.14(a)所示。

②圆弧滑动面通过坡面上 E 点,称为坡面圆,如图6.14(b)所示。

③圆弧滑动面发生在坡脚以外的 A 点,称为中点圆,如图6.14(c)所示。

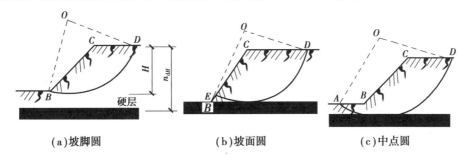

(a)坡脚圆　　　　　　　(b)坡面圆　　　　　　　(c)中点圆

图6.14　均质黏性土层中的滑动面

2)土坡稳定分析的圆弧法

(1)瑞典圆弧法　黏性土土坡圆弧滑动面的圆弧曲线易于数学分析求解。土坡稳定分析圆弧滑动面法由瑞典人贺尔汀(H.Hultin)和彼得森(K.E.Petterson)于1916年首先提出,此后瑞典人费伦纽斯(W.Fellenius,1927)做了研究和改进并在世界各国得到普遍应用,故称瑞典圆弧法。

如图6.15所示,假定滑动面以上的土体为刚性体,即设计中不考虑滑动土体内部的相互作用力,假

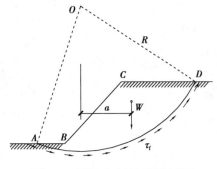

图 6.15 黏性土土坡圆弧滑动面

定土坡稳定属于平面应变问题。若可能的圆弧滑动面为 AD，其圆心为 O，半径为 R。分析时在土坡长度方向截取单位长土坡。按平面问题，滑动土体 $ABCD$ 的重力为 W，它是促使土坡滑动的力，沿着滑动面 AD 上分布的土的抗剪强度 τ_f 是抵抗土坡滑动的力。

将滑动力 W 及抗滑力 τ_f 分别对圆心 O 取矩，得滑动力矩 M_s 及抗滑力矩 M_R :

$$M_s = Wa \tag{6.46a}$$

$$M_R = \tau_f \hat{L} R \tag{6.46b}$$

式中 W —— 滑动体 $ABCDA$ 的重力，kN；

a —— W 对 O 点的力臂，m；

τ_f —— 土抗剪强度，kPa。按库仑定律，$\tau_f = c + \sigma \tan \varphi$ ；

$\hat{L}$ —— 滑动圆弧 AD 的长度，m；

R —— 滑动圆弧面的半径，m。

按照稳定安全系数的定义，土坡滑动的稳定安全系数 K_s 的表达式应为：

$$K_s = \frac{M_R}{M_s} = \frac{\tau_f \hat{L} R}{Wa} = 1.20 \sim 1.30 \tag{6.47}$$

式(6.47)中，因为 τ_f 涉及滑动面上每一点的正应力 σ 和 φ 值，而 σ 的大小和方向随点而变，故难以计算。但是，当 $\varphi = 0$ 时，$\tau_f = c$ ，式(6.47)可改写成：

$$K_s = \frac{M_R}{M_s} = \frac{c \hat{L} R}{Wa} = 1.20 \sim 1.30 \tag{6.48}$$

当 $\varphi > 0$ 时，可用瑞典圆弧条分法、毕肖普条分法、简布条分法等求解土坡稳定性。

(2)瑞典圆弧条分法(费伦纽斯条分法)

①总应力法。由于圆弧滑动面上各点的法向应力不同，因此土的抗剪强度各点也不相同，这样就不能直接应用式(6.47)计算土坡的稳定安全系数。瑞典的费伦纽斯提出的条分法(称之为瑞典圆弧条分法)是解决这一问题的基本方法之一。条分法基本原理是将具有圆弧滑动面的滑体按竖直划分成若干个条带，把每一土条看作刚体，分别进行受力分析，然后求解整个土坡的稳定性。

如图 6.16 所示，可能的滑动面是一圆弧 AD，圆心为 O，半径为 R。现将该滑块 ABD 分成几个竖向土

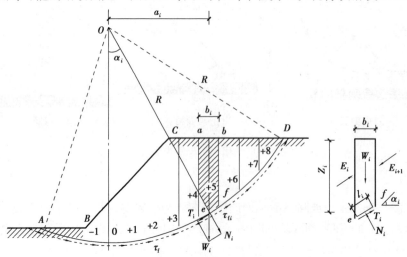

图 6.16 费伦纽斯条分法土坡稳定分析

条。取第 i 个土条分析,该土条底面中点的法线与竖直线的夹角为 α_i,宽度为 b_i,高度为 z_i 的土条的重量取为 W_i,土条底的抗剪强度参数为 c_i 和 φ_i。土条两侧作用有侧向土压力 E_i,E_{i+1},滑动面上的反力有法向反力 N_i,切向反力 T_i,且作用在此土条滑动面的中点。假定 $E_i = E_{i+1}$,同时它们的作用线重合,由此可知,土条两侧的作用力相互抵消。

在此假定下,第 i 个土条上作用力只有 W_i($W_i = \gamma b_i z_i'$),N_i 和 T_i,按平衡条件应有:

$$N_i = W_i \cos \alpha_i, T_i = W_i \sin \alpha_i$$

该土条滑动面上的抗剪强度为:

$$\tau_{fi} = c_i + \sigma_i \tan \varphi_i = c_i + \frac{N_i}{l_i} \tan \varphi_i = \frac{1}{l_i}(c_i l_i + W_i \cos \alpha_i \tan \varphi_i)$$

该土条对 O 点的滑动力矩为:$M_{si} = T_i R = W_i R \sin \alpha_i$

该土条对 O 点的抗滑稳定力矩为:$M_{Ri} = \tau_{fi} l_i R = R(c_i l_i + W_i \cos \alpha_i \tan \varphi_i)$

整个滑体对 O 点的滑动力矩和抗滑稳定力矩为:

$$M_s = \sum_{i=1}^n M_{si} = R \sum_{i=1}^n W_i \sin \alpha_i$$

$$M_R = \sum_{i=1}^n M_{Ri} = R \sum_{i=1}^n (c_i l_i + W_i \cos \alpha_i \tan \varphi_i)$$

对于均质土坡,$\varphi_i = \varphi$,$c_i = c$,且 $\sum_{i=1}^n l_i = \hat{L}$,即整个滑动面的弧长,则可求得稳定安全系数:

$$K_s = \frac{M_R}{M_s} = \frac{R \sum_{i=1}^n (c_i l_i + W_i \cos \alpha_i \tan \varphi_i)}{R \sum_{i=1}^n W_i \sin \alpha_i} = \frac{c \hat{L} + \tan \varphi \sum_{i=1}^n W_i \cos \alpha_i}{\sum_{i=1}^n W_i \sin \alpha_i} \tag{6.49}$$

式中,α_i 存在正负问题。当土条自重沿滑动面产生下滑力时,α_i 为正;当产生抗滑力时,α_i 为负。

②有效应力法。当采用有效应力分析法时,土条的抗剪强度参数为 c_i' 和 φ_i',在计算土条自重 W_i 时,土条在地下水位线(润湿线)以下部分应取饱和重度计算,考虑到土条底孔隙水压力 u_i 的作用,$N_i' = N_i - u_i l_i$,则式(6.49)修改为:

$$K_s = \frac{\sum_{i=1}^n [c_i' l_i + (W_i \cos \alpha_i - u_i l_i) \tan \varphi_i']}{\sum_{i=1}^n W_i \sin \alpha_i} \tag{6.50}$$

真正的滑动面对应于最小安全系数的滑动面,即为最危险的滑动面。因此欲求解其真正滑动面位置,必须按照上述方法反复试算求取。

(3)毕肖普条分法 为了提高计算精度,毕肖普(Bishop,1955)对瑞典圆弧条分法进行了修正,提出了考虑土条侧面作用力的土坡稳定分析法,假定每个土条底部滑动面上的稳定安全系数均相同,如图6.17 所示。

①总应力法。对第 i 个土条进行受力分析,考虑竖直方向作用力平衡,则有:

$$W_i + (X_{i+1} - X_i) = N_i \cos \alpha_i + T_i \sin \alpha_i \tag{6.51}$$

稳定安全系数为:

$$K_s = \frac{c_i l_i + N_i \tan \varphi_i}{T_i} \tag{6.52a}$$

由此可求出:

$$T_i = \left(c_i l_i + \frac{N_i \tan \varphi_i}{K_s}\right) \tag{6.52b}$$

将上式代入式(6.51)得:

$$N_i = \frac{1}{m_{\alpha i}}\left[W_i + (X_{i+1} - X_i) - \frac{1}{K_s} c_i l_i \sin \alpha_i\right] \tag{6.53}$$

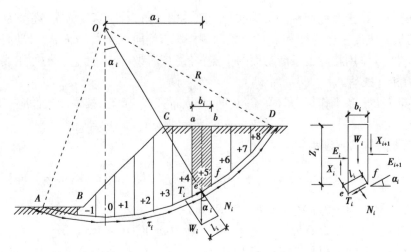

图 6.17　毕肖普条分法土坡稳定分析

其中，$m_{\alpha i} = \cos \alpha_i + \tan \varphi_i \sin \alpha_i / K_s$。

再取整个滑块对圆心的力矩平衡，此时条间力 X_i 和 E_i 成对出现，则可相互抵消。正压力 N_i 作用在滑动面的法线方向，即通过圆心，故不产生力矩，只有重力 W_i 和滑动面上的切向力 T_i 对圆心产生力矩，则力矩平衡关系为：

$$\sum_{i=1}^{n} W_i R \sin \alpha_i = \sum_{i=1}^{n} T_i R \tag{6.54}$$

考虑到 $a_i = R \sin \alpha_i$，并将式(6.52b)代入(6.54)有：

$$\sum_{i=1}^{n} W_i R \sin \alpha_i = \sum_{i=1}^{n} R \frac{1}{K_s} (c_i l_i + N_i \tan \varphi_i) \tag{6.55}$$

再利用式(6.52)化简上式，得：

$$K_s = \frac{\displaystyle\sum_{i=1}^{n} \frac{1}{m_{\alpha i}} [c_i b_i + (W_i + X_{i+1} - X_i) \tan \varphi_i]}{\displaystyle\sum_{i=1}^{n} W_i \sin \alpha_i} \tag{6.56}$$

考查式(6.56)，仍然不可能求得 K_s，因为 X_{i+1} 和 X_i 是未知量。毕肖普又假定了 $X_i = X_{i+1}$，这实际上就是认为不存在条间力 X_i。于是上式可写成：

$$K_s = \frac{\displaystyle\sum_{i=1}^{n} \frac{1}{m_{\alpha i}} (c_i b_i + W_i \tan \varphi_i)}{\displaystyle\sum_{i=1}^{n} W_i \sin \alpha_i} \tag{6.57}$$

式(6.57)就是简化毕肖普法计算土坡稳定性安全系数的公式。

②有效应力法。与瑞典圆弧条分法类似，采用有效应力分析方法时，土条的抗剪强度参数为 c'_i 和 φ'_i，计算土条自重 W_i 时，土条在地下水位线以下部分应取饱和重度计算，考虑到孔隙水压力 u_i 的作用，$N'_i = N_i - u_i l_i$，则式(6.57)修改为：

$$K_s = \frac{\displaystyle\sum_{i=1}^{n} \frac{1}{m'_{\alpha i}} [c'_i b_i + (W_i - u_i l_i) \tan \varphi'_i]}{\displaystyle\sum_{i=1}^{n} W_i \sin \alpha_i} \tag{6.58}$$

其中，$m'_{\alpha i} = \cos \alpha_i + \tan \varphi'_i \sin \dfrac{\alpha_i}{K_s}$。

对于毕肖普条分法，由于式(6.57)的 $m_{\alpha i}$ 及式(6.58)的 $m'_{\alpha i}$ 中都包含 K_s，所以不能直接应用公式计算,可用迭代法求解。计算时,先假定 $K_s = 1.0$,用此值计算 $m_{\alpha i}$(或 $m'_{\alpha i}$)值,再代入式(6.57)或式(6.58)求下一个 K_s 值。如此反复迭代,直至假定的 K_s 值与计算的 K_s 值重合或相近为止(视工程精度要求)。为计算方便,可将 $m_{\alpha i}$ 值按 α_i 及 $\tan \varphi_i / K_s$(或 $\tan \varphi'_i / K_s$)的变化制成曲线,如图 6.18 所示。

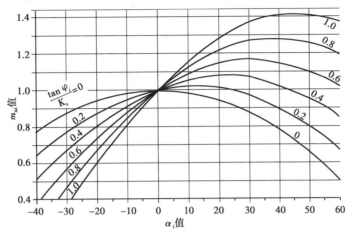

图 6.18　参数 $m_{\alpha i}$ 值

3)费伦纽斯确定最危险滑动面圆心的方法(图 6.19)

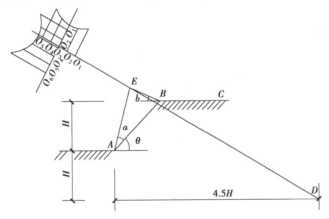

图 6.19　费伦纽斯法确定最危险滑动面的圆心

土质均匀、坡度不变,无地下水的简单土坡,其最危险滑动面可快速找出。

①根据土坡坡度或坡角 θ,由表 6.11 查得相应的 a,b 数值。

②根据 a 角由坡脚 A 点作 AE 线,使 $\angle EAB = \angle a$;根据 b 角由坡顶 B 点作 BE 线,使之与水平线夹角为 $\angle b$。

表 6.11　a,b 角的数值

土坡坡度	坡角 θ	a	b
1:0.58	60°	29°	40°
1:1.00	45°	28°	37°
1:1.50	33°41′	26°	35°
1:2.00	26°34′	25°	35°
1:3.00	18°26′	25°	35°
1:4.00	14°03′	25°	36°

③AE 与 BE 交于 E 点,即为 $\varphi = 0$ 时土坡最危险滑动面的圆心。

④由坡脚 A 点竖直向下取 H 值,然后向土坡方向水平线上取 $4.5H$ 处记为 D 点。作 DE 线向外延长线,该线附近即为 $\varphi > 0$ 时土坡最危险滑动面的圆心位置。

⑤在 DE 延长线上选 3~5 个点作为圆心 $O_1, O_2, \cdots,$ 计算各自的土坡安全系数 $K_1, K_2, \cdots,$ 按一定比例尺,将 K 的数值画在圆心 O 与 DE 线正交的线上,并连成曲线。取曲线下凹处的最低点 O',过 O' 作直线 $O'F$ 与 DE 正交。

⑥同理,在 $O'F$ 线上,选 3~5 个点作为圆心 $O_1', O_2', \cdots,$ 计算各自的土坡安全系数, $K_1', K_2', \cdots,$ 按一定比例尺,将 K 的数值画在圆心 O' 与 $O'F$ 线正交的线上,并连成曲线。取曲线下凹处的最低点 O'',O'' 即为所求最危险滑动面的圆心位置。

【例题 6.3】 某均质黏性土坡,$h = 20$ m,坡比为 $1:2$,重度 $\gamma = 18$ kN/m³,黏聚力 $c = 10$ kPa,内摩擦角 $\varphi = 20°$。试用简化毕肖普条分法计算该土坡的稳定安全系数。

【解】 ①选择滑弧圆心,作出相应的滑动圆弧。按一定比例画出土坡削面,如图 6.20 所示。由于是均质土坡,可查表得 $a = 28°, b = 37°$,作 BO 线及 CO 线得交点 O。再求得 E 点,作 EO 的延长线,在 EO 延长线上取一点 O_1 作为第一次试算的滑弧圆心,过坡脚作相应的滑动圆弧,可量得半径 $R = 31.86$ m。

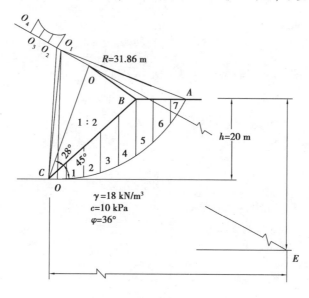

图 6.20 例题 6.3 图

②将滑动土体分成着若干土条,并对土条编号。取土条宽度 b 为 2 m。土条编号从滑弧圆心的垂线开始作为 0,逆滑动方向的土条依次编为 $1, 2, 3, \cdots, 7$。

③量出各土条的中心高度 h_i,并将计算的 $\sin \alpha_i, \cos \alpha_i$ 以及 $W_i \sin \alpha_i, W_i \cos \alpha_i$ 等值列表(见表6.12)。

表 6.12 例题 6.3 计算表

编号	h_i	b_i	土条重量 $W_i = \gamma b_i h_i$	$\sin \alpha_i$	切向力 $T_i = W_i \sin \alpha_i$	$\cos \alpha_i$	$W_i \, \mathrm{tg} \, \varphi$	cb	m_{ai} ($K=1$)
0	0.970	2.0	34.92	0.030	1.05	1.000	12.71	20	1.011
1	2.786	2.0	100.30	0.151	15.15	0.988	36.51	20	1.043
2	4.351	2.0	156.64	0.272	42.61	0.962	57.01	20	1.061
3	5.640	2.0	203.04	0.393	79.79	0.919	73.90	20	1.061
4	6.612	2.0	238.03	0.514	122.35	0.857	86.64	20	1.044
5	6.188	2.0	222.77	0.636	141.68	0.772	81.08	20	1.003

编号	h_i	b_i	土条重量 $W_i = \gamma b_i h_i$	$\sin \alpha_i$	切向力 $T_i = W_i \sin \alpha_i$	$\cos \alpha_i$	$W_i \operatorname{tg} \varphi$	cb	m_{ai} $(K=1)$
6	4.202	2.0	151.27	0.758	114.66	0.652	55.06	20	0.928
7	1.520	1.709	46.76	0.950	44.42	0.313	17.02	17.09	0.695
					561.71				

④稳定安全系数计算公式为:

$$K_s = \frac{\sum_{i=1}^{n} \frac{1}{m_{\alpha i}}(c_i b_i + W_i \tan \varphi_i)}{\sum_{i=1}^{n} W_i \sin \alpha_i}$$

第一次试算时,假定 $K=1$,求得

$$K = \frac{580.50}{561.71} = 1.033$$

第二次试算时,假定 $K=1.033$,求得

$$K = \frac{586.45}{561.71} = 1.044$$

第三次试算时,假定 $K=1.044$,求得

$$K = \frac{587.64}{561.71} = 1.046$$

满足精度要求,故取 $K=1.044$。应当注意:这仅是一个滑弧的计算结果。

4)泰勒稳定图解法

泰勒和其后的研究者为简化最危险滑动面的试算工作,认为在土坡稳定分析中共有 5 个计算参数,即土的抗剪强度指标 c,φ,重度 γ,土坡高度 H 以及坡角 β。因此,可根据计算结果绘制成表格,便于应用。通常以土坡坡角 θ 为横坐标,以稳定数 $N = c/(\gamma H)$ 为纵坐标,并以常用 φ 值系列曲线,组合成黏性土简单土坡计算图(也称泰勒稳定图解法),如图 6.21 所示。应用该图,可以很方便地求解下列两类问题:

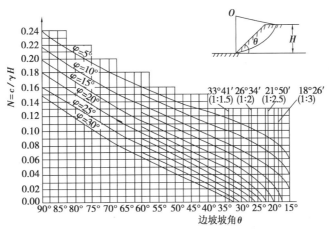

图 6.21　黏性土简单土坡计算图

①已知黏性土坡的坡角 θ 和土的指标 γ,c,φ,求土坡的最大允许高度 H。由图 6.21 横坐标依据 θ 值

向上与 φ 值曲线的交点,水平向往左找到纵坐标 N 值,即可得高度 $H = c/(\gamma N)$ 。

②已知黏性土土坡高度 H 和土的指标 γ, c, φ ,求土坡的稳定坡角 θ 。由图 6.21 计算纵坐标稳定数 $N = c/(\gamma H)$ 值,由水平向右延伸与 φ 值相应曲线的交点,再竖直向下与横坐标相交的点,即为所求的土坡稳定的坡角 θ 值。

【例题 6.4】 某工程基坑开挖深度 $H = 5.0$ m,地基土天然重度 $\gamma = 19.0$ kN/m^3 ,内摩擦角 $\varphi = 15°$,黏聚力 $c = 12$ kPa。求此基坑开挖的稳定坡角 θ 。

【解】 由已知开挖深度 H 与土的指标 γ 、 c ,计算稳定数 N :

$$N = \frac{c}{\gamma H} = \frac{12.0 \text{ kPa}}{19.0 \text{ kN/m}^3 \times 5.0 \text{ m}} = 0.126$$

查图 6.21 纵坐标 0.126 水平向右与 $\varphi = 15°$ 的曲线的交点对应的横坐标即为所求稳定坡角 $\theta \approx 64°$ 。

6.5.4 土坡稳定性分析的若干问题

1) 土体抗剪强度指标和安全系数的选用

在进行黏性土坡的稳定性分析时,如何选取土的抗剪强度指标及规定恰当的安全系数很重要。在测定土的抗剪强度时,原则上应使试验的模拟条件尽量符合现场土体的实际受力和排水条件,保证试验指标具有一定的代表性。在验算土坡施工结束时的稳定情况时,若土坡施工速度较快,填土的渗透性较差,则土中孔隙水压力不易消散,这时宜采用快剪或三轴不排水剪试验指标,用总应力法分析。在验算土坡长期稳定性时,应采用排水剪试验或固结不排水剪试验强度指标,用有效应力法分析。

土坡稳定允许安全系数的取值尚无统一标准,工程中应根据计算方法、强度指标的测定方法,并结合当地经验综合选取确定。我国《公路软土地基路堤设计与施工技术细则》(JTG/TD 31—02—2013)规定抗滑稳定安全系数为 1.10~1.40;《公路路基设计规范》(JTG D30—2015)规定路堤稳定性安全系数宜采用 1.20~1.40,路堑边坡安全系数为 1.05~1.30;《建筑边坡工程技术规范》(GB 50330—2013)规定不同等级边坡的稳定安全系数为 1.05~1.35。

2) 土坡稳定的允许高度

《地基基础规范》规定:边坡的坡度允许值应根据当地经验,参照同类土层稳定坡度确定,当土质良好且均匀时,可按表 6.13 确定。

表 6.13 土质边坡的坡度允许值

土的类别	密实度或状态	坡度允许值(高宽比)	
		坡高在 5 m 以内	坡高为 5~10 m
碎石土	密实	1:0.35~1:0.50	1:0.50~1:0.75
	中密	1:0.50~1:0.75	1:0.75~1:1.00
	稍密	1:0.75~1:1.00	1:1.00~1:1.25
黏性土	坚硬	1:0.75~1:1.00	1:1.00~1:1.25
	硬塑	1:1.10~1:1.25	1:1.25~1:1.50

注:①表中碎石土的充填物为坚硬或硬塑状态的黏性土。
　②对于砂土或充填物为砂土的碎石土,其边坡坡度允许值按自然休止角确定。

3) 坡顶开裂时的土坡稳定性

如图 6.22 所示,由于土的收缩及张力作用,在黏性土坡的坡顶附近可能出现裂缝,雨水或相应的地表水渗入裂缝后，将产生一静水压力为 $p_w = \gamma_w h_0^2/2$，它是促使土坡滑动的作用力，故在土坡稳定分析中应该考虑。

坡顶裂缝开展深度 h_0 可近似按黏性填土挡土墙墙顶产生的拉力区高度公式计算：

$$h_0 = \frac{2c}{\gamma \tan\left(45° - \dfrac{\varphi}{2}\right)} = \frac{2c}{\gamma \sqrt{K_a}} \tag{6.59}$$

式中　K_a——朗肯主动土压力系数。

裂缝内因积水产生的静水压力对最危险滑动面圆心 O 的力臂为 z。在按前述各种方法分析土坡稳定时，应考虑 P_w 引起的滑动力矩，同时土坡滑动面的弧长也将由 BD 减短为 BF。在实际工程施工过程中，如发现坡顶出现裂缝，应及时用黏土等封闭，避免地面水的渗入。

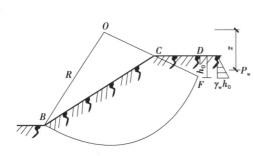

图 6.22　坡顶开裂时的土坡稳定计算

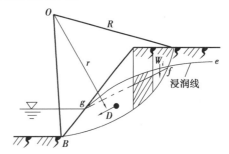

图 6.23　水渗流时的土坡稳定计算

4）土中水渗流时的土坡稳定性

当河滩路堤两侧水位不同时，水将由水位高的一侧向低的一侧渗流。有时河滩与沿河路堤当水位缓慢上涨而急剧下降时，路堤内的水将向外渗流。边坡内水渗流所产生的渗流力 D 的方向指向边坡，它对边坡稳定是不利的。如图 6.23 所示，由于水位骤降，土坡内水向外渗流。已知浸润线（渗流水位线）为 efg。用条分法分析土体稳定时，土条 i 的重力 W_i 计算，在浸润线以下部分应考虑水的浮力作用（采用浮重度），渗流力 D 按下式计算：

$$D = G_D A = i\gamma_w A \tag{6.60}$$

式中　G_D——作用在单位体积土体上的渗流力，kN/m^3；

　　　γ_w——水的重度，kN/m^3；

　　　A——滑动土体在浸润线以下部分（fgB）的面积，m^2；

　　　i——面积（$fgBf$）范围内的水头梯度平均值，可假设 i 等于浸润线两端 fg 连线坡度。

渗流力 D 的作用点在 $fgBf$ 面的形心，其作用方向假定与 fg 线平行，D 对滑动面圆心 O 的力臂为 r。考虑渗流力后，进行土坡稳定安全系数计算时需将渗流力 D 引起的滑动力矩 rD 加入总滑动力矩中。以毕肖普条分法为例，土坡稳定安全系数的总应力计算式为：

$$K_s = \frac{\displaystyle\sum_{i=1}^{n} \frac{1}{m_{\alpha i}}(c_i b_i + W_i \tan\varphi_i)}{\dfrac{r}{R}D + \displaystyle\sum_{i=1}^{n} W_i \sin\alpha_i} \tag{6.61}$$

有效应力计算式可以写为：

$$K_s = \frac{\displaystyle\sum_{i=1}^{n} \frac{1}{m'_{\alpha i}}[c'_i b_i + (W_i - u_i l_i)\tan\varphi'_i]}{\dfrac{r}{R}D + \displaystyle\sum_{i=1}^{n} W_i \sin\alpha_i} \tag{6.62}$$

5)成层土坡或坡顶超载时的土坡稳定性

当土坡滑动体由两层或更多土层组成时,滑动面往往贯穿多个土层,如图 6.24 所示。在计算土条重量时应分层计算,然后叠加;土的黏聚力 c 和内摩擦角 φ 应按滑动面所在的位置采用不同的数值。成层土坡的费伦纽斯条分法土坡稳定安全系数计算式(总应力法)为:

$$K_s = \frac{\sum_{i=1}^{n} c_i l_i + b \sum (\gamma_1 h_{1i} + \gamma_2 h_{2i} + \cdots + \gamma_n h_{ni}) \cos \alpha_i \tan \varphi_i}{b \sum (\gamma_1 h_{1i} + \gamma_2 h_{2i} + \cdots + \gamma_n h_{ni}) \sin \alpha_i} \tag{6.63}$$

当土坡的坡顶或坡面上作用有超载 q 时,如图 6.25 所示,进行土坡稳定性分析时,则只要将超载 q 分别加到相应土条的重量中即可。

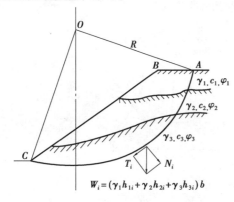

图 6.24　成层土土坡稳定性分析

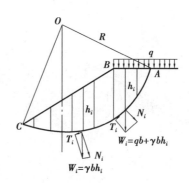

图 6.25　坡顶超载时的土坡稳定性

6.5.5　地基的稳定性验算

对于经常承受水平荷载作用的高层建筑、高耸结构和挡土墙等,以及建造在斜坡上或边坡附近的建筑物和构筑物,应进行地基的稳定性验算。

1)采用圆弧滑动面法进行地基的稳定性验算

在水平荷载和竖向荷载的共同作用下,基础可能和深层土层一起发生整体滑动破坏。此时地基破坏通常采用瑞典圆弧法进行验算,见式(6.47)。

2)位于稳定土坡坡顶上的建筑地基稳定性的设计要求

如图 6.26 所示,位于稳定土坡坡顶上的建筑,当垂直于坡顶边缘线的基础底面边长小于或等于 3 m 时,其基础底面外边缘线至坡顶的水平距离应符合式(6.64a)和式(6.64b)要求,但不得小于 2.5 m:

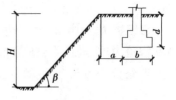

条形基础　　　　$a \geqslant 3.5b - \dfrac{d}{\tan \beta}$ 　　　　(6.64a)

矩形基础　　　　$a \geqslant 2.5b - \dfrac{d}{\tan \beta}$ 　　　　(6.64b)

图 6.26　基础底面外边缘线
至坡顶的水平距离

式中　a——基础底面外边缘线至坡顶的水平距离;

　　　b——垂直于坡顶边缘线的基础底面边长;

　　　d——基础埋置深度;

　　　β——边坡坡角。

当边坡坡角 $\beta > 45°$,坡高 $H > 8$ m,尚应按式(6.47)进行坡体稳定性验算。

3）挡土墙滑动稳定性验算

（1）整体滑动的稳定性验算　挡土墙连同地基一起滑动的破坏面为圆弧滑动面,往往通过墙踵点（线）,如图6.27所示。取 $ADBC$ 为隔离体,通过作用于滑动体的力系分析,计算出绕圆弧中心的滑动力矩 M_s 和抗滑力矩 M_R,即可得出整体滑动的稳定安全系数:

$$K_s = \frac{M_R}{M_s} = \frac{\frac{\pi}{180}(\alpha + \beta + \theta)c_k + (N_1 + N_2 + W)\tan \varphi_k}{T_1 + T_2} \geqslant 1.2 \tag{6.65}$$

其中　　$N_1 = P\cos\beta$, $N_2 = H\sin\alpha$, $T_1 = P\sin\beta$, $T_2 = H\cos\alpha$

$$W = \gamma\left(\frac{\alpha\pi}{180} - \sin\alpha\cos\alpha\right)R^2 \tag{6.66}$$

式中　c_k,φ_k——分别为地基土的平均黏聚力标准值和平均内摩擦角标准值;

　　　　P,H——分别为挡土墙基底所承受的垂直分力标准值和水平分力标准值;

　　　　R——滑动圆弧的半径。

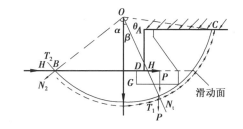

图6.27　挡土墙连同地基一起滑动

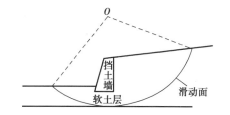

图6.28　贯入软土层深处的圆弧滑动

（2）贯入软土层深处的圆弧滑动稳定性验算　当挡土墙地基比较软弱时,地基失稳可能出现贯入软土层深处的圆弧滑动面,如图6.28所示。此时,可采用类似于边坡稳定分析的条分法求算稳定安全系数,其值 $K_{min} \geqslant 1.2$。

（3）硬土层底的非圆弧滑动面稳定性验算　在超固结坚硬黏土层中,挡土墙连同地基可能沿着倾斜度不大的软弱结构面（非圆弧滑动面）一起滑动破坏,如图6.29所示。作为近似计算,可简单地取 $abdc$ 土体为隔离体（单位宽度）。作用在 ab 和 dc 竖直面上的力,可假设分别等于被动和主动土压力。bd 面为滑动平面,沿此滑动面上总的抗剪强度为:

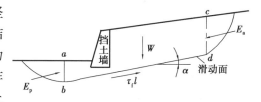

图6.29　硬土层中非圆弧滑动

$$\tau_f l = cl + W\cos\alpha\tan\varphi \tag{6.67}$$

式中　W——土体 $abdc$ 的自重,kN/m;

　　　　l——滑动面 bd 的长度,m;

　　　　α——滑动面的倾角,(°);

　　　　c,φ——土的黏聚力,kPa;内摩擦角,(°)。

该非圆弧滑动面稳定安全系数为:

$$K_s = \frac{E_p + \tau_f l}{E_a + W\sin\alpha} \geqslant 1.3 \tag{6.68}$$

习　题

6.1　某地基土天然重度 $\gamma = 19$ kN/m^3，黏聚力 $c = 25$ kPa，内摩擦角 $\varphi = 30°$，若设置宽度 $b = 1.20$ m，埋深 $d = 1.5$ m 条形基础，地下水位与基底持平，基础底面以上土的加权平均重度 $\gamma_m = 18$ kN/m^3，计算地基临塑荷载 p_{cr} 和临界荷载 $p\frac{1}{4}$。

6.2　某条形基础宽度 $b = 1.8$ m，埋深 $d = 1.5$ m。地基土为硬黏土，天然重度 $\gamma = 18.9$ kN/m^3，$\gamma_m = \gamma$，$c = 22$ kPa，$\varphi = 15°$。试用太沙基公式计算极限承载力 p_u。

6.3　某建筑独立浅基础，基础底面尺寸：长度 $l = 4.0$ m，$b = 4$ m，埋深 $d = 2$ m。地基土为饱和软黏土，$c = 10$ kPa，$\varphi = 0$，$\gamma_m = 19$ kN/m^3。计算极限荷载 p_u。

6.4　已知一均质土坡，坡角 $\theta = 30°$，土的重度 $\gamma = 16.0$ kN/m^3，内摩擦角 $\varphi = 20°$，黏聚力 $c = 5$ kPa。计算此黏性土坡的安全高度 H。

6.5　某基坑深度 $H = 6.0$ m，土坡坡度 1:1。地基土分为两层：第一层为粉质黏土，天然重度 $\gamma_1 = 18.0$ kN/m^3，内摩擦角 $\varphi_1 = 20°$，黏聚力 $c_1 = 5.4$ kPa，层厚 $h_1 = 3.0$ m；第二层为黏土，重度 $\gamma_2 = 19.0$ kN/m^3，内摩擦角 $\varphi_2 = 16°$，黏聚力 $c_2 = 10.0$ kPa，层厚 $h_2 = 10.0$ m。试用圆弧条分法计算此土坡稳定性。

6.6　某条形基础底宽 $b = 1.8$，埋深 $= 1.2$ m，地基土为黏土，内摩擦角标准值 $\varphi_k = 20°$，黏聚力标准值 $c_k = 12$ kPa，地下水位与基底平齐，土的有效重度 $\gamma' = 10$ kN/m^3，基底以上土重度 $\gamma_m = 18.3$ kN/m^3。试确定地基承载力特征值 f_a。

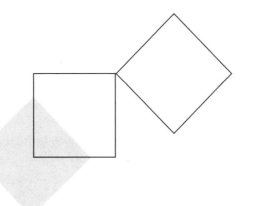

7 浅基础及挡土墙

本章导读:

- **基本要求** 熟悉浅基础的类型;掌握基础埋置深度和基础尺寸的确定;掌握扩展基础、连续基础和挡土墙支挡结构的设计计算方法;了解地基、基础与上部结构共同作用的概念;了解挡土墙的类型和设计原则。

- **重点** 偏心荷载作用下基础尺寸的确定,钢筋混凝土扩展基础设计,柱下钢筋混凝土条形基础和十字交叉梁等连续基础设计,各类挡土墙的设计计算。

- **难点** 十字交叉梁基础和筏板基础设计计算,重力式挡土墙设计计算。

7.1 概 述

7.1.1 地基基础方案的类型

设计地基基础时,必须根据建筑物的用途和设计等级、建筑布置和上部结构类型,充分考虑建筑场地和地基岩土条件,结合施工条件以及工期、造价等各方面的要求,合理选择地基基础方案。常见的地基基础方案有:天然地基或人工地基上的浅基础、深基础(桩基础、沉井、地下连续墙等)、深浅结合的基础(如桩-筏、桩-箱基础等)。浅基础的基础埋置深度不大(一般小于5 m),可用比较简便的施工方法来建造。

(1)天然地基浅基础 当建筑场地土质均匀、坚实,性质良好,地基承载力特征值 $f_{ak} \geqslant 120$ kPa时,对于一般多层建筑,可开挖基坑后直接修筑基础,称为天然地基浅基础。

(2)人工地基浅基础 如遇建筑地基土层软弱、压缩性高、强度低、无法承受上部结构荷载时,需经过人工加固处理后作为地基,称为人工地基,再在人工地基上修建浅基础。

(3)深基础 若上部结构荷载很大,一般浅基础无法承受,或相邻建筑不允许开挖基槽施工以及有特殊用途与要求时,可采用深基础,如桩基础、沉井基础等。

7.1.2 浅基础的结构类型

根据浅基础的结构形式可分为扩展基础和连续基础,根据基础所用材料的性能可分为无筋基础(刚性基础)和钢筋混凝土基础等。

1)扩展基础

扩展式基础即通过扩大水平截面使得基础所传递的荷载效应侧向扩展到地基中,从而满足地基承载力和变形的要求,扩展基础通常指墙下条形基础和柱下独立基础(单独基础)。

(1)无筋扩展基础(刚性基础) 无筋扩展基础系指由砖、毛石、混凝土或毛石混凝土、灰土和三合土等材料组成的无须配置钢筋的墙下条形基础或柱下独立基础,如图7.1所示。刚性基础可用于6层和6层以下(三合土基础不宜超过4层)的民用建筑和墙承重的厂房。

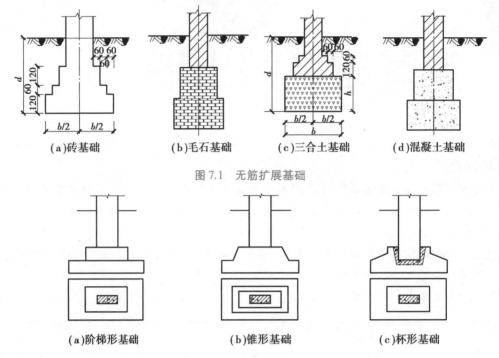

(a)砖基础   (b)毛石基础   (c)三合土基础   (d)混凝土基础

图7.1 无筋扩展基础

(a)阶梯形基础   (b)锥形基础   (c)杯形基础

图7.2 柱下单独基础

(2)钢筋混凝土扩展基础 现浇柱下钢筋混凝土基础的截面常做成台阶形或角锥形,预制柱下的基础一般做成杯形,如图7.2所示。墙下钢筋混凝土条形基础多用于地质条件较差的多层建筑物,其截面形式可做成无肋式或有肋式两种,如图7.3所示。

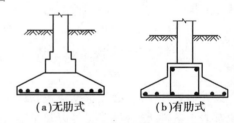

(a)无肋式   (b)有肋式

图7.3 墙下钢筋混凝土条形基础

2)连续基础

连续基础又称为梁板式基础,如柱下条形基础、柱下交叉条形基础、筏形基础和箱形基础等。连续基础适合作为各种地质条件复杂、建设规模大、层数多、结构复杂的建筑物基础。

(1)柱下条形基础 当地基较为软弱、柱荷载或地基压缩性分布不均匀,以至于采用扩展基础可能产生较大的不均匀沉降时,常将同一方向(或同一轴线)上若干柱子的基础连成一体而形成柱下条形基础,如图7.4(a)所示。这种基础抗弯刚度较大,具有调整不均匀沉降的能力,并能将所承受的集中柱荷载较均匀地分布到整个基底面积上。

(2)柱下交叉条形基础 如果地基软弱且在两个方向分布不均匀,需要基础在两个方向都具有一定的刚度来调整不均匀沉降,则可在柱网下沿纵横两向分别设置条形基础,从而形成柱下交叉条形基础,如图7.4(b)所示。如果单向条形基础的底面积已能满足地基承载力要求,则为了减少基础之间的沉降差,可在另一方向加设连梁,形成连梁式交叉条形基础。

(3)筏形基础 当柱下交叉条形基础底面积占建筑物平面面积的比例较大,或者建筑物在使用上有

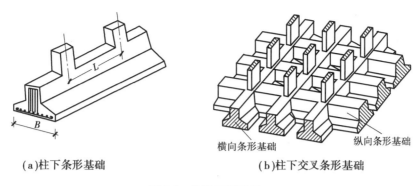

|(a)柱下条形基础| (b)柱下交叉条形基础|

图 7.4 条形连续基础

要求时,可以在建筑物的柱、墙下方做成一块满堂的基础,即筏形基础。筏形基础按所支承的上部结构类型分为墙下筏形基础(用于砌体承重结构)和柱下筏形基础(用于框架、剪力墙结构)。柱下筏形基础可以分为平板式和梁板式两类,如图 7.5 所示。

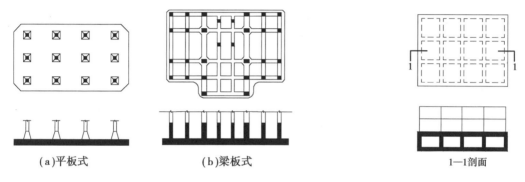

(a)平板式　　　　　　　(b)梁板式　　　　　　　　　1—1剖面

图 7.5　筏形基础图　　　　　　　　　　　图 7.6　箱形基础

(4)箱形基础　箱形基础是由钢筋混凝土的顶板、底板,和纵、横墙板组成的整体刚度较大的箱形结构,简称箱基,如图 7.6 所示。它是在施工现场浇筑的钢筋混凝土大型基础。箱基的尺寸很大,平面尺寸通常与整个建筑平面外形轮廓相同,高度至少超过 3 m,超高层建筑的箱基有数层,高度可超过10 m。箱形基础和设地下室的筏板基础,属于补偿性设计,可减小基底附加压力,减小地基沉降。这类基础埋深一般较大,可提高地基的承载力,增大基础抗水平滑动的稳定性,改善建筑物的抗震性能。箱形基础还可在建筑物下部构成较大的地下空间,以放置建筑设备。

7.1.3　浅基础设计的内容和步骤

天然地基上浅基础设计的内容和一般步骤是:

①阅读分析建筑物场地的地质勘察资料和建筑物设计资料,进行相应的现场勘察和调查。

②选择基础的结构类型和建筑材料。

③选择持力层,决定合适的基础埋置深度。

④根据地基的承载力和作用在基础上的荷载组合,计算基础的初步尺寸。

⑤进行地基计算,包括地基持力层和软弱下卧层(如果存在)的承载力验算,需要时还应进行地基变形验算、地基稳定验算或抗浮验算,根据验算结果,修改基础尺寸或埋置深度。

⑥基础的结构和构造设计,绘制基础工程设计图,编制工程预算书和工程设计说明书。

7.2　基础埋置深度的确定

基础埋置深度(简称埋深)是指室外天然地面标高至基础底面的距离。在满足地基稳定和变形要求的前提下,基础应尽量浅埋,以节省工程量且便于施工。影响基础埋置深度的主要因素有上部结构、工程地质与水文地质条件、当地冻结深度和建筑场地的环境条件等。

7.2.1 上部结构情况

上部结构情况包括建筑物用途、类型、规模、荷载大小与性质。

当建筑物设有地下室时,基础埋深要受地下室地面标高的影响,至少大于 3 m;当建筑物仅局部有地下室时,基础可按台阶形式变化埋深或整体加深。

对于竖向荷载大,地震作用和风载荷也大的高层建筑,如位于土质地基上,为满足稳定性要求,基础埋深应适当增大。在抗震设防区,箱形和筏形基础埋深不宜小于建筑物高度的1/15;桩筏或桩箱基础的埋深(不计桩长)不易小于建筑物高度的1/18~1/20。如高层建筑位于岩石地基上,基础埋深应满足抗滑要求。对于受上拔力较大的基础(如输电塔基础),应有较大的埋深以满足抗拔要求;烟囱、水塔等高耸结构均应满足抗倾覆稳定性的要求;冷藏库或高温炉窑等建筑物,应考虑热传导引起地基土因低温而冻胀或高温而干缩的影响;对于室内地面荷载较大或有设备基础的厂房、仓库,应考虑对基础内侧的不利作用。

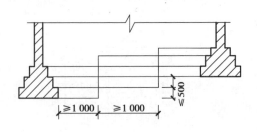

图 7.7 墙基础埋深变化时的台阶做法

当建筑物各部分的使用要求不同,或地基土质变化大,要求同一建筑物各部分基础埋深不相同时,应将基础做成台阶形逐步过渡,台阶的高宽比为 1∶2,如图 7.7 所示。

7.2.2 工程地质与水文地质条件

1) 工程地质条件

为满足建筑物对地基承载力和地基变形的要求,应当选择压缩性小、承载力高的坚实土层作为地基持力层。应根据工程勘察成果报告的地质剖面图,分析各土层深度、层厚、地基承载力大小与压缩性高低,结合上部结构情况进行技术与经济比较,确定最佳的基础埋深方案。

基础埋深不得小于 0.5 m;为保护基础不外露,基础大放脚顶面应低于室外地面至少 0.1 m;另外,基础应埋置于持力层面下不少于 0.1 m。如图 7.8 所示。

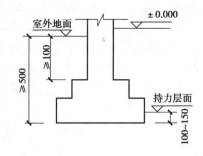

图 7.8 基础的最小埋置深度

2) 水文地质条件

基础应尽量埋置在地下水位以上,以避免地下水对基坑开挖、基础施工和使用期间的影响。对底面低于地下水位的基础,应考虑施工期间的基坑降水、坑壁围护,以及可能产生的流砂、涌土及基坑突涌等问题,并应采取保护地基土不受扰动的措施。

7.2.3 当地冻结深度

1) 地基土的冻胀性

当地基土的温度低于 0 ℃时,土中部分孔隙水将冻结而形成冻土。季节性冻土是指在冬季冻结而夏季融化,每年冻融交替一次的土层。季节性冻土在全国分布很广,冻土层厚度在0.5 m以上,最厚达 3 m。

冻结的土会产生一种吸力,吸引附近水分渗向冻结区并一起冻结。因此,土冻结后,含水量增加,体积膨胀,这种现象称为土的冻胀现象。如果冻土层离地下水位较近,冻结产生的吸力和毛细作用将吸引地下水源源不断进入冻土区,形成冰晶体,严重时可形成冰夹层。若冻胀产生的上抬力大于基底压力,基础就有可能上抬。而土层解冻时,土体软化,强度降低,地基将产生融陷。

影响冻胀的因素主要是土的粒径大小、土中含水量的多少以及地下水补给条件等。结合水含量极少的粗粒土,因不发生水分迁移,故不存在冻胀问题。处于坚硬状态的黏性土,因为结合水的含量很少,冻胀作用也很微弱。若地下水位高或能通过毛细水使水分向冻结区补充,冻胀则会较严重。《建筑地基基础设计规范》(GB 50007—2011)根据冻土层的平均冻胀率的大小,把地基冻胀性分为不冻胀、弱冻胀、冻胀、强冻胀和特强冻胀五个等级。

2)考虑冻胀的基础最小埋深

当建筑基础底面下允许有一定厚度的冻土层时,基础最小埋深应满足下式:

$$d_{\min} = z_d - h_{\max} \tag{7.1a}$$

$$z_d = z_0 \psi_{zs} \psi_{zw} \psi_{ze} \tag{7.1b}$$

式中 z_d——场地冻结深度,当有实测资料时按 $z_d = h^1 - \Delta z$ 计算,m;

z_0——标准冻结深度,无实测资料时,按《地基基础规范》采用,m;

$\psi_{zs}, \psi_{zw}, \psi_{ze}$——影响系数,分别按表7.1、表7.2、表7.3确定;

$h_{\max}$——基础底面下允许残留冻土层的最大厚度,按表7.4采用,m。

表 7.1 土的类别对冻深的影响系数

土的类别	黏性土	细砂、粉砂、粉土	中、粗、砾砂	大块碎石土
影响系数 ψ_{zs}	1.00	1.20	1.30	1.40

表 7.2 土的冻胀性对冻深的影响系数

冻胀性	不冻胀	弱冻胀	冻胀	强冻胀	特强冻胀
影响系数 ψ_{zw}	1.00	0.95	0.90	0.85	0.80

表 7.3 环境对冻深的影响系数

周围环境	村、镇、旷野	城市近郊	城市市区
影响系数 ψ_{ze}	1.00	0.95	0.90

注:当城市市区人口为20万~50万人时,环境影响系数按城市近郊取值;当50万人<人口≤100万人时,按城市市区取值;当城市市区人口超过100万人时,按城市市区取值,5 km以内郊区应按城市近郊取值。

表 7.4 建筑基底下允许残留冻土层厚度 $h_{\max}$　　　　单位:m

冻胀性	基础形式	采暖情况	基底平均压力/kPa						
			90	110	130	150	170	190	210
弱冻胀土	方形基础	采暖	—	0.94	0.99	1.04	1.11	1.15	1.20
		不采暖	—	0.78	0.84	0.91	0.97	1.04	1.10
	条形基础	采暖	—	>2.50	>2.50	>2.50	>2.50	>2.50	>2.50
		不采暖	—	2.20	2.50	>2.50	>2.50	>2.50	>2.50

续表

冻胀性	基础形式	采暖情况	基底平均压力/kPa						
			90	110	130	150	170	190	210
冻胀土	方形基础	采暖	—	0.64	0.70	0.75	0.81	0.86	—
		不采暖	—	0.55	0.60	0.65	0.69	0.74	
	条形基础	采暖	—	1.55	1.79	2.03	2.26	2.50	
		不采暖	—	1.15	1.35	1.55	1.75	1.95	
强冻胀土	方形基础	采暖	—	0.42	0.47	0.51	0.56	—	—
		不采暖	—	0.36	0.40	0.43	0.47	—	—
	条形基础	采暖	—	0.74	0.88	1.00	1.13	—	—
		不采暖	—	0.56	0.66	0.75	0.84		
特强冻胀土	方形基础	采暖	0.30	0.34	0.38	0.41	—	—	—
		不采暖	0.24	0.27	0.31	0.34			
	条形基础	采暖	0.43	0.52	0.61	0.70			
		不采暖	0.33	0.40	0.47	0.53	—	—	—

注:①本表只计算法向冻胀力,如果基侧存在切向冻胀力,应采取防切向力措施。

②本表不适用于宽度小于 0.6 m 的基础,矩形基础可取短边尺寸按方形基础计算。

③表中数据不适用于淤泥、淤泥质土和欠固结土。

④表中基底平均压力数值为永久荷载标准值乘以 0.9,可以内插。

7.2.4 建筑场地的环境条件

当存在相邻建筑物时,为保证原有建筑物安全和正常使用,新建筑物的基础埋深不宜大于原有建筑物基础的埋深,并应考虑新加荷载对原有建筑物的不利作用。当新建筑物基础埋深大于原有建筑物基础埋深时,应满足 $L \geqslant (1 \sim 2) h$,如图 7.9 所示。当不能满足此要求时,应在基础施工期间采取有效措施保证原有建筑物的安全,如新建基础采取分段施工,或基坑壁设置临时加固支撑,打板桩或用沉井、地下连续墙等,以及加固原有建筑物地基等。

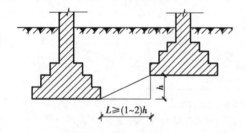

图 7.9　相邻基础的埋深

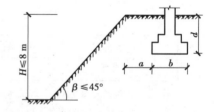

图 7.10　土坡坡顶处基础的最小埋深图

在确定基础埋深时,需考虑给排水、供热等管道,及沟、坑等地下设施。原则上不允许管道从基础底下通过,一般可以在基础上设洞口,且洞口顶面与管道之间要留有足够的净空高度,以防止基础沉降压裂管道,造成事故。

在河流、湖泊等水体旁建造的建筑物基础,如可能受到流水或波浪冲刷的影响,其底面应位于冲刷线以下。

位于稳定边坡之上的拟建工程,要保证地基有足够的稳定性,如图 7.10 所示。在坡高 $H \leqslant 8$ m,坡角 $\beta \leqslant 45°$,且 $b \leqslant 3$ m,$a \geqslant 2.5$ m 时,当基础埋深 d 符合下列条件,可以认为已满足稳定要求。

条形基础　　　　　　　　　　$d \geqslant (3.5b - a) \tan \beta$　　　　　　　　　　(7.2)

矩形基础　　　　　　　　　　$d \geqslant (2.5b - a) \tan \beta$　　　　　　　　　　(7.3)

7.3　基础尺寸的确定

基础尺寸是指基础底面的长度、宽度和基础高度。根据已确定的基础类型、埋置深度、地基承载力特征值和作用在基础底面的荷载值,进行基础尺寸设计。

7.3.1　轴心荷载作用下基础尺寸

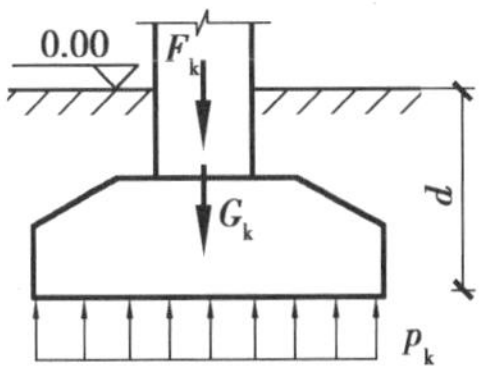

1)基础底面积 A

选择基础类型和埋置深度后,可根据持力层条件计算基础底面尺寸。如果地基受力层范围内存在着承载力明显低于持力层的下卧层,所选择的基底尺寸尚须满足对软弱下卧层验算的要求。必要时还应对地基变形或地基稳定性进行验算。

图 7.11　轴心受压基础

如图 7.11 所示,轴心荷载作用下,基底压力计算要求:

$$p_k \leqslant f_a \tag{7.4}$$

式中　f_a——修正后的持力层承载力特征值;

p_k——相应于荷载效应标准组合时,基础底面处的平均压力值,$p_k = \dfrac{F_k + G_k}{A}$;

F_k——相应于荷载效应标准组合时,上部结构传至基础顶面的竖向力值;

G_k——基础自重和基础上的土重,一般实体基础,可近似地取 $G_k = \gamma_G A d$,在地下水下应减去浮力,即 $G_k = \gamma_G A d - \gamma_w A h_w$;

γ_G——基础及回填土的平均重度,一般取 $\gamma_G = 20 \text{ kN/m}^3$ 计算;

d, h_w——分别为基础平均埋深、地下水位至基础底面的距离;

A——基础底面积。

将式 $p_k = \dfrac{F_k + G_k}{A}$ 代入式(7.4)可得基础底面积计算公式如下:

$$A \geqslant \frac{F_k}{f_a - \gamma_G d + \gamma_w h_w} \tag{7.5}$$

对于独立基础,轴心荷载作用下常采用正方形基础,其正方形基础边长为:

$$b = \sqrt{A} \geqslant \sqrt{\frac{F_k}{f_a - \gamma_G d + \gamma_w h_w}} \tag{7.6}$$

对于墙下条形基础$\left(\dfrac{l}{b} \geqslant 10 \right)$,沿基础长度方向取 1 m 作为计算单元,荷载也为相应的线荷载,则条形基础基底宽度为:

$$b \geqslant \frac{F_k}{f_a - \gamma_G d + \gamma_w h_w} \tag{7.7}$$

最后确定的基底尺寸 b 和 l 均应为 100 mm 的倍数。

2)基础高度 h

基础高度 h 通常小于基础埋深 d,这是为了防止基础露出地面,遭受人来车往、日晒雨淋的损伤,需要在基础顶面覆盖一层保护基础的土层,此保护层的厚度 d_0 通常大于 10 cm 或 15 cm。因此,基础高度 $h = d - d_0$。

若基础的材料采用刚性材料,如砖、砌石或素混凝土时,基础高度设计应注意使刚性角 α 满足要求,以避免刚性材料被拉裂。

7.3.2 偏心荷载作用下基础尺寸

当作用在基底形心处的荷载不仅有竖向荷载,而且有力矩存在的情况,为偏心受压基础,如图7.12所示。偏心受压基础,基底压力计算除了满足式(7.4)以外,尚应符合下式要求:

$$p_{k\,max} \leqslant 1.2 f_a \tag{7.8}$$

式中　$p_{k\,max}$——相应于荷载效应标准组合时,按直线分布假设计算的基底边缘处最大压力值;

f_a——修正后的地基承载力特征值。

对于单向偏心基础,当偏心矩 $e \leqslant b/6$ 时,基底最大(最小)压力可按下式计算:

$$p_{\substack{k\,max \\ k\,min}} = \frac{F_k + G_k}{bl}\left(1 \pm \frac{6e}{b}\right) \tag{7.9}$$

或者

$$p_{\substack{k\,max \\ k\,min}} = \frac{F_k + G_k}{bl} \pm \frac{M_k}{W} \tag{7.10}$$

如图7.13所示,当 $p_{k\,min} < 0$,或 $e > b/6$ 时,$p_{k\,max}$ 计算式为:

$$p_{k\,max} = \frac{2(F_k + G_k)}{3la} \tag{7.11}$$

式中　l——垂直于偏心方向的基础边长;

b——平行于偏心方向的基础边长;

M_k——相应于荷载效应标准组合时,基础所有荷载对基底行心的合力矩;

e——偏心矩,$e = \dfrac{M_k}{F_k + G_k}$;

$p_{k\,min}$——相应于荷载效应标准组合时,基底边缘处的最小压力值。

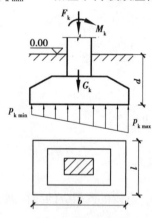

图7.12　偏心受压基础

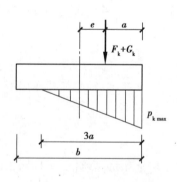

图7.13　偏心荷载($e > b/6$)基底压力计算

为了保证基础不致过分倾斜,通常要求 $e \leqslant b/6$ 或 $p_{k\,min} > 0$。在中、高压缩性地基上或有吊车的厂房柱基础,$e \leqslant b/6$;对低压缩性地基上的基础,当考虑短暂作用的偏心荷载时,可放宽至 $p_{k\,min} \leqslant 0$,但宜将偏心距控制在 $b/4$ 内。

偏心荷载作用下,基础底面受力不均匀,需要加大基础底面尺寸,通常是根据轴心荷载作用下计算得到的基础底面积的增大 $10\% \sim 40\%$(考虑力矩作用)进行试估,再验算承载力,直到满足为止。试算步骤如下:

①初步确定深度修正后的地基承载力特征值 f_a。

②根据荷载偏心情况,将按轴心荷载作用下基底面积增大 $10\% \sim 40\%$,即

$$A = (1.1 \sim 1.4) \frac{F_k}{f_a - \gamma_G d + \gamma_w h_w} \tag{7.12}$$

③确定 b、l 的尺寸，常取 $\dfrac{l}{b} = n \leqslant 2$，则 $b = \sqrt{\dfrac{A}{n}}$，$l = nb$。

④考虑是否应对地基承载力进行宽度修正。如需要，在承载力修正后，重复上述 2,3 步骤，使所取宽度前后一致。

⑤计算偏心矩 e 和基底最大压力 $p_{k\,max}$，验算是否满足 $p_{k\,max} \leqslant 1.2 f_a$ 和 $e \leqslant \dfrac{l}{6}$ 的要求。

⑥如 b、l 取值不适当(太大或太小)，可调整尺寸再重复上述步骤进行验算，如此反复一二次，便可定出合适的尺寸。

【例题 7.1】　拟设计独立基础埋深为 2.0 m，若地基承载力设计值为 $f_a = 226$ kPa，上部结构荷重 $N = 1\,600$ kN，$M = 400$ kN·m，基底处压力位 50 kN。试设计经济合理的基底尺寸。

【解】　初选底面尺寸：$A \geqslant \dfrac{N}{f_a - \gamma_G d} = \dfrac{1\,600}{226-40} = 8.6(\mathrm{m}^2)$；考虑偏心影响，将底面面积扩大 30%，$A = 1.3 A_0 = 11.2$ m²；

独立基础，初选尺寸为 $l = 3.6$ m，$b = 3.8$ m；

地基回填土 $G = 20 \times 2.0 \times 11.5 = 460(\mathrm{kN})$；

偏心距 $e = \dfrac{M_k}{F+G} = \dfrac{400 \times 10^6}{1\,600 \times 10^3 + 460 \times 10^2} = 194(\mathrm{mm}) < \dfrac{l}{6} = 0.6$，即最小压力大于 0；

基底最大压力为：

$$p_{k\,max} = \frac{F_k + G_k}{bl}\left(1 + \frac{6e}{l}\right) = \frac{1\,600 + 460}{11.2}\left(1 + \frac{6 \times 0.194}{3.6}\right) = 243.4(\mathrm{kPa}) < 1.2 f_a = 217.2 \text{ kPa}，满足要求。$$

所以取底面尺寸为 $l = 3.6$ m，$b = 3.8$ m。

7.3.3　减少建筑物不均匀沉降的工程措施

1) 不均匀沉降产生的原因与危害

根据地基沉降计算公式 $s = \sigma_z h / E_s$，可知地基产生不均匀沉降的主要原因是：附加应力 σ_z 相差悬殊；地基压缩层厚度 h 相差悬殊，或软弱土层厚薄变化大；地基土压缩模量 E_s 相差悬殊，地基持力层水平方向软硬交界处产生不均匀沉降。

对于砌体承重结构，不均匀沉降常引起结构开裂，尤其是在墙体窗口门洞的角位处。裂缝的位置和方向与不均匀沉降的状况有关。对于框架等超静定结构，各柱不均匀沉降将在梁柱等构件中产生附加内力。当这些附加内力与设计荷载作用下的内力之和超过构件的承载能力时，梁、柱端和楼板将会出现裂缝。

2) 减少建筑物不均匀沉降的工程措施

为了减少地基的总沉降量和不均匀沉降，通常可采用桩基础、其他深基础或进行地基处理；或者通过增强上部结构对不均匀沉降的适应能力，从地基、基础与上部结构共同作用的观点出发，采取建筑、结构与施工措施来实现。例如：

(1)建筑措施　建筑物的体型应力求简单，控制建筑物的长高比及合理布置纵横墙，设置沉降缝，控制相邻建筑物基础间的净距，调整建筑物的标高。

对于具有地下室和裙房的高层建筑,为减少高层部分与裙房间的不均匀沉降,常在施工时采用后浇带将两者断开,待两者间的后期沉降差能满足设计要求时再连接成整体。

(2)结构措施　减轻建筑物自重,增强建筑物的整体刚度和强度,减小或调整基底附加压力,选用非敏感性结构。

(3)施工措施　合理安排施工顺序。对于高灵敏度的软黏土,基槽开挖施工中,需注意保护持力层不被扰动。

此外,需注意控制建筑结构的加荷速率及地面堆载。拟建的密集建筑群内如采用桩基础,应采用合理的沉桩顺序,以防挤土过多;在进行降低地下水位及开挖基坑时,应注意对邻近建筑物可能产生的不利影响,必要时可以采用设置回灌井、截水帷幕等措施,控制地面下沉量。

7.4 扩展基础设计

7.4.1 无筋扩展基础设计

1)无筋扩展基础的构造要求

刚性基础所用材料抗压强度较高,抗拉、抗剪强度低,稍有挠曲变形,基础内拉应力就会超过材料的抗拉强度而产生裂缝。因此,必须控制基础内的拉应力和剪应力。如图7.14(a)所示,基础一侧的大放脚在基底反力作用下,如同倒置的短悬臂板,当设计的台阶根部高度小时,就会弯曲拉裂或剪裂。

无筋扩展基础结构设计时可以通过控制材料强度等级和台阶宽高比(台阶的宽度与高度之比)来确定基础的截面尺寸,无需进行内力分析和截面强度计算。图7.14(b)所示,要求基础每个台阶的宽高比($\tan \alpha = b_2 : H_0$)不得超过表7.5所列的允许值。即应满足下式要求:

$$H_0 \geqslant \frac{b - b_0}{2 \tan \alpha} \tag{7.13}$$

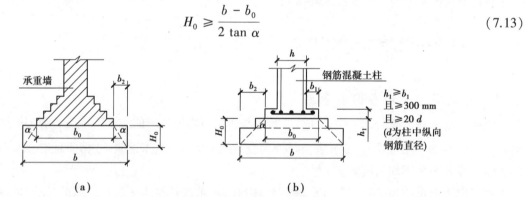

图7.14　无筋扩展基础构造示意图

由于台阶宽高比的限制,无筋扩展基础的高度一般都较大,但不应大于基础埋深,否则,应加大基础埋深或选择刚性角较大的基础类型(如混凝土基础),如仍不满足,可采用钢筋混凝土基础。为节约材料和施工方便,基础常做成阶梯形。分阶时,每一台阶除应满足台阶宽高比的要求外,还须符合有关的构造规定。砖基础大放脚砌筑方式有两皮一收和二一间隔收两种。毛石基础的每阶伸出宽度不宜大于200 mm,每阶高度400~600 mm,并由两层毛石错缝砌成。混凝土基础每阶高度不应小于200 mm,毛石混凝土基础每阶高度不应小于300 mm。

2)无筋扩展基础底面宽度

无筋扩展基础底面宽度b,受材料刚性角的限制,应符合下式要求:

$$b \leqslant b_0 + 2H_0 \tan \alpha \tag{7.14}$$

式中　b_0，H_0——分别为基础顶面处的墙体宽度(或柱脚宽度)、基础高度;

　　　α——基础的刚性角，$\tan \alpha$ 即为台阶宽高比的允许值，可按表7.5采用。

采用无筋扩展基础的钢筋混凝土柱，当柱纵向钢筋在柱脚内的竖向锚固长度不满足锚固要求时，可沿水平方向弯折，弯折后的水平锚固长度不应小于 $10d$ 也不应大于 $20d$。

表7.5　无筋扩展基础台阶宽高比的允许值

基础材料	质量要求	台阶宽高比的允许值		
		$p_k \leqslant 100$	$100 < p_k \leqslant 200$	$200 < p_k \leqslant 300$
混凝土基础	C15 混凝土	1:1.00	1:1.00	1:1.25
毛石混凝土基础	C15 混凝土	1:1.00	1:1.25	1:1.50
砖基础	砖不低于 MU10 砂浆不低于 M5	1:1.50	1:1.50	1:1.50
毛石基础	砂浆不低于 M5	1:1.25	1:1.50	—
灰土基础	体积比 3:7 或 2:8 的灰土，其最小干密度:粉土 15.5 kN/m³;粉质黏土 15.0 kN/m³;黏土 14.5 kN/m³	1:1.25	1:1.50	—
三合土基础	体积比为 1:2:4~1:3:6(石灰:砂:骨料)，每层虚铺 220 mm，夯至 150 mm	1:1.50	1:2.00	—

注:①p_k 为基础底面处平均压力，kPa;阶梯形毛石基础的每阶伸出宽度不宜大于 200 mm。

　　②当基础由不同材料迭合组成时，应对接触部分作抗压验算。

　　③对混凝土基础，当基础底面处于平均压力超过 300 kPa 时，尚应进行抗剪验算;对于基底反力集中于立柱附近的岩石地基，应进行局部受压承载力验算。

7.4.2　钢筋混凝土扩展基础设计

在地基表层土质较好、下层土质软弱的情况，可利用表层好土层设计浅埋基础，且最适宜采用钢筋混凝土扩展基础。钢筋混凝土扩展基础的底面向外扩展，基础外伸的宽度大于基础高度，基础材料承受拉应力。该类扩展基础适用于上部结构荷载较大，有时为偏心荷载或承受弯矩、水平荷载的建筑物基础。钢筋混凝土扩展基础分为墙下条形基础和柱下独立基础两类。

1)构造要求

①锥形基础边缘高度不宜小于 200 mm;阶梯形基础的每阶高度，宜为 300~500 mm。基础的混凝土强度等级不应低于 C20;垫层厚度不宜小于 70 mm，垫层混凝土强度等级应为 C10。

②扩展基础底板受力钢筋最小配筋率不应小于 0.15%，底板受力钢筋的最小直径不宜小于 10 mm;间距不宜大于 200 mm，也不宜小于 100 mm。墙下钢筋混凝土条形基础纵向分布钢筋的直径不小于 8 mm，间距不大于 300 mm，每延米分布钢筋的面积应不小于受力钢筋面积的 15%。当有垫层时钢筋保护层的厚度不小于 40 mm，无垫层时不小于 70 mm。

③当柱下钢筋混凝土独立基础边长和墙下钢筋混凝土条形基础宽度大于或等于 2.5 m 时，底板受力钢筋的长度可取边长或宽度的 0.9 倍，并宜交错布置，如图 7.15(a)所示。

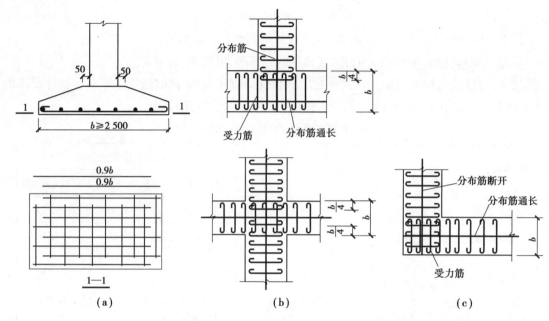

图 7.15 扩展基础底板受力钢筋布置

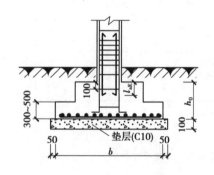

图 7.16 现浇柱基础中插筋构造

④钢筋混凝土条形基础底板在 T 形及十字形交接处,底板横向受力钢筋仅沿一个主要受力方向通长布置,另一方向的横向受力钢筋可布置到主要受力方向底板宽度 1/4 处,如图7.15(b)所示。在拐角处底板横向受力钢筋应沿两个方向布置,如图 7.15(c)所示。

⑤有抗震设防要求时,纵向受力钢筋的最小锚固长度 l_{aE} 计算规定如下:一、二级抗震等级 $l_{aE}=1.15l_a$;三级抗震等级 $l_{aE}=1.05l_a$;四级抗震等级 $l_{aE}=l_a$。l_a 为纵向受拉钢筋的锚固长度(m)。

⑥现浇柱基础,其插筋数量、直径以及钢筋种类应与柱内纵向受力钢筋相同。插筋的锚固长度应满足前面锚固长度的相应规定。插筋与柱的纵向受力钢筋的连接方法,应符合现行国家标准《混凝土结构设计规范》(GB 50010—2010)的有关规定。插筋的下端宜做成直钩放在基础底板钢筋网上。当柱为轴心受压或小偏心受压,基础高度 h≥1 200 mm;或柱为大偏心受压,基础高度≥1 400 mm时,可仅将四角的插筋伸至底板钢筋网上,其余插筋锚固在基础顶面下 l_a 或 l_{aE} 处,如图7.16 所示。

⑦对于预制柱下的杯形基础,如图 7.17 所示,需符合下列要求:柱子插入深度 h_1 按表 7.6 选用,并应满足锚固长度要求和吊装稳定性。基础的杯底厚度 a_1 和杯壁厚度 t,可按表 7.7 选用。当柱为轴心受压或小偏心受压且 $t/h_2≥0.65$ 时,或大偏心受压且 $t/h_2≥0.75$ 时,杯壁可不配筋;当柱为轴心受压或小偏心受压且 $0.5≤t/h_2<0.65$ 时,杯壁可按表 7.8 构造配筋;其他情况下,杯塑应按计算配筋。

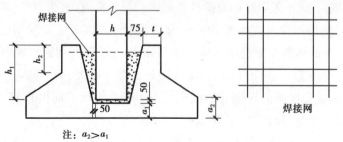

注:$a_2>a_1$

图 7.17 预制钢筋混凝土柱独立基础示意图

表7.6 柱的插入深度 h_1　　　　　　　单位:mm

矩形或工字形柱				双肢柱
$h<500$	$500\leqslant h<800$	$800\leqslant h\leqslant 1\ 000$	$h>1\ 000$	
$(1\sim1.2)h$	h	$0.9h$ 且$\geqslant800$	$0.8h$ 且$\geqslant1\ 000$	$(1/3\sim2/3)h_a$, $(1.5\sim1.8)h_b$

注:①h 为柱截面长边尺寸,h_a 为双肢柱整个截面长边尺寸,h_b 为双肢柱整个截面短边尺寸。

②柱轴心受压或小偏心受压时,h_1 可以适当减小;偏心距大于 $2h$ 时,h_1 应适当加大。

表7.7 基础杯底厚度 a_1 和杯壁厚度 t

柱截面长边尺寸 h/mm	杯底厚度 a_1/mm	杯壁厚度 t/mm
$h<500$	$\geqslant150$	$150\sim200$
$500\leqslant h<800$	$\geqslant200$	$\geqslant200$
$800\leqslant h<1\ 000$	$\geqslant200$	$\geqslant300$
$1\ 000\leqslant h<1\ 500$	$\geqslant250$	$\geqslant350$
$1\ 500\leqslant h<2\ 000$	$\geqslant300$	$\geqslant400$

注:①双肢柱的杯底厚度值可适当加大。

②当有基础梁时,基础梁下的杯壁厚度应满足其支承宽度的要求。

③柱子插入杯口部分的表面应凿毛,柱子与杯口之间的空隙,应用细石混凝土(比基础混凝土强度等级高一级)充填密实,其强度达到基础设计等级的70%以上时,方能进行上部吊装。

表7.8 杯壁构造配筋

柱截面长边尺寸 h/mm	$h<1\ 000$	$1\ 000\leqslant h<1\ 500$	$1\ 500\leqslant h\leqslant 2\ 000$
钢筋直径 ϕ/mm	$8\sim10$	$10\sim12$	$12\sim16$

注:表中钢筋置于杯口顶部,每边两根(见图7.17)。

2) 墙下钢筋混凝土条形基础设计计算

(1)轴心荷载作用

①基础底面积确定:

$$A \geqslant \frac{F_k}{f_a - \gamma_G d + \gamma_w h_w} \tag{7.15}$$

②基础高度 h 确定。墙下条形基础的受力条件是平面应变,即破坏只发生在宽度方向,常常由于底板产生斜裂缝而破坏,因此基础内不配置箍筋和弯起筋,故基础高度由混凝土的受剪承载力确定:

$$V_s \leqslant 0.7\beta_{hs} f_t A_0 \tag{7.16a}$$

$$\beta_{hs} \leqslant \left(\frac{800}{h_0}\right)^{\frac{1}{4}} \tag{7.16b}$$

式中　V_s——墙与基础交接处由基底平均净反力产生的单位长度剪力设计值;

β_{hs}——受剪承载力截面高度影响系数,当 $h_0<800$ mm 时,取 $h_0=800$ mm;当 $h_0>2\ 000$ mm时,取 $h_0=2\ 000$ mm;

A_0——验算截面处基础的有效截面面积,m^2;

h_0——基础有效高度;

f_t——混凝土轴心抗拉强度设计值。

于是

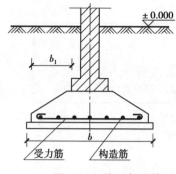

图 7.18 墙下条形基础

$$h_0 \geq \frac{V_s}{0.7\beta_{hs}f_t b} \tag{7.17}$$

式中　b——基础宽度。

如图 7.18 所示,当墙体材料为混凝土时,b_1 为基础边缘至墙脚的距离;当为砖墙且放脚不大于 1/4 砖长时,b_1 为基础边缘至墙脚距离再加上 0.06 m。

③基础底板配筋计算。悬臂根部的最大弯矩设计值 M 为:

$$M = \frac{1}{2}p_j b_1^2 \tag{7.18}$$

式中　p_j——相应于荷载效应基本组合时的地基净反力值,$p_j = \dfrac{F}{b}$;

b_1——基础悬臂部分计算截面挑出长度。

基础每米长的受力钢筋截面面积:

$$A_s = \frac{M}{0.9f_y h_0} \tag{7.19}$$

式中　A_s, f_y——钢筋面积,mm^2;钢筋抗拉强度设计值,N/mm^2;

h_0——基础有效高度,$0.9h_0$ 为截面内力臂的近似值,mm。

上述方法求得的钢筋面积是基础纵向按每延米计的横向受力钢筋的最小配筋面积,沿基础宽度方向设置,间距应小于或等于 200 mm,但不宜小于 100 mm。

（2）偏心荷载作用

①基础底面积 A 的确定:

$$A = (1.1 \sim 1.4)\frac{F_k}{f_a - \gamma_G d + \gamma_w h_w} \tag{7.20}$$

②基础高度 h 的确定:

$$V = \frac{1}{2}(p_{j\,max} + p_j)b_1 \leq 0.7\beta_{hs}f_t h_0 \tag{7.21}$$

式中　$p_{j\,max}$——在偏心荷载作用下,基础边缘处的最大净反力设计值,$p_{j\,max} = \dfrac{F}{b} + \dfrac{6M}{b^2}$　或　$p_{j\,max} = \dfrac{F}{b}\left(1 + \dfrac{6e_0}{b}\right)$;

F——相应于荷载效应基本组合时上部结构传至基础顶面竖向力值;

M——相应于荷载效应基本组合时作用于基础底面的力矩值;

e_0——荷载的净偏心矩,$e_0 = \dfrac{M}{F}$。

③基础底板配筋计算:

$$M = \frac{1}{6}(2p_{j\,max} + p_j)b_1^2 \quad 及 \quad A_s = \frac{M}{0.9f_y h_0} \tag{7.22}$$

3）柱下钢筋混凝土独立基础设计计算

①基础底面积确定计算公式同式（7.20）。

②基础高度和变阶处高度确定基础高度由混凝土的受冲切承载力确定。在柱荷载作用下,如果基础高度（或阶梯高度）不足,则将沿柱周边（或阶梯高度变化处）发生冲切破坏,形成 45° 斜裂面的角锥体,如图 7.19 所示。

对矩形截面柱的矩形基础,还应验算柱与基础交接处以及基础变阶处的受冲切承载力。受冲切承载

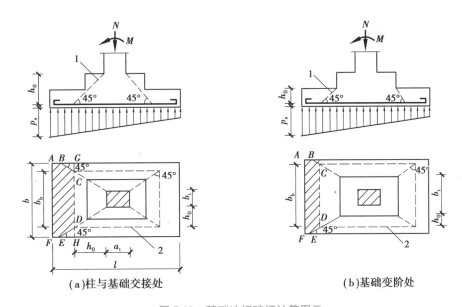

（a）柱与基础交接处 （b）基础变阶处

图 7.19 基础冲切破坏计算图示

1—冲切破坏锥体最不利一侧的斜截面；2—冲切破坏锥体的底面线

力应按下列公式验算：

$$F_l \leqslant 0.7\beta_{hp}f_t b_m h_0 \tag{7.23}$$

$$F_l = p_s A_l \tag{7.24}$$

式中 β_{hp}——受冲切承载力截面高度影响系数，当 $h \leqslant 800$ mm 时，β_{hp} 取 1.0，当 $h \geqslant 2\ 000$ mm 时，β_{hp} 取 0.9，其间按线性内插法取用；

f_t, h_0——分别为混凝土轴心抗拉强度设计值、基础冲切破坏锥体的有效高度；

b_m——冲切破坏锥体最不利一侧计算长度，$b_m = (b_t + b_b)/2$；

b_t——冲切破坏锥体最不利一侧斜截面的上边长，当计算柱与基础交接处的受冲切承载力时，取柱宽，当计算基础变阶处的受冲切承载力时，取上阶宽；

b_b——冲切破坏锥体最不利一侧斜截面在基础底面积范围内的下边长，计算柱与基础交接处的受冲切承载力时，取柱宽加两倍基础有效高度，当计算基础变阶处的受冲切承载力时，取上阶宽加两倍该处的基础有效高度，即 $b_b = b_t + 2h_0$，当冲切破坏锥体的底面在 b 方向落在基础底面以外时（$b_t + 2h_0 \geqslant b$），取 $b_b = b$；

p_s——扣除基础自重及其上土重后相应于荷载效应基本组合时的地基土单位面积净反力，对偏心受压基础可取基础边缘处最大地基土单位面积净反力；

A_l——冲切验算时取用的部分基底面积（图 7.19 中阴影面积 $ABCDEF$）；

F_l——相应于荷载效应基本组合时作用在 A_l 上的地基土净反力设计值。

当基础底面全部落在 45°冲切破坏锥体底边以内时，则为刚性基础，无需进行冲切验算。

由式（7.23）和式（7.24）可得：

$$p_s A_l \leqslant 0.7\beta_{hp}f_t b_m h_0 \tag{7.25}$$

由图 7.19 可知：

$$A_l = A_{AGHF} - (A_{BGC} + A_{DHE}) =$$

$$\left(\frac{l}{2} - \frac{a_t}{2} - h_0\right)b - \left(\frac{b}{2} - \frac{b_t}{2} - h_0\right)^2 \tag{7.26}$$

$$b_m = \frac{b_t + b_b}{2} = \frac{b_t + (b_t + 2h_0)}{2} = b_t + h_0 \tag{7.27}$$

则有：

$$F_l = p_s A_l = p_s \left[\left(\frac{l}{2} - \frac{a_t}{2} - h_0 \right) b - \left(\frac{b}{2} - \frac{b_t}{2} - h_0 \right)^2 \right] \tag{7.28}$$

解式(7.25)与式(7.28),即可验算基础高度等设计指标,或直接解出 h_0。

$$h_0^2 + b_t h_0 - \frac{2b(l-a_t) - (b-b_t)^2}{4\left(1 + 0.7\beta_{hp}\frac{f_t}{p_s}\right)} \geq 0, \text{由此可得基础有效高度} h_0：$$

$$h_0 = \frac{1}{2}\left(-b_t + \sqrt{b_t^2 + C} \right) \tag{7.29}$$

式中　a_t——柱截面的长边尺寸;

　　　C——系数。

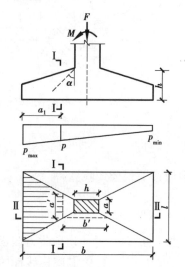

图 7.20　矩形基础底板弯距计算

矩形基础　　　　$C = \dfrac{2b(l-a_t) - (b-b_t)^2}{1 + 0.7\beta_{hp}\dfrac{f_t}{p_s}} \tag{7.30}$

正方形基础　　　$C = \dfrac{b^2 - b_t^2}{1 + 0.7\beta_{hp}\dfrac{f_t}{p_s}} \tag{7.31}$

基础底板厚度 h 为基础有效高度 h_0 加基础底面钢筋的混凝土保护层厚度之和。有垫层时:$h = h_0 + 40$ mm;无垫层时:$h = h_0 + 75$ mm。

③基础弯矩计算。在地基净反力作用下,基础沿柱的周边向上弯曲,一般矩形基础的长宽比小于 2 时为双向受弯,其破坏特征是裂缝沿柱角至基础角将基础底面分裂成四块梯形面积,故配筋计算时,将基础板看成四块固定在柱边的梯形悬臂板,如图 7.20 所示。

对于矩形基础,当台阶的宽高比小于或等于 2.5 和偏心距小于或等于 1/6 基础宽度时,任意截面的弯矩可按下列公式计算(见图 7.20):

$$M_I = \frac{1}{12}a_1^2\left[(2l + a')\left(p_{max} + p - \frac{2G}{A} \right) + (p_{max} - p)l \right] \tag{7.32}$$

$$M_{II} = \frac{1}{48}(l - a')^2(2b + b')\left(p_{max} + p_{min} - \frac{2G}{A} \right) \tag{7.33}$$

式中　a_1——任意截面 I—I 至基底边缘最大反力处的距离;

　　　M_I, M_{II}——任意截面 I—I,II—II 处相应于荷载效应基本组合时弯矩设计值;

　　　p_{max}, p_{min}——相应于荷载效应基本组合时基础底面边缘最大和最小地基反力设计值;

　　　p——相应于荷载效应基本组合时在任意截面 I—I 处基础底面地基反力设计值;

　　　G——考虑荷载分项系数的基础自重及其上的土自重,当组合值由永久荷载控制时,$G = 1.35G_k$,G_k 为基础及其上土的标准自重。

当扩展基础的混凝土强度等级小于柱的混凝土强度等级时,尚应验算柱下扩展基础顶面的局部受压承载力。对于柱下钢筋混凝土扩展基础的底板配筋计算见式(7.22)。

【例题 7.2】　某教学大楼柱下钢筋混凝土独立基础,已知相应于荷载效应基本组合时的柱荷载 $N = 2\ 500$ kN,柱截面尺寸为 1 200 mm×1 200 mm,基础埋深 2.0 m,假设经深宽修正后的地基承载力特征值 $f_a = 213$ kPa。采用 C20 混凝土,HRB335 级钢筋,查得 $f_t = 1.10$ N/mm^2,$f_y = 300$ N/mm^2,垫层采用 C10 混凝土。试设计此钢筋混凝土独立基础。

【解】　(1)计算基础底面面积

$$A \geq \frac{N}{f_a - \gamma_G d} = \frac{2\ 500 \text{ kN}}{213 \text{ kPa} - 20 \text{ kN/m}^3 \times 2 \text{ m}} = 14.45 \text{ m}^2, \text{正方形柱下独立基础,取} l = b = 3.8 \text{ m}。$$

（2）基础底板厚度确定

基底净反力 $\qquad p_s = N/(l \times b) = 2\,500 \text{ kN}/(3.8 \times 3.8)\text{ m}^2 = 173 \text{ kPa}$

系数 $\qquad C = \dfrac{b^2 - b_t^2}{1 + 0.7\beta_{hp}\dfrac{f_t}{p_s}} = \dfrac{(3.80^2 - 1.20^2)\text{ m}^2}{1 + 0.6 \times \dfrac{1\,100}{173}} = \dfrac{13 \text{ m}^2}{1 + 3.82} = 2.70 \text{ m}^2$

基础有效高度 $\quad h_0 = \dfrac{1}{2}(-b_t + \sqrt{b_t^2 + C}) = \dfrac{1}{2}(-1.20 \text{ m} + \sqrt{1.20^2 \text{ m}^2 + 2.70 \text{ m}^2}) = 0.415 \text{ m}$

基础底板厚度 $\quad h' = h_0 + 40 \text{ mm} = 415 \text{ mm} + 40 \text{ mm} = 455 \text{ mm}$

取 2 级台阶，各厚 300 mm，则实际采用的基础底板厚度为：$h = 2 \times 300 \text{ mm} = 600 \text{ mm}$。

实际基础有效高度：$h_0 = h - 40 \text{ mm} = 600 \text{ mm} - 40 \text{ mm} = 560 \text{ mm}$。

（3）基础底板配筋计算

基础台阶宽高比（见图 7.21）为：650 mm/300 mm = 2.17 < 2.5。因无偏心荷载，取 $p = p_{max} = p_{min} = p_s$，由式（7.33）计算柱与基础交界处的弯矩得：

$$M = \frac{1}{48}(l - a_t)^2 \left[(2b + b_t)\left(p_{max} + p_{min} - \frac{2G}{A}\right) \right]$$

$$= \frac{1}{48}(3.80 \text{ m} - 1.2 \text{ m})^2 \left[(2 \times 3.80 \text{ m} + 1.2 \text{ m}) \times (2p_s - 0) \right]$$

$$= \frac{1}{48} \times 2.6^2 \text{ m}^2 \times 8.8 \text{ m} \times (2 \times 173 \text{ kPa} - 0)$$

$$= 428.81 \text{ kN} \cdot \text{m} = 428.81 \times 10^6 \text{N} \cdot \text{mm}$$

基础底板受力钢筋面积 $\quad A_s = \dfrac{M}{0.9f_y h_0} = \dfrac{428.81 \times 10^6 \text{ N} \cdot \text{mm}}{0.9 \times 560 \text{ mm} \times 300 \text{ N/mm}^2} = 2\,836 \text{ mm}^2$

基础底板每 1 m 配筋面积 $\quad A_s' = \dfrac{A_s}{b} = \dfrac{2\,836}{3.80} = 746 \text{ mm}^2/\text{m}$

采用 Φ 12@150，每 1 m 配筋面积为 754 mm²，沿基础底面双向配筋，如图 7.21 所示。

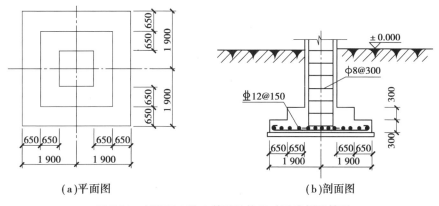

（a）平面图　　　　　　　　　　（b）剖面图

图 7.21　例题 7.1 独立基础结构尺寸及底板配筋图

7.5　连续基础的设计

7.5.1　地基、基础与上部结构共同作用的概念

1）基本概念

在建筑结构的设计计算中，通常把上部结构、基础和地基三者分开考虑，视为彼此相互独立的结构单

元。这种方法忽略了地基、基础和上部结构在接触部位的变形协调条件,其后果是底层和边跨梁柱的实际内力大于计算值,而基础的实际内力则比计算值小得多。因此,合理的设计方法应该将地基、基础和上部结构这三者作为整体,考虑接触部分的变形协调条件来计算其内力和变形,该方法称之为地基基础与上部结构的共同作用分析。

2)基础刚度的影响

建筑物基础的内力、基底反力的大小与分布以及地基沉降量,除了与地基的特性密切相关外,还受基础本身的刚度与上部结构的刚度所制约。

(1)柔性基础　柔性基础的抗弯刚度很小,它好比放在地上的柔软薄膜,可以随地基的变形而任意弯曲。地基上任一点的荷载传递到基底时不可能向旁边扩散。所以柔性基础的基底反力分布与作用在基础上的荷载分布完全一致。假定地基是均质的弹性半空间体,可利用角点法求得柔性基础底面任意点的沉降。均布荷载下柔性基础的基底沉降特点是:中部大、边缘小,如图7.22(a)所示。因此,缺乏刚度的柔性基础,无法调整基底的不均匀沉降,不可能使传至基础的荷载改变原来的分布情况。如果要使柔性基础底面的沉降趋于均匀,就得增大基础边缘的荷载,这样,荷载和反力分布就变成非均匀形状了,如图7.22(b)所示。

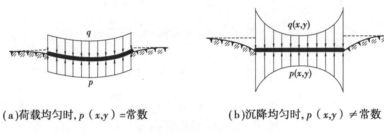

(a)荷载均匀时,$p(x,y)$=常数　　　(b)沉降均匀时,$p(x,y)$≠常数

图7.22　柔性基础的基底反力和沉降

(2)刚性基础　刚性基础具有非常大的抗弯刚度,受荷后基础不挠曲。因此刚性基础的基底在沉降后仍保持平面,在中心荷载作用下均匀下沉,基底反力分布为边缘大、中部小,如图7.23(a)实线所示。在偏心荷载作用下,沉降后基底为一倾斜平面,基底反力分布变成不对称形状,如图7.23(b)所示。由此可见,具有刚度的基础,当基础沉降趋于均匀的同时,将使基底压力发生由中部向边缘的转移,反力图可呈虚线所示的马鞍形。

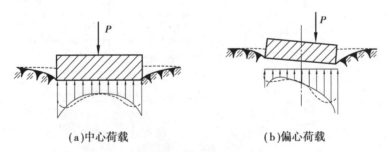

(a)中心荷载　　　　　　　(b)偏心荷载

图7.23　刚性基础的基底反力和沉降

3)上部结构刚度的影响

上部结构刚度是指上部结构对基础不均匀沉降或弯曲的低抗能力,包括水平刚度、竖向刚度和弯曲刚度的综合。上部结构刚度能大大改善基础的纵向弯曲程度,同时能引起结构中的次应力,严重时可以导致上部结构的破坏。

上部结构完全柔性时,除传递荷载外,对条形基础的变形毫无制约作用,即上部结构不参与相互作用。以屋架、柱、基础为承重体系的木结构和土堤工程,可认为是完全柔性结构。钢筋混凝土排架结构可视为柔性结构。大多数建筑物实际刚度介于绝对刚性和完全柔性之间。

4）地基软硬的影响

（1）软土地基　对于淤泥或淤泥质土软土地基，当基础相对刚度较大时，基底反力分布可按直线计算。中心荷载作用下，基底反力均匀分布；偏心荷载作用下，基底反力梯形分布。

（2）坚硬地基　在岩石、密实卵石和坚硬黏性土地基，且基础抗弯刚度小时。当基础上作用集中荷载时，仅传递到荷载附近的地基中，远离荷载的地基不受力。若为相对柔性的基础，在远离集中荷载作用点处基底反力不仅为零，且可能与地基悬离。

（3）软硬悬殊地基　实际建筑工程常遇到各种软硬相差悬殊的地基，如基槽中存在枯水井、故河沟、坟墓、暗塘，以及防空洞、旧基础等情况，则对基础梁的挠曲和内力的影响很大。例如，条形基础下，地基的中部硬、两边软，则可能使条基的正向挠曲变为反向挠曲；若相反，地基的中部软、两边硬，则会加剧条基的挠曲程度。

7.5.2　地基计算模型

进行连续基础地基上梁、板分析时，应考虑地基与基础相互作用，按不同的地基模型求解，每一模型应尽可能准确地模拟地基与基础相互作用时表现的力学性状，同时又便于应用。

1）常用的地基计算模型

目前，应用较多的地基模型有文克勒地基模型、弹性半空间模型、有限压缩层地基模型等线弹性地基模型，反映地基上应力-应变关系非线性和弹塑性特征的地基模型，以及考虑地基基础与上部结构相互作用的分析方法。

（1）文克勒地基模型　文克勒（E.Winkler，1867 年）提出了地基梁计算方法，又称基床系数法，假设地基表面任意点所受的压应力 $p(x,y)$ 与该点的地基竖向位移 $s(x,y)$ 成正比，即

$$p = ks \tag{7.34}$$

式中，k 为基床系数，表示发生单位沉降需要的反力，k 与地基土变形性质、作用力面积大小和形状、基础埋置深度及基础刚度有关。基床系数 k 值可通过现场载荷试验等方法确定。表 7.9 列出基床系数的常用取值范围。每一种土的基床系数都有一定的变化范围，应根据地基、基础和荷载的实际情况适当选用，软弱土地基以及基础宽度较大时宜选用低值。

表 7.9　基床系数 k 值

土的分类		土的状态	$k/(\mathrm{MN \cdot m^{-3}})$
天然地基	淤泥质土、有机质土或新填土		$0.1\times10^4 \sim 0.5\times10^4$
	软弱黏性土		$0.5\times10^4 \sim 1.0\times10^4$
	黏土、粉质黏土	软塑	$1.0\times10^4 \sim 2.0\times10^4$
		可塑	$2.0\times10^4 \sim 4.0\times10^4$
		硬塑	$4.0\times10^4 \sim 10.0\times10^4$
	砂土	松散	$1.0\times10^4 \sim 1.5\times10^4$
		中密	$1.5\times10^4 \sim 2.5\times10^4$
		密实	$2.5\times10^4 \sim 4.0\times10^4$
	黄土及黄土类粉质黏土		$4.0\times10^4 \sim 5.0\times10^4$
	软弱土层内摩擦桩		$1.0\times10^4 \sim 5.0\times10^4$
	穿过软弱土层达到密实砂层或黏性土层的桩		$5.0\times10^4 \sim 15.0\times10^4$
	打到岩层的支承桩		800×10^4

基床系数法的地基模型假定地基不能传递剪力,位移仅与竖向力有关,导致应力不能扩散。因此,地基主要受力层为软土、基底下塑性区相应较大时,适合采用文克勒地基模型。

(2)弹性半空间地基模型　该模型将地基视为均质、连续、各向同性的线弹性变形半空间,用弹性力学公式求解地基中附加应力或位移。地基上任意一点沉降与整个基底反力以及邻近荷载的作用有关。应用弹性理论的数值解,地基沉降 s 与基底压力 R 可用矩阵形式表示,即

$$\{s\} = [\delta]\{R\} \tag{7.35}$$

式中,$[\delta]$ 称为地基柔度矩阵。

弹性半空间模型虽具有能够扩散应力和变形的优点,但是它的扩散能力往往超过地基实际情况,所以计算出的沉降量和地表沉降范围常比实测结果大。这与它具有无限大的压缩层(沉降计算深度)有关。尤其是它未能考虑到地基的成层性、非均质性以及土体应力应变关系的非线性等重要因素。这些缺点限制了该模型的使用。

(3)有限压缩层地基模型　有限压缩层地基模型是将计算沉降的分层总和法应用于地基上梁板的分析方法,地基沉降等于沉降计算深度范围内各计算分层在侧限条件下的压缩量之和。这种模型能较好地反映地基土扩散应力和应变的能力,可以反映相近荷载的影响,但同其他线弹性模型一样,仍未能考虑基底反力的塑性重分布。

2)相互作用分析的基本条件和常用方法

在地基梁板的分析中,应根据工程的实际情况选择合适的地基模型。不论选用何种地基模型,在分析中必须满足下面两个基本条件:

(1)静力平衡条件　基础在外荷载和基底反力的作用下,必须满足静力平衡条件,即

$$\sum F = 0, \sum M = 0 \tag{7.36}$$

式中　$\sum F$——作用在基础上的竖向外荷载和基底反力之和;

$\sum M$——外荷载和基底反力对基础任一点的力矩之和。

(2)变形协调条件(接触条件)　计算前后基础底面与地基不能出现脱开现象,即基础底面任意点的挠度 ω_i 等于该点的地基沉降 s_i:

$$\omega_i = s_i \tag{7.37}$$

根据上述两个基本条件和地基计算模型,即可列出微分方程式,结合边界条件求得近似的数值解。目前,常用有限单元法和有限差分法进行地基上的梁板分析。前者是把梁或板分割成有限多个基本单元,要求这些离散的单元在节点上满足静力平衡条件和变形协调条件;后者则是以函数的有限增量(即有限差分)形式来近似地表示梁或板的微分方程中的导数。

3)文克勒地基上梁的计算

(1)微分方程式

如图 7.24 所示,由梁挠曲微分方程和静力平衡条件,可得到:

$$EI\frac{d^4\omega}{dx^4} + bp = q \tag{7.38}$$

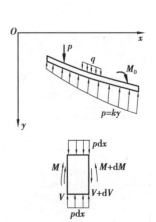

式中　ω——基础梁的挠度,m;

E——基础梁材料的弹性模量,kPa;

I——基础梁截面惯性矩,m^4;

p——基底反力,kPa;

q——基础梁上均布荷载,kN/m;

b——基础梁的宽度,m。

由于 $p=ks$,变形协调条件 $s=\omega$,于是有:

图 7.24　文克勒地基上梁的计算简图

$$EI \frac{\mathrm{d}^4 \omega}{\mathrm{d}x^4} + bk\omega = q \tag{7.39}$$

当 $q=0$ 时,四阶常系数线性齐次微分方程为:

$$\frac{\mathrm{d}^4 \omega}{\mathrm{d}x^4} + 4\lambda^4 \omega = 0 \tag{7.40}$$

式中 λ^{-1}——弹性特征长度,$\lambda = \sqrt[4]{\dfrac{kb}{4EI}}$,$\mathrm{m}^{-1}$。

式(7.40)的通解为:

$$\omega = \mathrm{e}^{\lambda x}(C_1 \cos \lambda x + C_2 \sin \lambda x) + \mathrm{e}^{-\lambda x}(C_3 \cos \lambda x + C_4 \sin \lambda x) \tag{7.41}$$

式中 C_1, C_2, C_3, C_4——待定积分常数,根据荷载位置及边界条件确定。

对于无量纲 λx,当 $x=L$(L 为基础梁的长度),λL 成为柔度指数,反映相对刚度对内力分布的影响。按 λL 值,将梁作如下划分:

- 短梁(刚性梁):$\lambda L < \pi/4$;
- 有限长梁(有限刚度梁):$\pi/4 < \lambda L < \pi$;
- 无限长梁(柔性梁):$\lambda L \geq \pi$。

(2)无限长梁的解答

①竖向集中力 P_0 作用。无限长梁是指梁上任意点施加荷载 P_0 时,沿梁长度方向上各点挠度随离荷载作用点距离的增加而变小,当梁端离加载点为无限远时,梁端挠度为零。当 $\lambda L \geq \pi$ 时,均可按无限长梁计算。取 P_0 作用点为坐标原点 O,梁两端(无荷载端)离 O 点无限远时($x \to \infty$;$\omega \to 0$),将此边界条件代入式(7.41),得 $C_1 = C_2 = 0$,对于梁的右半部有:

$$\omega = \mathrm{e}^{-\lambda x}(C_3 \cos \lambda x + C_4 \sin \lambda x) \tag{7.42}$$

竖向集中力作用下,梁的挠曲和弯矩图关于原点对称。因此,在 $x=0$ 处,$\dfrac{\mathrm{d}\omega}{\mathrm{d}x}=0$,代入式(7.42),得 $C_3 - C_4 = 0$,令 $C_3 = C_4 = C$,则式(7.42)成为:

$$\omega = \mathrm{e}^{-\lambda x} C(\cos \lambda x + \sin \lambda x) \tag{7.43}$$

在 O 点处紧靠 P_0 的左右侧将梁切开,则作用于梁右半部分截面上的剪力均等于 P_0 的一半,且指向下方。其中,右侧截面 $V = -\dfrac{P_0}{2}$,由此得 $C = \dfrac{P_0 \lambda}{2kb}$,代入式(7.43)有:

$$\omega = \frac{P_0 \lambda}{2kb} \mathrm{e}^{-\lambda x}(\cos \lambda x + \sin \lambda x) \tag{7.44}$$

对式(7.44)中 x 依次取一、二和三阶导数,可求得梁截面转角 θ、弯矩 M、剪力 V。

$$\theta = \frac{\mathrm{d}\omega}{\mathrm{d}x}, \quad M = -EI \frac{\mathrm{d}^2 \omega}{\mathrm{d}x^2}, \quad V = -EI \frac{\mathrm{d}^3 \omega}{\mathrm{d}x^3} \tag{7.45}$$

当 $x \geq 0$ 时,在集中力 P_0 作用下,梁的右半段挠度和内力解答为:

$$\omega = \frac{P_0 \lambda}{2kb} A_x, \quad \theta = -\frac{P_0 \lambda^2}{kb} B_x, \quad M = \frac{P_0}{4\lambda} C_x, \quad V = -\frac{P_0}{2} D_x \tag{7.46}$$

其中,$A_x = \mathrm{e}^{-\lambda x}(\cos \lambda x + \sin \lambda x)$,$B_x = \mathrm{e}^{-\lambda x} \sin \lambda x$,$C_x = \mathrm{e}^{-\lambda x}(\cos \lambda x - \sin \lambda x)$,$D_x = \mathrm{e}^{-\lambda x} \cos \lambda x$

对于梁的左半部($x<0$),可由对称关系求得其挠度和内力。其中,挠度 ω、弯矩 M 和地基反力 p 关于原点对称;转角 θ、剪力 V 关于原点反对称。ω, θ, M, V 的分布如图7.25(a)所示。

②力偶 M_0 作用。如图7.25(b)所示,当集中力偶 M_0 作用于无限长梁时,梁的右半段挠度和内力解答为:

$$\omega = \frac{M_0 \lambda^2}{kb} B_x, \quad \theta = \frac{M_0 \lambda^3}{kb} C_x, \quad M = \frac{M_0}{2} D_x, \quad V = -\frac{M_0 \lambda}{2} A_x \tag{7.47}$$

式中,系数 A_x,B_x,C_x,D_x 与式(7.46)相同。当计算截面位于 M_0 的左边时,式(7.47)中的 x 取绝对值,ω 和 M 取与计算结果相反的符号,θ 和 V 的符号不变。

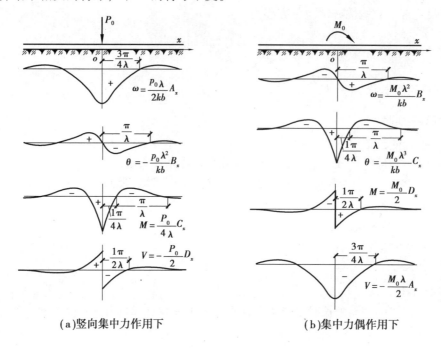

（a）竖向集中力作用下　　　　　　　　（b）集中力偶作用下

图 7.25　无限长梁的挠度 ω、转角 θ、弯矩 M、剪力 V 分布图

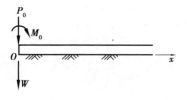

图 7.26　文克勒地基
上半无限长梁

③复合力作用。计算承受若干个集中荷载上的无限长梁上任意截面的 ω,θ,M,V 时,可按式(7.46)、式(7.47)分别计算该荷载单独作用时在该截面引起的效应,然后叠加得到共同作用下的总效应。注意在每一次计算时,均需把坐标原点移到相应的集中荷载作用点处。

（3）半无限长梁的解答　当基础梁一端为有限梁,另一端为无限长时,称之为半无限长梁,如图 7.26 所示。将坐标原点取在受力端,当 $x \to \infty$,$\omega \to 0$,有 $C_1 = C_2 = 0$。半无限长梁的挠度和内力解答为:

集中力 P_0 作用

$$\begin{cases} \omega = \dfrac{2P_0\lambda}{kb}D_x \\[2mm] \theta = \dfrac{2P_0\lambda^2}{kb}A_x \\[2mm] M = -\dfrac{P_0}{\lambda}B_x \\[2mm] V = -P_0 C_x \end{cases} \qquad (7.48)$$

力偶 M_0 作用

$$\begin{cases} \omega = -\dfrac{2M_0\lambda^2}{kb}C_x \\[2mm] \theta = \dfrac{4M_0\lambda^2}{kb}D_x \\[2mm] M = M_0 A_x \\[2mm] V = -2M_0\lambda B_x \end{cases} \qquad (7.49)$$

（4）有限长梁的解答　有限长梁（$\pi/4 < \lambda L < \pi$）可用解无限长梁的方法和叠加原理求解。如图 7.27 所示,将长度为 l 的有限长梁 Ⅰ 的两端 A,B 延伸形成一无限长梁,在 P_0 作用下,可求出无限长梁 Ⅱ 点 A 处 M_A,V_A,及点 B 处的 M_B,V_B。因实际上梁 Ⅰ 的 A,B 端均为自由端,并不存在弯矩和剪力,因此必须在

梁Ⅱ的 A 和 B 端施加虚拟的相反作用力 M_A,P_A 和 M_B,P_B,使它们在 A,B 截面处产生的弯矩和剪力分别为 $-M_A,-V_A$ 和 $-M_B$,$-V_B$,以抵消 A 和 B 处内力,从而满足原来假设的边界条件。

因此,只需计算虚拟无限长梁在已知荷载 P_0 和虚拟附加荷载 M_A,P_A 和 M_B,P_B 共同作用下各点的内力,即为所求有限长梁的解答。

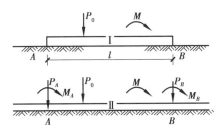

图 7.27　文克勒地基上有限长梁

7.5.3　柱下钢筋混凝土条形基础

柱下钢筋混凝土条形基础是常用于软弱地基上的一种基础类型,它具有刚度大、调整不均匀沉降能力强的优点。

1)基础构造要求

柱下条形基础的截面形状一般为倒 T 形,由翼板和肋梁组成,如图 7.28 所示。其构造除应满足钢筋混凝土扩展式基础的要求外,尚应符合下列要求:

①条形基础梁高度由计算确定,宜为柱距 $1/8 \sim 1/4$。翼板厚度 h 不宜小于 200 mm。当翼板厚度为 $200 \sim 250$ mm 时,宜用等厚度翼板;当翼板厚度大于 250 mm 时,宜用变厚度翼板,其坡度小于或等于 1:3。混凝土强度等级不低于 C20。

②为增大基础底面积及调整底面形心位置,基础梁的端部应伸出边柱一定长度,伸出长度宜为第一跨距的 0.25 倍。

③端部宜向外伸出悬臂,悬臂长度一般为第一跨跨距的 0.25 倍。悬臂的存在有利于降低第一跨弯矩,减少配筋。也可以用悬臂调整基础形心。

④现浇柱与基础梁的交接处,其平面尺寸不应小于图 7.29 中的规定。

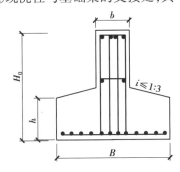

图 7.28　柱下条形基础构造

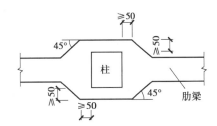

图 7.29　现浇柱与条形基础梁交接处平面尺寸

⑤条形基础梁顶部和底部的纵向受力钢筋除满足计算要求外,顶部钢筋应全部贯通,底部通长钢筋不应小于底部受力钢筋截面总面积的 1/3。其他构造钢筋设置应满足钢筋混凝土梁的一般构造要求。

2)内力计算方法

柱下条形基础可视为作用有若干集中荷载并置于地基上的梁。由于梁的变形,引起弯矩和剪力等内力。条形基础梁内力计算方法主要有简化计算法和弹性地基梁法。

(1)简化计算法　当柱荷载比较均匀,柱距相差不大,基础与地基相对刚度较大,如忽略柱下不均匀沉降时,仅进行满足静力平衡条件下梁的计算,基底反力以线性分布于梁底。其中,用梁各截面静力平衡求解内力方法称为静定法,用连续梁求解内力的方法称为倒梁法。

在比较均匀的地基上,上部结构刚度较好,荷载分布较均匀,且条形基础梁的高度不小于 1/6 柱距时,地基反力可按直线分布,条形基础梁的内力可按连续梁计算,此时边跨跨中弯矩及第一内支座的弯矩值宜乘以 1.2 的系数。不满足此要求时,宜按弹性地基梁计算。

(2)弹性地基梁法 当不满足简化计算法的计算条件时,宜按弹性地基梁法计算基础内力。根据地基条件复杂程度,可选择以下 3 种计算方法:

①对基础宽度不小于可压缩土层厚度 2 倍的薄压缩层地基,如地基的压缩性均匀,可按文克勒地基上梁的解析式计算。

②当基础宽度满足情况①,但地基沿基础纵向的压缩性不均匀时,可沿纵向将地基划分为若干段,每段分别计算基床系数,然后按文克勒地基上梁的数值分析方法计算。

③当基础宽度不满足情况①,或应考虑临近基础或地面对所计算基础的沉降和内力的影响时,宜采用非文克勒地基上梁的数值分析法进行。

【例题 7.3】 某柱下条形基础,底板宽 $b=2.5$ m,其余数据如图 7.30 所示。要求:①当 $x_1=0.6$ m 时,确定基础总长度 l,要求基底反力均匀分布;②按静力平衡条件求出 AB 跨的内力。

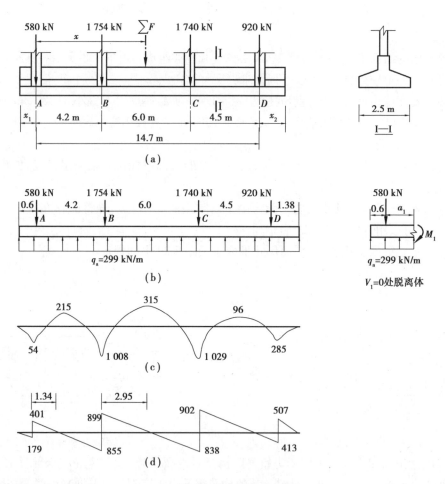

图 7.30 例题 7.2 内力计算图

【解】 (1)确定基础底面尺寸 各柱竖向合力距 A 点的距离 x 为:

$$x = \frac{(920 \times 14.7 + 1\,740 \times 10.2 + 1\,754 \times 4.2)\ \text{kN} \cdot \text{m}}{(920 + 1\,740 + 1\,754 + 580)\ \text{kN}} = 7.74\ \text{m}$$

基础伸出 A 点外 $x_1=0.6$ m,为保证竖向合力与基底形心重合,基础必须伸出 D 点外 x_2。

$$x_2 = 2 \times (7.74 + 0.6)\ \text{m} - (14.7 + 0.6)\ \text{m} = 1.38\ \text{m}$$

基础总长度 $l=14.7$ m+0.6 m+1.38 m=16.68 m

（2）确定基础底面净反力

$$P_j = \frac{\sum F}{lb} = \frac{(920 + 1\,740 + 1\,754 + 580)\ \text{kN}}{(16.68 \times 2.5)\ \text{m}^2} = 119.76\ \text{kPa}$$

将面荷载转化为沿基础梁长方向的线荷载,得:$q = P_j b = 119.76\ \text{kPa} \times 2.5\ \text{m} = 299\ \text{kN/m}$

（3）按静力平衡条件计算基础内力

$$M_A = \frac{1}{2} \times 299\ \text{kN/m} \times 0.6^2\ \text{m}^2 = 53.8\ \text{kN} \cdot \text{m}$$

$$V_{A左} = 299\ \text{kN/m} \times 0.6\ \text{m} = 179.4\ \text{kN}$$

$$V_{A右} = 179.4\ \text{kN} - 580\ \text{kN} = -400.6\ \text{kN}$$

AB 跨内最大负弯矩截面（剪力为零）至 A 点的距离为 a_1,由 $299 \times (a_1 + 0.6) = 580\ \text{kN}$,得:$a_1 = \dfrac{580\ \text{kN}}{299\ \text{kN}} - 0.6\ \text{m} = 1.34\ \text{m}$,则:

$$M_1 = \frac{1}{2} \times 299\ \text{kN/m} \times (0.6 + 1.34)^2\ \text{m}^2 - 580\ \text{kN} \times 1.34\ \text{m} = -215\ \text{kN} \cdot \text{m}$$

$$M_B = \frac{1}{2} \times 299\ \text{kN/m} \times (0.6 + 4.2)^2\ \text{m}^2 - 580\ \text{kN} \times 4.2\ \text{m} = 1\,008\ \text{kN} \cdot \text{m}$$

$$V_{B左} = 299\ \text{kN/m} \times (0.6 + 4.2)\text{m} - 580\ \text{kN} = 855\ \text{kN}$$

$$V_{B右} = 855\ \text{kN} - 1\,754\ \text{kN} = -899\ \text{kN}$$

同理,可求出该基础梁其他截面的内力,结果见图 7.30 所示。

7.5.4 十字交叉梁基础

1）适用范围

十字交叉梁基础（即柱下交叉条形基础）是由纵横两个方向的柱下条形基础所组成的一种空间结构,各柱位于两个方向基础梁的交叉结点处,如图 7.31 所示。其作用除可以进一步扩大基础底面积外,主要是利用其巨大的空间刚度以调整不均匀沉降。宜用于软弱地基上柱距较小的框架结构,其构造要求与柱下条形基础基本类同。

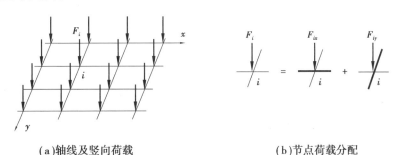

(a)轴线及竖向荷载 　　　　　　　(b)节点荷载分配

图 7.31　交叉条形基础示意图

2）设计计算要点

十字交叉梁基础为超静定空间结构,通常采用简化计算法。当上部结构具有很大的整体刚度时,可将交叉条形基础视为两组倒置的连续梁,采用倒梁法分别进行计算;当上部结构整体刚度较小时,将交叉条形基础分离为若干单独的柱下条形基础,采用静定分析法,此时交叉节点处的柱荷载按一定的比例分配到纵横两个方向的基础梁上。

确定交叉节点处柱荷载的分配值时,必须满足静力平衡条件和变形协调条件。为了简化计算,一般假设纵梁和横梁抗扭刚度等于零,纵向弯矩由纵向条基承受,横向弯矩由横向条基承受。如图 7.31 所示,任一交叉点基本方程为:

$$F_i = F_{ix} + F_{iy} \tag{7.50}$$

$$\omega_{ix} = \omega_{iy} \tag{7.51}$$

式中　F_i——第 i 节点的柱荷载;

　　F_{ix}, F_{iy}——分别为第 i 节点分配给 x 方向条基的荷载、第 i 节点分配给 y 方向条基的荷载;

　　ω_{ix}, ω_{iy}——分别为第 i 节点处 x 向条基的挠度、第 i 节点处 y 向条基的挠度。

用基床系数法的文克尔模型计算基础梁的挠度:

对无限长梁　　　　　　　　　　$$\omega = \frac{F}{2kbS} \tag{7.52}$$

半无限长梁　　　　　　　　　　$$\omega = \frac{2F}{kbS} \tag{7.53}$$

式中　S——系数,即基础梁的弹性特征长度,m。$S = \sqrt[4]{\dfrac{4E_cI}{kb}}$;

　　k——地基的基床系数,kN/m^3。可按表 7.9 选用;

　　E_c——基础材料的弹性模量,kPa;

　　I——基础梁横截面的惯性矩,m^4。

3)三种节点荷载分配

如图 7.32 所示,交叉条形基础的交叉节点可分为角柱、边柱和内柱三种类型。

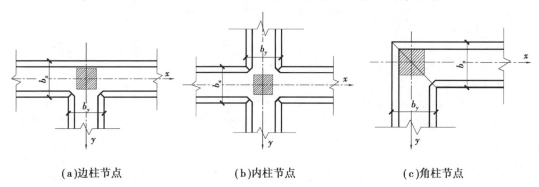

(a)边柱节点　　　　　　(b)内柱节点　　　　　　(c)角柱节点

图 7.32　柱下交叉梁基础节点

①边柱节点(T 字节点)。对于边柱节点,基础梁的挠度方程为:

$$\omega = \frac{F_{ix}}{2kb_xS_x} = \frac{2F_{iy}}{kb_yS_y} \tag{7.54}$$

式(7.54)与式(7.50)联立求解得:

$$F_{ix} = \frac{4b_xS_x}{4b_xS_x + Z_xb_yS_y}F_i; \quad F_{iy} = \frac{b_yS_y}{4b_xS_x + Z_xb_yS_y}F_i \tag{7.55a}$$

对于边柱有伸出悬臂长度时,可取悬臂长度 $l_y = (0.6 \sim 0.75)S_y$,则有:

$$F_{ix} = \frac{\alpha b_xS_x}{\alpha b_xS_x + b_yS_y}F_i; \quad F_{iy} = \frac{b_yS_y}{\alpha b_xS_x + b_yS_y}F_i \tag{7.55b}$$

式中,Z_x 为与 λ_x 有关的函数,见表 7.10,α 为与 l/S 有关的系数,见表 7.11。

表 7.10 Z_x 函数表

λ_x	Z_x	λ_x	Z_x	λ_x	Z_x
0	4.000	0.24	2.501	0.70	1.292
0.01	3.921	0.26	2.410	0.75	1.239
0.02	3.843	0.28	2.323	0.80	1.196
0.03	3.767	0.30	2.241	0.85	1.161
0.04	3.693	0.32	2.163	0.90	1.132
0.05	3.620	0.34	2.089	0.95	1.109
0.06	3.548	0.36	2.018	1.00	1.091
0.07	3.478	0.38	1.952	1.10	1.067
0.08	3.410	0.40	1.889	1.20	1.053
0.09	3.343	0.42	1.830	1.40	1.044
0.10	3.277	0.44	1.774	1.60	1.043
0.12	3.150	0.46	1.721	1.80	1.042
0.14	3.029	0.48	1.672	2.00	1.039
0.16	2.913	0.50	1.625	2.50	1.022
0.18	2.803	0.55	1.520	3.00	1.008
0.20	2.697	0.60	1.431	3.50	1.002
0.22	2.596	0.65	1.355	≥4.00	1.000

表 7.11 α,β 系数表

l/S	0.60	0.62	0.64	0.65	0.66	0.67	0.68	0.69	0.70	0.72	0.73	0.75
α	1.43	1.41	1.38	1.36	1.35	1.34	1.32	1.31	1.30	1.29	1.26	1.24
β	2.80	2.84	2.91	2.94	2.97	3.00	3.03	3.05	3.08	3.10	3.18	3.23

注:l 为基础的伸出悬臂长度;S 为基础梁的弹性特征长度。

②内柱节点(十字节点)。对于十字形内柱节点,基础梁的挠度方程为:

$$\omega = \frac{F_{ix}}{2kb_x S_x} = \frac{F_{iy}}{2kb_y S_y} \tag{7.56}$$

式(7.56)与式(7.50)联立求解得:

$$F_{ix} = \frac{b_x S_x}{b_x S_x + b_y S_y} F_i ; \quad F_{iy} = \frac{b_y S_y}{b_x S_x + b_y S_y} F_i \tag{7.57}$$

③角柱节点(Γ字节点)。对于Γ字形角柱节点,基础梁的挠度方程为:

$$\omega = \frac{2F_{ix}}{kb_x S_x} = \frac{2F_{iy}}{kb_y S_y} \tag{7.58}$$

对角柱有一个方向伸出悬臂长度的情况,可取悬臂长度 $l_y = (0.6 \sim 0.75) S_y$,式(7.58)与式(7.50)联立求解得:

$$F_{ix} = \frac{\beta b_x S_x}{\beta b_x S_x + Z_x b_y S_y} F_i \; ; \; F_{iy} = \frac{b_y S_y}{\beta b_x S_x + Z_x b_y S_y} F_i \tag{7.59}$$

对于两个方向均带伸出臂的角柱节点,计算公式同内柱节点。

式中　b_x , b_y——分别为 x , y 方向基础梁的底面宽度,m;

　　　S_x , S_y——分别为 x , y 方向基础梁的弹性特征长度,m,

$$S_x = \frac{1}{\lambda_x} = \sqrt[4]{\frac{4E_c I_x}{k b_x}} , S_y = \frac{1}{\lambda_y} = \sqrt[4]{\frac{4E_c I_y}{k b_y}}$$

　　　λ_x , λ_y——分别为 $x 、y$ 方向基础梁的柔度特征值,m^{-1},与 S_x 和 S_y 互为倒数关系;

　　　I_x , I_y——分别为 $x 、y$ 方向基础梁的截面惯性矩,m^4;

　　　β——为与 l/S 有关的系数,可按表 7.11 选用。

当交叉条形基础按纵、横向条形基础分别计算时,节点下的底板面积(重叠部分)被使用了两次。若各节点下重叠面积之和占基础总面积的比例较大,则可能偏于不安全。对此,可通过加大节点荷载的方法加以调整。调整后的节点竖向荷载为:

$$F'_{ix} = F_{ix} + \Delta F_{ix} = F_{ix} + \frac{F_{ix}}{F_i} \Delta A_i p_j \tag{7.60a}$$

$$F'_{iy} = F_{iy} + \Delta F_{iy} = F_{iy} + \frac{F_{iy}}{F_i} \Delta A_i p_j \tag{7.60b}$$

式中　p_j——按交叉条形基础计算的基底净反力;

　　　$\Delta F_{ix} , \Delta F_{iy}$——分别为 i 节点在 $x 、y$ 方向的荷载增量;

　　　ΔA_i——i 节点下的重叠面积,边柱节点 $\Delta A_i = \dfrac{b_x b_y}{2}$,内柱节点 $\Delta A_i = b_x b_y$,角柱节点 $\Delta A_i = 0$。

为了防止工程中出现问题,在构造上,于柱位的前后左右,基础梁都必须配置封闭型的抗扭箍筋(用 $\phi 10 \sim \phi 12$),并适当增加基础梁的纵向配筋量。

7.5.5　筏板基础

筏形基础的基底面积较十字交叉条形基础更大,能满足较软弱地基的承载力要求和不均匀沉降要求。筏形基础还具有较大的整体刚度,在一定程度上能调整地基的不均匀沉降。筏形基础能跨越地下浅层小洞穴和局部软弱层,还能提供比较宽敞的地下使用空间,当设置地下室时具有补偿功能。筏形基础分为梁板式和平板式两种类型,其选型应根据工程地质、上部结构体系、柱距、荷载大小以及施工条件等因素确定。

1)筏板基础底面积设计

筏板基础受荷载作用后,是一置于弹性地基上的弹性板,应采用弹性理论方法求解,计算较复杂。当上部结构和基础刚度足够大时,工程中可采用简化计算法,即假设基础为绝对刚性,基底反力呈线性分布。

基础底面积应满足地基承载力要求。设计基底平面尺寸时,应使结构竖向永久荷载重心与筏基底面形心重合。当存在偏心时,可将筏板外伸悬挑,调整基底形心位置。可以用下式按中心受力计算基底反力,即

$$p_k = \frac{F_k + G_k}{A} = \frac{F_k + \gamma_G A d}{A} \leqslant f_a \tag{7.61}$$

式中　F_k——相应于荷载效应标准组合时,筏形基础上由墙或柱传来的竖向荷载总和,kN;

　　　G_k , A——分别为筏板基础自重,kN;筏板基础底面积,m^2;

p_k——相应于荷载效应标准组合时,基础底面处的平均压力值,kPa;

f_a——修正后的地基承载力特征值,kPa。

基础底面积除应满足持力层地基承载力要求外,如有软弱下卧层,还需验算软弱下卧层强度,并按要求进行基础沉降验算。对单幢建筑物,在地基土比较均匀的条件下,基底平面形心宜与结构竖向永久荷载重心重合。当不能重合时,在荷载效应准永久组合下,偏心距 e 宜符合式(7.62)的要求(式中,W 为与偏心距方向一致的基础底面边缘抵抗矩):

$$e \leqslant 0.1 \frac{W}{A} \tag{7.62}$$

2)筏板基础内力简化计算

内力简化设计方法,是将筏板基础近似地视为一倒置的楼盖,地基净反力作为荷载,因此又称为倒楼盖法。

(1)梁板式筏形基础计算 基底反力分布确定后,可将筏板基础分别按板、纵向肋、横向肋进行内力计算。梁板上荷载传递方式与肋梁布置方式有关。

当按柱网布置肋梁,且两方向的柱网尺寸之比小于等于2时,地基净反力可按45°线所划分的范围,分别传到纵向肋及横向肋,如图7.33所示。此时,筏基底板可按双向多跨连续板计算,肋梁按多跨连续梁计算。

当在柱网单元中加设次肋梁,且筏基底板的平面网格长短边之比大于2时,筏基梁板内力可按肋梁楼盖算法计算,如图7.34所示。筏基底板按单向多跨连续板计算;次肋作为次梁、主肋作为主梁,按多跨连续梁计算。

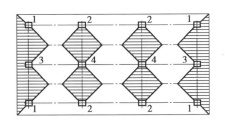

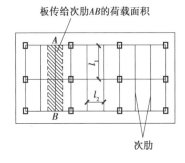

图 7.33 筏板基础肋梁上荷载的分布

图 7.34 设置次肋时筏板基础荷载分布

按连续梁计算肋梁时,会出现计算出的"支座"反力与柱压力不符合的问题,在设计时需进行调整。筏形基础在四角处及四边的边区格上,地基反力通常较大,尤其是四角处应力更为集中。设计时,应配置辐射状钢筋,以免梁板上出现过大裂缝。

(2)平板式筏形基础计算 平板式筏形基础可按倒置的无梁楼盖计算,地基反力均匀分布。计算时,将基础板在每一方向上分为两种区格——柱上板带和跨中板带,板带宽度为跨度的一半,跨中板带以柱上板带为支座,如图7.35所示。根据荷载分布,可计算出各板带的跨中、支座弯矩。

(3)墙下筏板基础计算 当上部结构横墙较密、刚度较大,地基沉降比较均匀时,可认为整体弯曲所产生的内力大部分由上部结构承担,筏板基础仅按局部弯曲计算,筏板按不同支承条件的双向板或单向板计算内力。考虑到整体弯曲的影响,在筏板纵向端部一、二开间内,应将地基净反力增加 10%~20%。

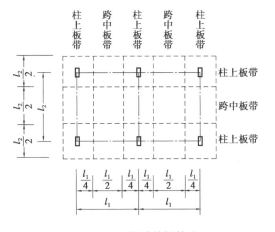

图 7.35 无梁式筏板基础

3）筏板基础厚度计算

（1）梁板式筏基厚度确定　梁板式筏基底板除计算正截面受弯承载力外，其厚度尚应满足受冲切承载力、受剪切承载力的要求。对12层以上建筑的梁板式筏基，其底板厚度与最大双向板格的短边净跨之比不应小于1/14，且板厚不应小于400 mm。如图7.36所示，底板受冲切承载力按下式计算：

$$F_l \leqslant 0.7\beta_{hp} f_t u_m h_0 \tag{7.63}$$

式中　F_l——作用在图7.36中阴影部分面积上的地基土平均净反力设计值；

$\quad\quad u_m$——距基础梁边 $h_0/2$ 处冲切临界截面的周长；

$\quad\quad \beta_{hp}$——受冲切承载力截面高度影响系数，当 $h \leqslant 800$ mm 时，取 $\beta_{hp} = 1.0$；当 $h \geqslant 20\,000$ mm 时，取 $\beta_{hp} = 0.9$，其间按线性内插法取值。

当底板区格为矩形双向板时，底板受冲切所需的厚度 h_0 按下式计算：

$$h_0 = \frac{1}{4}\left[(l_{n1} + l_{n2}) - \sqrt{(l_{n1} + l_{n2})^2 - \frac{4pl_{n1}l_{n2}}{p + 0.7\beta_{hp}f_t}}\right] \tag{7.64}$$

式中　l_{n1}, l_{n2}——计算板格的短边和长边的净长度；

$\quad\quad p$——相应于荷载效应基本组合的地基土平均净反力设计值。

如图7.37所示，底板斜截面受剪承载力应符合下式要求：

$$V_s \leqslant 0.7\beta_{hs} f_t (l_{n2} - 2h_0) h_0 \tag{7.65}$$

式中　V_s——距梁边缘 h_0 处，作用在图7.37中阴影部分面积上的地基土平均净反力设计值；

$\quad\quad \beta_{hs}$——受剪切承载力截面高度影响系数，$\beta_{hs} = (800/h_0)^{1/4}$，当 $h_0 < 800$ mm 时，取 $h_0 = 800$ mm，当 $h_0 > 2\,000$ mm 时，h_0 取 $2\,000$ mm。

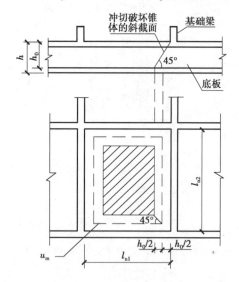

图7.36　底板冲切计算示意

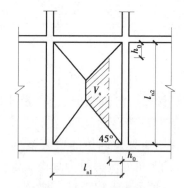

图7.37　底板剪切计算示意

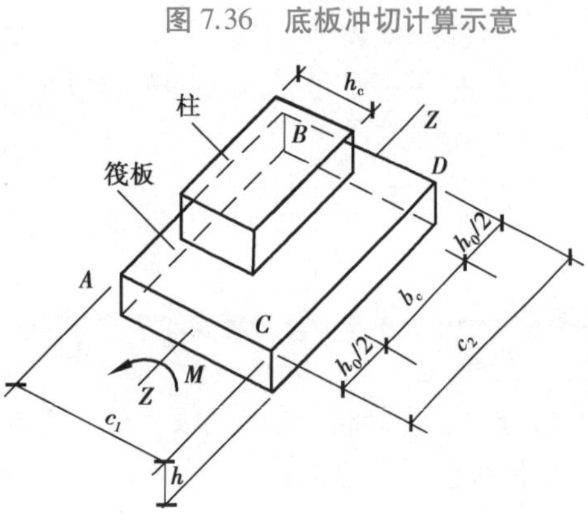

（2）平板式筏基厚度确定　平板式筏基板厚应满足受冲切承载力要求，最小厚度应大于400 mm。如图7.38所示，距柱边 $h_0/2$ 处冲切临界截面最大剪应力 τ_{max} 计算式为：

$$\tau_{max} = \frac{F_l}{u_m h_0} + \frac{\alpha_s M_{unb} c_{AB}}{I_s} \tag{7.66}$$

$$\tau_{max} \leqslant 0.7\left(0.4 + \frac{1.2}{\beta_s}\right)\beta_{hp} f_t \tag{7.67}$$

图7.38　内柱冲切临界截面

$$\alpha_s = 1 - \cfrac{1}{1 + \cfrac{2}{3}\sqrt{\cfrac{c_1}{c_2}}}$$

(7.68)

式中　F_l——相应于荷载效应基本组合时的集中力设计值,对内柱取轴力设计值减去筏板冲切破坏锥体内的地基反力设计值,对边柱和角柱,取轴力设计值减去筏板冲切临界截面范围内的地基反力设计值,地基反力值应扣除底板自重;

u_m——距柱边 $h_0/2$ 处冲切临界截面的周长,内柱:$u_m = 2c_1 + 2c_2$,边柱:$u_m = 2c_1 + c_2$,角柱:$u_m = c_1 + c_2$;

M_{unb}——作用在冲切临界截面重心上的不平衡弯矩设计值,$kN \cdot m$;

c_{AB}——沿弯矩作用方向,冲切临界截面重心至冲切临界截面最大剪应力点的距离,对于内柱,$c_{AB} = c_1/2$,边柱和角柱,$c_{AB} = c_1 - \bar{x}$;

I_s——冲切临界截面对其重心的极惯性矩,

内柱:$I_s = c_1 h_0^3/6 + c_1^3 h_0/6 + c_2 h_0 c_1^2/2$,

边柱:$I_s = c_1 h_0^3/6 + c_1^3 h_0/6 + 2h_0 c_1(c_1 - \bar{x})^2 + c_2 h_0 \bar{x}^2$,

角柱:$I_s = c_1 h_0^3/12 + c_1^3 h_0/12 + h_0 c_1(c_1/2 - \bar{x})^2 + c_2 h_0 \bar{x}^2$;

β_s——柱截面长边与短边比值,当 $\beta_s < 2$ 时,取 $\beta_s = 2$,当 $\beta_s > 4$ 时,取 $\beta_s = 4$;

β_{hp}——受冲切承载力截面高度影响系数,当 $h \leqslant 800$ mm 时,取 $\beta_{hp} = 1.0$;当 $h \geqslant 2\,000$ mm 时,取 $\beta_{hp} = 0.9$,其间按线性内插法取值;

c_1——与弯矩作用方向一致的冲切临界截面的边长,内柱:$c_1 = h_c + h_0$;角柱和边柱:$c_1 = h_c + h_0/2$;

c_2——垂直于 c_1 的冲切临界截面的边长,内柱和边柱:$c_2 = b_c + h_0$;

角柱:$c_2 = b_c + h_0/2$;

$\bar{x}$——冲切临界截面中心位置,边柱:$\bar{x} = c_1^2/(2c_1 + c_2)$;角柱:$\bar{x} = c_1^2/(2c_1 + 2c_2)$;

α_s——不平衡弯矩通过冲切临界截面上的偏心剪力传递的分配系数;

h_c——与弯矩作用方向一致的柱截面的边长;

h_0,b_c——分别为筏板的有效高度、垂直于 h_c 的柱截面的边长。

当柱荷载较大,等厚度筏板的受冲切承载力不能满足要求时,可在筏板上面增设柱墩或在筏板下局部增加板厚,或采用抗冲切箍筋来提高受冲切承载能力。

4) 筏板基础配筋及构造要求

筏形基础的钢筋混凝土外墙厚度不应小于 250 mm,内墙厚度不应小于 200 mm。墙的截面设计除满足承载力要求外,尚应考虑变形、抗裂及防渗等要求。墙体内应设置双面钢筋,竖向和水平钢筋的直径不应小于 12 mm,间距不应大于 300 mm。纵横向支座应有 0.15% 的配筋连通,跨中钢筋按实际配筋率全部连通。筏板基础混凝土强度等级不应低于 C30。

7.5.6　箱形基础

箱形基础一般有较大的基础宽度和埋深,能提高地基承载力,增强地基的稳定性。箱形基础具有很大的地下空间,代替被挖除的土,因此具有补偿作用,对减少基础沉降和满足地基的承载力要求很有利。箱形基础设计中应考虑地下水的压力和浮力作用,在变形计算中应考虑深开挖后地基的回弹和再压缩过程。在施工中需解决基坑支护和施工降水等问题。

箱形基础适用于高层建筑、重型设备,或对不均匀沉降有严格要求的建筑物、需要地下室的各类建筑物,上部结构荷载大、地基土较软弱的建筑物和地震烈度高的重要建筑物。

1) 构造要求

(1) 箱基偏心距　在确定箱基形心时应考虑各种因素对箱基倾斜的影响。对于均匀地基上的单幢建筑物,箱基形心宜与上部结构竖向荷载重心重合。当不能重合时,在永久荷载和楼(屋)面活荷载长期效应组合下,偏心距 e 计算见式(7.62)。

(2)箱基埋深　应考虑抗倾覆和抗滑移的稳定性要求,埋深一般可取等于箱基的高度。对于抗震设防区的天然土质地基上的箱形基础,埋深不宜小于建筑物高度的 1/15。高层建筑同一结构单元内的箱形基础埋深宜一致,且不得局部采用箱形基础。

(3)箱基的墙体面积　为保证箱基有足够的整体刚度和纵横方向的受剪承载力,箱基的墙体应沿上部结构柱网和剪力墙纵横均匀布置,墙体水平截面总面积不宜小于箱基外墙外包尺寸的水平投影面积的 1/10。对长宽比大于 4 的箱基,其纵墙截面积不得小于箱基外墙外包尺寸的水平投影面积的 1/18。

(4)箱基的高度　箱基高度除应满足结构承载力、整体刚度和建筑物功能要求外,不宜小于基础长度(不包括悬挑长度)的 1/20,且不小于 3 m,以保证其具有足够刚度适应地基的不均匀沉降,减少上部结构由不均匀沉降引起的附加应力。

(5)箱基的板厚　箱基的顶、底板和墙板的厚度应根据实际的受力情况、整体刚度和防渗要求确定。一般底板厚度不应小于 300 mm,外墙厚度不应小于 250 mm,内墙厚度不应小于 200 mm。顶、底板厚度应满足受剪承载力验算的要求,底板尚应满足受冲切承载力的要求。

(6)箱基的混凝土　箱基混凝土强度等级不应低于 C20。采用防水混凝土时,应进行抗渗计算,其抗渗等级不宜小于 0.6 MPa。

(7)箱基的配筋　箱基墙板应设置双面钢筋,竖向和水平钢筋的直径均不应小于 10 mm,间距不应大于 200 mm。除上部为剪力墙外,内、外墙的墙顶处宜配置两根直径不小于 20 mm 的通长构造钢筋。当箱基仅按局部弯曲计算时,顶、底板的配筋除满足计算要求外,纵横方向的支座钢筋尚应有 1/2～1/3 贯通全跨,且贯通钢筋的配筋率不应少于总配筋的 0.15% 和 0.10%;跨中钢筋应按实际配筋全部拉通。

(8)箱基的门洞　箱基墙体应尽量少开洞、开小洞。门洞宜设在柱间居中部位,洞边至上层柱中心的水平距离不宜小于 1.2 m,洞口上过梁的高度不宜小于层高的 1/5,洞口面积不宜大于柱距与箱形基础全高乘积的 1/6,墙体洞口四周应设置加强钢筋。墙体开洞的开口系数 ν 应符合下式要求:

$$\nu = \sqrt{\frac{A_0}{A_w}} \leqslant 0.4 \qquad (7.69)$$

式中　A_0——墙面洞口面积;

A_w——墙面面积,取柱中心距与箱基全高之乘积。

2)计算要点

(1)设计步骤　初定箱形基础结构尺寸之后,先进行倾斜、稳定、滑移、抗倾覆验算,然后进行结构计算。箱形基础设计主要内容及计算步骤如下:

①计算箱基抗弯刚度 $E_g I_g$。E_g 为箱基混凝土弹性模量,I_g 为箱基惯性矩,将箱基化成等效工字形截面。箱基顶、底板尺寸作为工字形截面上、下翼缘尺寸,箱基各墙体宽度总和作为工字形截面腹板的厚度 d:

$$d = \delta_1 + \delta_2 + \delta_3 + \cdots + \delta_n = \sum_{i=1}^{n} \delta_i \qquad (7.70)$$

②计算上部结构总折算刚度 $E_B I_B$。

③根据外荷载及反力系数表作箱形基础受力的计算草图,求出各截面的 M,Q 值,并绘出 M,Q 分布图。

④求出箱形基础的整体弯矩 $M_g = \beta M$。

⑤进行箱形基础构件强度计算。应按基础顶板、底板、内墙、外墙各构件受力情况分别计算抗弯、抗剪、抗冲切、抗拉所需钢筋,并注意构造要求,保证洞口处上、下过梁的强度。

⑥绘制出箱形基础施工图,列出钢筋用量表。

(2)箱形基础基底压力分布　影响基底反力的因素主要有:土的性质、上部结构和基础的刚度、荷载

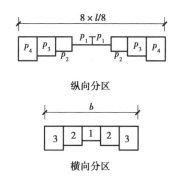

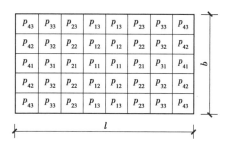

图 7.39　箱形基础基底压力分布分区示意

分布和大小、基础埋深、基底尺寸和形状以及相邻基础的影响等。在大量实测资料整理统计的基础上,高层建筑箱形基础基底反力计算方法如下:

当箱形基础底板长宽比 $l/b = 1$ 时,将底板分成 8×8 个区格;当基础地板长宽比 $l/b \geq 2$ 时,将底板分成 40 个区格(纵向 8 格、横向 5 格或 8 格,如图 7.39 所示),某 i 区格的基底反力按下式确定:

$$p_i = \frac{p}{bl}\alpha_i \tag{7.71}$$

式中　p——相应荷载效应基本组合时的上部结构竖向荷载加箱形基础重,kN;

　　　b,l——箱形基础的宽度和长度,m;

　　　α_i——相应于 i 区格的基底反力系数,可查表 7.12、表 7.13。

表 7.12　软土地区基底反力系数

0.906	0.966	0.814	0.738	0.738	0.814	0.966	0.906
1.124	1.197	1.009	0.914	0.914	1.009	1.197	1.124
1.235	1.314	1.109	1.006	1.006	1.109	1.314	1.235
1.124	1.197	1.009	0.914	0.914	1.009	1.197	1.124
0.906	0.966	0.814	0.738	0.738	0.814	0.966	0.906

表 7.13　黏性土基底反力系数

$l/b = 1$							
1.381	1.179	1.128	1.108	1.108	1.128	1.179	1.381
1.179	0.952	0.898	0.879	0.879	0.898	0.952	1.179
1.128	0.898	0.841	0.821	0.821	0.841	0.898	1.128
1.108	0.879	0.821	0.800	0.800	0.821	0.879	1.108
1.108	0.879	0.821	0.800	0.800	0.821	0.879	1.108
1.128	0.898	0.841	0.821	0.821	0.841	0.898	1.128
1.179	0.952	0.898	0.879	0.879	0.898	0.952	1.179
1.381	1.179	1.128	1.108	1.108	1.128	1.179	1.381
$l/b = 2 \sim 3$							
1.265	1.115	1.075	1.061	1.061	1.075	1.115	1.265
1.073	0.904	0.865	0.853	0.853	0.865	0.904	1.073
1.046	0.875	0.835	0.822	0.822	0.835	0.875	1.046
1.073	0.904	0.865	0.853	0.853	0.865	0.904	1.073
1.265	1.115	1.075	1.061	1.061	1.075	1.115	1.265

表7.12、表7.13适用于上部结构与荷载比较匀称的框架结构、地基土比较均匀、底板悬挑部分不超出0.8 m、不考虑相邻基础影响及满足各项构造要求的单栋建筑物的箱形基础。当纵横方向荷载很不匀称时,应分别求出由于荷载偏心产生的纵横方向力矩引起的不均匀基底反力,将该不均匀反力与由反力系数表计算的反力进行叠加,力矩引起的基底不均匀反力按直线变化计算。

(3)箱形基础的弯曲内力计算　箱形基础在上部结构传来的荷载、地基反力及箱基四周土的侧压力共同作用下,将发生整体弯曲;箱基顶板在荷载作用下将发生局部弯曲;箱基底板在地基反力作用下也发生局部弯曲。因此在设计箱形基础时,必须按结构的实际情况,分别计算箱基的整体弯曲和局部弯曲所产生的内力,并将内力进行叠加。

①上部结构为现浇剪力墙体系。该结构箱基的墙体与上部结构的剪力墙相联共同起作用,可假定基础抗弯刚度 $EI = \infty$,其整体弯曲很小,可忽略整体弯曲的影响,仅在构造上予以加强。箱基的顶板和底板,按其尺寸的比值,分别按单向板或双向板计算局部弯曲所产生的弯矩。

顶板的荷载按实际荷载计算,底板按承受均匀的地基净反力(考虑地下水的上浮力)进行计算。考虑到整体弯曲的影响,钢筋配置量除了满足局部弯曲的要求外,纵横方向支座钢筋尚应分别有0.15%,0.10%配筋率连通配置,跨中钢筋按实际(计算)配筋全部连通。侧墙按在地面荷载、土压力及水压力产生的侧压力大小,采取单向两端固定板来计算。

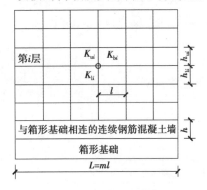

图 7.40　箱基计算简图

②上部结构为框架体系。上部结构为纯框架或框剪体系时,上部结构的刚度与剪力墙相比太小,因此在计算箱形基础的弯曲内力时,应同时考虑整体弯曲与局部弯曲的影响。计算所得局部弯曲所产生的弯矩值应乘以 0.8 的折减系数。

计算整体弯矩时,应考虑上部结构、箱形基础和地基的共同作用。如图 7.40 所示,箱形基础承受的整体弯矩 M_g 及上部结构的总折算刚度 $E_B I_B$ 按下式计算:

$$M_g = M \cdot \frac{E_g I_g}{E_g I_g + E_B I_B} = \beta M, \beta = \frac{E_g I_g}{E_g I_g + E_B I_B} \tag{7.72}$$

$$E_B I_B = \sum_{i=1}^{n} \left[E_b I_{bi} \left(1 + \frac{K_{ui} + K_{li}}{2K_{bi} + K_{ui} + K_{li}} \cdot m^2 \right) \right] + E_w I_w \tag{7.73}$$

式中　M——按静定梁法计算出箱基任一断面处整体弯曲所产生弯矩,kN·m;

E_g——箱基混凝土的弹性模量,kPa;

I_g——箱基折算成等效的工字形截面惯性矩,m^4,工字形截面的上、下翼缘宽度分别为箱形基础顶、底板的全宽,其腹板厚度为弯曲方向箱基所有墙体厚度总和;

E_b——梁、柱混凝土的弹性模量,kPa;

I_{bi}——第 i 根梁截面惯性矩,m^4;

K_{ui}——第 i 层上柱线刚度,m^3,$K_{ui} = I_{ui}/h_{ui}$;

K_{li}——第 i 层下柱线刚度,m^3,$K_{li} = I_{li}/h_{li}$;

K_{bi}——第 i 层梁线刚度,m^3,$K_{bi} = I_{bi}/l$;

I_{ui}, I_{li}——分别为第 i 层上、下柱的惯性矩,m^4;

h_{ui}, h_{li}——分别为第 i 层上、下柱的高度,m;

L, l——分别为上部结构在弯曲方向上的总长度及柱距,m,$l = L/m$;

E_w——弯曲方向与箱基相连的连续钢筋混凝土墙的弹性模量,kPa;

I_w——在弯曲方向上与箱基相连结的混凝土墙的截面惯性矩,m^4;

　　$I_w = bh^3/12$,b 和 h 分别为墙体宽度及高度,m;

m,n——分别为弯曲方向节间数和建筑物的层数。

式(7.73)用于等柱距的框架结构。对柱距相差不超过20%的框架结构也可适用,此时,l取柱距的平均值。

将整体弯曲和局部弯曲两种计算结果相叠加,使得顶、底板成为压弯或拉弯构件,最后据此进行配筋计算。在箱形基础顶、底板配筋时,应综合考虑承受整体弯曲的钢筋与局部弯曲的钢筋的配置部位,以充分发挥各截面钢筋的作用。

3)桩箱与桩筏基础

当高层建筑箱形与筏形基础下天然地基承载力(或变形)不能满足设计要求时,可采用桩加箱形或筏形基础。桩型应根据地层、结构类型、荷载性质、施工条件等因素确定。

当箱形或筏形基础下桩的数量较少时,桩宜布置在墙下、梁板式筏形基础的梁下或平板式筏形基础的柱下。基础底板厚度应满足整体刚度及防水要求。当桩布置在墙下或基础梁下时基础板的厚度不得小于300 mm,且不宜小于板跨1/20。

当箱形或筏形基础下需要满堂布桩时,基础板的厚度应满足受冲切承载力的要求。基础板沿桩顶、柱根、剪力墙或筒体周边的受冲切承载力可按《建筑桩基技术规范》计算。

桩与箱基或筏基的连接应符合下列规定:桩顶嵌入箱基或筏基底板内的长度,对于大直径桩,不宜小于100 mm,对中小直径的桩不宜小于50 mm;桩的纵向钢筋锚入箱基或筏基底板内的长度不宜小于钢筋直径的35倍,对于抗拔桩基不应少于钢筋直径的45倍。

7.6 挡土墙

7.6.1 挡土墙的用途和类型

1)挡土墙的用途

当在土坡上、下修建建筑物时,为防止土坡发生滑动和坍塌,需用各种类型的挡土结构物加以支挡。挡土墙是用来支撑天然或人工斜坡不致坍塌以保持土体稳定性,或使部分侧向荷载传递分散到填土上的支挡结构物。挡土墙在工业与民用建筑、水利水电工程、铁路、公路、桥梁、港口及航道等各类建筑工程中被广泛地应用,其工程应用实例如图7.41所示。

挡土墙回填土一侧称为墙背,墙的另一侧称为墙面,墙面与基底的相交处称为墙趾。墙背一侧较高的土体称为回填土(墙背后不论是回填土,还是未经扰动的土体或其他物料均称为回填土)。墙背填土表面的荷载称为超载。地下室和地下结构的挡墙,常与构筑物的结构相结合,由水平底板和顶板作支撑。

2)挡土墙的类型

挡土墙的分类方法很多,一般可按结构形式、施工方法及所处环境条件等进行划分。按其结构形式及受力特点划分,常见的挡土墙形式有重力式、半重力式、衡重式、悬臂式、扶壁式、锚杆式、锚定板式、加筋土挡土墙、板桩式及地下连续墙等;若按材料类型可划分为木质、砖、石砌、混凝土及钢筋混凝土挡土墙;按所处的环境条件可划分为一般地区、浸水地区和地震地区挡土墙等。

(1)重力式挡土墙 重力式挡土墙一般由块石或混凝土材料砌筑,墙身截面较大。根据墙背的倾斜方向可分为仰斜、直立和俯斜三种,如图7.42所示。墙高一般小于8 m,当$h=8\sim12$ m时,宜采用衡重式。重力式挡土墙依靠墙身自重抵抗土压力引起的倾覆弯矩。其结构简单,施工方便,能就地取材,在建筑工程中应用最广。

(2)悬臂式挡土墙 悬臂式挡土墙一般由钢筋混凝土材料建造,墙的稳定主要依靠墙踵悬臂以上土

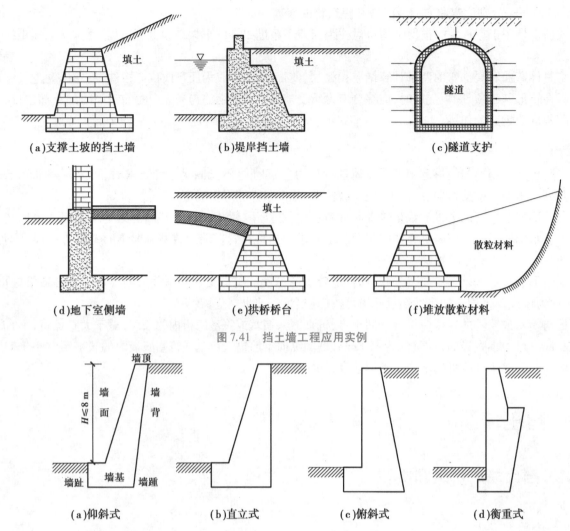

（a）支撑土坡的挡土墙　　　（b）堤岸挡土墙　　　（c）隧道支护

（d）地下室侧墙　　　（e）拱桥桥台　　　（f）堆放散粒材料

图 7.41　挡土墙工程应用实例

（a）仰斜式　　　（b）直立式　　　（c）俯斜式　　　（d）衡重式

图 7.42　重力式挡土墙

重维持。墙体内设置钢筋承受拉应力,故墙身截面较小。初步设计时可按图 7.43 选取截面尺寸。其适用于墙高大于 5 m、地基土质较差,当地缺少石料的情况。

（3）扶壁式挡土墙　当墙高大于 10 m 时,挡土墙立壁挠度较大,为了增加立壁的抗弯性能,常沿墙的纵向每隔一定的距离$(0.3 \sim 0.6)h$ 设置一道扶壁,称为扶壁式挡土墙,如图 7.44 所示。扶壁间填土可增加抗滑和抗倾覆能力,一般用于重要的土建工程。

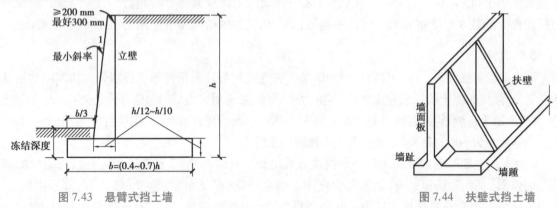

图 7.43　悬臂式挡土墙　　　　图 7.44　扶壁式挡土墙

（4）锚杆及锚定板式挡土墙　锚杆挡土墙是由立柱、挡板与锚杆三部分组成,锚杆的抗拔力由锚杆与填料的摩擦力提供,如图 7.45（a）所示。挡板可用预制拼装或现场浇筑,有时也采用直接锚拉整块钢筋混凝土板的形式。锚杆根据受力大小,通常由高强钢丝索或热轧钢筋构成。锚杆挡土墙可作为山边的支挡结构物,也可用于地下工程的临时支撑。当墙较高时,可自上而下分级施工,避免坑壁及填土的坍塌。对于开挖工程,可免去内支撑,扩大工作面而便于施工。此外,其施工占地少,基础开挖面积少,施工速度快,尤其适用于岩石陡坡及挖方地区。

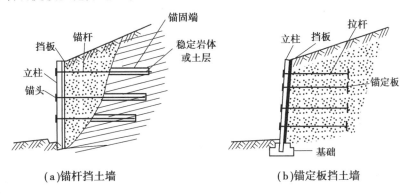

(a)锚杆挡土墙 (b)锚定板挡土墙

图 7.45 锚杆及锚定板式挡土墙

锚定板是一种适用于人工填土的挡土结构。锚定板挡土墙由墙面、钢拉杆、锚定板和填土共同组成,如图 7.45(b)所示。该挡墙的墙面可用预制的钢筋混凝土立柱与挡板拼装而成,钢拉杆的外端与立柱连接,内端与锚定板连接。填土对挡板的侧压力通过立柱传至拉杆,钢拉杆则依靠锚定板在填土中的抗拔力(端阻力)而维持结构的平衡与稳定。有时,根据场地的具体情况,锚杆与锚定板也可组合在一起使用。

(5)加筋挡土墙 加筋土挡土墙由面板、筋带及填料三部分组成。它借助于与面板相连接的筋带同填料之间的相互作用,使面板、筋带和填料形成一种性质稳定且是柔性的复合支挡结构,如图 7.46 所示。加筋土结构能充分利用材料的性能以及土与筋带的共同作用,便于现场预制和拼装,并能抵抗严寒。与重力式挡土墙相比,一般可降低造价 25%~60%。加筋挡土墙对地基土的承载力要求低,适合在软弱地基上建造,且高度限制较小。

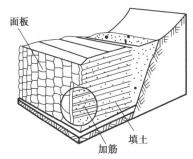

图 7.46 加筋土挡土墙结构

7.6.2 挡土墙设计的基本原则

1)挡土墙设计的内容

挡土墙应保证填土及挡土墙本身的稳定,另外墙身应有足够的强度,以保证挡土墙的安全使用,同时设计中还要做到经济合理。挡土墙截面尺寸一般按试算法确定,即先根据挡土墙的工程地质、填土性质、荷载情况以及墙体材料和施工条件凭经验初步拟定截面尺寸,然后进行验算,如不满足要求,则修改截面尺寸或采取其他措施。挡土墙计算的内容如下:

①稳定性验算:包括抗倾覆稳定性验算和抗滑移稳定性验算。

②地基承载力验算:与一般偏心受压基础验算方法相同。

③墙身材料强度验算:符合现行《混凝土结构设计规范》和《砌体结构设计规范》的规定。

2)作用在挡土墙上的土压力

挡土墙土压力是指挡土墙后的填土因自重或外荷载作用对墙背产生的侧向压力。它与填料性质、挡土墙形状和位移方向、地基土性质等有关,目前大多采用朗肯和库仑土压力理论分析计算。

(1)作用在挡土墙上的永久荷载 作用在挡土墙上的主要外荷载是土压力。设计挡土墙时首先要确定作用在墙背上土压力的性质、大小、方向和作用点。土压力的计算是比较复杂的,它不仅与土的性质、填土的过程,以及墙的刚度、形状等因素有关,还取决于墙的位移。如果挡土墙排水条件较差,或是岸

边挡土墙,可能承受静水压力。垂直作用于挡土墙某一点的静水压力强度为:

$$p = \gamma_w H_1 \tag{7.74}$$

式中　γ_w——水的重度,取 $10\ kN/m^3$;

　　　H_1——计算点到水面的垂直距离,m。

（2）作用在挡土墙上的可变荷载　作用在挡土墙上的可变荷载有波浪压力、洪水压力、浮力等。若在挡土墙顶的地面上有公路或建筑房屋等,则应考虑由于超载引起的附加应力。建于地震区的挡土墙还要考虑地震力所增加的偶然荷载。

（3）荷载效应组合　根据《地基基础规范》规定:验算挡土墙的稳定性时,应采用承载能力状态下的荷载效应的基本组合进行计算,其土压力及自重的荷载分项系数可取 1.0;当土压力作为外荷载时,应取 1.2 的荷载分项系数。

7.6.3　重力式挡土墙设计

1) 作用在挡土墙上的荷载

如图 7.47(a)所示,作用在挡土墙上的荷载有墙身自重 G、土压力和基底反力。若挡土墙基础有一定的埋深,则埋深部分前趾上因整个挡土墙前移而受挤压,故墙体还受被动土压力 E_p 作用,但设计时 E_p 可忽略不计,使结果偏于安全。此外,若挡土墙排水不良,填土积水需计入水压力,对地震区还应考虑地震效应等。

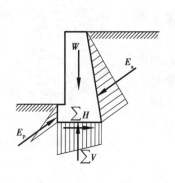
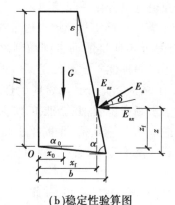

|(a)作用于挡土墙上的诸力|(b)稳定性验算图|

图 7.47　挡土墙上抗倾覆稳定性验算

2) 挡土墙稳定性验算

（1）抗倾覆稳定性验算　如图 7.47(b)所示。为保证挡土墙在土压力作用下不发生绕墙趾 O 点的倾覆,要求抗倾覆稳定性安全系数 K_t(抗倾覆力矩与倾覆力矩之比)$\geqslant 1.6$,即

$$K_t = \frac{Gx_0 + E_{az}x_f}{E_{ax}z_f} \geqslant 1.6 \tag{7.75}$$

式中　E_{ax}——E_a 的水平分力,kN/m,$E_{ax}=E_a\sin(\alpha-\delta)$;

　　　E_{az}——E_a 的竖直分力,kN/m,$E_{az}=E_a\cos(\alpha-\delta)$;

　　　G——挡土墙每延米自重,kN/m;

　　　x_f——土压力作用点离 O 点的水平距离,m,$x_f=b-z\tan\varepsilon$,或者 $x_f=b-z\cot\alpha$;

　　　z_f——土压力作用点离 O 点的竖直距离,m,$z_f=z-b\tan\alpha_0$;

　　　x_0——挡土墙重心离墙趾的水平距离,m;

　　　b——基底的水平投影宽度,m;

　　　z——土压力作用点离墙踵的高度,m。

若按式(7.75)验算结果不满足要求时,可采取以下措施进行处理:增大挡土墙断面尺寸,使 G 增大,但工程量相应增大;伸长墙趾,加大 x_0,但墙趾过长,若厚度不够,则需配置钢筋;墙背做成仰斜,减小土压力;在挡土墙竖直墙背上作卸载台,如图 7.48 所示。

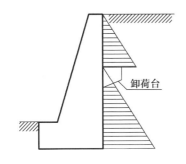

图 7.48 挡土墙上的卸载台

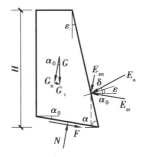

图 7.49 挡土墙上抗滑稳定性验算

(2)抗滑移稳定性验算 在土压力作用下,挡土墙也可能沿基础底面发生滑动,如图 7.49 所示。因此要求基底的抗滑安全系数 K_s(抗滑力与滑动力之比)≥ 1.3,即

$$K_s = \frac{(G_n + E_{an})\mu}{E_{at} - G_t} \geq 1.3 \tag{7.76}$$

式中 G_n——挡土墙自重垂直于基底平面方向的分力,kN/m,$G_n = G\cos\alpha_0$;

G_t——挡土墙自重平行于基底平面方向的分力,kN/m,$G_t = G\sin\alpha_0$;

E_{an}——E_a 垂直于基底平面方向分力,kN/m,$E_{an} = E_a\cos(\alpha-\alpha_0-\delta)$;

E_{at}——E_a 平行于基底平面方向分力,kN/m,$E_{at} = E_a\sin(\alpha-\alpha_0-\delta)$;

α,α_0——分别为墙背与水平线之间的夹角、基底与水平线之间的夹角;

δ——土对挡土墙墙背的摩擦角,可按表 7.14 选用;

μ——土对挡土墙基底的摩擦系数,宜按试验确定,也可按表 7.15 选用。

表 7.14 土对挡土墙墙背的摩擦角 δ

挡土墙情况	墙背光滑,排水不良	墙背粗糙,排水良好	墙背很粗糙,排水良好	墙背与填土间不可能滑动
摩擦角 δ	$(0\sim0.33)\varphi$	$(0.33\sim0.5)\varphi$	$(0.5\sim0.67)\varphi$	$(0.67\sim1.0)\varphi$

注:φ 为墙背填土的内摩擦角。

表 7.15 土对挡土墙基底的摩擦系数 μ

土的类别		摩擦系数 μ	土的类别	摩擦系数 μ
黏性土	可塑	$0.25\sim0.30$	中砂、粗砂、砾砂	$0.40\sim0.50$
	硬塑	$0.30\sim0.35$	碎石土	$0.40\sim0.60$
	坚塑	$0.35\sim0.45$	软质岩石	$0.40\sim0.60$
粉土		$0.30\sim0.40$	表面粗糙的硬质岩石	$0.65\sim0.75$

注:①对易风化的软质岩石和塑性指数 I_P 大于 22 的黏性土,基底摩擦系数 μ 还应通过实验确定。

②对碎石土,可根据其密实度、填充物状况、风化程度来确定。

若按式(7.76)验算结果不满足要求时,可采取以下措施进行处理:增大挡土墙断面尺寸,使 G 增大,增大抗滑力;墙基底面做成砂、石垫层,以提高 μ,增大抗滑力;墙底做成逆坡,利用滑动面上部分反力来抗滑,如图 7.50(a)所示。

在软土地基上,其他方法无效或不经济时,可在墙踵后加拖板,利用拖板上的土重来抗滑,拖板与挡土墙之间应该用钢筋连接,如图7.50(b)所示。

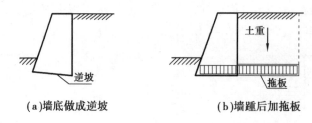

(a)墙底做成逆坡　　　　(b)墙踵后加拖板

图 7.50　增加抗滑稳定的措施

3)挡土墙地基承载力验算

如图7.51所示,当基底抗力的合力偏心矩 $e \leqslant B'/6$ 时,基底压力按下式计算:

$$p_{\min}^{\max} = \frac{G_n + E_{an}}{B'}\left(1 \pm \frac{6e}{B'}\right) \leqslant 1.2f_a \tag{7.77a}$$

并满足

$$\frac{p_{\max} + p_{\min}}{2} \leqslant f_a \tag{7.77b}$$

当基底抗力的偏心矩 $e > B'/6$ 时,墙踵处的最大应力为:

$$p_{\max} = \frac{2(G_n + E_{an})}{3c} \leqslant 1.2f_a \tag{7.78}$$

式中　B'——挡土墙基底宽度,m;

　　　e——偏心距,m,$e = B'/2 - c$;

　　　f_a——修正后的地基承载力特征值,当基底倾斜时,应乘以 0.8 的折减系数。

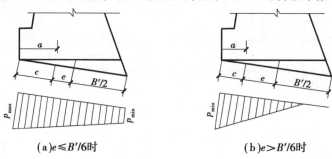

(a)$e \leqslant B'/6$时　　　　(b)$e > B'/6$时

图 7.51　地基承载力验算

4)重力式挡土墙的构造措施

(1)墙型的选择　用相同的计算方法和计算指标计算主动土压力,一般仰斜式最小,直立式居中,俯斜式最大。就墙背所受的土压力而言,仰斜墙背较为合理。

(2)挡土墙的基础埋置深度　挡土墙的基础埋置深度(如基底倾斜,基础埋置深度从最浅处的墙趾处计算)应该根据持力层土的承载力、水流冲刷、岩石裂隙发育及风化程度等因素确定。在特强冻胀、强冻胀地区应考虑冻胀的影响。在土质地基中,基础埋置深度不宜小于0.5 m;在软质岩石中,基础埋置深度不宜小于 0.3 m。

(3)断面尺寸拟定　墙前地面较陡时,墙面坡度可按 1∶0.5~1∶0.2选择,墙高较小时,可采用直立的截面。在墙前地面较为平坦时,对于中、高挡土墙,墙面坡度可较缓,但不宜缓于 1∶0.4,以免增高墙身或增加开挖深度。仰斜墙背坡度愈缓,主动土压力愈小,但为了避免施工困难,仰斜墙背一般不宜缓于 1∶0.25,墙面坡应尽量与墙背坡平行。俯斜墙背的坡度不大于 1∶0.36。基底逆坡坡度:土质地基宜 ≤0.1∶1,岩石地基则应 ≤0.2∶1。

当墙高较大时,为了使基底压力不超过地基承载力特征值,可加墙趾台阶,如图 7.52 所示,以便扩大基底宽度,这对墙的抗倾覆稳定也是有利的。墙趾台阶的高宽比可取 $h∶a = 2∶1$,a 不得小于 20 cm。此外,基底法向反力的偏心矩应满足 $e \leqslant b_1/4$ 的条件(b_1 为无台阶时的基底宽度)。

块石挡土墙的墙顶宽度不宜小于 400 mm;混凝土挡土墙墙顶宽度不宜小于 200 mm。重力式挡土墙基础底面宽为墙高的 1/2～1/3。重力式挡土墙应该每隔 10～20 m 设置一道伸缩缝。当地基有变化时宜加设沉降缝。在挡土结构的拐角处,应采取加强的构造措施。

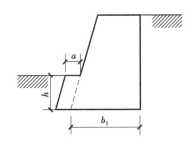

图 7.52 墙趾台阶尺寸示意

(4)排水措施 雨季时,雨水沿坡下流。如果在设计挡土墙时,没有考虑排水措施或因排水不良,就将使墙后土的抗剪强度降低,导致土压力的增加。此外,由于墙背积水,又增加了水压力。这是造成挡土墙倒塌的主要原因。为使墙后积水易于排出,可在墙身布置泄水孔、排水沟等排水,如图 7.53所示。

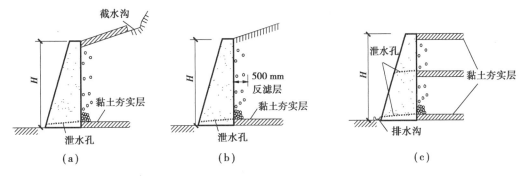

图 7.53 挡土墙排水措施

(5)填土质量要求 一般来说,选用内摩擦角较大、透水性较强的粗粒填料如粗砂、砾石、碎石、块石等,能显著减小主动土压力,而且它们的内摩擦角受浸水的影响也很小;当采用黏性土作填料时,宜掺入适量的碎石。墙后填土必须分层夯实,保证质量。

对于悬臂式和扶壁式挡土墙,可参考重力式挡土墙进行设计,但荷载计算有所不同。

【例题 7.3】 某挡土墙高度 $H = 6.0$ m,墙背倾斜 $\varepsilon = 10°$,填土表面倾斜 $\beta = 10°$,墙背与填土间的摩擦角 $\delta = 20°$。墙后填土为中砂,重度 $\gamma = 18.5$ kN/m³,内摩擦角 $\varphi = 30°$。试设计此挡土墙的尺寸,并进行抗滑和抗倾覆稳定性验算。

【解】 (1)初定挡土墙断面尺寸
设计挡土墙顶宽 1.0 m,底宽 5.0 m。

墙的自重为:$G = \dfrac{(1.0 \text{ m} + 5.0 \text{ m})H\gamma_c}{2} = \dfrac{(1.0 \text{ m} + 5.0 \text{ m}) \times 6 \text{ m} \times 24 \text{ kN/m}^3}{2} = 432$ kN/m

(2)土压力计算
由 $\varphi = 30°$,$\delta = 20°$,$\varepsilon = \beta = 10°$,库仑土压力系数查表 5.10 得 $K_a = 0.438$。

$$E_a = \frac{\gamma H^2 K_a}{2} = \frac{18.5 \text{ kN/m}^3 \times 6^2 \text{ m}^2 \times 0.438}{2} = 145.9 \text{ kN/m}$$

土压力竖直分力:$E_{an} = E_a \cos(\alpha - \alpha_0 - \delta) = 145.9$ kN/m $\times \cos(80° - 20°) = 72.9$ kN/m
土压力的水平分力:$E_{at} = E_a \sin(\alpha - \alpha_0 - \delta) = 145.9$ kN/m $\times \sin 60° = 126.4$ kN/m

(3)抗滑移稳定性验算
墙底对地基的摩擦系数 μ 查表 7.15,可得 $\mu = 0.4$。则有:

$$K_s = \frac{(G_n + E_{an})\mu}{E_{at} - G_t} = \frac{(432 + 72.9) \text{ kN/m} \times 0.4}{126.4 \text{ kN/m}} = \frac{202.0}{126.4} = 1.60 > 1.3,\text{安全}。$$

因安全系数过大,为节省工程量,宜修改挡土墙的尺寸,将墙底宽减小到 4.0 m,则挡土墙自重为:
$G' = (1.0 + 4.0)$ m $\times 6$ m $\times 24$ kN · m³/2 = 360 kN/m。

修改后的抗滑稳定安全系数为:

$K_s = (360+72.9) \text{ kN/m} \times 0.4 / 126.4 \text{ kN/m} = 173.2/126.4 = 1.37 > 1.3$，安全。

（4）抗倾覆验算

求出作用在挡土墙上的各力对墙趾的力臂。自重 G' 力臂 $x_0 = 2.17$ m；E_{az} 力臂 $x_f = 3.65$ m；E_{ax} 力臂 $z_f = 2.00$ m，则抗倾覆稳定性安全系数为：

$$K_t = \frac{Gx_0 + E_{az}x_f}{E_{ax}z_f} = \frac{(360 \times 2.17 + 72.9 \times 3.65) \text{ kN}}{(126.4 \times 2.00) \text{ kN}} = 4.14 > 1.6$$，安全。

习　题

7.1 某柱基承受的轴心荷载为 $F_k = 1.05$ MN，基础埋深为 1 m，地基土为中砂，$\gamma = 18$ kN/m³，$f_{ak} = 280$ kPa。试确定该基础的底面边长。

7.2 某承重墙厚 240 mm，作用于地面标高处的荷载 $F_k = 180$ kN/m，拟采用砖基础，埋深为 1.2 m。地基土为粉质黏土，$\gamma = 18$ kN/m³，$e_0 = 0.9$，$f_{ak} = 170$ kPa。试确定砖基础的底面宽度，并按二皮一收砌法画出基础剖面示意图。

7.3 某工厂厂房为框架结构（柱为 C25 混凝土，截面尺寸 500 mm×500 mm）。作用在独立基础顶面的竖向荷载标准值 $N = 2400$ kN，弯矩 $M = 850$ kN·m，水平力 $Q = 60$ kN。基础埋深 1.90 m，基础顶面位于地面下 0.5 m。地基表层为素填土，天然重度 $\gamma_1 = 18.0$ kN/m³，厚度 $h_1 = 1.90$ m；第二层土为黏性土，$\gamma_2 = 18.5$ kN/m³，厚度 $h_2 = 8.60$ m，$e = 0.90$，$I_L = 0.25$。试设计基础的底面尺寸，并验算基础厚度。（设 $f_{ak} = 210$ kPa）

7.4 某柱下条形基础如图 7.55 所示，基础埋深为 1.5 m，修正后的地基承载力特征值为 126 kN，图中的柱荷载均为设计值，标准值可近似取为设计值的 0.74 倍。试确定基础底面尺寸，并用倒梁法计算基础梁的内力。

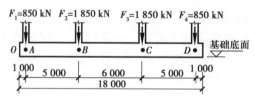

图 7.54 习题 7.4 基本条件

7.5 某交叉条形基础如图 7.55 所示，已知结点竖向集中荷载 $F_1 = 1300$ kN，$F_2 = 2000$ kN，$F_3 = 2200$ kN，$F_4 = 1500$ kN，地基基床系数 $k = 5000$ kN/m³；基础梁 L_1 和 L_2 的抗弯刚度分别为 $EI_1 = 7.40 \times 10^5$ kN·m²，$EI_2 = 2.93 \times 10^5$ kN·m²。试对各结点荷载进行分配。

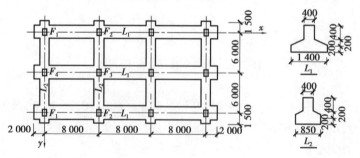

图 7.55 习题 7.5 基本条件

7.6 某挡土墙高度 $H = 5.0$ m，墙顶宽度 $b = 1.5$ m，墙底宽度 $B = 2.5$ m。墙面竖直，墙背倾斜 $\varepsilon = 10°$，墙背与填土间的摩擦角 $\delta = 20°$，填土表面倾斜 $\beta = 12°$。墙后填土为中砂，重度 $\gamma = 17.0$ kN/m³，内摩擦角 $\varphi = 30°$。挡土墙地基为砂土，墙底摩擦系数 $\mu = 0.4$，墙体材料重度 $\gamma = 22.0$ kN/m³。试验算此挡土墙的抗滑和抗倾覆稳定性是否满足要求。

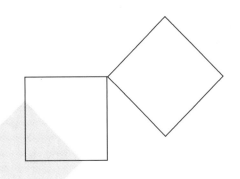

8 桩基础

本章导读:

• **基本要求** 理解桩基础的概念、分类及应用范围,桩土体系的荷载传递机理;熟练掌握桩基竖向承载力计算、桩基沉降的计算、桩基水平承载力计算(m 法)、承台的抗弯及抗冲切计算;掌握桩基础的设计内容、步骤和方法。

• **重点** 按《建筑桩基技术规范》(JGJ 94—2008)进行桩基竖向承载力计算、桩基沉降的计算、桩基水平承载力计算、承台的设计计算。

• **难点** 桩基沉降的计算,桩基水平承载力计算(m 法)。

8.1 概 述

8.1.1 桩基础概念和应用范围

1)桩基础的概念

当上部建筑物荷载较大,而适合于作为持力层的土层又埋藏较深,用天然浅基础或仅作简单的地基加固仍不能满足要求时,常采用深基础方案。深基础主要有桩基础、沉井和地下连续墙等几种类型,其中以桩基础的应用最为广泛。

我国古代早已使用木桩作为桥梁和建筑物的基础,如秦代的渭桥、隋朝的郑州超化寺、五代的南京石头城和上海龙华塔等。随着近代科学技术的进步,桩的种类、桩基形式、施工工艺和设备,以及桩基理论和设计方法都有了极大的发展,如钢筋混凝土桩基础(预制桩、钻孔灌注桩)已广泛应用于工业与民用建筑、桥梁、铁路、水利、机场及港工等各工程领域。

桩基础又称桩基,是由设置于岩土中的桩和与桩顶连接的承台共同组成的基础,或由柱与桩直接连接的单桩基础。常见的桩基础形式如图 8.1 所示。

基桩指桩基础中的单桩。复合基桩指单桩及其对应面积的承台底地基土组成的复合承载基桩。

桩基础的功能是通过桩身侧壁摩阻力和桩端阻力将上部结构的荷载传递到深处的地基上。如上海浦东 88 层高 420.5 m 的金贸大厦,桩基础的桩入土深度超过 80 m。

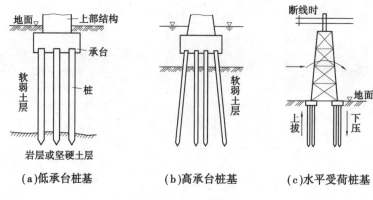

图 8.1 桩基础示意图

2) 桩基础的应用范围

桩基作为深基础具有承载力高、稳定性好、沉降量小而均匀、沉降速率低而收敛快等特性。桩基础主要用于高层建筑基础,道路、铁路、轨道交通等桥梁工程基础,工业厂房基础,精密机械设备基础,油罐、烟囱、塔楼等特殊建筑物基础,抗震工程、滑坡治理工程,基础托换工程等各工程领域。

8.1.2 桩土体系的荷载传递机理

1) 桩土体系的荷载传递机理

假定单桩的桩顶竖向荷载由零开始逐渐增大,通过桩土相互作用有以下过程:

①桩身上部先受到压缩,并产生相对于土体的向下位移,而桩侧表面将受到桩周土体的向上摩阻力。

②随荷载逐步增大,桩身的压缩变形(相对于土体的下移)与桩侧摩阻力,将由桩顶向下逐渐扩展或延深。此时,桩身截面上的荷载、变形与侧摩阻力均随桩深度而递减,存在位移零点,零点以下无荷载(或称内力)、变形与侧摩阻力。

③荷载继续增大,零点下移直至桩底端,使桩身下部摩阻力得以发挥。但桩在不同深度处的摩阻力是不相等的,某一断面处存在极值,极值点之下,摩阻力将逐步变小。

④当桩端产生压缩位移时,桩端阻力才开始发生作用,并随变形加大而增大。此时,桩侧摩阻力将进一步发挥,并随桩身位移变化而重新分布。

⑤当桩身侧摩阻力全部发挥出来后,再增加荷载,荷载增量将全部由桩端阻力来承担。荷载加大会使桩底端下移,使桩底部土体压缩过大或发生塑性挤出。

2) 荷载传递性状的影响因素

①桩端土与桩周土的刚度比(E_b/E_s)越小,桩身轴力沿深度衰减越快,即传递到桩端的荷载越小。对于中长桩(桩的长径比 $L/d=25$ 左右),当 $E_b/E_s=1.0$ 时,其桩端阻力仅占总荷载的 5% 左右,即接近于纯摩擦桩;当 $E_b/E_s=100$ 时,其桩端阻力约占总荷载的 60%,即属于端承桩;E_b/E_s 的比值再继续增大,对端阻分担荷载的比例影响不大,但桩身下部的侧阻力发挥值将相应降低。

②随着桩土刚度比 E_c/E_s(桩身压缩模量与桩侧土压缩模量之比)增大,传递到桩端荷载将增大,侧阻力所分担的比例将减小。但当 $E_c/E_s \geqslant 1\ 000$ 以后,端阻分担荷载比例虽有所增加,但增加幅度趋缓。对于 $E_c/E_s \leqslant 10$ 的中长桩,一般认为其端阻接近于零,这说明砂桩、碎石桩、灰土桩等较低刚度材料所构成的桩,应按复合地基理论进行桩基的设计。

③随桩长径比 L/d 增大,传递到桩端的荷载将减小,桩身下部侧阻力发挥值相应降低。在均匀土层中,当 $L/d \geqslant 40$ 时,其端阻分担的荷载比例已经很小;当 $L/d \geqslant 100$ 时,不论桩端土刚度多大,其端阻分担

的荷载值小到可忽略不计。

④对于扩底桩,随桩端扩大头直径与桩身直径之比 D/d(即桩端扩径比)的增大,桩端所分担的荷载比例将加大。如对于均匀土层中的中长桩,等直径桩的桩端分担荷载比例仅为5%左右;但对于 $D/d=3$ 的扩底桩,其桩端分担荷载比例可达到35%左右。

8.2 设计规定及桩基构造

8.2.1 桩基计算一般规定

1)两类极限工作状态

《建筑桩基技术规范》JGJ 94—2008(以下简称《桩基规范》)将桩基极限状态分为两类:桩基承载能力极限状态和桩基正常使用极限状态。

①承载能力极限状态:指桩基达到最大承载能力或整体失稳或发生不适于继续承载的变形。

②正常使用极限状态:指桩基达到建筑物正常使用所规定的变形限值或达到耐久性要求的某项限值。

桩基在竖向或横向荷载下的破坏由以下两种强度之一的破坏引起:地基土强度破坏或桩身强度破坏。通常竖向承载桩和横向承载短桩的破坏多由地基土强度破坏而引起,而横向承载长桩的破坏则多由桩的材料强度破坏所引起。

单桩竖向极限承载力标准值指单桩在竖向荷载作用下达到破坏状态前或出现不适于继续承载的变形时所对应的最大荷载。单桩竖向极限承载力标准值除以安全系数 $K(K=2.0)$ 之后的承载力值为"单桩竖向承载力特征值"。

2)桩基设计等级划分

根据建筑规模、功能特征、对差异变形的适应性、场地地基和建筑物体型复杂性等,《桩基规范》将桩基设计分为3个设计等级,见表8.1。

表 8.1 桩基设计等级

设计等级	建筑类型
甲级	①重要的建筑; ②30层以上或高度超过100 m的高层建筑; ③体型复杂且层数相差超过10层的高低层(含纯地下室)连体建筑; ④20层以上框架-核心筒结构及其他对差异沉降有特殊要求的建筑; ⑤场地和地基条件复杂的7层以上的一般建筑及坡地、岸边建筑; ⑥对相邻既有工程影响较大的建筑
乙级	除甲级、丙级以外的建筑
丙级	场地和地基条件简单、荷载分布均匀的7层及7层以下的一般建筑

3)承载力计算和稳定性验算规定

①应根据桩基使用功能和受力特征分别进行桩基竖向承载力计算和水平承载力计算。

②应对桩身和承台结构承载力进行计算;对于桩侧土不排水抗剪强度小于10 kPa,且长径比大于50的桩应进行桩身压屈验算;对于混凝土预制桩,应按吊装、运输和锤击作用进行桩身承载力验算;对于钢

管桩,应进行局部压屈验算。

③当桩端平面以下存在软弱下卧层时,应进行软弱下卧层承载力验算;对位于坡地、岸边的桩基,应进行整体稳定性验算;对于抗浮、抗拔桩基,应进行基桩和群桩的抗拔承载力计算;对于抗震设防区的桩基,应进行抗震承载力验算。

4)桩基沉降计算规定

下列建筑桩基应进行沉降计算:

①设计等级甲级的非嵌岩桩和非深厚坚硬持力层的桩基。

②设计等级乙级的体型复杂、荷载分布显著不均匀或桩端平面以下存在软弱土层桩基。

③软土地基多层建筑减沉复合疏桩基础。

对受水平荷载较大,或对水平位移有严格限制的建筑桩基,应计算其水平位移,并应根据桩基所处的环境类别和相应的裂缝控制等级,验算桩和承台正截面的抗裂和裂缝宽度。

5)荷载效应最不利组合与相应的抗力限值的规定

①确定桩数和布桩时,应采用传至承台底面的荷载效应标准组合;相应的抗力应采用基桩或复合基桩承载力特征值。

②计算荷载作用下的桩基沉降和水平位移时,应采用荷载效应准永久组合;计算水平地震作用、风载作用下的桩基水平位移时,应采用水平地震作用、风载效应标准组合。

③验算坡地、岸边建筑桩基的整体稳定性时,应采用荷载效应标准组合;抗震设防区,应采用地震作用效应和荷载效应的标准组合。

④计算桩基结构承载力、确定尺寸和配筋时,应采用传至承台顶面的荷载效应基本组合;进行承台和桩身裂缝控制验算时,应分别采用荷载效应标准组合和准永久组合。

⑤桩基结构设计安全等级、结构设计使用年限和结构重要性系数 γ_0,应按现行有关建筑结构规范的规定采用,除临时性建筑外,重要性系数 γ_0 不应小于 1.0。

⑥当桩基结构进行抗震验算时,其承载力调整系数 γ_{RE} 应按现行国家标准《建筑抗震设计规范》(GB 50011)的规定采用。

6)变刚度调平设计

变刚度调平设计是指考虑上部结构形式、荷载、地层分布以及相互作用效应,通过调整桩径、桩长、桩距等改变基桩支承刚度分布,以使建筑物沉降趋于均匀、承台内力降低的设计方法。对按变刚度调平设计的桩基,宜进行上部结构—承台—桩—土共同工作分析。

软土地基上的多层建筑物,当天然地基承载力基本满足要求时,可采用减沉复合疏桩基础。北京皂君庙电信楼、北京万豪大酒店、山东农业银行大厦等工程的桩基础均采用变刚度调平设计,并取得较好效果。如北京皂君庙电信楼已建成 3 年,经观测,其 $S_{max} \leqslant 40$ mm,$\Delta S_{max} \leqslant 0.000\ 8L$($L$ 为相邻柱基中心距离)。

7)其他计算规定

①对于受长期或经常出现的水平力或抗拔力的建筑桩基,应验算桩身的裂缝宽度,其最大裂缝宽度不得超过 0.2 mm。

②预制桩桩身配筋可按计算确定。吊运时单吊点和双吊点的位置,应按吊点(或支点)跨间正弯矩与吊点处的负弯矩相等的原则进行布置。考虑预制桩吊运时可能受到冲击和振动的影响,计算吊运弯矩和吊运拉力时,宜将桩身重力乘以 1.5 的动力系数。

③桩基结构的耐久性应根据设计使用年限、现行国家标准《混凝土结构设计规范》(GB 50010)的环境类别规定,以及水、土对钢筋和混凝土腐蚀性的评价进行设计。

8.2.2 桩顶作用效应计算

对于一般建筑物和受水平力(包括力矩与水平剪力)较小的高大建筑物桩径桩长相同的群桩基础,应按下列公式计算群桩中复合基桩或基桩的桩顶作用效应。

轴心竖向力作用下

$$N_k = \frac{F_k + G_k}{n} \tag{8.1}$$

偏心竖向力作用下

$$N_{ik} = \frac{F_k + G_k}{n} \pm \frac{M_{xk} y_i}{\sum y_j^2} \pm \frac{M_{yk} x_i}{\sum x_j^2} \tag{8.2}$$

水平力作用下

$$H_{ik} = \frac{H_k}{n} \tag{8.3}$$

式中 F_k——荷载效应标准组合下,作用于承台顶面的竖向力;

  G_k——承台和承台上土自重标准值,对稳定的地下水位以下部分应扣除水的浮力;

  N_k——荷载效应标准组合轴心竖向力作用下,基桩或复合基桩的平均竖向力;

  N_{ik}——荷载效应标准组合偏心竖向力作用下,第 i 基桩或复合基桩的竖向力;

  M_{xk}, M_{yk}——荷载效应标准组合下,作用于承台底面,通过桩群形心 x、y 主轴的力矩;

  H_k——荷载效应标准组合下,作用于桩基承台底面的水平力;

  H_{ik}——荷载效应标准组合下,作用于第 i 基桩或复合基桩的水平力;

  x_i, x_j——第 i、j 基桩或复合基桩至 y 轴的距离;

  y_i, y_j——第 i、j 基桩或复合基桩至 x 轴的距离;

  n——桩基中的桩数。

对于主要承受竖向荷载的抗震设防区低承台桩基,在同时满足下列条件时,桩顶作用效应计算可不考虑地震作用:按《建筑抗震设计规范》(GB 50011—2010)规定可不进行桩基抗震承载力验算的建筑物;建筑场地位于建筑抗震的有利地段。

属于下列情况之一的桩基,计算各基桩的作用效应、桩身内力和位移时,宜考虑承台(包括地下墙体)与基桩协同工作和土的弹性抗力作用:位于 8 度和 8 度以上抗震设防区和其他受较大水平力的高层建筑,当其桩基承台刚度较大或由于上部结构与承台协同作用能增强承台的刚度时;受较大水平力及 8 度和 8 度以上地震作用的高承台桩基。

8.2.3 桩的选型与布置

1)桩基础的分类

(1)按承载性状分类 作用在竖直桩顶的竖向外荷载由桩侧摩阻力和桩端阻力共同承担。根据摩阻力和端阻力占外荷载的比例大小将桩基分为摩擦型桩(摩擦桩、端承摩擦桩)和端承型桩(端承桩、摩擦端承桩)两大类,如图 8.2 所示。

①摩擦桩:在承载能力极限状态下,桩顶竖向荷载由桩侧阻力承受,桩端阻力小到可忽略不计。例如以下情况:桩长径比很大,桩顶荷载只通过桩身压缩产生的桩侧阻力传递给桩周土,桩端土层分担荷载很小;桩端下无较坚实的持力层;桩底残留虚土或沉渣的灌注桩;桩端出现脱空的打入桩等。

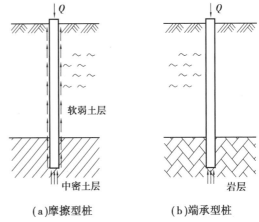

图 8.2 桩的承载性状

②端承摩擦桩:在承载能力极限状态下,桩顶竖向荷载主要由桩侧阻力承受。例如,置于软塑状态黏性土中的长桩,桩端土为可塑状态黏性土,端阻力承受小部分荷载,属端承摩擦桩。

③端承桩:在承载能力极限状态下,桩顶竖向荷载由桩端阻力承受,桩侧阻力小到可忽略不计。长径比较小(一般小于10),桩端设置在密实砂类、碎石类土层中,或位于中、微风化及新鲜基岩中的桩,属端承桩。

④摩擦端承桩:在承载能力极限状态下,桩顶竖向荷载主要由桩端阻力承受。通常桩端进入中密以上的砂类、碎石类土层中,或位于中、微风化及新鲜基岩顶面。这类桩的侧阻力虽属次要,但不可忽略。

(2)按成桩方式分类 按成桩方式分为非挤土桩、部分挤土桩和挤土桩三大类。

①非挤土桩:干作业法钻(挖)孔灌注桩、泥浆护壁法钻(挖)孔灌注桩、套管护壁法钻(挖)孔灌注桩,这类在成桩过程中基本上对桩相邻土不产生挤土效应的桩,称为非挤土桩。

②部分挤土桩:冲孔灌注桩、钻孔挤扩灌注桩、搅拌劲芯桩、预钻孔打入(静压)预制桩、打入(静压)式敞口钢管桩、敞口预应力混凝土空心桩和H型钢桩均属部分挤土桩。

③挤土桩:沉管灌注桩、沉管夯(挤)扩灌注桩、打入(静压)预制桩、闭口预应力混凝土空心桩和闭口钢管桩属挤土桩。在成桩过程中,桩周围的土被压密或挤开,使周围土层受到严重扰动,土的原始结构会遭到破坏。挤土桩施工时除有噪声外,不存在泥浆及弃土污染问题,当施工质量好,方法得当时,其单方混凝土材料所提供的承载力较非挤土桩及部分挤土桩高。

(3)按桩径(设计直径 d)大小分类 按桩径大小分为小直径桩、中等直径桩、大直径桩三类。

①小直径桩:$d \leq 250$ mm。小直径桩多用于基础加固(树根桩或静压锚杆桩)及复合桩基础。

②中等直径桩:250 mm$< d < 800$ mm。该类桩在各类工程中使用量较大。

③大直径桩:$d \geq 800$ mm。该类桩主要为现场成孔灌注桩,因桩径大且桩端还可以做成扩大头,单桩承载力较高,通常用于高重型建(构)筑物基础。

2)基桩的布置

①基桩的最小中心距应符合表8.2的规定。当施工中采取减小挤土效应的可靠措施时,可根据当地经验适当减小。

表8.2 基桩的最小中心距

土类与成桩工艺		排数不少于3排且桩数不少于9根的摩擦型桩基	其他情况
非挤土灌注桩		3.0d	3.0d
部分挤土桩	非饱和土、饱和非黏性土	3.5d	3.0d
	饱和黏性土	4.0d	3.5d
挤土桩	非饱和土、饱和非黏性土	4.0d	3.5d
	饱和黏性土	4.5d	4.0d
钻、挖孔扩底桩		2D 或 D+2.0 m（当$D>2$ m）	1.5D 或 D+1.5 m（当$D>2$ m）
沉管夯扩、钻孔挤扩桩	非饱和土、饱和非黏性土	2.2D 且 4.0d	2.0D 且 3.5d
	饱和黏性土	2.5D 且 4.5d	2.2D 且 4.0d

注:①d 为圆桩设计直径或方桩设计边长,D 为扩大端设计直径。
②当纵横向桩距不相等时,其最小中心距应满足"其他情况"一栏的规定。
③当为端承型桩时,非挤土灌注桩的"其他情况"一栏可减小至2.5d。

②排列基桩时,宜使桩群承载力合力点与竖向永久荷载合力作用点重合,并使基桩受水平力和力矩的较大方向有较大抗弯截面模量。

③对桩箱基础、剪力墙结构桩筏(含平板和梁板式承台)基础,宜将桩布置于墙下。

④对框架-核心筒结构桩筏基础应按荷载分布考虑相互影响,将桩相对集中布置于核心筒和柱下。外围框架柱宜采用复合桩基,有合适桩端持力层时,桩长宜减小。

⑤应选择较硬土层作为桩端持力层。桩端全断面进入持力层的深度,对于黏性土、粉土不宜小于$2d$,砂土不宜小于$1.5d$,碎石类土不宜小于$1d$。当存在软弱下卧层时,桩端以下硬持力层厚度不宜小于$3d$。

⑥对于嵌岩桩,嵌岩深度应综合荷载、上覆土层、基岩、桩径、桩长诸因素确定。对于嵌入倾斜的完整和较完整岩的全断面深度不宜小于$0.4d$,且不小于0.5 m;倾斜度大于30%的中风化岩,宜根据倾斜度及岩石完整性适当加大嵌岩深度;对于嵌入平整、完整的坚硬岩和较硬岩的深度不宜小于$0.2d$,且不应小于0.2 m。

8.2.4 基桩构造

1)灌注桩

①配筋率:当桩身直径为300~2 000 mm 时,正截面配筋率可取0.65%~0.2%(小直径桩取高值);对受荷载特别大的桩、抗拔桩和嵌岩端承桩应根据计算确定配筋率。

②配筋长度:端承型桩和位于坡地岸边的基桩应沿桩身等截面或变截面通长配筋;桩径大于600 mm的摩擦型桩配筋长度不应小于2/3桩长;当受水平荷载时,配筋长度尚不宜小于$4.0/\alpha$(α 为桩水平变形系数);对于受地震作用的基桩,主筋应穿过可液化土层和软弱土层进入稳定土层,桩进入液化土层以下稳定土层的长度(不包括桩尖部分)应按计算确定,对于碎石土、砾、粗、中砂,密实粉土,坚硬黏性土尚不应小于$(2~3)d$,对其他非岩石土尚不宜小于$(4~5)d$;受负摩阻力的桩,其配筋长度应穿过软弱土层并进入稳定土层,进入的深度不应小于$(2~3)d$;专用抗拔桩及因地震作用、冻胀或膨胀力作用而受拔力的桩,应等截面或变截面通长配筋。

对于受水平荷载的桩,主筋不应小于$8\phi12$;对于抗压桩和抗拔桩,主筋不应少于$6\phi10$;纵向主筋应沿桩身周边均匀布置,其净距不应小于 60 mm。

③箍筋:箍筋应采用螺旋式,直径不应小于 6 mm,间距宜为200~300 mm;受水平荷载较大的桩基、承受水平地震作用的桩基以及考虑主筋作用计算桩身受压承载力时,桩顶以下$5d$范围内的箍筋应加密,间距不应大于 100 mm;当桩身位于液化土层范围内时箍筋应加密;当钢筋笼长度超过 4 m 时,应每隔 2 m设一道直径不小于 12 mm 的焊接加劲箍筋。

④桩身混凝土及混凝土保护层厚度:桩身混凝土强度等级不得小于 C25,预制桩尖强度等级不得小于 C30。灌注桩主筋的混凝土保护层厚度不应小于35 mm,水下灌注桩的主筋混凝土保护层厚度不得小于 50 mm。

⑤扩底灌注桩扩底端尺寸(见图 8.3):对于持力层承载力较高、上覆土层较差的抗压桩和桩端以上有一定厚度较好土层的抗拔桩,可采用扩底。扩底端直径与桩身直径之比D/d,应根据承载力要求、扩底端侧面和桩端持力层土性特征及扩底施工方法确定。挖孔桩的$D/d \leq 3$,钻孔桩$D/d \leq 2.5$。扩底端侧面斜率应根据实际成孔及土体自立条件确定,$a/h_c = 1/4~1/2$,砂土可取1/4,粉土、黏性土可取1/3~1/2。抗压桩扩底端底面宜呈锅底形,矢高$h_b = (0.15~0.20)D$。

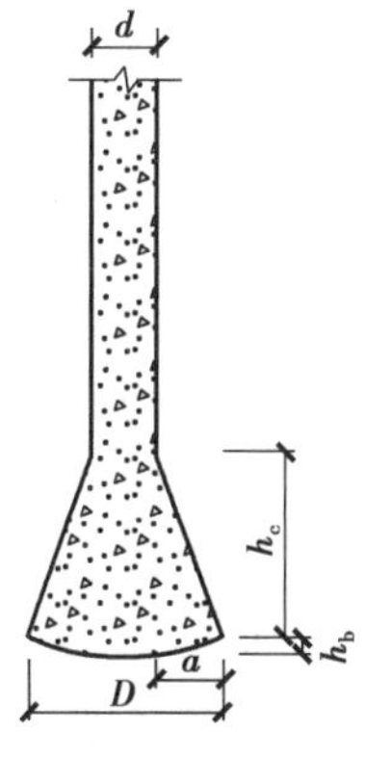

2)混凝土预制桩

①混凝土预制桩的截面边长不应小于 200 mm,预应力混凝土预制实心桩的截面边长不宜小于350 mm。预制桩的混凝土强度等级不宜低于C30,预应力混凝土实心桩的混凝土强度等级不应低于C40。预制桩纵向钢筋的混凝土保护层厚度不宜小于 30 mm。

图 8.3 扩底灌注桩构造

②预制桩桩身配筋应按吊运、打桩及桩在使用中受力等条件计算确定。采用锤击法沉桩时,预制桩最小配筋率不宜小于0.8%。静压法沉桩时,最小配筋率不宜小于0.6%,主筋直径不宜小于$\phi 14$,打入桩桩顶以下$(4\sim5)d$长度范围内箍筋应加密,并设置钢筋网片。

③预制桩分节长度应根据施工条件及运输条件确定,每根桩接头数量不宜超过3个。预制桩的桩尖可将主筋合拢焊在桩尖辅助钢筋上,对于持力层为密实砂和碎石类土时,宜在桩尖处包以钢钣桩靴,加强桩尖。

3) 预应力混凝土空心桩

①预应力混凝土空心桩按截面形式可分为管桩、空心方桩,按混凝土强度等级可分为预应力高强混凝土(PHC)桩、预应力混凝土(PC)桩。预应力混凝土空心桩桩尖形式宜根据地层性质选择闭口型或敞口型。闭口型又分为平底十字形和锥形。

②预应力混凝土桩的连接可采用端板焊接连接、法兰连接、机械啮合连接、螺纹连接。每根桩的接头数量不宜超过3个。

③桩端嵌入遇水易软化的强风化岩、全风化岩和非饱和土的预应力混凝土空心桩,沉桩后,应对桩端以上2 m左右范围内采取有效的防渗措施,可采用微膨胀混凝土填芯或在内壁预涂柔性防水材料。

4) 钢桩

①钢桩可采用管形、H形或其他异形钢材。钢桩的分段长度宜为12~15 m,钢桩焊接接头应采用等强度连接。钢桩的端部形式,应根据桩所穿越的土层、桩端持力层性质、桩的尺寸、挤土效应等因素综合考虑确定,一般有敞口、闭口等桩端形式。

②钢桩防腐处理可采用外表面涂防腐层、增加腐蚀余量及阴极保护。当钢管桩内壁同外界隔绝时,可不考虑内壁防腐。

5) 灌注桩后注浆

灌注桩后注浆是指在成孔(螺旋钻、旋挖钻、冲击、振动沉管等)、下入钢筋笼及高压注浆系统、灌注混凝土成桩后,向桩体(桩端、桩侧)进行高压注浆作业,实现浆液对桩端(或桩侧)土体的渗透、填充、压密和固结的作用,从而明显提高单桩的承载能力,并有效控制桩基的沉降深度。对于细粒土地基,后注浆桩与常规灌注桩相比,其单桩竖向极限承载力可提高20%~70%;对于粗粒土,提高幅度则达到40%~120%。

灌注桩后注浆的主要技术参数如下:

①浆液水灰比:浆液的水灰比应根据土的饱和度、渗透性确定。饱和土水灰比宜为0.45~0.65,非饱和土水灰比宜为0.7~0.9(散碎石土、砂砾宜为0.5~0.6);低水灰比浆液宜掺入减水剂;泥浆护壁灌注桩的水灰比为0.45~0.65,根据土的密实度、强度确定,密实度和强度较高者取较大值;干作业灌注桩的水灰比为0.7~0.9,对松散砂砾则取0.5~0.6。

②注浆终止压力:桩端注浆终止时的注浆压力应根据土层性质及注浆点深度确定。对于风化岩、非饱和黏性土及粉土,注浆压力宜为3~10 MPa;对于饱和土层,注浆压力宜为1.2~4 MPa,软土宜取低值,密实黏性土宜取高值;桩侧注浆终止压力为桩端注浆的1/2左右。

③注浆流量:注浆流量不宜超过75 L/min。

④注浆量计算:单桩注浆量的设计应根据桩径、桩长、桩端桩侧土层性质、单桩承载力增幅及是否复式注浆等因素确定,可按下式估算:

$$G_c = \alpha_p d + \alpha_s nd \tag{8.4}$$

式中　　n——桩侧注浆断面数;

α_p,α_s——分别为桩端、桩侧注浆量经验系数,$\alpha_p = 1.5\sim1.8$,$\alpha_s = 0.5\sim0.7$,对于卵石、砾石、中粗砂取较高值;

d——基桩设计直径,m;

G_c——注浆量,以水泥质量计,t。

对独立单桩、桩距大于 $6d$ 的群桩和群桩初始注浆的数根基桩的注浆量应按上式估算值乘以 1.2 的系数。

后注浆装置的设置如图 8.4 所示,注浆顺序是:如桩侧、桩端均设计为后注浆桩时,其注浆顺序是先进行桩侧后注浆,再进行桩端后注浆,二者的合理时间间隔视具体情况而定,一般为8~48 h。先进行桩侧后注浆作业,可增大桩身的密封作用,提高桩端的后注浆效果。

后注浆法施工的灌注桩工艺流程是:钻机就位→钻成孔及清除孔底→下入钢筋笼及注浆管路→二次清孔→下入注混凝土导管→投放碎石(厚度 30~50 cm)→灌注混凝土成桩→桩身混凝土养护(2~20d)→泵送高压水疏通注浆管→桩侧后注浆→桩身养护(1~2d)→桩端后注浆→清洗机具→检测验收。

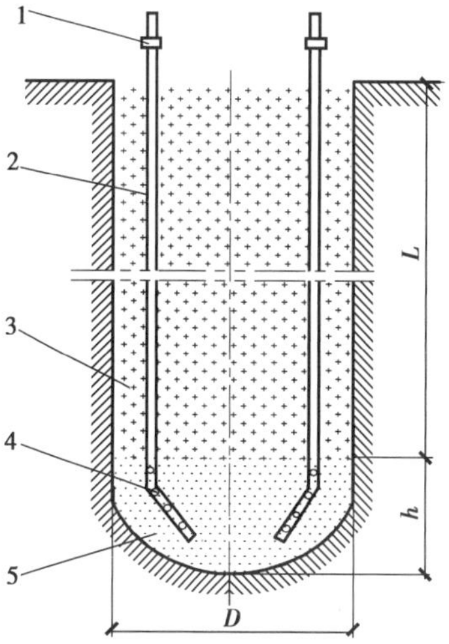

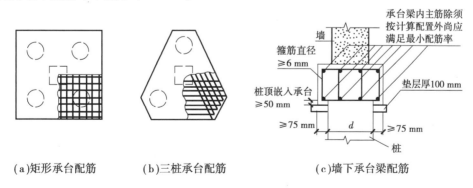

图 8.4 桩端注浆管布置

1—浆液逆止阀;2—注浆管;
3—桩身混凝土;4—喷浆孔;
5—桩底碎石

8.2.5 承台构造

1)柱下独立承台、条形承台梁、筏形承台构造尺寸

桩基除满足抗冲切、抗剪切、抗弯承载力和上部结构需要外,尚应符合下列要求:

①独立柱下桩基承台的最小宽度不应小于 500 mm,边桩中心至承台边缘的距离不应小于桩的直径或边长,且桩的外边缘至承台边缘的距离不应小于150 mm。条形承台梁,桩的外边缘至承台梁边缘的距离不应小于75 mm,承台的最小厚度不应小于300 mm。

②高层建筑平板式和梁板式筏形承台的最小厚度不应小于 400 mm,墙下布桩的剪力墙结构筏形承台的最小厚度不应小于 200 mm。

2)柱下独立承台、条形承台梁、筏形承台的配筋规定

①柱下独立桩基承台纵向受力钢筋应通长配置。如图 8.5(a),图 8.5(b)所示,四桩以上(含四桩)承台宜按双向均匀布置,三桩的三角形承台应按三向板带均匀布置,且最里面的三根钢筋围成的三角形应在柱截面范围内。纵向钢筋锚固长度自边桩内侧(当为圆桩时,应将其直径乘以 0.8 等效为方桩)算起,不应小于 $35d_g$(d_g 为钢筋直径);当不满足时应将纵向钢筋向上弯折,此时水平段的长度不应小于 $25d_g$,弯折段长度不应小于 $10d_g$。承台纵向受力钢筋的直径不应小于 12 mm,间距不应大于 200 mm。柱下独立桩基承台的最小配筋率不应小于 0.15%。

(a)矩形承台配筋 　　(b)三桩承台配筋 　　(c)墙下承台梁配筋

图 8.5 承台配筋示意图

②柱下独立两桩承台,应按《混凝土结构设计规范》(GB 50010—2010)中的深受弯构件配置纵向受拉钢筋、水平及竖向分布钢筋。承台纵向受力钢筋端部的锚固长度及构造应与柱下多桩承台的规定相同。

③条形承台梁的纵向主筋应符合《混凝土结构设计规范》(GB 50010—2010)关于最小配筋率的规定,主筋直径不宜小于 12 mm,架立筋直径不宜小于 10 mm,箍筋直径不宜小于 6 mm,如图 8.5(c)所示。承台梁端部纵向受力钢筋的锚固长度及构造应与柱下多桩承台的规定相同。

④筏形承台板或箱形承台板在计算中当仅考虑局部弯矩作用时,考虑到整体弯曲的影响,在纵横两个方向的下层钢筋配筋率不宜小于 0.15%,上层钢筋应按计算配筋率全部连通。当筏板的厚度大于 2 000 mm 时,宜在板厚中间部位设置直径不小于 12 mm、间距不大于 300 mm 的双向钢筋网。

3)混凝土保护层厚度及强度要求

承台底面钢筋的混凝土保护层厚度,当有混凝土垫层时,不应小于 50 mm,无垫层时不应小于 70 mm,此外尚不应小于桩头嵌入承台内的长度。承台混凝土强度等级不宜小于 C20,垫层混凝土强度等级宜为 C7.5 以上。

4)桩与承台的连接

桩嵌入承台内长度:中等直径桩≥50 mm,大直径桩≥100 mm。混凝土桩的桩顶纵向主筋应锚入承台内,其锚入长度不宜小于 35 倍纵向主筋直径,抗拔桩基不应小于 40 倍主筋直径。大直径灌注桩,当采用一柱一桩时可设置承台或将桩与柱直接连接。

5)柱与承台之间的连接

①一柱一桩基础,柱与桩直接连接时,柱纵向主筋锚入桩身内长度不应小于 35 倍纵向主筋直径。

②多桩承台,柱纵向主筋应锚入承台不应小于 $35d$(d 为纵向主筋直径)。当承台高度不满足锚固要求时,竖向锚固长度不应小于 $20d$,并向柱轴线方向呈 90°弯折。

③当有抗震设防要求时,对于一、二级抗震等级的柱,纵向主筋锚固长度应乘以 1.15 的系数;对于三级抗震等级的柱,纵向主筋锚固长度应乘以 1.05 的系数。

6)承台与承台之间的连接

①一柱一桩时,应在桩顶两个主轴方向上设置联系梁。当桩与柱的截面直径之比大于 2 时,可不设联系梁。

②两桩桩基的承台,应在其短向设置联系梁。

③有抗震设防要求的柱下桩基承台,宜沿两个主轴方向设置联系梁。

④联系梁顶面宜与承台顶面位于同一标高。联系梁宽度不宜小于 250 mm,其高度可取承台中心距的 1/10~1/15,且不宜小于 400 mm。

⑤联系梁配筋应按计算确定,梁上下部配筋不宜小于 2 根直径 12 mm 的钢筋。位于同一轴线上的联系梁纵筋应通长配置。

7)承台及地下室外墙与基坑侧壁间隙的回填处理

承台和地下室外墙与基坑侧壁间隙应灌注素混凝土,或采用灰土、级配砂石、压实性较好的素土分层夯实,其压实系数不宜小于 0.94。

8.3 桩基竖向承载力计算

8.3.1 桩基竖向承载力特征值计算

1)桩基竖向承载力计算要求

(1)荷载效应标准组合 轴心竖向力作用下:

$$N_k \leqslant R \tag{8.5}$$

偏心竖向力作用下,除满足上式外,尚应满足下式要求:

$$N_{k\,max} \leqslant 1.2R \tag{8.6}$$

(2)地震作用效应和荷载效应标准组合　轴心竖向力作用下:

$$N_{Ek} \leqslant 1.25R \tag{8.7}$$

偏心竖向力作用下,除应满足式(8.7)的要求外,尚应满足下式要求:

$$N_{Ek\,max} \leqslant 1.5R \tag{8.8}$$

式中　N_k——荷载效应标准组合轴心竖向力作用下,基桩或复合基桩的平均竖向力;

　　　$N_{k\,max}$——荷载效应标准组合偏心竖向力作用下,桩顶最大竖向力;

　　　N_{Ek}——地震作用效应和荷载效应标准组合下,基桩或复合基桩的平均竖向力;

　　　$N_{Ek\,max}$——地震作用效应和荷载效应标准组合下,基桩或复合基桩的最大竖向力;

　　　R——基桩或复合基桩竖向承载力特征值。

2)单桩竖向承载力特征值 R_a

$$R_a = \frac{1}{K}Q_{uk} \tag{8.9}$$

式中　Q_{uk}——单桩竖向极限承载力标准值;

　　　K——安全系数,一般取 $K=2$。

当桩基为端承型桩基、桩数少于4根的摩擦型柱下独立桩基,或由于地层土性、使用条件等因素不宜考虑承台效应时,基桩竖向承载力特征值应取单桩竖向承载力特征值,即 $R=R_a$。

3)基桩竖向承载力特征值 R

符合下列条件之一的摩擦型桩基,宜考虑承台效应确定其复合基桩的竖向承载力特征值:

①上部结构整体刚度较好、体型简单的建(构)筑物。

②对差异沉降适应性较强的排架结构和柔性构筑物。

③按变刚度调平原则设计的桩基刚度相对弱化区。

④软土地基的减沉复合疏桩基础。

考虑承台效应的复合基桩竖向承载力特征值可按下列公式确定:

不考虑地震作用时

$$R = R_a + \eta_c f_{ak} A_c \tag{8.10}$$

当考虑地震作用时

$$R = R_a + \frac{\zeta_a}{1.25}\eta_c f_{ak} A_c \tag{8.11}$$

$$A_c = \frac{A - nA_{ps}}{n} \tag{8.12}$$

式中　η_c——承台效应系数,可按表8.3取值;

　　　f_{ak}——承台下1/2承台宽度且不超过5 m深度范围内,各层土的地基承载力特征值按厚度加权的平均值;

　　　A_c, A_{ps}——分别为计算基桩所对应的承台底净面积、桩身截面面积;

　　　A——承台计算域面积,对于柱下独立桩基,A 为承台总面积,对于桩筏基础,A 为柱、墙筏板的1/2跨距和悬臂边2.5倍筏板厚度所围成的面积,桩集中布置于单片墙下的桩筏基础,取墙两边各1/2跨距围成的面积,按条基计算 η_c;

　　　ξ_a——地基抗震承载力调整系数,按《建筑抗震设计规范》取值,岩石、密实碎石土和砂土 $\zeta_a=1.5$,中密碎石土、砂土 $\zeta_a=1.3$,其他 $\zeta_a=1.1\sim1.0$。

当承台底为可液化土、湿陷性土、高灵敏度软土、欠固结土、新填土时,沉桩引起超孔隙水压力和土体隆起时,不考虑承台效应,取 $\eta_c=0$。

表 8.3　承台效应系数 η_c

B_c/l ＼ s_a/d	3	4	5	6	>6
≤0.4	0.06~0.08	0.14~0.17	0.22~0.26	0.32~0.38	0.50~0.80
0.4~0.8	0.08~0.10	0.17~0.20	0.26~0.30	0.38~0.44	
>0.8	0.10~0.12	0.20~0.22	0.30~0.34	0.44~0.50	
单排桩条形承台	0.15~0.18	0.25~0.30	0.38~0.45	0.50~0.60	

注：①表中 s_a/d 为桩中心距与桩径之比，B_c/l 为承台宽度与桩长之比。当计算基桩为非正方形排列时，$s_a = \sqrt{A/n}$，A 为承台计算域面积，n 为总桩数。

②对于桩布置于墙下的箱、筏承台，η_c 可按单桩条形承台取值。

③对于单排桩条形承台，当承台宽度小于 $1.5d$ 时，η_c 按非条形承台取值。

④对于采用后注浆灌注桩的承台，η_c 宜取低值。

⑤对于饱和黏性土中的挤土桩基、软土地基上的桩基承台，η_c 宜取低值的 0.8 倍。

8.3.2　桩基竖向极限承载力标准值计算

1) 单桩竖向极限承载力标准值计算规定

①设计等级为甲级的建筑桩基，应通过单桩静载试验确定。

②设计等级为乙级的建筑桩基，当地质条件简单时，可参照地质条件相同的试桩资料，结合静力触探等原位测试和经验参数综合确定。其余均应通过单桩静载试验确定。

③设计等级为丙级的建筑桩基，可根据原位测试和经验参数确定。

对于大直径端承型桩，也可通过深层平板（平板直径应与孔径一致）载荷试验确定极限端阻力；对于嵌岩桩，可通过直径为 0.3 m 岩基平板载荷试验确定极限端阻力标准值，也可通过直径为 0.3 m 嵌岩短墩载荷试验确定极限侧阻力标准值和极限端阻力标准值。

2) 静力触探法确定单桩竖向极限承载力标准值

①当根据单桥探头静力触探资料确定混凝土预制桩和预应力混凝土管桩单桩竖向极限承载力标准值时，若无当地经验，可按下式计算：

$$Q_{uk} = Q_{sk} + Q_{pk} = u \sum q_{sik} l_i + \alpha p_{sk} A_p \tag{8.13}$$

当 $p_{sk1} \leqslant p_{sk2}$ 时 $\qquad\qquad p_{sk} = \frac{1}{2}(p_{sk1} + \beta p_{sk2}) \tag{8.14}$

当 $p_{sk1} > p_{sk2}$ 时 $\qquad\qquad p_{sk} = p_{sk2} \tag{8.15}$

式中　Q_{sk}, Q_{pk}——分别为总极限侧阻力标准值和总极限端阻力标准值；

$\qquad q_{sik}$——用静力触探比贯入阻力值估算的桩周第 i 层土的极限侧阻力标准值，应根据土的类别、埋藏深度、排列次序，按图 8.6 折线取值；

$\qquad l_i$——桩穿越第 i 层土的厚度；

$\qquad \alpha$——桩端阻力修正系数，按表 8.4 取值；

$\qquad p_{sk}$——桩端附近的静力触探比贯入阻力标准值（平均值）；

$\qquad u, A_p$——分别为桩身周长、桩端面积；

$\qquad p_{sk1}$——桩端全截面以上 8 倍桩径范围内的比贯入阻力平均值；

$\qquad p_{sk2}$——桩端全截面以下 4 倍桩径范围内的比贯入阻力平均值，如桩端持力层为密实的砂土层，其比贯入阻力平均值 p_s 超过 20 MPa 时，则需乘以表 8.5 中系数 C 予以折减后，再计算 p_{sk} 值；

β——折减系数,按 p_{sk2}/p_{sk1} 值从表 8.6 中选用。

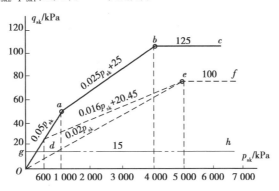

图 8.6 q_{sk}-p_{sk} 曲线

注:①线段 gh 适用于地表下 6 m 范围内的土层,即 $q_{sk}=15$ kPa;线段 $Oabc$ 适用于粉土及砂土以上(或无粉土及砂土土层地区)的黏性土;
线段 $Odef$ 适用于粉土及砂土以下的黏性土;线段 Oef 适用于粉土、粉砂、细砂及中砂。

②p_{sk} 为桩端穿过的中密—密实砂土、粉土的比贯入阻力平均值;p_{sl} 为砂土、粉土的下卧软土层的比贯入阻力平均值。

③采用的单桥探头,圆锥底面积为 15 cm²,底部带 7 cm 高滑套,锥角 60°。

④当桩端穿过粉土、粉砂、细砂及中砂层底面时,折线 oef 估算的值需乘以表 8.7 中系数 η_s 值。

表 8.4 桩端阻力修正系数 α 值

桩入土深度/m	$l<15$	$15\leqslant l\leqslant30$	$30<l\leqslant60$
α	0.75	0.75~0.90	0.90

注:桩入土深度 $15\leqslant l\leqslant30$ m 时,α 值按 l 值直线内插,l 为桩长(不包括桩尖高度)。

表 8.5 系数 C 值

p_{sk}/MPa	20~30	35	>40
系数 C	5/6	2/3	1/2

表 8.6 折减系数 β

p_{sk2}/p_{sk1}	$\leqslant5$	7.5	12.5	$\geqslant15$
β	1	5/6	2/3	1/2

表 8.7 系数 η_s 值

p_s/p_{sl}	$\leqslant5$	7.5	$\geqslant10$
η_s	1.00	0.50	0.33

②当根据双桥探头静力触探资料确定混凝土预制桩单桩竖向极限承载力标准值时,对于黏性土、粉土和砂土,如无当地经验时可按下式计算:

$$Q_{uk} = u\sum l_i\beta_i f_{si} + \alpha q_c A_P \tag{8.16}$$

式中 q_c——桩端平面上、下探头阻力,取桩端平面以上 $4d$(d 为桩的直径或边长)范围内按土层厚度的探头阻力加权平均值,然后再和桩端平面以下 $1d$ 范围内的探头阻力进行平均;

α——桩端阻力修正参数,对黏性土、粉土取 2/3,饱和砂土取 1/2;

f_{si}——第 i 层土的探头平均侧阻力;

β_i——第 i 层土桩侧阻力综合修正系数,黏性土、粉土 $\beta_i=10.04(f_{si})^{-0.55}$,砂土 $\beta_i=5.05(f_{si})^{-0.45}$。

双桥探头圆锥底面积 15 cm^2,锥角 60°,摩擦套筒高 21.85 cm,侧面积 300 cm^2。

3)经验参数法确定单桩竖向极限承载力标准值

根据静力试桩结果与桩侧、桩端土层的物理性指标进行统计分析,建立桩侧阻力、桩端阻力与物理性指标间的经验关系预估单桩极限承载力。

表 8.8　桩的极限侧阻力标准值 q_{sik}　　　　　　　　　　　单位:kPa

土的名称	土的状态		混凝土预制桩	泥浆护壁(冲)孔桩	干作业钻孔桩
填土			22~30	20~28	20~28
淤泥			14~20	12~18	12~18
淤泥质土			22~30	20~28	20~28
黏性土	流塑	$I_L>1$	24~40	21~38	21~38
	软塑	$0.75<I_L≤1$	40~55	38~53	38~53
	可塑	$0.50<I_L≤0.75$	55~70	53~68	53~66
	硬可塑	$0.25<I_L≤0.5$	70~86	68~84	66~82
	硬塑	$0<I_L≤0.25$	86~98	84~96	82~94
	坚硬	$I_L<0$	98~105	96~102	94~104
红黏土	$0.7<α_w≤1$		13~32	12~30	12~30
	$0.5<α_w≤0.7$		32~74	30~70	30~70
粉土	稍密	$e>0.9$	26~46	24~42	24~42
	中密	$0.75≤e≤0.9$	46~66	42~62	42~62
	密实	$e<0.75$	66~88	62~82	62~82
粉细砂	稍密	$10<N≤15$	24~48	22~46	22~46
	中密	$15<N≤30$	48~66	46~64	46~64
	密实	$N≥30$	66~88	64~86	64~86
中砂	中密	$15<N≤30$	54~74	53~72	53~72
	密实	$N≥30$	74~95	72~94	72~94
粗砂	中密	$15<N≤30$	74~95	74~95	76~98
	密实	$N≥30$	95~116	95~116	98~120
砾砂	中密	$5<N_{63.5}≤15$	60~100	50~80	55~90
	中密(密实)	$N_{63.5}>15$	116~138	116~130	112~130
圆砾、角砾	中密、密实	$N_{63.5}>10$	160~200	135~150	135~150
碎石、卵石	中密、密实	$N_{63.5}>10$	200~300	140~170	150~170
全风化软质岩	—	$30<N≤50$	100~120	80~100	80~100
全风化硬质岩	—	$30<N≤50$	140~160	120~140	120~150
强风化软质岩	—	$N_{63.5}>10$	160~240	140~200	140~220
强风化硬质岩	—	$N_{63.5}>10$	220~300	160~240	160~260

注:①对于尚未完成自重固结的填土和以生活垃圾为主的杂填土,不计算其侧阻力。

②a_w 为含水比,$a_w=w/w_1$,w 为土的天然含水量,w_1 为土的液限。

③N 为标准贯入击数,$N_{63.5}$ 为重型圆锥动力触探击数。

④全风化、强风化软质岩,以及全风化、强风化硬质岩系指其母岩分别为 $f_{rk}≤15$ MPa,$f_{rk}>30$ MPa 的岩石。

表 8.9　桩的极限端阻力标准值 q_{pk}

单位:MPa

土名称	土的状态	桩型	混凝土预制桩桩长 l/m				泥浆护壁(冲)孔桩桩长 l/m				干作业钻孔桩桩长 l/m		
			$l\leq 9$	$9<l\leq 16$	$16\leq l<30$	$l>30$	$5\leq l<10$	$10\leq l<15$	$15\leq l<30$	$l\geq 30$	$5\leq l<10$	$10\leq l<15$	$l\geq 15$
黏性土	软塑	$0.75<I_L\leq 1$	0.21~0.85	0.65~1.40	1.20~1.80	1.30~1.90	0.15~0.25	0.25~0.30	0.30~0.45	0.30~0.45	0.20~0.40	0.40~0.70	0.70~0.95
	可塑	$0.5<I_L\leq 0.75$	0.85~1.70	1.40~2.20	1.90~2.80	2.30~3.60	0.35~0.45	0.45~0.60	0.60~0.75	0.75~0.80	0.50~0.70	0.80~1.10	1.00~1.60
	硬可塑	$0.25<I_L\leq 0.5$	1.50~2.30	2.30~3.30	2.70~3.60	3.60~4.40	0.80~0.90	0.90~1.00	1.00~1.20	1.20~1.40	0.85~1.10	1.50~1.70	1.70~1.90
	硬塑	$0<I_L\leq 0.25$	2.50~3.80	3.80~5.50	5.50~6.00	6.00~6.80	1.10~1.20	1.20~1.40	1.40~1.60	1.60~1.80	1.60~1.80	2.20~2.40	2.60~2.80
粉土	中密	$0.75<e\leq 0.9$	0.95~1.70	1.40~2.10	1.90~2.70	2.50~3.40	0.30~0.50	0.50~0.65	0.65~0.75	0.75~0.85	0.80~1.20	1.20~1.40	1.40~1.60
	密实	$e\leq 0.75$	1.50~2.60	2.10~3.00	2.70~3.60	3.60~4.40	0.65~0.90	0.75~0.95	0.90~1.10	1.10~1.20	1.20~1.70	1.40~1.90	1.60~2.10
粉砂	稍密	$10<N\leq 15$	1.00~1.60	1.50~2.30	1.90~2.70	2.10~3.00	0.35~0.50	0.45~0.60	0.60~0.70	0.65~0.75	0.50~0.95	1.30~1.60	1.50~1.70
	中密、密实	$N>15$	1.40~2.20	2.10~3.00	3.00~4.50	3.80~5.50	0.60~0.75	0.75~0.90	0.90~1.10	1.10~1.20	0.90~1.00	1.70~1.90	1.70~1.90
细砂	中密、密实	$N>15$	2.50~4.00	3.60~5.00	4.40~6.00	5.30~7.00	0.65~0.85	0.85~1.05	1.20~1.50	1.50~1.80	1.20~1.60	2.00~2.40	2.40~2.70
中砂			4.00~6.00	5.50~7.00	6.50~8.00	7.50~9.00	0.85~1.05	1.10~1.50	1.50~1.90	1.90~2.10	1.80~2.40	2.80~3.80	3.60~4.40
粗砂			5.70~7.50	7.50~8.50	8.50~10.0	9.50~11.0	1.50~1.80	2.10~2.40	2.40~2.60	2.60~2.80	2.90~3.60	4.00~4.60	4.60~5.20

续表

土名称	土的状态	混凝土预制桩桩长 l/m				泥浆护壁(冲)孔桩桩长 l/m				干作业钻孔桩桩长 l/m		
		$l\le9$	$9<l\le16$	$16\le l<30$	$l>30$	$5\le l<10$	$10\le l<15$	$15\le l<30$	$l\ge30$	$5\le l<10$	$10\le l<15$	$l\ge15$
砾砂	中密、密实 $N>15$	6.00~9.50	6.00~9.50	9.00~10.5	9.00~10.5	1.40~2.00	1.40~2.00	2.00~3.20	2.00~3.20	3.50~5.00	3.50~5.00	3.50~5.00
角砾、圆砾	中密、密实 $N_{63.5}>10$	7.00~10.0	7.00~10.0	9.50~11.5	9.50~11.5	1.80~2.20	1.80~2.20	2.20~3.60	2.20~3.60	4.00~5.50	4.00~5.50	4.00~5.50
碎石、卵石	中密、密实 $N_{63.5}>10$	8.00~11.0	8.00~11.0	10.5~13.0	10.5~13.0	2.00~3.00	2.00~3.00	3.00~4.00	3.00~4.00	4.50~6.50	4.50~6.50	4.50~6.50
全风化软质岩	$30<N\le50$	4.00~6.00	4.00~6.00	4.00~6.00	4.00~6.00	1.00~1.60	1.00~1.60	1.00~1.60	1.00~1.60	1.20~2.00	1.20~2.00	1.20~2.00
全风化硬质岩	$30<N\le50$	5.00~8.00	5.00~8.00	5.00~8.00	5.00~8.00	1.20~2.00	1.20~2.00	1.20~2.00	1.20~2.00	1.40~2.40	1.40~2.40	1.40~2.40
强风化软质岩	$N_{63.5}>10$	6.00~9.00	6.00~9.00	6.00~9.00	6.00~9.00	1.40~2.20	1.40~2.20	1.40~2.20	1.40~2.20	1.60~2.60	1.60~2.60	1.60~2.60
强风化硬质岩	$N_{63.5}>10$	7.00~11.0	7.00~11.0	7.00~11.0	7.00~11.0	1.80~2.80	1.80~2.80	1.80~2.80	1.80~2.80	2.00~3.00	2.00~3.00	2.00~3.00

注：①砂土和碎石类土中桩的极限端阻力取值，要综合考虑土的密实度，桩端进入持力层的深度比 h_d/d，土愈密实，h_d/d 愈大，取值愈高。

②预制桩的岩石极限端阻力指桩端支承于中、微风化基岩表面或进入强风化岩、软质岩一定深度条件下的极限端阻力。

③全风化、强风化软质岩和全风化、强风化硬质岩指其母岩分别为 $f_{rk}\le15$ MPa、$f_{rk}>30$ MPa 的岩石。

（1）中小直径桩　单桩竖向极限承载力标准值计算式为：

$$Q_{uk} = Q_{sk} + Q_{pk} = u\sum q_{sik}l_i + q_{pk}A_P \tag{8.17}$$

式中　q_{sik}——桩侧第 i 层土的极限侧阻力标准值，无当地经验关系值时，可按表8.8取值；

q_{pk}——极限端阻力标准值，若无当地经验值时，可按表8.9取值。

（2）大直径桩　大直径桩（$d\geq800$ mm）的桩底持力层一般呈渐进破坏，其计算式为：

$$Q_{uk} = Q_{sk} + Q_{pk} = u\sum \psi_{si}q_{sik}l_{si} + \psi_p q_{pk}A_p \tag{8.18}$$

式中　q_{sik}——桩侧第 i 层土的极限侧阻力标准值，可按表8.8取值，对于扩底桩变截面以上长度范围不计侧阻力；

q_{pk}——桩径为800 mm的极限端阻力标准值，对于干作业挖孔（清底干净）可采用深层载荷板试验确定，当不能进行深层载荷板试验时，可按表8.10取值；

ψ_{si},ψ_p——大直径桩侧阻、端阻尺寸效应系数，按表8.11取值；

u——桩身周长，当人工挖孔桩桩周护壁为振捣密实的混凝土时，桩身周长可按护壁外直径计算。

表8.10　干作业挖孔桩（清底干净，$D=800$ mm）极限端阻力标准值 q_{pk}　　　单位:kPa

土名称		状态		
黏性土		$0.25<I_L\leq0.75$	$0<I_L\leq0.25$	$I_L\leq0$
		800~1 800	1 800~2 400	2 400~3 000
粉土		—	$0.75\leq e\leq0.9$	$e<0.75$
		—	1 000~1 500	1 500~2 000
砂土、碎石类土		稍密	中密	密实
	粉砂	500~700	800~1 100	1 200~2 000
	细砂	700~1 100	1 200~1 800	2 000~2 500
	中砂	1 000~2 000	2 200~3 200	3 500~5 000
	粗砂	1 200~2 200	2 500~3 500	4 000~5 500
	砾砂	1 400~2 400	2 600~4 000	5 000~7 000
	圆砾、角砾	1 600~3 000	3 200~5 000	6 000~9 000
	碎石、卵石	2 000~3 000	3 300~5 000	7 000~11 000

注：①当桩进入持力层的深度 h_b 分别为：$h_b\leq D,D<h_b\leq4D,h_b>4D$ 时，q_{pk} 可相应取低、中、高值。

②砂土密实度可根据标准贯击数判定，$N\leq10$ 为松散，$10<N\leq15$ 为稍密，$15<N\leq30$ 为中密，$N>30$ 为密实。

③当桩的长径比 $l/d\leq8$ 时，q_{pk} 宜取较低值；当对沉降要求不严时，q_{pk} 可取高值。

表8.11　大直径灌注桩桩侧阻力尺寸效应系数 ψ_{si} 和端阻力尺寸效应系数 ψ_p

土类别	黏性土、粉土	砂土、砂石类土
ψ_{si}	$(0.8/d)^{1/5}$	$(0.8/d)^{1/3}$
ψ_p	$(0.8/D)^{1/4}$	$(0.8/D)^{1/3}$

注：d 为桩身直径；D 为桩端直径；当为等直径桩时，$D=d$。

（3）钢管桩　钢管桩的单桩竖向极限承载力标准值,应按下式计算:

$$Q_{uk} = Q_{sk} + Q_{pk} = u \sum q_{sik} l_i + \lambda_p q_{pk} A_p \tag{8.19}$$

式中　q_{sik}, q_{pk}——取与混凝土预制桩相同数值,分别见表8.8、表8.9;

λ_p——桩端土塞效应系数,对于闭口钢管桩 $\lambda_p = 1$,对于敞口钢管桩,当 $h_b/d < 5$ 时,$\lambda_p = 0.16 h_b/d$, 当 $h_b/d > 5$ 时,$\lambda_p = 0.8$;

h_b——桩端进入持力层的深度;

d——钢管桩外直径,对于带隔板的钢管桩,用等效直径 d_e 代替 d 确定 λ_p,$d_e = d/\sqrt{n}$,n 为桩端被隔板分割的单元空格数。

（4）混凝土空心桩　敞口预应力混凝土空心桩单桩竖向极限承载力标准值按下式计算:

$$Q_{uk} = Q_{sk} + Q_{pk} = u \sum q_{sik} l_i + q_{pk}(A_j + \lambda_p A_{p1}) \tag{8.20}$$

式中　A_j——空心桩桩端净面积 $A_j = \pi(d^2 - d_1^2)/4$,空心方桩 $A_j = b^2 - \pi d_1^2/4$;

A_{p1}——空心桩敞口面积,$A_{p1} = \pi d_1^2/4$;

λ_p——桩端土塞效应系数,取值规定与钢管桩相同;

d, b, d_1——分别为空心桩外径、边长、空心桩内径;

q_{sik}, q_{pk}——取与混凝土预制桩相同数值,分别见表8.8、表8.9。

（5）嵌岩桩　桩端置于完整、较完整基岩的嵌岩桩单桩竖向极限承载力,由桩周土总极限侧阻力和嵌岩段总极限阻力组成。当根据岩石单轴抗压强度确定单桩竖向极限承载力标准值时,可按下列公式计算:

$$Q_{uk} = Q_{sk} + Q_{rk} = u \sum q_{sik} l_i + \xi_r f_{rk} A_p \tag{8.21}$$

式中　Q_{sk}, Q_{rk}——分别为土的总极限侧阻力标准值、嵌岩段总极限阻力标准值;

q_{sik}——桩周第 i 层土的极限侧阻力标准值,无当地经验时,可按表8.8取值;

f_{rk}——岩石饱和单轴抗压强度标准值,黏土岩取其天然湿度抗压强度标准值;

ξ_r——桩嵌岩段侧阻和端阻综合系数,与嵌岩深径比 h_r/d,岩石软硬程度和成桩工艺有关,可按表8.12采用,表中数值适用于泥浆护壁成桩,对于干作业成桩（清底干净）和泥浆护壁成桩后注浆,ξ_r 应取表列数值的1.2倍。

表 8.12　嵌岩段侧阻和端阻综合系数 ξ_r

嵌岩深径比 h_r/d	0.0	0.5	1.0	2.0	3.0	4.0	5.0	6.0	7.0	8.0
极软岩、软岩	0.60	0.80	0.95	1.18	1.35	1.48	1.57	1.63	1.66	1.70
较硬岩、坚硬岩	0.45	0.65	0.81	0.90	1.00	1.04	—	—	—	—

注:①极软岩、软岩 $f_{rk} \le 15$ MPa,较硬岩、坚硬岩 $f_{rk} > 30$ MPa,介于两者之间内插值。

②h_r 为桩身嵌岩深度,当岩面倾斜时,以坡下方嵌岩深度为准。当 h_r/d 为非表列值时,ξ_r 可内插取值。

（6）后注浆灌注桩　后注浆灌注桩的单桩极限承载力,应通过静载试验确定。如符合规范后注浆技术要求的条件,其后注浆单桩极限承载力可按下式估算:

$$Q_{uk} = Q_{sk} + Q_{gsk} + Q_{gpk} = u \sum q_{sjk} l_j + u \sum \beta_{si} q_{sik} l_{gi} + \beta_p q_{pk} A_p \tag{8.22}$$

式中　Q_{sk}——后注浆非竖向增强段的总极限侧阻力标准值;

Q_{gsk}——后注浆竖向增强段的总极限侧阻力标准值;

Q_{gpk}——后注浆总极限端阻力标准值;

u, l_j——分别为桩身周长、后注浆非竖向增强段第 j 层土厚度;

l_{gi}——后注浆竖向增强段内第 i 层土厚度,对于泥浆护壁成孔灌注桩,当为单一桩端后注浆时,竖向增强段为桩端以上 12 m,当为桩端、桩侧复式注浆时,竖向增强段为桩端以上 12 m 与各桩侧注浆断面以上 12 m 之和,重叠部分应扣除,对于干作业灌注桩,竖向增强段为桩端以上、桩侧注浆断面上下各 6 m;

q_{sik},q_{sjk},q_{pk}——分别为后注浆竖向增强段第 i 土层极限侧阻力标准值、非竖向增强段第 j 土层极限侧阻力标准值、初始极限端阻力标准值;根据场地岩土工程勘察报告或查表 8.8、表 8.9 确定;

β_{si},β_p——分别为后注浆侧阻力、端阻力增强系数,无当地经验按表 8.13 取值,对于桩径大于 800 mm 桩,应按表 8.11 进行侧阻和端阻尺寸效应修正。

表 8.13 后注浆侧阻力增强系数 β_{si}、端阻力增强系数 β_p

土层名称	淤泥淤泥质土	黏性土粉土	粉砂细砂	中砂	粗砂砾砂	砾石卵石	全风化岩强风化岩
β_{si}	1.2~1.3	1.4~1.8	1.6~2.0	1.7~2.1	2.0~2.5	2.4~3.0	1.4~1.8
β_p	—	2.2~2.5	2.4~2.8	2.6~3.0	3.0~3.5	3.2~4.0	2.0~2.4

注:干作业钻、挖孔桩,β_p 按列值乘以小于 1.0 的折减系数;当桩端持力层为黏性土和粉土时,折减系数取 0.6;为砂土和碎石土时,取 0.8。

(7)液化效应　对于桩身周围有液化土层的低承台桩基,当承台下有不小于 1.5 m、1.0 m 厚的非液化土或非软弱土时,可将液化土层极限侧阻力乘以土层液化折减系数计算单桩极限承载力标准值。土层液化折减系数 ψ_l 可按表 8.14 确定。

表 8.14 土层液化折减系数 ψ_l

序号	$\lambda_N = N/N_{cr}$	自地面算起的液化土层深度 d_L/m	ψ_l
1	$\lambda_N \leq 0.6$	$d_L \leq 10$	0
		$10 < d_L \leq 20$	1/3
2	$0.6 < \lambda_N \leq 0.8$	$d_L \leq 10$	1/3
		$10 < d_L \leq 20$	2/3
3	$0.8 < \lambda_N \leq 1.0$	$d_L \leq 10$	2/3
		$10 < d_L \leq 20$	1.0

注:①N 为饱和土标贯击数实测值;N_{cr} 为液化判别标贯击数临界值。

②对于挤土桩当桩距小于 $4d$,且桩的排数不少于 5 排,总桩数不少于 25 根时,土层液化影响系数可按表列值提高一档取值;桩间土标贯击数达到 N_{cr} 时,取 $\psi_l = 1.0$。

③当承台底非液化土层厚度小于 1 m 时,取土层液化折减系数 $\psi_l = 0$。

8.3.3　特殊条件下的竖向承载力验算

1)桩基软弱下卧层承载力验算

如图 8.7 所示,当桩距不超过 $6d$ 的群桩基础,桩端持力层下存在承载力低于桩端持力层1/3的软弱下卧层时,应按下式验算软弱下卧层承载力。

$$\sigma_z + \gamma_m z \le f_{az} \tag{8.23}$$

$$\sigma_z = \frac{(F_k + G_k) - 1.5(A_0 + B_0)\sum q_{sik}l_i}{(A_0 + 2t \cdot \tan\theta)(B_0 + 2t \cdot \tan\theta)} \tag{8.24}$$

式中 σ_z——作用于软弱下卧层顶面附加应力;

γ_m——软弱层顶面以上各土层重度(地下水位以下取浮重度)按厚度加权平均值;

z,t——分别为承台底面至软弱层顶面的深度、硬持力层厚度;

f_{az}——软弱下卧层经深度修正的地基承载力特征值,深度修正系数取1.0;

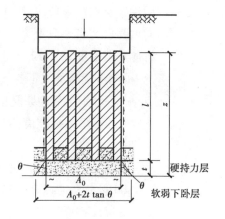

图8.7 软弱下卧层承载力验算

A_0,B_0——群桩外缘矩形面积的长、短边边长;

q_{sik}——桩周第 i 层土极限侧阻力标准值,无当地经验时,按表8.8选取;

F_k——按荷载效应标准组合计算的作用于承台的竖向力;

G_k——承台及其上土的自重标准值,地下水位以下的部分应扣除浮力;

θ ——桩端持力层压力扩散角,按表8.15取值。

表8.15 桩端硬持力层压力扩散角 θ

E_{s1}/E_{s2}	$t = 0.25B_0$	$t \ge 0.5B_0$
1	4°	12°
3	6°	23°
5	10°	25°
10	20°	30°

注:①E_{s1},E_{s2}分别为硬持力层、软弱下卧层的压缩模量;

②当 $t<0.25B_0$ 时,取 $\theta=0°$,必要时,宜通过试验确定;当 $0.25B_0<t<0.50B_0$ 时,可内插取值。

2)负摩阻力计算

前面所讨论的桩侧摩阻力,是因桩产生了相对于土体的向下位移所引起的,该摩阻力作用方向向上,起到承载作用。但有时桩周土体相对于桩产生向下的位移,将引起向下的侧摩阻力,称之为负摩阻力。负摩阻力如同增加了桩的竖向荷载,对地基的承载力起到负面影响。

(1)考虑负摩阻力的条件 符合下列条件之一的桩基,当桩周土层产生的沉降超过基桩的沉降时,在计算基桩承载力时应计入桩侧负摩阻力:

①桩穿越较厚松散填土、自重湿陷性黄土、欠固结土、液化土层进入相对较硬土层;

②桩周存在软弱土层,邻近桩侧地面承受局部较大的长期荷载,或地面大面积堆载(包括填土);

③由于降低地下水位,使桩周土有效应力增大,并产生显著压缩沉降。

(2)负摩阻力基桩承载力验算 桩周土沉降可能引起桩侧负摩阻力时,应根据工程具体情况考虑负摩阻力对桩基承载力和沉降的影响。当缺乏可工程经验时,可按下列规定验算。

①对于摩擦型基桩,可取桩身计算中性点以上侧阻力为零,并可按下式验算基桩承载力:

$$N_k \le R_a \tag{8.25}$$

②对于端承型基桩除满足上式要求外,尚应考虑负摩阻力引起基桩的下拉荷载 Q_g^n,并可按下式验算

基桩承载力：

$$N_k + Q_g^n \leqslant R_a \tag{8.26}$$

式中　R_a——基桩的竖向承载力特征值,只计中性点以下部分侧阻值及端阻值;

　　　N_k——荷载效应标准组合轴心竖向力作用下,基桩或复合基桩的平均竖向力;

　　　Q_g^n——负摩阻力引起基桩的下拉荷载。

③当土层不均匀或建筑物对不均匀沉降较敏感时,尚应将负摩阻力引起的下拉荷载计入附加荷载验算桩基沉降。

（3）桩侧负摩阻力及其引起的下拉荷载计算

①中性点以上单桩桩周第 i 层土负摩阻力标准值,可按下列公式计算:

$$q_{si}^n = \xi_{ni}\sigma_i' \tag{8.27}$$

当填土、自重湿陷性黄土湿陷、欠固结土层产生固结和地下水降低时: $\sigma_i' = \sigma_{\gamma i}'$

当地面分布大面积荷载时: $\sigma_i' = p + \sigma_{\gamma i}'$

$$\sigma_{\gamma i}' = \sum_{e=1}^{i-1} \gamma_e \Delta z_e + \frac{1}{2}\gamma_i \Delta z_i \tag{8.28}$$

式中　q_{si}^n——第 i 层土桩侧负摩阻力标准值,当按式(8.27)计算值大于正摩阻力标准值时,取正摩阻力标准值进行设计;

　　　ξ_{ni}——桩周第 i 层土负摩阻力系数,可按表 8.16 取值;

　　　$\sigma_{\gamma i}'$——由土自重引起的桩周第 i 层土平均竖向有效应力,桩群外围桩自地面算起,桩群内部桩自承台底算起;

　　　σ_i',p——分别为桩周第 i 层土平均竖向有效应力、地面均布荷载;

　　　γ_i,γ_e——分别为第 i 计算土层和其上第 e 土层的重度,地下水位以下取浮重度;

　　　$\Delta z_i,\Delta z_e$——分别为第 j 层土、第 e 层土的厚度。

表 8.16　负摩阻力系数 ξ_n

土类	饱和软土	黏性土、粉土	砂　土	自重湿陷性黄土
ξ_n	0.15~0.25	0.25~0.40	0.35~0.50	0.20~0.35

注:①在同一类土中,对于挤土桩,取表中较大值,对于非挤土桩,取表中较小值。

　　②填土按其组成取表中同类土的较大值。

②考虑群桩效应的基桩下拉荷载可按下式计算:

$$Q_g^n = \eta_n u_p \sum_{i=1}^{n} q_{si}^n l_i \tag{8.29}$$

$$\eta_n = \frac{s_{ax}s_{ay}}{\pi d\left(\dfrac{q_s^n}{\gamma_m} + \dfrac{d}{4}\right)} \tag{8.30}$$

式中　n,l_i——分别为中性点以上土层数、中性点以上第 i 土层的厚度;

　　　η_n——负摩阻力桩群效应系数,若计算得出 $\eta_n > 1$ 时,取 $\eta_n = 1$;

　　　s_{ax},s_{ay}——分别为纵、横向桩的中心距;

　　　q_s^n——中性点以上桩周土层厚度加权平均负摩阻力标准值;

　　　γ_m——中性点以上桩周土层厚度加权平均重度(地下水位以下取浮重度)。

（4）中性点深度的确定　正负摩阻力变换处称之为中性点,中性点深度 l_n 应按桩周土层沉降与桩沉降相等的条件计算确定,也可参照表 8.17 确定。

表 8.17　中性点深度 l_n 确定

持力层性质	黏性土、粉土	中密以上砂	砾石、卵石	基　岩
中性点深度 l_n/l_0	0.5~0.6	0.7~0.8	0.9	1.0

注:①l_n,l_0 分别为自桩顶算起的中性点深度和桩周软弱土层下限深度。

②桩穿越自重湿陷性黄土层时,l_n 按表列数值增大 10%(持力层为基岩除外)。

③当桩周土层固结与桩基固结沉降同时完成时,取 $l_n=0$。

④当桩周土层计算沉降量小于 20 mm 时,l_n 应按表列值乘以 0.4~0.8 折减。

3)抗拔桩基承载力验算

在下列基础工程中通常采用抗拔桩,如:受浮力作用的结构物;锚固高耸而轻型的结构物;膨胀土地区的基础;深基坑开挖的锚桩以及静载试验用的锚桩等。

(1)群桩呈整体破坏和非整体破坏基桩的抗拔承载力验算

整体破坏

$$N_k \leqslant G_{gp} + \frac{T_{gk}}{2} \qquad (8.31)$$

非整体破坏

$$N_k \leqslant G_p + \frac{T_{uk}}{2} \qquad (8.32)$$

式中　N_k——按荷载效应标准组合计算的基桩拔力;

T_{gk},T_{uk}——分别为群桩呈整体破坏、非整体破坏时基桩抗拔极限承载力标准值;

G_{gp}——群桩基础所包围体积的桩土总自重除以总桩数,地下水位以下取浮重度;

G_p——基桩自重,地下水位以下取浮重度,对于扩底桩应按表 8.18 确定桩、柱体周长,计算桩、土自重。

(2)抗拔桩极限承载力确定

设计等级为甲、乙级的桩基,应通过现场单桩上拔静载荷试验确定;设计等级为丙级的桩基,可通过下式计算确定基桩的抗拔极限承载力标准值。

整体破坏

$$T_{gk} = \frac{1}{n} u_l \sum \lambda_i q_{sik} l_i \qquad (8.33)$$

非整体破坏

$$T_{uk} = \sum \lambda_i q_{sik} u_i l_i \qquad (8.34)$$

式中　u_i——桩身周长,对于等直径桩取 $u_i = \pi d$;扩底桩按表 8.18 选取;

n,u_l——分别为桩数、桩群外围周长;

λ_i——抗拔系数,砂土 $\lambda_i = 0.50~0.70$,黏性土、粉土 $\lambda_i = 0.70~0.80$,当桩长与桩径比 $l/d<20$ 时,λ_i 取低值;

q_{sik}——桩侧表面第 i 层土的抗拔极限侧阻力标准值,可按表 8.8 取值。

表 8.18　扩底桩破坏表面周长 u_i

自桩底起算的长度 l_i	$l_i \leqslant (4~10)d$	$l_i > (4~10)d$
u_i	πD	πd

注:l_i 对于软黏土时取低值,对于卵石、砾石取高值;l_i 取值随土的内摩擦角增大而增加。

对于季节性冻土上轻型建筑的短桩基础,应按下式验算抗冻拔的稳定性:

$$\eta_f q_f u z_0 \leqslant \frac{T_{gk}}{2} + N_G + G_{gp} \qquad (8.35)$$

$$\eta_f q_f u z_0 \leqslant \frac{T_{uk}}{2} + N_G + G_p \qquad (8.36)$$

式中 η_f——冻深影响系数,当 $z_0 \leqslant 2.0$ 时,$\eta_f = 1.0$;当 $2.0 < z_0 \leqslant 3.0$ 时,$\eta_f = 0.9$,当 $z_0 > 3.0$ 时,$\eta_f = 0.8$;

q_f——切向冻胀力值,按表 8.19 选取;

z_0——季节性冻土的标准冻深;

T_{gk}——标准冻深线以下群桩呈整体破坏时基桩抗拔极限承载力标准值,见式(8.33);

T_{uk}——标准冻线以下单桩的抗拔极限承载力标准值,见式(8.34);

N_G——基桩承受的桩承台底面以上建筑物自重、承台及其上土重标准值。

表 8.19 q_f 的取值规定

冻胀分类 土质分类	弱冻胀	冻　胀	强冻胀	特强冻胀
黏性土、粉土	30 ~ 60	60 ~ 80	80 ~ 120	120 ~ 150
砂土、砾石(粘粒含量>15%)	<10	20 ~ 30	40 ~ 80	90 ~ 200

注:表面粗糙的灌注桩,表中数值应乘以系数 1.1 ~ 1.3;本表不适用于含盐量大于 0.5% 的冻土。

对于膨胀土上轻型建筑的短桩基础,应按下列公式验算群桩基础呈整体破坏和非整体破坏的抗拔稳定性:

$$u \sum q_{ei} l_{ei} \leqslant \frac{T_{gk}}{2} + N_G + G_{gp} \tag{8.37}$$

$$u \sum q_{ei} l_{ei} \leqslant \frac{T_{uk}}{2} + N_G + G_p \tag{8.38}$$

式中 T_{gk}——群桩呈整体破坏时,大气影响急剧层下稳定土层中基桩的抗拔极限承载力标准值,见式(8.33);

T_{uk}——群桩呈非整体破坏时,大气影响急剧层下稳定土层中基桩的抗拔极限承载力标准值,见式(8.34);

q_{ei}——大气影响急剧层中第 i 层土的极限抗拔胀切力,由现场浸水试验确定;

l_{ei}——大气影响急剧层中第 i 层土的厚度。

【例题 8.1】 某建筑工程混凝土预制桩截面为 350 mm×350 mm,桩长 12.5 m,桩长范围内有两种土:第一层,淤泥层,厚 5 m;第二层,黏土层,厚 7.5 m,液性指数 $I_L = 0.275$。拟采用 3 桩承台。试确定该预制桩的基桩竖向承载力特征值。

【解】 (1)从表 8.8 查 q_{sik} 值

淤泥层:$q_{s1k} = 15$ kPa;黏土层:$I_L = 0.275$,按 $0.25 < I_L \leqslant 0.50$ 内插法得 $q_{s2k} = 83.4$ kPa。

(2)从表 8.9 查 q_{pk} 值

黏土层:$I_L = 0.275$,按 $0.25 < I_L \leqslant 0.50$ 内插得 $q_{pk} = 3\ 200$ kPa。

(3)计算单桩竖向极限承载力标准值

$Q_{uk} = Q_{sk} + Q_{pk} = u \sum q_{sik} l_i + q_{pk} A_P =$

0.35 m × 4 × (15 kPa × 5 m + 83.4 kPa × 7.5 m) + 3 200 kPa × 0.35² m² =

1 372.7 kN

(4)计算基桩竖向承载力特征值 R

$$R = R_a = \frac{Q_{uk}}{K} = \frac{1\ 372.7\ kN}{2} = 686.35\ kN$$

8.3.4 单桩竖向抗压静载试验

1）适用范围

根据《建筑桩基检测技术规范》(JGJ 106—2014)规定:静载荷试验是采用接近于竖向抗压桩实际工作条件的试验方法,检验单桩竖向抗压承载力。当埋设有测量桩身应力、应变、桩底反力的传感器或位移杆时,可测定桩分层侧阻力和端阻力或桩身截面的位移量。为设计提供依据的试验桩,应加载至破坏;当桩的承载力以桩身强度控制时,可按设计要求的加载量进行。对工程桩抽样检测时,加载量不应小于设计要求的单桩承载力特征值的 2.0 倍。

在同一条件下的试桩数量,不宜少于总数的 1%,并不应少于 3 根。工程总桩数在 50 根以内时不应少于 2 根。对于预制桩,由于打桩时土中产生的孔隙水压力有待消散,桩设置后开始载荷试验所需的间歇时间(即休止时间)为:在桩身强度达到设计要求的前提下,对于砂类土不得少于 7d;粉土不得少于 10d;非饱和黏性土不得少于 15d,饱和黏性土不得少于 25d;对于泥浆护壁灌注桩,宜延长休止时间。

2）试验装置

试验装置主要由加荷系统和量测系统组成。采用油压千斤顶加载,其反力装置可根据现场条件选择锚桩横梁反力装置、压重平台反力装置、锚桩压重联合反力装置、地锚反力装置。加载反力装置能提供的反力不得小于最大加载量的 1.2 倍。

图 8.8(a)为锚桩横梁反力装置图,如采用工程桩作锚桩时,锚桩数量不得少于 4 根,并应检测静载试验过程中锚桩的上拔量。图 8.8(b)为压重平台反力装置图,压重应在试验开始前一次加上,并均匀稳固放置于平台上,压重施加于地基的压应力不宜大于地基承载力特征值的 1.5 倍,有条件时宜利用工程桩作为堆载支点。当试桩最大加载量超过锚桩的抗拔能力时,可在横梁上放置或悬挂一定重物,由锚桩和重物共同承受千斤顶加载反力。

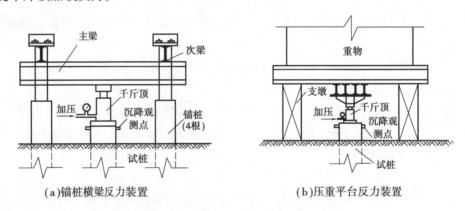

(a)锚桩横梁反力装置　　　　　　　(b)压重平台反力装置

图 8.8 单桩竖向抗压静载试验加载装置

量测系统主要由千斤顶上的应力环、应变式压力传感器(测荷载大小)及百分表或电子位移计(测试桩沉降)等组成。荷载大小也可采用连于千斤顶的压力表测定油压,根据千斤顶的率定曲线换算荷载。为准确测量桩的沉降,消除相互干扰,要求有基准系统,由基准桩、基准梁组成,且保证在试桩、锚桩(或压重平台支墩)和基准桩相互之间有足够的距离,一般应大于 4 倍桩径(对压重平台反力装置应大于 2 m)。

3）现场试验方法

试验时加载方式通常有慢速维持荷载法、快速维持荷载法、等贯入速率法、等时间间隔加载法以及循环加载法等。工程桩验收检测宜采用慢速维持荷载法。当有成熟的地区经验时,也可采用快速维持荷载法。

慢速维持荷载法加载应分级进行,采用逐级等量加载,分级荷载宜为最大加载量或预估极限承载力的 1/10,其中第一级可取分级荷载的 2 倍。每级荷载施加后按第 5 min、15 min、30 min、45 min、60 min 测读桩顶沉降量,以后每隔 30 min 测读一次。

试桩沉降相对稳定标准:每 1 h 的桩顶沉降量不超过 0.1 mm,并连续出现两次(从分级荷载施加后的第 30 min 开始,按 1.5 h 连续三次每 30 min 的沉降观测值计算),则认为已趋稳定,可施加下一级荷载。

当出现下列情况之一时即可终止加载:

①某级荷载作用下,桩顶沉降量大于前一级荷载作用下沉降量的 5 倍,且桩顶总沉降量超过 40 mm。

②某级荷载作用下,桩顶沉降量大于前一级荷载作用下沉降量的 2 倍,且经 24 h 尚未达到稳定标准。

③已达到设计要求的最大加载值,且桩顶沉降达到相对稳定标准。

④当工程桩作锚桩时,锚桩上拔量已达到允许值。

⑤当荷载—沉降曲线呈缓变形时,加载至桩顶总沉降量达到 60~80 mm;当桩端阻力尚未充分发挥时,可加载至桩顶累计沉降量超过 80 mm。

终止加载后进行分级卸载,每级卸载值宜取加载时分级荷载的 2 倍,且应逐级等量卸载。卸载时,每级荷载应维持 1 h,分别按 15 min、30 min、60 min 测读桩顶沉降量后,即可卸下一级荷载;卸载至零后,应测读桩顶残余沉降量,维持时间不得少于 3 h,测读时间分别为第 15 min、30 min,以后每隔 30 min 测读一次。

4)检测数据分析与判定

确定单桩竖向抗压承载力时,应绘制竖向荷载-沉降(Q-s)、沉降-时间对数(s-lg t)曲线,需要时也可绘制其他辅助分析曲线。当进行桩身应力、应变和桩底反力测定时,应整理出有关数据的记录表,绘制桩身轴力分布图、计算不同土层的分层侧摩阻力和端阻力值。

确定单桩竖向极限承载力 Q_u 的方法如下:

①根据沉降随荷载的变化特征确定:对于陡降型 Q-s 曲线(图 8.9 中曲线①),可取曲线发生明显陡降的起始点所对应的荷载为 Q_u。

②根据沉降量确定:对于缓变型 Q-s 曲线(图 8.9 中曲线②),可根据沉降量确定,宜取 $s = 40$ mm 对应的荷载值为 Q_u;当桩长大于 40 m 时,宜考虑桩身弹性压缩量;对直径大于或等于 800 mm 的桩,可取 $s = 0.05D$(D 为桩端直径)对应的荷载值为 Q_u。

③根据沉降随时间的变化特征确定:如图 8.10 所示,取 s-lg t 曲线尾部出现明显向下弯曲的前一级荷载值作为 Q_u,也可根据终止加载条件②中的前一级荷载值作为 Q_u。

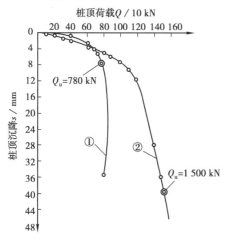

图 8.9　某单桩竖向抗压静载试验 Q-s 曲线

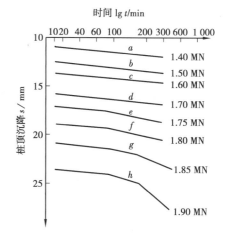

图 8.10　某单桩竖向抗压静载试验 s-lg t 曲线

测得每根试桩的极限承载力值 Q_u 后,可通过统计方法确定单桩竖向极限承载力的标准值 Q_{uk},单桩竖向极限承载力特征值 $R_a = Q_{uk}/K(K=2.0)$。

对于快速维持荷载法,每级荷载维持时间不应少于 1 h,且当本级荷载作用下的桩顶沉降速率收敛时,可施加下一级荷载。

8.3.5 单桩竖向抗拔静载试验

1)适用范围

根据《建筑桩基检测技术规范》规定:单桩竖向抗拔静载试验适用于检测单桩的竖向抗拔承载力。当埋设有桩身应力、应变测量传感器时,或桩端埋设有位移测量杆时,可测定桩身应变或桩端上拔量,计算桩的分层抗拔侧阻力。为设计提供依据的试验桩,应加载至桩侧土阻力达到极限状态或桩身材料达到设计强度;工程桩验收检测时,施加的上拔荷载不得小于单桩竖向抗拔承载力特征值的 2.0 倍或使桩顶产生的上拔量达到设计要求的限值。

2)试验装置

抗拔桩试验加载装置宜采用油压千斤顶。试验反力装置宜采用反力桩(或工程桩)提供支座反力,也可根据现场情况采用天然地基提供支座反力。反力架系统应具有 1.2 倍的安全系数;采用天然地基提供反力时,施加于地基的压应力不宜超过地基承载力特征值的 1.5 倍;反力梁的支点重心应与支座中心重合。量测系统要求与抗压静载试验相同。

3)现场试验方法

单桩竖向抗拔静载试验宜采用慢速维持荷载法。需要时,也可采用多循环加、卸载方法。慢速维持荷载法的加卸载分级、试验方法及稳定标准与抗压静载试验相同,并仔细观察桩身混凝土开裂情况。当出现下列情况之一时,可终止加载:

①在某级荷载作用下,桩顶上拔量大于前一级上拔荷载作用下的上拔量5倍。

②按桩顶上拔量控制,累计桩顶上拔量超过 100 mm 时。

③按钢筋抗拉强度控制,钢筋应力达到钢筋抗拉强度设计值,或某根钢筋拉断。

④对于工程桩验收检测,达到设计或抗裂要求的最大上拔量或上拔荷载值。

4)检测数据分析与判定

确定单桩竖向抗拔承载力时,绘制上拔荷载-桩顶上拔量(U-δ)关系曲线、桩顶上拔量-时间之间对数(δ-lg t)关系曲线。单桩竖向抗拔极限承载力可按下列方法综合判定:

①根据上拔量随荷载变化的特征确定:对陡变型 U-δ 曲线,取陡升起始点对应的荷载值。

②根据上拔量随时间变化的特征确定:取 δ-lg t 曲线斜率明显变陡或曲线尾部明显弯曲的前一级荷载值。

③当在某级荷载下抗拔钢筋断裂时,取其前一级荷载值。

单位工程同一条件下的单桩竖向抗拔承载力特征值应按单桩竖向抗拔极限承载力统计值的 1/2 取值。当工程桩不允许带裂缝工作时,取桩身开裂的前一级荷载作为单桩竖向抗拔承载力特征值,并与按极限荷载一半取值确定的承载力特征值相比取小值。

8.4　桩基沉降计算

8.4.1　桩基沉降计算规定

对于建筑桩基,当考虑桩—土共同作用、桩间土分担部分荷载后,应以桩的沉降作为一个控制条件。需要计算变形的建筑物,其桩基变形计算值不应大于其允许值。

桩基变形特征可用沉降量、沉降差、整体倾斜、局部倾斜来表示。建筑物的地基变形允许值可按当地经验,也可按表 6.9 采用;表中未包括的建筑物桩基允许变形值,可根据上部结构对桩基变形的适应能力和要求确定。对于桩基础,整体倾斜度是指建筑物桩基础倾斜方向两端点的沉降差与其距离之比值;局部倾斜度指墙下条形承台沿纵向某一长度范围内桩基础两点的沉降差与其距离之比值。

计算桩基沉降变形时,桩基变形指标应按下列规定选用:

①针对由土层厚度与性质不均匀、荷载差异、体型复杂、相互影响等因素引起的地基沉降变形,砌体承重结构应由局部倾斜控制。

②多层或高层建筑,以及高耸结构,则应由整体倾斜值控制。

③对于框架、框架-剪力墙、框架-核心筒结构,尚应控制柱(墙)之间的差异沉降。

8.4.2　桩中心距不大于 6 倍桩径的桩基沉降计算

对于桩中心距小于等于 6 倍桩径的桩基,可将群桩作为假想的实体基础,《桩基规范》提出了等效作用分层总和法计算群桩沉降的方法。该法以图 8.11 为基本计算模式,其等效作用面位于桩端平面,"等效作用面积"为桩承台投影面积,等效作用附加应力近似取承台底平均附加应力。等效作用面以下的应力分布采用各向同性均质直线变形体理论。

等效作用分层总和法计算原理:是将均质土中群桩沉降的 Mindlin 解与均布荷载下矩形基础沉降的 Boussinesq 解之比值,用来修正假想实体深基础的基底附加压力,然后按一般分层总和法计算群桩沉降,其计算步骤如下:

(1)运用弹性半无限体内作用力的 Mindlin 位移解　基于桩、土位移协调条件,略去桩身弹性压缩,在给出匀质土中不同距径比、长径比、桩数、基础长宽比条件下,刚性承台群桩的沉降数值解为:

$$s_M = \frac{\overline{Q}}{E_s d} \overline{w}_M \qquad (8.39)$$

式中　s_M——基于 Mindlin 解的群桩计算沉降值;

$\overline{Q}$——群桩中各桩的平均荷载,一般采用荷载效应的准永久组合值;

E_s——均质土的压缩模量;

d——桩径;

$\overline{w}_M$—— Mindlin 解群桩沉降系数,随群桩距径比 s_a/d、长径比 l/d、总桩数 n、基础长宽比 a/b 而变。

(2)运用弹性半无限体表面均布荷载下的 Boussinesq 解　不计实体深基础侧阻力和应力扩散,求得实体深基础的沉降为:

$$s_B = \frac{P}{a E_s} \overline{w}_B \qquad (8.40)$$

$$\bar{w}_B = \frac{1}{4\pi}\left[\ln\frac{\sqrt{1+m^2}+m}{\sqrt{1-m^2}-m} + m\ln\frac{\sqrt{1+m^2}+1}{\sqrt{1+m^2}-1}\right] \tag{8.41}$$

式中　m——矩形基础的长宽比，$m=a/b$，a 为基础长度，b 为基础宽度；

　　　　P——矩形基础上的均布荷载之和，采用荷载效应的准永久组合值。

为便于分析应用，当 $m\leqslant 15$ 时，式(8.41)经统计分析(使误差在 2.1% 以内)可简化为：

$$\bar{w}_B = \frac{m+0.633\ 6}{1.195\ 1m+4.627\ 5} \tag{8.42}$$

(3)求等效系数 ψ_e

$$\psi_e = \frac{s_M}{s_B} = \frac{\dfrac{\bar{Q}}{E_s d}\bar{w}_M}{\dfrac{n_a n_b \bar{Q}\bar{w}_B}{a E_s}} = \frac{\bar{w}_M}{\bar{w}_B}\cdot\frac{a}{n_a n_b d} \tag{8.43}$$

式中　n_a,n_b——分别为矩形基础长边布桩数和短边布桩数。

为应用方便，将按 $s_a/d=2,3,4,5,6$；$l/d=5,10,15,\cdots,100$；$n=4,\cdots,600$；$n_a/n_b=1,2,\cdots,10$，承台长宽比 $L_c/B_c=1,2,\cdots,10$；对 ψ_e 表达式进行回归分析，得：

$$\psi_e = C_0 + \frac{n_b-1}{C_1(n_b-1)+C_2} \tag{8.44}$$

式中　n_b——矩形布桩时短边布桩数，$n_b=\sqrt{nB_c/L_c}$，当 $n_b\leqslant 1$ 时，取 $n_b=1$；

　　　　C_0,C_1,C_2——可根据群桩不同距径比 s_a/d、长径比 l/d 及实体基础长宽比 L_c/B_c 查表8.21取值；

　　　　L_c,B_c,n——分别为矩形承台的长、宽及总桩数。

(4)桩基内任一点的最终沉降量计算　以 ψ_e 作为假想实体深基础基底附加压力的折减系数，并按分层总和法计算群桩沉降，亦即以 $\psi_e p_0$ 代替式(4.30)中的 p_0 来计算沉降(见 4.3.3 节)，则桩基内任一点的最终沉降量可用角点法按下式计算(见图8.11)：

$$S = \psi\psi_e s' = \psi\psi_e\sum_{j=1}^{m}p_{0j}\sum_{i=1}^{n}\frac{z_{ij}\bar{\alpha}_{ij}-z_{(i-1)j}\bar{\alpha}_{(i-1)j}}{E_{si}} \tag{8.45}$$

式中　s——桩基最终沉降量，mm；

　　　　s'——采用布辛奈斯克解，按实体深基础分层总和法计算出的桩基沉降量，mm；

　　　　ψ——沉降计算经验系数，无地区经验时，按表 8.20 取值，软土地区($\bar{E}_s\leqslant 10$ MPa)挤土预制桩基础，ψ 值乘以 1.3~1.8，后注浆桩基取 0.7~0.8 折减系数；

　　　　ψ_e——桩基等效沉降系数；

　　　　m——角点法计算点对应矩形荷载分块数；

　　　　n——沉降计算深度范围内所划分土层数；

　　　　p_{0j}——第 j 块矩形底面(承台底)在荷载效应准永久组合下的附加压力，kPa；

　　　　E_{si}——等效作用底面第 i 层土压缩模量，MPa，为地基土在自重压力至自重压力加附加压力作用时的压缩模量；

　　　　$z_{ij},z_{(i-1)j}$——桩端平面第 j 块荷载至第 i 层土、第 $(i-1)$ 层土底面的距离，m；

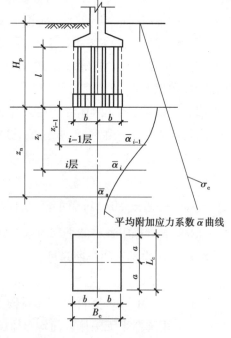

图 8.11　桩基沉降计算简图

$\bar{\alpha}_{ij}, \bar{\alpha}_{(i-1)j}$——桩端平面第 j 块荷载计算点至第 i 层土、第 $(i-1)$ 层土底面深度范围内平均附加应力

系数，可查表 4.7 取值。

表 8.20　桩基沉降计算经验系数 ψ

$\bar{E}_{s}/MPa$	≤10	15	20	35	≥50
ψ	1.2	0.9	0.65	0.50	0.40

注：$\bar{E}_s$ 为沉降计算深度范围内压缩模量的当量值；$\bar{E}_s = \sum \Delta A_i / [\sum \Delta A_i / E_{si}]$；$\Delta A_i$ 为群桩实体基础

下第 i 层土附加应力系数沿土层厚度的积分值，可近似按分块面积计算；ψ 可内插取值。

表 8.21　桩基等效沉降系数 ψ_e 计算参数表（$s_a/d=2$）

l/d	L_c/B_c	1	2	3	4	5	6	7	8	9	10
5	C_0	0.203	0.282	0.329	0.363	0.389	0.410	0.428	0.443	0.456	0.468
	C_1	1.543	1.687	1.797	1.845	1.915	1.949	1.981	2.047	2.073	2.098
	C_2	5.563	5.356	5.086	5.020	4.878	4.843	4.817	4.704	4.690	4.681
10	C_0	1.125	0.188	0.228	0.258	0.282	0.301	0.318	0.333	0.346	0.357
	C_1	1.487	1.573	1.653	1.676	1.750	1.750	1.768	1.828	1.844	1.860
	C_2	7.000	6.260	5.737	5.535	5.292	5.191	5.114	4.949	4.903	4.865
15	C_0	0.093	0.146	0.180	0.207	0.228	0.246	0.262	0.275	0.287	0.298
	C_1	1.508	1.568	1.637	1.647	1.696	1.707	1.718	1.776	1.787	1.798
	C_2	8.413	7.252	6.520	6.208	5.878	5.722	5.604	5.393	5.320	5.259
20	C_0	0.075	0.120	0.151	0.175	0.194	0.211	0.225	0.238	0.249	0.260
	C_1	1.548	1.592	1.654	1.656	1.701	1.706	1.712	1.770	1.777	1.783
	C_2	9.783	8.236	7.310	6.897	6.486	6.280	6.123	5.870	5.771	5.689
25	C_0	0.063	0.103	0.131	0.152	0.170	0.186	0.199	0.221	0.221	0.231
	C_1	1.596	1.628	1.686	1.679	1.722	1.722	1.724	1.783	1.786	1.789
	C_2	11.118	9.205	8.094	7.583	4.095	6.841	6.647	6.353	6.230	6.128
30	C_0	0.055	0.090	0.116	0.135	0.152	0.166	0.179	0.190	0.200	0.209
	C_1	1.646	1.669	1.724	1.711	1.753	1.748	1.745	1.806	1.806	1.806
	C_2	12.426	10.159	8.868	8.264	7.700	7.400	7.170	6.836	6.689	6.568
40	C_0	0.044	0.073	0.095	0.112	0.126	0.139	1.150	0.160	0.169	0.177
	C_1	1.754	1.761	1.812	1.787	1.827	1.814	1.803	1.867	1.861	1.855
	C_2	14.98	12.04	10.40	9.610	8.900	8.509	8.211	7.797	7.065	7.446
50	C_0	0.036	0.062	0.081	0.096	0.108	0.120	0.129	0.138	0.147	0.154
	C_1	1.865	1.860	1.909	1.873	1.911	1.889	1.872	1.939	1.927	1.916
	C_2	17.492	13.885	11.905	10.945	10.090	9.613	9.247	8.755	8.519	8.323
60	C_0	0.031	0.054	0.070	0.084	0.095	0.105	0.114	0.122	0.130	0.137
	C_1	1.979	1.962	2.010	1.962	1.999	1.970	1.945	2.016	1.998	1.981
	C_2	19.967	15.719	13.406	12.274	11.278	10.715	10.284	9.713	9.433	9.200
70	C_0	0.028	0.048	0.063	0.075	0.085	0.094	0.102	0.110	0.117	0.123
	C_1	2.095	2.067	2.114	2.055	2.091	2.054	2.021	2.097	2.072	2.049
	C_2	22.423	17.546	14.901	13.602	12.465	11.818	11.322	10.672	10.349	10.080
80	C_0	0.025	0.043	0.056	0.067	0.077	0.085	0.093	0.100	0.106	0.112
	C_1	2.213	2.174	2.220	2.150	2.185	2.139	2.099	2.178	2.147	2.119
	C_2	24.868	19.370	16.398	14.933	13.655	12.925	12.364	11.635	11.270	10.964

续表

l/d	L_c/B_c	1	2	3	4	5	6	7	8	9	10
90	C_0	0.022	0.039	0.051	0.061	0.070	0.078	0.085	0.091	0.097	0.103
	C_1	2.333	2.283	2.328	2.245	2.280	2.225	2.177	2.261	2.223	2.189
	C_2	27.307	21.195	17.897	16.267	14.849	14.036	13.411	12.603	12.194	11.853
100	C_0	0.021	0.036	0.047	0.057	0.065	0.072	0.078	0.084	0.090	0.095
	C_1	2.453	2.392	2.436	2.341	2.375	2.311	2.256	2.344	2.299	2.259
	C_2	29.744	23.024	19.400	17.608	16.049	15.153	14.464	13.575	13.123	12.745
$(s_a/d=4)$											
5	C_0	0.203	0.354	0.422	0.464	0.496	0.519	0.538	0.555	0.568	0.580
	C_1	1.445	1.786	1.986	2.101	2.213	2.286	2.349	2.434	2.484	2.530
	C_2	2.633	3.243	3.340	3.444	3.431	3.466	3.488	3.433	3.447	3.457
10	C_0	0.125	0.237	0.294	0.332	0.361	0.384	0.403	0.419	0.433	0.445
	C_1	1.378	1.570	1.695	1.756	1.830	1.870	1.906	1.972	2.000	2.027
	C_2	3.707	3.873	3.743	3.729	3.630	3.612	3.597	3.500	3.490	3.482
15	C_0	0.093	0.185	0.234	0.269	0.296	0.317	0.335	0.351	0.364	0.376
	C_1	1.384	1.524	1.626	1.666	1.729	1.757	1.781	1.843	1.863	1.881
	C_2	4.571	4.458	4.188	4.107	3.951	3.904	3.866	3.736	3.712	3.693
20	C_0	0.075	0.153	0.198	0.230	0.254	0.275	0.291	0.306	0.319	0.331
	C_1	1.408	1.521	1.611	1.638	1.695	1.713	1.730	1.791	1.805	1.818
	C_2	5.361	5.024	4.636	4.502	4.297	4.225	4.169	4.009	3.973	3.944
25	C_0	0.063	0.132	0.173	0.202	0.225	0.244	0.260	0.274	0.286	0.297
	C_1	1.441	1.534	1.616	1.633	1.686	1.698	1.708	1.770	1.779	1.786
	C_2	6.114	5.578	5.081	4.900	4.650	4.555	4.482	4.293	4.246	4.208
30	C_0	0.055	0.117	0.154	0.181	0.203	0.221	0.236	0.249	0.261	0.271
	C_1	1.477	1.555	1.633	1.640	1.691	1.696	1.701	1.764	1.768	1.771
	C_2	6.843	6.122	5.524	5.298	5.004	4.887	4.799	4.581	4.524	4.477
40	C_0	0.044	0.095	0.127	0.151	0.170	0.186	0.200	0.212	0.223	0.233
	C_1	1.555	1.611	1.681	1.673	1.720	1.714	1.708	1.774	1.770	1.765
	C_2	8.261	7.195	6.402	6.093	5.713	5.556	5.436	5.163	5.085	5.021
50	C_0	0.036	0.081	0.109	0.130	0.148	0.162	0.175	0.186	0.196	0.205
	C_1	1.636	1.674	1.740	1.781	1.762	1.745	1.730	1.800	1.787	1.775
	C_2	9.648	8.258	7.277	6.887	6.424	6.227	6.077	5.749	5.650	5.569
60	C_0	0.031	0.071	0.096	0.115	0.131	0.144	0.156	0.166	0.175	0.183
	C_1	1.719	1.742	1.805	1.768	1.810	1.783	1.758	1.832	1.811	1.791
	C_2	11.021	9.319	8.152	7.684	7.138	6.902	6.721	6.338	6.219	6.120
70	C_0	0.028	0.063	0.086	0.103	0.117	0.130	0.140	0.150	0.158	0.166
	C_1	1.803	1.811	1.872	1.821	1.861	1.824	1.789	1.867	1.839	1.812
	C_2	12.387	10.381	9.029	8.485	7.856	7.580	7.369	6.929	6.789	6.672
80	C_0	0.025	0.057	0.077	0.093	0.107	0.118	0.128	0.137	0.145	0.152
	C_1	1.887	1.882	1.940	1.876	1.914	1.866	1.822	1.904	1.868	1.834
	C_2	13.753	11.447	9.911	9.291	8.578	8.262	8.020	7.524	7.362	7.226
90	C_0	0.022	0.051	0.071	0.085	0.098	0.108	0.117	0.126	0.133	0.140
	C_1	1.972	1.953	2.009	1.931	1.867	1.909	1.857	1.943	1.899	1.858
	C_2	15.119	12.518	10.799	10.102	9.305	8.949	8.674	8.122	7.938	7.782

续表

l/d	L_c/B_c	1	2	3	4	5	6	7	8	9	10
100	C_0	0.021	0.045	0.065	0.079	0.090	0.100	0.109	0.117	0.123	0.130
	C_1	2.057	2.025	2.079	1.986	2.021	1.953	1.891	1.981	1.931	1.883
	C_2	16.490	13.595	11.691	10.918	10.036	9.639	9.331	8.722	8.515	8.339
$(s_a/d=6)$											
5	C_0	0.203	0.423	0.506	0.555	0.588	0.613	0.633	0.649	0.663	0.674
	C_1	1.393	1.956	2.277	2.485	2.658	2.789	2.902	3.021	3.099	3.179
	C_2	1.438	2.152	2.365	2.503	2.538	2.581	2.603	2.586	2.596	2.599
10	C_0	0.125	0.281	0.350	0.393	0.424	0.449	0.468	0.485	0.499	0.511
	C_1	1.328	1.623	1.793	1.889	1.983	2.044	2.096	2.169	2.210	2.247
	C_2	2.421	2.870	2.881	2.927	2.879	2.886	2.887	2.818	2.817	2.815
15	C_0	0.093	0.219	0.279	0.318	0.348	0.371	0.390	0.406	0.419	0.423
	C_1	1.327	1.540	1.671	1.733	1.809	1.848	1.882	1.949	1.975	1.999
	C_2	3.126	3.366	3.256	3.250	3.153	3.139	3.126	3.024	3.015	3.007
20	C_0	0.075	0.182	0.236	0.272	0.300	0.322	0.340	0.355	0.369	0.380
	C_1	1.344	1.513	1.625	1.669	1.735	1.762	1.785	1.850	1.868	1.884
	C_2	3.740	3.815	3.607	3.565	3.428	3.398	3.374	3.243	3.227	3.214
25	C_0	0.063	0.157	0.207	0.240	0.266	0.287	0.304	0.319	0.332	0.343
	C_1	1.368	1.509	1.610	1.640	1.700	1.717	1.731	1.796	1.807	1.816
	C_2	4.311	4.242	3.950	3.877	3.703	3.659	3.625	3.468	3.445	3.427
30	C_0	0.055	0.139	0.184	0.216	0.240	0.260	0.276	0.291	0.303	0.314
	C_1	1.395	1.516	1.608	1.627	1.683	1.692	1.699	1.765	1.769	1.773
	C_2	4.858	4.659	4.288	4.187	3.977	3.921	3.879	3.694	3.666	3.643
40	C_0	0.044	0.114	0.153	0.181	0.203	0.221	0.236	0.249	0.261	0.271
	C_1	1.455	1.545	1.627	1.626	1.676	1.671	1.664	1.733	1.727	1.721
	C_2	5.912	5.477	4.957	4.804	4.528	4.447	4.386	4.151	4.111	4.078
50	C_0	0.036	0.097	0.132	0.157	0.177	0.193	0.207	0.219	0.230	0.240
	C_1	1.517	1.584	1.659	1.640	1.687	1.699	1.650	1.723	1.707	1.691
	C_2	6.939	6.287	5.624	5.423	5.080	4.974	4.896	4.610	4.557	4.514
60	C_0	0.031	0.085	0.116	0.139	0.157	0.172	0.185	0.196	0.207	0.216
	C_1	1.581	1.627	1.698	1.662	1.706	1.675	1.645	1.722	1.697	1.672
	C_2	7.956	7.908	6.292	6.043	5.634	5.504	5.406	5.071	5.004	4.948
70	C_0	0.028	0.076	0.104	0.125	0.141	0.156	0.168	0.178	0.188	0.196
	C_1	1.645	1.673	1.740	1.688	1.728	1.686	1.646	1.726	1.692	1.660
	C_2	8.968	7.908	6.964	6.667	6.191	6.035	5.917	5.532	5.450	5.382
80	C_0	0.025	0.068	0.094	0.113	0.129	0.142	0.153	0.163	0.172	0.182
	C_1	1.708	1.720	1.783	1.716	1.754	1.700	1.650	1.734	1.692	1.652
	C_2	9.981	8.724	7.640	7.293	6.751	6.569	6.428	5.994	5.896	5.814
90	C_0	0.022	0.062	0.086	0.104	0.118	0.131	0.141	0.150	0.159	0.167
	C_1	1.772	1.768	1.827	1.745	1.780	1.716	1.657	1.744	1.694	1.648
	C_2	10.997	9.544	8.319	7.924	7.314	7.103	6.939	6.457	6.342	6.244
100	C_0	0.021	0.057	0.079	0.096	0.110	0.121	0.131	0.140	0.148	0.155
	C_1	1.835	1.815	1.872	1.775	1.808	1.733	1.665	1.755	1.698	1.646
	C_2	12.016	10.370	9.004	8.557	7.879	7.639	7.450	6.919	6.787	6.673

注:①L_c,B_c 为群桩基础承台长度与宽度;l 为桩长;d 为桩径。s_a 为桩与桩之间的中心距。

②对于 L_c/B_c 和 l/d 的比值不在表列的,ψ_e 的各参数需用内插值法求出。

计算矩形桩基中点沉降时,桩基沉降量可按下式简化计算:

$$s = \psi\psi_e s' = 4\psi\psi_e p_0 \sum_{i=1}^{n} \frac{z_i\bar{\alpha}_i - z_{i-1}\bar{\alpha}_{i-1}}{E_{si}} \tag{8.46}$$

式中 p_0——在荷载效应准永久组合下承台底的平均附加压力;

$\bar{\alpha}_i, \bar{\alpha}_{(i-1)}$——平均附加应力系数,根据矩形长宽比 a/b 及深宽比 $z_i/b = 2z_i/B_c$,$z_{(i-1)}/b = 2z_{(i-1)}/B_c$,查表4.7取值。

地基沉降计算深度 z_n 应按应力比法确定,即计算深度处的附加应力 σ_z 与土的自重应力应 σ_c 符合下列公式要求:

$$\sigma_z = \sum_{j=1}^{m} \alpha_j p_{0j} \leq 0.2\sigma_c \tag{8.47}$$

式中 α_j——附加应力系数,可根据角点法划分的矩形长宽比及深宽比查表3.2取值。

当布桩不规则时,等效距径比可按下列公式近似计算:

圆形桩
$$\frac{s_a}{d} = \frac{\sqrt{A}}{\sqrt{n}\ d} \tag{8.48}$$

方形桩
$$\frac{s_a}{d} = \frac{0.886\sqrt{A}}{\sqrt{n}\ b} \tag{8.49}$$

式中 A——桩基承台总面积;

b——方形桩截面边长。

8.4.3 单桩、单排桩、疏桩基础的沉降计算

工程中采用单柱单桩、双桩、单排桩、桩距大于 $6d$ 的疏桩基础较多,其沉降不能采用实体基础的等效作用分层总和法计算。《桩基规范》建议采用 Mindlin 应力公式求解地基中单根桩所产生的附加应力值,用逐根叠加的方法计算基桩引起的竖向附加应力。

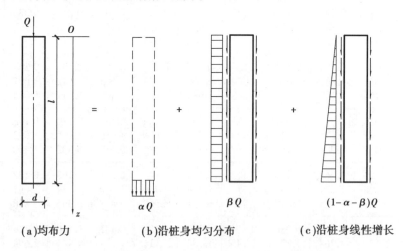

图 8.12 单桩侧阻力、端阻力分布及荷载分担

(1)考虑桩径影响的 Mindlin 解计算基桩引起的附加应力 如图 8.12 所示,设 Q 为单桩在竖向荷载的准永久组合作用下的附加荷载,它由桩端阻力 Q_p 和桩侧阻力 Q_s 共同承担,且 $Q_p = \alpha Q$,α 是桩端阻力比,桩端阻力假定为均布力。桩侧阻力 Q_s 可假定为沿桩身均匀分布和沿桩身线性增长分布两种形式组成,其值分别为 βQ 和 $(1-\alpha-\beta)Q$,则有:

$$\sigma_z = \sigma_{zp} + \sigma_{zsr} + \sigma_{zst} \tag{8.50}$$

式中　σ_{zp}——端阻力在应力计算点引起的附加应力，$\sigma_{zp}=\alpha QI_p/l^2$；

　　　σ_{zsr}——均匀分布侧阻力在应力计算点引起的附加应力，$\sigma_{zsr}=\beta QI_{sr}/l^2$；

　　　σ_{zst}——三角形分布侧阻力在应力计算点引起的附加应力，$\sigma_{zst}=(1-\alpha-\beta)QI_{st}/l^2$；

　　　α——桩端阻力比；

　　　β——均匀分布侧阻力比；

　　　l——桩长；

　　　I_p,I_{sr},I_{st}——考虑桩径影响的明德林解应力影响系数。

$$I_p = \frac{l^2}{\pi \cdot r^2} \cdot \frac{1}{4(1-\mu)} \left\{ 2(1-\mu) - \frac{(1-2\mu)(z-l)}{\sqrt{r^2+(z-l)^2}} - \frac{(1-2\mu)(z-l)}{z+l} + \right.$$
$$\frac{(1-2\mu)(z-l)}{\sqrt{r^2+(z+l)^2}} - \frac{(z-l)^3}{[r^2+(z-l)^2]^{\frac{3}{2}}} + \frac{(3-4\mu)z}{z+l} - \frac{(3-4\mu)z(z+l)^2}{[r^2+(z+l)^2]^{\frac{3}{2}}} -$$
$$\left. \frac{l(5z-l)}{(z+l)^2} + \frac{l(z+l)(5z-l)}{[r^2+(z+l)^2]^{\frac{3}{2}}} + \frac{6lz}{(z+l)^2} - \frac{6zl(z+l)^3}{[r^2+(z+l)^2]^{\frac{5}{2}}} \right\}$$

$$I_{sr} = \frac{l}{2\pi r} \cdot \frac{1}{4(1-\mu)} \left\{ \frac{2(2-\mu)r}{\sqrt{r^2+(z-l)^2}} - \frac{2(2-\mu)r^2+2(1-2\mu)z(z+l)}{r\sqrt{r^2+(z+l)^2}} + \right.$$
$$\frac{2(1-2\mu)z^2}{r\sqrt{r^2+z^2}} - \frac{4z^2[r^2-(1+\mu)z^2]}{r(r^2+z^2)^{\frac{3}{2}}} - \frac{4(1+\mu)z(z+l)^3-4z^2r^2-r^4}{r[r^2+(z+l)^2]^{\frac{3}{2}}} -$$
$$\left. \frac{r^3}{[r^2+(z-l)^2]^{\frac{3}{2}}} - \frac{6z^2[z^4-r^4]}{r(r^2+z^2)^{\frac{5}{2}}} - \frac{6z[zr^4-(z+l)^5]}{r[r^2+(z+l)^2]^{\frac{5}{2}}} \right\}$$

$$I_{st} = \frac{l}{\pi r} \cdot \frac{1}{4(1-\mu)} \left\{ \frac{2(2-\mu)r}{\sqrt{r^2+(z-l)^2}} + \frac{2(1-2\mu)z^2(z+l)-2(2-\mu)(4z+l)r^2}{lr\sqrt{r^2+(z+l)^2}} + \right.$$
$$\frac{8(2-\mu)zr^2-2(1-2\mu)z^3}{lr\sqrt{r^2+z^2}} + \frac{12z^7+6zr^4(r^2-z^2)}{lr(r^2+z^2)^{\frac{5}{2}}} +$$
$$\frac{15zr^4+2(5+2\mu)z^2(z+l)^3-4\mu zr^4-4z^3r^2-r^2(z+l)^3}{lr[r^2+(z+l)^2]^{\frac{3}{2}}} -$$
$$\frac{6zr^4(r^2-z^2)+12z^2(z+l)^5}{lr[r^2+(z+l)^2]^{\frac{5}{2}}} + \frac{6z^3r^2-2(5+2\mu)z^5-2(7-\mu)zr^4}{lr[r^2+z^2]^{\frac{3}{2}}} -$$
$$\left. \frac{zr^3+(z-l)^3r}{l[r^2+(z-l)^2]^{\frac{3}{2}}} + 2(2-\mu)\frac{r}{l}\ln\frac{(\sqrt{r^2+(z-l)^2}+z-l)(\sqrt{r^2+(z+l)^2}+z+l)}{[\sqrt{r^2+z^2}+z]^2} \right\}$$

式中　r——桩身半径；

　　　μ——地基土泊松比；

　　　z——计算应力点到桩顶的竖向距离。

对于一般摩擦型桩，可假定桩侧摩阻力全部是沿桩身线性增长的，即 $\beta=0$。

（2）承台底地基土不分担荷载的桩基沉降计算　桩端平面以下地基中由基桩引起的附加应力，按考虑桩径影响的 Mindlin 解计算确定。将沉降计算点水平面影响范围内各基桩对应力计算点产生的附加应力叠加，采用单向压缩分层总和法计算土层沉降，并计入桩身压缩 s_e。桩基的最终沉降量可按下列公式计算：

$$s = \psi \sum_{i=1}^{n} \frac{\sigma_{zi}}{E_{si}}\Delta z_i + s_e \tag{8.51}$$

$$\sigma_{zi} = \sum_{j=1}^{m} \frac{Q_j}{l_j^2} [\alpha_j I_{p,ij} + (1 - \alpha_j) I_{s,ij}] \qquad (8.52)$$

$$s_e = \xi_e \frac{Q_j I_j}{E_c A_{ps}} \qquad (8.53)$$

式中 m——以沉降计算点为圆心,0.6 倍桩长为半径的水平面影响范围内的基桩数;

n——沉降计算深度范围内结合土层计算分层数,分层厚度不应超过计算深度 0.3 倍;

σ_{zi}——水平面影响范围内各基桩对应力计算点桩端平面以下第 i 层土 1/2 厚度处产生的附加竖向应力之和,应力计算点应取与沉降计算点最近的桩中心点;

Δz_i——第 i 计算土层厚度;

E_{si}——第 i 计算土层的压缩模量,采用土的自重压力至土的自重压力加附加压力作用时的压缩模量;

Q_j——第 j 桩在荷载效应准永久组合作用下(复合桩基应扣除承台底土分担荷载)桩顶的附加荷载,当地下室埋深超过 5 m 时,取荷载效应准永久组合作用下的总荷载为考虑回弹再压缩的等代附加荷载;

l_j——第 j 桩桩长;

A_{ps}——桩身截面面积;

α_j——第 j 桩总桩端阻力与桩顶荷载之比,取极限总端阻力与单桩极限承载力之比;

$I_{p,ij}, I_{s,ij}$——分别为第 j 桩的桩端阻力和桩侧阻力对计算轴线第 i 计算土层 1/2 厚度处的应力影响系数,可按式(8.50)确定;

E_c——桩身混凝土的弹性模量;

s_e——计算桩身压缩量,以 CCTV 电视台单桩试验实测值为例,$l/d = 28 \sim 43$ 时,$s_e/s = 59\% \sim 88\%$;

ξ_e——桩身压缩系数,端承型桩,取 $\xi_e = 1.0$;摩擦型桩,当 $l/d \leqslant 30$ 时,$\xi_e = 2/3$,当 $l/d \geqslant 50$ 时,取 $\xi_e = 1/2$,介于两者之间可线性插值;

ψ——沉降计算经验系数,无当地经验时,可取 1.0。

(3)承台底地基土分担荷载的复合桩基沉降计算 将承台底土压力对地基中某点产生的附加应力按 Boussinesq 解(见 3.4.1 节)计算,与基桩产生的附加应力叠加,其最终沉降量可按下列公式计算:

$$s = \psi \sum_{i=1}^{n} \frac{\sigma_{zi} + \sigma_{zci}}{E_{si}} \Delta z_i + s_e \qquad (8.54)$$

$$\sigma_{zci} = \sum_{k=1}^{u} \alpha_{ki} p_{c,k} \qquad (8.55)$$

式中 σ_{zci}——承台压力对应力计算点桩端平面以下第 i 计算土层 1/2 厚度处产生的应力,可将承台板划分为 u 个矩形块,可按角点法计算;

$p_{c,k}$——第 k 块承台底均布压力,可按 $p_{c,k} = \eta_{c,k} f_{ak}$ 取值,其中,$\eta_{c,k}$ 为第 k 块承台底板的承台效应系数,按表 8.3 确定,f_{ak} 为承台底地基承载力特征值;

α_{ki}——第 k 块承台底角点处,桩端平面以下第 i 计算土层 1/2 厚度处的附加应力系数,可查表 4.7 取值。

最终沉降计算深度 z_n 可按应力比法确定,即 z_n 处由桩引起的附加应力 σ_z、由承台土压力引起的附加应力 σ_{zc} 与土的自重应力 σ_c 应符合下式要求:

$$\sigma_z + \sigma_{zc} = 0.2\sigma_c \qquad (8.56)$$

Frank(1985 年)根据单桩实践经验,统计出单桩沉降量 s 与桩径 d 的经验关系。打入桩:$s = (0.8\% \sim 1.2\%)d$;钻孔桩:$s = (0.3\% \sim 1.0\%)d$。

根据静载试验 Q-s 曲线,大直径桩(桩径 $\geqslant 800$ mm)沉降计算的实用表达式为:

$$s = \frac{4Q}{\pi D^2}\left[\frac{1}{E_p}\left(\frac{D}{d}\right)^2 + \frac{D}{C}\right] - \frac{q_s}{C} \tag{8.57}$$

式中　D,d,l——分别为桩端直径、桩身直径和桩长,m;

　　　E_p——桩的弹性模量,MPa;

　　　C,q_s——经验统计参数,可按表 8.22 取值。

表 8.22　大直径桩沉降计算参数 C 和 q_s

土层	土的密实状态							
	稍密		中密		密实		很密	
	C/MPa	q_s/(kN·m^{-1})	C/MPa	q_s/(kN·m^{-1})	C/MPa	q_s/(kN·m^{-1})	C/MPa	q_s/(kN·m^{-1})
卵石	43	760	82	880	420	1 480	(600)	(2 550)
圆砾	39	640	77	750	340	850	490	1 860
砾砂	34	480	72	680	180	830	(260)	(1 700)
粗砂	(30)	(450)	68	620	(170)	(760)	(200)	(1 530)
中砂	(20)	(350)	40	600	(100)	(680)	(120)	(1 270)

注:表中括号内数值为估计值。

8.4.4　软土地基减沉复合疏桩基础的沉降计算

软土地区,对于地基承载力基本满足要求的多层建筑,可设置少量摩擦型桩,以减少沉降,荷载由桩、土共同分担,称为减沉复合疏桩基础。

(1)承台面积和桩数确定　承台面积和桩数分别为:

$$A_c = \xi\frac{F_k + G_k}{f_{ak}} \tag{8.58}$$

$$n \geqslant \frac{F_k + G_k - \eta_c f_{ak} A}{R_a} \tag{8.59}$$

式中　A_c——桩基承台总净面积;

　　　f_{ak}——承台底地基承载力特征值;

　　　ξ——承台面积控制系数,$\xi \geqslant 0.60$;

　　　n——基桩数;

　　　η_c——承台效应系数,查表 8.3 确定。

(2)沉降计算建模　减沉复合疏桩基础的沉降计算时,以计算承台底地基土压缩变形代替计算桩端以下土的变形,回避桩的刺入变形计算。同时,考虑桩-土相互影响,采用 Boussinesq 应力按分层总和法计算沉降,如图 8.13 所示。

减沉复合疏桩基础中心点沉降可按下式计算:

$$s = \psi(s_s + s_{sp}) \tag{8.60}$$

$$s_s = 4p_0\sum_{i=1}^{m}\frac{z_i\bar{\alpha}_i - z_{(i-1)}\bar{\alpha}_{(i-1)}}{E_{si}} \tag{8.61}$$

$$s_{sp} = 280\frac{\bar{q}_{su}}{\bar{E}_s}\cdot\frac{d}{\left(\dfrac{s_a}{d}\right)^2} \tag{8.62}$$

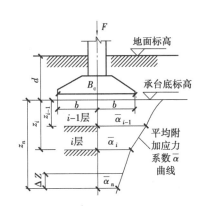

图 8.13　复合疏桩基础沉降计算示意图

$$p_o = \eta_p \frac{F - nR_a}{A_c}$$ (8.63)

式中 s_{sp}——由桩土相互作用产生的沉降；

s, s_s——分别为桩基中心点沉降量、由承台底地基土附加压力作用下产生的中点沉降；

p_0——按荷载效应准永久值组合计算的假想天然地基平均附加压力；

E_{si}——承台底以下第 i 层土的压缩模量，取自重压力至自重压力与附加压力段模量值；

m——地基沉降计算深度范围土层数，沉降计算深度按 $\sigma_z = 0.1\sigma_c$ 确定，见式(8.47)；

$\bar{q}_{su}, \bar{E}_s$——桩身范围内按厚度加权的平均桩侧极限摩阻力、平均压缩模量；

d——桩身直径，当为方形桩时，$d = 1.27b$ (b 为方形桩截面边长)；

s_a/d——等效距径比，按式(8.48)、式(8.49)计算；

z_i, z_{i-1}——承台底至第 i 层、第 $i-1$ 层土底面的距离；

$\bar{\alpha}_i, \bar{\alpha}_{i-1}$——承台底以下第 i 层，第 $i-1$ 层土的平均附加压力系数；根据 $a/b, z/b = 2z/B_c$，查表4.7 确定；

F——荷载效应准永久值组合下，作用于承台底的总附加荷载；

η_p——基桩刺入变形影响系数，按桩端持力层土质确定，砂土为1.0，粉土为1.15，黏性土为1.30；

ψ——沉降计算经验系数，无当地经验时，可取1.0。

减沉复合疏桩基础桩距较大，根据试验结果分析，沉降主要集中在桩间土。当工作荷载 $Q = P_u/2$ 时，对于大桩距($s_a \geq 6d$)，桩间土的压缩变形占90%~100%，桩端平面以下土的压缩变形仅占0~10%；对于小桩距($s_a = 3d$)，桩间土压缩变形占10%~30%，桩端平面以下土的压缩变形仅占70%~90%。

8.5　桩基水平承载力计算

8.5.1　水平荷载下桩的失效与变形

桩在横向荷载(垂直于桩轴线的横向力和弯矩)作用下，桩身产生横向位移或挠曲，并与桩侧土协调变形。随着横向荷载的加大，桩的水平位移与土的变形增大，会发生土体明显开裂、隆起；当桩基水平位移超过容许值时，桩身会产生裂缝以至断裂或拔出，桩基失效或破坏。桩的水平承载力比竖向承载力低得多，影响桩基水平承载力因素主要有桩身截面刚度、入土深度、桩侧土质条件、桩顶位移允许值、桩顶嵌固情况等。

桩在水平荷载作用下的变形(位)特征，由于桩与地基的相对刚度及桩的长径比不同，可分为以下3种类型。

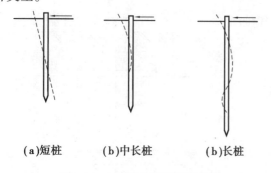

(a)短桩　　(b)中长桩　　(b)长桩

图8.14　桩在水平荷载下的变形

①刚性桩(短桩)。地基软弱，桩身较短($\alpha h \leq 2.5$，α 为桩变形系数)，桩抗弯刚度大大超过地基刚度，桩身如同刚体一样绕桩端附近某点转动或倾斜偏移，土体屈服挤出隆起，如图8.14(a)所示。

②半刚性桩(中长桩)。桩身较长($2.5 < \alpha h \leq 4.0$)，地基较密实，桩的抗弯刚度相对地基刚度较弱，桩身上部发生弯曲变形，下部则完全嵌固在地基土中，桩身位移曲线只出现一个位移零点，如图8.14(b)所示。

③柔性桩(长桩)。地基较松软，桩身长度大或刚度小($\alpha h > 4.0$)，桩身位移曲线上出现两个及其以上位移零点和弯矩零点，即桩身向原直立轴线两侧产生弹性挠曲变形，位移和弯矩随桩深衰减很快，可视为

无限长梁,如图8.14(c)所示。

桩的水平承载力特征值,一般采用现场静载试验和理论计算分析两类方法确定。理论计算一般采用弹性地基梁的"m法"。

8.5.2 单桩水平静载试验

1)适用范围

根据《建筑桩基检测技术规范》规定:单桩水平静载试验适用于在桩顶自由的试验条件下,检测单桩的水平承载力,推定地基土水平抗力系数的比例系数。当埋设有桩身应变测量传感器时,可测定桩身横截面的弯曲应变,计算桩身弯矩以及确定钢筋混凝土桩受拉区混凝土开裂时对应的水平荷载。为设计提供依据的试验桩,宜加载至桩顶出现较大水平位移或桩身结构破坏;对工程桩抽样检测,可按设计要求的水平位移允许值控制加载。

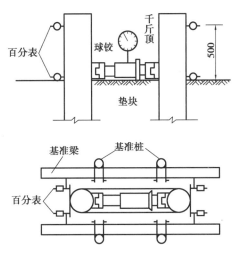

图8.15 水平受荷桩示意图

2)试验装置

如图8.15所示,水平推力加载装置宜采用卧式千斤顶,加载能力不得小于最大试验加载量的1.2倍。水平推力的反力可由相邻桩提供;当专门设置反力结构时,其承载能力和刚度应大于试验桩1.2倍。桩的水平位移宜用大量程的位移传感器或百分表量测,测量误差不得大于0.1% FS,分度值/分辨率应优于或等于0.01 mm。直径或边宽>500 mm的桩,应在两个方向对称安装4个位移测试仪表;直径或边宽≤500 mm的桩,可对称安装2个位移测试仪表;当测量桩顶转角时,尚应在水平力作用线以上500 mm的受检桩两侧对称安装2个位移计。固定百分表的基准桩与试桩净距不小于1倍试桩直径。

水平力作用点宜与实际工程的桩基承台底面标高一致;千斤顶和试验桩接触处应安置球形铰支座,千斤顶作用力应力水平通过桩身轴线;当千斤顶与试桩接触面的混凝土不密实或不平整时,应对其进行补强或补平处理。

测量桩身应变时,各测试断面的测量传感器应沿受力方向对称布置在远离中性轴的受拉和受压主筋上;埋设传感器的纵剖面与受力方向之间的夹角不得大于10°。在地面下10倍桩径(桩宽)的主要受力部分应加密测试断面,断面间距不宜超过1倍桩径;超过此深度,测试断面间距可适当加大。

3)现场试验方法

对承受水平荷载(风力、波浪冲击力、汽车制动力、地震力等)反复作用的桩基,宜采用单向多循环加卸载法加荷;对于个别受长期水平荷载作用的桩基(或测量桩身应力及应变的试桩)也可采用慢速维持加载法进行试验(试验方法见单桩竖向抗压静载试验)。

单向多循环加载法的分级荷载应小于预估水平极限承载力或最大试验荷载的1/10;每级荷载施加后,恒载4 min后可测读水平位移,然后卸载至零,停2 min测读残余水平位移,至此完成一个加卸载循环。如此循环5次,完成一级荷载的位移观测。试验不得中间停顿。

当出现下列情况之一时,可终止加载:桩身折断,水平位移超过30~40 mm(软土取40 mm),水平位移达到设计要求的水平位移允许值。

4)检测数据分析与判定

（1）检测数据整理

①采用单向多循环加载法时应绘制水平力-时间-作用点位移（H-t-x_0）关系曲线和水平力-位移梯度（H-$\Delta x_0/\Delta H$）关系曲线，如图8.16（a）、（b）所示。

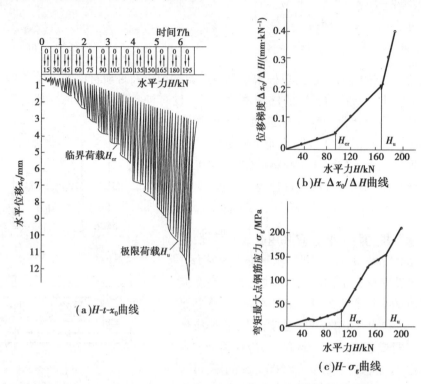

图8.16 单桩水平静载荷试验成果分析曲线

②采用慢速维持荷载法时应绘制水平力-力作用点位移（H-x_0）关系曲线、水平力-位移梯度（H-$\Delta x_0/\Delta H$）关系曲线、力作用点位移-时间对数（x_0-$\lg t$）关系曲线和水平力-力作用点位移双对数（$\lg H$-$\lg x_0$）关系曲线。

③绘制水平力、水平力作用点水平位移-地基土水平抗力系数的比例系数的关系曲线（H-m，x_0-m）。

④当测量桩身应力时，尚应绘制应力沿桩身分布图及水平荷载-最大弯矩截面钢筋应力（H-σ_g）曲线，如图8.16（c）所示。

（2）单桩的水平临界荷载的确定 单桩的水平临界荷载 H_{cr} 可按下列方法综合确定：

①取单向多循环加载法时的 H-t-x_0 曲线，或慢速维持荷载法时的 H-x_0 曲线出现拐点的前一级水平荷载值。

②取 H-$\Delta x_0/\Delta H$ 曲线或 $\lg H$-$\lg x_0$ 曲线上第一拐点对应的水平荷载值。

③取 H-σ_g 曲线第一拐点对应的水平荷载值。

（3）单桩的水平极限承载力的确定 单桩的水平极限承载力 H_u 可根据下列方法综合确定：

①取单向多循环加载法时的 H-t-x_0 曲线，或慢速维持荷载法时的 H-x_0 曲线产生明显陡降的起始点对应的水平荷载值。

②取慢速维持荷载法时的 x_0-$\lg t$ 曲线尾部出现明显弯曲的前一级水平荷载值。

③取 H-$\Delta x_0/\Delta H$ 曲线或 $\lg H$-$\lg x_0$ 曲线上第二拐点对应的水平荷载值。

④取桩身折断或受拉钢筋屈服时的前一级水平荷载值。

（4）单位工程同一条件下的单桩水平承载力特征值的确定 确定该特征时应符合下列规定：

①可按单桩水平极限承载力统计值的一半取值，并与水平临界荷载相比较取小值。

②当按设计要求的水平允许位移控制且水平极限承载力不能确定时,取设计要求的水平允许位移所对应的水平荷载,并与水平临界荷载相比较取小值。

8.5.3　桩基水平承载力的理论计算

1)土的弹性抗力及其分布形式

桩基础在水平力和弯矩作用下,用理论方法计算桩的变位和内力时,通常采用按文克勒假定的弹性地基上的竖直梁计算法。桩的侧向地基反力(或称土水平抗力)σ_{zx}与该点的水平位移x_z成正比例,即:

$$\sigma_{zx} = k_x x_z \tag{8.64}$$

式中,k_x为地基水平抗力系数(亦称基床系数,或地基系数),单位为 kN/m^3 或 MN/m^3。它的大小与地基土的类别、物理力学性质、桩入土深度等有关,一般通过对试桩在不同类别土质及不同深度进行实测 x_z 及 σ_{zx} 后反算得到。

目前,国内外较常采用的地基水平抗力系数计算方法有常数法、k 法、m 法和 c 法 4 种,如图 8.17 所示。其中,m 法在欧美等国广泛应用,我国铁路、桥梁、建筑等行业陆续采用 m 法计算土的弹性抗力。m 法假定 k_x 随深度成正比地增加,即 $k_x = mz$。

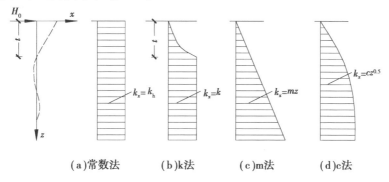

|(a)常数法|(b)k法|(c)m法|(d)c法|

图 8.17　地基水平抗力系数分布图

m 法中桩侧土水平抗力系数的比例系数 m 值,宜通过单桩水平静载试验确定,当无静载试验资料时,可按表 8.23 选取。按单桩水平静载试验结果计算式为:

$$m = \frac{\left(\dfrac{H_{cr}}{x_{cr}}\nu_x\right)^{\frac{5}{3}}}{b_0(EI)^{\frac{2}{3}}} \tag{8.65}$$

式中　EI——桩身抗弯刚度,对于钢筋混凝土桩,$EI = 0.85E_c I_0$;其中 E_c 为混凝土的弹性模量,I_0 为桩身换算截面惯性矩,圆形截面 $I_0 = W_0 d_0/2$,方形截面 $I = W_0 b_1/2$,其中 d_0,b_1 分别为扣除保护层厚度的桩直径和桩截面宽度。

W_0——桩身换算截面受拉边缘的截面模量,圆形截面为 $W_0 = \dfrac{\pi d[d^2 + 2(\alpha_E - 1)\rho_g d_0^2]}{32}$,方形截面 W_0
$= \dfrac{b[b^2 + 2(\alpha_E - 1)\rho_g b_1^2]}{6}$,其中 d 为桩直径,b 为方形截面边长,α_E 为钢筋弹性模量与混凝土弹性模量的比值。

b_0——桩身计算宽度(考虑桩外一定范围内土体受到挤压的影响),圆形桩:当 $d \leq 1$ m 时,$b_0 = 0.9$ $(1.5d + 0.5)$,当 $d > 1$ m 时,$b_0 = 0.9(d + 1)$;方形桩:当 $b \leq 1$ m 时,$b_0 = 1.5b + 0.5$,当 $b > 1$ m 时,$b_0 = b + 1$。

H_{cr},x_{cr}——单桩水平临界荷载(kN);临界荷载对应的位移,m。

ν_x——桩顶位移系数,查表 8.24 确定。

当基桩侧面有多层土组成时,应求出主要影响深度 $h_m = 2(d+1)$(d 为桩直径或边长)范围内的 m 值作为计算值,一般最多取到三层土,计算式为:

$$m = \frac{m_1 h_1^2 + m_2 (2h_1 + h_2) h_2 + m_3 (2h_1 + 2h_2 + h_3) h_3}{(h_1 + h_2 + h_3)^2} \tag{8.66}$$

式中 h_1, h_2, h_3——分别为各层土的厚度,m,当 h_m 内只有两层土时,$h_3 = 0$;

m_1, m_2, m_3——与各层土对应的水平抗力系数的比例系数值,MN/m^4。

表 8.23 地基土水平抗力系数的比例系数 m

序号	地基土类别	预制桩、钢桩		灌注桩	
		m /(MN·m^{-4})	相应单桩在地面处水平位移/mm	m /(MN·m^{-4})	相应单桩在地面处水平位移/mm
1	淤泥,淤泥质土,饱和湿陷性黄土	2~4.5	10	2.5~6	6~12
2	流塑($I_L>1$)、软塑($0.75<I_L\leq1$)状黏性土,$e>0.9$ 粉土,松散粉细砂,松散填土	4.5~6.0	10	6~14	4~8
3	可塑($0.75<I_L\leq1$)状黏性土,$e=0.75\sim0.9$ 粉土,湿陷性黄土,稍密、中密填土,稍密细砂	6.0~10	10	14~35	3~6
4	硬塑($0<I_L\leq0.25$)、坚硬($I_L\leq0$)状黏性土,湿陷性黄土,$e<0.75$ 粉土,中密中粗砂,密实老填土	10~22	10	35~100	2~5
5	中密、密实的砾砂,碎石类土	—		100~300	1.5~3

注:①当桩顶水平位移大于表列数值或灌注桩配筋率较高(≥0.65%)时,m 值应适当降低;当预制桩的水平向位移小于 10 mm 时,m 值应适当提高。

②当水平荷载为长期或经常出现的荷载时,应将表列数值乘以 0.4 降低采用。

③当地基为可液化土层时,应将表中数值乘以土层液化折减系数 ϕ_l(见表 8.14)。

表 8.24 桩顶(身)最大弯矩系数 ν_m 和桩顶水平位移系数 ν_x

桩的换算埋深(αh)		≥4.0	3.5	3.0	2.8	2.6	2.4
铰接、自由	ν_m(身)	0.768	0.750	0.703	0.675	0.639	0.601
	ν_x(顶)	2.441	2.502	2.727	2.905	3.163	3.526
固接	ν_m(身)	0.926	0.934	0.967	0.990	1.018	1.045
	ν_x(顶)	0.940	0.970	1.028	1.055	1.079	1.095

注:铰接(自由)的 ν_m 系指桩身的最大弯距系数,固接的 ν_m 指桩顶的最大弯距系数。

2)单桩的挠曲微分方程

单桩桩顶在水平力 H_0、弯矩 M_0 和地基对桩侧的水平抗力 σ_{zx} 作用下产生挠曲变形,取图 8.17 所示的坐标系统,根据材料力学中梁的挠曲微分方程得到:

$$\frac{\mathrm{d}^4 x}{\mathrm{d} z^4} + \frac{mb_0}{EI} zx = 0 \quad \text{或} \quad \frac{\mathrm{d}^4 x}{\mathrm{d} z^4} + \alpha^5 zx = 0 \tag{8.67}$$

式中 z,x——分别为桩的深度及桩深 z 处的水平位移;

α——桩的变形系数,m^{-1},$\alpha = \sqrt[5]{\dfrac{mb_0}{EI}}$。

按弹性地基梁挠度 x 与转角 φ、弯矩 M 和剪力 V 的微分关系,利用幂级数积分后可得到微分方程式 (8.67) 的解答,从而求出桩身各截面的内力 M,V 和位移 x,φ 以及土的水平抗力 σ_x。单桩 x,M,V 和 σ_x 分布,如图 8.18 所示。

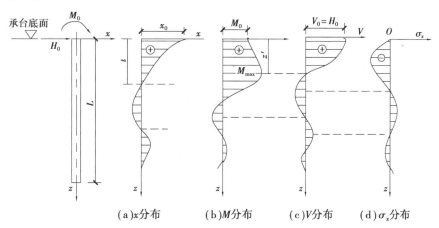

(a)x分布 (b)M分布 (c)V分布 (d)σ_x分布

图 8.18 单桩内力与变位曲线

3)群桩基础 m 法的有关计算参数

对于群桩基础,需计算承台侧面地基土水平抗力系数 C_n,桩底面地基土竖向抗力系数 C_0 和承台底地基土竖向抗力系数 C_b,桩身轴向压力传布系数 ξ_N 等。

$$C_n = mh_n,\ C_0 = m_0 h,\ C_b = M_0 h_n \eta_c \tag{8.68}$$

式中 m——承台埋深范围内地基土水平抗力系数的比例系数,$\mathrm{MN/m^4}$;

h_n——承台埋深,m,当 $h_n < 1\ \mathrm{m}$ 时,按 1 m 计算;

m_0——桩底面地基土竖向抗力系数的比例系数,$\mathrm{MN/m^4}$,可取 $m_0 = m$;

η_c——承台效应系数,按表 8.3 取值;

h——桩的入土深度,m,当 $h < 10\ \mathrm{m}$ 时,按 10 m 计算。

桩身轴向压力传布系数 $\xi_N = 0.5 \sim 1.0$,摩擦桩取小值,端承桩取大值。

岩石地基土竖向抗力系数 C_R,不随岩层埋深而增长,其 C_R 值仅与岩石单轴极限抗压强度标准值 f_{rk} 有关。当 $f_{rc} = 1\ 000\ \mathrm{kPa}$ 时,$C_R = 300\ \mathrm{MN/m^3}$;当 $f_{rk} \geq 25\ 000\ \mathrm{kPa}$ 时,$C_R = 15\ 000\ \mathrm{MN/m^3}$;$f_{rk}$ 为中间值时,采用插入法求 C_R 值。

当确定地震作用下桩基计算参数和图示时,应注意以下问题:

①当承台底面以上为液化层时,不考虑承台侧面土体的弹性抗力和承台底土的竖向弹性抗力与摩擦力,此时,令 $C_n = C_b = 0$,即应按高承台公式计算。

②当承台底面以上为非液化层时,而承台底面与承台底面下土体可能发生脱离时(承台底面以下有自重固结、自重湿陷、震陷、液化土层时),不考虑承台底地基土的竖向弹性抗力和摩擦力,只考虑承台侧面土体的弹性抗力,宜按高承台进行计算。但计算承台单位变位引起的桩顶、承台、地下墙体的反力时,应考虑承台和地下墙体侧面土体弹性抗力影响,按表 8.27 步骤 4 公式计算,并令 $C_b = 0$。

③当桩顶以下 $2(d+1)\ \mathrm{m}$ 深度内有液化夹层时,其水平抗力系数的比例系数综合计算值 m,系将液化层的 m 值按表 8.14 折减后,代入式 (8.66) 中计算确定。

对于群桩基础,承台底与地基土间的摩擦系数 μ 取值规定见表 8.25。

表 8.25　承台底与地基土间的摩擦系数 μ

土的类别		摩擦系数 μ
黏性土	可塑	0.25~0.30
	硬塑	0.30~0.35
	坚硬	0.35~0.45
粉土	密实、中密(稍湿)	0.30~0.40
中砂、粗砂、砾砂		0.40~0.50
碎石土、软岩、软质岩		0.40~0.60
表面粗糙的较硬岩、坚硬岩		0.65~0.75

4)桩基 m 法计算公式

①单桩基础或与外力(主要指水平力和弯矩)作用平面相垂直的单排桩基础。

②位于(或平行于)外力作用平面的单排(或多排)桩低承台群桩基础。

③位于(或平行于)外力作用平面的单排(或多排)桩高承台群桩基础。

结合行业技术规范标准,上述 3 种情况桩基 m 法计算图示如图 8.19 所示,桩顶荷载取其作用效应标准组合值,计算内容各见表 8.26、表 8.27、表 8.28。表 8.26 中 δ_{HH},δ_{MH},δ_{HM},δ_{MM} 物理意义如图 8.20 所示;表 8.27 中 ρ_{NN},ρ_{HH},ρ_{HM},ρ_{MM} 物理意义如图 8.21 所示。

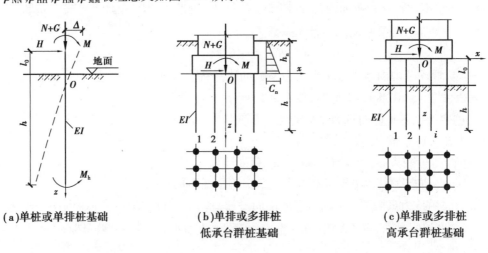

(a)单桩或单排桩基础　　(b)单排或多排桩低承台群桩基础　　(c)单排或多排桩高承台群桩基础

图 8.19　各类桩基的 m 法计算图示

表 8.26　单桩或单排桩基础计算内容

	计算步骤	计算内容	备注
1	确定基本参数	m, EI, α	①n 为桩数 ②低承承台桩,令 $l_0=0$
2	求地面处桩身内力　弯矩(FL) 水平力(F)	$M_0 = \dfrac{M}{n} + \dfrac{H}{n} l_0;\ H_0 = \dfrac{H}{n}$	①桩底支承于非岩石类土中,且当 $h > \dfrac{2.5}{\alpha}$,可令 $K_h=0$ ②桩底支承于基岩面上,且当 $h > \dfrac{3.5}{\alpha}$,可令 $K_h=0$ ③K_h 值见标注 3 ④$A_1 \sim D_4, A_f, B_f, C_f$ 等系数根据 $\bar{h}=\alpha h$ 查表 8.29
3	求单位力作用于桩身地面处,桩身在该处处产生的变位　　$H_0=1$ 作用时　水平位移($F^{-1}L$)	$\delta_{HH} = \dfrac{1}{\alpha^3 EI} \dfrac{(B_3 D_4 - B_4 D_3) + K_h(B_2 D_4 - B_4 D_2)}{(A_3 B_4 - A_4 B_3) + K_h(A_2 B_4 - A_4 B_2)}$	
	转角(F^{-1})	$\delta_{MH} = \dfrac{1}{\alpha^2 EI} \dfrac{(A_3 D_4 - A_4 D_3) + K_h(A_2 D_4 - A_4 D_2)}{(A_3 B_4 - A_4 B_3) + K_h(A_2 B_4 - A_4 B_2)}$	
	$M_0=1$ 作用时　水平位移(F^{-1})	$\delta_{HM} = \delta_{MH}$	
	转角($F^{-1}L^{-1}$)	$\delta_{MM} = \dfrac{1}{\alpha EI} \dfrac{(A_2 C_4 - A_4 C_3) + K_h(A_2 C_4 - A_4 C_2)}{(A_3 B_4 - A_4 B_3) + K_h(A_2 B_4 - A_4 B_2)}$	
4	求地面处桩身变位　水平位移(L) 转角(弧度)	$x_0 = H_0 \delta_{HH} + M_0 \delta_{HM}$ $\varphi_0 = -(H_0 \delta_{MH} + M_0 \delta_{MM})$	
5	求地面以下任一深度桩身内力　弯矩(FL) 水平力(F)	$M_z = \alpha^2 EI \left(x_0 A_3 + \dfrac{\varphi_0}{\alpha} B_3 + \dfrac{M_0}{\alpha^2 EI} C_3 + \dfrac{H_0}{\alpha^3 EI} D_3 \right)$ $H_z = \alpha^3 EI \left(x_0 A_4 + \dfrac{\varphi_0}{\alpha} B_4 + \dfrac{M_0}{\alpha^2 EI} C_4 + \dfrac{H_0}{\alpha^3 EI} D_4 \right)$	

续表

	计算步骤	计算内容	备注
6	求桩顶水平位移 (L)	$\Delta = x_0 - \varphi_0 l_0 + \Delta_0$　其中　$\Delta_0 = \dfrac{Hl_0^3}{3nEI} + \dfrac{ml_0^2}{2nEI}$	
7	求桩身最大弯矩及其位置 最大弯矩位置 (L)	由 $\dfrac{\alpha M_0}{H_0} = C_I$ 查表 8.31 相应的 $\alpha \cdot z$，则 $z_{M_{max}} = \dfrac{\alpha \cdot z}{\alpha}$	C_I, D_{II} 查表 8.30
	最大弯矩 (FL)	$M_{max} = H_0/D_{II}$	

注：①地面以下任一深度桩身的水平位移、转角、侧土抗力方程为：$x_z = x_0 A_1 + \dfrac{\varphi_0}{\alpha} B_1 + \dfrac{M_0}{\alpha^2 EI} C_1 + \dfrac{H_0}{\alpha^3 EI} D_1$；$\varphi_z = \alpha x_0 A_2 + \varphi_0 B_2 + \dfrac{M_0}{\alpha EI} C_2 + \dfrac{H_0}{\alpha^2 EI} D_2$；$\sigma_{zx} = mz x_z = mz$

$\left(x_0 A_1 + \dfrac{\varphi_0}{\alpha} B_1 + \dfrac{M_0}{\alpha^2 EI} C_1 + \dfrac{H_0}{\alpha^3 EI} D_1 \right)$。

②当桩底嵌固于基岩中：$\delta_{HH} = \dfrac{1}{\alpha^3 EI} \dfrac{B_2 D_1 - B_1 D_2}{A_2 B_1 - A_1 B_2}$；$\delta_{MH} = \dfrac{1}{\alpha^2 EI} \dfrac{A_2 D_1 - A_1 D_2}{A_2 B_1 - A_1 B_2}$；$\delta_{MM} = \dfrac{1}{\alpha EI} \dfrac{A_2 C_1 - A_1 C_2}{A_2 B_1 - A_1 B_2}$；$\delta_{HM} = \delta_{MH}$。

③系数 K_h 计算式：$K_h = \dfrac{C_0 I_0}{\alpha EI}$；式中 C_0 见式(8.68)；I_0 为桩底截面惯性矩，非扩底桩 $I_0 = I$。

④表中量纲：F 为力；L 为长度。

表 8.27　单排或多排低承台桩基础计算内容

计算步骤			计算内容	备注
1	确定基本参数		$m, m_0, EI, \alpha, \zeta, \zeta_N, C_0, C_b, \mu$	
2 求单位力作用于桩顶时，桩顶产生的变位	$H=1$ 作用时	水平位移 ($F^{-1}L$)	δ_{HH}	公式同表 8.26 步骤 3
		转角 (F^{-1})	δ_{MH}	
	$M=1$ 作用时	水平位移 (F^{-1})	$\delta_{HM} = \delta_{MH}$	
		转角 ($F^{-1}L^{-1}$)	δ_{MM}	
3 求桩顶发生单位变位时，在桩顶引起的内力	发生单位竖向位移时	轴向力 (FL^{-1})	$\rho_{NN} = \left(\dfrac{\zeta_N h}{EA} + \dfrac{1}{C_0 A_0}\right)^{-1}$	①ζ_N, C_0 见式 (8.68) 规定；②E, A 为桩身弹性模量和横截面面积；③A_0 见附注 1
	发生单位水平位移时	水平力 (FL^{-1})	$\rho_{HH} = \delta_{MM}/(\delta_{HH}\delta_{MM} - \delta_{MH}^2)$	
		弯矩 (F)	$\rho_{MH} = \delta_{MH}/(\delta_{HH}\delta_{MM} - \delta_{MH}^2)$	
	发生单位转角时	水平力 (F)	$\rho_{HM} = \rho_{MH}$	
		弯矩 (FL)	$\rho_{MM} = \delta_{HH}/(\delta_{HH}\delta_{MM} - \delta_{MH}^2)$	
4 求承台发生单位变位时，所有桩顶、承台和桩侧墙引起的反力之和	发生单位竖向位移时	竖向反力 (FL^{-1})	$\gamma_{vv} = n\rho_{NN} + C_b A_b$	①$B_0 = B+1$，B 为垂直于力作用面方向的承台宽；②A_b, I_b, F^c 和 I^c 详见附注②、注③；③n 为基桩数；④x_i 为坐标原点至各桩的距离；⑤K_i 为第 i 排桩的根数
		水平反力 (FL^{-1})	$\gamma_{wv} = \mu C_b A_b$	
	发生单位水平位移时	水平反力 (FL^{-1})	$\gamma_{ww} = n\rho_{HH} + B_0 F^c$	
		反弯矩 (F)	$\gamma_{\varphi w} = -n\rho_{MH} + B_0 S^c$	
	发生单位转角时	水平反力 (F)	$\gamma_{w\varphi} = \gamma_{\varphi w}$	
		反弯矩 (FL)	$\gamma_{\varphi\varphi} = n\rho_{MM} + \rho_{NN}\sum K_i x_i^2 + B_0 I^c + C_b I_b$	

续表

	计算步骤		计算内容	备注
5	求承台变位	竖向位移(L)	$v=(N+G)/\gamma_{vv}$	
		水平位移(L)	$w=\dfrac{\gamma_{\varphi\varphi}H-\gamma_{w\varphi}M}{\gamma_{ww}\gamma_{\varphi\varphi}-\gamma_{w\varphi}^2}+\dfrac{(N+G)\gamma_{wv}\gamma_{\varphi\varphi}}{\gamma_{vv}(\gamma_{ww}\gamma_{\varphi\varphi}-\gamma_{w\varphi}^2)}$	x_i 在原点以右取正,以左取负
		转角(弧度)	$\varphi=\dfrac{\gamma_{ww}M-\gamma_{w\varphi}H}{\gamma_{ww}\gamma_{\varphi\varphi}-\gamma_{w\varphi}^2}+\dfrac{(N+G)\gamma_{wv}\gamma_{w\varphi}}{\gamma_{vv}(\gamma_{ww}\gamma_{\varphi\varphi}-\gamma_{w\varphi}^2)}$	
6	求任一基桩桩顶内力	轴向力(F)	$N_{0i}=(v+\varphi x_i)\rho_{NN}$	
		水平力(F)	$H_0=w\rho_{HH}-\varphi\rho_{HM}$	
		弯矩(FL)	$M_0=\varphi\rho_{MM}-w\rho_{MH}$	
7	求任一深度桩身弯矩(FL)		$M_z=\alpha^2 EI\left(wA_3+\dfrac{\varphi}{\alpha}B_3+\dfrac{M_0}{\alpha^2 EI}C_3+\dfrac{H_0}{\alpha^3 EI}D_3\right)$	A_3,B_3,C_3,D_3 查表 8.29
8	求桩身最大弯矩(FL)及其位置(L)		$z_{M_{max}}$ 和 M_{max}	同表 8.26 步骤 7
9	求承台和侧墙的弹性抗力	水平抗力(F)	$H_E=wB_0F^c+\varphi B_0S^c$	9,10,11 项为非必要计算内容
		反弯矩(FL)	$M_E=wB_0S^c+\varphi B_0I^c$	
10	求承台底地基土的弹性抗力和摩阻力	竖向抗力(F)	$N_b=vC_bA_b$	
		水平抗力(F)	$H_b=\mu N_b$	
		反弯矩(FL)	$M_b=\varphi C_bI_b$	
11	校核水平力的计算结果		$\sum H_i+H_E+H_b=H$	

注：①A_0 为单桩桩底压力分布面积。对于端承型桩，A_0 为单桩的底面积；对于摩擦型桩，取下列二公式计算值之较小者：$A_0=\pi(h\tan\varphi_m/4+d/2)^2$，$A_0=\pi s^2/4$。$h$ 为桩入深度，φ_m 为桩周各层内摩擦角加权平均值，s 为桩中心距，d 为桩的计算直径。

②F^c,S^c,I^c 分别为承台底面以上侧向土水平抗力系数分布图形的面积、面积矩、惯性矩。$F^c=C_nh_n/2,S^c=C_nh_n^2/6,I^c=C_nh_n^3/12,C_n$ 为承台侧面地基土水平抗力系数，h_n 为承台埋深。

③A_b,I_b 分别为承台底与地基土的接触面积、惯性矩。$A_b=F-nA；I_b=I_F-\sum AK_Ex_i^2；F$ 为承台底面积，nA 为各基桩桩顶横截面积和。

表 8.28　单排或多排高承台桩基础计算内容

计算步骤			计算内容	备注
1	确定基本参数		$m, M_0, EI, \alpha, \zeta_N, C_0$	
2	求单位力作用于桩身地面处，桩身在该处产生的变位		$\delta_{HH}, \delta_{MH}, \delta_{HM}, \delta_{MM}$	公式同表 8.26 步骤 3
3	$H_1=1$ 作用时	水平位移 $(F^{-1}L)$	$\delta'_{HH}=l_0^3/(3EI)+\delta_{MM}l_0^2+2\delta_{MH}l_0+\delta_{HH}$	
		转角 (F^{-1})	$\delta'_{MH}=l_0^2/(2EI)+\delta_{MM}l_0+\delta_{MH}$	
	$M_1=1$ 作用时	水平位移 (F^{-1})	$\delta'_{HM}=\delta'_{MH}$	
		转角 $(F^{-1}L^{-1})$	$\delta'_{MM}=l_0/(EI)+\delta_{MM}$	
4	发生单位竖向位移时	轴向力 (FL^{-1})	$\rho_{NN}=\left(\dfrac{l_0+\zeta_N h}{EA}+\dfrac{1}{C_0A_0}\right)^{-1}$	
	发生单位水平位移时	水平反力 (FL^{-1})	$\rho_{HH}=\delta'_{MM}/(\delta'_{HH}\delta'_{MM}-\delta'^2_{MH})$	
		弯矩 (F)	$\rho_{MH}=\delta'_{MH}/(\delta'_{HH}\delta'_{MM}-\delta'^2_{MH})$	
	发生单位转角时	水平力 (F)	$\rho_{HM}=\rho_{MH}$	
		弯矩 (FL)	$\rho_{MM}=\delta'_{HH}/(\delta'_{HH}\delta'_{MM}-\delta'^2_{MH})$	
5	发生单位竖向位移时	竖向反力 (FL^{-1})	$\gamma_{vv}=n\rho_{NN}$	①n 为基桩数；②x_i 为坐标原点至各桩距离；③K_i 为第 i 排桩根数
	发生单位水平位移时	水平反力 (FL^{-1})	$\gamma_{ww}=n\rho_{HH}$	
		反弯矩 (F)	$\gamma_{\varphi w}=-n\rho_{MH}$	
	发生单位转角时	水平力 (F)	$\gamma_{w\varphi}=\gamma_{\varphi w}$	
		反弯矩 (FL)	$\gamma_{\varphi\varphi}=n\rho_{MM}+\rho_{NN}\sum K_i x_i^2$	

说明（计算步骤栏目文字）：
- 第3步：求单位力作用于桩顶时，桩顶产生的变位
- 第4步：求桩顶发生单位变位时，桩顶的内力
- 第5步：求承台发生单位变位时，所有桩顶引起的反力之和

续表

	计算步骤		计算内容	备注
6	求承台的变位	竖向位移(L)	$v=(N+G)/\gamma_{vv}$	
		水平位移(L)	$w=(\gamma_{\varphi\varphi}H-\gamma_{v\varphi}M)/(\gamma_{ww}\gamma_{\varphi\varphi}-\gamma_{v\varphi}^2)$	
		转角(弧度)	$\varphi=(\gamma_{ww}M-\gamma_{v\varphi}H)/(\gamma_{ww}\gamma_{\varphi\varphi}-\gamma_{v\varphi}^2)$	
7	求任一基桩桩顶的内力	竖向力(F)	$N_i=(v+\beta x_i)\rho_{NN}$	x_i 在原点以右取正,以左取负
		水平力(F)	$H_i=w\rho_{HH}-\varphi\rho_{HM}$	
		弯矩(FL)	$M_i=\varphi\rho_{MM}-w\rho_{MH}$	
8	求地面处桩身截面上的内力	水平力(F)	$H_0=H_i$	
		弯矩(FL)	$M_0=M_i+H_i l_0$	
9	求地面处桩身变位	水平位移(L)	$x_0=H_0\delta_{HH}+M_0\delta_{HM}$	
		转角(弧度)	$\varphi_0=-(H_0\delta_{MH}+M_0\delta_{MM})$	
10	求地面下任一深度桩身截面内力	弯矩(FL)	$M_z=\alpha^2 EI\left(x_0 A_3+\dfrac{\varphi_0}{\alpha}B_3+\dfrac{M_0}{\alpha^2 EI}C_3+\dfrac{H_0}{\alpha^3 EI}D_3\right)$	A_3,D_4 查表 8.29
		水平力(F)	$H_z=\alpha^2 EI\left(x_0 A_4+\dfrac{\varphi_0}{\alpha}B_4+\dfrac{M_0}{\alpha^2 EI}C_4+\dfrac{H_0}{\alpha^3 EI}D_4\right)$	
11	求桩的最大弯矩(FL)及其位置(L)		$z_{M_{max}}$ 和 M_{max}	计算同表 8.26 步骤 7

表 8.29　m 法计算影响函数值表

$h=\alpha z$	A_1	B_1	C_1	D_1	A_2	B_2	C_2	D_2	A_3	B_3	C_3	D_3	A_4	B_4	C_4	D_4
0	1.000 0	0.000 0	0.000 0	0.000 0	0.000 0	1.000 0	0.000 0	0.000 0	0.000 0	1.000 0	1.000 0	0.000 0	0.000 0	0.000 0	1.000 0	1.000 0
0.1	1.000 0	0.100 0	0.005 0	0.000 2	0.000 0	1.000 0	0.100 0	0.005 0	-0.000 2	-0.000 0	1.000 0	0.100 0	-0.005 0	-0.000 3	-0.000 0	1.000 0
0.2	1.000 0	0.200 0	0.020 0	0.001 3	-0.000 1	1.000 0	0.200 0	0.020 0	-0.001 3	-0.000 1	0.999 9	0.200 0	-0.020 0	-0.002 7	-0.000 2	0.999 9
0.3	0.999 9	0.300 0	0.045 0	0.004 5	-0.000 3	0.999 9	0.300 0	0.045 0	-0.004 5	-0.000 7	0.999 9	0.300 0	-0.045 0	-0.009 0	-0.001 0	0.999 9
0.4	0.999 9	0.399 9	0.080 0	0.010 7	-0.001 1	0.999 8	0.399 9	0.080 0	-0.010 7	-0.002 1	0.999 7	0.399 9	-0.080 0	-0.021 3	-0.003 2	0.999 7
0.5	0.999 7	0.499 9	0.125 0	0.020 8	-0.002 6	0.999 5	0.499 9	0.124 9	-0.020 8	-0.005 2	0.999 2	0.499 9	-0.125 0	-0.041 7	-0.007 8	0.999 0
0.6	0.999 4	0.599 9	0.180 0	0.036 0	-0.005 4	0.998 7	0.599 8	0.179 9	-0.036 0	-0.010 8	0.998 1	0.599 7	-0.180 0	-0.072 0	-0.016 2	0.997 4
0.7	0.998 6	0.699 7	0.245 0	0.057 2	-0.010 0	0.997 2	0.699 5	0.244 9	-0.057 2	-0.020 0	0.995 8	0.699 4	-0.244 9	-0.114 3	-0.030 0	0.994 4
0.8	0.997 3	0.799 3	0.320 0	0.085 3	-0.017 1	0.994 5	0.798 9	0.319 8	-0.085 3	-0.034 1	0.991 8	0.798 5	-0.319 8	-0.170 6	-0.051 2	0.989 1
0.9	0.995 1	0.899 0	0.404 7	0.121 5	-0.027 3	0.990 2	0.897 8	0.404 6	-0.121 4	-0.054 7	0.985 2	0.897 1	-0.404 4	-0.242 8	-0.082 0	0.980 3
1.0	0.991 7	0.997 9	0.499 4	0.166 6	-0.041 7	0.983 3	0.995 8	0.499 2	-0.166 5	-0.083 3	0.975 0	0.994 5	-0.498 8	-0.333 0	-0.124 5	0.966 7
1.1	0.986 6	1.095 1	0.603 8	0.221 6	-0.061 0	0.973 2	1.092 6	0.603 5	-0.221 5	-0.121 9	0.959 8	1.090 2	-0.602 7	-0.442 9	-0.182 9	0.946 3
1.2	0.979 3	1.191 7	0.717 9	0.287 6	-0.086 3	0.958 6	1.187 6	0.717 2	-0.287 4	-0.172 6	0.937 8	1.183 4	-0.715 7	-0.574 5	-0.258 9	0.917 1
1.3	0.969 1	1.286 6	0.841 3	0.365 4	-0.118 8	0.382 0	1.279 9	0.840 0	-0.365 0	-0.237 6	0.907 3	1.273 2	-0.837 6	-0.729 5	-0.356 3	0.876 4
1.4	0.955 2	1.379 1	0.973 7	0.455 9	-0.159 7	0.910 5	1.368 7	0.971 6	-0.455 2	-0.319 3	0.865 8	1.385 2	-0.967 5	-0.909 5	-0.478 8	0.821 0
1.5	0.936 8	1.468 4	1.114 8	0.560 0	-0.210 3	0.873 7	1.452 6	1.111 5	-0.558 7	-0.420 4	0.810 5	1.436 8	-1.104 7	-1.116 1	-0.630 3	0.747 5
1.6	0.912 8	1.553 5	1.264 0	0.678 4	-0.271 9	0.825 7	1.530 2	1.258 7	-0.676 3	-0.543 5	0.738 6	1.507 0	-1.248 1	-1.350 4	-0.814 7	1.651 6
1.7	0.882 0	1.633 1	1.420 6	0.811 9	-0.346 0	0.764 1	1.599 6	1.412 5	-0.808 5	-0.691 4	0.646 4	1.566 2	-1.396 2	-1.613 2	-1.036 2	2.528 7
1.8	0.843 1	1.705 8	1.583 6	0.961 1	-0.434 1	0.686 5	1.658 7	1.571 5	-0.955 6	-0.867 2	0.530 0	1.611 6	-1.547 3	-1.905 1	-1.299 1	4.373 7
2.0	0.735 0	1.822 9	1.924 0	1.308 0	-0.658 2	0.470 6	1.734 6	1.898 7	-1.295 4	-1.313 6	0.206 7	1.646 3	-1.848 2	-2.578 0	-1.966 2	-0.056 5
2.2	0.574 9	1.887 1	2.272 2	1.720 4	-0.956 2	0.151 3	1.731 1	2.222 9	-1.693 3	-1.905 7	-0.270 9	1.575 4	-2.124 8	-3.359 5	-2.848 6	-0.691 6
2.4	0.346 9	1.874 5	2.608 8	2.195 4	-1.338 9	-0.302 7	1.612 9	2.518 7	-2.141 2	-2.663 3	-0.948 9	1.352 0	-2.339 0	-4.228 1	-3.973 2	-1.591 5
2.6	0.033 2	1.745 7	2.906 7	2.723 7	-1.814 8	-0.926 0	1.334 9	2.749 7	-2.621 3	-3.599 9	-1.877 3	0.916 8	-2.437 0	-5.140 2	-5.355 4	-2.821 1
2.8	-0.385 2	1.490 4	3.128 4	3.287 7	-2.387 6	-0.754 8	0.841 8	2.866 5	-3.103 4	-4.717 5	-3.107 9	0.197 3	-2.345 6	-6.023 0	-6.990 1	-4.444 9
3.0	-0.928 1	1.036 8	3.224 7	3.858 4	-3.053 2	-2.824 1	0.068 4	2.804 1	-3.540 6	-5.999 8	-4.687 9	-0.891	-1.969 3	-6.764 6	-8.840 3	-6.519 7
3.5	-2.928	-1.272	2.463 0	4.979 8	-4.980 6	-6.708 1	-3.587	1.270 2	-3.919 2	-9.543 7	-10.340	-5.854	1.074	-6.789 0	-13.692	-13.826
4.0	-5.853	-5.950	-0.927	4.547 8	-6.533 2	-121.16	-10.61	-3.767	-1.614 3	-11.731	-17.919	-15.076	9.243 7	-0.357 6	-15.611	-23.140

续表

换算深度 $h=\alpha z$	$B_3D_4-B_4D_3$	$A_3B_4-A_4B_3$	$B_3D_4-B_4D_2$	$A_2B_4-A_4B_2$	$A_3D_4-A_4D_3$	$A_2D_4-A_4D_2$	$A_3C_4-A_4C_3$	$A_2C_4-A_4C_2$	A_f	B_f	C_f	A_k	B_k	D_k
0	0.000 00	0.000 00	1.000 00	0.000 00	0.000 00	0.000 00	0.000 00	0.000 00	∞	∞	∞	0.000 00	0.000 00	0.000 00
0.1	0.000 02	0.000 00	1.000 00	0.005 00	0.000 33	0.000 03	0.005 00	0.000 50	3 770.49	54 098.40	81 967.20	0.000 33	0.005 00	0.100 00
0.2	0.000 40	0.000 00	1.000 04	0.020 00	0.002 67	0.000 33	0.020 00	0.004 00	424.771	2 807.280	21 028.60	0.002 69	0.020 00	0.200 00
0.3	0.002 03	0.000 00	1.000 29	0.045 00	0.009 00	0.001 69	0.045 00	0.013 50	196.135	869.565	4 347.970	0.009 00	0.045 00	0.300 00
0.4	0.006 40	0.000 06	1.001 20	0.079 99	0.021 33	0.005 33	0.080 01	0.032 00	111.936	372.930	1 399.070	0.021 33	0.079 99	0.399 96
0.5	0.015 63	0.000 22	1.003 65	0.125 04	0.041 67	0.013 02	0.125 05	0.062 51	72.102	192.214	576.825	0.041 65	0.124 95	0.499 88
0.6	0.032 40	0.000 65	1.009 17	0.180 13	0.072 03	0.027 01	0.180 20	0.108 04	50.012	111.179	278.134	0.071 92	0.178 93	0.599 62
0.7	0.060 06	0.001 63	1.019 62	0.245 35	0.114 43	0.050 04	0.245 59	0.171 61	36.740	70.001	150.236	0.114 06	0.244 48	0.699 02
0.8	0.102 48	0.003 65	1.038 24	0.320 91	0.170 94	0.035 39	0.321 50	0.256 32	28.108	46.884	88.179	0.169 85	0.318 67	0.797 83
0.9	0.164 26	0.007 38	1.068 93	0.407 09	0.243 74	0.136 85	0.408 42	0.365 33	22.245	33.009	55.312	0.240 92	0.401 99	0.895 62
1.0	0.250 62	0.013 90	1.116 79	0.504 36	0.335 07	0.208 73	0.507 14	0.501 94	18.028	24.102	36.480	0.328 55	0.493 74	0.991 79
1.1	0.367 47	0.024 64	1.188 23	0.613 51	0.447 39	0.306 00	0.618 93	0.669 65	14.915	18.160	25.122	0.433 51	0.592 94	1.085 60
1.2	0.521 58	0.041 56	1.291 11	0.735 65	0.583 46	0.434 12	0.745 62	0.872 32	12.550	14.039	17.941	0.555 89	0.698 11	1.176 05
1.3	0.720 57	0.067 24	1.434 98	0.872 44	0.746 50	0.599 10	0.889 91	1.114 29	10.716	11.102	13.235	0.694 88	0.807 37	1.261 99
1.4	0.973 17	0.105 04	1.631 25	1.026 12	0.940 32	0.808 87	1.055 50	1.400 59	9.265	8.952	10.049	0.848 55	0.918 31	1.342 13
1.5	1.289 38	0.159 16	1.893 49	1.199 81	1.169 60	1.070 61	1.247 52	1.737 20	8.101	7.349	7.838	1.013 82	1.028 16	1.415 16
1.6	1.680 91	0.234 97	2.237 76	1.397 71	1.440 15	1.393 79	1.472 77	2.131 35	7.154	6.129	6.268	1.186 32	1.133 80	1.479 90
1.7	2.161 45	0.339 04	2.682 96	1.625 22	1.759 34	1.789 18	1.740 19	2.592 00	6.375	5.189	5.133	1.360 88	1.232 19	1.535 40
1.8	2.747 34	0.479 51	3.251 43	1.889 46	2.136 53	2.269 33	2.061 47	3.130 39	5.730	4.456	4.300	1.531 79	1.320 58	1.581 15
2.0	4.318 31	0.911 58	4.868 24	2.566 64	3.115 83	3.546 38	2.929 05	4.499 99	4.737	3.418	3.213	1.840 91	1.439 79	1.644 05
2.2	6.610 44	1.639 62	7.363 56	3.533 66	4.518 46	5.384 69	4.248 06	6.401 96	4.032	2.756	2.591	2.080 41	1.545 49	1.674 90
2.4	9.955 10	2.823 66	11.363 56	4.952 88	6.570 04	8.022 19	6.288 00	9.092 20	3.526	2.327	2.227	2.239 74	1.585 66	1.685 20
2.6	14.868 00	4.701 18	16.746 60	7.071 78	9.628 90	11.820 60	9.462 94	12.971 90	3.161	2.048	2.013	2.329 65	1.596 17	1.686 65
2.8	22.157 10	7.626 58	25.065 10	10.264 20	14.257 10	17.336 20	14.403 20	18.663 60	2.905	1.869	1.889	2.371 19	1.592 62	1.687 17
3.0	33.087 90	12.135 30	37.380 70	15.092 20	21.328 50	25.427 50	22.068 00	27.125 70	2.727	1.758	1.818	2.385 47	1.586 06	1.690 51
3.5	92.209 00	36.858 00	101.369 0	41.018 20	60.476 00	67.498 820	64.769 60	72.048 50	2.502	1.641	1.757	2.388 91	1.584 35	1.711 00
4.0	266.061 0	109.012 0	279.996 0	114.722 0	176.706 0	185.996 00	190.834 00	200.047 0	2.441	1.625	1.751	2.400 74	1.599 79	1.732 18

注：$A_f=\dfrac{B_3D_4-B_4D_3}{A_3B_4-A_4B_3}$，$B_f=\dfrac{A_3D_4-A_4D_3}{A_3B_4-A_4B_3}$，$C_f=\dfrac{A_3C_4-A_4C_3}{A_3B_4-A_4B_3}$；$A_k=\dfrac{B_2D_1-B_1D_2}{A_2B_1-A_1B_2}$，$B_k=\dfrac{A_2D_1-A_1D_2}{A_2B_1-A_1B_2}$，$C_k=\dfrac{A_2C_1-A_1C_2}{A_2B_1-A_1B_2}$。

表 8.30 桩身最大弯矩截面系数 C_I、最大弯矩系数 D_{II}

换算深度 $h=\alpha z$	C_I						D_{II}					
	$\alpha h=4.0$	$\alpha h=3.5$	$\alpha h=3.0$	$\alpha h=2.8$	$\alpha h=2.6$	$\alpha h=2.4$	$\alpha h=2.4$	$\alpha h=2.6$	$\alpha h=2.8$	$\alpha h=3.0$	$\alpha h=3.5$	$\alpha h=4.0$
0.1	131.252	129.489	120.507	112.954	102.805	90.196	90.226	102.839	113.017	120.515	129.551	131.25
0.2	34.186	33.699	31.158	29.090	26.326	22.939	23.065	26.451	29.218	31.282	33.818	34.315
0.3	15.544	15.282	14.013	13.003	11.671	10.064	10.258	11.864	13.197	14.206	15.476	15.738
0.4	8.781	8.605	7.799	7.176	6.368	5.409	5.667	6.625	7.434	8.057	8.862	9.039
0.5	5.539	5.403	4.821	4.385	3.829	3.183	3.502	4.147	4.702	5.138	5.720	5.855
0.6	3.710	3.597	3.141	2.811	2.400	1.931	2.310	2.778	3.189	3.519	3.973	4.086
0.7	2.566	2.465	2.089	1.826	1.506	1.150	1.587	1.943	2.263	2.525	2.899	2.999
0.8	1.791	1.699	1.377	1.160	0.902	0.623	1.119	1.398	1.655	1.871	2.191	2.282
0.9	1.238	1.151	0.867	0.683	0.471	0.248	0.800	1.024	1.235	1.417	1.698	1.784
1.0	0.824	0.740	0.484	0.327	0.149	-0.032	0.577	0.758	0.934	1.091	1.342	1.425
1.1	0.503	0.420	0.187	0.049	-0.100	-0.247	0.416	0.564	0.713	0.848	1.077	1.157
1.2	0.246	0.163	-0.052	-0.172	-0.299	-0.418	0.299	0.420	0.546	0.664	0.873	0.952
1.3	0.034	-0.049	-0.249	-0.355	-0.465	-0.557	0.212	0.311	0.418	0.522	0.714	0.792
1.4	-0.145	-0.229	-0.416	-0.508	-0.597	-0.672	0.148	0.229	0.319	0.410	0.588	0.666
1.5	-0.299	-0.384	-0.559	-0.639	-0.712	-0.769	0.101	0.166	0.241	0.321	0.486	0.563
1.6	-0.434	-0.521	-0.634	-0.753	-0.812	-0.853	0.067	0.118	0.181	0.250	0.402	0.480
1.7	-0.555	-0.645	-0.796	-0.854	-0.898	-0.925	0.043	0.082	0.134	0.193	0.333	0.411
1.8	-0.665	-0.756	-0.896	-0.943	-0.975	-0.987	0.026	0.055	0.097	0.147	0.276	0.353
1.9	-0.768	-0.862	-0.988	-1.024	-1.043	-1.043	0.014	0.035	0.068	0.110	0.227	0.304
2.0	-0.865	-0.961	-1.073	-1.098	-1.105	-1.092	0.007	0.022	0.046	0.081	0.186	0.263
2.2	-1.048	-1.148	-1.225	-1.227	-1.210	-1.176	0.001	0.006	0.019	0.040	0.122	0.196
2.4	-1.230	-1.328	-1.360	-1.338	-1.299	0	0	0.001	0.005	0.016	0.075	0.145
2.6	-1.420	-1.507	-1.482	-1.434	0			0	0.001	0.005	0.043	0.106
2.8	-1.635	-1.692	-1.593	0					0	0.001	0.021	0.074
3.0	-1.893	-1.866	0							0	0.008	0.049
3.5	-2.994	0									0	0.010
4.0												0

注:α 为桩基水平变形系数;h 为桩身的入土深度;z 为桩身计算截面的深度;αh 为换算桩长,当 $\alpha h>4.0$ 时,按 $\alpha h=4.0$ 计算。

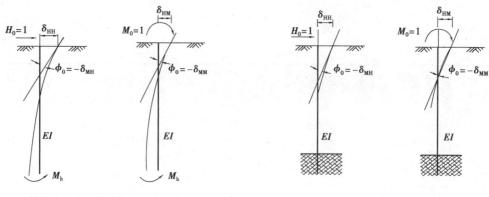

（a）桩底支承在非岩石类土中或基岩面　　　　　（b）桩底嵌固于基岩中

图 8.20　$\delta_{HH}, \delta_{MH}, \delta_{HM}, \delta_{MM}$ 的物理意义图示

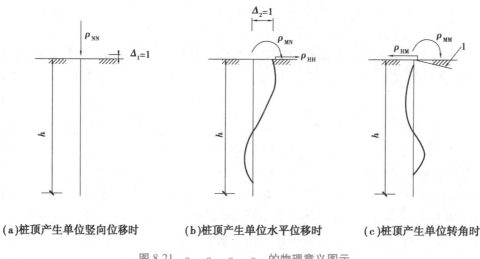

（a）桩顶产生单位竖向位移时　　（b）桩顶产生单位水平位移时　　（c）桩顶产生单位转角时

图 8.21　$\rho_{NN}, \rho_{HH}, \rho_{HM}, \rho_{MM}$ 的物理意义图示

8.5.4　桩基水平承载力特征值计算规定

1）单桩基础

受水平荷载的一般建筑物和水平荷载较小的高大建筑物单桩基础，以及群桩中的基桩应满足下式要求：

$$H_{ik} \leqslant R_h \tag{8.69}$$

式中　H_{ik}——在荷载效应标准组合下，作用于第 i 基桩桩顶处的水平力；

R_h——单桩基础或群桩中基桩的水平承载力特征值，对于单桩基础，可取单桩的水平承载力特征值 R_{ha}。

单桩的水平承载力特征值的确定应符合下列规定：

①受水平荷载较大的设计等级为甲级、乙级的建筑桩基，单桩水平承载力特征值应通过单桩水平静载试验确定，试验方法见 8.5.2 节。

②钢筋混凝土预制桩、钢桩、桩身正截面配筋率不小于 0.65% 的灌注桩，可根据静载试验结果，取地面处水平位移为 10 mm（对于水平位移敏感的建筑物取水平位移 6 mm）所对应的荷载的 75% 为单桩水平承载力特征值。

③桩身配筋率小于 0.65% 的灌注桩，可取单桩水平静载试验的临界荷载的 75% 为单桩水平承载力特

征值。

④当缺少单桩水平静载试验资料时,可按下列公式估算桩身配筋率小于0.65%的灌注桩的单桩水平承载力特征值R_{ha}。

$$R_{ha} = \frac{0.75\alpha\gamma_m f_t W_0}{\nu_m}(1.25 + 22\rho_g)\left(1 \pm \frac{\xi_N N_k}{\gamma_m f_t A_n}\right) \tag{8.70}$$

式中 R_{ha}——单桩水平承载力特征值,±号根据桩顶竖向力性质确定,压力取"+",拉力取"−";

γ_m——桩截面模量塑性系数,圆形截面$\gamma_m = 2$,矩形截面$\gamma_m = 1.75$;

f_t——桩身混凝土抗拉强度设计值,kPa;

ν_m——桩身最大弯矩系数,按表8.24取值,当单桩基础和单排桩基纵向轴线与水平力方向相垂直时,按桩顶铰接考虑;

ρ_g——桩身配筋率;

ξ_N——桩顶竖向力影响系数,竖向压力$\xi_N = 0.5$,竖向拉力$\xi_N = 1.0$;

A_n——桩身换算截面积,m^2,圆形截面$A_n = \dfrac{\left[1+(\alpha_E - 1)\rho_g\right]\pi d^2}{4}$,方形截面$A_n = \left[1+(\alpha_E - 1)\rho_g\right]b^2$;

N_k——在荷载效应标准组合下桩顶的竖向力,kN。

W_0,α,EI等其他各参数取值见式(8.65)、式(8.67)之规定。

⑤混凝土护壁的挖孔桩,计算单桩水平承载力时,其设计桩径取护壁内直径。

⑥当桩的水平承载力由水平位移控制,且缺少单桩水平静载试验资料时,可按下式估算预制桩、钢桩、桩身配筋率不小于0.65%的灌注桩单桩水平承载力特征值。

$$R_{ha} = \frac{0.75 x_{0a}\alpha^3 EI}{\nu_x} \tag{8.71}$$

式中 EI——桩身抗弯刚度,$kN \cdot m^2$,见式(8.65)的规定;

x_{0a}——桩顶容许水平位移,m;

ν_x——桩顶水平位移系数,按表8.24取值。

⑦验算永久荷载控制的桩基的水平承载力时,应将上述第②~⑤项方法确定的单桩水平承载力特征值乘以调整系数0.80;验算地震作用桩基的水平承载力时,宜将上述第②~⑤项方法确定的单桩水平承载力特征值乘以调整系数1.25。

2)群桩基础

群桩基础的复合基桩水平承载力特征值(不含水平力垂直与单排桩基纵向轴线和力矩较大的情况)应考虑由承台、桩群、土相互作用产生的群桩效应,可按下式确定:

$$R_h = \eta_h R_{ha} \tag{8.72}$$

考虑地震作用且$s_a/d \leqslant 6$时

$$\eta_h = \eta_i \eta_r + \eta_1 \tag{8.73}$$

$$\eta_i = \frac{\left(\dfrac{s_a}{d}\right)^{0.015n_2 + 0.45}}{0.15n_1 + 0.1n_2 + 1.9} \tag{8.74}$$

$$\eta_1 = \frac{m x_{0a} B_c' h_c^2}{2 n_1 n_2 R_{ha}} \tag{8.75}$$

其他情况时

$$\eta_h = \eta_i \eta_r + \eta_1 + \eta_b \tag{8.76}$$

$$\eta_b = \frac{\mu P_c}{n_1 n_2 R_{ha}} \tag{8.77}$$

式中 η_h, η_i——分别为群桩效应综合系数、桩的相互影响效应系数;

$\quad\quad\quad\eta_r$——桩顶约束效应系数(桩顶嵌入承台 50~100 mm 时),按表 8.31 取值;

$\quad\quad\quad\eta_1$——承台侧向土抗力效应系数(承台侧面回填土为松散状态时取 $\eta_1=0$);

$\quad\quad\quad\eta_b$——承台底摩阻效应系数;

$\quad\quad\quad s_a/d$——沿水平荷载方向的距径比;

$\quad\quad\quad n_1$, n_2——各为沿水平荷载方向和垂直于水平荷载方向每排桩中的桩数;

$\quad\quad\quad m$——承台侧面土水平抗力系数的比例系数,无试验资料时,查表 8.23;

$\quad\quad\quad x_{0a}$——桩顶(承台)的水平位移允许值,当以位移控制时,可取 $x_{0a}=10$ mm(对水平位移敏感的结

$\quad\quad\quad\quad\quad\quad$构物取 $x_{0a}=6$ mm),当以桩身强度控制(低配筋率灌注桩)时,$x_{0a}=\dfrac{R_{ha}\nu_x}{\alpha^3 EI}$;

$\quad\quad\quad B'_c$——承台受侧向土抗力边计算宽度,m,$B'_c=B_c+1$(B_c 为承台宽度);

$\quad\quad\quad h_c$——承台高度,m;

$\quad\quad\quad\mu$——承台底与基土间的摩擦系数,可按表 8.25 取值;

$\quad\quad\quad P_c$——承台底地基土分担的竖向总荷载标准值,$P_c=\eta_c f_{ak}(A-nA_{ps})$;

$\quad\quad\quad\eta_c$——承台效应系数,按表 8.3 确定;

$\quad\quad\quad A$, A_c——分别为承台总面积、桩身截面面积,m^2。

表 8.31 桩顶约束效应系数 η_r

换算深度 αh	2.4	2.6	2.8	3.0	3.5	≥4.0
位移控制	2.58	2.34	2.20	2.13	2.07	2.05
强度控制	1.44	1.57	1.71	1.82	2.00	2.07

注:h 为桩的入土深度;$\alpha=\sqrt[5]{\dfrac{mb_0}{EI}}$,见式(8.67)说明。

8.6 承台设计计算

8.6.1 承台受弯计算

承台受弯计算,主要是确定外力作用下(荷载效应基本组合值)引起的弯矩,按现行《混凝土结构设计规范》(GB 50010—2010)计算其正截面受弯承载力和配筋。

1)柱下独立桩基承台

①两桩条形承台和多桩矩形承台弯矩计算截面取在柱边和承台变阶处,如图 8.22(a)所示,可按下列公式计算:

$$M_x = \sum N_i y_i; \quad M_y = \sum N_i x_i \quad\quad\quad (8.78)$$

式中 M_x, M_y——分别为绕 X 轴和绕 Y 轴方向计算截面处的弯矩设计值;

$\quad\quad\quad x_i$, y_i——分别为垂直 Y 轴和 X 轴方向自桩轴线到相应计算截面距离;

$\quad\quad\quad N_i$——不计承台及其上土重,荷载效应基本组合下,第 i 基桩反力设计值。

②等边三桩承台弯矩设计值计算,如图 8.22(b)所示。

$$M = \frac{N_{max}}{3}\left(s_a - \frac{\sqrt{3}}{4}c\right) \quad\quad\quad (8.79)$$

式中 M——通过承台形心至各边边缘正交截面范围内板带的弯矩设计值;

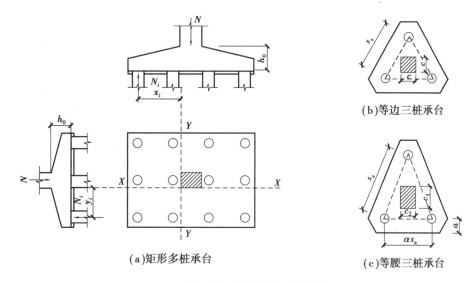

图 8.22 承台弯矩计算示意

N_{max}——不计承台及其上土重,在荷载效应基本组合下三桩中最大基桩或复合基桩竖向反力设计值;

s_a, c——分别为桩距、方桩边长,圆桩时 $c = 0.866d$ (d 为圆桩直径)。

③等腰三桩承台弯矩设计值计算,如图 8.22(c)所示。

$$M_1 = \frac{N_{max}}{3}\left(s_a - \frac{0.75}{\sqrt{4 - \alpha^2}}c_1\right), \quad M_2 = \frac{N_{max}}{3}\left(\alpha s_a - \frac{0.75}{\sqrt{4 - \alpha^2}}c_2\right) \tag{8.80}$$

式中 α——短向桩与长向桩中心距之比,当 $\alpha < 0.5$ 时,应按变截面的二桩承台设计;

M_1, M_2——分别为通过承台形心至两腰边缘和底边边缘正交截面的弯矩设计值;

c_1, c_2——分别为垂直、平行于承台底边的柱截面边长。

2)箱形、筏形承台

①箱形承台和筏形承台的弯矩宜考虑地基土层性质、基桩分布、承台和上部结构形式和刚度,按地基—桩—承台—上部结构共同作用原理分析计算。

②对于箱形承台,当桩端持力层为基岩、密实的碎石类土、砂土且深厚均匀时,或当上部结构为剪力墙,或当上部结构为框架—核心筒结构且按变刚度调平原则布桩时,箱形承台底板可仅考虑局部弯矩作用进行计算。

③对于筏形承台,当桩端持力层深厚坚硬、上部结构刚度较好,且柱荷载及柱间距的变化不超过 20% 时,或当上部结构为框架—核心筒结构且按变刚度调平原则布桩时,可仅考虑局部弯矩作用进行计算。

3)柱下条形承台梁

对于柱下条形承台梁,一般按弹性地基梁(地基计算模型应根据地基土层特性选取)进行分析计算。若桩端持力层深厚坚硬,且桩柱轴线不重合时,可视为不动铰支座,按连续梁计算。

4)墙下条形承台梁

此类承台梁可按倒置的弹性地基梁计算弯矩和剪力;对于承台上的砖墙,尚应验算桩顶部分砌体的局部承压强度。倒置的弹性地基梁计算时,应先求出作用于梁上的荷载,然后按普通连续梁计算其弯矩和剪力,其计算公式依据如图 8.23 所示的计算简图,按表 8.32 采用。

图 8.23 中的 p_0 为线荷载的最大值,按下式计算:

$$p_0 = \frac{qL_c}{a_0} \tag{8.81}$$

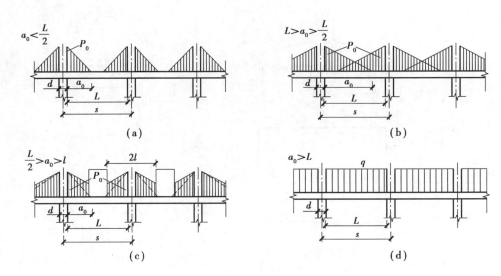

图 8.23　墙下条形桩基连续承台梁计算简图

式中　a_0——自桩边算起的三角形荷载图形的底边长度,中间跨 $a_0 = 3.14 \times \sqrt[3]{\dfrac{E_n I}{E_k b_k}}$,边跨 $a_0 = 2.4 \times \sqrt[3]{\dfrac{E_n I}{E_k b_k}}$;

　　　　L_c——计算跨度,$L_c = 1.05L$,L 为两相邻桩之间的净距;

　　　　q——承台梁底面以上的均布荷载,采用荷载效应的基本组合值;

　　　　E_n,E_k——分别为承台梁混凝土、墙体的弹性模量;

　　　　I,b_k——分别为承台梁横截面的惯性矩、墙体的宽度。

表 8.32　墙下条形桩基连续承台梁内力计算公式

内力	图 8.23 中的各图编号	内力计算公式
支座弯矩	(a)、(b)、(c)	$M = -p_0(2 - a_0/L_c)a_0^2/12$
	(d)	$M = -qL_c^2/12$
跨中弯矩	(a)、(c)	$M = p_0 a_0^3/(12L_c)$
	(b)	$M = \dfrac{p_0}{12}\left[L_c\left(6a_0 - 3L_c + 0.5\dfrac{L_c^2}{a_0} \right) - a_0^2\left(4 - \dfrac{a_0}{L_c} \right) \right]$
	(d)	$M = qL_c^2/24$
最大剪力	(a)、(b)、(c)	$Q = p_0 a_0/2$
	(d)	$Q = qL/2$

当门窗口下布有桩,且承台梁顶面至窗口的砌体高度小于门窗口的净宽时,则应按倒置的简支梁计算该段梁的弯矩,即取门窗净宽的 1.05 倍为计算跨度,取门窗口下桩顶荷载为集中荷载进行计算。

8.6.2　承台受冲切计算

承台冲切破坏主要有两种形式:一种是沿柱(墙)边和承台变阶处的冲切;另一种是角桩对承台的冲切。柱边冲切破坏锥体斜面与承台底面的夹角不应小于 45°,如图 8.24 所示。该斜面的上周边位于柱与承台交接处或承台变阶处,下周边位于相应的桩顶内边缘处,角桩冲切破坏锥体底面在上方。

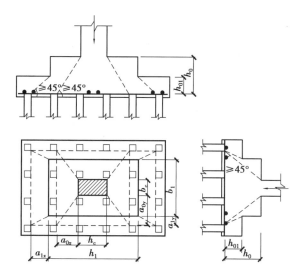

图 8.24　柱对承台的冲切计算

1) 柱对承台的冲切承载力计算

对于柱下矩形独立承台受柱冲切的承载力可按下式计算(见图 8.24):

$$F_l \leqslant 2[\beta_{0x}(b_c + a_{0y}) + \beta_{0y}(h_c + a_{0x})]\beta_{hp} f_t h_0 \tag{8.82}$$

式中　F_l——不计承台及其上土重,在荷载效应基本组合下作用于冲切破坏锥体上的冲切力设计值,$F_l = F - \sum Q_i$,F 为柱(墙)底的竖向荷载设计值,$\sum Q_i$ 为冲切破坏锥体范围内各桩的净反力设计值之和;

　　h_0——冲切破坏锥体的有效高度;

　　β_{hp}——受冲切承载力截面高度影响系数,当 $h \leqslant 800$ mm 时,取 $\beta_{hp} = 1.0$;当 $h > 2\,000$ mm时,取 $\beta_{hp} = 0.9$,其间按线性内插法取用;

　　β_{0x},β_{0y}——冲切系数,$\beta_{0x} = \dfrac{0.84}{\lambda_{0x} + 0.2}$,$\beta_{0y} = \dfrac{0.84}{\lambda_{0y} + 0.2}$;

　　$\lambda_{0x},\lambda_{0y}$——冲跨比,$\lambda_{0x} = \dfrac{a_{0x}}{h_0}$,$\lambda_{0y} = \dfrac{a_{0y}}{h_0}$,其数值范围为 0.25~1.0;

　　f_t——混凝土抗拉强度设计值;

　　a_{0x},a_{0y}——分别为 x,y 方向柱边离最近桩边的水平距离,当 $a_{0x}(a_{0y}) < 0.2h_0$ 时,取 $a_{0x}(a_{0y}) = 0.2h_0$;当 $a_{0x}(a_{0y}) > h_0$ 时,取 $a_{0x}(a_{0y}) = h_0$;

　　h_c,b_c——分别为 x、y 方向的柱截面的边长。

对于柱下矩形独立阶形承台受上阶冲切的承载力可按下式计算:

$$F_l \leqslant 2[\beta_{1x}(b_1 + a_{1y}) + \beta_{1y}(h_1 + a_{1x})]\beta_{hp} f_t h_{10} \tag{8.83}$$

式中　β_{1x},β_{1y}——冲切系数,$\beta_{1x} = \dfrac{0.84}{\lambda_{1x} + 0.2}$,$\beta_{1y} = \dfrac{0.84}{\lambda_{1y} + 0.2}$,$\lambda_{0x} = \dfrac{a_{1x}}{h_{10}}$,$\lambda_{1y} = \dfrac{a_{1y}}{h_0}$,其数值范围为0.25~1.0;

　　h_1,b_1——分别为 x、y 方向的承台上阶的边长;

　　a_{1x},a_{1y}——分别为 x、y 方向承台上阶边离最近桩边的水平距离。

对于圆柱及圆桩,计算时应将其截面换算成方柱及方桩,即取换算柱截面边长 $b_c = 0.8d_c$(d_c 为圆柱直径),换算桩截面边长 $b_p = 0.8d$(d 为圆桩直径)。此外,对于柱下两桩承台,宜按深受弯构件($l_0/h < 5.0$,$l_0 = 1.15l_n$,l_n 为两桩净距)计算受弯、受剪承载力,不需要进行受冲切承载力计算。

2) 角桩对承台的冲切承载力计算

四桩以上(含四桩)承台受角桩冲切的承载力可按下式计算(见图 8.25):

$$N_l \leqslant \left[\beta_{1x} \left(c_2 + \frac{a_{1y}}{2} \right) + \beta_{1y} \left(c_1 + \frac{a_{1x}}{2} \right) \right] \beta_{hp} f_t h_0 \tag{8.84}$$

式中 h_0——承台外边缘的有效高度;

β_{1x}, β_{1y}——角桩冲切系数, $\beta_{1x} = \dfrac{0.56}{\lambda_{1x}+0.2}, \beta_{1y} = \dfrac{0.56}{\lambda_{1y}+0.2}$;

$\lambda_{1x}, \lambda_{1y}$——角桩冲跨比, $\lambda_{1x} = \dfrac{a_{1x}}{h_0}, \lambda_{1y} = \dfrac{a_{1y}}{h_0}$,其数值范围为 $0.25 \sim 1.0$;

a_{1x}, a_{1y}——从承台底角桩内边缘引 $45°$ 冲切线与承台顶面承台变阶处相交点至角桩内边缘的水平
距离,当柱(墙)边或承台变阶处位于该 $45°$ 线以内时,则取由柱(墙)边或承台变阶处
与桩内边缘连线为冲切锥体的锥线;

c_1, c_2——从角桩内边缘至承台外边缘的距离。

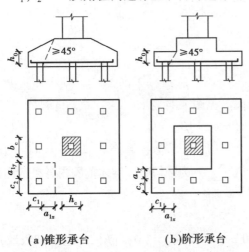

(a)锥形承台   (b)阶形承台

图 8.25 四桩以上(含四桩)矩形承台角桩冲切计算

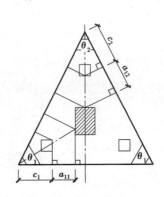

图 8.26 三桩三角形承台角桩冲切计算

对于三桩三角形承台可按下式计算受角桩冲切的承载力(见图 8.26):

底部角桩

$$N_l \leqslant \beta_{11}(2c_1 + a_{11}) \tan \frac{\theta_1}{2} \cdot \beta_{hp} f_t h_0 \tag{8.85}$$

顶部角桩

$$N_l \leqslant \beta_{12}(2c_2 + a_{12}) \tan \frac{\theta_2}{2} \cdot \beta_{hp} f_t h_0 \tag{8.86}$$

式中 $\lambda_{11}, \lambda_{12}$——角桩冲跨比, $\lambda_{11} = \dfrac{a_{11}}{h_0}, \lambda_{12} = \dfrac{a_{12}}{h_0}$,数值范围为 $0.25 \sim 1.0$;

a_{11}, a_{12}——从承台底角桩内边缘向相邻承台边引 $45°$ 冲切线与承台顶面相交点至角桩内边水平距
离,当柱位于该 $45°$ 线以内时,则取柱边与桩内边缘连线为冲切锥体的锥线;

β_{11}, β_{12}——角桩冲切系数, $\beta_{11} = \dfrac{0.56}{\lambda_{11}+0.2}, \beta_{12} = \dfrac{0.56}{\lambda_{12}+0.2}$。

3) 箱形、筏形承台受内部基桩的冲切承载力计算

箱形、筏形承台,可按下式计算承台受内部基桩的冲切承载力(见图 8.27):

单一基桩冲切承载力:

$$N_l \leqslant 2.8(b_p + h_0)\beta_{hp} f_t h_0 \tag{8.87}$$

群桩冲切承载力:

$$\sum N_{li} \leqslant 2 \left[\beta_{0x}(b_y + a_{0y}) + \beta_{0y}(b_x + a_{0x}) \right] \beta_{hp} f_t h_0 \tag{8.88}$$

式中 β_{0x}, β_{0y}——冲切系数, $\beta_{0x} = \dfrac{0.84}{\lambda_{0x}+0.2}, \beta_{0y} = \dfrac{0.84}{\lambda_{0y}+0.2}$;

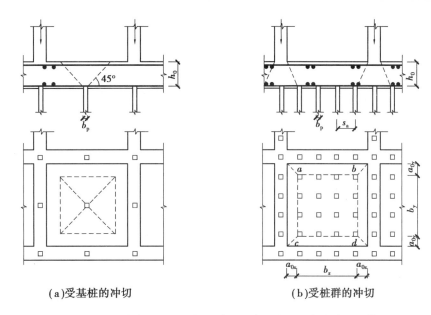

(a)受基桩的冲切　　　　　(b)受桩群的冲切

图 8.27　基桩对筏形承台的冲切和墙对筏形承台的冲切计算

λ_{0x}，λ_{0y}——冲跨比，$\lambda_{0x}=\dfrac{a_{0x}}{h_0}$，$\lambda_{0y}=\dfrac{a_{0y}}{h_0}$，其数值范围为 0.25~1.0；

N_l，$\sum N_{li}$——不计承台和其上土重，在荷载效应基本组合下，基桩或复合基桩的净反力设计值、冲切锥体内各基桩或复合基桩反力设计值之和。

8.6.3　承台受剪切计算

柱（墙）下桩基承台，应分别对柱（墙）边、变阶处和桩边联线形成的贯通承台的斜截面的受剪切承载力进行验算。当承台悬挑边有多排基桩形成多个斜截面时，应对每个斜截面的受剪切承载力进行验算。

1) 柱下独立桩基承台斜截面受剪承载力

①承台斜截面受剪切承载力可按下式计算（见图 8.28）：

$$V \leqslant \beta_{hs}\alpha f_t b_0 h_0 \tag{8.89}$$

式中　h_0——承台计算截面处的有效高度；

　　　　b_0——承台计算截面处的计算宽度；

　　　　V——不计承台及其上土自重，在荷载效应基本组合下，斜截面的最大剪力设计值；

　　　　f_t——混凝土轴心抗拉强度设计值；

　　　　α——剪切系数，$\alpha=\dfrac{1.75}{\lambda+1.0}$；

　　　　λ——计算截面的剪跨比，$\lambda_x=\dfrac{a_x}{h_0}$，$\lambda_y=\dfrac{a_y}{h_0}$，$a_x$，$a_y$ 为柱边或承台变阶处至 x，y 方向计算一排桩的桩边的水平距离，λ 数值范围为 0.25~3.0；

　　　　β_{hs}——截面高度影响系数，$\beta_{hs}=\left(\dfrac{800}{h_0}\right)^{1/4}$，当 $h_0 \leqslant 800$ mm 时，取 $h_0=800$ mm，$h_0 \geqslant 2\,000$ mm时，取 $h_0=2\,000$ mm。

②对于阶梯形承台，应分别在变阶处（A_1—A_1，B_1—B_1）及柱边处（A_2—A_2，B_2—B_2）进行斜截面受剪切承载力计算（见图 8.29）。

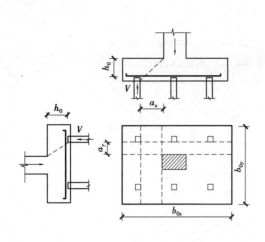

图 8.28　承台斜截面受剪计算

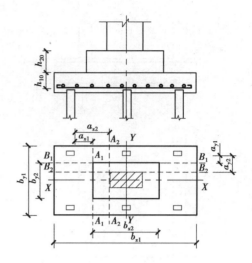

图 8.29　阶梯形承台斜截面受剪切计算

计算变阶处截面(A_1—A_1，B_1—B_1)斜截面受剪切承载力时，其截面有效高度均为 h_{10}，截面计算宽度分别为 b_{y1} 和 b_{x1}。

计算柱边截面(A_2—A_2，B_2—B_2)处的斜截面受剪切承载力时，其截面有效高度均为 $h_{10}+h_{20}$，截面计算宽度按下式计算：

对 A_2—A_2：

$$b_{y0} = \frac{b_{y1}h_{10} + b_{y2}h_{20}}{h_{10} + h_{20}} \qquad (8.90)$$

对 B_2—B_2：

$$b_{x0} = \frac{b_{x1}h_{10} + b_{x2}h_{20}}{h_{10} + h_{20}} \qquad (8.91)$$

③对于锥形承台应对变阶处及柱边处(A—A 及 B—B)两个截面进行受剪切承载力计算(见图 8.30)，截面有效高度均为 h_0，截面的计算宽度分别为：

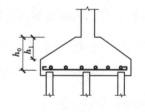

对 A—A：

$$b_{y0} = \left[1 - 0.5 \frac{h_1}{h_0} \left(1 - \frac{b_{y2}}{b_{y1}} \right) \right] b_{y1} \qquad (8.92)$$

对 B—B：

$$b_{x0} = \left[1 - 0.5 \frac{h_1}{h_0} \left(1 - \frac{b_{x2}}{b_{x1}} \right) \right] b_{x1} \qquad (8.93)$$

此外，当承台配有箍筋和弯起钢筋时，斜截面的受剪切承载力可按下式确定(若无弯起钢筋时，式中的第三项由弯起钢承担的剪力为零)：

$$V \leqslant 0.7 f_t b h_0 + \frac{1.25 f_{yv} A_{sv} h_0}{s} + 0.8 f_{yb} A_{sb} \sin \alpha_s \qquad (8.94)$$

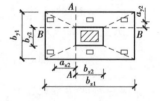

图 8.30　锥形承台斜截面
受剪切计算

式中　A_{sv}——配置在同一截面内箍筋各肢的全部截面面积；

　　　s——沿计算斜截面方向箍筋的间距；

　　　f_{yv}，f_{yb}——分别为箍筋的抗拉强度设计值、弯起钢筋的抗拉强度设计值；

　　　A_{sb}——同一平面弯起钢筋的截面面积；

　　　α_s——斜截面上弯起钢筋与承台底面之夹角；

　　　b，h_0——分别为承台梁计算截面处的计算宽度、有效高度。

【例题8.2】 某民用建筑,已知由上部结构传至柱下端的荷载组合分别为:荷载标准组合:竖向荷载$F_k = 3\ 040\ kN$,弯矩$M_k = 400\ kN \cdot m$,水平力$H_k = 80\ kN$;荷载准永久组合:竖向荷载$F_Q = 2\ 800\ kN$,弯矩$M_Q = 250\ kN \cdot m$,$H_Q = 80\ kN$;荷载基本组合:竖向荷载$F = 3\ 800\ kN$,弯矩$M = 500\ kN \cdot m$,水平力$H = 100\ kN$。工程地质资料见表8.33,地下稳定水位为$-4\ m$。试桩(直径$\phi 500\ mm$,桩长$15.5\ m$)极限承载力标准值为$1\ 000\ kN$,立柱尺寸为$800\ mm \times 600\ mm$。试按柱下桩基础进行桩基有关设计计算。

表8.33 工程地质资料

序号	地层名称	深度 /m	重度 γ /(kN·m^{-3})	孔隙比 e	液性指数 I_L	黏聚力 c/kPa	内摩擦角 φ/(°)	压缩模量 E/MPa	承载力 f_k/kPa
1	杂填土	0~1	16	—	—	—	—	—	—
2	粉土	1~4	18	0.90	—	10	12	4.6	120
3	淤泥质土	4~16	17	1.10	0.55	5	8	4.4	110
4	黏土	16~26	19	0.65	0.27	15	20	10.0	280

【解】 (1)选择桩型、桩材及桩长 由试桩初步选择$\phi 500$的钻孔灌注桩,水下混凝土用C25,钢筋采用HRB335,经查表得$f_c = 11.9\ MPa$,$f_t = 1.27\ MPa$;$f_y = f'_y = 300\ MPa$。初选第4层(黏土)为持力层,桩端进入持力层不得小于$1\ m$;初选承台底面埋深$1.5\ m$。

则最小桩长为:$l = (16 + 1 - 1.5)\ m = 15.5\ m$。

(2)确定单桩竖向承载力特征值R

①根据桩身材料确定,初选$\rho = 0.45\%$,$\varphi = 1.0$,$\psi_c = 0.8$,计算得:

$$R = \phi(\psi_c f_c A_{ps} + 0.9 f'_y A'_s)$$

$$= 0.8 \times 11.9\ MPa \times \pi \times \frac{500^2}{4}\ m^2 + 0.9 \times 300\ MPa \times 0.004\ 5 \times \pi \times \frac{500^2}{4}\ m^2$$

$$= 2\ 106\ 743\ N = 2\ 106.7\ kN$$

②按土对桩的支承力确定,查表8.8,$q_{sk2} = 42\ kPa$,$q_{sk3} = 25\ kPa$,$q_{sk4} = 80\ kPa$,查表8.9,$q_{pk} = 1\ 100\ kPa$则:

$$Q_{uk} = Q_{sk} + Q_{pk} = u \sum q_{sik} l_i + q_{pk} A_P$$

$$= \pi \times 0.5\ m(42 \times 2.5 + 25 \times 12 + 80 \times 1)\ kN/m + 1\ 100\ kPa \times 0.5^2\ m^2 \times \frac{\pi}{4}$$

$$= 977.5\ kN$$

$$R_a = \frac{Q_{uk}}{K} = \frac{977.5\ kN}{2} = 489\ kN$$

③由单桩静载试验确定:$R_a = \dfrac{Q_{uk}}{K} = \dfrac{1\ 000\ kN}{2} = 500\ kN$

单桩竖向承载力设计值取上述三项计算值的最小者,则取$R_a = 489\ kN$。

(3)确定桩的数量和平面布置 初选承台底面积为$4\ m \times 3.6\ m$,则承台和土自重:$G_k = 4\ m \times 3.6\ m \times 1.5\ kN/m^3 \times 20\ m = 432\ kN$。

桩数初步确定为:

$$n = \frac{F_k + G_k}{R_a} = \frac{(3\ 040 + 432)\ kN}{489\ kN} = 7.1$$

取 $n = 8$ 根,桩间距:$s = 3d = 3 \times 0.5$ m $= 1.5$ m。8 根桩呈梅花形布置,如图 8.31 所示。

承台尺寸确定后,可根据验算考虑承台效应的基桩竖向承载力特征值。

查表得:$\eta_c = 0.06$;

承台底地基土净面积:

$$A_c = 4 \text{ m} \times 3.6 \text{ m} - \frac{8 \times 0.5^2 \text{ m}^2 \times \pi}{4} = 12.83 \text{ m}^2$$

计算基桩对应的承台底净面积:

$$A_{ci} = \frac{A_c}{n} = \frac{12.83 \text{ m}^2}{8} = 1.604 \text{ m}^2$$

基底以下 1.8 m(1/2 承台宽)地基承载力特征值:$f_{ak} = \frac{120 \text{ kPa} \times 1.8 \text{ m}}{1.8 \text{ m}} = 120 \text{ kPa}$

不考虑地震作用,群桩中基桩的竖向承载力特征值为:

$$R = R_a + \eta_c f_{ak} A_c$$
$$= 489 \text{ kN} + 0.06 \times 120 \text{ kPa} \times 1.604 \text{ m}^2$$
$$= 500.5 \text{ kN} > R_a = 489 \text{ kN}$$

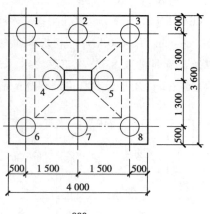

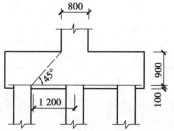

图 8.31 桩的布置图(单位:mm)

(4)桩顶作用效应计算

①轴心竖向力作用下:

$$N_k = \frac{F_k + G_k}{n} = \frac{(3\ 040 + 432) \text{ kN}}{8} = 434 \text{ kN} < R = 500.5 \text{ kN},\text{满足要求。}$$

②偏心荷载作用下:

$$N_{kmax} = \frac{F_k + G_k}{n} + \frac{M_{xk} y_i}{\sum y_i^2} + \frac{M_{yk} x_i}{\sum x_i^2}$$

$$= 434 \text{ kN} + \frac{(400 \text{ kN} \cdot \text{m} + 80 \text{ kN} \times 1.5 \text{ m}) \times 1.5 \text{ m}}{4 \times 1.5^2 \text{ m}^2 + 2 \times 0.75^2 \text{ m}^2}$$

$$= 434 \text{ kN} + 77 \text{ kN} = 511 \text{ kN} < 1.2R = 600.6 \text{ kN},\text{亦满足要求。}$$

由于 $N_{kmin} = 434$ kN-77 kN$= 357$ kN>0,桩不受上拔力。

(5)群桩基础承载力验算 按假想群桩实体基础(长方锥台形),桩所穿过土层内摩擦角的加权平均值为:

$$\varphi_0 = \frac{\sum \varphi_i l_i}{\sum l_i} = \left(\frac{12 \times 2.5 + 8 \times 12 + 20 \times 1}{2.5 + 12 + 1} \right)^\circ = 9.42^\circ$$

则:$A = \left[3.5 \text{ m} + 2 \times 15.5 \text{ m} \times \tan \frac{9.42^\circ}{4} \right] \times \left[3.1 \text{ m} + 2 \times 15.5 \text{ m} \times \tan \frac{9.42^\circ}{4} \right]$

$$= 4.775 \text{ m} \times 4.375 \text{ m} = 20.89 \text{ m}^2$$

按《地基基础设计规范》,假想实体基础:$b = 4.375$ m,$d = 17$ m,$\gamma = 9$ kN/m³(有效重度)$\gamma_0 = 9.6$ kN/m³(加权平均),经修正的地基承载力设计值计算式为:

$$f = f_k + \eta_b \gamma (b - 3) + \eta_d \gamma_0 (d - 0.5)$$

$$= 280 \text{ kPa} + 0.3 \times 9 \text{ kN/m}^3 (4.375 - 3) \text{m} + 1.6 \times 9.6 \text{ kN/m}^3 (17 - 0.5) \text{m}$$

$$= 521.8 \text{ kPa}$$

取承台、桩、土混合重度 20 kN/m³,地下水位以下取 10 kN/m³,则假想实体自重为:

$$G_k = A(4\text{ m} \times 20\text{ kN/m}^3 + 13\text{ m} \times 10\text{ kN/m}^3) = 20.89\text{ m}^2 \times 210\text{ kPa} = 4\,387\text{ kN}$$

轴心荷载时假想实体基础底面压力：

$$p = \frac{F_k + G_k}{A} = \frac{(3\,040 + 4\,387)\text{ kN}}{20.89\text{ m}^2} = 355.5\text{ kPa} < f = 521.8\text{ kPa};安全。$$

偏心荷载时假想实体基础底面压力：

$$p_{max} = \frac{F_k + G_k}{A} + \frac{M_k}{W} = 355.5 + \frac{400\text{ kN}\cdot\text{m} + 80(15.5 + 1.5)\text{ kN}\cdot\text{m}}{4.375\text{ m} \times \frac{4.775^2\text{ m}^2}{6}}$$

$$= 461.4\text{ kPa} < 1.2f = 626\text{ kPa};安全。$$

(6)群桩沉降计算

桩中心距 $s_a = 1.5$ m，属于小于6倍桩径（$6d = 3.0$ m）的桩基，可将群桩作为假想的实体基础，按等效作用分层总和法计算群桩的沉降。

承台底面处平均附加应力：

$$p_0 = \frac{F_Q + G_Q}{A} - \gamma d = \frac{2\,800 + 4 \times 3.6 \times 1.5 \times 20}{4 \times 3.6}\text{ kPa} - (16 \times 1 + 18 \times 0.5)\text{ kPa}$$

$$= 199.44\text{ kPa}$$

由于 $\frac{s_a}{d} = 3.0, \frac{l}{d} = \frac{15.5}{0.5} = 31, \frac{L_c}{B_c} = \frac{4}{3.6} \approx 1.1;$

查表8.21（内插值法）得到：$C_0 = 0.059\,3, C_1 = 1.557, C_2 = 8.778$

$$n_b = \sqrt{\frac{nB_c}{L_c}} = \sqrt{\frac{8 \times 3.6}{4}} = 2.683\,3$$

$$\psi_e = C_0 + \frac{n_b - 1}{C_1(n_b - 1) + C_2} = 0.059\,3 + \frac{2.683\,3 - 1}{1.557 \times 1.683\,3 + 8.778} \approx 0.2$$

由沉降计算深度范围内土层的压缩模量 $E_s = 10$ MPa，查表8.20得到：$\psi = 1.2$。

承台底面积矩形长宽比 $\frac{a}{b} = \frac{L_c}{B_c} = 1.1$，深宽比 $\frac{z_i}{b} = \frac{2z_i}{B_c}$，查表4.7，用内插值法得 α_i，并按式(8.46)分别计算 $z_i\alpha_i$，Δs 和 s，列表8.34。

表8.34 沉降计算情况

i	z_i /m	$\frac{z_i}{b} = \frac{2z_i}{B_c}$	α_i	$z_i\alpha_i$	E_{si} /MPa	$\Delta s = 4\psi\psi_e p_0 \frac{z_i\alpha_i - z_{i-1}\alpha_{i-1}}{E_{si}}$	s /mm
0	0	0	0.25	0	10	0	0
1	5	2.78	0.148 5	0.742 5	10	14.22	14.22
2	6	3.33	0.131 8	0.790 8	10	0.925	15.14
3	7	3.89	0.118 0	0.826	10	0.674	15.81
4	8	4.44	0.106 7	0.853 6	10	0.528	16.34

地基沉降计算深度 z_n 按附加应力 $\sigma_z = 0.2\sigma_c$ 验算。假定取 $z_i = 6$ m，由 $\frac{z}{b} = \frac{6}{1.8} = 3.3; \frac{a}{b} = \frac{4}{3.6} = 1.1$，查表3.2得角点应力系数 $\alpha_c = 0.041\,3$

则有：$\sigma_z = 4\alpha_c p_0 = 4 \times 0.041\,3 \times 199.44 = 32.95\text{ kPa}$

z_n 深处土的自重应力(地下水位以下取土的有效重度):

$$\sigma_c = p_c + z_n\gamma = (16 \times 1 + 18 \times 3 + 7 \times 12 + 9 \times 1)\ kPa + 6 \times 9\ kPa = 217\ kPa$$

此时, $\dfrac{\sigma_z}{\sigma_c} = \dfrac{32.95}{217} = 0.152 < 0.2$, 即桩基最终沉降量为 $s = 15.14\ mm$

(7)桩身水平内力(弯曲抗压强度)计算

①计算桩的变形系数:

钢筋弹性模量与混凝土弹性模量的比值: $\alpha_E = \dfrac{2.1\times10^8\ kPa}{2.8\times10^7\ kPa} = 7.5$

桩身换算截面受拉边缘的截面模量:

$$W_0 = \frac{\pi d[\,d^2 + 2(\alpha_E - 1)\rho_g d_0^2\,]}{32} =$$

$$\frac{3.14 \times 0.5\ m[\,0.5^2\ m^2 + 2 \times (7.5 - 1) \times 0.004\,5 \times 0.4^2\ m^2\,]}{32} = 0.012\,7\ m^3$$

桩身换算截面惯性矩:

$$I_0 = \frac{W_0 d_0}{2} = \frac{0.012\,7\ m^3 \times 0.4\ m}{2} = 0.002\,54\ m^4$$

桩身计算宽度: $b_0 = 0.9(1.5d + 0.5\ m) = 1.125\ m$

桩身抗弯刚度: $EI = 0.85E_cI_0 = 0.85 \times 2.80 \times 10^7\ kPa \times 0.002\,54\ m^4 = 60\,452\ kN \cdot m^2$

承台主要影响深度: $d_m = 2(d+1) = 2 \times (0.5+1)\ m = 3\ m$

桩侧土水平抗力系数的比例系数:

$$m = \frac{m_1 h_1^2 + m_2(2h_1 + h_2)h_2}{(h_1 + h_2)^2}$$

$$= \frac{14\ MN/m^4 \times 2.5^2\ m^2 + 3\ MN/m^4 \times (2 \times 2.5 + 0.5)\ m^2 \times 0.5\ m^2}{(2.5 + 0.5)^2\ m^2}$$

$$= 10.64\ MN/m^4$$

桩的变形系数: $\alpha = \sqrt[5]{\dfrac{mb_0}{EI}} = \sqrt[5]{\dfrac{10\,640\ kN/m^4 \times 1.125}{60\,452\ kN \cdot m^2}} = 0.723\ m^{-1}$

由于 $\alpha h = 0.723\ m^{-1} \times 15.5\ m = 11.21 > 4.0$, 属于柔性桩范围。

②求单位力作用于桩身顶面处,桩顶所产生的变位:考虑桩支承于非岩石类土中,且 $h = 15.5\ m > \dfrac{2.5}{\alpha} = 3.67\ m$, 则 $k_h = 0$。查表8.29, $A_f = 2.441$, $B_f = 1.625$, $C_f = 1.751$, 则有:

$$\delta_{HH} = \frac{A_f}{\alpha^3 EI} = \frac{2.441}{0.723^3\ m^{-3} \times 60\,452\ kN \cdot m^2} = 1.068 \times 10^{-4}\ m/kN$$

$$\delta_{MH} = \frac{B_f}{\alpha^2 EI} = \frac{1.625}{0.723^2\ m^{-2} \times 60\,452\ kN \cdot m^2} = 5.142 \times 10^{-5}\ kN^{-1}$$

$$\delta_{MM} = \frac{C_f}{\alpha EI} = \frac{1.751}{0.723\ m^{-1} \times 60\,452\ kN \cdot m^2} = 4.006 \times 10^{-5}\ (kN \cdot m)^{-1}$$

③求桩顶发生单位变位时,在桩顶引起的内力:

a.发生单位竖向位移时,轴向力 ρ_{NN}:单桩桩底压力分布面积 A_0, 对于摩擦型桩,取下列两公式计算值之较小者:

$$A_0 = \pi\left(\frac{h\tan\varphi_m}{4} + \frac{d}{2}\right)^2 = 3.14\left(\frac{15.5\ m \times \tan 9.42°}{4} + \frac{0.5\ m}{2}\right)^2 = 2.13\ m^2$$

$$A_0 = \frac{\pi s^2}{4} = \frac{3.14 \times 1.5^2 \text{ m}^2}{4} = 1.766 \text{ m}^2$$

$$C_0 = m_0 h = 10\,640 \text{ kN/m}^4 \times 15.5 \text{ m} = 164\,920 \text{ kN/m}^3$$

取桩身轴向力传布系数 $\xi_N = 0.6$

$$\rho_{NN} = \left(\frac{\xi_N h}{EA} + \frac{1}{C_0 A_0} \right)^{-1}$$

$$= \left(\frac{0.6 \times 15.5 \text{ m}}{2.80 \times 10^7 \text{ kPa} \times 3.14 \times 0.25^2 \text{ m}^2} + \frac{1}{164\,920 \text{ kN/m}^3 \times 1.766 \text{ m}^2} \right)^{-1} = 195\,086 \text{ kN/m}$$

b.发生单位水平位移时,水平力:

$$\rho_{HH} = \frac{\delta_{MM}}{\delta_{HH} \delta_{MM} - \delta_{MH}^2}$$

$$= \frac{4.006 \times 10^{-5} (\text{kN} \cdot \text{m})^{-1}}{1.068 \times 10^{-4} \text{ m/kN} \times 4.006 \times 10^{-5} (\text{kN} \cdot \text{m})^{-1} - (5.142 \times 10^{-5} \text{ kN}^{-1})^2}$$

$$= 24\,510 \text{ kN/m}$$

c.发生单位水平位移时,弯矩:

$$\rho_{MH} = \frac{\delta_{MH}}{\delta_{HH} \delta_{MM} - \delta_{MH}^2}$$

$$= \frac{5.142 \times 10^{-5} \text{ kN}^{-1}}{1.068 \times 10^{-4} \text{ m/kN} \times 4.006 \times 10^{-5} (\text{kN} \cdot \text{m})^{-1} - (5.142 \times 10^{-5} \text{ kN}^{-1})^2}$$

$$= 31\,461 \text{ kN}$$

d.发生单位转角时,弯矩:

$$\rho_{MM} = \frac{\delta_{HH}}{\delta_{HH} \delta_{MM} - \delta_{MH}^2}$$

$$= \frac{1.068 \times 10^{-4} \text{ m/kN}}{1.068 \times 10^{-4} \text{ m/kN} \times 4.006 \times 10^{-5} (\text{kN} \cdot \text{m})^{-1} - (5.142 \times 10^{-5} \text{ kN}^{-1})^2}$$

$$= 65\,345 \text{ kN} \cdot \text{m}$$

④求承台发生单位变位时,所有桩顶、承台和侧墙引起的反力之和:

a.发生单位竖向位移时,竖向反力 γ_{vv}:

承台底与地基土接触面积:$A_b = F - nA = 4 \text{ m} \times 3.6 \text{ m} - \dfrac{8 \times 3.14 \times 0.5^2 \text{ m}^2}{4} = 12.83 \text{ m}^2$

承台底地基土竖向抗力系数:$C_b = m_0 h_n \eta_c = 10\,640 \text{ kN/m}^4 \times 1.5 \text{ m} \times 0.06 = 957.6 \text{ kN/m}^3$

$\gamma_{vv} = n\rho_{NN} + C_b A_b = 8 \times 195\,086 \text{ kN/m} + 957.6 \text{ kN/m}^3 \times 12.83 \text{ m}^2 = 1\,572\,974 \text{ kN/m}$

b.发生单位竖向位移时,水平反力 γ_{wv}:取承台底与地基土间的摩擦系数 $\mu = 0.35$

$\gamma_{wv} = \mu C_b A_b = 0.35 \times 957.6 \text{ kN/m}^3 \times 12.83 \text{ m}^2 = 4\,300 \text{ kN/m}$

c.发生单位水平位移时,水平反力 γ_{ww}:

承台计算宽度:$B_0 = B + 1 = 3.6 \text{ m} + 1 \text{ m} = 4.6 \text{ m}$

承台侧面地基土水平抗力系数:$C_n = m h_n = 10\,640 \text{ kN/m}^4 \times 1.5 \text{ m} = 15\,960 \text{ kN/m}^3$

承台底面以上侧向土水平抗力系数分布图形的面积:

$$F^c = \frac{C_n h_n}{2} = \frac{15\,960 \text{ kN/m}^3 \times 1.5 \text{ m}}{2} = 11\,970 \text{ kN/m}^2$$

$\gamma_{ww} = n\rho_{HH} + B_0 F^c = 8 \times 24\,510 \text{ kN/m} + 4.6 \text{ m} \times 11\,970 \text{ kPa} = 251\,142 \text{ kN/m}$

d.发生单位水平位移时,反弯矩 $\gamma_{\varphi w}$:承台底面以上侧向土水平抗力系数分布图形的面积矩 $S^c = \dfrac{C_n h_n^2}{6} =$

$\dfrac{15\,960 \text{ kN/m}^3 \times 1.5^2 \text{ m}^2}{6} = 5\,985 \text{ kN/m}$

$\gamma_{\varphi w} = -n\rho_{MH} + B_0 S^c = (-8) \times 31\,461 + 4.6 \times 5\,985 = -224\,157 \text{ kN·m}$

e.发生单位转角时,反弯距 $\gamma_{\varphi\varphi}$:承台底面以上侧向土水平抗力系数分布图形的惯性矩:$I^c = C_n h_n^3 / 12 =$

$15\,960 \times 1.5^3 / 12 = 4\,488.8 \text{ kN}$

承台底与地基土的接触惯性矩:

$$I_b = I_F - \sum A K_i x_i^2$$

$$= 4^3 \times \frac{3.6}{12} \text{ mm}^4 - (2 \times 2 \times 1.5^2 + 2 \times 0.75^2) \times 3.14 \times \frac{0.5^2}{4} \text{ mm}^4$$

$$= 17.21 \text{ m}^4$$

$$\gamma_{\varphi\varphi} = n\rho_{MM} + \rho_{NN} \sum K_i x_i^2 + B_0 I^c + C_b I_b$$

$$= 8 \times 65\,345 \text{ kN·m} + 195\,086 \times (2 \times 2 \times 1.5^2 + 2 \times 0.75^2) \text{ kN·m} +$$

$$4.6 \times 4\,488.8 \text{ kN·m} + 957.6 \times 17.21 \text{ kN·m} = 2\,535\,134.5 \text{ kN·m}$$

⑤求承台变位:

a.竖向位移:$v = \dfrac{F_k + G_k}{\gamma_{vv}} = \dfrac{3\,040 + 432}{1\,572\,974} = 0.002\,2 \text{ m}$

b.水平位移:

$$w = \frac{\gamma_{\varphi\varphi} H_k - \gamma_{w\varphi} M_k}{\gamma_{ww}\gamma_{\varphi\varphi} - \gamma_{w\varphi}^2} + \frac{(N_k + G_k)\gamma_{vv}\gamma_{\varphi\varphi}}{\gamma_{vv}(\gamma_{ww}\gamma_{\varphi\varphi} - \gamma_{w\varphi}^2)}$$

$$= \frac{2\,535\,134.5 \times 80 - (-224\,157) \times 400}{251\,142 \times 2\,535\,134.5 - (-224\,157)^2} \text{ m} +$$

$$\frac{(3\,040 + 432) \times 4\,300 \times 2\,535\,134.5}{1\,572\,974 \times [251\,142 \times 2\,535\,134.5 - (-224\,157)^2]} \text{ m} = 0.000\,54 \text{ m}$$

c.转角:

$$\varphi = \frac{\gamma_{ww} M_k - \gamma_{w\varphi} H_k}{\gamma_{ww}\gamma_{\varphi\varphi} - \gamma_{w\varphi}^2} + \frac{(N_k + G_k)\gamma_{vv}\gamma_{w\varphi}}{\gamma_{vv}(\gamma_{ww}\gamma_{\varphi\varphi} - \gamma_{w\varphi}^2)}$$

$$= \frac{251\,142 \times 400 - (-224\,157) \times 80}{251\,142 \times 2\,535\,134.5 - (-224\,157)^2} \text{ rad} +$$

$$\frac{(3\,040 + 432) \times 4\,300 \times (-224\,157)}{1\,572\,974 \times [204\,582 \times 2\,307\,581 - (-224\,157)^2]} \text{ rad} = 0.000\,198 \text{ rad}$$

⑥求任一基桩桩顶内力:

a.轴向力:

$$N_{o1} = (v + \varphi x_1)\rho_{NN} = [0.002\,2 + (-1.5) \times 0.000\,198] \times 195\,086 \text{ kN} = 371.2 \text{ kN}$$

$$N_{o2} = (v + \varphi x_2)\rho_{NN} = 0.002\,2 \times 195\,086 \text{ kN} = 429.2 \text{ kN}$$

$$N_{o3} = (v + \varphi x_3)\rho_{NN} = [0.002\,2 + 1.5 \times 0.000\,198] \times 195\,086 \text{ kN} = 487.1 \text{ kN}$$

$$N_{o4} = (v + \varphi x_4)\rho_{NN} = [0.002\,2 + (-0.75) \times 0.000\,198] \times 195\,086 \text{ kN} = 400.2 \text{ kN}$$

$$N_{o5} = (v + \varphi x_5)\rho_{NN} = [0.002\,2 + 0.75 \times 0.000\,198] \times 195\,086 \text{ kN} = 458.2 \text{ kN}$$

b.水平力:$H_0 = w\rho_{HH} - \varphi\rho_{HM} = 0.005\,4 \times 24\,510 \text{ kN} - 0.000\,198 \times 31\,461 \text{ kN} = 7 \text{ kN}$

c.弯矩:$M_0 = \varphi\rho_{MM} - w\rho_{MH} = 0.000\,198 \times 65\,345 \text{ kN·m} - 0.005\,4 \times 31\,461 \text{ kN·m} = -4.1 \text{ kN·m}$

⑦求桩身最大弯矩及其位置：

计算 $C_1 = \dfrac{\alpha M_0}{H_0} = \dfrac{0.723 \times (-4.1)}{7} = -0.423$；查表得：$\bar{z} = 1.58$ m，$D_{\Pi} = 0.546$

最大弯矩距桩顶距离：$z_0 = \dfrac{\bar{z}}{\alpha} = \dfrac{1.58}{0.723}$ m $= 2.19$ m

最大弯距值：$M_{max} = H_0/D_{\Pi} = 7/0.546 = 12.82$ kN·m

⑧单桩水平承载力特征值验算：

桩身换算截面积：

$$A_n = \dfrac{[1 + (\alpha_E - 1)\rho_g]\pi d^2}{4} = \dfrac{[1 + (7.5 - 1) \times 0.004\,5] \times 3.14 \times 0.5^2}{4}\text{m}^2 = 0.202\ \text{m}^2$$

取桩顶竖向力影响系数 $\xi_N = 0.5$，桩身最大弯矩系数 $\nu_m = 0.768$，桩截面模量塑性系数 $\gamma_m = 2$。

$$R_{ha} = \dfrac{0.75\alpha\gamma_m f_t W_0}{\nu_m}(1.25 + 22\rho_g)\left(1 \pm \dfrac{\xi_N N_K}{\gamma_m f_t A_n}\right) =$$

$$\dfrac{0.75 \times 0.723 \times 2 \times 1.27 \times 10^3 \times 0.012\,7}{0.768} \times (1.25 + 22 \times 0.004\,5) \times$$

$$\left(1 + \dfrac{0.5 \times 511}{2 \times 1.27 \times 10^3 \times 0.202}\right)\ \text{kN} = 46.02\ \text{kN} > H_0 = 7\ \text{kN}$$

故满足水平承载力设计要求。

⑨桩身配筋验算：

初选 8φ12 mm HPB235 钢筋，实际配筋率为 $\rho_g = 0.004\,6$。将 $f_y = 300$ MPa，$A = \dfrac{3.14 \times 0.5^2}{4}$m² $= 0.196\,25$ m²，

$A_s = \dfrac{8 \times 3.14 \times 0.012^2}{4}$m² $= 0.000\,904$ m²，$f_c = 11.9$ N/mm²，$\dfrac{f_y A_s}{f_c A} = 0.116\,1$，代入下列公式得：

对应受压区混凝土截面面积圆心角（rad）与 2π 的比值 α：

$$\alpha = 1 + 0.75\dfrac{f_y A_s}{f_c A} - \sqrt{\left(1 + 0.75\dfrac{f_y A_s}{f_c A}\right)^2 - 0.5 - 0.625\dfrac{f_y A_s}{f_c A}}$$

$$= 1 + 0.75 \times 0.116\,1\ \text{rad} - \sqrt{(1 + 0.75 \times 0.116\,1)^2 - 0.5 - 0.625 \times 0.116\,1}\ \text{rad}$$

$$= 0.306\,6\ \text{rad}$$

受拉钢筋面积与纵筋全面积的比值 α_t（当 $\alpha \geqslant 0.625$ 时，$\alpha_t = 0$）：

$$\alpha_t = 1.25 - 2\alpha = 1.25\ \text{rad} - 2 \times 0.306\,6\ \text{rad} = 0.636\,8\ \text{rad}$$

$$\sin \pi\alpha = \sin(3.14 \times 0.306\,6) = \sin 0.969\,6 = 0.821\,0$$

$$\sin \pi\alpha_t = \sin(3.14 \times 0.636\,8) = \sin 1.985\,7 = 0.909\,1$$

$$r_s = 250\ \text{mm} - 50\ \text{mm} - \dfrac{12}{2}\text{mm} = 194\ \text{mm}$$

$$M \leqslant \dfrac{2}{3}f_c r^3 \sin^3 \pi\alpha + f_y A_s r_s \dfrac{\sin \pi\alpha + \sin \pi\alpha_t}{\pi} =$$

$$\dfrac{2}{3} \times 11.9 \times 250^3 \times 0.821\,0^3\text{N·mm} + 300 \times 904 \times 194 \times \dfrac{0.821\,0 + 0.909\,1}{3.14}\text{N·mm} =$$

$$97.59 \times 10^6\ \text{N·mm} = 97.6\ \text{kN·m}$$

由于桩身的最大弯矩只有 $M_{max} = 12.82$ kN·m，故满足抗弯强度要求。

(8)承台设计

取立柱截面为 (0.8×0.6) m²，承台混凝土强度 C25，采用等厚度承台高度 1 m，底面钢筋保护层厚 0.1 m（承台有效高度 0.9 m），圆桩直径换算为方桩的边长 0.4 m。

①受弯计算。单桩净反力(不计承台和承台上土重)设计值的平均值为：

$$N = \frac{F}{n} = \frac{3\,800}{8}kN = 475\ kN$$

边角桩的最大净反力为：$N_{max} = 475\ kN + \frac{(500+100\times1.5)\times1.5}{4\times1.5^2 + 2\times0.75^2}kN = 475\ kN + 96.3\ kN = 571.3\ kN$

边桩和轴线桩间的中间桩净反力为：$\frac{475+571.3}{2}kN = 523\ kN$

桩基承台的弯矩计算值为：

$$M_x = \sum N_i y_i = 3 \times 475 \times \left(1.3 - \frac{0.6}{2}\right) kN \cdot m = 1\,425\ kN \cdot m$$

$$M_y = \sum N_i x_i = 2 \times 571.3 \times \left(1.5 - \frac{0.8}{2}\right) kN \cdot m + 523 \times \left(0.75 - \frac{0.8}{2}\right) kN \cdot m = 1\,440\ kN \cdot m$$

承台长向配筋为(一般取 $\gamma_s = 0.9$)：

$$A_{sy} = \frac{M_y}{\gamma_s f_y h_0} = \frac{1\,440 \times 10^6}{0.9 \times 300 \times 900}mm^2 = 5\,925.9\ mm^2$$

可选配 24 Φ 22@150 钢筋，则 $A_s = 380.1 \times 24\ mm^2 = 9\,122.4\ mm^2$。

承台短向配筋：$A_{sx} = \frac{1\,425 \times 10^6}{0.9 \times 300 \times 900}\ mm^2 = 5\,864.2\ mm^2$

选配 24 Φ 22@160 钢筋，则 $A_s = 380.1 \times 24\ mm^2 = 9\,122.4\ mm^2$。

②受冲切计算：

冲跨比：$\lambda_{0x} = \frac{a_{0x}}{h_0} = \frac{0.9}{0.9} = 1.0$；$\lambda_{0y} = \frac{a_{0y}}{h_0} = \frac{0.8}{0.9} = 0.889$；

冲切系数：$\beta_{0x} = \frac{0.84}{\lambda_{0x}+0.2} = \frac{0.84}{1+0.2} = 0.7$

$$\beta_{0y} = \frac{0.84}{\lambda_{0y}+0.2} = \frac{0.84}{0.889+0.2} = 0.77$$

作用在冲切破坏锥体上相应于荷载效应基本组合的冲切力设计值为：

$$F_l = F - \sum N_i = 3\,800\ kN - 2 \times 523\ kN = 2\,754\ kN$$

对柱下矩形承台受冲切承载力为：

$$2 \times [\beta_{0x}(b_c + a_{0y}) + \beta_{0y}(h_c + a_{0x})]\beta_{hp} f_t h_0 = 2 \times [0.7 \times (0.6 + 0.8) + 0.77 \times (0.8 + 0.9)]$$

$$\times 0.9 \times 1.27 \times 10^3 \times 0.9\ kN = 4\,709\ kN > 2\,754\ kN$$

经判定，柱对承台的冲切承载力满足要求。角桩对承台的冲切经计算也是满足设计要求的，此处从略。

③受剪计算：

剪跨比：$\lambda_x = \frac{a_x}{h_0} = \frac{0.9}{0.9} = 1.0$；$\lambda_y = \frac{a_y}{h_0} = \frac{0.8}{0.9} = 0.889$

截面高度影响系数：$\beta_{hs} = \left(\frac{800}{900}\right)^{0.25} = 0.97$

剪切系数：$\beta_x = \frac{1.75}{\lambda_x+1.0} = \frac{1.75}{2} = 0.875$；$\beta_y = \frac{1.75}{\lambda_y+1.0} = \frac{1.75}{1.889} = 0.926$

斜截面的最大剪力设计值：$V_x = 571.3 \times 2\ kN = 1\,142.6\ kN = 1.143\ MN$

$$V_y = 475 \times 3\ kN = 1\,425\ kN = 1.425\ MN$$

斜截面受剪承载力设计值为：

$V_x < \beta_{hs}\beta f_t b_0 h_0 = 0.97\times0.875\times1.27\times3.6\times0.9 \text{ MN} = 3.492 \text{ MN}, 满足要求;$

$V_y < \beta_{hs}\beta f_t b_0 h_0 = 0.97\times0.926\times1.27\times4\times0.9 \text{ MN} = 4.107 \text{ MN}, 满足要求。$

本例题采用等厚度承台,各种冲切和剪切承载力均满足要求,且有较大余地,故承台亦可设计成锥形或阶梯形,但需经冲切和剪切的验算。

习 题

8.1 某场区从天然地面起往下土层分布是:粉质黏土,厚度 $l_1 = 3$ m,含水量 $w_1 = 30.6\%$,塑限 $w_P = 18\%$,液限 $w_L = 35\%$;粉土,厚度 $l_2 = 6$ m,孔隙比 $e = 0.9$;中密的中砂。采用截面边长为 350 mm×350 mm 预制桩,承台底面在天然地面以下 1.0 m,桩端进入中密中砂的深度为1.0 m,试确定单桩竖向承载力特征值(不计承台效应)。

8.2 某工程土层情况和桩型选择同上题,柱截面尺寸为 450 mm×600 mm,作用在基础顶面的荷载基本组合值为:轴向力 $F = 4\,000$ kN,弯矩 $m = 500$ kN·m(作用于长边方向),桩的布置和承台尺寸如图 8.32 所示,试验算该桩基础是否满足设计要求。

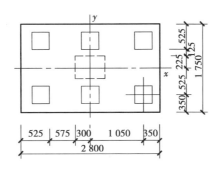

图 8.32 习题 8.2 图(单位:mm)

8.3 某场地土层分布情况为:第一层杂填土,厚度 1.0 m;第二层为淤泥,软塑状态,厚度6.5 m;第三层为粉质黏土 $I_L = 0.25$,厚度较大。现需设计一框架内柱(截面为 350 mm×450 mm)的预制桩基础。柱底在地面处的荷载标准值为:轴向力 $F = 2\,500$ kN,弯矩 $M = 180$ kN·m,水平力 $H = 100$ kN,预制桩的截面为 350 mm×350 mm。试设计该桩基础。

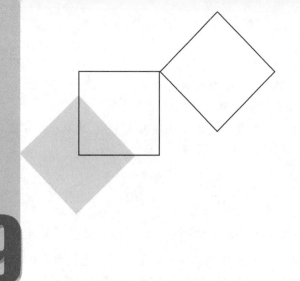

9 基坑工程

本章导读：
- **基本要求**　了解基坑支护的目的、作用及特点；掌握支护结构的类型与适用条件；掌握支护结构的受力和变形控制，支护结构的稳定性验算，桩墙支护结构的内力计算，基坑降排水设计计算等；熟悉排桩锚杆、土钉墙、内支撑、水泥土墙等常用支护结构设计。
- **重点**　支护结构的受力分析与变形计算，单锚式支护结构的等值梁法计算，多层锚拉支护结构的计算方法；排桩锚杆和土钉墙设计；基坑降排水设计计算等。
- **难点**　支护结构的受力和变形计算；桩墙支护结构内力计算。

9.1　概　述

9.1.1　基坑支护目的与作用

随着经济发展和城市化进程加快，城市高层建筑、地铁和各类地下工程的蓬勃发展，地下空间开发规模越来越大，涌现了大量的深基坑工程，基坑开挖深度普遍在 6~30 m。如上海市地下空间开发面积达 10 万~30 万 m^2 的地下综合体项目有近百个，基坑开挖面积一般为 2 万~6 万 m^2。基坑开挖深度不断加深，如：上海地铁四号线董家渡基坑深达 41 m；润扬长江大桥南汉桥北锚碇基坑开挖深度达 54 m；国外圆形基坑的深度最大已达 74 m(日本)。基坑与相邻建筑物的距离也越来越近，如上海的汇京广场，围护结构与相邻建筑最近的距离仅 40 cm。

为确保基坑周边既有建筑物的安全性，严格控制支护边坡岩土体的变形，要求对深基坑采取支护措施，如图 9.1、图 9.2 所示。基坑支护工程包括支护结构、土体开挖及加固、地下水控制、工程监测、环境保护等几个部分构成；基坑支护结构的设计及施工技术是基坑支护工程的核心内容。基坑支护的作用就是挡土、挡水、控制边坡变形，为地下工程顺利施工创造条件。

9.1.2　支护结构的类型及适用条件

基坑及支护结构可以从以下几个方面进行分类：

图 9.1　排桩锚杆基坑支护　　　　图 9.2　排桩内支撑基坑支护

（1）按开挖深度分类　基坑开挖深度 $H \geqslant 5$ m 的称为深基坑；$H < 5$ m 的为浅基坑。

（2）按开挖方式分类　按照土方开挖方式将基坑分为放坡开挖和支护开挖两大类。

（3）按功能用途分类　按照功能用途分为楼宇基坑、地铁基坑、市政工程基坑、地下厂房基坑等。

（4）按支护结构形式分类

①支档式结构。支档式结构是以挡土构件和锚杆或支撑为主的，或仅以挡土构件为主的支护结构，如锚拉式结构、支撑式结构、悬臂式结构（单、双排桩）等，适用于各级基坑。对于板桩墙、排桩墙、地下连续墙等，在基坑较浅时可不设支撑，成悬臂式结构；当基坑较深或对周围地面变形严格限制时应设水平或斜向支撑（或锚拉结构），形成空间力系。

②土钉墙。土钉墙是随基坑开挖分层设置的、纵横向密布的土钉群、喷射混凝土面层及原位土体所组成的支护结构，一般适用于二、三级基坑，支护深度不宜大于 12 m。土钉墙可与预应力锚杆、微型桩、旋喷桩、搅拌桩中的一种或多种结合起来使用，组成复合型支护结构（即复合式土钉墙），土钉与预应力锚杆组合，其支护深度可达到 15 m。

③重力式水泥土墙。该类结构是由水泥土桩相互搭接成格栅或实体的重力式支护结构，如水泥土搅拌桩、高压旋喷桩、压密注浆桩等，一般适用于淤泥质土、淤泥等软土地基的二、三级基坑，其支护深度不宜大于 7 m。

④自然放坡。对于三级基坑工程，基坑深度较浅（小于 6 m），具备放坡条件时可直接采取放坡开挖；若地下水位高于基坑底面时，应在放坡前采取降水措施。开挖的坡度大小与土质条件、开挖深度、地面荷载等因素有关。

当基坑不同部位的周边环境条件、土层性状、基坑深度等不同时，可在不同区段及不同深度部位分别采用不同的支护形式，如上部采用放坡，下部采用支档式结构。

9.1.3　支护结构设计原则

1）支护结构的安全等级划分

基坑支护设计应规定其设计使用期限。基坑支护的设计使用期限不应小于一年。基坑支护应满足下列功能要求：

①保证基坑周边建（构）筑物、地下管线、道路的安全和正常使用。

②保证主体地下结构的施工空间。

《建筑基坑支护技术规程》JGJ 120—2012（以下简称基坑规程）将基坑支护结构设计分为 3 个安全等级，按表 9.1 选用相应的侧壁安全系数及重要性系数。

进行基坑支护设计时，应综合考虑其基坑周边环境和地质条件的复杂程度、基坑深度等因素。对同一基坑的不同部位，可采用不同的安全等级。各地区在制定基坑工程标准时，安全等级划分有所不同。

表 9.1　基坑支护结构的安全等级及重要性系数

安全等级	破坏后果	重要性系数 γ_0
一级	支护结构失效、土体过大变形对基坑周边环境或主体结构施工安全的影响很严重	1.1
二级	支护结构失效、土体过大变形对基坑周边环境或主体结构施工安全的影响严重	1.0
三级	支护结构失效、土体过大变形对基坑周边环境或主体结构施工安全的影响不严重	0.9

2）支护结构设计时应采用的两种极限状态

（1）承载能力极限状态

①支护结构构件或连接因超过材料强度而破坏，或因过度变形而不适于继续承受荷载，或出现压屈、局部失稳。

②支护结构及土体整体滑动。

③坑底土体隆起而丧失稳定。

④对支挡式结构，挡土构件因坑底土体丧失嵌固能力而推移或倾覆。

⑤对锚拉式支挡结构或土钉墙，锚杆或土钉因土体丧失锚固能力而拔动。

⑥对重力式水泥土墙，墙体倾覆或滑移。

⑦对重力式水泥土墙、支挡式结构，其持力土层丧失承载能力而破坏。

⑧地下水渗流引起的土体渗透破坏。

（2）正常使用极限状态

①造成基坑周边建筑物、地下管线、道路等损坏或影响其正常使用的支护结构位移。

②因地下水位下降、地下水渗流或施工因素而造成基坑周边建（构）筑物、地下管线、道路等损坏或影响其正常使用的土体变形。

③影响主体地下结构正常施工的支护结构位移。

④影响主体地下结构正常施工的地下水渗流。

3）支护结构计算和验算的设计表达式

（1）承载能力极限状态

①支护结构构件或连接因超过材料强度或过度变形的承载能力极限状态设计，应符合式（9.1）计算要求。

$$\gamma_0 S_d \leqslant R_d \tag{9.1}$$

式中　γ_0——支护结构重要性系数，对安全等级为一级、二级、三级的支护结构，其 γ_0 分别不应小于1.1、1.0、0.9；

　　　S_d——作用基本组合的效应（轴力、弯矩等）设计值；

　　　R_d——结构构件的抗力设计值。

对临时性支护结构，作用基本组合的效应设计值应按式（9.2）确定。

$$S_d = \gamma_F S_k \tag{9.2}$$

式中　γ_F——作用基本组合的综合分项系数，支护结构构件按承载能力极限状态设计时，其 γ_F 不应小于1.25；

　　　S_k——作用标准组合的效应。

②整体滑动、坑底隆起失稳、挡土构件嵌固段推移、锚杆与土钉拔动、支护结构倾覆与滑移、土体的渗透破坏等稳定性计算和验算,均应符合式(9.3)计算要求。

$$\frac{R_k}{S_k} \geqslant K \tag{9.3}$$

式中　R_k——抗滑力、抗滑力矩、抗倾覆力矩、锚杆和土钉的极限抗拔承载力等土的抗力标准值;

　　　S_k——滑动力、滑动力矩、倾覆力矩、锚杆和土钉的拉力等作用标准值的效应;

　　　K——安全系数,按《基坑规程》规定取值。

(2)正常使用极限状态　由支护结构的位移、基坑周边建筑物和地面的沉降等控制的正常使用极限状态设计,应符合式(9.4)计算要求。

$$S_d \leqslant C \tag{9.4}$$

式中　S_d——作用标准组合的效应(位移、沉降等)设计值;

　　　C——支护结构的位移、基坑周边建筑物和地面的沉降的限值。

4)支护结构内力设计值表达式

(1)弯矩设计值

$$M = \gamma_0 \gamma_F M_k \tag{9.5}$$

(2)剪力设计值

$$V = \gamma_0 \gamma_F V_k \tag{9.6}$$

(3)轴向力设计值

$$N = \gamma_0 \gamma_F N_k \tag{9.7}$$

式中　M, M_k——分别为弯矩设计值、作用标准组合的弯矩值,kN·m;

　　　V, V_k——分别为剪力设计值、作用标准组合的剪力值,kN;

　　　N, N_k——分别为轴向拉(压)力设计值、作用标准组合的轴向拉(压)力值,kN。

5)支护结构的水平位移控制值和基坑周边环境的沉降控制值确定

①当基坑开挖影响范围内有建筑物时,支护结构水平位移控制值、建筑物的沉降控制值应按不影响其正常使用的要求确定,并应符合现行国家标准《建筑地基基础设计规范》GB 50007中对地基变形允许值的规定;当基坑开挖影响范围内有地下管线、地下构筑物、道路时,支护结构水平位移控制值、地面沉降控制值应按不影响其正常使用的要求确定,并应符合现行相关规范对其允许变形的规定。

②当支护结构构件同时用作主体地下结构构件时,支护结构水平位移控制值不应大于主体结构设计对其变形的限值。

③其他情况时,支护结构水平位移控制值应根据地区经验按工程的具体条件确定。

6)主体地下结构的施工对基坑支护设计的要求

①基坑侧壁与主体地下结构的净空间和地下水控制应满足主体地下结构及防水要求。

②采用锚杆时,锚杆的锚头及腰梁不应妨碍地下结构外墙的施工。

③采用内支撑时,内支撑及腰梁的设置应便于地下结构及防水的施工。

7)土的抗剪强度指标选用原则

土压力及水压力计算、土的各类稳定性验算时,土、水压力的分、合算方法及相应的土的抗剪强度指标类别应符合下列规定:

①对地下水位以上的黏性土、黏质粉土,土的抗剪强度指标应采用三轴固结不排水抗剪强度指标c_{cu}、φ_{cu}或直剪固结快剪强度指标c_{cq}、φ_{cq},对地下水位以上的砂质粉土、砂土、碎石土,土的抗剪强度指标应采用有效应力强度指标c'、φ'。

②对地下水位以下的黏性土、黏质粉土,可采用土压力、水压力合算方法;此时,对正常固结和超固结

土,土的抗剪强度指标应采用三轴固结不排水抗剪强度指标 c_{cu}、φ_{cu} 或直剪固结快剪强度指标 c_{cq}、φ_{cq},对欠固结土,宜采用有效自重压力下预固结的三轴不固结不排水抗剪强度指标 c_{uu}、φ_{uu}。

③对地下水位以下的砂质粉土、砂土和碎石土,应采用土压力、水压力分算方法,土压力计算;此时,土的抗剪强度指标应采用有效应力强度指标 c'、φ',对砂质粉土,缺少有效应力强度指标时,也可采用三轴固结不排水抗剪强度指标 c_{cu}、φ_{cu} 或直剪固结快剪强度指标 c_{cq}、φ_{cq} 代替,对砂土和碎石土,有效应力强度指标 φ' 可根据标准贯入试验实测击数和水下休止角等物理力学指标取值;土压力、水压力采用分算方法时,水压力可按静水压力计算;当地下水渗流时,宜按渗流理论计算水压力和土的竖向有效应力;当存在多个含水层时,应分别计算各含水层的水压力。

④有可靠的地方经验时,土的抗剪强度指标尚可根据室内、原位试验得到的其他物理力学指标,按经验方法确定。

8)其他设计规定

①支护结构按平面结构分析时,应按基坑各部位的开挖深度、周边环境条件、地质条件等因素划分设计计算剖面。对每一计算剖面,应按其最不利条件进行计算。对电梯井、集水坑等特殊部位,宜单独划分计算剖面。

②基坑支护设计应规定支护结构各构件施工顺序及相应的基坑开挖深度。基坑开挖各阶段和支护结构使用阶段,均应符合两种极限状态的设计规定。

③基坑支护应按实际的基坑周边建筑物、地下管线、道路和施工荷载等条件进行设计。设计中应提出明确的基坑周边荷载限值、地下水和地表水控制等基坑使用要求。

④在季节性冻土地区,支护结构设计应根据冻胀、冻融对支护结构受力和基坑侧壁的影响采取相应的措施。

⑤对于支护结构计算参数取值和计算分析结果,应根据工程经验分析判断其合理性。

9.2 支护结构的水平荷载计算及结构分析

9.2.1 支护结构的水平荷载计算

按《基坑规程》规定,计算作用在支护结构上的水平荷载时,应考虑下列因素:基坑内外土的自重(包括地下水);基坑周边既有和在建的建(构)筑物荷载;基坑周边施工材料和设备荷载;基坑周边道路车辆荷载;冻胀、温度变化等产生的作用。

1)作用在支护结构外侧、内侧的主动土压力强度标准值、被动土压力强度标准值计算

(1)对于地下水位以上或水土合算的土层(见图9.3)

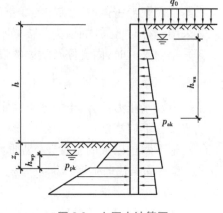

$$p_{ak} = \sigma_{ak}K_{a,i} - 2c_i\sqrt{F_{a,i}} \qquad (9.8)$$

$$p_{pk} = \sigma_{pk}K_{p,i} + 2c_i\sqrt{K_{p,i}} \qquad (9.9)$$

$$\sigma_{ak} = \sigma_{ac} + \sum \Delta\sigma_{k,j} \qquad (9.10)$$

$$\sigma_{pk} = \sigma_{pc} \qquad (9.11)$$

式中　p_{ak}——支护结构外侧,第 i 层土中计算点的主动土压力强度标准值,kPa;当 $p_{ak}<0$ 时,应取 $p_{ak}=0$;

　　　σ_{ak},σ_{pk}——分别为支护结构外侧、内侧计算点的土中竖向应力标准值,kPa;

图9.3　土压力计算图

p_{pk}——支护结构内侧,第 i 层土中计算点的被动土压力强度标准值,kPa;

σ_{ac}——支护结构外侧计算点,由土的自重产生的竖向总应力,kPa;

σ_{pc}——支护结构内侧计算点,由土的自重产生的竖向总应力,kPa;

$\Delta\sigma_{k,j}$——支护结构外侧第 j 个附加荷载作用下计算点的土中附加竖向应力标准值,kPa,应根据附加荷载类型进行计算;

$K_{a,i}, K_{p,i}$——分别为第 i 层土的主动土压力系数、被动土压力系数;

$$K_{a,i} = \tan^2\left(45° - \frac{\varphi_i}{2}\right); K_{p,i} = \tan^2\left(45° + \frac{\varphi_i}{2}\right);$$

c_i, φ_i——分别为第 i 层土的黏聚力,kPa;内摩擦角,(°)。

(2)对于水土分算的土层

$$p_{ak} = (\sigma_{ak} - u_a)K_{a,i} - 2c_i\sqrt{K_{a,i}} + u_a \tag{9.12}$$

$$p_{pk} = (\sigma_{pk} - u_p)K_{p,i} + 2c_i\sqrt{K_{p,i}} + u_p \tag{9.13}$$

式中 u_a, u_p——分别为支护结构外侧、内侧计算点的水压力,kPa。

对静止地下水条件,水压力 u_a、u_p 可按下列公式计算:

$$u_a = \gamma_w h_{wa} \tag{9.14}$$

$$u_p = \gamma_w h_{wp} \tag{9.15}$$

式中 γ_w——地下水的重度,kN/m²,取 $\gamma_w = 10$ kN/m²;

h_{wa}——基坑外侧地下水位至主动土压力强度计算点的垂直距离,m;对承压水,地下水位取测压管水位;当有多个含水层时,应以计算点所在含水层的地下水位;

h_{wp}——基坑内侧地下水位至被动土压力强度计算点的垂直距离,m;对承压水,地下水位取测压管水位。

当采用悬挂式截水帷幕时,应考虑地下水从帷幕底向基坑内的渗流对水压力的影响。

2)均布附加荷载作用下的土中附加竖向应力标准值计算(见图9.4)

$$\Delta\sigma_k = q_0 \tag{9.16}$$

式中 q——均布附加荷载标准值,kPa。

3)局部附加荷载作用下的土中附加竖向应力标准值计算

(1)对于条形基础下的附加荷载[见图9.5(a)]

当 $d + \dfrac{a}{\tan\theta} \leq z_a \leq d + \dfrac{(3a+b)}{\tan\theta}$ 时

$$\Delta\sigma_k = \frac{p_0 b}{b + 2a} \tag{9.17}$$

式中 p_0——基础底面附加压力标准值,kPa;

d——基础埋置深度,m;

b——基础宽度,m;

a——支护结构外边缘至基础的水平距离,m;

θ——附加荷载的扩散角,宜取 $\theta = 45°$;

z_a——支护结构顶面至土中附加竖向应力计算点的竖向距离。

当 $z_a < d + \dfrac{a}{\tan\theta}$ 或 $z_a > d + \dfrac{3a+b}{\tan\theta}$ 时,取 $\Delta\sigma_k = 0$。

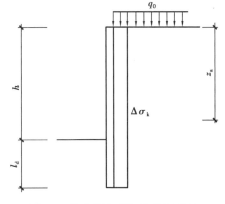

图 9.4 均布竖向附加荷载作用下的土中附加竖向应力计算

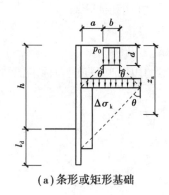 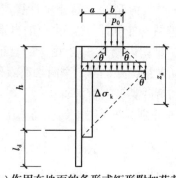

(a)条形或矩形基础　　　　　　　(b)作用在地面的条形或矩形附加荷载

图9.5　局部附加荷载作用下的土中附加竖向应力计算

(2)对于矩形基础下的附加荷载[见图9.5(a)]

当 $d+\dfrac{a}{\tan\theta}\leqslant z_a\leqslant d+\dfrac{3a+b}{\tan\theta}$ 时：

$$\Delta\sigma_k = \frac{p_0 bl}{(b+2a)(l+2a)} \tag{9.18}$$

式中　b——与基坑边垂直方向上的基础尺寸，m；

　　　　l——与基坑边平行方向上的基础尺寸，m。

当 $z_a<d+\dfrac{a}{\tan\theta}$ 或 $z_a>d+\dfrac{3a+b}{\tan\theta}$ 时，取 $\Delta\sigma_k=0$。

对作用在地面的条形、矩形附加荷载，按式(9.17)、式(9.18)计算土中附加竖向应力标准值 $\Delta\sigma_k$ 时，应取 $d=0$，如图9.5(b)所示。

4)支护结构顶部以上放坡或土钉墙时土中附加竖向应力计算

当支护结构顶部低于地面，其上方采用放坡或土钉墙时，支护结构顶面以上土体对支护结构的作用宜按库仑土压力理论计算，也可将其视作附加荷载进行土中附加竖向应力标准值计算(见图9.6)。

①当 $\dfrac{a}{\tan\theta}\leqslant z_a\leqslant\dfrac{a+b_1}{\tan\theta}$ 时：

$$\Delta\sigma_k = \frac{\gamma h_1}{b_1}(z_a - a) + \frac{E_{ak1}(a+b_1-z_a)}{K_a b_1^2} \tag{9.19}$$

$$E_{ak1} = \frac{1}{2}\gamma h_1^2 K_a - 2ch_1\sqrt{K_a} + \frac{2c^2}{\gamma} \tag{9.20}$$

②当 $z_a>\dfrac{a+b_1}{\tan\theta}$ 时：

$$\Delta\sigma_k = \gamma h_1 \tag{9.21}$$

③当 $z_a<\dfrac{a}{\tan\theta}$ 时：

$$\Delta\sigma_k = 0 \tag{9.22}$$

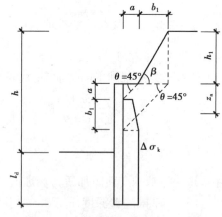

图9.6　支护结构顶部以上放坡或土钉墙时土中附加竖向应力计算

式中　z_a——支护结构顶面至土中附加竖向应力计算点的竖向距离，m；

　　　　a——支护结构外边缘至放坡坡脚的水平距离，m；

　　　　b_1——放坡坡面的水平尺寸，m；

　　　　h_1——地面至支护结构顶面的竖向距离，m；

　　　　γ——支护结构顶面以上土的重度，kN/m³；多层土取各层土按厚度加权的平均值；

c——支护结构顶面以上土的黏聚力，kPa；

K_a——支护结构顶面以上土的主动土压力系数；对多层土取各层土按厚度加权的平均值；

E_{ak1}——支护结构顶面以上土层所产生的主动土压力的标准值，kN/m。

9.2.2　支护结构分析

1）支挡式结构分析方法的选用原则

进行基坑支挡式结构设计时，应根据具体形式与受力、变形特性等采用下列分析方法：

①对于锚拉式支挡结构，可将整个结构分解为挡土结构、锚拉结构（锚杆及腰梁、冠梁）分别进行分析；挡土结构宜采用平面杆系结构弹性支点法进行分析；作用在锚拉结构上的荷载应取挡土结构分析时得出的支点力。

②对于支撑式支挡结构，可将整个结构分解为挡土结构、内支撑结构分别进行分析；挡土结构宜采用平面杆系结构弹性支点法进行分析；内支撑结构可按平面结构进行分析，挡土结构传至内支撑的荷载应取挡土结构分析时得出的支点力；对挡土结构和内支撑结构分别进行分析时，应考虑其相互之间的变形协调。

③悬臂式支挡结构、双排桩支挡结构，宜采用平面杆系结构弹性支点法进行结构分析。

④当有可靠经验时，可采用空间结构分析方法对支挡式结构进行整体分析或采用数值分析方法对支挡式结构与土进行整体分析。

2）支挡式结构设计工况的影响问题

进行支挡式结构设计时，应考虑设计工况的影响问题，并应按其中最不利作用效应进行支护结构设计。主要设计工况如下：

①基坑开挖至坑底时的状况。

②对锚拉式和支撑式支挡结构，基坑开挖至各层锚杆或支撑施工面时的状况。

③在主体地下结构施工过程中需要以主体结构构件替换支撑或锚杆的状况；此时，主体结构构件应满足替换后各设计工况下的承载力、变形及稳定性要求。

④对于水平内支撑式支挡结构，基坑各边水平荷载不对等的各种状况。

3）平面杆系结构弹性支点法时结构分析模型

如图 9.7 所示，平面杆系结构弹性支点法结构分析模型的计算规定如下：

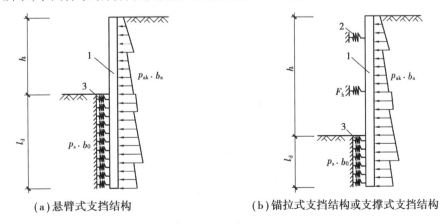

（a）悬臂式支挡结构　　　（b）锚拉式支挡结构或支撑式支挡结构

图 9.7　弹性支点法计算

1—挡土构件；2—由锚杆或支撑简化而成的弹性支座；3—计算土反力的弹性支座

（1）主动土压力强度标准值 $p_s k$ 参照 9.2.1 节进行计算

（2）作用在挡土构件上的分布土反力计算

$$p_s = k_s v + p_{s0} \tag{9.23}$$

挡土构件嵌固段上的基坑内侧分布土反力的计算条件为：

$$P_{sk} \leqslant E_{pk} \tag{9.24}$$

当不符合式（9.24）的计算条件时，应增加挡土构件的嵌固长度或取 $P_{sk} = E_{pk}$ 时的分布土反力值。

式中　p_s——分布土反力，kPa；

　　　k_s——土的水平反力系数，kN/m，可按式（9.25）计算取值；

　　　v——挡土构件在分布土反力计算点使土体压缩的水平位移值，m；

　　　p_{s0}——初始土反力，kPa；作用在挡土构件嵌固段上的基坑内侧初始分布土压力可按式（9.8）或式（9.12）计算，但应将公式中的 p_{sk} 用 p_{s0} 代替、σ_{ak} 用 σ_{pk} 代替、u_a 用 u_p 代替，且不计 $2c_i\sqrt{K_{a,i}}$ 项；

　　　p_{sk}——挡土构件嵌固段上的基坑内侧土反力标准值，通过按式（9.23）计算的分布土反力得出，kN；

　　　E_{pk}——挡土构件嵌固段上的被动土压力标准值，按式（9.9）或式（9.13）计算的被动土压力强度标准值得出，kN。

（3）基坑内侧土的水平反力系数计算

$$k_s = m(z - h) \tag{9.25}$$

式中　m——土的水平反力系数的比例系数，可按式（9.26）计算确定，kN/m⁴；

　　　z——计算点距地面的深度，m；

　　　h——计算工况下的基坑开挖深度，m。

（4）土的水平反力系数的比例系数

土的水平反力系数的比例系数宜按桩的水平荷载试验及地区经验取值，缺少试验和经验时，可按下列经验公式计算：

$$m = \frac{0.2\varphi^2 - \varphi + c}{v_b} \tag{9.26}$$

式中　m——土的水平反力系数的比例系数，MN/m⁴；

　　　c,φ——土的黏聚力，（kPa）；内摩擦角，（°），多层土按不同土层分别取值；

　　　v_b——挡土构件在坑底处的水平位移量，当此处的水平位移不大于 10 mm 时，可取 $v_b = 10$ mm。

（5）排桩的土反力计算宽度确定（见图 9.8）

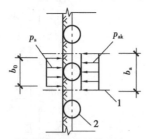
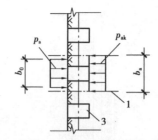

（a）圆形截面排桩计算宽度　　　（b）矩形或工字型截面排桩计算宽度

图 9.8　排桩计算宽度

1—排桩对称中心线；2—圆形桩；3—矩形桩或工字型桩

挡土结构采用排桩时，作用在单根支护桩上的主动土压力计算宽度应取排桩间距，土反力计算宽度 b_0 计算规定如下：

对于圆形桩：

$$b_0 = 0.9(1.5d + 0.5) \quad (d \leqslant 1 \text{ m}) \tag{9.27a}$$

$$b_0 = 0.9(d + 1) \quad (d > 1 \text{ m}) \tag{9.27b}$$

对于矩形桩或工字形桩:

$$b_0 = 1.5b + 0.5 \quad (b \leqslant 1 \text{ m}) \tag{9.27c}$$

$$b_0 = b + 1 \quad (b > 1 \text{ m}) \tag{9.27d}$$

式中　b_0——单根支护桩上的土反力计算宽度,m;当按式(9.26)计算的 b_0 大于排桩间距时,b_0 取排桩间距;

　　　　d——桩的直径,m;

　　　　b——矩形桩或工字形桩的宽度,m。

当挡土结构采用地下连续墙时,作且在单幅地下连续墙上的主动土压力计算宽度和土反力计算宽度 b_0 应取包括接头的单幅墙宽度。

(6)锚杆和内支撑对挡土结构的作用力确定

锚杆和内支撑对挡土结构的约束作用应按弹性支座考虑,按式(9.28)计算。

$$F_h = k_R(v_R - v_{R0}) + P_h \tag{9.28}$$

式中　F_h——挡土结构计算宽度内的弹性支点水平反力,kN;

　　　　k_R——挡土结构计算宽度内弹性支点刚度系数,kN/m;采用锚杆时可按式(9.29)计算确定,采用内支撑时可按式(9.31)计算确定;

　　　　v_R——挡土构件在支点处的水平位移值,m;

　　　　v_{R0}——设置锚杆或支撑时,支点的初始水平位移值,m;

　　　　P_h——挡土结构计算宽度内的法向预加力,kN;采用锚杆或竖向斜撑时,取 $P_h = b_a P \cos \alpha / s$;采用水平对撑时,取 $P_h = b_a P / s$;对不预加轴向压力支撑,取 $P_h = 0$;采用锚杆时,宜取 $P = 0.75N_k \sim 0.9N_k$,采用支撑时,宜取 $P = 0.5N_k \sim 0.8N_k$;

　　　　P——锚杆的预加轴向拉力值或支撑的预加轴向压力值,kN;

　　　　α——锚杆倾角或支撑仰角,(°);

　　　　b_a——挡土结构计算宽度,对于单根支护桩,取排桩间距,对单幅地下连续墙,取包括接头的单幅墙宽度,m;

　　　　s——锚杆或支撑的水平间距,m;

　　　　N_k——锚杆轴向拉力标准值或支撑轴向压力标准值,kN。

(7)锚拉式支挡结构的弹性支点刚度系数确定

当有锚杆基本试验数据资料时,锚拉式支挡结构弹性支点刚度系数按式(9.29)计算。

$$k_R = \frac{(Q_2 - Q_1)b_a}{(s_2 - s_1)s} \tag{9.29}$$

式中　Q_1, Q_2——锚杆循环加荷或逐级加荷试验中($Q \sim s$)曲线上对应锚杆锁定值与轴向拉力标准值的荷载值,kN;对于锁定前进行张拉的锚杆,应取循环加荷试验中在相当于预张拉荷载的加荷量下卸载后的再加载曲线上的荷载值;

　　　　s_1, s_2——($Q \sim s$)曲线上对应于荷载为 Q_1、Q_2 的锚头位移值,m;

　　　　b_a——结构计算宽度,m;

　　　　s——锚杆水平间距,m。

缺少试验资料时,锚拉式支挡结构的弹性支点刚度系数可按式(9.30)计算。

$$k_R = \frac{3E_s E_c A_p A b_a}{[3E_c A l_f + E_s A_p(l - l_f)]s} \tag{9.30a}$$

$$E_c = \frac{E_s A_p + E_m(A - A_p)}{A} \tag{9.30b}$$

式中　E_s，E_c——分别为锚杆杆体弹性模量、锚杆的复合弹性模量，kPa；

　　　A_p，A——分别为锚杆杆体的截面面积、注浆固结体的截面面积，m^2；

　　　l_f，l——分别为锚杆的自由段长度、锚杆的总长度，m；

　　　E_m——锚杆固结体的弹性模量，kPa。

当锚杆腰梁或冠梁的挠度不可忽略不计时，尚应考虑其挠度对弹性支点刚度系数的影响。

（8）支撑式支挡结构的弹性支点刚度系数确定

支撑式支挡结构的弹性支点刚度系数宜通过对内支撑结构整体进行线弹性结构分析得出的支点力与水平位移的关系确定。对水平对撑，当支撑腰梁或冠梁的挠度可忽略不计时，计算宽度内弹性支点刚度系数可按式（9.31）计算。

$$k_R = \frac{\alpha_R EAb_a}{\lambda l_0 s} \tag{9.31}$$

式中　λ——支撑不动点调整系数：支撑两对边基坑的土性、深度、周边荷载等条件相近，且分层对称开挖时，取 $\lambda = 0.5$；支撑两对边基坑的土性、深度、周边荷载等条件或开挖时间有差异时，对土压力较大或先开挖的一侧，取 $\lambda = 0.5 \sim 1.0$，且差异大时取大值，反之取小值；对土压力较小或后开挖的一侧，取 $(1-\lambda)$；当基坑一侧取 $\lambda = 1$ 时，基坑另一侧应按固定支座考虑；竖向斜撑构件取 $\lambda = 1$；

　　　α_R——支撑松弛系数，对混凝土支撑和预加轴向压力的钢支撑，取 $\alpha_R = 1.0$，对不预加支撑轴向压力的钢支撑，取 $\alpha_R = 0.8 \sim 1.0$；

　　　E——支撑材料的弹性模量，kPa；

　　　A——支撑的截面面积，m^2；

　　　l_0——受压支撑构件的长度，m；

　　　s——支撑水平间距，m。

4）基坑变形特征

进行基坑支护结构分析时，按荷载标准组合计算的变形值不应大于《基坑规程》规定的变形控制值。支护结构的变形主要有：支护结构主体水平位移及其速率，地表下沉量及下沉速率，邻建物的沉降及倾斜，基坑底隆起量及其速率，支锚位移量及其速率，支护结构主体倾斜等。基坑失稳一般是由两个方面引起的。一是因支护结构的强度或刚度不足而引起的失稳；二是因支护结构地基土的强度不足而引起的基坑失稳。

对于砂性土地基，若基坑开挖时水头差过大，在动水压力作用下，地下水会绕过支挡结构连同砂土一同涌入基坑，造成基坑管涌和流砂现象发生。此外，当基坑底部附近有承压水层时，若上覆土体的重量不足以平衡承压水压力时，承压水会冲破坑底不透水层突然涌入基坑底部，造成坑底隆起。

9.2.3　基坑地面沉降计算

1）基坑降水引起的地面沉降

基坑降水将引起基坑周围地下水位的下降，形成以各抽水井点或泄水孔为中心的降水漏斗，使漏斗范围的地面产生沉降，从而使此范围内的建（构）筑物发生不均匀沉降。降水引起的地层变形量可按式（9.32）计算：

$$S = \psi_w \frac{\Delta\sigma'_{zi}\Delta h_i}{E_{si}} \tag{9.32}$$

式中　S——计算剖面的地层压缩变形量，m；

ψ_w——沉降计算经验系数,根据地区工程经验取值,无经验时,取 $\psi_w = 1$;

$\Delta\sigma'_{zi}$——降水引起的地面下第 i 土层的平均附加有效应力,kPa;对黏性土,应取降水结束时土的固
结度下的附加有效应力;

Δh_i——第 i 层土厚度,m;土层的总计算厚度应按渗流分析或实际土层分布情况确定;

E_{si}——第 i 层土的压缩模量,kPa;应取土的自重应力至自重应力与附加有效应力之和的压力段的
压缩模量。

2)基坑开挖引起的地面沉降

基坑周围地面变形与支挡结构刚度、支锚刚度和周围土
质等有关。如图9.9所示,基坑开挖引起地面沉降可采用 R.B.
Peck 模式和土体损失理论来计算。

(1)支挡结构后部任意一点 x 沉降量

$$S(x) = S_{max} \cdot e^{-0.5\left(\frac{x}{i_x}\right)^2} \tag{9.33}$$

式中 i_x——沉降槽特征宽度,m。$i_x = H/[\sqrt{2\pi} \cdot \tan(45° - \varphi/2)]$;

S_{max}——地面最大沉降量,m。$S_{max} = V_0\tan(45° - \varphi/2)/H$;

V_0——支挡结构后土体的损失,m^3/m。

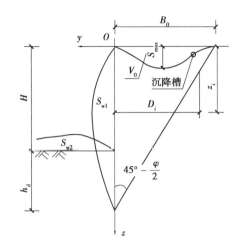

图9.9　基坑开挖引起地面沉降计算图

V_0 由支挡结构变形引起的土体损失 S_{w1} 和坑底隆起引起
的土体损失 S_{w2} 两部分组成,即:$V_0 = S_{w1} + S_{w2}$。

$$S_{w1} = A \cdot H^3/3 + B \cdot H^2/2 + C \cdot H; \quad S_{w2} = B_j(0.5H + 0.04H^2)/300 \tag{9.34}$$

式中,A、B、C 为回归系数,计算点数 n 确定后,可按下式计算:

$$\begin{bmatrix} n & \sum_{i=1}^{n} z_i & \sum_{i=1}^{n} z_i^2 \\ \sum_{i=1}^{n} z_i & \sum_{i=1}^{n} z_i^2 & \sum_{i=1}^{n} z_i^3 \\ \sum_{i=1}^{n} z_i^2 & \sum_{i=1}^{n} z_i^3 & \sum_{i=1}^{n} z_i^4 \end{bmatrix} \begin{Bmatrix} A \\ B \\ C \end{Bmatrix} = \begin{Bmatrix} \sum_{i=1}^{n} z_i \\ \sum_{i=1}^{n} z_i y_i \\ \sum_{i=1}^{n} z_i^2 y_i \end{Bmatrix} \tag{9.35}$$

式中 B_j, z_i——分别为基坑宽度、第 i 点到地面的距离,m;

y_i——第 i 点的水平位移,可根据弹性地基杆系有限元法计算,m。

(2)基坑开挖对周围地面的影响范围

$$B_0 = (H + H_d)\tan\left(45° - \frac{\varphi}{2}\right) \tag{9.36}$$

(3)沉降影响最为严重的范围

$$D_i = \frac{H}{\sqrt{2\pi}\tan\left(45° - \frac{\varphi}{2}\right)} \tag{9.37}$$

(4)沉降影响最为严重的范围内的最大差异沉降率

$$I_{max} = 1.53 \times \frac{V_0\tan^2\left(45° - \frac{\varphi}{2}\right)}{H} \tag{9.38}$$

9.3　支护结构的稳定性验算

9.3.1　悬臂式支挡结构的嵌固深度计算

如图 9.10 所示,悬臂式支挡结构的嵌固深度应符合式(9.39)的计算要求。

$$\frac{E_{pk}a_{p1}}{E_{ak}a_{a1}} \geqslant K_e \tag{9.39}$$

式中　K_e——嵌固稳定安全系数;安全等级为一级、二级、三级的悬臂式支挡结构,K_e 分别不应小于 1.25、1.2、1.15;

E_{ak},E_{pk}——基坑外侧主动土压力、基坑内侧被动土压力合力的标准值,kN;

a_{a1},a_{p1}——基坑外侧主动土压力、基坑内侧被动土压力合力作用点至挡土构件底端的距离,m。

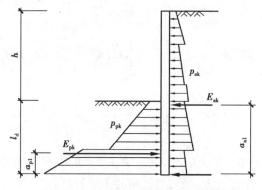

图 9.10　悬臂式结构嵌固稳定性验算

9.3.2　单层锚杆和单层支撑的支挡式结构的嵌固深度计算

如图 9.11 所示,单层锚杆和单层支撑的支挡式结构嵌固深度应符合式(9.40)计算要求。

$$\frac{E_{pk}a_{p2}}{E_{ak}a_{a2}} \geqslant K_e \tag{9.40}$$

式中　K_e——嵌固稳定安全系数;安全等级为一级、二级、三级的锚拉式支挡结构和支撑式支挡结构,K_e 分别不应小于 1.25、1.2、1.15;

a_{a2},a_{p2}——基坑外侧主动土压力、基坑内侧被动土压力合力作用点至锚拉支点距离,m。

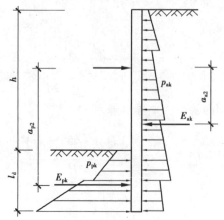

图 9.11　单支点锚拉式支挡结构和支撑式支挡结构的嵌固稳定性验算

9.3.3 锚拉式、悬臂式和双排桩支挡结构整体稳定性验算

如图 9.12 所示,锚拉式、悬臂式和双排桩支挡结构可采用圆弧滑动条分法进行验算,其计算公式如下:

$$\min\{K_{s,1},K_{s,2},\cdots,K_{s,i},\cdots\} \geqslant K_s \tag{9.41}$$

$$K_{s,i} = \frac{\sum\{c_jl_j + [(q_jb_j + \Delta G_j)\cos\theta_j - u_jl_j]\tan\varphi_j\} + \dfrac{\sum R'_{k,k}[\cos(\theta_k+\alpha_k) + \psi_v]}{s_{x,k}}}{\sum(q_jb_j + \Delta G_j)\sin\theta_j} \tag{9.42}$$

式中 K_s——圆弧滑动整体稳定安全系数;安全等级为一级、二级、三级的锚拉式支挡结构,K_s 分别不应小于 1.35、1.3、1.25;

       $K_{s,j}$——第 i 个圆弧滑动体的抗滑力矩与滑动力矩的比值;抗滑力矩与滑动力矩之比的最小值宜通过搜索不同圆心及半径的所有潜在滑动圆弧确定;

       c_j,φ_j——第 j 土条滑弧面处土的粘聚力,kPa;内摩擦角,(°);

       b_j——第 j 土条的宽度,m;

       θ_j——第 j 土条滑弧面中点处的法线与垂直面的夹角,(°);

       l_j——第 j 土条的滑弧段长度,取 $l_j = b_j/\cos\theta_j$,m;

       q_j——第 j 土条上的附加分布荷载标准值,kPa;

       ΔG_j——第 j 土条的自重,按天然重度计算,kN;

       u_j——第 j 土条在滑弧面上的孔隙水压力,kPa;采用落底式截水帷幕时,对地下水位以下的砂土、碎石土、砂质粉土,在基坑外侧,可取 $u_j = \gamma_w h_{wa,j}$,在基坑内侧,可取 $u_j = \gamma_w h_{wp,j}$;滑弧面在地下水位以上或对地下水位以下的黏性土,取 $u_j = 0$;

       γ_w——地下水重度,kN/m;

       $h_{wa,j}$——基坑外地下水位至第 j 土条滑弧面中点的压力水头,m;

       $h_{wp,j}$——基坑内地下水位至第 j 土条滑弧面中点的压力水头,m;

       $R'_{k,k}$——第 k 层锚杆在滑动面以外的锚固段的极限拉力值标准值与锚杆杆体受拉承载力标准值 (f_ptkA_p) 的较小值,kN;对于悬臂式、双排桩支挡结构,不考虑 $\sum R'_{k,k}[\cos(\theta_k+\alpha_k) + \psi_v]/s_{x,k}$ 项;

       α_k——第 k 层锚杆的倾角,(°);

       θ_k——滑弧面在第 k 层锚杆处的法线与垂直面的夹角,(°);

       $s_{x,k}$——第 k 层锚杆的水平间距,m;

       ψ_v——计算系数;可按 $\psi_v = 0.5\sin(\theta_k+\alpha_k)\tan\varphi$ 取值,此处;

       φ——第 k 层锚杆与滑弧交点处土的内摩擦角,(°)。

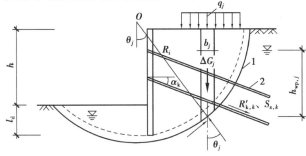

图 9.12   圆弧滑动条分法整体稳定性验算

1—任意圆弧滑动面;2—锚杆

当挡土构件底端以下存在软弱下卧土层时,整体稳定性验算滑动面中应包括由圆弧与软弱土层层面组成的复合滑动面。

9.3.4 基坑底抗隆起稳定性验算

①对于锚拉式支挡结构和支撑式支挡结构,其嵌固深度应满足坑底隆起稳定性要求,抗隆起稳定性可按下列公式验算,如图9.13所示。

$$\frac{\gamma_{m2}DN_q + cN_c}{\gamma_{m1}(h + D) + q_0} \geqslant K_b \tag{9.43}$$

式中 K_b——抗隆起安全系数;安全等级为一级、二级、三级的支护结构,K_b 分别不应小于1.8、1.6、1.4;

γ_{m1},γ_{m2}——分别为基坑外、基坑内挡土构件底面以上土的重度,kN^3/m;对多层土,取各层土按厚度加权的平均重度;

D——挡土构件的嵌固深度,m;

h——基坑深度,m;

q_0——地面均布荷载,kPa;

N_c,N_q——承载力系数;$N_q = \tan^2\left(45° + \dfrac{\varphi}{2}\right)e^{\pi\tan\varphi}$;$N_c = \dfrac{N_q - 1}{\tan\varphi}$;

c,φ——分别为挡土构件底面以下土的粘聚力,kPa;内摩擦角,(°)。

②当锚拉式支挡结构和支撑式支挡结构底面以下有软弱下卧层时,坑底抗隆起稳定性验算的部位尚应包括软弱下卧层,此时,式(9.43)中的 γ_{m1}、γ_{m2} 应取软弱下卧层顶面以上土的重度,D 应取基坑底面至软弱下卧层顶面的土层厚度,如图9.14所示。

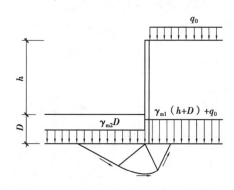

图9.13 挡土构件底端平面下土的抗隆起稳定性验算   图9.14 软弱下卧层的抗隆起稳定性验算

③当坑底以下为软土时,锚拉式支挡结构和支撑式支挡结构的嵌固深度应满足以最下层支点为轴心的圆弧滑动稳定性要求,如图9.15所示。

$$\frac{\sum\left[c_j l_j + (q_j b_j + \Delta G_j)\cos\theta_j \tan\varphi_j\right]}{\sum(q_j b_j + \Delta G_j)\sin\theta_j} \geqslant K_r \tag{9.44}$$

式中 K_r——以最下层支点为轴心的圆弧滑动稳定安全系数;安全等级为一级、二级、三级的支挡式结构,K_r 分别不应小于2.2、1.9、1.7。

c_j,φ_j——第 j 土条在滑弧面处土的黏聚力,kPa;内摩擦角,(°);

l_j——第 j 土条的滑弧段长度,取 $l_j = \dfrac{b_j}{\cos\theta_j}$,m;

q_j——第 j 土条顶面上的竖向压力标准值,kPa;

b_j——第 j 土条的宽度,m;

θ_j——第 j 土条滑弧面中点处的法线与垂直面的夹角,(°);

ΔG_j——第 j 土条的自重,按天然重度计算,kN。

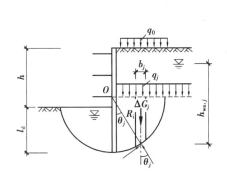

图 9.15　以最下层支点为轴心的圆弧滑动稳定性验算

1—任意圆弧滑动面;2—最下层支点

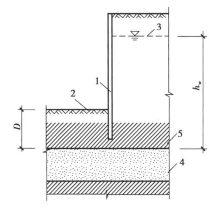

图 9.16　坑底土体的突涌稳定性验算

1—截水帷幕;2—基底;3—承压水测管水位;
4—承压水含水层;5—隔水层

④挡土构件的嵌固深度除应满足隆起稳定性验算以外,还应满足最低要求的规定值,对悬臂式结构,尚不宜小于 $0.8h$(h 为基坑深度);对单支点支挡式结构,尚不宜小于 $0.3h$;对多支点支挡式结构,尚不宜小于 $0.2h$。

⑤对于悬臂式支挡结构,可不进行抗隆起稳定性验算。

9.3.5　渗透稳定性验算

①坑底以下有水头高于坑底的承压水含水层,且未用截水帷幕隔断其基坑内外的水力联系时,承压水作用下的坑底突涌稳定性应符合式(9.45)计算规定,如图 9.16 所示。

$$\frac{D\gamma}{h_w\gamma_w} \geq K_h \tag{9.45}$$

式中　K_h——突涌稳定性安全系数;K_h 不应小于 1.1;

D——承压含水层顶面至坑底的土层厚度,m;

γ——承压含水层顶面至坑底土层的天然重度,kN/m³;对多层土,取按土层厚度加权的平均天然重度;

h_w——基坑内外的水头差,m;

γ_w——水的重度,kN/m³。

②悬挂式截水帷幕底端位于碎石土、砂土或粉土含水层时,对均质含水层,地下水渗流的流土稳定性应符合式(9.46)计算,如图 9.17 所示。

$$\frac{(2l_d + 0.8D_1)\gamma'}{\Delta h\gamma_w} \geq K_f \tag{9.46}$$

式中　K_f——流土稳定性安全系数;安全等级为一、二、三级的支护结构,K_f 分别不应小于 1.6、1.5、1.4;

l_d——截水帷幕底面在坑底下的插入土层深度,m;

D_1——潜水水面或承压水含水层顶面至基坑底面的土层厚度,m;

Δh——基坑内外的水头差,m;

γ',γ_w——分别为土的浮重度,水的重度,kN/m³。

③坑底以下为级配不连续的不均匀砂土、碎石土含水层时,应进行土的管涌可能性判别。如图 9.18 所示,当地下水的向上渗流力(动水压力)大于坑底土的有效浮重度时,土粒将处于浮动翻腾状态而形成

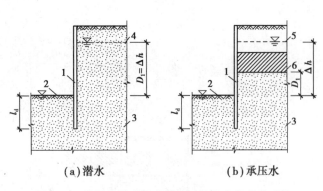

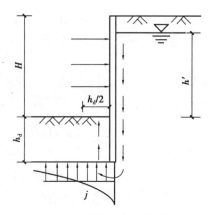

图 9.17　采用悬挂式帷幕截水时的流土稳定性验算
1—截水帷幕;2—基坑底面;3—含水层;4—潜水水位;
5—承压水测管水位;6—承压含水层顶面

图 9.18　管涌稳定性验算

坑底管涌现象,或称之为流砂现象。管涌最先发生在离坑壁约为支挡结构入土深度 1/2 范围内($h_d/2$)。为避免管涌现象的发生,则应:

$$\gamma' \geqslant K_w j \tag{9.47}$$

式中　γ'——土浸泡在水中的有效浮重度,kN/m^3;

　　　K_w——抗管涌安全系数,1.5~2.0;

　　　j——渗流力,也称动水压力,$j = i\gamma_w = h'\gamma_w/(h'+2h_d)$,$kN/m^3$;

　　　i——水力梯度,$i = h'/(h'+2h_d)$;

　　　γ_w——地下水重度,可取 10 kN/m^3。

不发生管涌的条件也可写成:

$$\gamma' \geqslant K_w \frac{h'}{h'+2h_d}\gamma_w ;$$

或

$$h_d \geqslant \frac{K_w h'\gamma_w - \gamma' h'}{2\gamma'} \tag{9.48}$$

如果坑底以上为松散杂填土、多裂隙土、粗粒石土等透水性好的土层,地下水流经此层的水头损失很小,可忽略不计。此时,不发生管涌的条件为:

$$h_d \geqslant \frac{K_w h'\gamma_w}{2\gamma'} \tag{9.49}$$

9.4　桩墙支护结构设计

9.4.1　排桩设计

排桩是沿基坑侧壁排列设置的支护桩及冠梁所组成的支挡式结构部件或悬臂式支挡结构。支挡式结构是以挡土构件和锚杆或支撑为主的,或仅以挡土构件为主的支护结构。挡土构件是设置在基坑侧壁并嵌入基坑底面的支护结构竖向构件。例如,支护桩、地下连续墙等。支护桩类型有混凝土灌注桩、型钢桩、钢管桩、钢板桩、型钢水泥土搅拌桩等,应根据桩所穿过土层的性质、地下水条件及基坑周边环境要求等加以选择。

1)混凝土支护桩的正截面和斜截面承载力计算

①如图 9.19 所示,沿周边均匀配置纵向钢筋(纵筋数量不少于 6 根)的圆形截面支护桩,其正截面受

弯承载力应符合下列计算规定。

$$M \leqslant \frac{2}{3}f_c Ar\frac{\sin^3 \pi\alpha}{\pi} + f_y A_s r_s \frac{\sin \pi\alpha + \sin \pi\alpha_t}{\pi} \tag{9.50a}$$

$$\alpha f_c A\left(1 - \frac{\sin 2\pi\alpha}{2\pi\alpha}\right) + (\alpha - \alpha_t)f_y A_s = 0 \tag{9.50b}$$

$$\alpha_t = 1.25 - 2\alpha \tag{9.50c}$$

式中　M——桩的弯矩设计值,按式(9.5)进行计算,kN·m;

　　　f_c——混凝土轴心抗压强度设计值,kN/m²;当混凝土强度等级超过 C50 时,f_c 应以 $\alpha_1 f_c$ 代替,当混凝土强度等级为 C50 时,取 $\alpha_1 = 1.0$,当混凝土强度等级为 C80 时,取 $\alpha_1 = 0.94$,其间线性内插法确定;

　　　A,A_s——分别为支护桩截面面积、全部纵向钢筋的截面面积,m²;

　　　r,r_s——分别为支护桩的半径、纵向钢筋重心所在圆周的半径,m;

　　　α——对应于受压区混凝土截面面积的圆心角(rad)与 2π 的比值;

　　　f_y——纵向钢筋的抗拉强度设计值,kN/m²;

　　　α_t——纵向受拉钢筋截面面积与全部纵向钢筋截面面积的比值,当 $\alpha>0.625$ 时,取 $\alpha_t=0$。

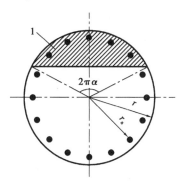

图 9.19　沿周边均匀配置纵向钢筋
1—混凝土受压区

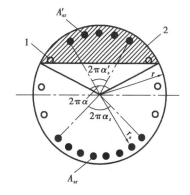

图 9.20　沿受拉区和受压区周边局部
均匀配置纵向钢筋
1—构造钢筋;2—混凝土受压区

②如图 9.20 所示,沿受拉区和受压区周边局部均匀配置纵向钢筋(纵筋数量不少于 3 根)的圆形截面支护桩,其正截面受弯承载力应符合下列计算规定。

$$M \leqslant \frac{2}{3}f_c Ar\frac{\sin^3 \pi\alpha}{\pi} + f_y A_{sr} r_s \frac{\sin \pi\alpha_s}{\pi\alpha_s} + f_y A'_{sr} r_s \frac{\sin \pi\alpha'_s}{\pi\alpha'_s} \tag{9.51a}$$

$$\alpha f_c A\left(1 - \frac{\sin 2\pi\alpha}{2\pi\alpha}\right) + f_y(A'_{sr} - A_{sr}) = 0 \tag{9.51b}$$

$$\cos \pi\alpha \geqslant 1 - \left(1 + \frac{r_s}{r}\cos \pi\alpha_s\right)\xi_b \tag{9.51c}$$

$$\alpha \geqslant \frac{1}{3.5} \tag{9.51d}$$

式中　α——对应于混凝土受压截面面积的圆心角(rad)与 2π 的比值;

　　　α_s——对应于受拉钢筋的圆心角(rad)与 2π 比值;α_s 值取 1/6~1/3,通常可取 0.25;

　　　α'_s——对应于受压钢筋的圆心角(rad)与 2π 的比值,宜取 $\alpha'_s \leqslant 0.5\alpha$;

　　　A_{sr},A'_{sr}——分别为沿周边均匀配置在圆心角 $2\pi\alpha_s$、$2\pi\alpha'_s$ 内的纵向受拉、受压钢筋的截面面积,m²;

　　　ξ_b——矩形截面的相对界限受压区高度,应按现行国家标准《混凝土结构设计规范》GB 50010 的规定取值。

若沿受拉区和受压区周边局部均匀配置纵向钢筋圆形截面支护桩计算的 $\alpha < 1/3.5$ 时,其正截面受弯承载力应符合式(9.52)计算规定。

$$M \leqslant f_y A_{sr}\left(0.78r + r_s \frac{\sin \pi\alpha_s}{\pi\alpha_s}\right) \tag{9.52}$$

沿圆形截面受拉区和受压区周边实际配置的均匀纵向钢筋的圆心角应分别取为 $2(n-1)\pi\alpha_s/n$ 和 $2(m-1)\pi\alpha/m$(n、m 分别为受拉区、受压区配置均匀纵向钢筋的根数)。配置在圆形截面受拉区的纵向钢筋,按全截面面积计算的最小配筋率不宜小于 0.2% 和 $0.45f_t/f_y$ 中的较大者(f_t 为混凝土抗拉强度设计值)。

在不配置纵向受力钢筋的圆周范围内应设置周边纵向构造钢筋,纵向构造钢筋直径不应小于纵向受力钢筋直径的 1/2,且不应小于 10 mm;纵向构造钢筋的环向间距不应大于圆截面的半径和 250 mm 两者的较小值,且不得少于 1 根。

③圆形截面支护桩的斜截面承载力,可用截面宽度为 $1.76r$ 和截面有效高度为 $1.6r$(r 为圆形截面半径)的矩形截面代替圆形截面后,按现行国家标准《混凝土结构设计规范》GB 50010 对矩形截面斜截面承载力的规定进行计算,其剪力设计值应按式(9.6)计算确定。

④矩形截面支护桩的正截面受弯承载力和斜截面受剪承载力,应按现行国家标准《混凝土结构设计规范》GB 50010 的有关规定进行计算,但其弯矩设计值和剪力设计值应分别按式(9.5)和式(9.6)计算确定。

2)桩身构造规定

采用混凝土灌注桩时,对悬臂式排桩,支护桩的桩径宜≥600 mm;对锚拉式排桩或支撑式排桩,支护桩的桩径宜≥400 mm;排桩的中心距不宜大于桩直径的 2.0 倍。采用混凝土灌注桩为支护桩时,其桩身混凝土强度等级、钢筋配置和混凝土保护层厚度应符合下列规定:

①桩身混凝土强度等级不宜低于 C25。

②支护桩的纵向受力钢筋宜选用 HRB400、HRB500 钢筋,单桩的纵向受力钢筋不宜少于 8 根,净间距不应小于 60 mm;支护桩顶部设置钢筋混凝土构造冠梁时,纵向钢筋锚入冠梁的长度宜取冠梁厚度;冠梁按结构受力构件设置时,桩身纵向受力钢筋伸入冠梁的锚固长度应符合现行国家标准《混凝土结构设计规范》GB 50010 对钢筋锚固的有关规定。

③可采用螺旋式箍筋,箍筋直径不应小于纵向受力钢筋最大直径的 1/4,且不应小于 6 mm;箍筋间距宜取 100~200 mm,且不应大于 400 mm 及桩直径。

④沿桩身配置的加强箍筋应满足钢筋笼起吊安装要求,宜选用 HPB300、HRB400 钢筋,其间距宜取 1 000~2 000 mm。

⑤纵向受力钢筋的保护层厚度不应小于 35 mm;采用水下灌注混凝土工艺时,不应小于 50 mm。

⑥当采用沿截面周边非均匀配置纵向钢筋时,受压区的纵向钢筋根数不应少于 5 根;当施工方法不能保证钢筋的方向时,不应采用沿截面周边非均匀配置纵向钢筋的形式。

3)冠梁构造规定

冠梁的宽度不宜小于桩径,高度不宜小于桩径的 0.6 倍。冠梁用作支撑或锚杆的传力构件或按空间结构设计时,尚应按受力构件进行截面设计。在有主体建筑地下管线的部位,排桩冠梁宜低于地下管线。

4)桩间土防护措施

桩间土防护措施宜采用内置钢筋网或钢丝网的喷射混凝土面层。喷射混凝土面层厚度不宜小于 50 mm,混凝土强度等级不宜低于 C20,混凝土面层内配置的钢筋网纵横向间距不宜大于 200 mm。钢筋网或钢丝网宜采用横向拉筋与两侧桩体连接,拉筋直径不宜小于 12 mm,拉筋锚固在桩内的长度不宜小于 100 mm。钢筋网宜采用桩间土内打入直径不小于 12 mm 的钢筋钉固定,钢筋钉打入桩间土中长度不宜小于排桩净间距 1.5 倍且不应小于 500 mm。

采用降水的基坑,在有可能出现渗水的部位应设置泄水管,泄水管应采取防止土颗粒流失的反滤措施。

5)其他规定

排桩采用素混凝土桩与钢筋混凝土桩间隔布置的钻孔咬合桩形式时,支护桩的桩径可取 800～1 500 mm,相邻桩咬合不宜小于 200 mm。素混凝土桩应采用强度等级不小于 C15 的超缓凝混凝土,其初凝时间宜控制在 40～70 h,坍落度宜取 12～14 mm。

9.4.2　双排桩设计

双排桩是沿基坑侧壁排列设置的由前、后两排支护桩和梁连接成的刚架及冠梁所组成的支挡式结构。如图 9.21 所示,双排桩结构可采用的平面刚架结构模型进行计算。作用在后排桩上的主动土压力应按 9.2.1 节计算;前排桩嵌固段上的土反力应按式(9.23)确定。作用在单根后排支护桩上的主动土压力计算宽度应取排桩间距,如图 9.22 所示,土反力计算宽度按式(9.27)确定。

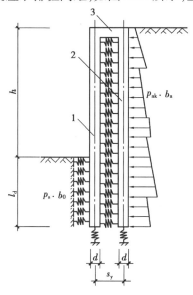

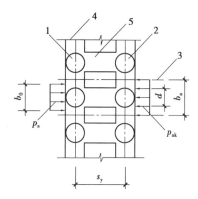

图 9.21　双排桩计算　　　　　　　　图 9.22　双排桩桩顶连梁及计算宽度

1—前排桩;2—后排桩;3—刚架梁　　　1—前排桩;2—后排桩;3—排桩对称中心线;

4—桩顶冠梁;5—刚架梁

1)前、后排桩间土对桩侧的压力计算

$$p_c = k_c \Delta v + p_{c0} \tag{9.53}$$

式中　p_c——前、后排桩间土对桩侧的压力,kPa;可按作用在前、后排桩上压力相等考虑;

k_c——桩间土的水平刚度系数,kN/m³;

Δv——前、后排桩水平位移的差值,m:当其相对位移减小时为正值;当其相对位移增加时,取

$\Delta v = 0$;

p_{c0}——前、后排桩间土对桩侧的初始压力,按式(9.55)计算,kPa。

2)桩间土的水平刚度系数计算

$$k_c = \frac{E_s}{s_y - d} \tag{9.54}$$

式中　E_s——计算深度处,前、后排桩间土体的压缩模量,kPa;当为成层土时,应按计算点的深度分别取相应土层的压缩模量;

d,s_y——分别为桩的直径、双排桩的排距,m。

3)前、后排桩间土体对桩侧的初始压力计算

$$p_{c0} = (2\alpha - \alpha^2)p_{ak} \tag{9.55a}$$

$$\alpha = \frac{s_y - d}{h \tan(45° - \varphi_m/2)} \tag{9.55b}$$

式中　p_{ak}——支护结构外侧,第 i 层土中计算点的主动土压力强度标准值,kPa;

h——基坑深度,m;

φ_m——基坑底面以上各土层按土层厚度加权的内摩擦角平均值,(°);

α——计算系数,当计算的 α 大于 1 时,取 $\alpha = 1$。

4)双排桩结构的嵌固稳定性验算(见图9.23)

$$\frac{E_{pk}a_p + Ga_G}{E_{ak}a_a} \geq K_e \tag{9.56}$$

式中　K_e——嵌固稳定安全系数;安全等级为一级、二级、三级的双排桩,K_e 分别不应小于1.25、1.2、1.15;

E_{ak},E_{pk}——分别为基坑外侧主动土压力、基坑内侧被动土压力的标准值,kN;

a_a,a_p——分别为基坑外侧主动土压力、基坑内侧被动土压力的合力作用点至双排桩底端的距离,m;

G——双排桩、钢架梁和桩间土的自重之和,kN;

a_G——双排桩、钢架梁和桩间土的重心至前排桩边缘的水平距离,m。

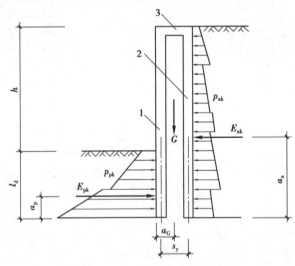

图9.23　双排桩抗倾覆稳定性验算
1—前排桩;2—后排桩;3—刚架梁

5)其他设计规定

双排桩排距宜取 $2d\sim5d$。刚架梁的宽度不应小于 d,高度不宜小于 $0.8d$,刚架梁高度与双排桩排距的比值宜取1/6~1/3。双排桩结构的嵌固深度,对淤泥质土,不宜小于1.0h;对淤泥,不宜小于1.2h;对一般黏性土、砂土,不宜小于0.6h(h 为基坑深度)。前排桩桩端宜置于桩端阻力较高的土层。采用泥浆护壁灌注桩时,施工时的孔底沉渣厚度不应大于 50 mm,或应采用桩底后注浆加固沉渣。

双排桩应按偏心受压、偏心受拉构件进行支护桩截面承载力计算,刚架梁应根据其跨高比按普通受弯构件或深受弯构件进行截面承载力计算。

前、后排桩与桩刚架梁节点处,桩与刚架梁受拉钢筋的搭接长度不应小于受拉钢筋的锚固长度1.5倍。

双排桩悬臂支护受力变形小,稳定性好。一般双排桩的最大弯矩 M_{max} 是单排桩75%左右,桩顶位移仅是单排桩30%~40%;嵌固嵌固深度是单排桩70%左右。

9.4.3　内支撑结构设计

1)内支撑支护体系组成

内支撑是设置在基坑内的由钢筋混凝土或钢构件组成的用以支撑挡土构件的结构部件。支撑构件采用钢材、混凝土时,分别称为钢内支撑、混凝土内支撑。如图9.24所示,内支撑支护体系由围护墙、围檩、水平支撑(或斜撑)、立柱及立柱桩等基本构件组成。

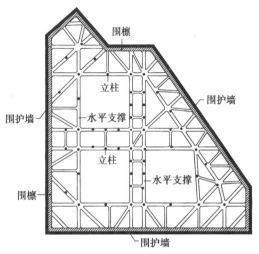

图9.24　内支撑支护体系基本组成

①围护墙可采用排桩(灌注桩、钢筋混凝土预制桩、钢板桩),地下连续墙,型钢水泥土搅拌桩等形式。围护墙依靠支撑体系提供的轴力起到挡土和控制坑壁变形的作用,围护墙的刚度、强度和嵌固深度应满足规范要求。

②围檩是协调支撑和围护结构间受力与变形的重要构件,首道围檩宜兼作为围护墙的圈梁。围檩应有足够的刚度、强度和协调变形能力。

③水平支撑是平衡围护墙外侧水平作用力(土、水压力)的主要构件,要求传力性好、平面刚度大且分布均匀。

④立柱及立柱桩作用是保证水平支撑的纵向稳定,加强支撑体系的空间刚度,承受水平支撑传来的竖向荷载,要求具备较好刚度和较小竖向位移。

内支撑体系钢结构支撑构件常用焊接和螺栓连接。如图9.25所示,每道纵、横向支撑应尽可能设置在同一标高处,可采用定型的"十"字接头或"井"字接头进行节点连接,确保连接的整体性。考虑施加预应力的需要,钢支撑的端部可设置为箱体活络端(或楔型活络端)。

(a)十字接头　　　　　(b)井字接头　　　　　(c)箱体活络端

图9.25　支撑的节点构造形式

2)支撑体系计算方法

支撑体系的内力与变形常采用平面竖向弹性地基梁法、平面连续介质有限元法等计算,其计算模型如图9.26、图9.27所示。竖向弹性地基梁法见7.5.2节。

有限元法计算过程为:结构离散、形成单元刚度矩阵、单元刚度矩阵集成总刚度矩阵、利用平衡方程求得节点位移等。

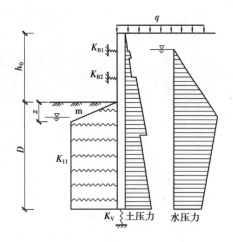

图9.26 平面竖向弹性地基梁法

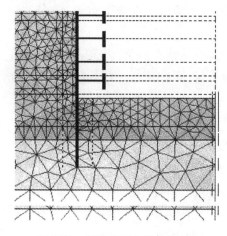

图9.27 平面连续介质有限元法

3)支撑体系结构构件内力计算规定

①按支撑体系与排桩地下连续墙的空间作用协同分析方法,计算支撑体系及排桩或地下连续墙的内力与变形。

②支撑体系竖向荷载设计值应包括构件自重及施工荷载,构件的弯矩、剪力可按多跨连续梁计算,计算跨度取相邻立柱中心距。

③当基坑形状接近矩形且基坑对边条件相近时,支点水平荷载可沿围檩、冠梁长度方向分段简化为均布荷载,支点水平荷载设计值应按式(9.57)确定。支撑构件轴向力可近似取水平荷载设计值乘以支撑点中心距;围檩内力可按多跨连续梁计算,计算跨度取相邻支撑点中心距。

$$T_{dj} = 1.25\gamma_0 T_{cj} \tag{9.57}$$

式中,T_{cj}为第j层支点力计算值,由支护桩墙静力平衡条件或1/2分担法确定。支撑预加压力值不宜大于支撑力设计值的0.4~0.6倍。

4)支撑构件的受压计算长度的确定

①当水平平面支撑交汇点设置竖向立柱时,在竖向平面内的受压计算长度取相邻两立柱的中心距,在水平平面内的受压计算长度取与该支撑相交的相邻横向水平支撑的中心距。当支撑交汇点不在同一水平面时,其受压计算长度应取与该支撑相交的相邻横向水平支撑或联系构件中心距的1.5倍。

②当水平平面支撑交汇点处未设置立柱时,在竖向平面内的受压计算长度取支撑的全长。钢支撑尚应考虑构件安装误差产生的偏心弯矩作用,偏心距可取支撑计算长度的1/1 000,且对混凝土支撑不宜小于20 mm,对钢支撑不宜小于40 mm。

5)立柱计算规定

①立柱内力宜根据支撑条件按空间框架计算,也可按轴心受压构件计算,轴向力设计值可按式(9.58)确定:

$$N_z = N_{z1} + \sum_{i=1}^{n} 0.1N_i \tag{9.58}$$

式中 N_{z1}——水平支撑及柱自重产生的轴力设计值;

N_i——第i层交汇于本立柱的最大支撑轴力设计值;

n——支撑层数。

②各层水平支撑间的立柱受压计算长度可按各层水平支撑间距计算;最下层水平支撑下的立柱受压计算长度可按底层高度加5倍立柱直径或边长。

③立柱基础应满足抗压和抗拔的要求,并应考虑基坑回弹的影响。

6)换撑设计

对于内支撑支护工程,一般在围护体与结构外墙之间留设不小于800 mm的施工作业面。为此,在地下结构工程施工阶段,需对该施工空间进行换撑处理。

围护体与基础底板间可采用素混凝土或混凝土牛腿换撑,如图9.28所示;围护体与地下结构各层之间可采用钢筋混凝土换撑,如图9.29所示。在换撑板带应间隔设置开口(1 000 mm×800 mm),作为施工人员工作通道,开口间距6 m左右。

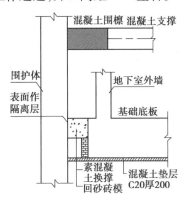

图9.28 围护体与基础底板间换撑

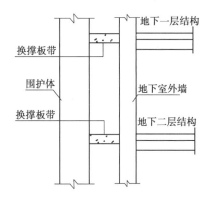

图9.29 围护体与地下结构各层之间换撑板带

7)排桩的布置

①对于防渗要求不是很严格的支挡墙,桩可沿基坑坑壁一字形排列,灌注桩桩身直径 $d = 400 \sim 1\ 500$ mm,桩中心距为 $L_a = (1.5 \sim 3.0)d$。土质较好时,可利用桩间的土拱作用挡土,而不另设横向挡土板,桩距可适当加大。

②对防渗要求严格的挡墙,可采用搭接排桩,搭接尺寸一般等于混凝土保护层厚度,护桩可排成一字形;采用奇数桩与偶数桩错开式排列时,其中后排桩因以防渗为主,可不加钢筋笼(或采用水泥搅拌桩)。

9.4.4 锚杆设计

锚杆是由杆体(钢绞线、普通钢筋、热处理钢筋或钢管)、注浆形成的固结体、锚具、套管、连接器所组成的一端与支护结构构件连接,另一端锚固在稳定岩土体内的受拉杆件。杆体采用钢绞线时,亦可称为锚索。对于锚杆支护,应用较多的是水泥砂浆锚杆。

1)锚杆的结构组成

锚杆一般由拉杆、锚固体、非锚固段、横梁(也称腰梁)、锚杆头部等组成,如图9.30所示。

①拉杆是锚杆的中心受力部分,其作用是将来自锚杆头部的力传到锚固体中。拉杆全长等于有效锚固段长度与非锚固段长度之和。锚拉杆材料有粗钢筋、钢绞线、钢管等。

②锚固体是锚杆有效锚固部分,它将来自拉杆的力通过水泥砂浆结石体与岩土体之间的相互作用,以侧阻力或端阻力(扩大头受压面阻力)形式传给稳固的岩土层中。锚固体不宜设置在淤泥、淤泥质土、泥炭、泥炭质土及松散填土层内。

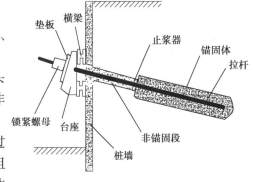

图9.30 水泥砂浆锚杆的构造

③锚杆头部是工程构筑物与拉杆的连接部分,起到将来自构筑物的力(如侧土压力)牢固地传给拉杆的作用;锚杆头部一般由台座(或称为锚座)、承压垫板、紧固器等组成。

2) 锚杆的极限抗拔承载力确定

锚杆的极限抗拔承载力可通过以下公式进行计算：

$$\frac{R_k}{N_k} \geq K_t \tag{9.59a}$$

$$N_k = \frac{F_h s}{b_a \cos \alpha} \tag{9.59b}$$

$$R_k = \pi d \sum q_{sk,i} l_i \tag{9.59c}$$

式中 K_t——锚杆抗拔安全系数；安全等级为一级、二级、三级的支护结构，K_t 分别不应小于1.8、1.6、1.4；

N_k——锚杆轴向拉力标准值，kN；

R_k——锚杆极限抗拔承载力标准值，kN；

F_h——挡土构件计算宽度内的弹性支点水平反力，见式(9.28)，kN；

s,b_a——分别为锚杆水平间距、结构计算宽度，m；

α——锚杆倾角，(°)；

d——锚杆的锚固体直径，m；

l_i——锚杆的锚固段在第 i 土层中的长度，m；锚固段长度为锚杆在理论直线滑动面以外的长度；

$q_{sk,i}$——锚固体与第 i 土层之间的极限粘结强度标准值，应根据工程经验并结合表9.2取值，kPa。

表 9.2 锚杆的极限粘结强度标准值

土的名称	土的状态或密实度	q_{sk}(kPa)	
		一次常压注浆	二次压力注浆
填土		16~30	30~45
淤泥质土		16~20	20~30
黏性土	$I_L>1$	18~30	25~45
	$0.75<I_L \leq 1$	30~40	45~60
	$0.50<I_L \leq 0.75$	40~53	60~70
	$0.25<I_L \leq 0.5$	53~65	70~85
	$0<I_L \leq 0.25$	65~73	85~100
	$I_L \leq 0$	73~90	100~130
粉土	$e>0.9$	22~44	40~60
	$0.75 \leq e \leq 0.90$	44~64	60~90
	$e<0.75$	64~100	80~130
粉细砂	稍密	22~42	40~70
	中密	42~63	75~110
	密实	63~85	90~130
中砂	稍密	54~74	70~100
	中密	74~90	100~130
	密实	90~120	130~170
粗砂	稍密	80~130	100~140
	中密	130~170	170~220
	密实	170~220	220~250

续表

土的名称	土的状态或密实度	q_{sk}(kPa)	
		一次常压注浆	二次压力注浆
砾砂	中密、密实	190~260	240~290
风化岩	全风化	80~100	120~150
	强风化	150~200	200~260

注:1.采用泥浆护壁成孔工艺时,应按表取低值后再根据具体情况适当折减;
　　2.采用套管护壁成孔工艺时,可取表中的高值;采用扩孔工艺时,可在表中数值基础上适当提高;
　　3.采用二次压力分段劈裂注浆工艺时,可在表中二次压力注浆数值基础上适当提高;
　　4.当砂土中的细粒含量超过总质量的30%时,按表取值后应乘以0.75的系数;
　　5.对有机质含量为5%~10%的有机土,应按表取值后适当折减;
　　6.当锚杆锚固段长度大于16 m时,应对表中数值适当折减。

当锚杆锚固段主要位于黏土层、淤泥质土层、填土层时,应考虑土的蠕变对锚杆预应力损失的影响,并应根据蠕变试验确定锚杆的极限抗拔承载力。

3) 锚杆的非锚固段长度确定

如图9.31所示,锚杆的非锚固段长度应按式(9.60)计算,且不应小于5 m。

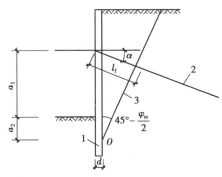

$$l_f \geqslant \frac{(a_1 + a_2 - d\tan\alpha)\sin\left(45° - \dfrac{\varphi_m}{2}\right)}{\sin\left(45° + \dfrac{\varphi_m}{2} + \alpha\right)} + \frac{d}{\cos\alpha} + 1.5$$

(9.60)

图9.31　理论直线滑动面
1—挡土构件;2—锚杆;3—理论直线滑动面

式中　l_f——锚杆非锚固段(或称自由段)长度,l_f不应小于5 m;

　　　　α——锚杆的倾角,(°);

　　　　a_1——锚杆的锚头中点至基坑底面的距离,m;

　　　　a_2——基坑底面至基坑外侧主动土压力强度与基坑内侧被动土压力强度等值点O的距离,m;对成层土,当存在多个等值点时应按其中最深处的等值点计算;

　　　　d——挡土构件的水平尺寸,m;

　　　　φ_m——O点以上各土层按厚度加权的等效内摩擦角平均,(°)。

4) 锚杆杆体的受拉承载力计算

$$N \leqslant f_{py}A_p$$

(9.61)

式中　N——锚杆轴向拉力设计值,按式(9.7)计算,kN;

　　　　f_{yp}——预应力钢筋抗拉强度设计值,kPa;当锚杆杆体采用普通钢筋时,取普通钢筋的抗拉强度设计值;

　　　　A_p——预应力钢筋的截面面积,m^2。

锚杆锁定值宜取锚杆轴向拉力标准值的0.75~0.9倍,且应与式(9.28)所规定的锚杆预加轴向拉力值一致。

5) 锚杆的布置

①锚杆的水平间距不宜小于1.5 m;多层锚杆,其竖向间距不宜小于2.0 m;当锚杆的间距1.5 m时,应根据群锚效应对锚杆抗拔承载力进行折减或相邻锚杆应取不同的倾角。

②锚杆锚固段的上覆土层厚度不宜小于 4.0 m。锚杆倾角宜取 15°~25°,且不应大于 45°,不应小于 10°;锚杆的锚固段宜设置在土的强度较高的土层内。

③当锚杆上方存在天然地基的建筑物或地下构筑物时,宜避开易塌孔、变形的地层。

6) 钢绞线锚杆、普通钢筋锚杆的构造规定

①锚杆成孔直径宜取 100~150 mm。

②锚杆自由段的长度不应小于 5 m,且穿过潜在滑动面并进入稳定土层不小于 1.5 m;钢绞线、钢筋杆体在自由段应设置隔离套管。

③土层中的锚杆锚固段长度不宜小于 6 m。

④锚杆杆体的外露长度应满足腰梁、台座尺寸及张拉锁定的要求。

⑤钢筋锚杆的杆体宜选用 HRB400、HRB500 级螺纹钢筋。

⑥应沿锚杆杆体全长设置定位支架;定位支架应能使相邻定位支架中点处锚杆杆体的注浆固结体保护层厚度不小于 10 mm,定位支架的间距 1~2 m;定位支架应能使各根钢绞线相互分离。

⑦锚杆注浆应采用水泥浆或水泥砂浆,注浆固结体强度不宜低于 20 MPa。

7) 锚杆腰梁设计规定

锚杆腰梁可采用型钢组合梁或混凝土梁。锚杆腰梁应按受弯构件设计。当锚杆锚固在混凝土冠梁上时,冠梁应按受弯构件设计。锚杆腰梁应根据实际约束条件按连续梁或简支梁计算。计算腰梁的内力时,腰梁的荷载应取结构分析时得出的支点力设计值。

8) 锚杆的施工要点

锚杆施工工艺包括锚孔钻进、拉杆组装与安放、灌注浆液、张拉与锁定等。

(1)钻孔方法选择　常用的锚杆钻孔方法有螺旋钻进、回转钻进、冲击回转钻进等。应根据土层性状和地下水条件选择套管护壁、干成孔或泥浆护壁成孔工艺,成孔工艺应满足孔壁稳定性要求。

对松散和稍密的砂土、粉土,卵石,填土,有机质土,高液性指数的黏性土宜采用套管护壁成孔护壁工艺;在地下水位以下时,不宜采用干成孔工艺;在高塑性指数的饱和黏性土层成孔时,不宜采用泥浆护壁成孔工艺;当成孔过程中遇不明障碍物时,在查明其性质前不得钻进。

(2)拉杆的组装与安放　锚杆的承载承载力小者多用粗钢筋作拉杆,承载力大者则用钢绞线。若单根钢筋作拉杆强度不够时,可将 2 根或 3 根钢筋点焊成束并排在一起使用。拉杆的组装形式如图 9.32 所示。

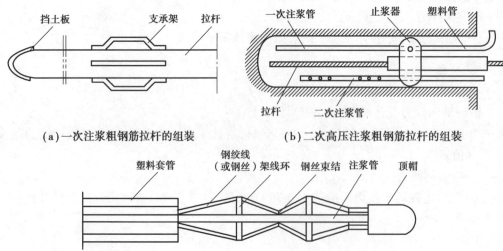

(a)一次注浆粗钢筋拉杆的组装　　　　(b)二次高压注浆粗钢筋拉杆的组装

(c)钢铰线与高强钢丝拉杆的组装

图 9.32　锚拉杆的组装形式

钢绞线锚杆和普通钢筋锚杆杆体的制作安装应符合下列规定：

a.钢绞线锚杆杆体绑扎时,钢绞线应平行、间距均匀;杆体插入孔内时,应避免钢绞线在孔内弯曲或扭转。

b.当锚杆杆体采用 HRB400、HRB500 级钢筋时,其连接宜采用机械连接、双面搭接焊、双面帮条焊;采用双面焊时,焊缝长度不应小于杆体钢筋直径 5 倍。

c.杆体制作和安放时应除锈、除油污、避免杆体弯曲。

d.采用套管护壁工艺成孔时,应在拔出套管前将杆体插入孔内;采用非套管护壁成孔时,杆体应匀速推送至孔内。

e.成孔后应及时插入杆体及注浆。

（3）注浆　注浆作用是形成锚固段,将拉杆锚固在岩土层中,防止钢拉杆的腐蚀,形成保护层。注浆液采用水泥浆时,水灰比宜取 0.50~0.55;采用水泥砂浆时,水灰比宜取 0.40~0.45,灰砂比宜取 0.5~1.0,拌和用砂宜选用中粗砂。

注浆管端部至孔底的距离不宜大于 200 mm;注浆及拔管过程中,注浆管口应始终埋入注浆液面内,应在水泥浆液从孔口溢出后停止注浆;注浆后,当浆液液面下降时,应进行孔口补浆。

采用二次压力注浆工艺时,注浆管应在锚杆末端 $l_a/4~l_a/3$（l_a 为锚杆的锚固段长度）范围内设置注浆孔,孔间距宜取 500~800 mm,每个注浆截面的注浆孔宜取 2 个;二次压力注浆宜采用水灰比 0.50~0.55 的水泥浆;二次注浆管应固定在杆体上,注浆管的出浆口应采取逆止措施;二次压力注浆应在水泥浆初凝后、终凝前进行,终止注浆的压力不应小于 1.5 MPa。

采用分段二次劈裂注浆工艺时,注浆宜在固结体强度达到 5 MPa 后进行,注浆管的出浆孔宜沿锚固段全长设置,注浆顺序应由内向外分段依次进行。

（4）张拉与锁定　一般采用 YC 系列千斤顶张拉粗钢筋拉杆;用 YCQ 系列千斤顶张拉钢绞线等。预应力锚杆张拉锁定时应符合下列要求:

①当锚杆固结体的强度达到 15 MPa 或设计强度的 75%后,方可进行锚杆的张拉锁定。拉力型钢绞线锚杆宜采用钢绞线束整体张拉锁定的方法。

②锚杆锁定前,应按表 9.6 的张拉值进行锚杆预张拉;锚杆张拉应平缓加载,加载速率不宜大于 0.1 N_k/min（N_k 为锚杆轴向拉力标准值）;在张拉值下的锚杆位移和压力表压力应保持稳定,当锚头位移不稳定时,应判定此根锚杆不合格。

③锁定时的锚杆拉力应考虑锁定过程的预应力损失量;预应力损失量宜通过对锁定前、后锚杆拉力的测试确定;缺少测试数据时,锁定时的锚杆拉力可取锁定值的 1.1~1.15 倍。

④锚杆锁定尚应考虑相邻锚杆张拉锁定引起的预应力损失,当锚杆预应力损失严重时,应进行再次锁定。

（5）锚杆的检测　检测数量不应少于锚杆总数的 5%,且同一土层中的锚杆检测数量不应少于 3 根;检测试验应在锚固段注浆固结体强度达到 15 MPa 或达到设计强度的 75%后进行;抗拔承载力检测值应按表 9.3 取值;检测试验应按锚杆验收试验的方法进行。

表 9.3　锚杆的抗拔承载力检测值

支护结构的安全等级	一级	二级	三级
锚杆承载力检测值与轴向拉力标准值的比值	≥1.4	≥1.3	≥1.2

9.4.5　支护结构的等值梁法

如图 9.33 所示,等值梁法（或称相当梁法）基本原理是:假设将支护桩墙在正负弯矩转折点（弯矩零点)d'处截断,在d'点设置一支点,使ad'段弯矩不变,ad'即为ae梁的相当梁。因护桩弯矩零点d'点与土压力强度为零的d点很接近,可用d点代替弯矩零点d',对计算结果影响不大。

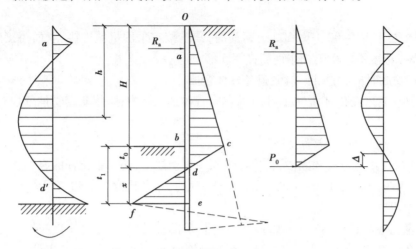

图 9.33　等值梁法计算深埋式单锚支护结构

等值梁法计算步骤如下:

①根据d点的主、被动土压力强度相等原则$\gamma t_0 K_p = \gamma(H+t_0)K_a$,计算$t_0$。

$$t_0 = HK_a/(K_p - K_a) \tag{9.62}$$

②按简支梁法求相当梁的支锚反力R_a、d点支反力P_0和最大弯矩M_{max}。

③根据P_0和墙前净被动土压力(Δdef)对e点的力矩相等,计算出x值。

由$P_0 x = \dfrac{1}{6}\gamma(K_p - K_a)x^3$;得

$$x = \sqrt{\dfrac{6P_0}{\gamma(K_p - K_a)}} \tag{9.63}$$

④求护桩的最小入土深度$t_1 = t_0 + x$,实际入土深度为$t = (1.1 \sim 1.2)t_1$。

可将最大弯矩M_{max}予以折减,折减系数为0.6~0.8,一般取0.74;考虑支锚系统的受力不均匀性,可对支锚反力R_a乘以调整系数1.35~1.4,以确保安全。

【例题9.1】　某基坑深$H=6$ m,地层为较湿的塑性粉质黏土,$\varphi = 30°$,$\gamma = 17$ kN/m³,地面设有锚拉系统,试按等值梁法计算支护桩入土深度。

【解】　(1)绘制等值梁计算简图(见图9.33),b点主动土压力强度为:

$$e_b = \gamma H K_a = 17 \times 6 \times 0.309 = 31.5(\text{kPa})$$

(2)按式(9.62)计算t_0

$$t_0 = HK_a/(K_p - K_a) = 6 \times 0.309/(3 - 0.309) = 0.689(\text{m})$$

(3)取d点为相当梁的下端支点,则有$\sum M_d = 0$、$\sum M_a = 0$,即

$$R_a(H + t_0) - \dfrac{e_b H}{2} \times \left(\dfrac{H}{3} + t_0\right) - \dfrac{e_b t_0}{2} \times \dfrac{2}{3}t_0 = 0$$

$$P_0(H + t_0) - \dfrac{e_b H}{2} \times \dfrac{2H}{3} - \dfrac{e_b t_0}{2} \times \left(\dfrac{1}{3}t_0 + H\right) = 0$$

代入已知数据,解方程得:$R_a = 38.8$ kN/m;$P_0 = 66.7$ kN/m

(4)计算最大弯矩M_{max}作用点位置h

$$h = \sqrt{2R_a/(\gamma K_a)} = \sqrt{2 \times 38.8/(17 \times 0.309)} = 3.84 \text{ (m)}$$

(5)计算最大弯矩M_{max}

$$M_{max} = R_a h - \gamma h^3 K_a/6 = 38.8 \times 3.84 - 17 \times 3.84^3 \times 0.309/6 = 99.4(\text{kN} \cdot \text{m/m})$$

（6）按式（9.63）计算 x 值

$$x = \sqrt{\frac{6P_0}{\gamma(K_p - K_a)}} = \sqrt{\frac{6 \times 66.7}{17 \times (3 - 0.309)}} = 2.96 \ (\text{m})$$

（7）求支护桩的入土深度

$$t_1 = t_0 + x = 0.689 + 2.96 = 3.65(\text{m})\,; t = (1.1 \sim 1.2)t_1 = 4.02 \sim 4.38 \ \text{m}$$

9.4.6 多层锚拉支护结构的等间距计算

如图 9.34 所示,等间距布置是将支锚结构的上、下排间距相等(各层间距相差控制在 10% 以内),但最下一跨应选用较小值。当基坑较深时,等间距布置能有效减少支锚层数,降低成本。等间距布置计算步骤如下:

①根据土质条件选择支锚间距,基坑底以上土压力可按矩形或偏梯形计算,除最上端 $H/4$ 段按三角形分布以外,其余为等值均匀分布。

②按内力分配系数法计算各跨的弯矩值:支座弯矩 $M = ql^2/10$;跨中弯矩 $M = ql^2/20$。q 为板桩墙后土压力强度(kN/m^2);l 为支锚的层间距(m)。

③按 1/2 分担法计算各层支锚反力:

$$R = ql = \frac{q(l_i + l_{i+1})}{2} \tag{9.64}$$

式中,l_i,l_i+1 分别为相邻两跨跨距(即上、下层的间距)。

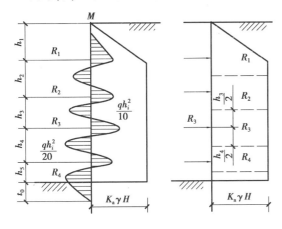

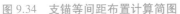

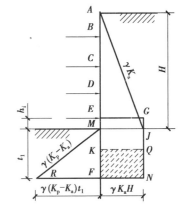

图 9.34　支锚等间距布置计算简图　　　　　　　图 9.35　盾恩近似法计算图

④支护桩的入土深度计算。对于多层支撑(或锚拉)板桩墙的入土深度,可采用盾恩近似法或等值梁法计算。盾恩近似法的计算步骤如下:

a.确定土压力分布。对于主动土压力,基坑底面以上按三角形分布,基坑底面以下按矩形分布;净被动土压力按 $\gamma(K_p-K_a)$ 线三角形分布,如图 9.35 所示。

b.按 1/2 分担法,假定 EF 段桩墙后的土压力 $EGNF$ 的上一半传给 E 点,其下一半则由墙前净被动土压力 P 承受,即图中的 $\triangle MRF$ 面积等于矩形 $KQNF$ 阴影部分的面积。由 $\gamma H K_a(h_i+t_1)/2 = \gamma(K_p - K_a)t^2/2$;整理得

$$(K_p - K_a)t_1^2 - HK_a t_1 - HK_a h_i = 0 \tag{9.65}$$

解方程可求出板桩最低入土深度 t_1 值;取护桩最低嵌固深度 $t=(1.5 \sim 1.8)t_1$。

c.对于最上端一跨桩墙,可采用简支梁法计算弯矩极值及作用点位置;而对于下部各跨,则需用连续梁内力分配系数法计算各支点和跨中的弯矩极值。

d.最下一跨跨距 $EK = h_i + 2t_1/3$,按两端固定的梁来计算其极值弯矩;且最下一道支锚作用点(E 点)的弯矩值往往为弯矩极值,即

$$M_E = \frac{\gamma H K_a}{12}\left(h_i + \frac{2}{3}t_1\right)^2 \tag{9.66}$$

e.按1/2分担法求出各层支锚结构水平反力,再乘以 1.35 不均匀系数就是各层支锚的水平力设计值。

f.将以上计算的弯矩极值进行比较,按其绝对值最大者 $M_{\max}$ 进行板桩设计。

对于多层支锚结构,应尽可能地降低最下层支锚的跨度,使得 h_i(最下层支锚作用点到基坑底面的距离)尽量小;否则,如 $M_{\max}$ 过大,应重新调整间距。

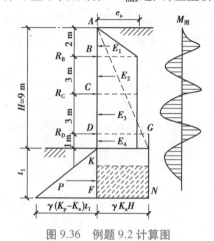

图9.36　例题9.2 计算图

【例题9.2】　某基坑深 $H=9$ m,地层为粉质黏土,其土的重度 $\gamma=16$ kN/m^3,$\varphi=30°$;若按 3 层支锚板桩对基坑进行支护,试求有关的设计计算参数。

【解】　(1)确定土压力分布　计算得 $K_a=0.333$,$K_p=3.0$。假定土压力分布为偏梯形,如图9.36所示。

$$e_a = 0.25\gamma H = 0.25 \times 16 \times 9 = 36(\text{kPa})$$

(2)支锚结构布置　按等间距布置,第一层支锚作用点距地面 2 m(与上部土压力三角形高度相等);第三层锚作用点距基坑底面 1 m,其余支锚间距取 3 m。

(3)求各段支护桩墙土压力

$$E_1 = e_a h_1/2 = 36 \times 2/2 = 36(\text{kN/m})$$
$$E_2 = E_3 = e_a h_2 = 36 \times 3 = 108(\text{kN/m})$$

(4)按盾恩近似法计算护桩入土深度　将已知数据代入式(9.65)整理得:$2.667^2 t_1 - 2.997 t_1 - 2.997 = 0$解方程得 $t_1 = 1.76$ m。

(5)板桩最下一跨跨距计算

$$DK = h_4 + 2t_1/3 = 1 + 2 \times 1.76/3 = 2.173(\text{m})$$

(6)按1/2分担法求各层支锚水平反力

$$R_B = 2e_a/2 + 3e_a/2 = 36 + 54 = 90(\text{kN/m})$$
$$R_C = 3e_a/2 + 3e_a/2 = 54 + 54 = 108(\text{kN/m})$$
$$R_D = 3e_a/2 + \gamma H K_a(h_4 + t_1)/2 = 54 + 66.2 = 120.2(\text{kN/m})$$

(7)计算各支点和跨中的弯矩极值

$$M_B = E_1 h_1/3 = 36 \times 2/3 = 24(\text{kN·m/m})$$

BC跨中弯矩,需先计算最大弯矩作用点,设该点距支点 B 为 x,则有:

$$M_x = E_1(x + h_1/3) + e_a x^2/2 - R_B x = 18x^2 - 54x + 24$$

对此式求一阶导数,并令其等于零,即:$2 \times 8x - 54 = 0$,解得 $x = 1.5$ m;
最大弯矩:$M_{BC} = 18 \times 1.5^2 - 54 \times 1.5 + 24 = -16.5(\text{kN·m/m})$
支锚 C 点弯矩:$M_C = E_1(h_1/3 + h_2) + E_2 h_2/2 - R_B h_2$
$$= 36 \times (2/3 + 3) + 108 \times 3/2 - 90 \times 3 = 24(\text{kN·m/m})$$

CD跨中弯矩:$M_{CD} = e_a h_3^2/10 = 36 \times 3^2/10 = 32.4(\text{kN·m/m})$

按式(9.66)计算固定端 D 点弯矩:

$$M_D = \frac{16 \times 9 \times 0.333}{12}\left(1 + \frac{2}{3} \times 1.76\right)^2 = 18.9(\text{kN·m/m})$$

(8)按弯矩最大值进行板桩截面设计,$M_{\max} = 32.4$ kN·m/m,方法同前。

(9)支锚结构水平反力最大值为 120.2 kN/m,乘以系数 1.35 后得 162.3 kN/m,以此值进行腰梁与锚

杆的设计。

(10)确定板桩实际嵌固深度 t 由 $t = (1.5 \sim 1.8)t_1$，最终取 $t = 3.0$ m。

9.5　土钉墙

9.5.1　土钉墙加固机理与应用范围

土钉是置入土中并注浆形成的承受拉力与剪力的杆件。例如，钢筋杆体与注浆固结体组成的钢筋土钉，击入土中的钢管土钉等。土钉墙是由随基坑开挖分层设置的、纵横向密布的土钉群、喷射混凝土面层及原位土体所组成的支护结构。土钉墙与预应力锚杆、微型桩、旋喷桩、搅拌桩中的一种或多种组成的复合型支护结构，即复合土钉墙。

通过土钉与土体的相互作用，形成了类似于重力式挡土墙的土体加固区带，提高原位土体的强度，增强边坡的稳定性。土钉主要加固机理表现在以下几个方面：

①在其加固的土体中起到箍束骨架作用，提高了土坡的整体刚度和稳定性。

②采用压力注浆可将宽度 1~2 mm 裂隙扩展成 5~6 mm 的浆脉，这将明显地增强土钉与周围土体的粘结而形成整体。

③土钉有类似于锚杆的作用，被动区内的土钉可看作为锚杆的锚固段。

④在坡面上设置的钢筋网喷射混凝土面板(它与土钉连在一起)也是发挥土钉有效作用的重要组成部分，它起到对坡面变形的约束作用。

土钉较适用于有一定粘结性杂填土、黏性土、粉土、黄土及弱胶结性的砂土边坡；尤其是标贯击数 5 以上的砂土、击数 3 以上的黏性土特别适用土钉墙支护。土钉施工时，应使地下水位低于开挖段，或通过降水使地下水位低于基坑底面。

9.5.2　土钉墙的稳定性验算

1) 整体滑动稳定性验算

对基坑开挖的各工况的土钉墙应进行整体滑动稳定性验算，整体滑动稳定性可采用圆弧滑动条分法进行验算。

①土钉墙在地下水位以上时，如图 9.37(a)所示，采用圆弧滑动条分法的整体稳定性验算按下式进行。

$$\min\{K_{s,1}, K_{s,2}, \cdots, K_{s,i}, \cdots\} \geqslant K_s \tag{9.67}$$

$$K_{s,i} = \frac{\sum \left[c_j l_j + (q_j b_j + \Delta G_j)\cos\theta_j\tan\varphi_j\right] + \dfrac{\sum R'_{k,k}\left[\cos(\theta_k + \alpha_k) + \psi_v\right]}{s_{x,k}}}{\sum(q_j b_j + \Delta G_j)\sin\theta_j} \tag{9.68}$$

式中　K_s——圆弧滑动整体稳定安全系数；安全等级为二级、三级的土钉墙，K_s 分别不应小于 1.3、1.25；

$K_{s,i}$——第 i 个圆弧滑动体的抗滑力矩与滑动力矩的比值；$K_{s,i}$ 的最小值宜通过搜索不同圆心及半径的所有潜在滑动圆弧确定；

c_j, φ_j——第 j 土条滑弧面处土的粘聚力，kPa；内摩擦角，(°)；

b_j——第 j 土条的宽度，m；

θ_j——第 j 土条滑弧面中点处的法线与垂直面的夹角，(°)；

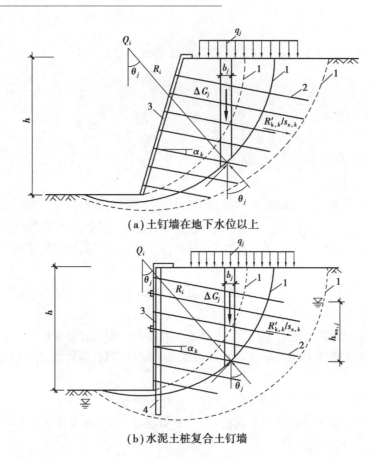

(a) 土钉墙在地下水位以上

(b) 水泥土桩复合土钉墙

图 9.37 土钉墙整体稳定性验算

1—滑动面;2—土钉或锚杆;3—喷射混凝土面层;4—水泥土桩或微型桩

l_j——第 j 土条的滑弧段长度,m,取 $l_j = b_j / \cos \theta_j$;

q_j——第 j 土条上的附加分布荷载标准值,kPa;

ΔG_j——第 j 土条的自重,kN,按天然重度计算;

$R'_{k,k}$——第 k 层土钉或锚杆在滑动面以外的锚固段的极限抗拔承载力标准值与杆体受拉承载力标准值($f_{yk}A_s$ 或 $f_{ptk}A_p$)的较小值(kN);锚固体的极限抗拔承载力应按式(9.70c)和式(9.59c)计算,但锚固段应取圆弧滑动面以外的长度;

α_k——第 k 层土钉或锚杆的倾角,(°);

θ_k——滑弧面在第 k 层土钉或锚杆处的法线与垂直面的夹角,(°);

$s_{x,k}$——第 k 层土钉或锚杆的水平间距,m;

ψ_v——计算系数;可取 $\psi_v = 0.5\sin(\theta_k + \alpha_k)\tan\varphi$;

φ——第 k 层土钉或锚杆与滑弧交点处土的内摩擦角,(°)。

②水泥土桩复合土钉墙,在考虑地下水压力的作用时,其整体稳定性按式(9.41)、式(9.42)验算,但 $R'_{k,k}$ 应式(9.68)的规定取值。微型桩、水泥土桩复合土钉墙,滑弧穿过其嵌固段的土条可适当考虑桩抗滑作用,如图 9.37(b)所示。

③当基坑面以下存在软弱下卧土层时,整体稳定性验算滑动面中尚应包括由圆弧与软弱土层层面组成的复合滑动面。

2)坑底隆起稳定性验算

基坑底面下有软土层的土钉墙结构应进行坑底隆起稳定性验算,验算可采用下列公式,如图 9.38 所示。

$$\frac{\gamma_{m2}DN_q + cN_c}{\dfrac{q_1 b_1 + q_2 b_2}{b_1 + b_2}} \geq K_b \tag{9.69a}$$

$$q_1 = 0.5\gamma_{m1}h + \gamma_{m2}D \tag{9.69b}$$

$$q_2 = \gamma_{m1}h + \gamma_{m2}D + q_0 \tag{9.69c}$$

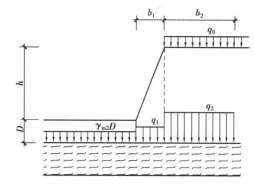

图 9.38　基坑底面下有软土层的
土钉墙抗隆起稳定性验算

式中　K_b——抗隆起安全系数；安全等级为二级、三级的
　　　　　　土钉墙，K_b 分别不应小于 1.6、1.4；

　　　q_0——地面均布荷载，kPa；

　　　γ_{m1}——基坑底面以上土的重度，kN/m^3；对多层土
　　　　　　取各层土按厚度加权的平均重度；

　　　h——基坑深度，m；

　　　γ_{m2}——基坑底面至抗隆起计算平面之间土层的重度，kN/m^3；对多层土取各层土按厚度加权的平
　　　　　　均重度；

　　　D——基坑底面至抗隆起计算平面之间土层的厚度，m；当抗隆起计算平面为基坑底平面时，取 D
　　　　　　$= 0$；

　　　N_c，N_q——承载力系数，$N_q = \tan^2(45° + \varphi/2)e^{\pi\tan\varphi}$；$N_c = (N_q - 1)/\tan\varphi$；

　　　c，φ——抗隆起计算平面以下土的粘聚力，kPa；内摩擦角，(°)；

　　　b_1——土钉墙坡面的宽度，m；当土钉墙坡面垂直时取 $b_1 = 0$；

　　　b_2——地面均布荷载的计算宽度，m，可取 $b_2 = h$。

9.5.3　土钉的承载力计算

土钉的抗拔承载力计算公式如下：

$$\frac{R_{k,j}}{N_{k,j}} \geq K_t \tag{9.70a}$$

$$N_{k,j} = \frac{1}{\cos\alpha_j}\xi\eta_i p_{sk,j}s_{x,j}s_{z,j} \tag{9.70b}$$

$$R_{k,j} = \pi d_j \sum q_{sk,i}l_i \tag{9.70c}$$

$$\xi = \frac{\tan\dfrac{\beta - \varphi_m}{2}}{\tan^2\left(45° - \dfrac{\varphi_m}{2}\right)}\left[\frac{1}{\tan\dfrac{\beta + \varphi_m}{2}} - \frac{1}{\tan\beta}\right] \tag{9.70d}$$

$$\eta_j = \eta_a - (\eta_a - \eta_b)\frac{z_j}{h} \tag{9.70e}$$

$$\eta_a = \frac{\sum(h - \eta_b z_j)\Delta E_{aj}}{\sum(h - z_j)\Delta E_{aj}} \tag{9.70f}$$

式中　K_t——土钉抗拔安全系数；安全等级为二级、三级土钉墙，K_t 分别不应小于 1.6、1.4；

　　　$N_{k,j}$——第 j 层土钉的轴向拉力标准值，kN；

　　　$R_{k,j}$——第 j 层土钉的极限抗拔承载力标准值，kN；

　　　α_j——第 j 层土钉的倾角，(°)；

　　　ξ——墙面倾斜时的主动土压力折减系数；

　　　η_j——第 j 层土钉轴向拉力调整系数；

$p_{sk,j}$——第 j 层土钉处的主动土压力强度标准值,kPa,按式(9.8)确定;

$s_{x,j},s_{z,j}$——分别为土钉的水平间距、垂直间距,m;

β——土钉墙坡面与水平面的夹角,(°);

φ_m——基坑底面以上各土层按土层厚度加权的内摩擦角平均值,(°);

z_j——第 j 层土钉至基坑顶面的垂直距离,m;

h——基坑深度,m;

ΔE_{aj}——作用在以 $s_{x,j}$、$s_{z,j}$ 为边长的面积内的主动土压力标准值,kN;

η_a——计算系数;

η_b——经验系数,可取 0.6~1.0;

d_j——第 j 层土钉的锚固体直径,m;对成孔注浆土钉,按成孔直径计算,对打入钢管土钉,按钢管直径计算;

$q_{sk,i}$——第 j 层土钉在第 i 层土的极限粘结强度标准值,kPa;应由土钉抗拔试验确定,无试验数据时,可根据工程经验并结合表 9.4 取值;

l_i——第 j 层土钉滑动面以外的部分在第 i 土层中的长度,m;计算单根土钉极限抗拔承载力时,取图 9.39 所示的直线滑动面,直线滑动面与水平面的夹角取 $(\beta+\varphi_m)/2$。

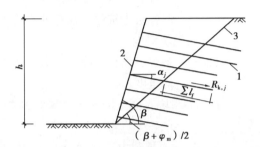

图 9.39 土钉抗拔承载力计算
1—土钉;2—喷射混凝土面层;3—滑动面

表 9.4 土钉的极限粘结强度标准值

土的名称	土的状态	q_{sk}(kPa)	
		成孔注浆土钉	打入钢管土钉
素填土		15~30	20~35
淤泥质土		10~20	15~25
	$0.75<I_L\leqslant1$	20~30	20~40
	$0.25<I_L\leqslant0.75$	30~45	40~55
	$0<I_L\leqslant0.25$	45~60	55~70
	$I_L\leqslant0$	60~70	70~80
粉土		40~80	50~90
	松散	35~50	50~65
	稍密	50~65	65~80
砂土	中密	65~80	80~100
	密实	80~100	100~120

单根土钉的极限抗拔承载力标准值可式(9.70c)估算,但应通过土钉抗拔试验进行验证。当计算的极限抗拔承载力标准值大于 $f_{yk}A_s$ 时,应取 $R_{k,j}=f_{yk}A_s$。

土钉杆体的受拉承载力应符合式(9.71)计算规定:

$$N_j \leqslant f_y A_s \tag{9.71}$$

式中 N_j——第 j 层土钉的轴向拉力设计值,kN,按式(9.7)计算;

f_y——土钉杆体的抗拉强度设计值,kPa;

A_s——土钉杆体的截面面积,m^2。

9.5.4 土钉墙的构造

1)土钉墙的坡度要求

土钉墙坡度指其墙面垂直高度与水平宽度的比值。土钉墙、预应力锚杆复合土钉墙的坡度不宜大于1:0.2。对砂土、碎石土、松散填土,确定土钉墙坡度时应考虑开挖时坡面的局部自稳能力。微型桩、水泥土桩复合土钉墙,应采用微型桩、水泥土桩与土钉墙面层贴合的垂直墙面。

2)土钉的成孔方法

土钉墙宜采用洛阳铲成孔的钢筋土钉。对易塌孔的松散或稍密的砂土、稍密的粉土、填土,或易缩径的软土宜采用打入式钢管土钉。对洛阳铲成孔或钢管土钉打入困难的土层,宜采用机械成孔的钢筋土钉。成孔式钢筋土钉先在土坡上钻进横孔,然后置入土钉筋体,沿钻孔全长注入水泥浆液,浆液固结后使钉杆与孔壁土体粘结在一起。

3)土钉间距与倾角

土钉水平间距和竖向间距宜为1~2 m;当基坑较深、土的抗剪强度较低时,土钉间距应取小值。土钉倾角宜为5°~20°。土钉长度应按各层土钉受力均匀、各土钉拉力与相应土钉极限承载力的比值近于相等的原则确定。

4)成孔注浆型钢筋土钉的构造要求(见图9.40)

①成孔直径宜取70~120 mm。

②土钉钢筋宜采用HRB400、HRB500钢筋,钢筋直径宜取16~32 mm。

③应沿土钉全长设置对中定位支架,其间距宜取1.5~2.5 m,土钉钢筋保护层厚度不宜小于20 mm。

④土钉孔注浆材料可采用水泥浆或水泥砂浆,其强度不宜低于20 MPa。水泥浆的水灰比宜取0.5~0.55;水泥砂浆的水灰比宜取0.40~0.45,同时,灰砂比宜取0.5~1.0,拌和用砂宜选用中粗砂,按质量计的含泥量不得大于3%。土钉筋杆与面层连接形式有螺母垫板连接、钢筋(L筋、井字筋、角钢)焊接。

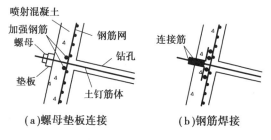

图9.40 成孔土钉筋杆与面层连接形式

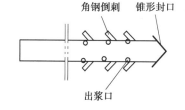

图9.41 击入式注浆钢管土钉

5)钢管土钉的构造要求(见图9.41)

①钢管的外径不宜小于48 mm,壁厚不宜小于3 mm;钢管的注浆孔应设置在钢管末端$l/2~2l/3$范围内(l为钢管土钉的总长度);每个注浆截面的注浆孔宜取2个,且应对称布置,注浆孔的孔径宜取5~8 mm,注浆孔外应设置保护倒刺。

②钢管土钉的连接采用焊接时,接头强度不应低于钢管强度;可采用数量不少于3根、直径不小于16 mm的钢筋沿截面均匀分布拼焊,双面焊接时钢筋长度不应小于钢管直径的2倍。

6）喷射混凝土面层的构造要求

土钉墙高度不大于 12 m 时，喷射混凝土面层的构造要求应符合下列规定：

①喷射混凝土面层厚度取 80~100 mm。

②喷射混凝土设计强度等级不宜低于 C20。

③喷射混凝土面层中应配置钢筋网和通长的加强钢筋，钢筋网宜采用 HPB300 级钢筋，钢筋直径宜取 6~10 mm，钢筋网间距宜取 150~250 mm；钢筋网间的搭接长度应大于 300 mm；加强钢筋直径宜取 14~20 mm；当充分利用土钉杆体的抗拉强度时，加强钢筋的截面面积不应小于土钉杆体截面面积的 1/2。土钉墙顶应做砂浆或混凝土抹面层护顶防水等。土钉面层构造如图9.42所示。

④土钉与加强钢筋宜采用焊接连接，其连接应满足承受土钉拉力的要求；当在土钉拉力作用下喷射混凝土面层的局部受冲切承载力不足时，应采用设置承压钢板等加强措施。

⑤当土钉墙墙后存在滞水时，应在含水土层部位的墙面设置泄水孔或其他疏水措施。

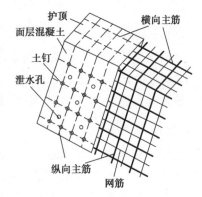

图 9.42 面层构造示意图

7）预应力锚杆复合土钉墙的构造要求

①宜采用钢绞线锚杆。

②用于减小地面变形时，锚杆宜布置在土钉墙的较上部位；用于增强面层土压力的作用时，锚杆应布置在土压力较大及墙背土层较软弱的部位。

③锚杆的拉力设计值不应大于土钉墙墙面的局部受压承载力。

④预应力锚杆应设置自由段，自由段长度应超过土钉墙坡体的潜在滑动面。

⑤锚杆与土钉墙的喷射混凝土面层之间应设置腰梁连接，腰梁可采用槽钢腰梁或混凝土，腰梁与喷射混凝土面层应紧密接触，腰梁应满足锚杆受力要求。

8）微型桩垂直复合土钉墙的构造要求

①应根据微型桩施工工艺对土层特性和基坑周边环境条件的适用性选用微型钢管桩、型钢桩或灌注桩等桩型。

②采用微型桩时，宜同时采用预应力锚杆。

③微型桩的直径、规格应根据对复合墙面的强度要求确定；采用成孔后插入微型钢管桩、型钢桩的工艺时，成孔直径宜取 130~300 mm，对钢管，其直径宜取 48~250 mm，对工字钢，其型号宜取 I 10~I 22；孔内应灌注水泥浆或水泥砂浆并充填密实；采用微型混凝土桩时，其直径宜取 200~300 mm。

④微型桩的间距应满足土钉墙施工时桩间土的稳定性要求。

⑤微型桩伸入基坑底面的长度宜大于桩径的 5 倍，且不应小于 1 m。

⑥微型桩应与喷射混凝土面层贴合。

9）水泥土桩复合土钉墙的构造要求

①应根据水泥土桩施工工艺对土层特性和基坑周边环境条件的适用性选用搅拌桩、旋喷桩等桩型。

②水泥土桩伸入基坑底面的长度宜大于桩径的 2 倍，且不应小于 1 m。

③水泥土桩应与喷射混凝土面层贴合。

④桩身 28 d 无侧限抗压强度不宜小于 1 MPa。

⑤水泥土桩兼作截水帷幕时，应符合截水的设计要求。

9.6 重力式水泥土墙与 SMW 工法

9.6.1 重力式水泥土墙应用范围与平面布置

重力式水泥土墙是指水泥土桩相互搭接成格栅或实体的重力式支护结构。重力式水泥土墙又称搅拌桩挡墙或高压旋喷桩挡墙。重力式水泥土墙适用于加固淤泥质土、黏土等比较浅($H \leqslant 6$ m),且安全等级为二、三级的基坑工程,墙体抗渗性较好。常见的水泥土墙平面布置形式有壁式、格珊式、组合拱式等,其中格珊式最常用,如图 9.43 所示。格栅形布桩优点是:限制了格栅中软土的变形,减少了其竖向沉降;增加支护的整体刚度,保证复合地基在横向力作用下共同工作。

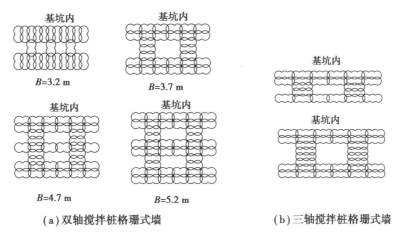

（a）双轴搅拌桩格珊式墙   （b）三轴搅拌桩格珊式墙

图 9.43　水泥土墙平面布置形式

9.6.2 重力式水泥土墙稳定性与承载力验算

1）抗滑移稳定性验算（见图 9.44）

$$\frac{E_{pk} + (G - u_m B)\tan \varphi + cB}{E_{ak}} \geqslant K_{sl} \tag{9.72}$$

式中　K_{sl}——抗滑移安全系数,其值不应小于 1.2;

E_{ak}, E_{pk}——分别为水泥土墙上的主动土压力、被动土压力标准值,按 9.2.1 节有关公式计算确定, kN/m;

G——水泥土墙的自重, kN/m;

u_m——水泥土墙底面上的水压力, kPa;水泥土墙底面在地下水位以下时,可取 $u_m = \gamma_w(h_{wa} + h_{wp})/2$, 在地下水位以上时,取 $u_m = 0$;

h_{wa}——基坑外侧水泥土墙底处的压力水头, m;

h_{wp}——基坑内侧水泥土墙底处的压力水头, m;

B——水泥土墙的底面宽度, m;

c, φ——水泥土墙底面下土层的粘聚力, kPa;内摩擦角, (°)。

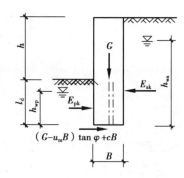

图 9.44　抗滑移稳定性验算

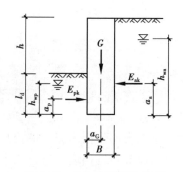

图 9.45　抗倾覆稳定性验算

2)抗倾覆稳定性验算(见图 9.45)

$$\frac{E_{pk}a_p + (G - u_mB)a_G}{E_{ak}a_a} \geq K_{ov} \tag{9.73}$$

式中　K_{ov}——抗倾覆安全系数,其值不应小于 1.3;

a_a——水泥土墙外侧主动土压力合力作用点至墙趾的竖向距离,m;

a_p——水泥土墙内侧被动土压力合力作用点至墙趾的竖向距离,m;

a_G——水泥土墙自重与墙底水压力合力作用点至墙趾的水平距离,m。

3)圆弧滑动稳定性验算

重力式水泥土墙可采用圆弧滑动条分法进行稳定性验算,如图 9.46 所示。

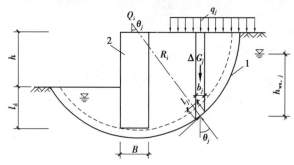

图 9.46　整体滑动稳定性验算

$$\min\{K_{s,1}, K_{s,2}, \cdots, K_{s,i}, \cdots\} \geq K_s \tag{9.74a}$$

$$K_{s,i} = \frac{\sum\{c_jl_j + [(q_jb_j + \Delta G_j)\cos\theta_j - u_jl_j]\tan\varphi_j\}}{\sum(q_jb_j + \Delta G_j)\sin\theta_j} \tag{9.74b}$$

式中　K_s——圆弧滑动稳定安全系数,其值不应小于 1.3;

$K_{s,i}$——第 i 个圆弧滑动体的抗滑力矩与滑动力矩的比值;$K_{s,i}$ 的最小值宜通过搜索不同圆心及半径的所有潜在滑动圆弧确定;

c_j, φ_j——第 j 土条滑弧面处土的黏聚力,kPa;内摩擦角,(°);

b_j——第 j 土条的宽度,m;

θ_j——第 j 土条滑弧面中点处的法线与垂直面的夹角,(°);

l_j——第 j 土条的滑弧段长度,取 $l_j = b_j/\cos\theta_j$,m;

q_j——第 j 土条上的附加分布荷载标准值,kPa;

q_j——第 j 土条上的附加分布荷载标准值,kPa;

ΔG_j——第 j 土条的自重,kN,按天然重度计算;分条时,水泥土墙可按土体考虑;

u_j——第 j 土条在滑弧面上的孔隙水压力,kPa;对地下水位以下的砂土、碎石土、砂质粉土,在基坑外侧,可取 $u_j = \gamma_w h_{wa,j}$,在基坑内侧,可取 $u_j = \gamma_w h_{wp,j}$;滑弧面在地下水位以上或对地下水位以下的黏性土,取 $u_j = 0$;

γ_w——地下水重度,kN/m;

$h_{wa,j}$——基坑外地下水位至第 j 土条滑弧面中点的压力水头,m;

$h_{wp,j}$——基坑内地下水位至第 j 土条滑弧面中点的压力水头,m。

当墙底以下存在软弱下卧土层时,稳定性验算的滑动面中应包括由圆弧与软弱土层层面组成的复合滑动面。

4)抗隆起稳定性验算

重力式水泥土墙抗隆起稳定性可按式(9.43)验算,此时,式中 γ_{m1} 应取基坑外墙底面以上土的重度,γ_{m2} 应取基坑内墙底面以上土的重度,l_d 应取水泥土墙的嵌固深度,c、φ 应取墙底面以下土的黏聚力、内摩擦角。

当重力式水泥土墙底面以下有软弱下卧层时,抗隆起稳定性验算的部位应包括软弱下卧层,此时,式(9.43)中的 γ_{m1}、γ_{m2} 应取软弱下卧层顶面以上土的重度,l_d 应以 D 代替(D 为坑底至软弱下卧层顶面的土层厚度)。

5)墙体正截面应力计算

(1)拉应力

$$\frac{6M_i}{B^2} - \gamma_{cs}z \leq 0.15f_{cs} \tag{9.75}$$

(2)压应力

$$\gamma_0\gamma_F\gamma_{cs}z + \frac{6M_i}{B^2} \leq f_{cs} \tag{9.76}$$

(3)剪应力

$$\frac{E_{aki} - \mu G_i - E_{pki}}{B} \leq \frac{1}{6}f_{cs} \tag{9.77}$$

式中　M_i——水泥土墙验算截面的弯矩设计值,$kN \cdot m/m$;

B——验算截面处水泥土墙的宽度,m;

γ_{cs}——水泥土墙的重度,kN/m^3;

z——验算截面至水泥土墙顶的垂直距离,m;

f_{cs}——水泥土开挖龄期时的轴心抗压强度设计值,kPa;

γ_F——荷载综合分项系数,按承载能力极限状态设计时 γ_F 不应小于1.25;

E_{aki},E_{pki}——分别为验算截面以上的主、被动土压力标准值,kN/m,按9.2.1节计算确定;验算截面在基底以上时,取 $E_{pki}=0$;

G_i——验算截面以上的墙体自重,kN/m;

μ——墙体材料的抗剪断系数,取0.4~0.5。

重力式水泥土墙的正截面应力验算时,计算截面应包括以下部位:基坑面以下主动、被动土压力强度相等处;基坑底面处;水泥土墙的截面突变处。当地下水位高于坑底时,应进行地下水渗透稳定性验算。

9.6.3　重力式水泥土墙的构造要求

①重力式水泥土墙嵌固深度,对淤泥质土,不宜小于 $1.2h$,对淤泥,不宜小于 $1.3h$。重力式水泥土墙

宽度,对淤泥质土,不宜小于 0.7h,对淤泥,不宜小于 0.8h(h 为基坑深度)。

②重力式水泥土墙采用格栅形式时,格栅的面积置换率,对淤泥质土,不宜小于 0.7;对淤泥,不宜小于 0.8;对一般黏性土、砂土,不宜小于 0.6。格栅内侧的长宽比不宜大于 2。每个格栅内的土体面积应符合式(9.78)要求:

$$A \leqslant \delta \frac{cu}{\gamma_m} \tag{9.78}$$

式中 A——格栅内土体的截面面积,m^2;

　　δ——计算系数:黏性土,取 $\delta = 0.5$;砂土、粉土,取 $\delta = 0.7$;

　　c——格栅内土的黏聚力,kPa;

　　u——计算周长,按图 9.47 计算,m;

　　γ_m——格栅内土的天然重度,kN/m^3;对多层土,取水泥土墙深度范围内各层土按厚度加权的平均天然重度。

③水泥土搅拌桩的搭接宽度不宜小于 150 mm。

④当水泥土墙兼作截水帷幕时,应符合对截水的要求。

⑤水泥土墙体 28 d 无侧限抗压强度不宜小于 0.8 MPa。当需要增强墙身的抗拉性能时,可在水泥土桩内插入杆筋。杆筋可采用钢筋、钢管或毛竹。杆筋的插入深度宜大于基坑深度。杆筋应锚入面板内。

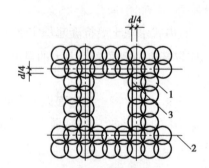

图 9.47　格栅式水泥土墙
1—水泥土桩;2—水泥土桩中心线;
3—计算周长

⑥水泥土墙顶面宜设置混凝土连接面板,面板厚度不宜小于 150 mm,混凝土强度等级不宜低于 C15。

9.6.4　SMW 工法

1)SMW 工法原理

SMW 工法(也称型钢水泥土搅拌墙)是先施工水泥土挡墙,最后按一定的形式在其中插入型钢(或预应力混凝土桩),形成一种劲性复合围护结构,减小基坑变形的方法。SMW 工法适宜的基坑深度为 6~10 m,国外开挖深度已达 20 m。该工法止水好,刚度大(水泥土与型钢混合体抗弯刚度比型钢自身刚度高 20% 左右),构造简单,插入的型钢(一般为 H 型钢)可回收重复使用,成本较低。

2)SMW 工法标准配置

由于水泥土的抗拉强度小,型钢间距不能过大,以保证墙体的抗弯、抗剪强度满足要求。以三轴水泥土搅拌桩为例,根据搅拌桩结构尺寸,插入与之相匹配的型钢(一般为 H 型钢),常用的 SMW 工法标准配置如图 9.48 所示。

3)型钢净间距确定

如图 9.49 所示,为保证型钢间的水泥土在侧向水土压力作用下不产生弯曲应力的条件,应按下式确定型钢的净距 l_2:

$$l_2 \leqslant B_c + h + 2e \tag{9.79}$$

式中 B_c,h——分别为水泥土墙的厚度、型钢的高度;

　　e——型钢形心与截面对称轴距离,规定型钢形心轴近基坑内侧为正。

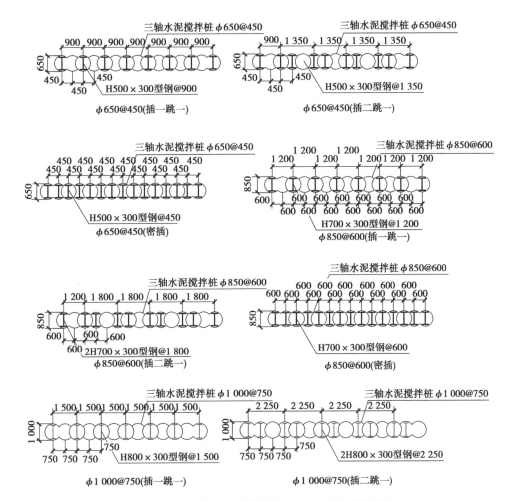

图 9.48 三轴水泥搅拌桩的 SMW 工法标准配置图

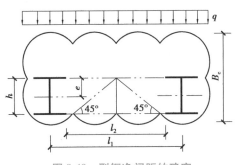

图 9.49 型钢净间距的确定

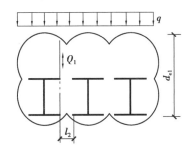

图 9.50 型钢连续布置剪力计算

4)水泥土强度校核

(1)型钢"连续"布置

如图 9.50 所示,此种布置形式只需要进行型钢翼缘边水泥土抗剪强度计算,取深度 1 m 为计算单元。

剪力
$$Q_1 = \frac{ql_2}{2} \tag{9.80}$$

剪应力
$$\tau_1 = \frac{Q_1}{d_{e1}} \leqslant \tau_s \tag{9.81a}$$

式中 q——墙体侧压力,kN/m^2；

d_{e1}——墙体有效厚度，m；

τ_s——水泥土设计抗剪强度，取水泥土$28d$无侧限抗压强度，kPa。

（2）型钢"间隔"布置

如图9.51所示，此种布置形式除进行上述截面的验算外，还需校核水泥土搭接处抗剪强度。

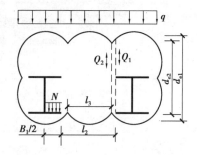

$$\tau_2 = \frac{Q_2}{A_c} = \frac{ql_3}{2d_{e2}} \leqslant \tau_s \tag{9.81b}$$

式中　d_{e2}——水泥土搭接处厚度，m。

此外，在侧压力作用下，应验算水泥土内所形成的抛物线承载拱的轴力强度。翼缘受到承载拱的压缩力按下式计算：

轴压力
$$N = \frac{ql_2}{2} \tag{9.82}$$

图9.51　型钢"间隔"布置截面计算

强度校核
$$\sigma = \frac{N}{A} = \frac{ql_2}{B_f} \leqslant f_c \tag{9.83}$$

式中　B_f——型钢翼宽，m；

f_c——水泥土的设计抗压强度，可取$q_{u28}/2$，kPa。

9.7　基坑降排水

9.7.1　地下水控制方法和适用条件

为保证支护结构、基坑开挖、地下结构的正常施工，应防止地下水变化对基坑周边环境产生影响，需要采取地下水位控制措施。地下水控制应根据工程地质和水文地质条件、基坑周边环境要求及支护结构形式选用截水、降水、集水明排、回灌或其方法组合。

①截水帷幕：用以阻隔或减少地下水通过基坑侧壁与坑底流入基坑和防止基坑外地下水位下降的幕墙状竖向截水体。

②落底式帷幕：底端穿透含水层并进入下部隔水层一定深度的截水帷幕。

③悬挂式帷幕：底端未穿透含水层的截水帷幕。采用悬挂式帷幕时，应同时采用坑内降水，并宜根据水文地质条件结合坑外回灌措施。

④降水：为防止地下水通过基坑侧壁与基底流入基坑，用抽水井或渗水井降低基坑内外地下水位的方法。

⑤集水明排：用排水沟、集水井、泄水管、输水管等组成的排水系统将地表水、渗漏水排泄至基坑外的方法。

地下水控制设计应符合对基坑周边建（构）筑物、地下管线、道路等沉降控制值的要求。当坑底以下有水头高于坑底的承压水含水层时，各类支护结构均应进行承压水作用下的坑底突涌稳定性验算。当不满足突涌稳定性要求时，应对该承压水含水层采取截水、减压措施。常见的地下水控制方法和适用条件见表9.5。

表 9.5　常见的地下水控制方法和适用条件

降水方法 \ 适用范围		适应土类	渗透系数 /(m·d⁻¹)	降水深度 /m	水文地质特征
集水明排		填土、粉土、黏土、砂土	0.1~10	<5	
降水	单级轻型井点	填土、粉土、黏土、砂土	0.005~20	<6	上层滞水或水量不大的潜水
	多级轻型井点	填土、粉土、黏土、砂土	0.005~20	<20	
	喷射井点	填土、粉土、黏土、砂土	0.005~20	<20	
	电渗井点	黏土、粉土、淤泥质黏土	≤0.1	依井点确定	
	管井井点	粉土、砂土、碎石土、可溶岩、破碎带	0.1~200	不限	含水丰富的潜水、承压水、裂隙水
截水		黏性土、粉土、砂土、碎石土、岩溶岩	不限	不限	
回灌井		填土、粉土、砂土、碎石土	0.1~200	不限	

9.7.2　集水明排工程

①对基底表面汇水、基坑周边地表汇水及降水井抽出的地下水,可采用明沟排水;对坑底以下的渗出的地下水,可采用盲沟排水;当地下室底板与支护结构间不能设置明沟时,基坑坡脚处也可采用盲沟排水;对降水井抽出的地下水,也可采用管道排水。

②排水沟的截面应根据设计流量确定,设计排水流量应符合下式规定:

$$Q \leqslant \frac{V}{1.5} \tag{9.84}$$

式中　Q——排水沟的设计流量,m³/d;

　　　V——排水沟的排水能力,m³/d。

③排水沟和集水井宜布置在拟建建筑基础边净距 0.4 m 以外,排水沟边缘离开边坡坡脚不应小于 0.3 m,沟底宽大于 0.3 m,沟底比基底低 0.3~0.4 m。明沟和盲沟坡度不宜小于0.3%。采用明沟排水时,沟底应采取防渗措施。采用盲沟排出坑底渗出的地下水时,其构造、填充料及其密实度应满足主体结构的要求。沿排水沟宜每隔 30~50 m 设置一口集水井;集水井的净截面尺寸应根据排水流量确定。集水井应采取防渗措施。

④基坑坡面渗水宜采用渗水部位插入导水管排出。采用管道排水时,排水管道的直径应根据排水量确定,排水管的坡度不宜小于 0.5%。排水管道材料可选用钢管、PVC 管。排水管道上宜设置清淤孔,清淤孔的间距不宜大于 10 m。

⑤基坑排水与市政管网连接前应设置沉淀池。明沟、集水井、沉淀池使用时应排水畅通并应随时清理淤积物。基坑排水设备常用离心泵、潜水泵和污水泵,可根据排水量大小及基坑深度加以选择水泵型号。

9.7.3　截水设计与施工要点

①基坑截水方法应根据工程地质条件、水文地质条件及施工条件等,选用水泥土搅拌桩帷幕、高压旋喷或摆喷注浆帷幕、地下连续墙或咬合式排桩。支护结构采用排桩时,可采用高压喷射注浆与排桩相互

咬合的组合帷幕。对碎石土、杂填土、泥炭质土、泥炭、pH值较低的土或地下水流速较大时,水泥土搅拌桩帷幕、高压喷射注浆帷幕宜通过试验确定其适用性或外加剂品种及掺量。

②当坑底以下存在连续分布、埋深较浅的隔水层时,应采用落底式帷幕。落底式帷幕进入卧隔水层的深度应满足式(9.85)要求,且不宜小于1.5 m。

$$l \geqslant 0.2\Delta h - 0.5b \tag{9.85}$$

式中 l——帷幕进入隔水层的深度,m;

Δh——基坑内外的水头差值,m;

b——帷幕的厚度,m。

③当坑底以下含水层厚度大而需采用悬挂式帷幕时,帷幕进入透水层的深度应满足对地下水沿帷幕底端绕流的渗透稳定性要求,见式(9.46);并应对帷幕外地下水位下降引起的基坑周边建筑物、地下管线、地下构筑物沉降进行分析。

④截水帷幕宜采用沿基坑周边闭合的平面布置形式。当采用沿基坑周边非闭合的平面布置形式时,应对地下水沿帷幕两端绕流引起的基坑周边建筑物、地下管线、地下构筑物的沉降进行分析。

⑤采用水泥土搅拌桩帷幕时,搅拌桩桩径宜取450~800 mm,搅拌桩的搭接宽度应符合下列规定:

a.单排搅拌桩帷幕的搭接宽度,当搅拌深度不大于10 m时,不应小于150 mm;当搅拌深度为10~15 m时,不应小于200 mm;当搅拌深度大于15 m时,不应小于250 mm。

b.对地下水位较高、渗透性较强的地层,宜采用双排搅拌桩截水帷幕;搅拌桩的搭接宽度,当搅拌深度不大于10 m时,不应小于100 mm;当搅拌深度为10~15 m时,不应小于150 mm;当搅拌深度大于15 m时,不应小于200 mm。

c.搅拌桩水泥浆液的水灰比宜取0.6~0.8。搅拌桩的水泥掺量宜取土的天然质量的15%~20%。

⑥采用高压旋喷、摆喷注浆帷幕时,注浆固结体的有效直径宜通过试验确定。摆喷注浆的喷射方向与摆喷点连线的夹角宜取10°~25°,摆动角度宜取20°~30°。水泥土固结体搭接宽度,当注浆孔深度不大于10 m时,不应小于150 mm;当注浆孔深度为10~20 m时,不应小于250 mm;当注浆孔深度为20~30 m时,不应小于350 mm。对地下水位较高、渗透性较强的地层,可采用双排高压喷射注浆帷幕。

⑦高压喷射注浆水泥浆液的水灰比宜取0.9~1.1,水泥掺量宜取土的天然质量的25%~40%。

⑧高压喷射注浆应按水泥土固结体的设计有效半径与土的性状选择喷射压力、注浆流量、提升速度、旋转速度等工艺参数,对较硬的黏性土、密实的砂土和碎石土宜取较小提升速度、较大喷射压力。

⑨高压喷射注浆截水帷幕施工时应符合下列规定:

a.采用与排桩咬合的高压喷射注浆截水帷幕时,应先进行排桩施工,后进行高压喷射注浆施工。

b.高压喷射注浆的施工作业顺序应采用隔孔分序方式,相邻孔喷射注浆的间隔时间不宜小于24 h。

c.喷射注浆时,应由下而上均匀喷射,停止喷射的位置宜高于帷幕设计顶面标高1 m;可采用复喷工艺增大固结体半径、提高固结体强度。

d.喷射注浆时,当孔口的返浆量大于注浆量的20%时,可采用提高喷射压力、增加提升速度等措施;当因喷射注浆的浆液渗漏而出现孔口不返浆的情况时,应将注浆管停置在不反浆处持续喷射注浆,并宜同时采用从孔口填入中粗砂、注浆液掺入速凝剂等措施,直至出现孔口返浆。

e.喷射注浆后,当浆液析水、液面下降时,应进行补浆。

f.当喷射注浆因故中途停喷后,继续注浆时应与停喷前的注浆体搭接,其搭接宽度不应小于500 mm。

9.7.4 井点降水基本方法与原理

井点降水法可分为轻型井点、喷射井点、电渗井点、管井井点和联合井点法。

1)轻型井点

如图9.52所示,轻型井点降低水位属于真空抽水法。它是沿基坑周围以一定的间距埋入若干井管

(下端为滤水管),将管外井口段用黏土严密封堵,地面上用水平铺设的集水总管将井管连系起来,并在一定位置设置真空泵,开动真空泵使井管系统内形成真空状态,使地下水在真空吸力作用下,经滤水管进入井管,然后经集水总管排出。轻型井点根据真空泵类型不同可分为:真空泵轻型井点、射流泵轻型井点、隔膜泵轻型井点。

轻型井点降低水位的深度,一层为 3~6 m,二层为 5~10 m,三层以上基本不用。二级轻型井点降水示意图如图 9.53 所示。

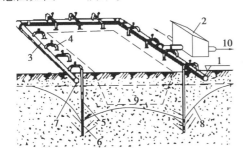

图 9.52 轻型井点降低地下水位示意图
1—地面;2—水泵房;3—总管;4—弯联管;
5—井点管;6—滤管;7—静水位;8—降后水位;
9—基坑;10—出水管

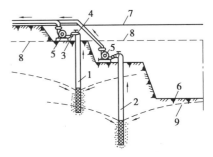

图 9.53 二级轻型井点降水示意图
1——级井点;2—二级井点;3—总管;
4—连接管;5—水泵;6—基坑;7—地面;
8—原地下水位;9—降后地下水位

2)喷射井点

喷射井点降水亦属于真空抽水法。为抽吸较深的地下水,它将能形成真空的喷射器下降到井管下部形成真空而抽水。喷射井点有喷水井点和喷气井点之分,其工作原理相同,只是送入井内喷射器的工作流体不同。前者用压力水,后者使用压缩空气作为工作流体。

3)电渗井点

当渗透系数 $K \leq 0.1$ m/d 时,水的渗流速度很慢,导致降水速度慢。为了加速地下水向井点管渗透,一般采用电渗井点降水。电渗井点降水的工作原理如图 9.54 所示。设井点管为阴极,另埋设金属棒为阳极,在两极施加电势,土孔隙中水体将从阳极向阴极流动,这种流动为电渗现象。当土中通以直流电后,不仅自由水而且粘滞水也参与了流动,即通电后增大了孔隙的有效截面,提高了土的渗透性,其渗透性将提高 20~100 倍,从而提高降水效率。

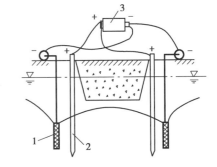

图 9.54 电渗井点降水工作原理示意图
1—井点管;2—金属棒;3—≤60 V 直流电源

4)管井井点

该降水法就是沿开挖的基坑周围离基坑边缘 1~1.5 m 处,每隔一定距离设置一个管井(一般间距为 10~50 m),每个管井单独用一台水泵(潜水泵、离心泵等)进行抽水,以降低地下水位的方法。管井降水深度一般大于 5 m。

5)联合井点

当单一井点法不能满足要求时,可采用联合井点法降水,提高降水能力。如喷射—射流联合井点、轻型—电渗联合井点、管井—电渗联合井点等。

9.7.5　井点降水工程设计

1）降水井平面布置原则

降水井在平面布置上应沿基坑周边以一定间距形成闭合状。当地下水流速较小时，降水井宜等间距布置；当地下水流速较大时，在地下水补给方向宜适当减小降水井间距。对宽度较小的狭长形基坑，降水井也可在基坑一侧布置。

降水井点系统理论计算，以法国水力学家裴布依（1857）提出的水井理论为基础。根据水井穿透含水层的程度，可把水井分为完整井和非完整井二类。穿透全部含水层，并在含水层全部厚度上都进水的井叫做完整井；否则，是非完整井。

降水井又有承压井与无承压井之分。凡水井布置在两层不透水层之间的充满水的含水层内，由于地下水有一定压力，该井称为承压井；若水井布置在潜水层内，此种地下水具有自由表面，这种井称为潜水井。

2）基坑地下水位降深的确定

降水后基坑内的水位应低于基坑底 0.5 m。当主体结构有加深的电梯井、集水井时，坑底应按电梯井、集水井底面深度考虑或对其另行采取局部地下水控制措施。基坑采用截水结合坑外减压降水的地下水控制方法时，应规定降水井水位的最大降深值。地下水位降深应符合式（9.86）规定：

$$s_i \geqslant s_d \tag{9.86}$$

式中　s_i——基坑内任一点的地下水位降深，m；

s_d——基坑地下水位的设计降深，m。

①当含水层为粉土、砂土或碎石土时，潜水完整井的基坑地下水位降深可按式（9.87）计算，如图 9.55、图 9.56 所示。

$$s_i = H - \sqrt{H^2 - \sum_{j=1}^{n} \frac{q_j}{\pi k} \ln \frac{R}{r_{ij}}} \tag{9.87}$$

式中　s_i——基坑内任一点的地下水位降深，m；基坑内各点中最小的地下水位降深可取各个相邻降水井连线上地下水位降深的最小值，当各降水井的间距和降深相同时，可取任一相邻降水井连线中点的地下水位降深；

H——潜水含水层厚度，m；

q_j——按干扰井群计算的第 j 口降水井的单井流量，m³/d；

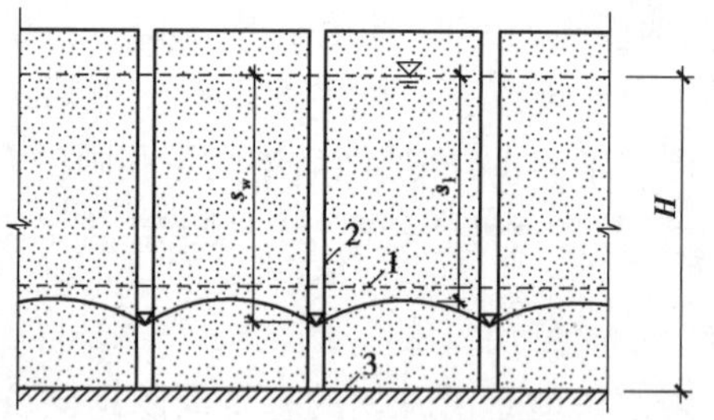

k——含水层的渗透系数，m/d；

R——影响半径，m，应按现场抽水试验确定；缺少试验时，可按式（9.95）、式（9.96）计算，并结合当地工程经验确定；

r_{ij}——第 j 口井中心至地下水位降深计算点的距离，m；当 $r_{ij} > R$ 时，取 $r_{ij} = R$；

n——降水井数量。

图 9.55　均质含水层潜水完整井地下水位降深计算
1—基坑面；2—降水井；3—潜水含水层底板

②对潜水完整井，按干扰井群计算的第 j 个降水井的单井流量可通过求解下列 n 维线性方程组计算，如图 9.56 所示。

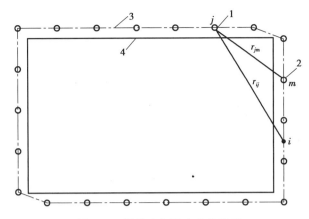

图 9.56　计算点与降水井的关系

1—第 j 口井;2—第 m 口井;3—降水井所围面积的边线;4—基坑边线

$$s_{\mathrm{w},m} = H - \sqrt{H^2 - \sum_{j=1}^{n} \frac{q_j}{\pi k}\ln\frac{R}{r_{jm}}} \quad (m = 1,\cdots,n) \tag{9.88}$$

式中　$s_{\mathrm{w},m}$——第 m 口井的井水位设计降深,m;

　　　r_{jm}——第 j 口井中心至第 m 口井中心的距离,m;当 $j=m$ 时,应取降水井半径 r_{w};当 $r_{jm}>R$ 时,取 $r_{jm}=R$。

　　③当含水层为粉土、砂土或碎石土,各降水井所围平面形状近似圆形或正方形且各降水井的间距、降深相同时,基坑地下水位降深也可按下列公式计算。

$$s_i = H - \sqrt{H^2 - \frac{q}{\pi k}\sum_{j=1}^{n}\ln\frac{R}{2r_0\sin\dfrac{(2j-1)\pi}{2n}}} \tag{9.89}$$

$$q = \frac{\pi k(2H - s_{\mathrm{w}})s_{\mathrm{w}}}{\ln\dfrac{R}{r_{\mathrm{w}}} + \sum_{j=1}^{n-1}\ln\dfrac{R}{2r_0\sin\dfrac{j\pi}{n}}} \tag{9.90}$$

式中　q——按干扰井群计算的降水井单井流量,m^3/d;

　　　r_0——井群的等效半径,m;应按各降水井所围成多边形与等效圆的周长相等确定,取 $r_0 = \dfrac{u}{2\pi}$;并使

　　　$r_0 \leqslant \dfrac{R}{2\sin\dfrac{(2j-1)\pi}{2n}}, r_0 \leqslant \dfrac{R}{2\sin\dfrac{j\pi}{n}}$;

　　　u——各降水井中心点连线所围多边形的周长,m;

　　　j——第 j 口降水井;

　　　s_{w}——井水位的设计降深,m;

　　　r_{w}——降水井半径,m。

　　④当含水层为粉土、砂土或碎石土时,承压完整井地下水位降深可按式(9.91)计算,如图9.57所示。

$$s_i = \sum_{j=1}^{n} \frac{q_j}{2\pi M k}\ln\frac{R}{r_{ij}} \tag{9.91}$$

式中　M——承压含水层厚度,m。

　　⑤对承压完整井,按干扰井群计算的第 j 个降水井的单井流量可通过求解下列 n 维线性方程组计算。

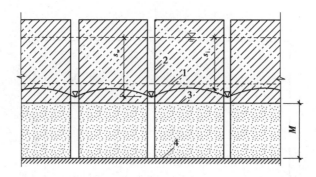

图 9.57　均质含水层承压水完整井地下水位降深计算

1—基坑面;2—降水井;3—承压含水层顶板;4—承压含水层底板

$$s_{w,m} = \sum_{j=1}^{n} \frac{q_j}{2\pi Mk} \ln \frac{R}{r_{jm}} \quad (m = 1, \cdots, n) \tag{9.92}$$

⑥当含水层为粉土、砂土或碎石土时,各降水井所围平面形状近似圆形或正方形且各降水井的间距、降深相同时,承压完整井的地下水位降深也可按下列公式计算。

$$s_i = \frac{q}{2\pi Mk} \sum_{j=1}^{n} \ln \frac{R}{2r_0 \sin \dfrac{(2j-1)\pi}{2n}} \tag{9.93}$$

$$q = \frac{2\pi kMs_w}{\ln \dfrac{R}{r_w} + \sum_{j=1}^{n-1} \ln \dfrac{R}{2r_0 \sin \dfrac{j\pi}{n}}} \tag{9.94}$$

式中　r_0——井群的等效半径,m;应按各降水井所围成多边形与等效圆的周长相等确定,取$r_0 = \dfrac{u}{2\pi}$;并使

$$r_0 \leqslant \frac{R}{2\sin \dfrac{(2j-1)\pi}{2n}}, r_0 \leqslant \frac{R}{2\sin \dfrac{j\pi}{n}}。$$

3)降水影响半径确定

含水层的降水影响半径宜通过试验确定。缺少试验时,可按下列公式计算并结合当地经验取值。

(1)潜水含水层

$$R = 2s_w \sqrt{kH} \tag{9.95}$$

(2)承压水含水层

$$R = 10s_w \sqrt{k} \tag{9.96}$$

式中　R——降水影响半径,m;

　　　s_w——基坑水位降深,m;当井水位降深小于 10 m 时,取 $s_w = 10$ m;

　　　H——潜水含水层厚度,m;

　　　k——含水层的渗透系数,m/d。

4)基坑总涌水量的计算

①群井按大井简化时,均质含水层潜水完整井的基坑降水总涌水量可按式(9.97)计算,如图 9.58 所示。

$$Q = \pi k \frac{(2H - s_d)s_d}{\ln\left(1 + \dfrac{R}{r_0}\right)} \tag{9.97}$$

式中　Q——基坑降水总涌水量,m^3/d;

　　　k——渗透系数,m/d;

　　　H——潜水含水层厚度,m;

　　　s_d——基坑地下水位的设计降深,m;

　　　R——降水影响半径,m;

　　　r_0——基坑等效半径,m,可按$r_0 = \sqrt{A/\pi}$计算;

　　　A——基坑面积,m^2。

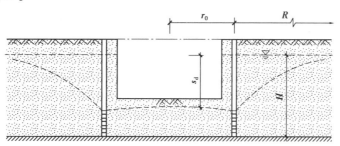

图 9.58　均质含水层潜水完整井的基坑涌水量计算

②群井按大井简化时,均质含水层潜水非完整井的基坑降水总涌水量可按式(9.98)计算,如图 9.59 所示。

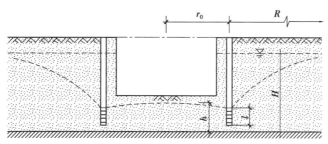

图 9.59　均质含水层潜水非完整井的基坑涌水量计算

$$Q = \pi k \frac{H^2 - h^2}{\ln\left(1 + \dfrac{R}{r_0}\right) + \dfrac{h_m - l}{l}\ln\left(1 + 0.2\dfrac{h_m}{r_0}\right)} \tag{9.98}$$

$$h_m = \frac{H + h}{2} \tag{9.99}$$

式中　h——降水后基坑内的水位高度,m;

　　　l——过滤器进水部分的长度,m。

③群井按大井简化时,均质含水层承压水完整井的基坑降水总涌水量可按式(9.100)计算,如图 9.60 所示。

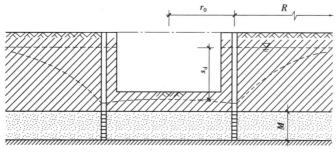

图 9.60　均质含水层承压水完整井的基坑涌水量计算

$$Q = 2\pi k \frac{Ms_d}{\ln\left(1 + \dfrac{R}{r_0}\right)} \tag{9.100}$$

式中 M——承压含水层厚度,m。

④群井按大井简化时,均质含水层承压水非完整井的基坑降水总涌水量可按式(9.101)计算,如图9.61 所示。

$$Q = 2\pi k \frac{Ms_d}{\ln\left(1 + \dfrac{R}{r_0}\right) + \dfrac{M - l}{l}\ln\left(1 + 0.2\dfrac{M}{r_0}\right)} \tag{9.101}$$

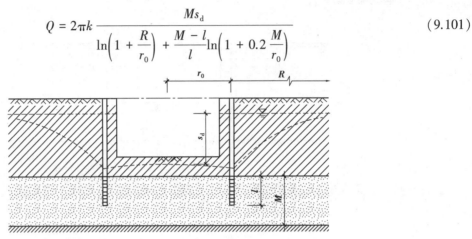

图 9.61 均质含水层承压水非完整井的基坑涌水量计算

⑤群井按大井简化时,均质含水层承压水~潜水完整井的基坑降水总涌水量可按式(9.102)计算,如图 9.62 所示。

$$Q = \pi k \frac{(2H_0 - M)M - h^2}{\ln\left(1 + \dfrac{R}{r_0}\right)} \tag{9.102}$$

式中 H_0——承压水含水层的初始水头,m。

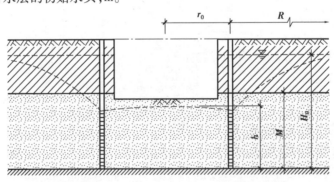

图 9.62 均质含水层承压水~潜水完整井的基坑涌水量计算

5)过滤器长度确定

真空井点和喷射井点的过滤器长度不宜小于含水层厚度的 1/3,管井过滤器长度宜与含水层厚度一致。

群井抽水时,各井点单井过滤器进水部分长度可按下式验算:

$$y_0 \geq l \tag{9.103}$$

单井井管进水长度 y_0 可按下列规定计算:

潜水完整井
$$y_0 = \sqrt{H^2 - \frac{0.732Q}{k}\left[\lg R_0 - \frac{1}{n}\lg(nr_0^{n-1}r_w)\right]} \qquad (9.104)$$

承压完整井
$$y_0 = H' - \frac{0.366Q}{kM}\left[\lg R_0 - \frac{1}{n}\lg(nr_0^{n-1}r_w)\right] \qquad (9.105)$$

式中　r_0——圆形基坑半径；

r_w, H——分别为管井半径、潜水含水层厚度；

R_0——基坑等效半径与降水井影响半径之和，$R_0 = R + r_0$；

H', M——分别为承压水位至该承压含水层底板的距离、承压含水层厚度；

R, n——分别为降水井影响半径、降水井数量。

当过滤器工作部分长度小于 2/3 含水层厚度时，应采用非完整井公式计算。若不满足上式条件，应调整井点数量和井点间距，再进行验算。当井距足够小仍不能满足要求时应考虑基坑内布井。

6）基坑中心点水位降深计算

块状基坑降水深度可按下式计算：

潜水完整井稳定流
$$S = H - \sqrt{H^2 - \frac{Q}{1.366k}\left[\lg R_0 - \frac{1}{n}\lg(r_1 r_2 \cdots r_n)\right]} \qquad (9.106)$$

承压完整井稳定流
$$S = \frac{0.366Q}{kM}\left[\lg R_0 - \frac{1}{n}\lg(r_1 r_2 \cdots r_n)\right] \qquad (9.107)$$

式中　S——在基坑中心处或各井点中心处地下水位降深；

r_1, r_2, r_n——为各井距基坑中心或各井中心处的距离。

对非完整井或非稳定流应根据具体情况进行水位降深验算。计算出的降深不能满足降水设计要求时，应重新调整井数、布井方式。

7）单井出水能力确定

①轻型井点的单井出水能力可按 36～60 m³/d 确定。

②真空喷射井点的单井出水能力与喷射器类型有关，一般为 80～720 m³/d。

③管井的单井出水能力可按下列经验公式确定：

$$q = 120\pi r_s l^3 \sqrt{k} \qquad (9.108)$$

当含水层为软弱土层时，单井可能抽出的出水能力计算公式为：

$$q = 2.50irkH \qquad (9.109)$$

式中　q——单井出水能力，m³/d；

r_s, r——分别为过滤器半径、井的半径，m；

l——过滤器进水部分长度，m；

k——含水层的渗透系数，m/d；

i——水力坡度，降水开始时取 $i = 1$。

8）井数、井距、渗透系数的确定

（1）井数　降水井的数量 n 可按下式计算

$$n = 1.1\frac{Q}{q} \qquad (9.110)$$

式中　Q——基坑总涌水量，m³/d；

q——单井设计流量，即出水能力，m³/d。

（2）井距　井距可按下式计算：

$$B = 2(a + b)/n \qquad (9.111)$$

式中　a, b——分别为基坑长度、宽度，m。

（3）含水层的渗透系数确定

含水层的渗透性如何，是井点降水设计的主要依据。渗透系数大小可从室内渗透试验和野外抽水试验得出。对于重要的工程要做野外抽水试验，并作认真分析。含水层的渗透系数参考值见表9.6。

表9.6　含水层的渗透系数参考值

土名	$k/(\mathrm{m \cdot d^{-1}})$	土名	$k/(\mathrm{m \cdot d^{-1}})$	土名	$k/(\mathrm{m \cdot d^{-1}})$
淤泥质黏土	≤0.005	粉砂	0.5~1.0	粗砂	20~50
粉质黏土	0.005~0.1	细砂	1.0~5.0	圆砾	50~100
粉土	0.1~0.5	中砂	5.0~20	卵石	100~500

9.7.6　管井降水工程施工

1）成孔方法

管井降水工程成孔方法分为人工成孔法、机械钻孔法和水冲法。其中机械钻孔法分为钢绳冲击钻、螺旋、正循环和反循环回转钻进法。

2）成井工艺

管井成井工艺包括成孔后的冲孔换浆、井管安装、填砾、封口止水和试抽。

（1）冲孔换浆　如果采用无循环液钻孔法和水冲法成孔，可直接用清水进行冲孔，使孔内渣物含量降到最低程度。若采用泥浆作为循环液钻孔法成孔，则用稀泥浆冲孔。冲孔换浆目的就是使孔内干净，冲掉井壁上的泥皮，增加出水量。

（2）井管安装　井管一般分为井壁管、滤水管和沉砂管。井壁管起护壁和输水作用；滤水管起过滤和疏导含水层中水的作用，沉砂管起沉淀水中泥砂的作用，以防堵塞过滤管，保证水畅通和清洁。滤水管一般为包网滤水管或贴砾滤水管。

滤水管所下到的位置与滤水管长度、孔隙、含水层厚度等因素有关。一般含水层很薄或涌水量很大时，要将整个滤水管对准含水层。当含水层很厚时，滤水管长度小于含水层厚度。

井管直径应根据含水层的富水性及水泵性能选取，且井管外径不宜小于200 mm，井管内径宜大于水泵外径50 mm。沉砂管长度不宜小于3 m。钢制、铸铁和钢筋骨架过滤器的孔隙率分别不宜小于30%、23%和50%。

（3）填砾　填砾是在滤水管和地层之间形成一个人工过滤层，以增大滤水管周围有效孔隙率，达到减少进水时水头损失，稳定含水层，增大降水井出水量的目的。井管外滤料宜选用磨圆度较好的硬质岩石，不宜采用棱角状石渣料、风化料或其他黏质岩石。填砾厚度一般为75~100 mm，所用滤料规格宜满足下列要求：

①对于砂土含水层：

$$D_{50} = (6 \sim 8)d_{50} \tag{9.112}$$

②对于$d_{50}<2$ mm 碎石类含水层：

$$D_{50} = (6 \sim 8)d_{20} \tag{9.113}$$

式中，D_{50}，d_{50}，d_{20}分别为填料和含水层颗料分布累计曲线上质量为50%和20%所对应的颗粒粒径。

③对于$d_{20}≥2$ mm 的碎石类土含水层，可充填粒径为10~20 mm 的滤料。

④滤料应保证不均匀系数小于2。

（4）孔口封闭止水　填砾后，应进行孔口封闭止水。止水的目的是使降水井形成真空以防止抽水时漏气，另外还可以防止地表水和泥土进入井内。止水的方法就是将黏土或黏土球均匀地投入井管和井壁之间并分层捣实。

(5)试抽　试抽就是在正式抽水之前进行的短期抽水过程。试抽目的:一是检查已完成的降水井出水量如何,并根据抽水情况检查抽水设备及管路是否运转正常;二是在试抽过程中对降水井进行洗井,防止泥砂淤井并增加降水井出水量。

习　题

9.1　有一基坑深 5 m,地层为很湿软的粉质黏土($\varphi = 26°$,$\gamma = 17$ kN/m³)。试求悬臂板桩的入土深度、最大弯矩和 U 形或 H 形钢(板)桩截面尺寸。

9.2　上题若用地面单锚板桩,试分别按浅埋和深埋板桩计算桩入土深度、锚拉力、最大弯矩和截面尺寸。

9.3　某坑深 10 m,地层为很湿软黏土($\varphi = 28°$,$c = 35$ kPa,$\gamma = 17$ kN/m³),拟设 3 层锚杆,试按等间距方式进行有关支护结构设计计算。

9.4　某基坑开挖深度为 9.1 m,地面均布荷载 $q = 20$ kN/m²,决定采取钢板桩锚杆支护方案,锚固地层为砂砾石,平均重度 $\gamma = 21$ kN/m³,摩擦角 $\varphi = 35°$,钢板桩埋深(自基坑底算起)为 3.0 m。假定布置一层砂浆锚杆,锚杆头部距地面 3.5 m,其水平间距 1.6 m,向下倾斜 18°。试进行土层锚杆的有关设计。

9.5　某基坑深 10.25 m,边坡直立,土质自上而下为:0~1.0 m 杂填土;1.0~4.0 m 粉质黏土,4.0~13.0 m 粉细砂,土层的重度及内摩擦角查有关资料确定。试进行土钉的设计。

9.6　某深基坑开挖深度 6 m,地层为黏性土层,土层 $c = 25$ kPa,$\varphi = 30°$,$\gamma = 18$ kN/m³。试分别进行水泥土墙和 SMW 工法的设计计算。

9.7　某基坑面积为(70×40)m²,含水层为粉质黏土,厚为 12 m,渗透系数为 0.04 m/d,静水位为 1.0 m,基坑深 5.5 m,试作降水工程设计。

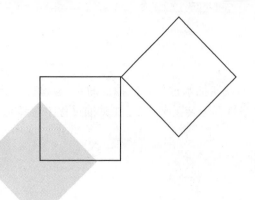

10 沉井基础与地下连续墙

本章导读:

- **基本要求** 了解沉井基本概念及应用领域;掌握沉井分类、构造组成;掌握沉井作为整体深基础和施工过程中结构计算。了解地下连续墙概念、设计计算及逆作法技术。
- **重点** 沉井基础的计算;沉井施工期的结构计算;地下连续墙的静力计算、逆作法。
- **难点** 沉井作为整体深基础和施工过程中的结构计算;地下连续墙山肩邦男法计算。

10.1 概 述

10.1.1 沉井的基本概念

沉井是井筒状结构物,它是以井内挖土,依靠自身重力克服井壁摩阻力后下沉到设计标高,然后经过混凝土封底并填塞井孔,使其成为桥梁墩、台或其他结构物的基础。沉井结构一般由刃脚、井壁、隔墙、井孔、凹槽、封底及顶板等组成。沉井下沉工况如图 10.1 所示。作为桥梁墩台的沉井基础如图 10.2 所示。

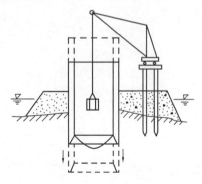

图 10.1 沉井下沉工况示意图

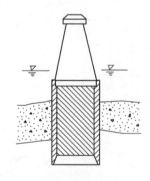

图 10.2 作为桥梁墩台的沉井基础

当基础埋置深度较大时,特别是水下基础工程,如采用明挖法施工,因开挖基坑深度大,坑壁支撑或板桩围堰所承受的土压力和水压力大,给基坑开挖和支护工作带来困难,且不易确保施工安全,此类工程,宜采用沉井法施工。

　　沉井基础的特点是埋置深度大、整体性强、稳定性好,能承受较大的垂直荷载和水平荷载。沉井既是基础,又是施工时的挡土和挡水围堰结构物。同时,沉井施工时对邻近建筑物影响较小,且内部空间可充分利用。沉井的缺点是:单井的施工期较长;对粉细砂类土在井内抽水易发生流沙现象,造成沉井倾斜;沉井下沉过程中遇到的大孤石、树干或井底岩层表面倾斜过大,均会给施工带来一定困难。

10.1.2　沉井的应用及发展概况

　　沉井基础在国内外均得到了较广泛的应用和发展。沉井主要用于桥梁墩台、取水构筑物、污水泵站、地下工业厂房、大型设备、地下仓库、人防隐蔽所、盾构拼装井、船坞、矿用竖井,以及地下车道及车站等大型深埋基础和地下构筑物的围壁等。

　　南京长江大桥、江阴长江大桥等均采用沉井基础。江阴长江大桥悬索主缆北锚碇沉井基础如图 10.3 所示,该沉井长 69 m,宽 51 m,深 58 m,沉井总体积达 20.4×10^4 m³,承担大桥主缆 64×10^4 kN 的拉力。

　　世界上规模最大的桥梁沉井基础是日本明石海峡大桥沉井,该桥主塔的钢壳沉井,平面尺寸为 80 m×70 m 和 78 m×67 m,下沉 60 m。

　　此外,一些煤矿沉井采用预制砌块拼装,触变泥浆套助沉,井壁厚度 600 mm 左右,沉入深度已超过 100 m。上海黄浦江隧道两端长达数百米的引道工程采用了连续沉井法的施工,某些江河桥梁工程采用了钢丝网水泥薄壁浮运沉井等都获得了成功。

图 10.3　江阴长江大桥北锚碇沉井

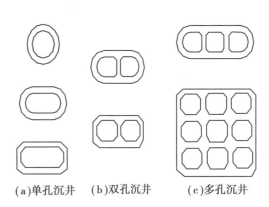

(a)单孔沉井　(b)双孔沉井　(c)多孔沉井

图 10.4　沉井平面形式

10.1.3　沉井的分类

1)按平面形状划分

　　按沉井的横截面形状可分为:圆形、圆端形和矩形等。根据井孔的布置方式,又有单孔、双孔及多孔之分,如图 10.4 所示。

　　①圆形沉井:形状对称、挖土容易,下沉不易倾斜,但与墩、台截面形状适应性差。

　　②矩形沉井:与墩、台截面形状适应性好,模板制作简单,但边角土不易挖除。

　　③圆端形沉井:适用于圆端形的墩身,立模不便,但控制下沉与受力状态较矩形好。

　　对平面尺寸较大的沉井,可在沉井中设隔墙,使沉井由单孔变成双孔(或多孔)。双孔或多孔沉井受力比较有利,便于在井孔内均衡挖土使沉井均匀下沉,并且下沉过程中容易纠偏。其他异形沉井,如椭圆形、菱形等,应根据生产工艺和施工条件采用。

2) 按沉井的立面形状划分

按沉井的竖向剖面形状可分为柱形、锥形、阶梯形等,如图 10.5 所示。沉井竖向剖面形状的选择主要取决于沉井穿透的土层性质和下沉深度。

①柱形:构造简单,挖土较均匀,井壁接长较简单,模板可重复使用。

②阶梯形:除底节外,其他各节井壁与土的摩擦力较小,但施工较复杂,消耗模板多。阶梯型井壁的台阶宽度为 100~200 cm。

③锥形:施工时易发生偏斜,锥形沉井井壁坡度一般为 1/20~1/40。

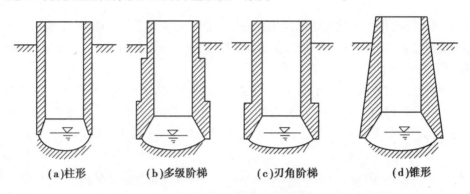

(a)柱形　　　　(b)多级阶梯　　　　(c)刃角阶梯　　　　(d)锥形

图 10.5　沉井竖直剖面形式

3) 按沉井的施工方法划分

(1)就地制作下沉沉井　就地制作下沉沉井即底节沉井一般是在河床或滩地筑岛于墩台位置上直接建造,在其强度达到设计要求后,抽除刃脚垫木,对称、均匀地挖去井内土而下沉。

(2)浮运沉井　在深水条件下修建沉井基础时,筑岛有困难或不经济,或有碍通航,可以采用浮运沉井下沉就位的方法施工。即在岸边先用钢料做成可以漂浮在水上的底节沉井,拖运到桥墩位置后在它的上面逐节接高钢壁,并灌水下沉,直到沉井稳定地落在河床上为止。然后在井内一面用各种机械的方法排除底部的土体,一面在钢壁的隔舱中填充混凝土,使沉井刃脚沉至设计标高。

(3)气压沉箱　气压沉箱是将沉井的底节做成有顶板的工作室,在工作室顶板上装有气筒及气闸。先将气压沉箱的气闸打开,在气压沉箱沉入水中达到覆盖层后,再将闸门关闭,并将压缩空气输送到工作室中,将工作室中的水排出。施工人员就可以通过换压用的气闸及气筒到达工作室内进行挖土工作,挖出的土通过气筒及气闸运出沉箱。

4) 按沉井的建筑材料划分

按沉井的建筑材料可分为混凝土沉井、钢筋混凝土沉井、竹筋混凝土沉井、钢丝网水泥沉井、钢沉井等。

钢筋混凝土沉井应用最多,该类沉井抗压强度高,抗拉能力也较强,下沉深度可以很大。当下沉深度不很大时,可采用井壁上部用混凝土、下部(刃脚)用钢筋混凝土制造的沉井。当沉井平面尺寸较大时,可做成薄壁结构,沉井外壁采用泥浆润滑套、壁后压气等施工辅助措施就地下沉或浮运下沉。此外,沉井井壁、隔墙可分段预制,工地拼接,做成装配式。

10.2　沉井的构造

钢筋混凝土沉井由刃脚、井壁、隔墙、井孔、凹槽、封底及顶板等组成,如图 10.6 所示。

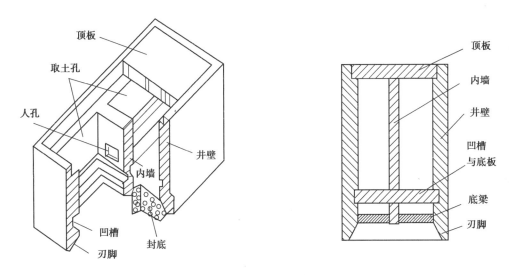

图 10.6　沉井结构示意图

10.2.1　井壁

井壁是沉井的主体部分。它在沉井下沉过程中起挡土、挡水及利用本身重力克服土与井壁之间的摩阻力的作用。当沉井施工完毕后,它就成为基础或基础的一部分而将上部荷载传到地基。因此,井壁必须具有足够的强度和一定的厚度,以承受在下沉过程中各种最不利荷载组合(水土压力)所产生的内力。设计时通常先假定井壁厚度,再进行强度验算,井壁厚度一般为0.4~1.5 m(钢筋混凝土薄壁沉井可以不受此限制),一般采用 C20 以上混凝土。

根据施工中的受力情况,可以在井壁内配置竖向及水平向钢筋,以增加井壁强度。当沉井下沉深度大,穿过的土质好,估计下沉会产生困难时,可在井壁中预埋射水管组。射水管应均匀布置,以利于控制水压和水量来调整下沉方向。

在底节沉井井孔下端靠近刃脚处的井壁内侧要设置凹槽(或凸榫),如图 10.7 所示。凹槽(或凸榫)作用是使封底混凝土与井壁有良好的结合,使封底混凝土底面的反力能更好地传递给井壁(井孔内填实时也可不设凹槽)。凹槽深度一般为 0.15~0.25 m,高度约 1.0 m。

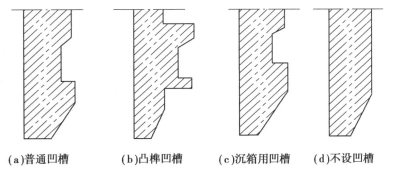

(a)普通凹槽　　　(b)凸榫凹槽　　　(c)沉箱用凹槽　　　(d)不设凹槽

图 10.7　井壁上的凹槽与凸榫结构

10.2.2　刃脚

井壁下端形如楔状的部分称为刃脚,其作用是在沉井自重作用下易于切土下沉,并起到封闭与阻止壁外流砂或泥浆涌入井筒内。因此要求刃脚具有一定强度,采用 C25 以上混凝土。

如图 10.8 所示,刃脚底面(踏面)宽度一般为 0.1~0.3 m,对于坚硬土层应减少踏面宽度,软土层可适当放宽。沉井下沉深度大,且土质较硬,刃脚底面应以型钢(角钢或槽钢)加强,以防刃脚损坏。当采用爆破作业清除刃脚下障碍物时,刃脚下部应采用钢板包裹。

刃脚内侧斜面与水平面的夹角一般为 45°~60°,刃脚高度视井壁厚度、便于抽除垫木而定,一般在 1.0 m 以上。

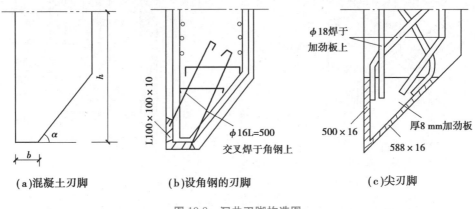

(a)混凝土刃脚   (b)设角钢的刃脚   (c)尖刃脚

图 10.8　沉井刃脚构造图

10.2.3　内隔墙

沉井平面尺寸较大(井壁跨度大)时,根据使用和结构上的需要可设置内隔墙。内隔墙的主要作用是加强沉井在下沉过程中的整体刚度,减少井壁受力的计算跨度,减少挠曲应力,并分成多个井孔有利于控制沉井下沉方向和纠偏作业。内隔墙间距 5~6 m,厚度 0.5~1.2 m,隔墙底面应高出刃脚踏面 0.5 m 以上,也可在刃脚与隔墙连接处设置肋垛以加强刃脚与隔墙的连接。沉井下沉采用人工挖土时,应在隔墙上设置过人工作孔。内隔墙采用 C20 以上混凝土。

可采用上、下横梁与井壁所组成的框架来代替隔墙,起到隔墙的相同作用。同时,设置上、下横梁可便于井内施工人员的行走,提高挖土下沉的工作效率。因使用要求不能设置内隔墙时,可在沉井底部增设底梁,以利于控制沉井的突沉发生,并加强刃脚底部的刚度。

10.2.4　封底和顶盖

沉井沉至设计标高进行清基后,便可浇筑封底混凝土。混凝土达到设计强度后,可从井孔中抽干水并填满混凝土或其他圬工材料。如井孔中不填料或仅填以砂砾,则须在沉井顶面浇筑钢筋混凝土盖板。

封底混凝土底面承受地基土和水的反力,这就要求封底混凝土有一定的厚度(可由应力验算决定),其厚度不宜不小于井孔最小边长的 1.5 倍。封底混凝土顶面应高出刃脚根部不小于 0.5 m,并浇灌到凹槽上端。封底混凝土标号对岩石地基用 C20,非岩石地基不应低于 C20。盖板厚度一般为 1.5~2.0 m。井孔中充填的混凝土,其标号不应低于 C15。如遇到意外困难,还可在凹槽处浇筑钢筋混凝土底板,将沉井改为沉箱。

10.3　沉井作为整体深基础的设计与计算

10.3.1　计算基本假定

沉井作为整体深基础设计主要是根据上部结构特点、荷载大小及水文、地质情况,结合沉井的构造要求和施工方法,拟定沉井的结构尺寸、埋置深度,然后进行沉井基础的设计计算。

沉井基础的计算,根据其基础埋深的不同有两种方法。当沉井埋置深度在最大冲刷线以下≤5 m时,可不考虑基础侧面土的横向抗力影响,与浅基础的设计相同,应验算地基的强度、稳定性和沉降量,使其符合各项要求。当沉井基础埋置深度在最大冲刷线以下>5 m,且计算深度 $\alpha h \leqslant 2.5$ 时,不可忽略沉井周围土体对沉井的约束作用,因此在验算地基应力、变形及沉井的稳定性时,需要考虑基础侧面土体弹性抗力的影响,其计算的基本假定是:

①地基土作为弹性变形介质,地基系数随深度成正比例增加,即 $C=mz$;

②不考虑基础与土之间的粘着力和摩阻力;

③沉井基础的刚度与土的刚度之比可认为是无限大。

由于以上假定条件,沉井基础在横向外力作用下只能发生转动而没有挠曲变形,可按刚性桩柱(刚性杆件)计算内力和土抗力,即相当于 m 法中 $\alpha h \leqslant 2.5$ 的情况。

10.3.2 非岩石地基上沉井基础计算

如图 10.9 所示,沉井基础受到水平力 H 及偏心竖向力 N 作用时,为计算方便,可以把这些外力转变为中心荷载和水平力的共同作用,转变后的水平力 H 距离基底的作用高度 λ 为:

$$\lambda = \frac{Ne + Hl}{H} = \frac{\sum M}{H} \tag{10.1}$$

在水平力 H 作用下,沉井将围绕位于地面下 Z_0 深度处的 A 点转动 ω 角,如图 10.10 所示。地面下深度 Z 处沉井基础产生的水平位移 Δx 和土的横向抗力 σ_{zx} 分别为:

$$\Delta x = (Z_0 - Z) \tan \omega \tag{10.2}$$

$$\sigma_{zx} = \Delta x C_Z = C_Z (Z_0 - Z) \tan \omega \tag{10.3}$$

式中 Z_0——转动中心 A 离地面的距离,m;

C_Z——深度 Z 处水平向地基系数,$C_Z = mZ$,kN/m³;

m——地基比例系数,kN/m⁴。

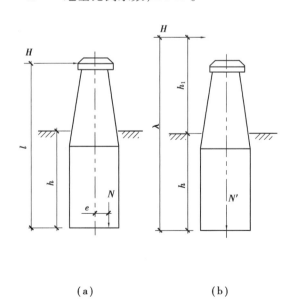

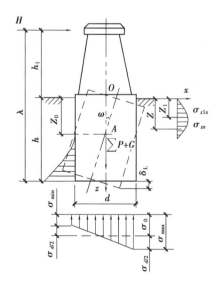

(a)　　　　　(b)

图 10.9　荷载作用情况　　　图 10.10　水平及竖向荷载作用下的应力分布

将 C_Z 值代入式(10.3)得:

$$\sigma_{zx} = mZ (Z_0 - Z) \tan \omega \tag{10.4}$$

由式(10.4)可见,土的横向抗力沿深度为二次抛物线变化。考虑到该水平面上的竖向地基系数 C_0 不变,故基础底面处的压应力图形与基础竖向位移图相似,即有

$$\sigma_{\frac{d}{2}} = C_0 \delta_1 = C_0 \frac{d}{2} \tan \omega \tag{10.5}$$

式中 C_0——地基竖向抗力系数,kN/m^3,$C_0 = m_0 h$,且不得小于 $10m_0$;

   m_0——沉井底面地基竖向抗力系数的比例系数,kN/m^4,近似取 $m_0 = m$;

   d——为基底宽度或直径,m。

在上述3个公式中,有两个未知数 Z_0 和 ω,要求解其值,可建立两个平衡方程式。即

$$\sum X = 0 \qquad H - \int_0^h \sigma_{zx} b_1 dZ = H - b_1 m \tan \omega \int_0^h Z(Z_0 - Z) dZ = 0 \tag{10.6}$$

$$\sum M = 0 \qquad Hh_1 + \int_0^h \sigma_{zx} b_1 Z dZ - \sigma_{\frac{d}{2}} \cdot W = 0 \tag{10.7}$$

式中 b_1——基础计算宽度,m,按桩基础中的 m 法计算(见 8.5 节);

   W——基底截面模量,m^3。

对式(10.6)和式(10.7)联立解得:

$$Z_0 = \frac{\beta b_1 h^2 (4\lambda - h) + 6dW}{2\beta b_1 h (3\lambda - h)} \tag{10.8}$$

$$w = \tan \omega = \frac{12\beta H(2h + 3h_1)}{mh(\beta b_1 h^3 + 18Wd)} = \frac{6H}{Amh} \tag{10.9}$$

式中,$A = \dfrac{\beta b_1 h^3 + 18Wd}{2\beta(3\lambda - h)}$,$\beta = \dfrac{C_h}{C_0} = \dfrac{mh}{C_0}$($\beta$ 为 h 处沉井侧面水平向地基系数与沉井底面竖向地基系数的比值)。

将式(10.8)、式(10.9)代入式(10.3)、式(10.4)、式(10.5)得:

$$\sigma_{zx} = \frac{6H}{Ah} Z(Z_0 - Z) \tag{10.10}$$

$$\sigma_{\frac{d}{2}} = \frac{3Hd}{A\beta} \tag{10.11}$$

当有竖向荷载 N 及水平力 H 同时作用时,则基底边缘处的压应力为:

$$\sigma_{\min}^{\max} = \frac{N}{A_0} \pm \frac{3Hd}{A\beta} \tag{10.12}$$

式中 A_0——基础底面积。

离地面或最大冲刷线以下 Z 深度处基础截面上的弯矩为:

$$M_z = H(\lambda - h + Z) - \int_0^Z \sigma_{zx} b_1 (Z - Z_1) dZ_1$$

$$= H(\lambda - h + Z) - \frac{Hb_1 Z^3}{2hA}(2Z_0 - Z) \tag{10.13}$$

10.3.3 嵌入基岩内的沉井基础计算

若基底嵌入基岩内,在水平力和竖直偏心荷载作用下,可以认为基底不产生水平位移,则基础的旋转中心 A 与基底中心相吻合,即 $Z_0 = h$,如图10.11所示。这样,在基底嵌入处便存在一水平阻力 P,由于 P 力对基底中心轴的力臂很小,一般可忽略 P 对 A 点的力矩。当基础有水平力 H 作用时,地面下 Z 深度处产生的水平位移 ΔX 和土的横向抗力

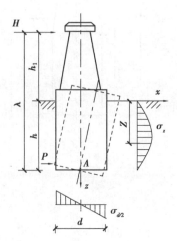

图 10.11   水平力作用下应力分布

σ_{zx} 分别为：

$$\Delta X = (h - Z)\tan\omega \tag{10.14}$$

$$\sigma_{zx} = mZ\Delta X = mZ(h - Z)\tan\omega \tag{10.15}$$

基底边缘处的竖向应力为：

$$\sigma_{\frac{d}{2}} = C_0\frac{d}{2}\tan\omega = \frac{mhd}{2\beta}\tan\omega \tag{10.16}$$

岩石的 C_0 值可按表 10.1 选用。

表 10.1 C_0 值

R_c/ MPa	1	25
C_0/($MN \cdot m^{-3}$)	3×10^2	150×10^2

注：R_c 为岩石单轴抗压极限强度。R_c 为中间值时，采用线性内插法。

式(10.16)中只有一个未知数 ω，建立一个弯矩平衡方程即可解出 ω 值。由 $\sum M_A = 0$ 得：

$$H(h + h_1) - \int_0^h \sigma_{zx}b_1(h - Z)\mathrm{d}Z - \sigma_{\frac{d}{2}}W = 0 \tag{10.17}$$

解上式得：

$$\tan\omega = \frac{H}{mhD} \tag{10.18}$$

式中，$D = \dfrac{b_1\beta h^3 + 6Wd}{12\lambda\beta}$。

将式(10.18)代入式(10.15)、式(10.16)得：

$$\sigma_{zx} = (h - Z)Z\frac{H}{Dh} \tag{10.19}$$

$$\sigma_{\frac{d}{2}} = \frac{Hd}{2\beta D} \tag{10.20}$$

基底边缘处的应力为：

$$\sigma_{\min}^{\max} = \frac{N}{A_0} \pm \frac{Hd}{2\beta D} \tag{10.21}$$

根据 $\sum x = 0$，设

$$P = \int_0^h b_1\sigma_{zx}\mathrm{d}Z - H = H\left(\frac{b_1h^2}{6D} - 1\right) \tag{10.22}$$

地面以下 Z 深度处基础截面上的弯矩为：

$$M_z = H(\lambda - h + Z) - \frac{b_1HZ^3}{12Dh}(2h - Z) \tag{10.23}$$

10.3.4   墩台顶面的水平位移计算

基础在水平力和力矩作用下，墩台顶面产生水平位移 δ，它由地面处水平位移 $Z_0\tan\omega$，地面到墩台顶范围 h_2 内的水平位移 $h_2\tan\omega$，以及在 h_2 范围内墩台身弹性挠曲变形引起的墩台顶水平位移 δ_0 三部分组成。即

$$\delta = (Z_0 + h_2)\tan\omega + \delta_0 \tag{10.24}$$

当转角很小时，令 $\tan\omega = \omega$，计算误差很小。此外，考虑实际刚度对地面处水平位移的影响及对地面处转角的影响，可采用系数 K_1 及 K_2（其值可查表 10.2）。将式 (10.24)写成：

$$\delta = (z_0K_1 + h_2K_2)\omega + \delta_0 \tag{10.25}$$

故支承在岩石地基上的墩台顶面水平位移为：

$$\delta = (hK_1 + h_2K_2)\omega + \delta_0 \tag{10.26}$$

表 10.2 系数 K_1 和 K_2 值

αh	系数	$\dfrac{\lambda}{h}$				
		1	2	3	5	∞
1.6	K_1	1.0	1.0	1.0	1.0	1.0
	K_2	1.0	1.1	1.1	1.1	1.1
1.8	K_1	1.0	1.1	1.1	1.1	1.1
	K_2	1.1	1.2	1.2	1.2	1.3
2.0	K_1	1.1	1.1	1.1	1.1	1.2
	K_2	1.2	1.3	1.4	1.4	1.4
2.2	K_1	1.1	1.2	1.2	1.2	1.2
	K_2	1.2	1.5	1.6	1.6	1.7
2.4	K_1	1.1	1.2	1.3	1.3	1.3
	K_2	1.3	1.8	1.9	1.9	2.0
2.5	K_1	1.2	1.3	1.4	1.4	1.4
	K_2	1.4	1.9	2.1	2.2	2.3

注:如 $\alpha h < 1.6$ 时, $K_1 = K_2 = 1.0$, $\alpha = \sqrt[5]{mb_1/(EI)}$ 。

10.3.5 有关验算

1)基底应力验算

基础边缘处最大压应力不应超过沉井底面处土容许压应力,即

$$\sigma_{\max} \leqslant [\sigma]_h \tag{10.27}$$

2)横向抗力验算

计算得出的 σ_{zx} 值应小于沉井周围土的极限抗力值,否则不能考虑基础侧向土的弹性抗力。当沉井基础在外力作用下产生位移,在深度 Z 处基础一侧产生主动土压力 p_a ,而被挤压一侧土体就受到被动土压力 p_p 作用,则其极限抗力以土压力表达为:

$$\sigma_{zx} \leqslant p_p - p_a \tag{10.28}$$

根据朗金土压力理论可知,主被动土压力可以按下式计算:

$$p_p = \gamma z \tan^2\left(45° + \frac{\varphi}{2}\right) + 2c \tan\left(45° + \frac{\varphi}{2}\right)$$

$$p_a = \gamma z \tan^2\left(45° - \frac{\varphi}{2}\right) - 2c \tan\left(45° - \frac{\varphi}{2}\right) \tag{10.29}$$

代入式(10.28)整理后得:

$$\sigma_{zx} \leqslant \frac{4}{\cos\varphi}(\gamma z \tan\varphi + c) \tag{10.30}$$

考虑到桥梁结构性质和荷载情况,并根据试验得出最大的横向抗力大致在 $Z = h/3$ 和 $Z = h$ 处,将考虑的这些值代入式(10.30)得到以下不等式:

$$\sigma_{\frac{h}{3}x} \leqslant \eta_1 \eta_2 \frac{4}{\cos\varphi}\left(\frac{\gamma h}{3}\tan\varphi + c\right) \tag{10.31}$$

$$\sigma_{hx} \leqslant \eta_1 \eta_2 \frac{4}{\cos\varphi}(\gamma h \tan\varphi + c) \tag{10.32}$$

式中　$\sigma_{\frac{h}{3}x}$，σ_{hx}——分别相应于 $Z=h/3$ 和 $Z=h$ 深度处的土横向抗力，kPa；

　　　　h——为基础埋置深度，m；

　　　　η_1——取决于上部结构形式的系数，一般取 $\eta_1=1$，对于拱桥 $\eta_1=0.7$；

　　　　η_2——恒载产生的弯矩 M_g 在总弯矩 M 中所占百分比的系数，$\eta_2=1-0.8M_g/M$；

　　　　γ，φ，c——分别为土的容重，kN/m³；内摩擦角，(°)；黏聚力，kPa。

3) 墩台顶面水平位移验算

桥梁墩台设计时，除应考虑基础沉降外，往往还需要检验由于地基变形和墩台身的弹性水平变形所产生的墩台顶面的弹性水平位移。墩台顶面的水平位移 δ 应符合下列要求：

$$\delta \leqslant 0.5\sqrt{L} \tag{10.33}$$

式中　L——相邻跨中最小跨的跨度，m，当跨度 $L<25$ m 时，按 25 m 计算；

　　　　δ——墩台顶面水平位移，cm。

10.4　沉井施工期的结构计算

从底节沉井拆除垫木，直至上部结构修筑完成开始使用以及营运过程中，沉井均受到不同外力的作用。因此，沉井的结构强度必须满足各阶段最不利受力情况的要求。

10.4.1　沉井自重下沉验算

1) 下沉系数计算

沉井正常下沉时，必须克服井壁与土层之间的摩擦阻力、沉井底部的土阻力等，如图 10.12 所示。为此需计算下沉系数 K。

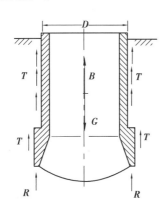

图 10.12　沉井下沉时受力分析　　　　图 10.13　沉井外壁的摩阻力分布

$$K = \frac{G-B}{T+R} = 1.05 \sim 1.25 \tag{10.34}$$

式中　K——沉井下沉系数，可取 1.05~1.25，对于淤泥等软土层取小值，硬土层取大值；

　　　　G——沉井自重及附加荷载，kN；

　　　　B——沉井下沉过程中地下水浮力，kN，排水下沉时 $B=0$；

　　　　R——刃角踏面及斜面下土的反力，kN，下部挖空时 $R=0$；

　　　　T——土对井壁的总摩阻力，外壁摩阻力分布如图 10.13 所示，$T=u(h-2.5)q$；

　　　　u，h，h_i——分别为沉井的周长和沉井的入土深度、沉井穿过第 i 层土的厚度，m；

q——单位面积摩阻力的加权平均值,kPa,$q = \sum q_i h_i / \sum h_i$;

q_i——第 i 土层沉井外壁摩阻力,kPa,根据实际资料或查表 10.3。

表 10.3　土与井壁间的摩阻力 q_i

土的名称	硬塑黏性土	砂类土	砂卵石	砂砾石	可塑~软塑黏性土
土与井壁间的摩阻力/kPa	25~50	12~25	18~30	15~20	10~20

注:采用泥浆润滑套时,摩阻力 $q_i = 3\sim5$ kPa。

当下沉系数不能满足时,可采取加大井壁厚度或调整取土井尺寸。不排水下沉者,下沉到一定深度后可采用排水下沉,或采用增加附加荷载、射水助沉、泥浆润滑套、壁后压气等措施。

2)下沉稳定系数

在淤泥等软弱地层进行沉井下沉时,为防止突沉的发生,应计算下沉稳定系数 K_1。

$$K_1 = \frac{G - B}{R + T + P_1} \leqslant 1.0 \tag{10.35}$$

式中　K_1——下沉稳定系数,一般取 0.8~0.9;

　　　P_1——内隔墙或底梁下地基土的反力,kN;

　　　其他符号意义同前。

3)抗浮安全系数

当沉井已沉至设计标高,并已完成封底及抽出井内积水,而内部结构和设备尚未安装时,应按可能出现的最高水位验算沉井的抗浮稳定问题。

$$K' = \frac{G + T}{B'} = 1.05 \sim 1.1 \tag{10.36}$$

式中　K'——抗浮安全系数,一般取 1.05~1.1;

　　　B'——按可能出现的最高水位计算封底之后沉井所受的总浮力,kN。

10.4.2　底节沉井的竖向挠曲计算

第一节沉井在抽除垫木及挖土下沉过程中,沉井可按承受自重的梁计算井壁产生的竖向挠曲应力。如挠曲应力超过了沉井材料的容许限值,就应增加第一节沉井高度或在井壁内设置横向钢筋,以防止沉井竖向开裂。

(1)排水挖土下沉　为了使井体挠曲应力尽可能小些,支点应当设置在最有利的位置。对矩形及圆端形沉井而言,是使其支点和跨中点的弯矩大致相等。如沉井长宽比 $L/B > 1.5$ 时,支点应设在长边上,支点间距可采用 $0.7L$(L 为沉井长度),如图 10.14(a)所示。圆形沉井四个支点可布置在两个相互垂直直径的端点处。

(2)不排水挖土下沉　对矩形及圆端形沉井,支点在长边的中点上,如图 10.14(b)所示,或者支点在四个角上,如图 10.14(c)所示。

图 10.14(a)和图 10.14(b)中沉井成为一悬臂梁,在支点处,沉井顶部可能产生竖向开裂;而图 10.14(c)使沉井成为一简支梁,跨中弯矩最大,沉井下部可能产生竖向开裂。这两情况均需对长边跨中附近最小截面的上下缘进行验算。

若底节沉井内隔墙的跨度较大,还需要验算内隔墙的抗拉强度。内隔墙最不利的受力情况是下部土已经挖空,第二节沉井的内隔墙已浇筑但未凝固,此时内隔墙成为两端支承在井壁上的梁,承受本身自重及上部第二节沉井内隔墙和模板等重量。如验算结果可能使内隔墙下部由于受拉产生竖向开裂,应采取布置水

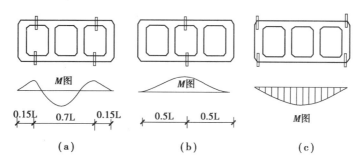

图 10.14　第一节沉井支承点布置示意

平向钢筋,或在内隔墙底部回填砂石并夯实等措施。

10.4.3　沉井刃脚受力计算

沉井在下沉过程中,刃脚受力较为复杂,刃脚切入土中时受向外弯曲应力,挖空刃脚下的土时,刃脚又受到外部土、水压力作用而向内弯曲。从结构上来分析,可认为刃脚把一部分力通过本身作为悬壁梁的作用传到刃脚根部,另一部分由本身作为一个水平的闭合框架作用而负担。水平外力的分配系数,根据悬臂及水平框架两者的变位关系及假定得到:

刃脚悬臂作用的分配系数　　$\alpha = \dfrac{0.1L_1^4}{h_K^4 + 0.05L_1^4}$　　$(\alpha \leq 1.0)$　　　　　　(10.37)

刃脚框架作用的分配系数　　$\beta = \dfrac{h_K^4}{h_K^4 + 0.05L_2^4}$　　　　　　　　　　　(10.38)

式中　L_1,L_2——分别为支承于隔墙间的井壁最大计算跨度、最小计算跨度,m;

h_K——刃脚斜面部分的高度,m。

当内隔墙底面高出刃脚底面 0.5 m 时,全部水平力应由悬臂作用承担,即 $\alpha = 1.0$。此时刃脚不再起水平框架作用,但仍应按构造要求布置水平钢筋,使其能承受一定的正、负弯矩。

1) 刃脚向外挠曲的内力计算

一般认为在沉井下沉施工过程中,刃脚内侧切入土中深度约 1.0 m,上节沉井已接上,且沉井上部露出地面或水面约一节沉井高度时为最不利情况,故以此计算刃脚的向外挠曲弯矩。

刃脚高度范围内的外力有:刃脚外侧的主动土压力及水压力,沉井自重,土对刃脚外侧的摩阻力,以及刃脚下土的抵抗力,其计算图如图 10.15 所示。

(1)作用在刃脚外侧单位宽度上的土压力及水压力的合力

$$p_{e+w} = \frac{1}{2}(p_{e_2+w_2} + p_{e_3+w_3})h_k \qquad (10.39)$$

式中　$p_{e_2+w_2},p_{e_3+w_3}$——分别为作用在刃脚根部、刃脚底面的土压力及水压力强度之和,kPa;

h_k——刃脚高度,m。

p_{e+w} 力作用点(离刃脚根部的距离)为:

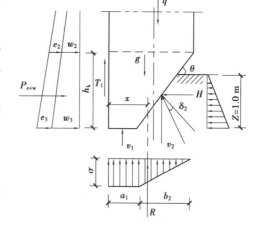

图 10.15　刃脚向外挠曲的内力计算

$$t = \frac{h_k}{3} \frac{2p_{e_3+w_3} + p_{e_2+w_2}}{p_{e_3+w_3} + p_{e_2+w_2}} \qquad (10.40)$$

地面下深度 h_i 处刃脚承受的土压力 e_i 为：

$$e_i = \gamma_i h_i \tan^2\left(45° - \frac{\varphi}{2}\right) \tag{10.41}$$

式中　γ_i——h_i 高度范围内土的平均容重（在水位以下应扣除浮力），kN/m^3；

　　　h_i——计算位置至地面的距离，m。

水压力 w_i 的计算为：$w_i = \gamma_w h_{wi}$（γ_w 为水的容重，h_{wi} 为计算位置至水面的距离）。按规范要求，由式（10.39）算得的刃脚外侧土、水压力值不得大于静水压力的 70%，否则按静水压力的 70% 计算。

（2）刃脚外单位宽度摩阻力 T_1 计算　作用在刃脚外侧单位宽度上的摩阻力 T_1 可按式（10.42）计算（取其较小者）

$$T_1 = \tau h_k \text{ 或 } T_1 = 0.5E \tag{10.42}$$

式中　τ——土与井壁间单位面积上的摩阻力，查表 10.3；

　　　E——刃脚外侧单位宽度的总主动土压力，kN/m，即 $E = h_k(e_3 + e_2)/2$。

（3）刃脚下抵抗力的计算　刃脚下竖向反力 R（取单位宽度）可按下式计算：

$$R = v_1 + v_2 = q - T' \tag{10.43}$$

式中　q——沿井壁周长单位宽度上沉井的自重，kN/m，在水下部分应考虑水的浮力；

　　　T'——沉井入土部分单位宽度上的摩阻力，kN/m；

　　　v_1, v_2——单位宽度上刃脚踏面及斜面部分土的竖向反力，kN/m。

R 的作用点距井壁外侧的距离为：

$$x = \frac{1}{R}\left[v_1 \frac{a_1}{2} + v_2\left(a_1 + \frac{b_2}{3}\right)\right] \tag{10.44}$$

式中　b_2——刃脚内侧入土斜面在水平面上的投影长度。

根据力平衡条件，由图 10.16 可得：

$$v_1 = a_1\sigma = a_1 \frac{R}{a_1 + \frac{b_2}{2}} = \frac{2a_1}{2a_1 + b_2}R \tag{10.45}$$

$$v_2 = \frac{b_2}{2a_1 + b_2}R \tag{10.46}$$

$$H = v_2\tan(\theta - \delta_2) \tag{10.47}$$

式（10.47）中的 δ_2 为土与刃脚斜面间的外摩擦角，一般定为 30°。刃脚斜面上水平反力 H 作用点离刃脚底面 $1/3$ m。

（4）刃脚（单位宽度）自重 g

$$g = (\lambda + a_1)\frac{h_k \gamma_k}{2} \tag{10.48}$$

式中，λ 为井壁厚度，γ_k 为钢筋混凝土刃脚的容重，不排水施工时应扣除浮力。

刃脚自重量 g 的作用点至刃脚根部中心轴的距离为：

$$x_1 = \frac{\lambda^2 + a_1\lambda - 2a_1^2}{6(\lambda + a_1)} \tag{10.49}$$

求出以上各力的数值、方向及作用点后，再算出各力对刃脚根部中心轴的弯矩总和 M_0，竖向力 N_0 及剪力 Q，其算式为：

$$M_0 = M_R + M_H + M_{e+w} + M_T + M_g \tag{10.50}$$

$$N_0 = R + T_1 + g \tag{10.51}$$

$$Q = p_{e+w} + H \tag{10.52}$$

式中，M_R，M_H，M_{e+w}，M_T，M_g 分别为反力 R、土压力及水压力 p_{e+w}、横向力 H、刃脚底部的外侧摩阻力 T_1 以及刃脚自重 g 对刃脚根部中心轴的弯矩，其中作用在刃脚部分的各水平力均应按规定考虑分配系数 α。上述各式数值的正负号视具体情况而定。

根据 M_0，N_0 及 Q 值可验算刃脚根部应力，并计算出刃脚内侧所需的竖向钢筋用量。一般刃脚钢筋截面积不宜少于刃脚根部截面积的 0.1%。刃脚的竖直钢筋应伸入根部以上 $0.5L_1$（L_1 为支承于隔墙间的井壁最大计算跨度）。

2）刃脚向内挠曲的内力计算

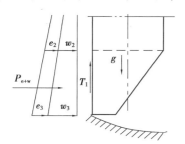

图 10.16　刃脚向内挠曲的内力计算

计算刃脚向内挠曲的最不利情况是沉井已下沉至设计标高，刃脚下土已挖空而尚未浇筑封底混凝土，如图 10.16 所示。将刃脚作为根部固定在井壁的悬臂梁，计算其最大的向内弯矩。

作用在刃脚上的力有刃脚外侧的土压力、水压力、摩阻力及刃脚本身的重力，以上各力的计算方法同前。计算水压力时应注意施工实际情况，现行设计规范考虑到一般的情况及从安全角度出发，要求不排水下沉沉井井壁外侧水压力值按静水压力的 100% 计算；井内侧水压力值按静水压力的 50% 计算，或按施工可能出现的水位差计算。若为排水沉井，对于不透水土，可按静水压力的 70% 计算，在透水性土中，可按静水压力的 100% 计算。

计算所得的各水平外力同样均应按规定考虑分配系数 α。根据外力值计算出对刃脚根部中心轴的弯矩、竖向力及剪力后，可以此求出刃脚外壁的钢筋用量。同样，刃脚钢筋截面积不宜少于刃脚根部截面积的 0.1%。刃脚的竖向钢筋应伸入刃脚根部以上 $0.5L_1$。

3）刃脚水平钢筋的计算

沉井沉至设计标高，刃脚下的土已挖空，但尚未浇筑封底混凝土的时候，此时刃脚受到最大的水平压力。作用于刃脚上的外力与计算刃脚向内挠曲时一样，所有水平力应乘以分配系数 β，由此可求算水平框架中控制断面上的内力，设计水平钢筋。

根据常用沉井水平框架的平面形式，主要有以下几种平面框架内力的计算模式。

（1）单孔矩形框架（见图 10.17）

A 点处的弯矩　　$M_A = \dfrac{1}{24}(-2K^2 + 2K + 1)pb^2$

B 点处的弯矩　　$M_B = -\dfrac{1}{12}(K^2 - K + 1)pb^2$

C 点处的弯矩　　$M_C = \dfrac{1}{24}(K^2 + 2K - 2)pb^2$

轴向力　　$N_1 = \dfrac{1}{2}pa$，$N_2 = \dfrac{1}{2}pb$，$K = \dfrac{a}{b}$

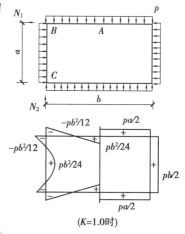

图 10.17　单孔矩形框架受力

式中，p 为刃脚外侧乘以 β 后的均布侧压力，a，b 分别为框架的短边和长边长度。

（2）单孔圆端形沉井（见图 10.18）

$$M_A = \dfrac{K(12 + 3\pi K + 2K^2)}{6\pi + 12K}pr^2, \quad M_B = \dfrac{2K(3 - K^2)}{3\pi + 6K}pr^2, \quad M_C = \dfrac{-K(3\pi - 6 + 6K + 2K^2)}{3\pi + 6K}pr^2$$

$$N_1 = pr, \quad N_2 = p(r + l), \quad K = \dfrac{L}{r}$$

式中，r 为圆心至圆端形井壁中心轴的距离。

（3）双孔矩形沉井（见图 10.19）

$$N_1 = \frac{1}{2}pa, \quad N_2 = \frac{K^3+3K+2}{4(2K+1)}pb, \quad N_3 = \frac{-K^3+5K+2}{4(2K+1)}pb$$

$$M_A = \frac{K^3-6K-1}{12(2K+1)}pb^2, \quad M_B = \frac{-K^3+3K+1}{24(2K+1)}pb^2, \quad M_C = -\frac{2K^3+1}{12(2K+1)}pb^2, \quad M_D = \frac{2K^3+3K^2-2}{24(2K+1)}pb^2$$

$$K = \frac{a}{b}$$

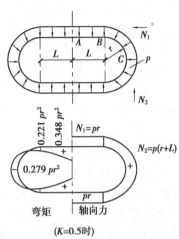

图 10.18　单孔圆端形框架受力

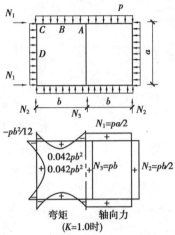

图 10.19　双孔矩形框架受力

（4）双孔圆端形沉井（见图 10.20）

$$M_A = \frac{\zeta\delta_1 - \rho\eta}{\delta_1 - \eta}p; \quad M_C = M_A + NL - p\frac{L^2}{2}, \quad M_D = M_A + N(L+r) - pL\left(\frac{L}{2}+r\right)$$

$$N = \frac{\zeta - \rho}{\eta - \delta_1}; \quad N_1 = 2N, \quad N_2 = pr, \quad N_3 = p(L+r) - \frac{N_1}{2}$$

其中　　$\zeta = \dfrac{L\left(0.25L^3 + \dfrac{\pi}{2}rL^2 + 3r^2L + \dfrac{\pi}{2}r^3\right)}{L^2 + \pi rL + 2r^2}, \quad \eta = \dfrac{\dfrac{2}{3}L^3 + \pi rL^2 + 4r^2L + \dfrac{\pi}{2}r^2}{L^2 + \pi rL + 2r^2}$

$$\rho = \frac{\dfrac{1}{3}L^3 + \dfrac{\pi}{2}rL^2 + 2r^2L}{2L + \pi r}, \quad \delta_1 = \frac{L^2 + \pi rL + 2r^2}{2L + \pi r}$$

（5）圆形沉井（见图 10.21）

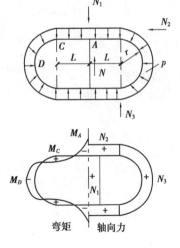

图 10.20　双孔圆端形框架受力

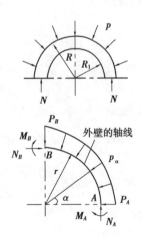

图 10.21　圆形沉井井壁的土压力

设在井壁(刃脚)的横截面上互成90°的两半径端点处的径向压力为P_A，P_B，计算P_A时土的内摩擦角可增大2.5°~5°，计算p_B时减少2.5°~5°，并假设其他各点的土压力为：

$$p_a = P_A(1 + \omega' \sin\alpha)$$

$$\omega' = \omega - 1$$

$$\omega = p_B / p_A \approx 1.5 \sim 2.5$$

作用在A，B截面上的内力为：

$$N_A = P_A \times r(1 + 0.785\omega')$$

$$M_A = -0.149 P_A r^2 \omega'$$

$$N_B = P_A \times r(1 + 0.5\omega')$$

$$M_B = 0.137 P_A r^2 \omega'$$

式中　r为井壁(刃脚)轴向半径。

10.4.4　井壁受力计算

1)井壁竖向拉应力验算

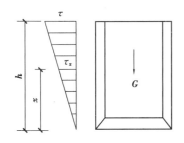

图10.22　井壁摩阻力分布

沉井在下沉过程中，刃脚下的土已被挖空，但沉井上部被摩擦力较大的土体夹住(一般在下部土层比上部土层软的情况下出现)，这时下部沉井呈悬挂状态，井壁就有在自重作用下被拉断的可能，因而应验算井壁的竖向拉应力。拉应力大小与井壁摩阻力分布有关，在判断可能夹住沉井的土层不明显时，可近似假定沿沉井高度成倒三角形分布，如图10.22所示。

该沉井自重为G，h为沉井的入土深度，U为井壁的周长，τ为地面处井壁上的摩阻力，τ_x为距刃脚底x处的摩阻力。

由于 　　　$$G = \frac{1}{2}\tau h U, \tau = \frac{2G}{hU}, \tau_x = \frac{\tau}{h}x = \frac{2Gx}{h^2 U}$$

离刃脚底x处井壁的拉力为S_x为：　$$S_x = \frac{Gx}{h} - \frac{\tau_x}{2}xU = \frac{Gx}{h} - \frac{Gx^2}{h^2}$$

为求得最大拉应力，令$\dfrac{dS_x}{dx} = 0$，即$\dfrac{dS_x}{dx} = \dfrac{G}{h} - \dfrac{2Gx}{h^2} = 0$，可解微分方程得：

$$S_{max} = \frac{G}{h} \cdot \frac{h}{2} - \frac{G}{h^2} \cdot \left(\frac{h}{2}\right)^2 = \frac{1}{4}G \qquad (x = \frac{h}{2}时) \qquad (10.53)$$

当S_x大于井壁圬工材料容许限值时，应布置必要的竖向受力钢筋。对每节井壁接缝处的竖向拉力验算时，可假定该处混凝土不承受拉应力，全部由接缝处钢筋承受。钢筋的应力应小于0.75钢筋标准强度，并须验算钢筋锚固长度。

对于变截面的井壁，每段井壁都应进行拉力计算，然后取最大值，并按最大拉应力计算井壁内的竖向钢筋。

2)井壁横向受力计算

当沉井沉至设计标高，刃脚下的土已挖空而尚未封底，井壁承受最大的土压和水压时，按水平框架分析内力。如图10.23所示，在C—C断面以上截取一段高度为井壁厚度λ的井壁作为水平框架(计算方法同刃脚水平受力计算)，其上作用的水平荷载，除了该段井壁范围内的土、水压力外，还有由刃脚悬臂作用传来的水平剪力。

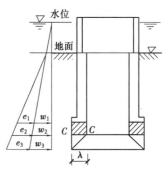

图10.23　井壁框架承受的外力

对于分节浇筑的沉井,整个沉井高度范围的井壁厚度可能不一致,可依厚度变化分成数段。因此,除了应验算靠近刃脚根部以上的井壁材料强度外,同时还应验算各厚度变化段最下端处的单位高度的井壁作为水平框架的强度,并以此来控制该段全高的设计。这些水平框架所承受的水平力为该水平框架高度范围内的土压力及水压力,并不需乘以分配系数 β。

采用泥浆润滑套的沉井,若台阶以上泥浆压力大于上述土压力和水压力之和,则井壁压力应按泥浆压力计算。

10.4.5　封底混凝土计算

沉井封底混凝土的厚度应根据基底承受的反力情况而定。作用于封底混凝土的竖向反力可分为两种情况:一种是沉井水下封底后,在施工抽水时封底混凝土需承受基底水和地基土的向上反力;另一种是空心沉井在使用阶段,封底混凝土须承受沉井基础全部最不利荷载组合所产生的基底反力,如沉井井孔内填砂或有水时,可扣除其重量。

封底混凝土厚度可按下列两种方法计算并取其较大者。

①封底混凝土视为支承在凹槽或隔墙底面和刃脚上的底板,按周边支承的双向板(矩形或圆端形沉井)或圆板(圆形沉井)计算封底混凝土的厚度:

$$h_{\mathrm{t}} = \sqrt{\dfrac{6\gamma_{si}\gamma_{\mathrm{m}}M_{\mathrm{tm}}}{bR_{\mathrm{w}}^{j}}} \tag{10.54}$$

式中　M_{tm}——在最大均布反力作用下最大计算弯矩,kN·m;

R_{w}^{j}——混凝土弯曲抗拉极限强度,kPa;

h_{t}——封底混凝土的厚度,m;

b——计算宽度,m,此处取 1 m;

γ_{si},γ_{m}——荷载安全系数,$\gamma_{si}=1.1$;材料安全系数,$\gamma_{\mathrm{m}}=2.31$。

②封底混凝土按受剪计算,即计算封底混凝土承受基底反力后,是否有沿井孔范围内周边剪断的可能性。若剪应力超过其抗剪强度则应加大封底混凝土的抗剪面积。

10.5　地下连续墙

10.5.1　概述

地下连续墙是利用一定的机具设备,在地下成槽后吊放钢筋笼入槽,并浇注混凝土形成混凝土墙,而成为一种连续的地下基础构筑物。地下连续墙主要起挡土、挡水(防渗)和承重作用。随着地下连续墙在城市地下建筑、高层建筑基础、城市轨道交通和水坝防渗墙等工程中的应用,地下连续墙的施工设备和技术也在不断完善和更新。

地下连续墙起源于欧洲,意大利于 1938 年首次进行了在泥浆护壁的深槽中建造地下连续墙的试验,并取得了成功。地下连续墙技术在 20 世纪 50 年代传入我国,首先在水库大坝的地下防渗工程中得以应用,并逐步推广到工业与民用建筑、交通工程、地下工程等工程领域。近年来,随着我国城市轨道交通工程的快速推进,地下连续墙技术得到了大量广泛的使用。

地下连续墙具有结构刚度大,整体性、防渗性和耐久性好,施工噪音小、无振动,施工速度快,建造深度大,能适应比较复杂的地质条件,可以兼做地下主体结构的一部分等特点。

地下连续墙在工程中的应用主要有以下几种形式:

①作为地下工程基坑的挡土防渗墙,主要作为施工临时结构。

②在开挖期作为基坑施工的挡土防渗结构,施工地下结构时,作为主体结构侧墙一部分。

③在开挖期作为挡土防渗结构,以后单独作为主体结构侧墙使用。

④作为建筑物的承重基础、地下防渗墙、隔振墙等使用。

工程中使用的地下连续墙有多种形式。按成墙方式可分为桩式、壁板式、桩壁组合式;按使用材料可分为土质墙、混凝土墙、钢筋混凝土墙(有现浇和预制两种)和组合墙(预制和现浇混凝土墙的组合);按使用用途可分为挡土、防渗、承重、三合一墙等。

我国应用得比较多的是现浇钢筋混凝土壁板式地下连续墙,多作为防渗挡土结构并常作为主体结构的一部分使用,壁板式地下连续墙施工示意如图 10.24 所示。

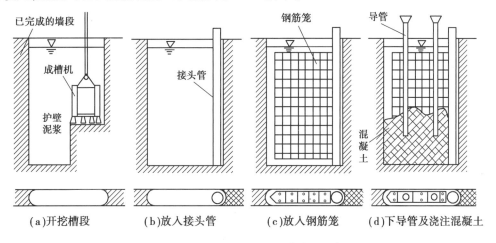

图 10.24　壁板式地下连续墙施工示意图

10.5.2　地下连续墙设计计算

1)地下连续墙的破坏模式

地下连续墙作为基坑开挖施工中的防渗挡土结构,是由墙体、支撑(或锚拉)及墙前后土体组成的共同受力体系,其受力变形状态与基坑形状、开挖深度、墙体与支撑体系刚度、墙体插入土体深度、土体力学性能和施工开挖方法等因素密切相关。

地下连续墙的破坏一般有以下两种模式:

(1)稳定性破坏　地下连续墙的稳定性破坏有整体失稳(整体滑动、倾覆),基坑底隆起,管涌或流砂现象等,如图 10.25 所示。

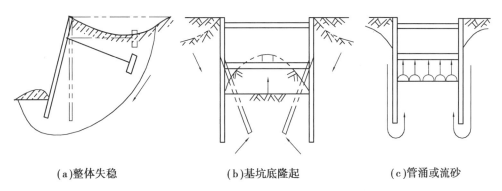

图 10.25　地下连续墙的稳定性破坏形式

(2)强度破坏　地下连续墙的强度破坏有支撑强度不足或压屈,墙体强度不足,墙体变形过大等,设计时应加以避免。

2) 坑底土体的抗隆起计算

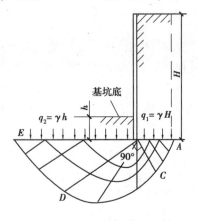

图 10.26 地下墙端部平面上土体平衡

由于基坑内土体被开挖,对坑底土体形成卸荷作用,在弹性范围内土体的隆起不可避免,但大范围的塑性区会造成挡土结构的整体破坏。这种破坏通常发生在软弱黏土层内。为此,在设计地下连续墙时应尽可能将墙底插入抗剪强度较高的地层内,而且将最下一道支撑的位置尽量放得低一些,在开挖的最后阶段及时架设支撑并尽可能施加预应力。抗隆起破坏的稳定性验算方法有以下两种:

(1)地基以剪切破坏极限状态法 将基坑比拟地基的受力状态,按剪切破坏极限状态计算墙体插入深度,如图 10.26 所示。

挡土墙背面的竖向力 $q_1 = \gamma H$ （10.55）

基坑内的竖向应力 $q_2 = \gamma h$ （10.56）

式中,γ 为土体重度,kN/m³。

若忽略移动土体重力,则土体破坏面 $ACDE$ 由两段直线 AC 和 DE 及一段对数螺线 CD 组成。AC,DE 分别和水平线成 $45° + \varphi/2$ 和 $45° - \varphi/2$。满足极限平衡状态时:

$$q_1 = q_2 N_q + c N_c, \quad N_q = \tan^2(45° + \varphi/2) \cdot e^{\pi \cdot \tan\varphi},$$
$$N_c = (N_q - 1)\cot\varphi,$$

则墙体插入深度: $$h = \frac{H}{N_q} - \frac{c N_c}{\gamma N_q} \qquad (10.57)$$

(2)太沙基-皮克法 考虑坑底滑动面形成时,挡土墙后面土体下沉必定会使墙后土体的抗剪强度发挥作用,减少了墙后土体的竖向压力,其破坏形式如图 10.27 所示。

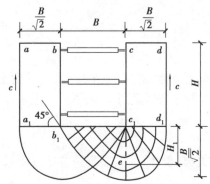

图 10.27 太沙基-皮克法

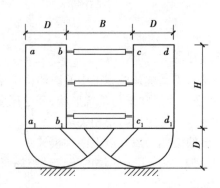

图 10.28 滑裂面深度有限制时的太沙基法

$c_1 d_1$ 面上竖向荷载 $$p = \frac{\gamma H B}{\sqrt{2}} - cH \qquad (10.58)$$

竖向荷载强度 $$p_v = \gamma H - \frac{\sqrt{2}\, cH}{B} \qquad (10.59)$$

黏土地层的极限承载力 $$p_u = 5.7c \qquad (10.60)$$

抗隆起的安全系数 $$F_s = \frac{p_u}{p_v} = \frac{5.7c}{\gamma H - \dfrac{\sqrt{2}\, cH}{B}} \qquad (10.61)$$

要求 F_s 大于 1.5。

当滑动面深度受限时,如图 10.28 所示,其安全系数为:

$$F_s = \frac{5.7c}{\gamma H - \dfrac{cH}{D}} \tag{10.62}$$

式中 γ, c——分别为土体天然重度和土体的黏聚力。

3)坑底土体的抗管涌计算

（1）太沙基法（见图 10.29） 抗管涌破坏的稳定性安全系数为：

$$F_s = W/U \text{ 或 } F_s = 2\gamma' D_2^2/(\gamma_w h_w) \tag{10.63}$$

式中 W——土的净重，$W = \gamma' D_2^2/2$；

$\quad\quad U$——墙底处向上渗透压力，$U = \gamma_w h_a D_2/2$；

$\quad\quad \gamma'$——基坑内土体的有效重度；

$\quad\quad h_a$——墙底处平均渗透水头，一般取 $h_a = 0.5h_w$；

$\quad\quad D_2, h_w$——分别为地下墙插入基坑深度、基坑处水位与基坑面的高差。

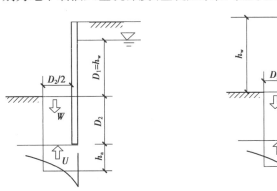

图 10.29 太沙基法管涌破坏计算图式　　图 10.30 极限水力梯度法管涌破坏计算图式

（2）极限水力梯度法（见图 10.30） 渗流的流线长度为：

$$L = D_1 + 2D_2 \tag{10.64}$$

式中 L——流线长度；

$\quad\quad D_1$——弱透水层与基坑面的高差；

$\quad\quad D_2$——地下墙插入基坑深度。

4)地下连续墙的土压力计算

作用在地下连续墙上的土压力，初始状态是静止土压力。随着基坑开挖、墙体发生变形，土压力在朗肯主动土压力和朗肯被动土压力之间变化。理论上作用于挡土结构两侧的土压力为：

主动区 $\quad\quad\quad\quad\quad\quad\quad\quad e_\alpha = e_0 - K\delta \geqslant e_a \tag{10.65}$

被动区 $\quad\quad\quad\quad\quad\quad\quad\quad e_\beta = e_0 + K\delta \leqslant e_p \tag{10.66}$

式中 e_0——静止土压力强度；

$\quad\quad K$——水平地基反力系数；

$\quad\quad \delta$——墙体变形值。

在非开挖侧土体压力作用下，墙体向开挖侧位移 δ。这时主动土压力 e_α 应从 e_0 中减去 $K\delta$。在开挖一侧的被动土压力 e_β，则应在 e_0 基础上增加 $K\delta$。

5)地下连续墙的静力计算

用于基坑支护的地下连续墙，常采用修正的荷载结构法中的 m 法和山肩邦男弹塑性法计算其所受的内力。m 法内容见第 8 章，本节只对山肩邦男弹塑性法加以介绍。

（1）山肩邦男法基本假定（见图 10.31） 日本学者山肩邦男提出了支撑轴力、墙体的弯矩不随基坑开挖过程变化的计算方法（也称之为山肩邦男精确解），其基本假定为：在黏性土中，墙体作为无限长弹性体;墙背土压力在开挖面以上取为三角形,在开挖面以下取为矩形;开挖面以下土的横向抵抗反力分为两个区域,即达到被动土压力的塑性区,高度为 l,以及反力与墙体变形成直线关系的弹性区;下道支撑设置后,即作为不动支点,并认为上道支撑的轴力值保持不变,而且下道支撑点以上的墙体依然保持原来的位置。

利用山肩邦男法求解时,首先建立弹性微分方程,根据边界条件及连续条件导出第 k 道支撑轴力 N_k 的计算公式及其变位和内力公式。为简化计算,可采用改进的山肩邦男近似解法。

(2)改进的山肩邦男近似解法(见图 10.32) 近似解法与精确解假定不同的是:在黏性土中,它将墙体作为底端自由的有限长弹性体;开挖面以下土的横向抵抗力主要由被动土压力组成,即 $(wx+v)$ 为被动土压力减去静止土压力 η_x 后的数值;将开挖面以下墙体弯矩 $M=0$ 的点假想为一个铰,而且忽略此铰以下的墙体对上面墙体的剪力传递。

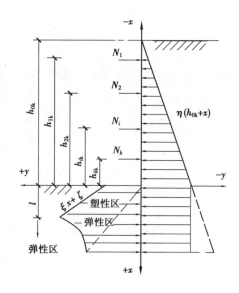

图 10.31 山肩邦男精确解计算简图

根据静力平衡方程式: $\sum Y = 0$, $\sum M_A = 0$ 得:

$$N_k = \eta h_{0k} x_m + \frac{1}{2}\eta h_{0k}^2 - \frac{1}{2}w x_m^2 - v x_m - \sum_{i=1}^{k-1} N_i - \frac{1}{2}\beta h_{0k} x_m + \frac{1}{2}\alpha x_m^2 \tag{10.67}$$

$$\sum_{i=1}^{k} N_i(h_{ik} + x_m) + \frac{1}{2}v x_m^2 + \frac{1}{6}w x_m^3 - \frac{1}{2}\eta h_{0k}^2\left(\frac{h_{0k}}{3} + x_m\right) -$$

$$\eta h_{0k} x_m \frac{x_m}{2} + \frac{1}{2}(\beta h_{0k} - \alpha x_m)\frac{x_m^2}{3} = 0 \tag{10.68}$$

同样解以上联立方程并整理得:

$$\frac{1}{3}(w - \alpha)x_m^3 - \left(\frac{1}{2}\eta h_{0k} - \frac{1}{2}v - \frac{1}{2}w h_{kk} + \frac{1}{2}\alpha h_{kk} - \frac{1}{3}\beta h_{0k}\right)x_m^2 -$$

$$\left(\eta h_{0k} - v - \frac{1}{2}\beta h_{0k}\right)h_{kk} x_m - \left[\sum_{i=1}^{k-1} N_i h_{ik} - h_{kk}\sum_{i=1}^{k-1} N_i + \frac{1}{2}\eta h_{0k}^2\left(h_{kk} - \frac{h_{0k}}{3}\right)\right] = 0 \tag{10.69}$$

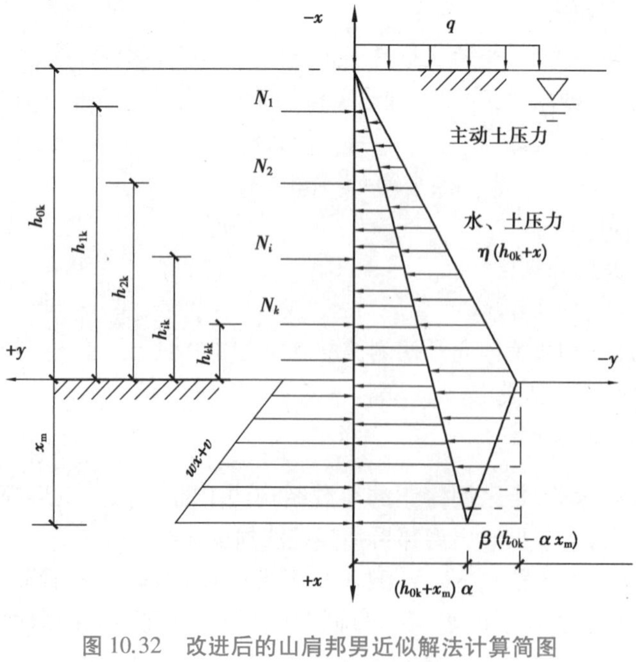

图 10.32 改进后的山肩邦男近似解法计算简图

【例题 10.1】　如图 10.32 所示,黏土层基坑开挖深度 18 m,采用地下连续墙,并设 4 道支撑。土的物理力学指标是:$\gamma = 18 \text{ kN/m}^3, \varphi = 14°, c = 7 \text{ kPa}$;地面超载 $q = 18 \text{ kPa}$,地下水离地面 1 m。试计算各道支撑的轴力及墙体弯矩值。

【解】　(1)计算墙背主动土压力及水压力(沿墙体长度方向取 1 m 计算)

$z = 0 \text{ m}: e_a = (q + \gamma h) \tan^2\left(45° - \dfrac{\varphi}{2}\right) - 2c \tan\left(45° - \dfrac{\varphi}{2}\right) =$

$$18 \text{ kN/m}^2 \times \tan^2\left(45° - \dfrac{14°}{2}\right) - 2 \times 7 \text{ kN/m}^2 \times \tan\left(45° - \dfrac{14°}{2}\right) = 0.06 \text{ kPa} \approx 0$$

$z = 1 \text{ m}: e_a = (18 \text{ kN/m}^2 + 18 \text{ kN/m}^3 \times 1 \text{ m}) \tan^2\left(45° - \dfrac{14°}{2}\right) - 2 \times 7 \text{ kN/m}^2 \times \tan\left(45° - \dfrac{14°}{2}\right)$

$$= 36 \text{ kN/m}^2 \times 0.61 - 2 \times 7 \text{ kN/m}^2 \times 0.78 = 11.04 \text{ kPa}$$

$z = 2 \text{ m}: e_a = \left[(18 \text{ kN/m}^2 + 18 \text{ kN/m}^2 + 8 \text{ kN/m}^3 \times 1 \text{ m}) \times 0.61 - 2 \times 7 \text{ kN/m}^2 \times 0.78 = 15.92 \text{ kPa}\right.$

$$e_w = 10 \text{ kN/m}^2 \times 1 = 10 \text{ kN/m}^2, e = e_a + e_w = 15.62 \text{ kN/m}^2 + 10 \text{ kN/m}^2 = 25.92 \text{ kPa}$$

$z = 6 \text{ m}: e_a = 35.4 \text{ kPa}, e_w = 50 \text{ kPa}, e = 85.4 \text{ kPa}$

由此得:$\eta = 85.4 \text{ kN/m}^2 / 6 \text{ m} = 14.2 \text{ kN/m}^3; \alpha = \dfrac{35.4 \text{ kN/m}^2}{6 \text{ m}} = 5.9 \text{ kN/m}^3$

$$\beta = \dfrac{6(\eta - \alpha)}{6} = 8.3 \text{ kN/m}^3$$

墙前被动土压力:$e_p = \gamma x \tan^2\left(45° + \dfrac{\varphi}{2}\right) + 2c \tan\left(45° + \dfrac{\varphi}{2}\right)$

$$= 18 \times x \times \tan^2\left(45° + \dfrac{14°}{2}\right) + 2 \times 7 \times \tan\left(45° + \dfrac{14°}{2}\right) = 29.5x + 17.9$$

则有:　$w = 29.5 \text{ kN/m}^3; v = 17.9 \text{ kN/m}^2$

(2)第一阶段开挖计算

开挖深度 6 m,单支撑,如图 10.33 所示。

支撑数 $k = 1, h_{0k} = 6 \text{ m}, h_{kk} = h_{1k} = 4 \text{ m}, N_k = N_1$,应用式 10.69 求 x_m。

$$\dfrac{1}{3}(29.5 - 5.9)x_m^3 - \left(\dfrac{1}{2} \times 14.2 \times 6 - \dfrac{1}{2} \times 17.9 - \dfrac{1}{2} \times 29.5 \times 4 + \dfrac{1}{2} \times 5.9 \times 4 - \dfrac{1}{3} \times 8.3 \times 6\right)x_m^2 -$$

$$\left(14.2 \times 6 - 17.9 - \dfrac{1}{2} \times 8.3 \times 6\right) \times 4x_m - \left[\dfrac{1}{2} \times 14.2 \times 6^2 \times \left(4 - \dfrac{6}{3}\right)\right] = 0$$

整理得:$x_m^3 + 5.33x_m^2 - 21.55x_m - 64.96 = 0$

解此方程得:$x_m = 4.1 \text{ m}$。应用式 10.67,求出支撑轴力 N_1:

$$N_1 = \left[14.2 \times 6 \times 4.1 + \dfrac{1}{2} \times 14.2 \times 6^2 - \dfrac{1}{2} \times 29.5 \times 4.1^2 - 17.9 \times 4.1 - \dfrac{1}{2} \times 8.3 \times 6 \times 4.1 + \dfrac{1}{2} \times 5.9 \times 4.1^2\right] \text{ kN/m}$$

$$= 231.1 \text{ kN/m}$$

墙体弯矩:$M_1 = \dfrac{2 \times 25.9}{2} \times \dfrac{2}{3} = 17.27 (\text{kN} \cdot \text{m})/\text{m}$;

$$M_2 = 85.4 \times \dfrac{6}{2} \times \dfrac{6}{3} - 231.1 \times 4 = -412.0 (\text{kN} \cdot \text{m})/\text{m}$$

第一阶段开挖后,轴力及弯矩如图 10.34 所示。

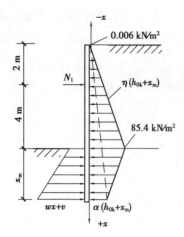

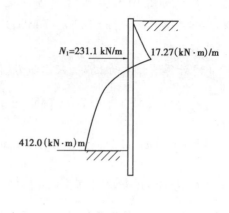

图 10.33 第一阶段开挖计算简图 　　　　　　图 10.34 第一阶段开挖的 N_1、M_1、M_2

（3）第二阶段开挖计算

开挖深度 10 m，设两道支撑，如图 10.35 所示。

已知 $k=2$，$N_i=N_1=231.1$ kN/m，$h_{0k}=10$ m，$h_{1k}=8$ m，$h_{kk}=h_{2k}=4$ m，$N_k=N_2$，w，v，η，α，β 值同上，应用式 10.69 求 x_m。

$$\frac{1}{3}(29.5-5.9)x_m^3-\left(\frac{1}{2}\times14.2\times10-\frac{1}{2}\times17.9-\frac{1}{2}\times29.5\times4+\frac{1}{2}\times5.9\times4-\frac{1}{3}\times8.3\times10\right)x_m^2-$$

$$\left(14.2\times10-17.9-\frac{1}{2}\times8.3\times10\right)\times4x_m-\left[231.1\times8-4\times231.1+\frac{1}{2}\times14.2\times10^2\times\left(4-\frac{10}{3}\right)\right]=0$$

即：$7.87x_m^3+12.82x_m^2-330.4x_m-1\,397.73=0$

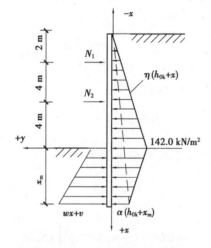

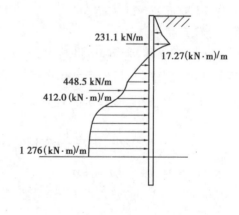

图 10.35 第二阶段开挖计算简图 　　　　图 10.36 第二阶段开挖时支撑轴力及弯矩值

解此方程得：$x_m=7.35$ m。利用式（10.67）求 N_2：

$$N_2=\left(14.2\times10\times7.35+\frac{1}{2}\times14.2\times10^2-\frac{1}{2}\times29.5\times7.35^2-17.9\times7.35-231.1-\right.$$

$$\left.\frac{1}{2}\times8.3\times10\times7.35+\frac{1}{2}\times5.9\times7.35^2\right)\text{kN/m}=448.5\ \text{kN/m}$$

墙体弯矩：$M_3=\left(142\times\dfrac{10}{2}\times\dfrac{10}{3}-231.1\times8-448.5\times4\right)$ kN/m $=-1\,276.1$ (kN·m)/m

第二阶段开挖后，轴力及弯矩如图 10.36 所示。

同理，经计算可得 4 道支撑的轴力及墙体的弯矩，如图 10.37 所示。

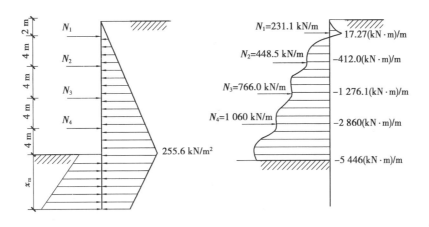

图 10.37　4 道支撑计算方法简图及内力分布情况

10.5.3　地下连续墙逆作法技术简介

当采用地下墙作为多层地下结构物的外墙时,施工中可采用"逆作法"施工技术。它是先造地下结构物楼板或框架,利用它作为水平支撑系统抵抗侧向土压力,进行下部地下工程施工,与此同时,进行上部结构的施工。

逆作法施工示意如图 10.38 所示,施工程序为:

①构筑建筑物周边的地下连续墙和中间支承柱。

②在相当设计地面 0.00 标高上浇筑地下连续墙、顶部圈梁(或柱杯口)和地下室顶板,并利用圈梁及顶板作为地下连续墙顶部的支撑结构。

③在顶板下开始挖土,直至地下第二层楼板、处,然后浇筑第二层结构工程(内隔墙、柱)及楼板,同时进行地上第一层以上的柱、梁、板的工程施工。这样,地下挖一层,浇筑一层,上部相应完成一层建筑工程,地上地下平行交叉作业,直到最下层底板浇筑完毕,上部结构也完成相应楼层。

由于"逆作法"是从基底上部依次向下开挖施工,需要先作基础和柱,或设临时支撑(钢管或 H 型钢)来支承主体结构物的自重载荷。

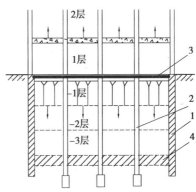

图 10.38　"逆作法"施工原理图
1—地下连续墙;2—中间支承柱;
3—地下室顶板;4—底板

习　题

10.1　某圆形沉井基础,砂土地基($\gamma = 19$ kN/m³,$f_k = 100$ kPa,$\varphi = 40°$,摩阻力 $f = 10$ kPa),地下水位 -4.0 m,沉井高度(地面以下)25 m,外壁直径 22 m,沉井底面标高地层为不透水黏性土(承载力 $f_k = 200$ kPa),沉井上部荷载为 1 000 kN,试进行该沉井的设计计算。

10.2　某黏土层基坑开挖深度为 17.5 m,采用地下连续墙进行支护,并设 4 道内支撑。土的物理力学指标 $\gamma = 18.5$ kN/m³,$\varphi = 16°$,$c = 8$ kN/m²;地面超载 $q = 20$ kN/m²,地下水离地面 2 m。试进行内支撑的布置,并用山肩邦男法计算各道内支撑的轴力及墙体弯矩值。

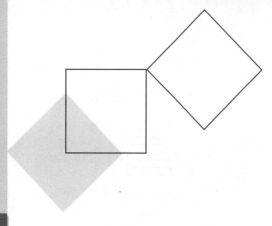

11 地基处理技术

本章导读：

本章导读：

• **基本要求**　了解各类地基处理方法的基本概念、加固地基原理;掌握换填垫层法、强夯法和强夯置换法、排水固结法、挤密桩法(包括碎石桩与砂桩、石灰桩、灰土挤密桩和土挤密桩、柱锤冲扩碎石桩、水泥粉煤灰碎石桩、夯实水泥土桩法)、化学加固法等设计计算和施工技术等方面内容。

• **重点**　换填垫层法、强夯法和强夯置换法、排水固结法、挤密桩法、化学加固法的设计计算和施工技术。

• **难点**　复合地基计算方法,排水固结法固结度计算,挤密桩法设计计算。

11.1 概　述

11.1.1 地基处理的意义和目的

1)地基处理的含义

地基是指直接承受建筑物荷载的那一部分地层。对地质条件良好的地基,可直接在其上修筑建筑物而无须事先对其进行加固处理,此种地基称为天然地基。

在工程建设中,有时会不可避免地遇到地质条件不良或软弱地基,若在这样的地基上修筑建筑物,则不能满足其设计和正常使用的要求。随着建筑物的高度不断增高,建筑物的荷载日趋增大,对地基变形的要求也越来越严。因而,即使原来一般可被评价为良好的地基,也可能在特定的条件下必须进行地基加固。这些需经人工加固后才可在其上修筑建筑物的地基称为人工地基。地基处理是指提高地基承载力,改善其变形性质或渗透性质而采取的技术措施。软弱地基和特殊土是地基处理的对象。

2)地基处理的目的

地基处理的目的就是通过采用各种地基处理方法,提高地基土的抗剪强度,改善地基土的压缩性、渗透特性、动力特性,以及改善特殊土地基的不良特性,以满足工程设计的要求。

11.1.2　地基处理方法分类

根据地基处理的作用机理所作的基本分类如下：

（1）置换法　置换法是利用物理力学性质较好的岩土材料置换天然地基中部分或全部软弱土体，实现提高地基承载力，减少沉降的目的。地基处理的置换方法有：换土垫层法、挤淤置换法、褥垫法、砂石桩置换法、强夯置换法、石灰桩法等。

（2）排水固结法　按预压加载方法，排水固结法可分为：堆载预压法、超载预压法、真空预压法、真空预压与堆载预压联合作用法等。

（3）压实和夯实法　压实法是利用机械自重或辅以震动产生的能量对地基土进行压实，夯实法是利用机械落锤产生的能量对地基进行夯击使其密实，其目的都是为了提高土的强度和减小压缩量。

（4）振密、挤密法　振密、挤密法分为表层原位压实法、强夯法、振冲碎石桩法、挤密砂石桩法、爆破挤密法、土桩和灰土桩法、夯实水泥土桩法、柱锤冲扩桩法、孔内夯扩法和石灰桩法等。

（5）灌入固化物法　向土体内灌入或拌入水泥、水泥砂浆以及石灰等化学固化物，在地基中形成加固体或增强体的方法称为灌入固化物法，如深层搅拌法、高压喷射注浆法、灌浆法等。

（6）加筋法　加筋法是在地基中设置强度高、弹性模量大的筋材，如土工格栅、土工织物等，主要有加筋土垫层法、加筋土挡墙法、锚定板挡土结构、土钉法等。

（7）热学处理法　热学处理法通过冻结地基土体，或焙烧、加热地基土体以改变土体物理力学性质以达到地基处理的目的。如通过人工冷却软黏土，使地基温度降低到孔隙水的冰点以下。

（8）托换法　托换法指对已有建筑物地基和基础进行处理和加固。常用托换技术有：基础加宽与加深技术、锚杆静压桩技术、树根桩技术、桩式托换技术、灌浆地基加固技术等。

11.1.3　复合地基计算方法

1）复合地基的概念

复合地基是指天然地基在地基处理过程中部分土体被增强或被置换，形成由地基土和竖向增强体共同承担荷载的人工地基。在荷载作用下，原基体和增强体共同承担荷载作用，通过形成的复合地基达到提高人工地基承载力和减小沉降的目的。

根据地基中增强体方向，复合地基分为竖向增强体复合地基和水平向增强体复合地基两大类，如图11.1所示。水平向增强体材料多采用土工合成材料，如土工格栅、土工布等；竖向增强体材料可采用砂石桩、水泥土桩、土桩、灰土桩、渣土桩、低强度混凝土桩、钢筋混凝土桩、管桩、薄壁筒桩等。竖向增强体复合地基一般又称为桩体复合地基。根据桩体材料性质，可将桩体复合地基分为散体材料桩复合地基和黏结材料桩复合地基两类。

(a)竖向增强体型　　(b)水平向增强体型

图11.1　复合地基的类型

黏结材料桩复合地基根据桩体刚度大小分为柔性桩复合地基、半刚性桩复合地基和刚性桩复合地基三类。如水泥土桩、土桩、灰土桩、渣土桩主要形成柔性桩复合地基；粉煤灰碎石桩、石灰粉煤灰桩、素混凝土桩主要形成半刚性桩复合地基；各类钢筋混凝土桩、管桩、薄壁筒桩主要形成刚性桩复合地基。

2）复合地基中的基本术语

（1）面积置换率 m　若单桩桩身横断面面积为 A_p，桩体所承担的复合地基面积为 A，则面积置换率 m

定义为：$m = A_p/A$。

常见桩位平面布置形式有：正方形、等边三角形和矩形等，如图 11.2 所示。以圆形桩为例，若桩身直径为 d，单根桩承担的等效圆直径为 d_e，桩间距为 s，则 $m = A_p/A = d^2/d_e^2$；其中 $d_e = 1.13s$（正方形），$d_e = 1.05s$（等边三角形），$d_e = 1.13\sqrt{s_1 s_2}$（矩形）。

面积置换率分别为：正方形布桩 $m = \pi d^2/(4s^2)$；等边三角形布桩 $m = \pi d^2/(2\sqrt{3}s^2)$；矩形布桩 $m = \pi d^2/(4s_1 s_2)$。

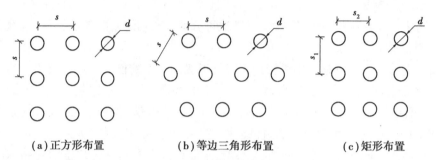

（a）正方形布置　　　　　（b）等边三角形布置　　　　　（c）矩形布置

图 11.2　桩位平面布置形式

（2）桩土应力比 n　在荷载作用下，复合地基桩体竖向应力 σ_p 和桩间土的竖向应力 σ_s 之比，称为桩土应力比，即 $n = \sigma_p/\sigma_s$。各类桩的桩土应力比 n 见表 11.1（供设计参考）。

表 11.1　各类桩的桩土应力比

钢或钢筋混凝土桩	水泥粉煤灰碎石桩 CFG 桩	水泥搅拌桩（含水泥 5%～12%）	石灰桩	碎石桩
>50	20～50	3～12	2.5～5	1.3～4.4

（3）复合模量 E_{sp}　为简化计算，将复合地基加固区视作一均质的复合土体，用假想的、等价的均质复合土体来代替真实的非均质复合土体，这种等价的均质复合土体的模量称为复合地基土体的复合模量 E_{sp}，应用材料力学方法，由桩土变形协调条件推演得：

$$E_{sp} = mE_p + (1 - m)E_s \tag{11.1}$$

式中　E_p, E_s——分别为桩体压缩模量和土体压缩模量。

3）复合地基承载力特征值

复合地基承载力特征值应通过现场复合地基载荷试验确定，或采用增强体的载荷试验结果和周边土的承载力特征值结合经验确定。复合地基初步设计时可按下式估算承载力：

（1）对散体材料增强体复合地基

$$f_{spk} = [1 + m(n - 1)]f_{sk} \tag{11.2}$$

式中　f_{spk}——复合地基承载力特征值，kPa；

$\quad\quad f_{sk}$——处理后桩间土承载力特征值，可按地区经验确定，kPa；

$\quad\quad n$——复合地基桩土应力比，可按地区经验确定，在无实测资料时可取 1.5～2.5，原土强度低取大值，原土强度高取小值；

$\quad\quad m$——复合地基置换率，$m = d^2/d_e^2$。d 为桩身平均直径（m），d_e 为一根桩分担的处理地基面积的等效圆直径（m）。等边三角形布桩 $d_e = 1.05s$，正方形布桩 $d_e = 1.13s$，矩形布桩 $d_e = 1.13\sqrt{s_1 s_2}$，s, s_1, s_2 分别为桩间距、纵向桩间距和横向桩间距。

（2）对有黏结强度增强体复合地基

$$f_{spk} = \lambda m \frac{R_a}{A_p} + \beta(1 - m)f_{sk} \tag{11.3}$$

式中　λ——单桩承载力发挥系数,宜按当地经验取值,无经验时可取 0.7~0.90;

　　　β——桩间土承载力发挥系数,按当地经验取值,无经验时可取 0.9~1.00;

　　　R_a——单桩竖向承载力特征值,kN;

　　　A_p——桩的截面积,m^2。

4)单桩竖向承载力特征值

单桩竖向承载力特征值应通过现场载荷试验确定。初步设计时也可按式(11.4)估算:

$$R_a = u_p \sum_{i=1}^{n} q_{si} l_{pi} + \alpha_p q_p A_p \tag{11.4}$$

式中　u_p——桩的周长,m;

　　　n——桩长范围内所划分的土层数;

　　　α_p——桩端端阻力发挥系数,应按地区经验确定;

　　　q_{si}——桩周第 i 层土的侧阻力特征值,应按地区经验确定;

　　　l_{pi}——桩长范围内第 i 层土的厚度,m;

　　　q_p——桩端土端阻力特征值,kPa,可按地区经验确定。对于水泥搅拌桩、旋喷桩应取未经修正的桩端地基土承载力特征值。

有黏结强度复合地基增强体桩身强度应满足式(11.5)计算要求;当复合地基承载力进行基础埋深的深度修正时,增强体桩身强度还应满足式(11.6)计算要求。

$$f_{cu} \geq 4 \frac{\lambda R_a}{A_p} \tag{11.5}$$

$$f_{cu} \geq 4 \frac{\lambda R_a}{A_p} \left[1 + \frac{\gamma_m (d - 0.5)}{f_{spa}} \right] \tag{11.6}$$

式中　f_{cu}——桩体试块(边长 150 mm 立方体)标准养护 28 d 的立方体抗压强度平均值,kPa,对于水泥搅拌桩,应符合式(11.45)的计算规定;

　　　γ_m——基础底面以上土的加权平均重度,地下水位以下取浮重度,kN/m^3;

　　　d——基础埋置深度,m;

　　　f_{spa}——深度修正后的复合地基承载力特征值,kPa。

5)复合地基沉降计算方法

复合地基变形计算应符合《建筑地基基础设计规范》(GB 50007—2011)有关规定,具体见 4.3.3 节。地基变形计算深度应大于复合土层的深度。复合土层的分层与天然地基相同,各复合土层的压缩模量等于该层天然地基压缩模量的 ζ 倍,即有:

$$E_{sp} = \zeta E_{si} \tag{11.7}$$

$$\zeta = \frac{f_{spk}}{f_{ak}} \tag{11.8}$$

式中　E_{spi}——第 i 层复合土层的压缩模量,MPa;

　　　ζ——复合土层的压缩模量提高系数;

　　　f_{spk}——复合地基承载力特征值,kPa;

　　　f_{ak}——基础底面下天然地基承载力特征值,kPa。

复合地基的沉降计算经验系数 ψ_s 可根据地区沉降观测资料统计值确定,无经验资料时可采用表 11.2 的数值。

表 11.2 沉降计算经验系数 ψ_s

$\bar{E}_s$/MPa	4.0	7.0	15.0	20.0	35.0
ψ_s	1.0	0.7	0.4	0.25	0.2

注：$\bar{E}_s$ 为变形计算深度范围内压缩模量的当量值，应按下式计算：

$$\bar{E}_s = \frac{\sum\limits_{i=1}^{n} A_i + \sum\limits_{j=1}^{m} A_j}{\sum\limits_{i=1}^{n} \dfrac{A_i}{E_{spi}} + \sum\limits_{j=1}^{m} \dfrac{A_j}{E_{sj}}} \tag{11.9}$$

式中 A_i——加固土层第 i 层土附加应力系数沿土层厚度的积分值；

A_j——加固土层下第 j 层土附加应力系数沿土层厚度的积分值。

当复合地基加固区下卧层为软弱土层时，尚须验算下卧层承载力。经处理后的地基，当按地基承载力确定基础底面积及埋深而需要对地基承载力特征值进行修正时，基础宽度地基承载力修正系数 η_b 取零，基础埋深的地基承载力修正系数 η_d 取 1.0。

11.2 换土垫层法

11.2.1 加固机理

换填垫层法也称为换填法，是将基础下一定深度范围内的软弱土层全部或部分挖除，然后分层回填并夯实砂、碎石、素土、灰土、粉煤灰、高炉干渣等强度较大、性能稳定和无侵蚀性的材料，并夯实（或振实）至要求的密实度；以提高浅层地基承载力，减小地基沉降量；加速软弱土层的排水固结，即垫层起排水作用。

换填垫层适用于浅层软弱土层或不均匀土层的地基处理。根据换填材料不同可分为土、石垫层和土工合成材料加筋垫层。换填垫层的厚度应根据置换软弱土的深度以及下卧土层的承载力确定，厚度宜为 0.5~3.0 m。

11.2.2 设计计算

1) 垫层的厚度确定

如图 11.3 所示，垫层厚度 z 应根据垫层底部下卧土层的承载力确定，并符合下式要求。

$$p_z + p_{cz} \leqslant f_{az} \tag{11.10}$$

式中 p_z——相应于荷载效应标准组合时，垫层底面处的附加压力值，kPa；

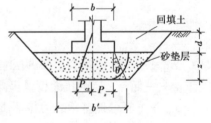

图 11.3 垫层内应力分布

p_{cz}——垫层底面处土自重压力值，kPa；

f_{az}——垫层底面处经深度修正后的地基承载力特征值，kPa。

垫层底面处的附加压力设计值 p_z 可按压力扩散角 θ 进行简化计算：

条形基础

$$p_z = \frac{b(p_k - p_c)}{b + 2z \tan \theta} \tag{11.11}$$

矩形基础
$$p_z = \frac{bl(p_k - p_c)}{(b + 2z \tan \theta)(l + 2z \tan \theta)} \qquad (11.12)$$

式中　b——矩形基础或条形基础底面的宽度，m；

　　　l——矩形基础底面的长度，m；

　　　p_k——相应于荷载效应标准组合时基础底面处的平均压力值，kPa；

　　　p_c——基础底面处土的自重压力值，kPa；

　　　z——基础底面下垫层厚度，m；

　　　θ——垫层的压力扩散角，(°)，宜通过试验确定，当无试验资料时，可按表 11.3 选用。

表 11.3　压力扩散角 θ

换填材料 z/b	中砂、粗砂、砾砂、圆砾、角砾、石屑、卵石、碎石、矿渣	粉质黏土、粉煤灰	灰土
0.25	20°	6°	28°
≥0.50	30°	23°	

注：①当 $z/b < 0.25$ 时，除灰土取 $\theta = 28°$ 外，其余材料均取 $\theta = 0°$，必要时，宜由试验确定。

　　②当 $0.25 < z/b < 0.5$ 时，θ 值可内插求得。

2）垫层的宽度确定

垫层底面的宽度应以满足基础底面应力扩散和防止垫层向两侧挤出为原则确定。

$$b' \geq b + 2z \tan \theta \qquad (11.13)$$

式中　b'——垫层底面宽度，m；

　　　θ——压力扩散角，(°)，可按表 11.3 采用，当 $z/b < 0.25$ 时，仍按 $z/b = 0.25$ 取值。

垫层顶面每边宜比基础底面大 0.3 m，整片垫层的宽度可根据施工的要求适当加宽。

3）垫层承载力的确定

垫层承载力宜通过现场载荷试验确定。当无试验资料时，可按表 11.4 选用。

表 11.4　各种垫层的承载力

施工方法	换填材料类别	压实系数 λ_c	承载力特征值 f_{ak}/kPa
碾压、振密或重锤夯实	碎石、卵石	0.94~0.97	200~300
	砂夹石（其中碎石、卵石占全重的 30%~50%）		200~250
	土夹石（其中碎石、卵石占全重的 30%~50%）		150~200
	中砂、粗砂、砾砂、角砾、圆砾		150~200
	粉质黏土		130~180
	灰土	0.95	200~250
	粉煤灰	0.90~0.95	120~150

注：①压实系数 λ_c 为土控制干密度 ρ_d 与最大干密度 ρ_{dmax} 的比值，土的最大干密度宜采用击实试验确定，碎石或卵石的最大干密度可取 $(2.1~2.2) \times 10^3 \text{kg/m}^3$。

　　②表中压实系数 λ_c 系使用轻型击实试验测定土的最大干密度 ρ_{dmax} 时给出的压实控制标准，采用重型击实试验时，对粉质黏土、灰土、粉煤灰及其他材料压实标准应维压实系数 $\lambda_c \geq 0.94$。

4）土工合成材料强度验算

土工合成材料加筋垫层所用土工合成材料应进行材料强度验算，并符合下列规定：

$$T_p \leq T_a \tag{11.14}$$

式中　T_p——相应于作用的标准组合时,单位宽度的土工合成材料的最大拉力,kN/m;

　　　T_a——土工合成材料在在允许延伸率下的抗拉强度,kN/m。

5)沉降计算

垫层地基变形由垫层自身变形和下卧层变形组成。粗粒换填材料的垫层在施工期间垫层的自身变形已基本完成,其值很小,可以忽略,仅考虑其下卧层的变形;对于细粒材料、厚度较大的换填垫层,及沉降要求严的建筑应计入垫层自身变形。可采用分层总和法计算地基变形。

11.2.3　施工技术

垫层施工应根据不同的换填材料选择施工机械。粉质黏土、灰土宜采用平碾、振动碾或羊足碾,中小型工程也可采用蛙式夯、柴油夯;砂石等宜用振动碾;粉煤灰宜采用平碾、振动碾、平板振动器、蛙式夯;矿渣宜采用平板振动器或平碾,也可采用振动碾。

垫层的施工方法、分层铺填厚度、每层压实遍数等宜通过试验确定。除接触下卧软土层的垫层底部应根据施工机械设备及下卧层土质条件确定厚度外,一般情况下,垫层的分层铺填厚度可取 200～300 mm。为保证分层压实质量,应控制机械碾压速度。

粉质黏土和灰土垫层土料的施工含水量宜控制在最优含水量±2%的范围内,粉煤灰垫层的施工含水量宜控制在±4%的范围内。最优含水量可通过击实试验确定,也可按当地经验取用。施工时应注意基坑排水,除采用水撼法施工砂垫层外,不得在浸水条件下施工,必要时应采用降低地下水位的措施。

垫层底面宜设在同一标高上,如深度不同,基坑底土面应挖成阶梯或斜坡搭接,并按先深后浅的顺序进行垫层施工,搭接处应夯压密实。粉质黏土及灰土垫层分段施工时,不得在柱基、墙角及承重窗间墙下接缝。上下两层的缝距不得小于 500 mm。接缝处应夯压密实。灰土应拌和均匀并应当日铺填夯压。灰土夯压密实后 3 d 内不得受水浸泡。素土及灰土料垫层的施工,其施工含水量应控制在 w_{op}±2%的范围内。垫层竣工验收合格后,应及时进行基础施工与基坑回填。

铺设土工合成材料施工,应符合以下要求:

①下铺地基土层顶面应平整,防止土工合成材料被刺穿、顶破。

②土工合成材料应先铺纵向后铺横向,且铺设时应把土工合成材料张拉平整、绷紧,严禁有折皱。

③土工合成材料的连接宜采用搭接法、缝接法或胶接法,连接强度不应低于原材料抗拉强度,端部应采用有效固定方法,防止筋材拉出。

④应避免土工合成材料暴晒或裸露,阳光暴晒时间不应大于 8 h。

11.3　夯实地基法

11.3.1　加固机理

夯实地基是指采用强夯法或强夯置换法处理的地基。强夯法适用于处理碎石土、砂土、低饱和度的粉土与黏性土、湿陷性黄土、素填土和杂填土等地基;强夯置换法适用于高饱和度的粉土与软塑-流塑的黏性土等地基上对变形控制要求不严的工程。强夯置换法在设计前必须通过现场试验确定其适用性和处理效果。

强夯法加固地基,是指通过起重设备将重锤(100～600 kN)从高处(8～40 m)自由下落,通过对地基土施加很大的冲击能(1 000～18 000 kN·m),从而使地基土强度提高、压缩性降低,提高砂土的抗液化强度,消除湿陷性黄土的湿陷性,降低将来可能出现的差异沉降,以达到地基加固的目的。

强夯法加固地基有 3 种不同的加固机理:动力密实、动力固结和动力置换,它取决于地基土的类别和强夯施工工艺。对于多孔隙、粗颗粒、非饱和土体,强夯法以动力密实为主;对于饱和的细颗粒土,则以动力固结为主。当巨大的冲击能量施加于土体后产生很大的应力波,使土体体积得到压缩,孔隙水压力增加,增加至上覆压力值时,土体产生液化(局部液化),之后土体结构遭到破坏,使土体产生很多裂隙,改善土体透水性能,使孔隙水顺利逸出,待孔隙水压力消散后,土体固结,强度提高,压缩性减小。

强夯置换可分为整式置换和桩式置换。整式置换是通过强夯把碎石整体挤入淤泥中,其作用机理类似于换土垫层;桩式置换是通过强夯将碎石填筑于土体中,形成桩式(或墩式)的碎石墩(或桩),从而挤密土体,提高地基强度。

11.3.2　强夯法设计计算

1)有效加固深度

可采用经修正后的梅那(Menard)公式来估算强夯法加固地基影响深度 H。

$$H = \alpha \sqrt{\frac{Mh}{10}} \tag{11.15}$$

式中　M——夯锤重,kN;

　　H,h——分别为有效加固深度、夯锤落距,m;

　　α——修正系数,一般取 $\alpha = 0.34 \sim 0.8$,软土可取 0.5,黄土可取 $0.34 \sim 0.5$。

《地基处理规范》规定有效加固深度应根据现场试夯或当地经验确定,可按表 11.5 预估。

表 11.5　强夯的有效加固深度　　　　　　　　　　　单位:m

单击夯击能/(kN·m)	碎石土、砂土等粗颗粒土	粉土、黏性土、湿陷性黄土等细颗粒土
1 000	4.0~5.0	3.0~4.0
2 000	5.0~6.0	4.0~5.0
3 000	6.0~7.0	5.0~6.0
4 000	7.0~8.0	6.0~7.0
5 000	8.0~8.5	7.0~7.5
6 000	8.5~9.0	7.5~8.0
8 000	9.0~9.5	8.0~8.5
10 000	9.5~10.0	8.5~9.0
12 000	10~11.0	9.0~10.0

注:强夯的有效加固深度应从最初起夯面算起;单击夯击能 E 大于 12 000 kN·m 时,强夯的有效加固深度应通过试验确定。

2)夯锤和落距

强夯法设计中,应首先根据需要加固的深度初步确定单击夯击能,然后确定锤重和落距。单击夯击能为夯锤重 M 与落距 h 的乘积。一般说夯击时最好锤重和落距都大,则单击能量大,夯击击数少,夯击遍数也相应减少,加固效果和技术经济较好。

强夯夯锤质量可取 10~60 t,其底面形式宜采用圆形或多边形,锤底面积宜按土的性质确定,锤底静接地压力值可取 25~80 kPa,单击夯击能高时取大值,单击夯击能低时取小值,对于细颗粒土锤底静接地压力宜取较小值。锤的底面宜对称设置若干个与其顶面贯通的排气孔,孔径可取 300~400 mm。强夯法采用落距宜为 8~40 m,对相同的夯击能量,常选用大落距施工方案。增大落距可获得较大的接地速度,能将大部分能量有效地传到地下深处,增加深层夯实效果。

3)夯击点布置及间距

(1)夯击点布置　夯击点位置可根据基底平面形状,采用等边三角形、等腰三角形或正方形布置。强夯处理范围应大于建筑物基础范围。对一般建筑物,每边超出基础外缘的宽度宜为设计处理深度的1/2~2/3,并不宜小于 3 m;对于可液化地基,基础边缘的处理宽度,不宜小于 5 m;对于湿陷性黄土地基,应符合《湿陷性黄土地区建筑标准》(GB 50025—2018)的规定。

(2)夯击点间距　对于细颗粒土,为便于超静孔隙水压力的消散,夯点间距不宜过小。当要求处理深度较大时,第一遍的夯点间距更不宜过小,以免夯击时在浅层形成密实层而影响夯击能往深层传递。第一遍夯击点间距通常为 5~15 m(或取夯锤直径 2.5~3.5 倍),第二遍夯击点位于第一遍夯击点之间,以后各遍夯击点间距可适当减小。

4)夯击击数与遍数

单点夯击击数指单个夯点一次连续夯击的次数。夯击遍数是指将整个强夯场地中同一编号的夯击点,一次连续夯击后算作一遍。

(1)夯击击数确定　夯点的每遍夯击击数应按现场试夯得到的夯击击数和夯沉量关系曲线确定(一般 3~10 击比较合适),且应同时满足下列条件:

①最后两击的夯沉量不宜大于下列数值:当单击夯击能小于 4 000 kN·m 时为 50 mm;当单击夯击能为 4 000~6 000 kN·m 时为 100 mm;当单击夯击能为 6 000~8 000 kN·m 时为 150 mm;当单击能为 6 000~12 000 kN·m 时为 200 mm。

②夯坑周围地面不应发生过大隆起,且不因夯坑过深而发生起锤困难。

(2)夯击遍数确定　夯击遍数应根据地基土的性质和平均夯击能确定,可采用点夯 2~4 遍。对于渗透性较差的细粒土,夯击遍数可适当增加。最后再以低能量满夯 2 遍,使锤印彼此搭接。图 11.4 为某强夯法地基处理工程的夯击遍数及夯点布置图,该工程夯击遍数为 6 遍。

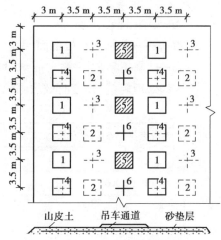

图 11.4　夯击遍数及夯点布置图

5)间歇时间

两遍夯击之间应有一定的时间间隔,间隔时间取决于土中超静孔隙水压力的消散时间。对于渗透性较差的黏性土地基,间隔时间不应少于 3~4 周,可通过埋设袋装砂井(或塑料排水带)缩短间歇时间;对渗透性较大的砂性土,孔隙水压力消散时间 2~4 min,可连续夯击。

6)垫层铺设

对场地地下水位在 -2 m 深度以下的砂砾石土层,可直接施行强夯,无需铺设垫层;对地下水位较高的饱和黏性土及易液化饱和砂土,需要铺设 0.5~2.0 m 厚的砂、砂砾或碎石垫层。

11.3.3　施工技术

强夯施工机械宜采用带有自动脱钩装置的履带式起重机或其他专用设备,施工步骤为:
①清理并平整施工场地,放线、埋设水准点和各夯点标桩。
②铺设垫层,在地表形成硬层,用以支承起重设备,确保机械通行和施工。
③标出第一遍夯击点的位置,并测量场地高程;起重机就位,使夯锤对准夯点位置;测量夯前锤顶

标高。

④将夯锤起吊到预定高度,待夯锤脱钩自由下落后放下吊钩,测量锤顶高程;若发现因坑底倾斜而造成夯锤歪斜时,应及时将坑底整平。

⑤重复步骤④,按夯击次数及控制标准,完成一个夯点的夯击,并完成全部夯点的第一遍夯击。

⑥用推土机将夯坑填平,并测量场地高程。

⑦在规定的间隔时间后,按上述步骤逐次完成全部夯击遍数,最后用低能量满夯,将场地表层土夯实,并测量夯后场地高程。

11.4　预压地基法

11.4.1　加固机理

1)预压地基法概念

预压地基法又称排水固结法,即是指采用堆载预压、真空预压或真空和堆载联合预压处理淤泥质土、淤泥、冲填土等饱和黏性土地基。预压法主要由加压(或抽真空)系统和排水系统组成。

排水系统由竖向排水体和水平向排水体构成,如图 11.5 所示。竖向排水体(亦称排水竖井)有普通砂井、袋装砂井和塑料排水板,水平排水体为砂垫层。加压系统主要作用是给地基土增加固结压力,使其产生固结。加压方式可利用建筑物(如房屋、路堤、堤坝等)自重、充水(如油罐充水)及抽真空形成负压等。

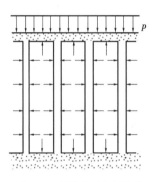

图 11.5　预压地基法原理

预压地基法主要适用于处理淤泥、淤泥质土和冲填土等饱和黏性土地基。对于含水平砂层的黏性土,因其具有较好的横向排水性能,可不设竖向排水体(如砂井等)。对塑性指数大于 25 且含水量大于 85% 的淤泥,应通过现场试验确定其适用性。加固土层上覆盖有厚度大于 5 m 以上的回填土或承载力较高的黏性土层时,不宜采用真空预压加固。

2)预压地基法的基本原理

软黏土地基在外部荷载作用下,土中孔隙水慢慢排出,孔隙体积不断减小,地基发生固结变形,与此同时,随着土中超静孔隙水压的逐渐消散,土的有效应力逐渐增大,地基强度逐渐增长,减小由建筑物引起的工后沉降,这是排水固结法的基本原理。

由太沙基的饱和土渗透固结理论可知,土层固结所需时间与排水距离的平方成正比。据此可用改变排水路径的方法来加速固结,如通过设置砂井增加土层的排水途径,缩短排水距离等。在荷载作用下,土层的固结过程就是超静孔隙水压力消散和有效应力增长(地基强度提高)的过程。固结度 U 计算式为:$U = \sigma'/(\sigma'+u)$。

3)地基固结度计算

(1)瞬时加荷条件下固结度计算

竖向排水平均固结度
$$\overline{U}_z = 1 - \frac{8}{\pi^2} e^{-\frac{\pi^2 T_v}{4}} \tag{11.16a}$$

径向固结度
$$\overline{U}_r = 1 - e^{-\frac{8T_h}{F}} \tag{11.16b}$$

$$F = F_n + F_s + F_r \tag{11.16c}$$

$$F_n = \frac{n^2}{n^2-1}\ln(n) - \frac{3n^2-1}{4n^2} ; F_n = \ln(n) - \frac{3}{4} \quad (n \geqslant 15) \tag{11.16d}$$

$$F_s = \left[\frac{k_h}{k_s} - 1\right]\ln s \tag{11.16e}$$

$$F_r = \frac{\pi^2 L^2}{4}\frac{k_h}{q_w} \tag{11.16f}$$

总平均固结度 $\qquad\qquad \overline{U}_{rz} = 1 - (1-\overline{U}_z)(1-\overline{U}_r) \tag{11.16g}$

式中 $\quad T_v, T_h$——分别为竖向、径向排水固结时间因子，$T_v = c_v t/H^2$，$T_h = c_h t/d_e^2$；

$\qquad c_v, c_h$——分别为土竖向、径向固结系数，cm^2/s，$c_v = \dfrac{k_v(1+e)}{\gamma_w a}$，$c_h = \dfrac{k_h(1+e)}{\gamma_w a}$；

$\qquad k_v, k_h$——分别为土层竖向、径向渗透系数，cm/s，对各向同性土层 $k_h = k_v$；

$\qquad k_s$——涂抹区土的水平向渗透系数，cm/s，可取 $k_s = (1/5 \sim 1/3)k_h$；

$\qquad n$——井径比，$n = d_e/d_w$，d_w 为砂井直径，d_e 为砂井有效影响范围直径，cm；

$\qquad H$——土层竖向排水距离，cm，单面排水为土层厚度，双面排水为土层厚度 $1/2$；

$\qquad t, e$——分别为固结时间(s)和渗流固结前土的孔隙比；

$\qquad \gamma_w, a$——分别为水的重度，kN/cm^3；土的压缩系数，kPa^{-1}；

$\qquad s$——涂抹区直径 d_s 与竖井直径的比值，可取 $s = 2.0 \sim 3.0$，对于中等灵敏黏性土取低值，对高灵敏黏性土取高值；

$\qquad L$——竖井深度，cm；

$\qquad q_w$——竖井纵向通水量，为单位水力梯度下单位时间的排水量，cm^3/s。

土层的平均固结度普遍表达式： $\qquad\qquad \overline{U} = 1 - \alpha e^{-\beta \cdot t} \tag{11.17}$

表 11.6 列出了不同条件下 α、β 值及固结度的计算公式。

表 11.6 不同条件下 α、β 值及固结度计算式

序号	条件	α	β	平均固结度计算
1	竖向排水固结($\overline{U}_z > 30\%$)	$\dfrac{8}{\pi^2}$	$\dfrac{\pi^2 c_v}{4H^2}$	$\overline{U}_z = 1 - \dfrac{8}{\pi^2}e^{-\frac{\pi^2}{4}\times\frac{c_v}{H^3}t}$
2	向内径向排水固结	1	$\dfrac{8c_h}{F_n \cdot d_e^2}$	$\overline{U}_r = 1 - e^{-\frac{8}{F_n}\times\frac{c_h}{d_e^2}t}$
3	竖向和向内内径向排水组合固结	$\dfrac{8}{\pi^2}$	$\dfrac{8c_h}{F_n d_e^2} + \dfrac{\pi^2 c_v}{4H^2}$	$\overline{U}_{rz} = 1 - \dfrac{8}{\pi^2}e^{-\left(\frac{8c_h}{F_n d_e^2}+\frac{\pi^2 c_v}{4H^2}\right)t}$
4	砂井未打穿软土层的总平均固结度	$\dfrac{8}{\pi^2}\lambda$	$\dfrac{8c_h}{F_n d_e^2}$	$\overline{U} = 1 - \dfrac{8\lambda}{\pi^2}e^{-\frac{8}{F_n}\times\frac{c_h}{d_e^2}t}$

注：①$\lambda = H_1/(H_1+H_2)$，H_1 为砂井长度，H_2 为砂井以下压缩土层厚度。

②当考虑涂抹和井阻影响时，表中的 F_n 用 $F = F_n + F_s + F_r$ 替代。

（2）逐渐加荷条件下地基固结度的计算 实际工程中，荷载总是分级逐渐施加的。因此，根据上述理论方法求得的固结时间关系或沉降时间关系都必须加以修正。修正的方法有改进的高木俊介法和改进的太沙基法，改进的高木俊介法比较常用。

如图 11.6 所示，在一级或多级等速加载条件下，当固结时间为 t 时，采用改进的高木俊介法计算，对应于累加荷载 $\sum \Delta p$（即总荷载）的地基平均固结度为：

$$\overline{U}_t = \sum_{i=1}^n \frac{\dot{q}_i}{\sum \Delta p}\left[(T_i - T_{i-1}) - \frac{\alpha}{\beta}e^{-\beta t}(e^{\beta T_i} - e^{\beta T_{i-1}})\right] \tag{11.18}$$

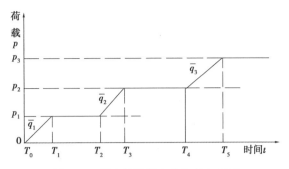

图 11.6　排水固结法多级等速加载图

式中　$\overline{U}_t$——t 时间地基的平均固结度;

　　　$\dot{q}_i$——第 i 级荷载的加载速率,kPa/d,$\dot{q}_i = \dfrac{\Delta p_i}{T_i - T_{i-1}}$;

　　　$\sum \Delta p$——与一级或多级等速加载历时 t 相对应的累加荷载,kPa;

　　　T_{i-1}, T_i——第 i 级荷载加载的起始和终止时间(从零点起算),当计算第 i 级荷载加载过程中某实际 t 的平均固结度时,T_i 改为 t;

　　　α, β——两个参数,根据地基土的排水条件确定,见表 11.6。

11.4.2　堆载预压法设计计算

1)正常加载预压计算

①利用地基的天然地基土抗剪强度计算第一级容许施加的荷载 p_1。可采用斯开普顿极限荷载半经验公式计算 p_1(见 6.3.4 节)。

对饱和软黏土估算式为:
$$p_1 = \frac{5.14 c_u}{K} + \gamma D \tag{11.19}$$

对长条形填土,用 Fellenius 公式估算:
$$p_1 = 5.52 c_u / K \tag{11.20}$$

式中　K——安全系数,建议采用 1.1~1.5;

　　　c_u——天然地基土的不排水抗剪强度,kPa,由原位剪切试验测定;

　　　D, γ——基础埋置深度,m;基底标高以上土的重度,kN/m³。

②计算第一级荷载下地基强度增长值。在 p_1 荷载作用下,提高以后的地基强度 c_{u1} 为:
$$c_{u1} = \eta(c_u + \Delta c_u') \tag{11.21}$$

式中,$\Delta c_u'$ 为 p_1 作用下地基因固结而增长的强度,一般可先假定固结度值为 70%,然后求出强度增量 $\Delta c_u'$。η 为考虑剪切蠕动的强度折减系数,一般取 $\eta = 0.75 \sim 0.9$。

③计算 p_1 作用下达到所确定固结度需要的时间及 p_2 加载开始时间。

④根据第二步所得到的地基强度 c_{u1} 计算第二级所施加的荷载 p_2:
$$p_2 = \frac{5.52 c_{u1}}{K} \tag{11.22}$$

并求出 p_2 作用下地基固结度达 70% 时的强度即所需时间,然后依次计算各级荷载。

⑤计算预压荷载下地基的最终沉降量和预压期间的沉降量。地基土总沉降量 s_f 由瞬时沉降 s_d、固结沉降 s_c 和次固结沉降 s_s 三部分组成。即
$$s_f = s_d + s_c + s_s \tag{11.23}$$

次固结沉降 s_s 可忽略,《地基处理规范》推荐的预压荷载下地基最终竖向变形量计算式为:

$$s_f = \xi s_c = \xi \sum_{i=1}^{n} \left(\frac{e_{0i} - e_{1i}}{1 + e_{0i}} \right) h_i \tag{11.24}$$

式中　s_f, h_i——分别为最终竖向变形量、第 i 层土的计算厚度，m。

ξ——经验系数，对正常固结饱和黏性土地基可取 $\xi = 1.1 \sim 1.4$，荷载较大、地基土较软弱时取较大值，否则取较小值；

e_{0i}——第 i 层中点之土自重应力所对应的孔隙比；

e_{1i}——第 i 层中点之土自重应力和附加应力之和所对应的孔隙比；

一般取附加应力与土自重应力的比值为 0.1 的深度作为受压层的计算深度。

考虑 t 时间平均固结度 $\overline{U}_t$ 之后，对于一次瞬间加荷或一次等速加荷结束之后，任意时间的地基沉降量计算式可改写为：

$$s_t = (\xi - 1 + \overline{U}_t) s_c \tag{11.25}$$

对于多级等速加荷情况，应对 s_d 作加荷修正，修正后的任一时刻地基沉降量计算式为：

$$s_t = s_d + \overline{U}_t s_c = \left[(\xi - 1) \frac{p_t}{\sum \Delta p} + \overline{U}_t \right] s_c \tag{11.26}$$

式中　$\overline{U}_t$——t 时间地基的平均固结度；

$p_t, \sum \Delta p$——分别为 t 时间的累计荷载、总的累计荷载，kPa。

⑥进行每一级荷载下地基的稳定性验算：稳定分析可采用费伦纽斯法条分法计算。

2) 超载预压的计算

对沉降有严格要求的建筑物，应采用超载预压法处理其地基。经超载预压后，如受压土层各点的有效竖向应力大于建筑物荷载引起的相应点附加总应力时，则建筑物使用过程中地基土将不会再发生主固结变形，并减少次固结变形，或推迟次固结变形的发生。在超载预压的过程中，任意时间地基的沉降量可表示为：

$$s_t = s_d + \overline{U}_t s_c + s_s \tag{11.27}$$

式中　s_t, s_d——分别为时间 t 时地基的沉降量、由于剪切变形而引起的瞬时沉降量，m；

s_c, s_s——分别为最终固结沉降、次固结沉降，m；

$\overline{U}_t$——t 时刻地基的平均固结度。

式(11.27)可用于：确定所需的超载压力值 p_s，以保证使用(或永久)荷载 p_f 作用下预期的总沉降量在给定的时间内完成；确定在超载下达到预定沉降量所需要的时间。

为消除超载卸除后继续发生的主固结沉降，超载预压土层中间部位的固结度计算式为：

$$U_{1/2} = \frac{p_f}{p_f + p_s} \tag{11.28}$$

式中　$U_{1/2}$——土层中间部位的固结度；

p_f, p_s——分别为永久荷载(建筑物荷载)、超载压力值(预压荷载与建筑物荷载之差)。

3) 排水系统设计

(1)竖向排水体材料选择　砂井填料宜用中粗砂，以保证砂井具有良好的透水性，砂应是洁净的，其黏粒含量不应大于 3%；袋装砂井通常在现场制备，袋子材料可采用聚丙烯编织布，袋内砂料宜用风干砂；塑料排水带是由不同截面形状的连续塑料芯板外面包裹非织造土工织物(滤膜)而成，塑料排水带的宽度一般为 100 ~ 250 mm，厚度为 3.5 ~ 4 mm。

(2)竖向排水体深度设计　竖向排水体深度主要根据土层的分布、地基中附加应力大小、施工期限和施工条件以及地基稳定性等因素确定。竖向排水体长度一般为 10 ~ 25 m。对以地基抗滑稳定性控制的工程,竖向排水体深度至少应超过最危险滑动面 2.0 m;对以变形控制的建筑,竖向排水体深度应根据在限定的预压时间内需完成的变形量确定。竖向排水体宜穿透受压土层。

(3)竖向排水体平面布置设计 普通砂井直径一般为 300~500 mm;袋装砂井直径一般为 70~120 mm;塑料排水带常用当量直径表示,换算直径可按下式计算:

$$d_p = \frac{2(b + \delta)}{\pi} \tag{11.29}$$

式中 d_p, b, δ——分别为塑料排水带当量换算直径、排水带宽度和厚度。

竖井的有效排水直径 d_e 与间距 l 的关系为:等边三角形排列 $d_e = 1.05l$,正方形排列 $d_e = 1.13l$。砂井的间距可按井径比 $n(n = d_e/d_w, d_e$ 为砂井的有效排水圆柱体直径,d_w 为砂井直径)确定。普通砂井 $n = 6~8$,袋装砂井或塑料排水带 $n = 15~22$。

(4)地表排水砂垫层设计 在砂井顶面应铺设排水砂垫层。砂垫层厚度不应小于 500 mm,水下施工时,一般为 1 m 左右。砂垫层的砂料宜用中粗砂,砂料中可混有少量粒径小于 50 mm 的砾石。砂垫层的宽度应大于建筑物的底宽,并伸出砂井区外边线 2 倍砂井直径。

11.4.3　真空预压法设计计算

真空预压法工作原理如图 11.7 所示,它是通过在砂垫层和竖向排水体中形成负压区,在土体内部与排水体间所形成的压差,迫使软土地基中水排出,完成地基土固结。

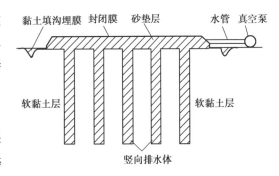

图 11.7　真空预压法工作原理示意图

1)竖向排水体尺寸

竖向排水体可采用直径为 70 mm 袋装砂井,也可采用普通砂井或塑料排水带,其间距可按照加载预压法选用。砂井深度应根据预压期间完成的沉降量和拟建建筑物地基稳定性的要求计算确定。砂粒应采用中粗砂,渗透系数 k 宜大于 1×10^{-2} cm/s。

真空预压竖向排水通道宜穿透软土层,但不应进入下卧透水层。软土层厚度较大,且以地基抗滑稳定性控制的工程,竖向排水通道的深度至少应超过最危险滑动面 3.0 m。

2)预压区面积和分块大小

真空预压加固面积较大时,宜采取分区加固,分区面积宜为 20 000~40 000 m²。真空预压区边缘应大于建筑物基础轮廓线,每边增加量不得小于 3 m。单块预压面积应尽可能大且呈方形,但不宜超过 30 000 m²;两个预压区的间隔尺寸一般以 2~6 m 较好。

3)膜内真空度

真空预压的膜下真空度应稳定地保持在 650 mmHg 以上,且应均匀分布,竖向排水体深度范围内土层的平均固结度应大于 90%。对于表层存在良好的透气层或在处理范围内有充足水源补给的透水层时,应采取有效措施隔断透气层或透水层。

4)变形计算

真空预压地基最终竖向变形可按式(11.24)计算,可取 $\xi = 0.8~0.9$。

5)真空设备的数量确定

以一套设备可抽真空面积为 1 000~1 500 m² 确定所需抽真空设备数量。当建筑物的荷载超过真空压力(预压荷载>80 kPa)时,且对地基承载力和变形有严格要求时,应采用真空-堆载联合预压法,其总压力宜超过建筑物的荷载。

11.4.4 施工技术

1)堆载预压法施工技术

(1)竖向排水体施工

①普通砂井施工:砂井成孔施工方法有振动沉管法、射水法、螺旋钻成孔法和爆破法4种。砂井的实际灌砂量不得小于计算值的95%。

②袋装砂井施工:其成孔方法有锤击打入法、水冲法、静力压入法、钻孔法和振动贯入法等。以锤击打入法为例,其施工过程为:打入成孔套管→套管到达规定标高→在套管内放下砂袋→拔套管→袋装砂井施工完毕。

③塑料排水带施工:用于插设塑料排水带的机械种类很多,有专门机械,也有用挖掘机、预压法处理地基机、起重机、打桩机及袋装砂井打设机械改装的机械。

塑料排水带打设顺序包括:定位,将塑料带通过导管从管靴穿出,将塑料带与桩尖连接贴紧管靴并对准桩位,插入塑料带,拔管剪断塑料带等。如图11.8所示。

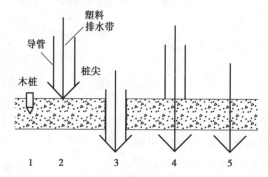

图11.8 塑料排水带打设顺序

1—定位;2—由导管从管靴穿出塑料带;3—插塑料带至设计深度;

4—拔出插管;5—剪断塑料带,地面预留20~30 cm;

(2)水平排水垫层施工

当地基表层有一定厚度的硬壳层,其承载力较好时,一般采用机械分堆摊铺法,即先堆成若干砂堆,然后用机械或人工摊平。

(3)预压荷载施工

对堆载预压工程,在加载过程中应进行竖向变形、边桩水平位移及孔隙水压力等项目的监测,且根据监测资料控制加载速率。对竖井地基,最大竖向变形量不应超过15 mm/d,对天然地基,最大竖向变形量不应超过10 mm/d;边桩水平位移不应超过5 mm/d,并且应根据上述观察资料综合分析、判断地基的稳定性。

2)真空预压法施工技术

(1)管道施工 首先在软基表面铺设砂垫层,并在土体中埋设袋装砂井或塑料排水带。真空管路的连接应严格密封,在真空管路中应设置止回阀和截门。滤水管应设在砂垫层中,其上覆盖厚度100~200 mm的砂层,滤水管在预压过程中应能适应地基的变形。滤水管可采用钢管或塑料管,外包尼龙纱或土工织物等滤水材料。水平向分布滤水管可采用条状、梳齿状及羽毛状等形式,滤水管布置宜形成回路,如图11.9所示。

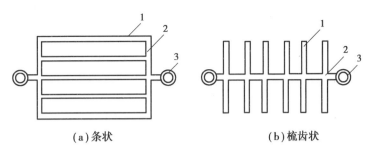

图 11.9　真空滤管排列形式
1—真空压力分布管;2—集水管;3—出膜口

（2）密封膜施工　密封膜应采用抗老化性能好、韧性好、抗穿刺能力强的不透气材料,如聚乙烯等专用薄膜。密封膜热合时宜采用两条热合缝的平搭接,搭接长度大于 15 mm。为确保在真空预压全过程的密封性,密封膜宜铺设 3 层,覆盖膜周边可采用挖沟折铺、平铺并用黏土覆盖压边、围堰沟内覆水以及膜上全面覆水等方法进行密封。密封膜铺 3 层的理由是,最下一层和砂垫层相接触,膜容易被刺破,最上一层膜易受环境影响,如老化、刺破等,而中间是最安全最起作用的一层膜。

（3）抽气设备选用　真空预压的抽气设备宜采用射流真空泵,空抽时必须达到 95 kPa 以上的真空吸力,每块预压区至少应设置两台真空泵。为避免膜内真空度在停泵后很快降低,在真空管路中应设置止回阀和截门。当预计停泵时间超过 24 h 时,则应关闭截门。

3）真空-堆载预压法施工技术

采用真空-堆载预压法,既能加固软土地基,又能提高地基承载力,其工艺流程为:铺设砂层→打设竖向排水通道→铺膜→抽气→堆载→结束。

对于一般黏性土,当膜下真空度稳定地达到 80 kPa 后,抽真空 10 d 左右可进行上部堆载施工,即边抽真空,边连续施加堆载。对高含水量的淤泥类土,当膜下真空度稳定地达到 80 kPa 后,一般抽真空 20~30 d 可进行堆载施工,若荷载大时应分级施加。

在进行上部堆载之前,必须在密封膜上铺设防护层,以保护密封膜的气密性。防护层可采用土工编织布或无纺布等,其上铺设 100~300 mm 厚的砂垫层,然后再进行堆载。

11.5　挤密地基法

挤密地基法是指利用沉管、冲击、夯扩、振冲、振动沉管等方法在土中挤压、振动成孔,使桩孔周围土体得到挤密、振密,并向桩孔内分层填入砂、碎石、土或灰土、石灰、渣土或其他材料形成的地基。挤密法适用于处理湿陷性黄土、砂土、粉土、素填土和杂填土等地基。

当以消除地基土的湿陷性为主要目的时,宜选用土桩挤密法;当以提高地基土的承载力或增强其水稳性为主要目的时,宜选用灰土桩(或其他具有一定胶凝强度桩如二灰桩、水泥土桩等)挤密法;当以消除地基土液化为主要目的时,宜选用振冲或振动挤密法。对重要工程或在缺乏经验的地区,施工前应按设计要求在现场进行试验。

11.5.1　碎石桩与砂桩

1）碎石桩与砂桩的概念

碎石桩、砂桩总称为砂石桩,是指采用振动、冲击或水冲等方式在软弱地基中成孔后,再将砂或碎石挤压入已成的孔中,形成大直径的砂石所构成的密实桩体。

目前,碎石(砂)桩的施工工艺呈多样化发展,如沉管、锤击、振挤、干振、振动气冲、袋装碎石、强夯置换法等。目前,国内外广泛应用碎石桩、砂桩、渣土桩等复合地基都是散体桩复合地基。采用振动加水冲的制桩工艺制成的碎石桩称为振冲碎石桩(或湿法碎石桩);采用无水冲工艺(如干振、振挤、锤击等)制成的桩为砂石桩(或干法碎石桩)。

振冲碎石桩(振冲法)适用于处理砂土、粉土、粉质黏土、素填土和杂填土等地基。对于处理不排水抗剪强度不小于 20 kPa 的饱和黏性土和饱和黄土地基,应在施工前通过现场试验确定其适用性。不加填料的振冲加密适用于处理黏粒含量不大于 10% 的中砂、粗砂地基。

砂石桩法适用于挤密松散砂土、粉土、黏性土、素填土、杂填土等地基。饱和黏土地基上对变形控制要求不严的工程也可采用砂石桩置换处理。砂石桩法也可用于处理可液化地基。

2)加固机理

在松散砂土和粉土地基中,碎石桩与砂桩以挤密、振密作用和抗液化作用为主。碎石(砂)桩法形成的复合地基,其抗液化作用主要有两个方面:

①桩间可液化土层受到挤密和振密作用,土层的密实度增加,结构强度提高,从而提高土层本身的抗液化能力。

②碎石(砂)桩的排水通道作用,可以加速挤压和振动作用产生的超孔隙水压力的消散,降低孔隙水压力上升的幅度,因而提高桩间土的抗液化能力。预先受过适度水平的循环应力预振的砂土,将具有较大的抗液化强度。

在黏性土地基中,碎石桩与砂桩以置换作用、排水固结作用为主,按复合地基理论计算。

3)设计计算

(1)桩孔间距 s 对于砂土和粉土地基,考虑振密和挤密两种作用,桩孔平面布置一般为正三角形或正方形,如图 11.10 所示。

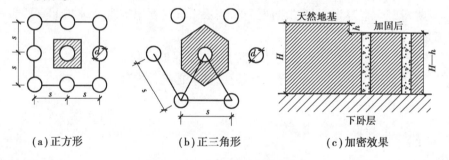

(a)正方形　　(b)正三角形　　(c)加密效果

图 11.10　桩距计算示意图

正三角形布置
$$s = 0.95 \zeta d \sqrt{\frac{1+e_0}{e_0-e_1}} \qquad (11.30)$$

正方形布置
$$s = 0.89 \zeta d \sqrt{\frac{1+e_0}{e_0-e_1}} \qquad (11.31)$$

$$e_1 = e_{\max} - D_{r1}(e_{\max} - e_{\min}) \qquad (11.32)$$

式中　s——砂石桩间距,m;

　　　d——砂石桩直径,m;

　　　ζ——修正系数,当考虑振动下沉密实作用时,可取 1.1~1.2;不考虑振动下沉密实作用时,可取 1.0;

　　　e_0——地基处理前砂土的孔隙比,可按原状土样试验确定,也可根据动力或静力触探等对比试验确定;

　　　e_1——地基挤密后要求达到的孔隙比;

$e_{\max}, e_{\min}$——砂土的最大、最小孔隙比,可按现行国家标准《土工试验方法标准》(GB/T 50123—1999)的有关规定确定;

D_{r1}——地基挤密后要求砂土达到的相对密实度,可取 0.70～0.85。

对于黏性土地基,只考虑置换作用时,桩孔间距计算公式为:

正三角形布桩

$$s = \sqrt{\frac{2}{\sqrt{3}} A_e} = 1.08 \sqrt{A_e} \tag{11.33}$$

正方形布桩

$$s = \sqrt{A_e} \tag{11.34}$$

式中 A_e——1 根碎石(砂)桩承担的处理面积,$A_e = A_p/m$(A_p 为碎石(砂)桩的截面积;m 为面积置换率,一般情况下,$m = 0.10 \sim 0.30$)。

(2)复合地基承载力计算 振冲桩复合地基承载力特征值应通过现场复合地基载荷试验确定。初步设计时,可按式(11.2)进行估算复合地基承载力特征值。处理后桩间土承载力特征值可按地区经验确定。如无经验时,对于一般黏性土地基可取天然地基承载力特征值,松散的砂土、粉土可取原天然地基承载力特征值的(1.2～1.5)倍;复合地基桩土应力比 n,宜采用实测值确定,如无实测资料时,对于黏性土可取 $n = 2.0 \sim 4.0$,对于砂土、粉土可取 $n = 1.5 \sim 3.0$。

(3)复合地基沉降计算 碎石桩与砂桩复合地基加固区沉降量 s_1 可采用复合模量法进行计算(见11.1.3 节),也可采用沉降折减法计算,其计算式为:

$$s_1 = \beta s \tag{11.35}$$

式中 s——原天然黏性土地基的沉降量,$s = m_v \Delta p H$;

H——固结土层厚度;

Δp——垂直附加平均应力;

m_v——天然地基的体积压缩系数;

β——沉降折减系数,$\beta = \mu_s = 1/[1 + (n-1)m]$。

加固土层的压缩模量可按下式计算:

$$E_{sp} = [1 + m(n-1)] E_s \tag{11.36}$$

式中 E_{sp}——加固土层压缩模量,MPa;

E_s——桩间土压缩模量,宜按当地经验取值,无经验时可取天然地基压缩模量,MPa;

m——面积置换率;

n——桩土应力比,在无实测资料时,黏性土可取 2～4,粉土和砂土可取 1.5～3,原土强度低取大值,原土强度高取小值。

4)施工技术

(1)振冲法 振冲法是碎石桩主要施工方法之一。

振冲器构造组成如图 11.11 所示,其工作原理是:以起重机吊起振冲器启动潜水电机后,带动偏心块,使振冲器产生高频振动,同时开动水泵,使高压水通过射水管喷射高压水流,在边振边冲的联合作用下,将振冲器沉到土中的设计深度。孔内填料均在振动作用下被振挤密实,达到所要求的密实度后提升振冲器,如此重复填料和振密,直至地面,从而在地基中形成一根大直径的密实桩体。

施工主要机具有振冲器、起吊机械、水泵、泥浆泵、填料机械、电控系统等。国产振冲器定型产品是 ZCQ 系列,额定功率为 13～120 kW 不等,可根

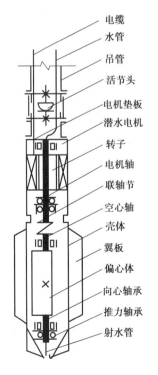

电缆
水管
吊管
活节头
电机垫板
潜水电机
转子
电机轴
联轴节
空心轴
壳体
翼板
偏心体
向心轴承
推力轴承
射水管

图 11.11 振冲器构造组成

据地质条件和设计要求进行选用。

振冲法填料方式有间断填料法、连续填料法和综合填料法等。振冲挤密法施工顺序如下:

①振冲器对准加固点,打开水源和电源,检查水压、电压和振冲器的空载电流是否正常。

②启动吊机,使振冲器以 1~2 m/min 速度沉入地基,观察振冲器电流变化,电流最大值不得超过电机的额度电流。当超过额定电流值时,必须减慢振冲器下沉速度,甚至停止下沉。

③当振冲器下沉到在设计加固深度以上 0.3~0.5 m 时,需减小冲水,其后继续使振冲器下沉至设计加固深度以下 0.5 m 处,并在这一深度上留振 30 s。如中部遇硬夹层时,应适当通孔,每深入 1 m 应停留扩孔 5~10 s,达到设计孔深后,振冲器再往返 1~2 次以便进一步扩孔。

④以 1~2 m/min 速度提升振冲器,每提升 0.3~0.5 m 留振 30 s,并观察振冲器电机电流变化,其密实电流应超过空振电流 25~30 A。记录每次提升高度、留振时间和密实电流。

⑤关机、关水和移位,至另一加固点上施工。

⑥施工现场全部振密加固完后,整平场地,进行表层处理。

施工质量检验关键是控制填料量、密实电流和留振时间,这三者实际上是相互联系和保证的。只有在一定的填料量的情况下,才可能保证达到一定的密实电流,而这时也必须有一定的留振时间,才能把填料挤紧振密。密实电流是在振冲器留振过程中稳定下来的电流值。

(2)沉管法 沉管法是一种干法施工。沉管法包括振动成桩法和冲击成桩法两种。冲击成桩法又分为单管法、双管法、内击沉管法等。

(3)锤击成桩法 锤击法(也称冲击法)适用于加固杂填土、黏性土、粉细砂、粉土、淤泥土等。锤击法成桩工艺分为单管法、双管法、内击沉管法等。双管锤击法又分为芯管密实法和内击管法。芯管密实法适用于砂桩和碎石桩,内击沉管法适合用于碎石桩。

【例题 11.1】 某高速公路过渡路段采用碎石桩处理路基,地层自上而下:①耕植土:层厚 0~1.2 m, $c_u = 20$ kPa;②淤泥:层厚 1.2~14.0 m,含水量 70%,压缩模量 $E_s = 1.2$ MPa, $c_u = 6~8$ kPa; $f_{sk} = 40$ kPa;③粗砂夹淤泥层:层厚 14.0~19.0 m, $c_u = 40$ kPa, $E_s = 3.3$ MPa;④淤泥质亚黏土层:层厚 19.0~28.0 m,含水量 52%, $E_s = 1.5$ MPa, $c_u = 17$ kPa;⑤28.0 m 以下,弱风化黏土层。试作地基处理设计并检验其处理效果。

【解】 (1)设计参数

加固范围:过渡路段全长,宽度与路基底部同宽。

布桩形式:按等边三角形布桩,桩长取 15 m。

桩距、桩径:为更好地发挥缓冲区的作用,采取了变间距设计,靠近路端 15 m 内,桩间距为 1.5 m,靠近路基 10 m 范围内,桩间距为 1.8 m。实际成桩直径平均达 1.1 m。

(2)承载力验算

桩间距为 1.5 m 时, $\dfrac{d^2}{d_e^2} = \dfrac{1.1^2}{(1.5 \times 1.05)^2} = 0.49$,实测桩土应力比 $n = 5$,则有

$$f_{spk} = [1 + m(n-1)]f_{sk} = [1 + 0.49(5-1)] \times 40 \text{ kPa} = 120 \text{ kPa}$$

桩间距 1.8 m 时, $\dfrac{d^2}{d_e^2} = \dfrac{1.1^2}{(1.8 \times 1.05)^2} = 0.34$; $f_{spk} = [1 + 0.34(5-1)] \times 40 \text{ kPa} = 94 \text{ kPa}$

(3)压缩模量计算

桩间距 1.5 m 时, $E_{sp} = [1 + m(n-1)]E_s = [1 + 0.49(5-1)] \times 1.2 \text{ MPa} = 3.6 \text{ MPa}$

桩间距 1.8 m 时, $E_{sp} = [1 + m(n-1)]E_s = [1 + 0.34(5-1)] \times 1.2 \text{ MPa} = 2.8 \text{ MPa}$

碎石桩区的设计标高为 5.0 m,荷载为 110 kPa。

(4)处理效果检验

通过复合地基现场静载荷试验,取 $s/b = 0.02$ 对应的荷载,其复合地基的承载力达到了 160 kPa,碎石桩加固层最大沉降量为 589 mm,加固效果显著。

11.5.2　灰土挤密桩和土挤密桩

1）灰土挤密桩和土挤密桩的概念

灰土挤密桩（简称灰土桩）和土挤密桩（简称土桩）是通过成孔过程中横向挤压作用，将桩孔内的土挤向周围，使桩间土得以挤密，然后将备好的灰土或素土（黏性土）分层填入桩孔内，并分层捣实至设计标高。用灰土分层夯实的桩体，称为灰土挤密桩；用素土分层夯实的桩体，称为土挤密桩。二者分别与挤密的桩间土组成复合地基，共同承受基础上部荷载。

土桩和灰土桩法多用于处理厚度较大、地下水位以上的湿陷性黄土或填土地基，可处理地基的深度为 5~15 m。也可利用工业废料（如粉煤灰、矿渣或其他废渣）夯填桩孔，一般宜掺入少量石灰或水泥作为胶结料，以提高桩体的强度和稳定性。

2）加固机理

（1）挤密作用　灰土挤密桩和土挤密桩的挤密作用与砂桩类似。当桩的含水量接近最优含水量时，土呈塑性状态，挤密效果最佳；当含水量偏低，土呈坚硬状态时，有效挤密区变小；当含水量过高时，由于挤密引起超孔隙水压力，土体难以挤密，且孔壁附近土的强度因受扰动而降低，拔管时容易出现缩颈等情况。土的天然干密度愈大，有效挤密范围愈大。

（2）灰土性质作用　灰土桩是用石灰和土按一定体积比例（2:8或3:7）拌和，并在桩孔内夯实加密后形成的桩，这种材料在化学性能上具有气硬性和水硬性，由于石灰内带正电荷钙离子与带负电荷黏土颗粒相互吸附，形成胶体凝聚，并随灰土龄期增长，土体固化作用提高，使灰土逐渐增加强度。它可达到挤密地基效果，提高地基承载力，消除湿陷性。

（3）桩体作用　灰土桩的变形模量 $E_0 = 40 \sim 200$ MPa，远大于桩间土的变形模量，桩体消除了持力层内产生大量压缩变形和湿陷变形的不利因素。

3）设计计算

（1）处理范围　处理地基范围应大于基础或建筑物底层平面的面积。当采用局部处理时，应超出基础底面的宽度；对非自重湿陷性黄土、素填土和杂填土等地基，每边不应小于基底宽度的 0.25 倍，并不应小于 0.50 m；对自重湿陷性黄土地基，每边不应小于基底宽度的 0.75 倍，并不应小于 1.0 m；当采用整片处理时，超出建筑物外墙基础底面外缘的宽度，每边不宜小于处理土层厚度的 1/2，并不应小于 2 m。

灰土挤密桩和土挤密桩处理地基的深度应根据土质情况、建筑物对地基的要求、成孔设备等因素综合考虑确定。桩长从基础算起一般不宜小于 5 m，可达 12~15 m。

（2）桩孔布置原则　在整片基础下设计挤密桩时，宜优先采用正三角形布桩；对单独基础和条形基础，常采用等边三角形布桩，土桩不少于两排，灰土桩不少于三排；对圆形基础，处理时宜按正三角形、等腰三角形或梅花形布桩。

（3）桩间距、桩径、排距的确定　桩孔直径宜为 300~600 mm，沉管法的桩管直径多为 400 mm。桩孔之间的中心距离，可为桩孔直径的 2.0~2.5 倍，也可按下式估算：

$$s = 0.95d \sqrt{\dfrac{\overline{\eta}_c \rho_{d\,max}}{\overline{\eta}_c \rho_{d\,max} - \overline{\rho}_d}} \tag{11.37}$$

$$\overline{\eta}_c = \dfrac{\overline{\rho}_{d1}}{\rho_{d\,max}} \tag{11.38}$$

式中　s——桩孔之间的中心距离，m；

　　　d——桩孔直径，m；

$\overline{\eta_c}$——桩间土经成孔挤密后的平均挤密系数,不宜小于 0.93;

$\rho_{d\,max}$——桩间土的最大干密度,t/m^3;

$\overline{\rho_d}$——地基处理前土的平均干密度,t/m^3;

$\overline{\rho_{d1}}$——在成孔挤密深度内,桩间土的平均干密度,t/m^3;平均试样数不应少于 6 组。

等边三角形布桩,桩孔排距 $l=0.87s$;正方形布桩,桩孔排距 $l=s$。

(4)填料和压实系数 桩孔内的填料可采用素土、灰土、二灰(粉煤灰与石灰)或水泥土等。对于灰土,消石灰与土的体积配合比宜为 2∶8 或 3∶7;对于水泥土,水泥与土的体积配合比宜为 1∶9 或 2∶8。孔内填料均应分层回填夯实,填料的平均压实系数 λ_c 值不应小于 0.97,其中压实系数最小值不应低于 0.94。

桩顶标高以上应设置 300~600 mm 厚的灰土或水泥土垫层,其压实系数不应小于 0.95。

(5)地基承载力 土桩和灰土挤密桩处理地基的承载力特征值应通过原位测试或当地经验确定。初步设计时,可按式(11.2)进行估算。对灰土挤密桩复合地基的承载力特征值,不宜大于处理前天然地基承载力特征值的 2.0 倍,且不宜大于 250 kPa;对土挤密桩复合地基的承载力特征值,不宜大于处理前天然地基承载力特征值的 1.4 倍,且不宜大于 180 kPa。

静载试验时如 $p\text{-}s$ 曲线上无明显直线段,则土桩挤密地基按 $s/b=0.01~0.015$(b 为载荷板宽度),灰土挤密桩复合地基按 $s/b=0.008$ 所对应的荷载作为处理地基的承载力特征值。如挤密桩的目的是为了消除地基的湿陷性,还应进行浸水试验。

4)施工技术

土桩、灰土桩的施工应按设计要求和现场条件选用沉管(振动或锤击)、冲击或爆扩等方法进行成孔,使土向孔的周围挤密。成孔和回填夯实的施工应符合下列要求:

①成孔施工时,地基土宜接近最优含水量,当含水量低于 12% 时宜加水增湿。增湿土的加水量可按式(11.39)估算。

$$Q = v\overline{\rho}_d(w_{op} - \overline{w})k \tag{11.39}$$

式中 Q——计算加水量,m^3;

v——拟加固土的总体积,m^3;

$\overline{\rho}_d$——地基处理前土的平均干密度,t/m^3;

w_{op}——土的最优含水量,通过室内击实试验求得,%;

$\overline{w}$——地基处理前土的平均含水量,%;

k——损耗系数,可取 1.05~1.10。

应于地基处理前 4~6 d,将需增湿的水通过一定数量和一定深度的渗水孔,均匀地浸入拟处理范围内的土层中。

②桩孔中心点的偏差不应超过桩距设计值的 5%,桩孔垂直度偏差不应大于 1.5%。

③沉管法成桩,其直径和深度应与设计值相同;冲击法或爆扩法,桩孔直径的误差不得超过设计值的 ±70 mm,桩孔深度不应小于设计深度的 0.5 m。

④向孔内填料前,孔底必须夯实,然后用素或灰土在最优含水量状态下分层回填夯实。

回填土料一般采用过筛(筛孔不大于 20 mm)的粉质黏土,并不得含有有机质;粉煤灰采用含水量为 30%~50% 的湿灰煤灰;石灰用块灰消解(闷透)3~4 d 后并过筛,其粗粒粒径不大于 5 mm 的熟石灰。灰土或二灰应拌合均匀至颜色一致后及时回填夯实。

⑤成孔和回填夯实的施工顺序宜间隔进行,对大型工程可采取分段施工。

11.5.3　柱锤冲扩桩

1）柱锤冲扩桩的概念

柱锤冲扩桩法是采用直径 300~500 mm、长度 2~6 m、质量 1~8 t 的柱状锤(简称柱锤,长径比 L/d = 7~12),通过自行杆式起重机或其他专用设备,将柱锤提升到距地基 5~10 m 的高度后下落,在地基土中冲击成孔,并重复冲击到设计深度,在孔内分层填料、分层夯实形成桩体,同时对桩间土进行挤密,形成复合地基。在桩顶部可设置 200~300 mm 厚砂石垫层。

柱锤冲扩桩法适用于处理杂填土、粉土、黏性土、素填土和黄土等地基,对地下水位以下饱和松软土层,应通过现场试验确定其适用性。工程实践表明,柱锤冲扩桩法桩体直径可达 0.6~2.5 m,地基处理深度不宜超过 10 m,复合地基承载力特征值不宜超过 160 kPa。对大型的、重要的或场地复杂的工程,在正式施工前,应在有代表性的场地上进行试验。

2）柱锤冲扩桩加固地基机理

在柱锤冲扩成孔及成桩过程中,通过对原状土的动力挤密、强力夯实、动力固结、充填置换(包括桩身及挤入桩间土的骨料)、生石灰的水化和胶凝等作用,使软弱地基土得到加固。

柱锤冲扩桩在填料夯实挤密过程中,由于夯击能量很大,桩径不断扩大,迫使填料向周边土体中挤入,桩间土则被强力挤密加固,即发生二次挤密作用。如成孔直径 400 mm,则桩径 d 可达 500~800 mm,最大可达 2.5 m,这是灰土桩、土桩等挤密桩所不具备的。

3）设计计算

(1)桩身材料　柱体材料推荐采用以拆房土为主组成的碎砖三合土,也可以采用级配砂石、矿碴、灰土、水泥混合土等。当采用其他材料时,应经试验确定其适用性和配合比。

碎砖三合土的配合比(体积比)除设计有特殊要求外,一般可采用 1 : 2 : 4(生石灰 : 碎砖 : 黏性土)。碎砖粒径不宜大于 120 mm,以 60 mm 左右最佳,严禁使用粒径大于 240 mm 的砖料及混凝土块。对地下水位以下流塑状态松软土层,宜适当加大碎砖及生石灰用量。

(2)地基处理范围　地基处理的宽度超过基础底面边缘一定范围,可按压力扩散角 θ = 30° 来确定加固宽度,不少于 1~3 排桩,并不应小于基下处理土层厚度的 1/2。

(3)桩径、桩距及布桩　可采用正方形、矩形、三角形布桩,桩中心距一般可取 1.5~2.5 m,或取桩径的 2~3 倍。柱锤冲扩桩法有以下 3 种直径:

①柱锤直径:是柱锤实际直径,常用直径为 300~500 mm,如公称直径 ϕ377 mm 锤。

②冲孔直径:是冲孔达到设计深度时,地基被冲击成孔的直径,往往比锤的直径要大。

③桩径:是桩身填料夯实后的平均直径,它比冲孔直径大,如 ϕ377 柱锤夯实后形成的桩径可达 500~800 mm。当土层松软时,桩径就大,当土层较密时,桩径就小。

(4)桩长及地基处理深度　地基处理深度可根据工程地质情况及设计要求确定。为实现复合地基的受力条件,在桩顶部应铺设 200~300 mm 厚砂石垫层。

(5)复合地基承载力特征值　柱锤冲扩桩复合地基承载力特征值应通过现场复合地基载荷试验确定,也可按式(11.2)估算。面积置换率 m 宜取 0.2~0.5;桩土应力比 n 应通过试验确定或按当地经验确定,如无经验值时,可取 n = 2~4。

4）施工技术

柱锤冲扩桩施工流程为:桩机就位→成孔→填料夯实成桩→桩机移位。

柱锤冲扩桩法可采用冲击、跟管和螺旋钻进等方法进行成孔作业。进行桩身填料前孔底应夯实;当孔底土质松软时可夯填碎砖、生石灰挤密。桩体施工方法有以下几种：

（1）孔内分层填料夯扩　采用柱锤冲孔或螺旋钻引孔达到预定深度以后，可在孔底填料夯实，然后在孔内自下而上分层填料夯扩成桩。

（2）逐步拔管填料夯扩　当采用跟管成孔达到预定深度以后，可采用边填料、边拔管、边由柱锤夯扩的方法成桩。

（3）扩底填料夯扩　当孔底地基土层较软时，可在孔底进行反复填料夯扩形成扩大端。待孔底夯击贯入度满足要求时，再自下而上分层填料夯扩成桩。

（4）边冲孔边填料、柱锤强力夯实置换法　对于过于松软土层（厚度 3 m），当采用上述方法仍难以成孔及填料成桩时，可采用边冲孔边填料、柱锤强力夯实置换法。

一般填料充盈系数≥1.5，并夯填至桩顶设计标高以上至少 0.5 m，上部用黏土夯封。

11.5.4　水泥粉煤灰碎石桩

1）水泥粉煤灰碎石桩的概念

水泥粉煤灰碎石桩（Cement-Flyash-Gravel pile，简称 CFG 桩）是由水泥、粉煤灰、碎石、石屑或砂加水拌和形成的高黏结强度桩，桩、桩间土和褥垫层一起构成复合地基，如图 11.12 所示。

CFG 桩法适用于处理黏性土、粉土、砂土和已自重固结的素填土等地基。对淤泥质土应按地区经验或通过现场试验确定其适用性。

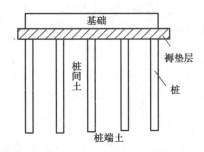

图 11.12　CFG 桩复合地基组成示意图

2）CFG 桩复合地基各组成要素的主要作用

（1）褥垫层作用　通过褥垫层的塑性调节作用把一部分荷载传到桩间土上，保证桩和桩间土始终参与工作并满足变形协调条件，从而达到桩土共同承担荷载的目的。

（2）桩的作用　CFG 桩属于刚性桩，不仅可全桩长发挥桩的侧阻作用，当桩端落在较硬土层时也可发挥端阻作用，增加桩体强度和桩长是提高复合地基承载力的有效途径。CFG 桩的桩土应力比为 10～40，且具有很大的可调性，软土中 $n \geq 100$，桩承担的荷载占总荷载 40%～75%。

（3）桩间土的作用　桩间土被 CFG 桩挤密后其承载力亦提高，并与桩共同发挥复合地基的作用。

此外，CFG 桩由于在普通混凝土拌合料中掺入粉煤灰，使 CFG 桩桩体的渗透系数远大于桩间土层渗透系数，桩体相对于土体构成了固结排水通道，加速了土体的排水固结过程。

3）设计计算

（1）平面布置　CFG 桩可只在基础范围内布置；对可液化地基及饱和软黏土地基宜在基础处设 1～2 排砂石护桩。CFG 桩桩径宜取 350～600 mm，桩距 s 宜取 3～6 倍桩径，选择桩长时应考虑可作为桩端持力层的土层埋深。桩顶和基础之间的褥垫层厚度宜取 150～300 mm，当桩径、桩距较大时，褥垫层厚度应取高值。褥垫层材料宜用中、粗砂及碎石级配砂石。

（2）复合地基承载力特征值　CFG 桩复合地基承载力特征值，应通过现场复合地基载荷试验确定，初步设计时可按公式（11.3）进行估算，其单桩承载力发挥系数 λ 和桩间土承载力发挥系数 β 应按地区经验取值，无经验时 λ 可取 0.8～0.9，β 可取 0.9～1.0。处理后的桩间土的承载力特征值 f_{sk}，对非挤土成桩工艺，一般黏性土可取天然地基承载力特征值；对松散砂土、粉土可取天然地基承载力特征值的 1.2～1.5 倍，原土强度低时取大值。

（3）单桩竖向承载力特征值　按式（11.4）估算 CFG 桩的单桩承载力特征值时，其桩端阻力发挥系数 α_p 可取 1.0；桩身强度应满足式（11.5）、式（11.6）的计算规定。

(4)桩体材料中水泥掺量及其他材料的配合比确定

水胶比计算
$$f_{cu} = 0.366R_c\left(\frac{C}{W}-0.071\right) \tag{11.40}$$

粉灰比计算
$$\frac{W}{C} = 0.187 + 0.791\frac{F}{C} \tag{11.41}$$

碎石与石屑的总用量计算
$$G = \rho - C - W - F \tag{11.42}$$

石屑率的计算
$$\lambda = \frac{G_1}{G_1 + G_2} \tag{11.43}$$

式中 R_c——水泥标号强度,42.5 级普通硅酸盐水泥 $R_c = 42.5$ MPa;

C, W, F——分别为水泥、水、粉煤灰的质量,kg;

G_1, G_2——分别为每 m³ 石屑、碎石的质量,kg,$G_2 = G - G_1$;

λ——石屑率,一般取 $\lambda = 0.25 \sim 0.33$;

ρ——混合料密度,一般情况下,取 $\rho = 2\ 200$ kg/m³。

4)施工技术

常用 CFG 桩施工工艺有 3 种:长螺旋钻孔灌注成桩、长螺旋钻孔管内泵压混合料灌注成桩和振动沉管灌注成桩。长螺旋钻孔管内泵压混合料成桩施工的坍落度宜为 160~200 mm,振动沉管灌注成桩施工的坍落度宜为 30~50 mm,振动沉管灌注成桩后桩顶浮浆厚度不宜超过 200 mm。

长螺旋钻孔管内泵压混合料灌注成桩施工工艺流程如下:钻机就位→钻进成孔→连续压灌混合料→提升钻杆成桩→钻机移位。混合料泵送量应与拔管速度相匹配,遇到饱和砂土或饱和粉土层,不得停泵待料。振动沉管灌注成桩工艺与振动碎石桩法相类似,其成桩施工拔管速度应匀速控制,拔管速度为 1.2~1.5 m/min,如遇淤泥等软土,拔管速度应适当放慢。

11.5.5 夯实水泥土桩

1)夯实水泥土桩的概念

夯实水泥土桩法是将水泥和土按设计比例搅拌均匀(水泥用量为土的 1/8~1/4),在孔内夯实至设计要求的密实度而形成加固体,并与桩间土组成复合地基的一种地基处理方法。施工时,桩身混合料在孔外拌和,然后逐层填入孔中并用机械夯实。

夯实水泥土桩法适用于处理地下水位以上的粉土、素填土、杂填土、黏性土等地基,处理深度不宜超过 15 m。采用洛阳铲成孔时,深度不宜超过 6 m。该法不适宜含水量特别高地基土。

2)加固机理

夯实水泥土桩形成中等黏结强度桩,与 CFG 桩复合地基相似,通过桩体的置换作用来提高地基承载力。当天然地基承载力小于 60 kPa 时,可考虑夯填施工对柱间土的挤密作用。

3)设计计算

(1)平面布置 夯实水泥土桩可只在基础范围内布置,一般采用三角形或正方形布桩。桩边至基础边线距离宜为 10~30 cm,基础边线至桩中心线的距离宜为 1.0~1.5 d。

(2)夯实水泥土桩参数设计 桩孔直径宜为 300~600 mm;桩距宜为 2~4 倍桩径;最大桩长不宜超过 10 m,最小长度不小于 2.5 m,桩长应根据上部结构对承载力和变形的要求确定,并宜穿透软弱土层到达承载力较高的土层;面积置换率一般为 5%~15%。

(3)夯实水泥土桩桩体强度设计 夯实水泥土桩的强度与加固时所用的水泥品种、强度等级、水泥掺量、被加固土体性质及施工工艺等因素有关。夯实水泥土桩立方体抗压强度一般可达到 3.0~

5.0 MPa。

宜采用 32.5 或 42.5 级矿渣水泥或普通硅酸盐水泥,水泥掺入比 α_w 为:

$$\alpha_w = \frac{掺入水泥的质量}{被加固软土质量} \times 100\% \quad 或 \quad \alpha_w = \frac{掺入水泥的体积}{被加固软土体积} \times 100\% \quad\quad (11.44)$$

对一般地基加固,水泥掺入比可取 7%～20%。在水泥土中可掺入 10% 左右的粉煤灰,以提高水泥土强度。夯实水泥土桩体强度宜取 28 d 龄期试块的立方体(边长为 70.7 mm)抗压强度平均值,应满足式 (11.5) 和式 (11.6) 计算规定,其单桩承载力发挥系数 λ 可取 1.0。

(4)复合地基承载力特征值 夯实水泥土桩复合地基承载力特征值,应通过现场复合地基载荷试验确定,初步设计时可按公式 (11.3) 估算。

4)施工技术

夯实水泥土桩施工分为三步:成孔、制备水泥土、夯填成桩。成桩过程如图 11.13 所示。

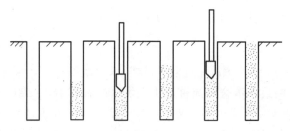

(a)成孔　(b)填料　(c)夯实　(d)填料　(e)夯实　(f)成桩

图 11.13　夯实水泥土桩施工过程示意图

混合料中水泥与土的体积配合比宜为 1∶5～1∶8。混合料含水量为最优含水量 w_{op}±2%。土料与水泥应拌和均匀,水泥用量不得少于按配比试验确定的质量。混合料采用强制式混凝土搅拌机或人工进行拌合,搅拌后混合料应在 2 h 内充填成桩。孔内填料应分层回填夯实,填料的平均压实系数 $\bar{\lambda}_c$ 值不应低于 0.97,其中压实系数最小值不应低于 0.93。

常用的成孔机具有:人工洛阳铲、长螺旋钻孔机、锤击成孔、振动沉管和干法振冲器等。桩孔夯填可用机械夯实,也可用人工夯实,常用的夯填工艺有:夹板自落夯实机成桩、夹管自落夯实机成桩、人工夯锤夯实成桩、卷扬吊锤夯实机成桩等。

11.6　化学加固法

11.6.1　水泥土搅拌法

1)水泥土搅拌法的概念

水泥土搅拌法(Cement Deep Mixing),又称之为深层搅拌法,它是利用水泥(或石灰)等材料作为固化剂,通过特制的搅拌机械,就地将软土和固化剂(浆液或粉体)强制搅拌,使软土硬结成具有整体性、水稳性和一定强度的水泥加固土,从而提高地基土的强度。

水泥土搅拌桩的施工工艺分为浆液搅拌法(简称湿法)和粉体搅拌法(简称干法)。适用于处理淤泥、淤泥质土、素填土、软—可塑黏性土、松散—中密粉细砂、稍密—中密粉土、松散—稍密中粗砂和砾砂、黄土等土层。不适用于含大孤石或障碍物较多且不易清除的杂填土,硬塑及坚硬的黏性土、密实的砂类土以及地下水渗流影响成桩质量的土层。当地基土的天然含水量小于 30%(黄土含水量小于 25%)时不应采用干法。对于处理泥炭土、有机质含量较高或 pH 值小于 4 的酸性土、塑性指数大于 25 的黏土或在腐蚀性环境中以及无工程经验的地区采用水泥土搅拌法时,必须通过现场和室内试验确定其适用性。

水泥土搅拌法可采用单头、双头、多头搅拌或连续成槽搅拌形成水泥土加固体;湿法搅拌可插入型钢形成排桩(墙)。加固体形状可分为柱状、壁状、格栅状或块状等。水泥土加固体可以与桩间土体共同构成具有较高竖向承载力复合地基,也可用于基坑工程的围护挡墙、被动区加固、防渗帷幕等。

2)水泥土加固机理

在水泥加固土中,由于水泥掺量很小,一般仅为土重的 7% ~ 20%,水泥的水解和水化反应完全是在具有一定活性的介质——土的围绕下进行的,通过水泥土的离子交换和团粒化作用、硬凝反应、碳酸化作用等,使被加固土的强度得到增长(但增长速度比混凝土缓慢)。

水泥土强度随龄期增长而提高,在龄期超过 28 d 后仍有明显增长。当采用 42.5 级普通硅酸盐水泥时,掺入比为 12% ~ 15%,90 d 龄期水泥土无侧限抗压强度值 f_{cu90} 可取 1.0 ~ 2.0 MPa(经验值);当龄期超过 3 个月后,水泥土强度增长缓慢,180 d 水泥土强度为 90 d 的 1.25 倍,但 180 d 后水泥土强度增长仍未终止。水泥土变形模量 $E_{50} = (80 \sim 150) f_{cu}$。对承重搅拌桩试块国内外都取 90 d 龄期为标准龄期,$f_{cu90} = (1.43 \sim 1.80) f_{cu28}$;对起支挡作用承受水平荷载的搅拌桩,为了缩短养护期,水泥土强度标准取 28 d 龄期为标准龄期。

3)水泥土搅拌桩复合地基的设计计算

(1)固化剂及掺入比　宜选用强度等级为 32.5 级及以上的普通硅酸盐水泥,湿法水泥浆水灰比可选用 0.5 ~ 0.6。水泥掺量应根据设计要求的水泥土强度经试验确定,块状加固时水泥掺量不应小于被加固天然土质量的 7%,作为复合地基增强体时不应小于 12%,型钢水泥土搅拌墙(桩)不应小于 20%。

桩长超过 10 m 时,可采用固化剂变掺量设计。在全长桩身水泥总掺量不变的前提下,桩身上部 1/3 桩长范围内可适当增加水泥掺量及搅拌次数。

(2)复合地基承载力特征值　复合地基承载力特征值应通过现场单桩或多桩复合地基荷载试验确定,初步设计时也可按式(11.3)估算,其桩间土承载力特征值 f_{sk} 可取天然地基承载力特征值;桩间土承载力发挥系数 β,对淤泥、淤泥质土和流塑状软土等处理土层可取 0.1 ~ 0.4,对其他土层可取 0.4 ~ 0.8;单桩承载力发挥度系数 λ 可取 1.0。

(3)单桩竖向承载力特征值　水泥土搅拌桩单桩竖向承载力特征值应通过现场载荷试验确定。初步设计时也可按式(11.4)估算,其桩端端阻力发挥系数 α_p 可取 0.4 ~ 0.6。单桩竖向承载力特征值确定时还应满足式(11.45)计算要求,应使由桩身材料强度确定的单桩承载力大于(或等于)由桩周土和桩端土的抗力所提供的单桩承载力:

$$R_a = \eta f_{cu} A_p \tag{11.45}$$

式中　f_{cu}——与搅拌桩桩身水泥土配比相同的室内加固土试块(边长为 70.7 mm 的立方体)在标准养护条件下 90 d 龄期的立方体抗压强度平均值,kPa;

　　　　η——桩身强度折减系数,干法可取 0.20 ~ 0.25,湿法可取 0.25;

　　　　A_p——桩身截面积,m^2。

(4)褥垫层设计　褥垫层厚度 200 ~ 300 mm,可选用中砂、粗砂、级配砂石等。

(5)平面布置及桩长　竖向承载桩可根据上部结构对地基承载力和变形的要求,采用柱状、壁状、格栅状或块状等形式,只在基础平面范围内布桩,独立基础下桩数不宜少于 3 根。桩长应根据上部结构对承载力和变形的要求确定,宜穿透软弱土层到达承载力相对高土层;当设置的搅拌桩同时为提高抗滑稳定性时,其桩长应超过危险滑弧 2.0 m 以上;干法的加固深度不宜大于 15 m;湿法加固深度不宜超过 20 m。

4)施工技术

(1)浆体搅拌法　国产水泥土搅拌机的搅拌头大都采用双层(或多层)十字杆形或叶片螺旋形,其配套机械主要有灰浆搅拌机、集料斗、灰浆泵等。

GZB-600 型单轴水泥土搅拌桩桩径 0.5~0.6 m。SJB-1 型双轴深层搅拌机加固桩的外形呈"∞"形,桩径 0.7~0.8 m,加固深度一般为 15 m 以内;SJB-2 型双轴深层搅拌机加固深度可达18 m左右。ZKD65-3 型和 ZKD85-3 型三轴搅拌机械钻孔最大深度(和钻孔直径)分别为30 m(φ650 mm)和 27 m(φ850 mm)。浆体搅拌法施工工艺流程如图 11.14 所示。

①定位:起重机(或搭架)悬吊搅拌机到达指定桩位、对中。

②预搅下沉:待搅拌机冷却水循环后,启动搅拌机沿导向架搅拌切土下沉。

③制备水泥浆:按设计确定的配合比搅制水泥浆,压浆前将水泥浆倒入集料中。

④提升喷浆搅拌:搅拌头下沉到达设计深度后,开启灰浆泵将水泥浆液泵入压浆管路中,边提搅拌头边回转搅拌制桩。

⑤重复上、下搅拌:搅拌机提升至设计加固深度的顶面标高时,集料斗中的水泥浆应正好排空。为使软土和水泥浆搅拌均匀,可再次将搅拌机旋转沉入土中,至设计加固深度后再将搅拌机提升出地面。

⑥清洗:向集料斗中注入适量清水,开启灰浆泵,清洗全部注浆管路直至基本干净。

⑦移位:重复上述①~⑥步骤,再进行下一根桩的施工。

(2)粉体搅拌法　粉体搅拌法施工机具和设备有 GPF-5 型钻机、SP-3 型粉体发送器(或 YP-1 型)、空气压缩机、搅拌钻头等。SP-3 型粉体发送器工作原理如图 11.15 所示。搅拌钻头直径一般为 500~700 mm,钻头形式应保证在反向旋转提升时,对加固土体有压密作用。

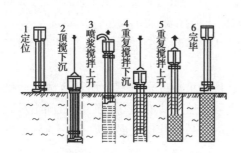

图 11.14　水泥土搅拌桩法施工工艺流程

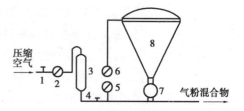

图 11.15　粉体发送器工作原理
1—节流阀;2—流量计;3—气水分离器;
4—安全阀;5—管道压力表;
6—灰罐压力表;7—发送器转鼓;8—灰罐

粉体搅拌法施工工序如下:

①放样定位。移动钻机准确对孔,对孔误差不大于 50 mm,垂直度误差不大于 1%。

②启动主电动机。以Ⅰ、Ⅱ、Ⅲ挡逐渐加速,正转预搅下沉。钻至接近设计深度时,采用低速慢钻。从预搅下沉直到喷粉为止,应在钻杆内连续输送压缩空气。

③使用粉体材料。除水泥以外,还有石灰、石膏及矿渣等粉体材料,也可使用粉煤灰作为掺加料。宜选用 42.5 级普通硅酸盐水泥,其掺合量常为 180~240 kg/m³。

④提升喷粉搅拌。在确定已喷至孔底时,按 0.5 m/min 的速度反转提升。当提升到设计停灰标高后,应慢速原地搅 1~2 min。喷粉压力一般控制在 0.25~0.4 MPa。

⑤重复搅拌。为保证粉体搅拌均匀,须再次将搅拌头下沉到设计深度。搅拌头提升速度为 0.5~0.8 m/min。钻具提升至地面后,钻机移位对孔,进行下一根桩的施工。

11.6.2　高压喷射注浆法

1)高压喷射注浆法的概念

高压喷射注浆法是利用钻机把带有喷嘴的注浆管放入(或钻入)至土层的预定位置后,通过地面的高压设备使装置在注浆管上的喷嘴喷出 20~50 MPa 的高压射流(浆液或水流),冲击切割地基土体,同时钻杆以一定速度渐渐向上提升,将浆液与土粒强制搅拌混合,浆液凝固后,在土中形成具有一定强度固结体,达到改良土体的目的。高压喷射注浆处理深度较大,可达30 m以上,可适合于各类土层施工。

高压喷射注浆法分为旋转喷射(简称旋喷)、定向喷射(简称定喷)和摆动喷射(简称摆喷)三种形式,如图11.16所示。定喷及摆喷两种方法通常用于基坑防渗和稳定边坡等工程。

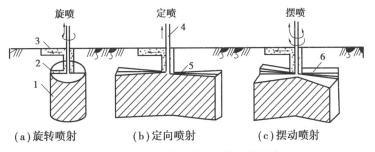

图 11.16　高压喷射注浆的 3 种形式

1—桩;2—射流;3—冒浆;4—喷射注浆;5—板;6—墙

2) 高压喷射注浆法的分类及技术参数

常用的单管法、二重管法和三重管法喷射技术参数见表11.7。

表 11.7　高压喷射注浆法的分类及技术参数

分类方法			单管法	二重管法	三重管法
喷射方式			浆液喷射	浆液、空气喷射	水、空气喷射、浆液注入
喷射流技术参数	水	压力/MPa	—	—	20~30
		流量/(L·min⁻¹)	—	—	70~120
		喷嘴孔径/(mm)及个数	—	—	φ2~φ3(1~2个)
	空气	压力/MPa	—	0.5~0.7	0.5~0.7
		流量/(m³·min⁻¹)	—	1~3	1~3
		喷嘴间隙/(mm)及个数	—	1~2(1~2个)	1~2(1~2个)
	浆液	压力/MPa	15~20	15~20	2~3
		流量/(L·min⁻¹)	80~120	80~120	100~150
		喷嘴孔径/(mm)及个数	φ2~φ3(2个)	φ2~φ3(1~2个)	φ10(2个)~φ14(1个)
注浆管外径/mm			φ42、φ50	φ42、φ50、φ75	φ75、φ90
提升速度/(cm·min⁻¹)			15~25	7~20	7~20
旋转速度/(r·min⁻¹)			16~25	5~16	5~16
桩径/cm			30~60	60~150	80~200

3) 设计计算

(1)复合地基承载力计算　用旋喷桩处理的地基,应按复合地基设计。旋喷桩复合地基承载力特征值和单桩竖向承载力特征值应通过现场载荷试验确定。初步设计时可按式(11.3)和式(11.4)估算,其桩身材料强度尚应满足式(11.5)、式(11.6)计算要求。当旋喷桩处理范围以下存在软弱下卧层时,应进行下卧层承载力验算。

旋喷桩固结体强度主要取决于土质、喷射材料及水灰比、注浆管的类型和提升速度、单位时间的注浆量等因素。按旋喷桩设计规定,取 28 d 固结体抗压强度计算。一般情况下,黏性土固结强度为 1.5~5 MPa,砂类土的固结强度为 10 MPa 左右(单管法为 3~7 MPa,二重管法为 4~10 MPa,三重管法为 5~15 MPa)。通过选用高标号水泥和一些外加剂,可提高固结体强度。对大型或重要的工程,应通过现场试验确定固结体的强度和抗渗透性能。

（2）防渗堵水设计计算　防渗堵水工程设计时,最好按双排或三排布孔形成帷幕,如图11.17所示。孔距为$1.73R_0$(R_0为旋喷设计半径)、排距为$1.5\,R_0$最经济。防渗帷幕应尽量插入不透水层,以保证不发生管涌;防渗帷幕若在透水层中,应采取相应的降水措施。

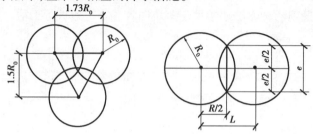

图 11.17　孔距和旋喷注浆固结体交联图

若想增加每一排旋喷桩的交圈厚度,可适当缩小孔距。孔距按下式计算:

$$e = 2\sqrt{R_0^2 - \left(\frac{L}{2}\right)^2} \tag{11.46}$$

式中　e,R_0,L——分别为旋喷桩交圈厚度、旋喷桩半径、旋喷桩孔位间距。

定喷和摆喷是一种常用的防渗堵水方法,由于喷射出的板墙薄而长,其成本较旋喷低,整体连续性好。为保证定喷板墙连接成一帐幕,各板墙之间要相互搭接。

4）施工技术

旋喷法施工机具主要有钻机、高压泵、泥浆泵、空压机、搅拌机、注浆专用器具等。要求钻机具有 $10\sim20\,r/min$ 慢速转动和 $5\sim25\,cm/min$ 慢速提升的功能。

高压喷射注浆施工过程由钻机就位、钻孔、置入注浆管、高压喷射注浆和拔出注浆管、冲洗等基本工序组成。

竖向承载旋喷桩复合地基宜在基础和桩顶之间设置 $200\sim300\,mm$ 厚的褥垫层,其材料可选用中砂、粗砂、级配砂石等,最大粒径不宜大于 $20\,mm$。

11.6.3　注浆加固法

1）注浆加固法的概念

注浆加固是指将水泥浆或其他化学浆液注入地基土层中,增强土颗粒间的联结,使土体强度提高、变形减少、渗透性降低的地基处理方法。

注浆加固适用于建筑地基的局部加固处理,适用于砂土、粉土、黏性土和人工填土等地基加固。加固材料可选用水泥浆液、硅化浆液和碱液等固化剂。注浆加固应保证加固地基在平面和深度连成一体,满足土体渗透性、地基土的强度和变形的设计要求。对地基承载力和变形有特殊要求的建筑地基,注浆加固宜与其他地基处理方法联合使用,当采用单一注浆加固方法处理地基时要充分论证其可靠性。

2）灌浆方式与加固原理

常用的灌浆方式有渗入性灌浆、压密灌浆、劈裂灌浆、电动化学灌浆、单液硅化法和碱液法几种类型。这些灌浆方式在实际工程中可单独采用,或两种及两种以上组合使用。

（1）渗入性灌浆　在灌浆压力作用下,浆液克服各种阻力而渗入孔隙和裂隙,压力越大,吸浆量及浆液扩散距离就大。这种理论假定,在灌浆过程中地层结构不受扰动和破坏,灌浆压力相对较小。渗入性灌浆适用于地基中存在孔隙或裂缝的地基土层,如砂土地基等。

渗入性灌浆主要理论有球形扩散理论、柱形扩散理论和袖套管法理论等。工程应用中,建议以现场灌浆试验确定灌浆压力、灌浆时间和浆液扩散范围及相互间的关系,作为灌浆设计和施工参数确定的依据。

(2)压密灌浆　压密灌浆是注入极稠的浆液,形成球形或圆柱体浆泡,压密周围土体,使土体产生塑性变形,但不使土体产生劈裂破坏。压密灌浆原理如图11.18所示。

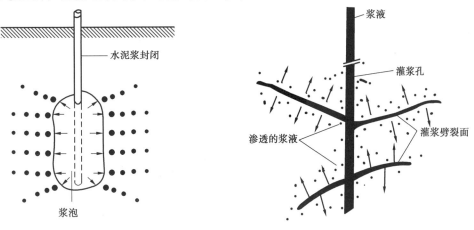

图11.18　压密灌浆原理示意图　　　　　图11.19　劈裂灌浆示意图

(3)劈裂灌浆　劈裂灌浆原理如图11.19所示。在灌浆压力作用下,浆液克服各种地层的初始应力和抗拉强度,引起岩土体结构破坏和扰动,使地层中原有的孔隙(裂隙)扩张或形成新的裂缝(孔隙),从而使低透水性地层的可灌性和浆液扩散距离增大,续后的注浆使裂缝不断向外伸展,浆液在土层中形成条、脉、片状固结体,从而达到增加地层强度的目的。

(4)电动化学灌浆　当在黏性土中插入金属电极并通以直流电后,就在土中引起电渗、电泳和离子交换等作用,促使在通电区域中的含水量显著降低,从而在土内形成渗浆"通道"。若在通电的同时向土中灌注硅酸盐液浆,就能在"通道"上形成硅胶,并与土粒胶结成一定强度的加固体。

(5)单液硅化法和碱液法　单液硅化法和碱液法适用于处理地下水位以上渗透系数为0.1~2.0 m/d的湿陷性黄土等地基。在自重湿陷性黄土场地,当采用碱液法时应通过试验确定其适用性。

①采用硅酸钠溶液注入地基土层中,使土粒之间及其表面形成硅酸凝胶薄膜,增强了土颗粒间的联结,赋予土耐水性、稳固性和不湿陷性,并提高土的抗压和抗剪强度的地基处理方法,称之为单液硅化法。单液硅化加固湿陷性黄土的主要材料为液体水玻璃(硅酸钠溶液)。单液硅化法加固湿陷性黄土地基的灌注工艺有两种:压力灌注和溶液自渗。

②将加热后的碱液(氢氧化钠溶液),以无压自流方式注入土中,使土粒表面溶合胶结形成难溶于水的,具有高强度的钙、铝硅酸盐络合物,从而达到消除黄土湿陷性,提高地基承载力的地基处理方法称之为碱液法。

当100 g干土中可溶性和交换性钙镁离子含量大于10 mg.eq时,可采用单液法,即灌注氢氧化钠一种溶液加固;否则,应采用双液法,即采用氢氧化钠溶液与氯化钙溶液灌注加固。

由于黄土中钙、镁离子含量一般都较高(属于钙、镁离子饱和土),故采用单液加固已足够。如钙、镁离子含量较低,则需考虑采用碱液与氯化钙溶液的双液法加固。为了提高碱液加固黄土的早期强度,也可适当注入一定量的氯化钙溶液。

3)注浆加固设计

(1)水泥为主剂的浆液注浆加固设计

①对软弱土处理,可选用以水泥为主剂的浆液,也可选用水泥和水玻璃的双液型混合浆液,在有地下水流动的情况下,不应采用单液水泥浆液。

②注浆孔间距按试验结果确定,一般可取1.0~2.0 m。

③在砂土地基中,浆液的初凝时间宜为 5~20 min;在黏土地基中,浆液的初凝时间宜为 1~2 h。

④注浆量和注浆有效范围应通过现场注浆试验确定。在黏性土地基中,浆液注入率宜为 15%~20%,注浆点上的覆盖土厚度应大于 2 m。

⑤对劈裂注浆的注浆压力,在砂土中,宜选用 0.2~0.5 MPa;在黏性土中,宜选用 0.2~0.3 MPa。对压密注浆,当采用水泥砂浆浆液时,塌落度宜为 25~75 mm,注浆压力为 1.0~7.0 MPa。当采用水泥-水玻璃双液快凝浆液时,注浆压力不应大于 1.0 MPa。

⑥对人工填土地基,应采用多次注浆,间隔时间应按浆液的初凝试验结果确定,一般不应大于 4 h。

(2)硅化浆液注浆加固设计

①砂土、黏性土宜采用压力双液硅化注浆;渗透系数为 0.1~2.0 m/d 地下水位以地上的湿陷性黄土可采用无压或压力单液硅化注浆;自重湿陷性黄土宜采用无压单液硅化注浆。

②防渗注浆加固用的水玻璃模数不宜小于 2.2。用于地基加固的水玻璃模数宜为 2.5~3.3;不溶于水的杂质含量不应超过 2%。

③双液硅化注浆用的氧化钙溶液中的杂质不得超过 0.06%,悬浮颗粒不得超过 1%,溶液的 pH 值不得小于 5.5。

④硅化注浆加固的加固半径应根据孔隙比、浆液黏度、凝固时间、灌浆速度、灌浆压力、灌浆量等通过实验确定。无试验资料时可根据土的渗透系数查表 11.8 确定。

表 11.8 硅化法注浆加固半径

土的类型及加固方法	渗透系数/(m·d⁻¹)	加固半径/m
粗砂、中砂、细砂（双液硅化法）	2~10	0.3~0.4
	10~20	0.4~0.6
	20~50	0.6~0.8
	50~80	0.8~1.0
粉砂（单液硅化法）	0.3~0.5	0.3~0.4
	0.5~1.0	0.4~0.6
	1.0~2.0	0.6~0.8
	2.0~5.0	0.8~1.0
黄土（单液硅化法）	0.1~0.3	0.3~0.4
	0.3~0.5	0.4~0.6
	0.5~1.0	0.6~0.8
	1.0~2.0	0.8~1.0

⑤注浆孔的排间距可取加固半径的 1.5 倍;注浆孔的间距可取加固半径的 1.5~1.7 倍;最外侧注浆孔位超出基础底面宽度不得少于 0.5 m;分层注浆时,加固层厚度可按注浆管带孔部分的长度上下各 0.25 倍加固半径计算。

⑥单液硅化法应采用浓度为 10%~15%的硅酸钠溶液,并掺入 2.5%氯化钠溶液;加固湿陷性黄土的溶液用量,可按式(11.47)估算。

$$Q = V\bar{n}d_{N1}\alpha \tag{11.47}$$

式中　Q——硅酸钠溶液的用量,m³;

　　　V——拟加固湿陷性黄土的体积,m³;

　　　$\bar{n}$——地基加固前,土的平均孔隙率;

　　　d_{N1}——灌注时,硅酸钠溶液的相对密度;

　　　α——溶液填充孔隙的系数,可取 0.60~0.80。

⑦当硅酸钠溶液的浓度大于加固湿陷性黄土所要求的浓度时,应进行稀释,稀释加水量可按式(11.48)估算。

$$Q' = \frac{d_N - d_{N1}}{d_{N1} - 1} \cdot q \tag{11.48}$$

式中　Q'——稀释硅酸钠溶液的加水量,t;

　　　d_N——稀释前,硅酸钠溶液的相对密度;

　　　q——拟稀释硅酸钠溶液的质量,t。

⑧采用单液硅化法加固湿陷性黄土地基,灌注孔的间距:压力灌注宜为 0.8~1.2 m,溶液自渗宜为 0.4~0.6 m。加固拟建的设备基础和建(构)筑物的地基,应在基础底面下按等边三角形满堂布置,超出基础底面外缘的宽度,每边不得小于 1 m。

加固既有建(构)筑物和设备基础的地基,应沿基础侧向布置,每侧不宜少于 2 排。当基础底面宽度大于 3 m 时,除应在基础下每侧布置 2 排灌注孔外,可在基础两侧布置斜向基础底面中心以下的灌注孔或在其台阶上布置穿透基础的灌注孔,以加固基础底面下的土层。

(3)碱液注浆加固设计

①碱液注浆加固适用于处理地下水位以上渗透系数为 0.1~2.0 m/d 的湿陷性黄土地基,对自重湿陷性黄土场地应通过试验确定其适应性。

②当 100 g 干土中可溶性和交换性钙镁离子含量大于 10 mg.eq 时,可采用灌注氢氧化钠一种溶液的单液法;否则,可采用氢氧化钠溶液与氯化钙双液灌注加固。

③碱液加固地基的深度应根据场地的湿陷类型、地基湿陷等级和湿陷性黄土层厚度,并结合建筑物类别与湿陷事故的严重程度等综合因素确定。加固深度宜为 2~5 m。

- 对非自重湿陷性黄土地基,加固深度可为基础宽度的 1.5~2.0 倍。
- 对 Ⅱ 级自重湿陷性黄土地基,加固深度可为基础宽度的 2.0~3.0 倍。

④碱液加固土层的厚度 h,可按式(11.49)估算。

$$h = l + r \tag{11.49}$$

式中　l——灌注孔长度,从注液管底部到灌注孔底部的距离,m;

　　　r——有效加固半径,m。

⑤碱液加固地基的半径 r,宜通过现场试验确定,亦可按式(11.50)估算。

$$r = 0.6 \sqrt{\frac{V}{nl \times 10^3}} \tag{11.50}$$

式中　V——每孔碱液灌注量(L)试验前可根据加固要求达到的有效加固半径按式(11.51)进行估算;

　　　n——拟加固土的天然孔隙率;

　　　r——有效加固半径,当无试验条件或工程量较小时,可取 0.4~0.5 m。

⑥当采用碱液加固既有建(构)筑物的地基时,灌注孔的平面布置可沿条形基础两侧或单独基础周边各布置一排。当地基湿陷较严重时,孔距可取 0.7~0.9 m;当地基湿陷较轻时,孔距可适当加大至 1.2~2.5 m。

⑦每孔碱液灌注量可按式(9.51)估算。

$$V = \alpha\beta\pi r^2 (l + r) n \tag{11.51}$$

式中　α——碱液充填系数,可取 0.6~0.8;

　　　β——工作条件系数,考虑碱液流失影响,可取 1.1。

⑧碱液可用固体烧碱或液体烧碱配制,加固 1 m³ 黄土宜用氢氧化钠溶液 35~45 kg,碱液浓度不应低于 90 g/L;双液加固时,氯化钙溶液的浓度为 50~80 g/L。配溶液时,应先放水,而后徐徐放入碱块或浓碱液。

采用固体烧碱配制每 1 m³ 液度为 M 的碱液时,每 1 m³ 水中的加碱量为:

$$G_s = \frac{1\ 000\ M}{P} \tag{11.52}$$

式中 G_s——每 1 m³ 碱液中投入的固体烧碱量,g;

   M——配制碱液的浓度,g/L;

   P——固体烧碱中,NaOH 含量的百分数,%。

采用液体烧碱配制每 1 m³ 浓度为 M 的碱液时,投入的液体烧碱量 V_1 和加水量 V_2 为:

$$V_1 = 1\ 000\ \frac{M}{Nd_N} \tag{11.53}$$

$$V_2 = 1\ 000\left(1 - \frac{M}{Nd_N}\right) \tag{11.54}$$

式中 V_1,V_2——分别为液体烧碱体积、加水的体积,L;

   d_N——液体烧碱的相对密度;

   N——液体烧碱的质量分数。

⑨当采用双液加固时,应先灌注氢氧化钠溶液,间隔 8~12 h 后再灌注氯化钙溶液,氯化钙溶液用量宜为氢氧化钠溶液用量的 1/2~1/4。

习　题

11.1　某 4 层砖混结构房屋,条形毛石基础,基础埋深 2.0 m,条形基础底面宽度为 1.8 m,基底压力 150 kPa,基底以上基础回填土的重度为 19.0 kN/m³,该场地 0~8 m 为软黏土,重度为 18 kN/m³,地基承载力特征值为 110 kPa,采用砂石垫层处理,砂石重度 19.5 kN/m³。如何进行该砂石垫层设计?

11.2　某高速公路路堤高 8 m,修筑路堤的素土重度为 18 kN/m³,路基为淤泥质土 $c_u = 20$ kPa,重度为 17.3 kN/m³,层厚 10 m,$\varphi' = 25°$(有效内摩擦角),压缩系数 $a = 0.6$ MPa^{-1},孔隙率 $e_0 = 1.2$。水平固结系数与竖向固结系数 $c_h = c_v = 2.0×10^{-3}$ cm²/s,淤泥质土下为较厚的卵砾石层。试进行该路基的预压法加固设计。

11.3　某拟建筏板基础,基础埋深 2 m,基础底部为黏土层,其承载力特征值 $f_{sk} = 80$ kPa,土压缩模量为 7 MPa。要求复合地基承载力特征值 $f_{spk} \geqslant 120$ kPa,复合压缩模量 $E_{sp} \geqslant 9$ MPa。试进行碎石桩工程设计。

11.4　某均质黏性土场地中采用高压旋喷注浆法处理,桩径为 $\phi 600$ mm,桩距为 1.5 m,桩长为 15 m,桩体抗压强度为 $f_{cu} = 5.0$ MPa,正三角形布桩,场地土层 $q_{sk} = 13$ kPa,$f_{ak} = 120$ kPa,$q_{pk} = 200$ kPa。试计算单桩承载力和复合地基承载力。

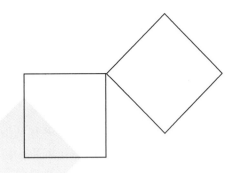

12 特殊土地基

本章导读：
- **基本要求**　掌握软土地基、湿陷性黄土地基、膨胀土地基、冻土地基等特殊土地基的概念、分布、特征及评价方法；了解特殊土地基处理技术等方面内容。
- **重点**　软土、湿陷性黄土、膨胀土、冻土等特殊土地基评价及处理方法。
- **难点**　黄土湿陷性的判定和地基的评价，膨胀土地基变形量计算等。

12.1　概　述

　　我国地域辽阔，从沿海到内陆，从山区到平原，广泛分布着各种各样的土类。某些土类，由于生成时不同的地理环境、气候条件、地质成因、历史过程和次生变化等原因，而具有一些特殊的成分、结构和性质。当用作为建筑物的地基时，如果不注意这些特殊性就可能引起事故。通常把这些具有特殊工程地质的土类称为特殊土。各种天然形成的特殊土的地理分布存在着一定的规律，表现出一定的区域性，故又有区域性特殊土之称。

　　我国主要的区域性特殊土有软土、湿陷性黄土、膨胀土、多年冻土、红黏土以及盐渍土等。此外，我国山区广大，分布在西南地区山区的土与平原相比，其不均匀性和场地的不稳定性非常突出，工程地质条件更为复杂，如岩溶、土洞及土岩组合等，这类土如作为地基，则对建（构）筑物构成直接或潜在的危险。为保证各类建（构）筑物的安全和正常使用，应根据其工程特点和要求，因地制宜地对其地基进行综合治理。

12.2　软土地基

12.2.1　软土的定义与分布

　　软土系指天然孔隙比 $e \geqslant 1.0$，天然含水量大于液限的细粒土，包括淤泥、淤泥质土、泥炭、泥炭质土等。一般软土压缩系数 $a_{1-2} > 0.5$ MPa^{-1}，不排水抗剪强度小于 30 kPa。

软土多为静水或缓慢流水环境中沉积,并经生物化学作用形成,其成因类型主要有滨海环境沉积、海陆过渡环境沉积(三角洲沉积)、河流环境沉积、湖泊环境沉积和沼泽环境沉积等。我国软土分布很广,如长江、珠江地区的三角洲沉积;上海,天津塘沽,浙江温州、宁波,江苏连云港等地的滨海相沉积;闽江口平原的溺谷相沉积;洞庭湖、洪泽湖、太湖以及昆明滇池等地区的内陆湖泊相沉积。河滩沉积位于各大、中河流的中下游地区,沼泽沉积的有内蒙,东北大、小兴安岭,南方及西南森林地区等。

此外广西、贵州、云南等省的某些地区还存在山地型的软土,是泥灰岩、炭质页岩、泥质砂页岩等风化产物和地表的有机物质经水流搬运、沉积于低洼处,长期饱水软化或间有微生物作用而形成。沉积的类型以坡洪积、湖沉积和冲沉积为主。其特点是分布面积不大,但厚度变化很大,有时相距 2~3 m,厚度变化可达 7~8 m。

我国厚度较大的软土,一般表层有 0~3 m 厚的中或低压缩性黏性土(俗称硬壳层或表土层),其层理上大致可分为以下几种类型:

①表层为 1~3 m 褐黄色粉质黏土,第二、三层为淤泥质黏土,一般厚约 20 m,属高压缩性土,第四层为较密实的黏土层或砂层。

②表层由人工填土及较薄的粉质黏土组成,厚 3~5 m,第二层为 5~8 m 的高压缩性淤泥层,基岩离地表较近,起伏变化较大。

③表层为 1 m 余厚的黏性土,其下为 30 m 以上的高压缩性淤泥层。

④表层为 3~5 m 厚褐黄色粉质黏土,以下为淤泥及粉砂夹层交错。

⑤表层同④,第二层为厚度变化很大、呈喇叭口状的高压缩性淤泥,第三层为较薄残积层,其下为岩石,多分布在山前沉积平原或河流两岸靠山地区。

⑥表层为浅黄色黏性土,其下为饱和软土或淤泥及泥炭,成因复杂,极大部分为坡洪积、湖沼沉积、冲积以及参积,分布面积不大,厚度变化悬殊的山地型软土。

12.2.2 软土的工程特性及其评价

1)软土的工程特性

软土的主要特征是含水量高(w=35%~80%)、孔隙比大($e \geqslant 1$)、压缩性高、强度低、渗透性差,并含有机质,一般具有如下工程特性。

(1)触变性 对于滨海相软土一旦受到扰动(振动、搅拌、挤压或搓揉等),原有结构会被破坏,土的强度明显降低或很快变成稀释状态。软土的灵敏度 S_t = 3~4,个别软土的灵敏度 S_t = 8~9。故软土地基在振动荷载下,易产生侧向滑动、沉降及基底向两侧挤出等现象。

(2)流变性 软土除排水固结引起变形外,在剪应力作用下,土体还会发生缓慢而长期的剪切变形,对地基沉降有较大影响,对斜坡、堤岸、码头及地基稳定性不利。

(3)高压缩性 软土的压缩系数大,一般 $a_{1\text{-}2}$ = 0.5~1.5 MPa^{-1},最大可达 4.5 MPa^{-1},压缩指数 C_c = 0.35~0.75。软土地基的变形特性与其天然固结状态相关,欠固结软土在荷载作用下沉降较大,天然状态下的软土层大多属于正常固结状态。

(4)低强度 软黏土的强度极低,不排水强度通常仅为 5~25 kPa,地基承载力特征值很低,一般不超过 70 kPa,软黏土固结不排水剪内摩擦角 φ_{cu} = 12°~17°。

(5)低透水性 软土的渗透系数一般为 $i×10^{-6}$ ~ $i×10^{-8}$ cm/s,在自重或荷载作用下固结速率很慢,有效应力增长缓慢,从而沉降稳定慢,地基强度增长也十分缓慢。这一特点是严重制约地基处理方法和处理效果的重要方面。

(6)不均匀性 由于沉降环境的变化,黏性土层中常局部夹有厚薄不等的粉土,使土层颗粒在水平和垂直分布上有所差异,此时建筑物地基则容易产生差异沉降。

2）软土地基的工程评价

（1）评价内容　应根据软土工程特性，结合不同工程要求进行软土地基的工程评价。

①判定地基产生滑移和不均匀变形的可能性。当建筑物位于池塘、河岸、边坡附近时，应验算其稳定性。

②选择适宜的持力层和基础形式，当有地表硬壳层时，基础宜浅埋。

③当建筑物相邻高低层荷载相差很大时，应分别计算各自的沉降，并分析其相互影响。当地面有较大面积堆载时，应分析对相邻建筑物的不利影响。

④软土地基承载力应根据地区建筑经验，并结合下列因素综合确定：软土成分条件、应力历史、力学特性及排水条件；上部结构的类型、刚度、荷载性质、大小和分布，对不均匀沉降的敏感性；基础的类型、尺寸、埋深、刚度等；施工方法和程序，采用预压排水处理的地基，应考虑软土固结排水后强度的增长。

⑤地基的沉降量可采用分层总和法计算，并乘以经验系数。也可采用土的应力历史的沉降计算方法。

（2）评价原则　软土地基的工程评价时，应特别强调软土地基承载力综合评定的原则，不能单靠理论计算，要以地区经验为主。软土地基承载力的评定，变形控制原则比按强度控制原则更为重要。

软土地基主要受力层中的倾斜基岩或其他倾斜坚硬地层，是软土地基的一大隐患，并可能导致不均匀沉降，以及蠕变滑移而产生剪切破坏，因此对这类地基不但要考虑变形，而且要考虑稳定性。若主要受力层中存在有砂层，砂层将起排水通道作用，加速软土固结，有利于地基承载力的提高。

水文地质条件对软土地基影响较大，如抽降地下水形成降落漏斗将导致附近建筑物产生沉降或不均匀沉降；基坑迅速抽水则会使基坑周围水力坡度增大而产生较大的附加应力，致使坑壁坍塌；承压水头改变将引起明显的地面浮沉等。对此，在岩土工程评价中应引起重视。

建筑施工加荷速率的适当控制或改善土的排水固结条件，可提高软土地基的承载力及其稳定性。一般情况下，随着荷载的施加地基土强度逐渐增大，承载力得以提高；反之，若荷载过大，加荷速率过快，将出现局部塑性变形，甚至产生整体剪切破坏。

12.2.3　软土地基的工程措施

在软土地基上修建各种建（构）筑物时，要特别重视地基的变形和稳定问题，并考虑上部结构与地基的共同作用，从而采用必要的建筑及结构措施，确定合理的施工顺序和地基处理方法。对于软土地基，一般可采取下列工程措施：

①充分利用表层密实的黏性土（一般厚 1～2 m）作为持力层，基底尽可能浅埋（埋深 d = 300～800 mm），但应验算下卧层软土的强度。

②尽可能减小基底附加应力，如采用轻型结构、轻质墙体、扩大基础底面、设置地下室或半地下室等。

③采用换土垫层或桩基础等，并应考虑欠固结软土产生的桩侧负摩阻力。

④采用砂井预压，加速土层排水固结。

⑤采用高压喷射、深层搅拌、粉体喷射等处理方法。

⑥使用期间，对大面积地面堆载划分范围，避免荷载局部集中，直接压在基础上。

当遇到暗塘、暗沟、杂填土及冲填土时，须查明范围、深度及填土成分。较密实均匀的建筑垃圾及性能稳定的工业废料可作为持力层，而有机质含量大的生活垃圾和对地基有侵害作用的工业废料，未经处理不宜作为持力层。

特殊土地区的建筑施工，应根据设计要求、场地条件和施工季节，针对特殊土的特性编制施工组织设计。地基基础施工前应完成场地平整、挡土墙、护坡、截洪沟、排水沟、管沟等工程，保持场地排水通畅、边坡稳定。地基基础施工应合理安排施工程序，防止施工用水和场地雨水流入建（构）筑物地基、基坑或基础周围。地基基础施工宜采取分段作业,施工过程中基坑(槽)不得暴晒或泡水。地基基础工程宜避开雨天施工,雨季施工时应采取防水措施。

12.3 湿陷性黄土地基

12.3.1 湿陷性黄土的定义与分布

凡天然黄土在一定压力作用下,受水浸湿后,土的结构迅速破坏,会发生显著的湿陷变形,强度也随之降低的,称为湿陷性黄土。湿陷性黄土分为自重湿陷性和非自重湿陷性两种。黄土受水浸湿后,在上覆土层自重应力作用下发生湿陷的称自重湿陷性黄土;若在自重应力作用下不发生湿陷,而需在自重和外荷共同作用下才发生湿陷的称为非自重湿陷性黄土。

我国的湿陷性黄土,一般呈黄或褐黄色,粉土粒含量常占土重的60%以上,含有大量的碳酸盐、硫酸盐和氯化物等可溶盐类,天然孔隙比约为1.0,一般具有肉眼可见的大孔隙,竖向节理发育,能保持直立的天然边坡。在我国,湿陷性黄土占黄土地区总面积的60%以上,约为40万 km^2,而且又多出现在地表浅层。如晚更新世(Q_3)及全新世(Q_4)新黄土或新堆积黄土是湿陷性黄土主要土层,主要分布在黄河中游山西、陕西、甘肃大部分地区以及河南西部,其次是宁夏、青海、河北的一部分地区,在新疆、山东、辽宁等地局部也有发现。

12.3.2 黄土湿陷发生的原因和影响因素

黄土的湿陷是一个复杂的地质、物理、化学过程,其湿陷机理众说纷纭,国内外学者建立了很多假说,如毛细管假说、溶盐假说、胶体不足假说、欠压密理论和结构学假说等,至今尚未形成黄土湿陷的完整理论。尽管解释黄土湿陷原因的观点各异,但归纳起来可分为外因和内因两个方面。黄土受水浸湿和荷载作用是湿陷发生的外因,黄土的结构特征及物质成分是产生湿陷性的内在原因。

1)水的浸湿

水的浸湿主要是由于管道(或水池)漏水、地面积水、生产和生活用水等渗入地下,或由于降水量较大,灌溉渠和水库的渗漏或回水使地下水位上升等原因而引起。但水浸湿只是湿陷发生所必需的外界条件,而黄土的结构特征及其物质成分是产生湿陷性的内在原因。

2)黄土的结构特征

季节性的短期雨水把松散干燥的粉粒粘聚起来,而长期的干旱使土中水分不断蒸发,于是,少量的水分连同溶于其中的盐类都集中在粗粉粒的接触点处。可溶盐逐渐浓缩沉淀而成为胶结物。随着含水量的减少土粒彼此靠近,颗粒间的分子引力以及结合水和毛细水的联结力也逐渐加大。这些因素都增强了土粒之间抵抗滑移的能力,阻止了土体的自重压密,于是形成了以粗粉粒为主体骨架的多孔隙结构。

黄土受水浸湿时,结合水膜增厚楔入颗粒之间,于是,结合水联结消失,盐类溶于水中,骨架强度随着降低,土体在上覆土层的自重应力或在附加应力与自重应力综合作用下,其结构迅速破坏,土粒滑向大孔,粒间孔隙减少。这就是黄土湿陷现象的内在过程。

3)物质成分

黄土中胶结物含量大,可把骨架颗粒包围起来,使结构致密。黏粒含量多,并且均匀分布在骨架之间也起了胶结物的作用。这些情况都会使湿陷性降低并使力学性质得到改善。反之,粒径大于0.05 mm的颗粒增多,胶结物多呈薄膜状分布,骨架颗粒多数彼此直接接触,则结构疏松,强度降低而湿陷性增强。

黄土中的盐类,如以较难溶解的碳酸钙为主而具有胶结作用时,湿陷性减弱,但如石膏及易溶盐的含量增大时,湿陷性增强。

此外,黄土的湿陷性还与孔隙比、含水量以及所受压力的大小有关。天然孔隙比愈大,或天然含水量愈小则湿陷性愈强。在天然孔隙比和含水量不变的情况下,随着压力的增大,黄土的湿陷量增加,但当压力超过某一数值后,再增加压力,湿陷量反而减少。

12.3.3 黄土湿陷性的判定和地基的评价

正确评价黄土地基的湿陷性具有重要的工程意义,评价的主要内容有:查明一定压力下黄土浸水后是否具有湿陷性;判别场地的湿陷类型,是自重湿陷性还是非自重湿陷性;判定湿陷黄土地基的湿陷等级,即其强弱程度。

1)黄土湿陷性的判定

黄土湿陷性在国内外都采用湿陷系数 δ_s 值来判定,湿陷系数 δ_s 为单位厚度的土层,由于浸水在规定压力下产生的湿陷量,它表示了土样所代表黄土层的湿陷程度。δ_s 可通过室内浸水压缩试验测定。把保持天然含水量和结构的黄土土样装入侧限压缩仪内,逐级加压,达到规定试验压力,土样压缩稳定后,进行浸水,使含水量接近饱和,土样又迅速下沉,再次达到稳定,得到浸水后土样高度 h'_p,如图 12.1 所示。以此可计算湿陷系数。

$$\delta_s = \frac{h_p - h'_p}{h_0} \tag{12.1}$$

式中 h_0——试样的原始高度;

h_p——保持天然湿度和结构的试样,加至一定压力时,下沉稳定后的高度;

h'_p——上述加压稳定后的试样,在浸水饱和条件下,附加下沉稳定后的高度。

湿陷性判定:我国《湿陷性黄土地区建筑标准》(GB 50025—2016)按照国内各地经验采用 $\delta_s = 0.015$ 作为湿陷性黄土的界限值,$\delta_s \geq 0.015$ 定为湿陷性黄土,否则为非湿陷性黄土。根据湿陷系数 δ_s,可将湿陷性黄土分为以下 3 种:

①当 $0.015 \leq \delta_s \leq 0.03$ 时,湿陷性轻微;

②当 $0.03 < \delta_s \leq 0.07$ 时,湿陷性中等;

③当 $\delta_s > 0.07$ 时,湿陷性强烈。

测定湿陷系数 δ_s 的试验压力,应自基础底面(如基底标高不确定时,自地面下 1.5 m)算起:

①基底压力小于 300 kPa 时,基底下 10 m 以内土层应用 200 kPa,10 m 以下至非湿陷性黄土层顶面,应采用其上覆土的饱和自重压力(当大于 300 kPa 压力时,仍用 300 kPa)。

②当基底压力不小于 300 kPa 时,宜用实际基底压力,当上覆土饱和自重压力大于实际基底压力时,应用其上覆土饱和自重压力。

③对压缩性较高的新近堆积黄土,基底下 5 m 以内的土层宜用 100~150 kPa 压力,5~10 m 和 10 m 以下至非湿陷性黄土层顶面,应分别采用 200 kPa 和上覆土的饱和自重压力。

2)湿陷起始压力

黄土的湿陷量是压力的函数,并存在一个压力界限值,若黄土所受压力低于该数值,即使浸了水也只产生压缩变形而无湿陷现象,该界限称为湿陷起始压力 p_{sh}。我国各地湿陷起始压力相差较大,如兰州地区一般为 20~50 kPa,洛阳地区常在 120 kPa 以上。此外,大量试验结果表明,黄土的湿陷起始压力随土的密度、湿度、胶结物含量以及土的埋藏深度等的增加而增加。

湿陷起始压力可根据室内压缩试验或野外载荷试验确定,其分析方法可采用双线法或单线法。当按室内压缩试验结果确定湿陷起始压力时，在 p-δ_s 曲线上宜取 $\delta_s = 0.015$ 所对应的压力为湿陷起始压力值 p_{sh}，如图 12.2 所示。

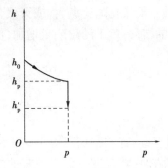

图 12.1　在压力 p 下浸水压缩曲线

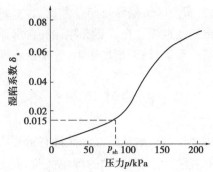

图 12.2　湿陷系数与压力的关系曲线

当按现场静载试验结果确定湿陷起始压力时，应在 p-s_s（压力与浸水下沉量）曲线上，取其转折点作为湿陷起始压力值 p_{sh}；当曲线上转折点不明显时，可取浸水下沉量 s_s 与承压板直径 d（或宽度 b）之比值等于 0.017 所对应的压力作为湿陷起始压力值 p_{sh}。

3）湿陷性黄土地基湿陷类型的划分

在自重湿陷性黄土场地建造结构物，必须采取比非自重湿陷性黄土场地要求更高的措施，才能确保结构物的安全和正常使用。所以应区分湿陷性黄土场地的湿陷类型是非自重湿陷性还是自重湿陷性。

划分非自重湿陷性或自重湿陷性黄土应以室内压缩试验为据，试验中应对原状试样施加饱和自重应力。在 $0 \sim 150$ kPa 压力以内，每级增量宜为 $25 \sim 50$ kPa；大于 150 kPa，每级增量宜为 $50 \sim 100$ kPa，每级压力施加的时间不少于 15 min。自重湿陷系数 δ_{zs} 按下式计算：

$$\delta_{zs} = \frac{h_z - h_z'}{h_0} \tag{12.2}$$

式中　h_z——保持天然湿度和结构的试样，加压至该试样上覆土的饱和自重应力时，下沉稳定后的高度；

　　　h_z'——上述加压稳定后的试样，在浸水（饱和）作用下，附加下沉稳定后的高度；

　　　h_0——试样的原始高度。

建筑场地的湿陷类型可根据自重湿陷量的计算值 Δ_{zs} 来判定，Δ_{zs} 应按下式计算：

$$\Delta_{zs} = \beta_0 \sum_{i=1}^{n} \delta_{zsi} h_i \tag{12.3}$$

式中　δ_{zsi}——第 i 层土的自重湿陷系数；

　　　h_i——第 i 层土的厚度，mm；

　　　β_0——因地区土质而异的修正系数，在缺乏实测资料时，可按下列规定取值：陇西地区取 1.50，陇东陕北—晋西地区取 1.20，关中地区取 0.90，其他地区取 0.5；

　　　n, h_i——分别为计算厚度内土层的数目、第 i 层土的厚度，mm。

上式中的计算厚度应从天然地面算起（当挖、填方的厚度和面积较大时，应自设计地面算起），直至其下非湿陷性黄土层的顶面为止；勘探点未穿透湿陷性黄土层时，应计算至控制性勘探点深度止。其中不计 $\delta_{zs} < 0.015$ 的土层。当 $\Delta_{zs} \leqslant 70$ mm 时，一般定为非自重湿陷性黄土场地；当 $\Delta_{zs} > 70$ mm 时，定为自重湿陷性黄土场地。

4）湿陷性黄土地基湿陷等级的判定

湿陷性黄土地基的湿陷等级，即地基土受水浸湿，发生湿陷的程度，可以用地基内各土层湿陷下沉稳定后所发生湿陷量的总和（总湿陷量）Δ_s 来衡量，Δ_s 用下式计算：

$$\Delta_s = \sum_{i=1}^{n} \alpha \beta \delta_{si} h_i \tag{12.4}$$

式中　α——不同深度地基土浸水机率系数,按地区经验取值,无地区经验时,当 $0 \leqslant z \leqslant 10$ m,取 $\alpha = 1.0$;当 $10 < z \leqslant 20$ m,取 $\alpha = 0.9$;当 $20 < z \leqslant 25$ m,取 $\alpha = 0.6$;当 $z > 25$ m,取 $\alpha = 0.5$;对地下水有可能上升至湿陷性土层内,或侧向浸水影响不可避免的区段,取 $\alpha = 1.0$。

　　β——考虑基底下地基土的受水浸湿可能性和侧向挤出等因素的修正系数。在缺乏实测资料时,可按以下规定取值:基底之下 $0 \sim 5$ m 深度内,取 $\beta = 1.5$;基底之下 $5 \sim 10$ m 深度内,非自重湿陷性黄土场地取 $\beta = 1.0$,自重湿陷性黄土场地所在地区的 β 值不小于 1.0;基底之下 10 m 以下至非湿陷性黄土层顶面或控制性勘探孔深度,在非自重湿陷性黄土场地,①区(陇西地区)、②区(陇东-陕北-晋西地区)取 $\beta = 1.0$,其他地区取工程所在地区的 β_0 值;在自重湿陷性黄土场地,可取工程所在地区的 β_0 值。

　　δ_{si}, h_i——分别为第 i 层土的湿陷系数、第 i 层土的厚度,mm。

　　湿陷量 Δ_s 的计算深度,应自基础底面算起(如基底标高不确定时,自地面 1.5 m 算起)。对非自重湿陷性黄土场地,累计至基底以下 10 m(或地基压缩层)深度为止;对自重湿陷性黄土场地,累计至非湿陷性黄土层的顶面为止,控制性勘探点未穿透湿陷性黄土层时,累计至控制性勘探点深度止。其中不包括湿陷系数 δ_s(10 m 以下为 δ_{zs})小于 0.015 的土层厚度。

　　湿陷性黄土地基的湿陷等级,应根据地基总湿陷量 Δ_s 的计算值和自重湿陷量 Δ_{zs} 等因素按表 12.1 判定。

表 12.1　湿陷性黄土地基的湿陷等级　　　　　　　　　　单位:mm

	非自重湿陷性场地	自重湿陷性场地	
	$\Delta_{zs} \leqslant 70$	$70 < \Delta_{zs} \leqslant 350$	$\Delta_{zs} > 350$
$50 < \Delta_s \leqslant 100$	Ⅰ(轻微)	Ⅰ(轻微)	Ⅱ(中等)
$100 < \Delta_s \leqslant 300$		Ⅱ(中等)	
$300 < \Delta_s \leqslant 700$	Ⅱ(中等)	Ⅱ(中等)或Ⅲ(严重)	Ⅲ(严重)
$\Delta_s > 700$	Ⅱ(中等)	Ⅲ(严重)	Ⅳ(很严重)

* 注:对 $70 < \Delta_{zs} \leqslant 350$、$300 < \Delta_{zs} \leqslant 700$ 一档的划分,当湿陷量计算值 $\Delta_{zs} > 600$ mm、自重湿陷量计算值 $\Delta_{zs} > 300$ mm 时,可判为Ⅲ级;其它情况可判为Ⅱ级。

12.3.4　湿陷性黄土地基的处理

　　按地基处理厚度可分为全部湿陷性黄土层处理和部分湿陷性黄土层处理。对于非自重湿陷性黄土地基,应自基底处理至非湿陷性土层顶面(或压缩层下限),或者以土层的湿陷起始压力来控制处理厚度;对于自重湿陷性黄土地基是指全部湿陷性黄土层的厚度。对于部分湿陷性黄土层,可只处理基础底面以下适当深度的土层,因为该部分土层的湿陷量一般占总湿陷量的大部分。处理厚度视建筑物类别、土的湿陷等级、厚度,基底压力大小而定,一般对非自重湿陷性黄土为 $1 \sim 3$ m,自重湿陷性黄土地基为 $2 \sim 5$ m。

　　湿陷性黄土地基处理的主要目的是为了消除黄土的湿陷性,同时提高黄土地基的承载力。常用的处理湿陷性黄土地基的方法及适用范围见表 12.2。

表 12.2　湿陷性黄土地基的常用地基处理方法

方法名称	适用范围
砂石垫层法	处理厚度小于 2 m,要求下卧土质良好,水位以下施工时应降水,局部或整片处理

续表

方法名称	适用范围
灰土垫层法	处理厚度小于 3 m,要求下卧土质良好,必要时下设素土垫层,局部或整片处理
强夯法	厚度 3~12 m 的湿陷性黄土、人工填土或液化砂土,环境许可,局部或整片处理
挤密桩法	厚度 5~15 m 湿陷性黄土或人工填土,地下水位以上,局部或整片处理
预浸水法	湿陷程度严重的自重湿陷性黄土,可消除距地面 6 m 以下土的湿陷性,对距地面 6 m 以内的土还应采用垫层等方法处理
振冲碎石桩或深层水泥搅拌桩法	厚度 5~15 m 的饱和黄土或人工填土,局部或整片处理
单液硅化或碱液加固法	一般用于加固地面以下 10 m 范围内地下水位以上的已有结构物地基,单液硅化法加固深度可达 20 m,适用于局部处理
旋喷桩法	一般用于加固地面以下 20 m 范围内的已有结构物地基,适用于局部处理
桩基础法	厚度 5~30 m 的饱和黄土或人工填土

12.3.5　湿陷性黄土地基的设计计算要点

经灰土垫层(或素土垫层)、重锤夯实处理后的湿陷性黄土地基土承载力应通过现场测试或根据当地建筑经验确定,其容许承载力一般不宜超过 250 kPa(素土垫层为 200 kPa)。垫层下如有软弱下卧层,也需验算其强度。

进行湿陷性黄土地基的沉降计算时,除考虑土层的压缩变形外,对进行消除全部湿陷性处理的地基,可不再计算湿陷量(但仍应计算下卧层的压缩变形);对进行消除部分湿陷性处理的地基,应计算地基在处理后的剩余湿陷量;对仅进行结构处理或防水处理的湿陷性黄土地基应计算其全部湿陷量。压缩沉降及湿陷量之和如超过沉降容许值时,必须采取措施。

12.4　膨胀土地基

12.4.1　膨胀土的特征及危害性

1)膨胀土的一般特征

按照我国《膨胀土地区建筑技术规范》(GB 50112—2013)规定:膨胀土应是土中黏粒成分主要由亲水性矿物组成,同时具有显著的吸水膨胀和失水收缩两种变形特性的黏性土。膨胀土一般强度较高,压缩性低,容易被误认为是良好的天然地基。膨胀土的一般特征如下:

(1)分布特征　膨胀土在北美、北非、南亚、澳洲、中国黄河流域及其以南地区均有不同程度的分布。膨胀土多分布于二级或二级以上的河谷阶地、山前和盆地边缘及丘陵地带,一般地形坡度平缓,无明显的天然陡坎。平原地带膨胀土常被第四纪冲积层覆盖。

(2)物理性质特征　膨胀土黏粒含量很高,粒径小于 0.002 mm 胶体颗粒含量超过 20%,塑性指数 I_p >17,一般为 22~35;天然含水量与塑限接近,液性指数 I_L 常小于零,呈坚硬或硬塑状态;膨胀土颜色有灰白、黄、黄褐、红褐等色,并在土中常含有钙质或铁锰质结核。

按黏土矿物成分对膨胀土进行划分,可将其大致归纳为两大类,一类是以蒙脱石为主,另一类是以伊利石为主。蒙脱石的亲水性强,遇水浸湿时,膨胀强烈,对土建工程危害较大;伊利石则次之。云南蒙自、广西宁明、河北邯郸、河南平顶山等地的膨胀土多属第一类,安徽合肥、四川成都、湖北郧县、山东临沂等地的膨胀土多属第二类。

(3)裂隙特征　膨胀土中的裂隙发育,有竖向、斜交和水平裂隙三种。常呈现光滑和带有擦痕的裂隙面,显示出土块间相对运动的痕迹,裂隙中多被灰绿、灰白色黏土所填充,裂隙宽度为上宽下窄,且旱季开裂,雨季闭合,呈季节性变化。在膨胀土地基上,建筑物常见的裂缝有:山墙两侧下沉量较中部大而出现的对称或不对称的倒八字形缝;外纵墙外倾并出现水平缝;胀缩交替变形引起的交叉缝等。

膨胀土的胀缩变形特性主要取决于膨胀土的矿物成分与含量、微观结构等内在机制(内因),但同时受到气候、地形地貌等外部环境(外因)的影响。

2)膨胀土的危害性

膨胀土具有显著的吸水膨胀和失水收缩的变形特性,使建造在其上的结构物随季节性气候的变化而反复不断地产生不均匀的升降,致使房屋开裂、倾斜,公路路基发生破坏,堤岸、路堑产生滑坡,涵洞、桥梁等刚性结构物产生不均匀沉降等,造成巨大损失。

①建筑物的开裂破坏具有地区性成群出现的特点,建筑物裂缝随气候变化不停地张开和闭合。由于低层轻型的砖混结构重量轻、整体性较差,且基础埋置浅,地基土易受外界环境变化的影响而产生胀缩变形,其损坏最为严重。

②因建筑物在垂直和水平方向受弯扭,故转角处首先开裂,墙上常出现对称或不对称的八字形、X形交叉裂缝,外纵墙基础因受到地基膨胀过程中产生的竖向切力和侧向水平推力作用而产生水平裂缝和位移,室内地坪和楼板则发生纵向隆起开裂。

③膨胀土边坡不稳定,易产生水平滑坡,引起房屋和建(构)筑物开裂,且建(构)筑物的损坏比平地上更为严重。

12.4.2　膨胀土的胀缩性指标

1)自由膨胀率 δ_{ef}

将人工制备的磨细烘干土样,经无颈漏斗注入量杯,量其体积,然后倒入盛水的量筒中,经充分吸水膨胀稳定后,再测其体积,增加的体积与原体积的比值 δ_{ef} 称为自由膨胀率。

$$\delta_{ef} = \frac{V_w - V_0}{V_0} \qquad (12.5)$$

式中　V_w, V_0——分别为试样在水中膨胀稳定后的体积、试样原有体积,mL。

2)膨胀率 δ_{ep} 和膨胀力 p_c

膨胀率表示原状土在侧限压缩仪中,在一定压力下,浸水膨胀稳定后,土样增加的高度与原高度之比,计算公式为:

$$\delta_{ep} = \frac{h_w - h_0}{h_0} \qquad (12.6)$$

式中　h_w, h_0——分别为土样浸水膨胀稳定后的高度、土样的原始高度,mm。

以各级压力下的膨胀率 δ_{ep} 为纵坐标,压力 p 为横坐标,将试验结果绘制成 p-δ_{ep} 关系曲线,该曲线与横坐标的交点 p_c 即为试样的膨胀力,膨胀力表示原状土样在体积不变时,由于浸水膨胀产生的最大内应力。

3）线缩率 δ_{sr} 与收缩系数 λ_s

膨胀土失水收缩，其收缩性可用线缩率与收缩系数表示。线缩率 δ_{sr} 是指土的竖向收缩变形与原状土样高度之比，表示为：

$$\delta_{sri} = \frac{h_0 - h_i}{h_0} \times 100\% \tag{12.7}$$

利用收缩曲线的直线收缩段可求得收缩系数 λ_s，其意义为原状土样在直线收缩阶段，含水量每减少 1% 时所对应的线缩率的改变值，即

$$\lambda_s = \frac{\Delta \delta_{sr}}{\Delta w} \tag{12.8}$$

式中　h_0, h_i——分别为土样的原始高度、某含水量 w_i 时的土样高度，mm；

　　　Δw——收缩过程中，直线变化阶段内，两点含水量之差，%；

　　　$\Delta \delta_{sr}$——两点含水量之差对应的竖向线缩率之差，%。

12.4.3　膨胀潜势与地基评价

1）膨胀土的膨胀潜势

《膨胀土地区建筑技术规范》中规定，凡具有下列工程地质特征的场地，且自由膨胀率 $\delta_{ef} \geqslant 40\%$ 的土应判定为膨胀土。

①裂隙发育，常有光滑面和擦痕，有的裂隙中充填着灰白、灰绿色黏土。在自然条件下呈坚硬或硬塑状态。

②出露于二级或二级以上阶地、山前和盆地边缘丘陵地带，地形平缓，无明显自然陡坎。

③常见浅层塑性滑坡、地裂，新开挖坑（槽）壁易发生坍塌等。

④建筑物多呈"倒八字"、"×"或水平裂缝，裂缝随气候变化而张开和闭合。

由于自由膨胀率能综合反映亲水性矿物成分、颗粒组成、膨胀特征及其危害程度，因此可用自由膨胀率评价膨胀土膨胀性能的强弱。关于膨胀土的膨胀潜势分类见表 12.3。

表 12.3　膨胀土的膨胀潜势分类

自由膨胀率/%	$40 \leqslant \delta_{ef} < 65$	$65 \leqslant \delta_{ef} < 90$	$\delta_{ef} \geqslant 90$
胀缩潜势	弱	中	强

2）膨胀土地基评价

《膨胀土地区建筑技术规范》规定以 50 kPa 压力下测定的土的膨胀率，计算地基分级变形量 s_c，以此作为划分胀缩等级的标准。膨胀土地基的胀缩等级分类见表 12.4。

表 12.4　膨胀土地基的胀缩等级

地基分级变形量 s_c/mm	级　别	破坏程度
$15 \leqslant s_c < 35$	I	轻　微
$35 \leqslant s_c < 70$	II	中　等
$s_c \geqslant 70$	III	严　重

12.4.4 膨胀土地基变形量计算

膨胀土在不同条件下可表现为 3 种不同的变形形态,即上升型变形,下降型变形和升降型变形。因此,膨胀土地基变形量计算应根据实际情况,按下列 3 种情况分别计算:

①当离地表 1 m 处地基土的天然含水量等于或接近最小值时,或地面有覆盖且无蒸发可能时,以及建筑物在使用期间经常受水浸湿的地基,可按膨胀变形量计算;

②当离地表 1 m 处地基土的天然含水量大于 1.2 倍塑限含水量时,或直接受高温作用的地基,可按收缩变形量计算;

③其他情况下可按胀、缩变形量计算。

采用分层总和法,上述三种变形量计算方法如下。

1)地基土的膨胀变形量 s_e

$$s_e = \psi_e \sum_{i=1}^{n} \delta_{epi} h_i \tag{12.9}$$

式中 ψ_e——计算膨胀变形量的经验系数,宜根据当地经验确定,若无可依据的经验时,三层及三层以下建筑物,可采用 0.6;

δ_{epi}——基础底面下第 i 层土在该层土的平均自重应力与平均附加应力之和作用下的膨胀率(%),由室内试验确定;

h_i——第 i 层土的计算厚度,mm;

n——自基础底面至计算深度 z_n 内所划分的土层数,计算深度应根据大气影响深度确定,有浸水可能时,可按浸水影响深度确定。

2)地基土的收缩变形量 s_s

$$s_s = \psi_s \sum_{i=1}^{n} \lambda_{si} \Delta w_i h_i \tag{12.10}$$

式中 ψ_s——计算收缩变形量的经验系数,宜根据当地经验确定。若无可依据经验时,三层及三层以下建筑物,可采用 0.8;

λ_{si}——第 i 层土的收缩系数,应由室内试验确定;

Δw_i——地基土收缩过程中,第 i 层土可能发生的含水量变化的平均值(以小数表示);

n——自基础底面至计算深度内所划分的土层数。计算深度可取大气影响深度,当有热源影响时,可按热源影响深度确定;在计算深度内有稳定地下水位时,可计算至水位以上 3 m。

在计算深度时,各土层的含水量变化值 Δw_i 应按下式计算:

$$\Delta w_i = \Delta w_1 - (\Delta w_1 - 0.01) \frac{z_i - 1}{z_n - 1} \tag{12.11}$$

$$\Delta w_1 = w_1 - \psi_w w_P \tag{12.12}$$

式中 w_1, w_P——地表下 1 m 处土的天然含水量和塑限含水量(以小数表示);

ψ_w——土的湿度系数;

z_i, z_n——第 i 层土的深度,m;计算深度,m(可取大气影响深度)。

3)地基土的胀缩变形量 s

$$s = \psi \sum_{i=1}^{n} (\delta_{epi} + \lambda_{si} \Delta w_i) h_i \tag{12.13}$$

式中 ψ——计算胀缩变形量的经验系数,宜根据当地经验确定,无可依据经验时,三层及三层下可取 0.7。

12.4.5 膨胀土地基的处理方法

对于膨胀土地基,可采用换填法、土性改良法、保湿法、砂包基础法、桩基础法、土工合成材料加固法等处理方法。

(1)换填法 换填法是将膨胀土全部或部分挖掉,换填非膨胀黏性土、砂、砂砾土、碎石或灰土,以消除或减小地基胀缩变形的一种方法。换填法比较简单、有效。

(2)土性改良法

①压实法。在压实功能的作用下,膨胀土的干密度增大而含水量减小,导致其内摩擦角和黏聚力增大,使地基承载力得到提高。压实法只适用于弱膨胀性土。

②掺合料法。在膨胀土中掺入一定比例的掺合料(如石灰、粉煤灰、矿渣、砂砾石和水泥等无机材料或有机化学添加剂),分层夯实,或通过设置石灰砂桩、压力注入石灰浆液,使得膨胀土的亲水性降低,稳定性增强,从而可以消除或减小地基土体的胀缩变形。按加固机理的不同可将掺合料法划分为物理改良法、化学改良法与综合改良法。

(3)保湿法

①暗沟保湿法。利用暗沟使膨胀土地基如充分浸水至膨胀稳定含水量(即胀限),并维持在胀限含水量,则地基既不会产生膨胀变形,也不会产生收缩变形,从而保证结构物不致因地基胀缩变形而导致破坏。暗沟保湿法适用于有经常水源的三层以下房屋的地基处理。

②地基预浸水法。在施工前用人工方法增大地基土的含水量,使膨胀土层全部或部分膨胀,并维持其高含水量,从而消除或减小地基的膨胀变形量。

③帷幕保湿法。将不透水材料做成的帷幕设置于结构物周围,阻止地基土体中的水分与外界的交换,以保持地基土体的湿度相对稳定,从而达到减小地基胀缩变形的目的。帷幕形式有砂帷幕、填砂的塑料薄膜帷幕、填土的塑料薄膜帷幕、沥青油毡帷幕等。

④全封闭法。全封闭法又称为包盖法或包边路堤法。在膨胀土广泛分布的地区填筑路堤时,可直接用接近最优含水量的中、弱膨胀土填筑路堤心部位,用普通黏土或改性土作为路堤两边边坡与基底及顶面的封层,从而形成包心填方,让膨胀土永久地封存于非膨胀土之中,避免膨胀土与外界大气直接接触,可保持膨胀土含水量的相对稳定,使其失去胀缩性。

(4)砂包基础法 该法是将基础置于砂层包围中,砂层选用砂、碎石、灰土等材料,厚度宜采用基础宽度的1.5倍,宽度宜采用基础宽度的1.8~2.5倍,砂层不能采用水振法施工。对中等胀缩性膨胀土地基,宜与砂包基础、地梁、油毡滑动层以及散水坡等措施相结合。

(5)桩基础法 如果大气影响深度和地下水位均较深,选用其他地基处理方法有困难或不经济时,则可采用桩基础,基桩应支承在胀缩变形较稳定的土层或非膨胀性土层上。

(6)土工合成材料加固法 由于土工合成材料具有加筋、隔离、防护、防渗、过滤和排水等多种功能,因此将土工合成材料应用于处治膨胀土(尤其是土路基工程)已十分普遍。

此外,还可以用水泥土搅拌法、石灰桩法、砂石桩法与土钉法等对膨胀土地基进行处理。实际工程应用中,是采用单一方法或是组合方法,应根据工程地区的实际情况而定。

12.5 冻土地基

12.5.1 冻土的一般概念

冻土是指温度等于或低于 0 ℃,含有固态水(冰)的各类土。冻土是由冰与胶结着的土颗粒组成。

根据冻土存在的时间将冻土分成:多年冻土,冻结状态持续两年或两年以上的冻土,其表层常覆盖有季节冻土(或称融冻层);季节性冻土,冻结时间等于或大于一个月,冻结深度从数十毫米至 2 m,为每年冬季冻结、夏季全部融化的周期性冻土;瞬时冻土,冻结时间小于 1 个月,一般为数天或数小时(夜间冻结),冻结深度从数毫米至数十毫米。

季节性冻土在我国分布很广,东北、华北、西北是季节性冻结层厚 0.5 m 以上的主要分布地区;多年冻土主要分布在黑龙江的大小兴安岭一带,内蒙古纬度较大地区,青藏高原部分地区与甘肃、新疆的高山区,其厚度从不足一米到几十米不等。

由于冻土中含有冰,因而它是一种对温度极为敏感且性质不稳定的土体。冻土层冻结时体积增大,形成冻胀现象。冻土层融化时,形成融沉现象。冻土中含冰量越大,冻胀、融沉现象越严重。冻胀和融沉现象会给季节性冻土和多年冻土地基上的结构物带来危害,因而冻土地区的基础工程要考虑季节性冻土或多年冻土的特殊影响。

12.5.2 多年冻土的工程性质

多年冻土地基的表层常覆盖有季节冻土(或称融冻层)。在多年冻土上建造结构物后,由于结构物传到地基中的热量改变了多年冻土的地温状态,使冻土逐年融化而强度显著降低,压缩性明显增高,从而导致上部结构破坏或妨碍正常使用。

1)多年冻土按其融沉性的等级划分

多年冻土的融沉性是评价其工程性质的重要指标。冻土的融沉性可由试验测定出的融化下沉系数表示,根据融化下沉系数 δ_0 的大小,多年冻土可分为不融沉、弱融沉、融沉、强融沉和融陷五级。冻土的平均融化下沉系数 δ_0 可按下式计算:

$$\delta_0 = \frac{h_1 - h_2}{h_1} = \frac{e_1 - e_2}{1 + e_1} \times 100\% \tag{12.14}$$

式中　h_1, e_1——分别为冻土试样融化前的高度和孔隙比;

　　　h_2, e_2—— 分别为冻土试样融化后的高度和孔隙比。

Ⅰ级(不融沉):$\delta_0 \leqslant 1\%$,仅次于岩石的地基土,其上修筑建筑物时可不考虑冻融问题。

Ⅱ级(弱融沉):$1\% < \delta_0 \leqslant 3\%$,是多年冻土中较好的地基土,可直接作为建筑物的地基,当控制基底最大融化深度在 3 m 以内时,建筑物不会遭受明显融沉破坏。

Ⅲ级(融沉):$3\% < \delta_0 \leqslant 10\%$,具有较大的融化下沉量而且冬季回冻时有较大冻胀量。作为地基的一般基底融深不得大于 1 m,并需采取专门措施,如深基、保温防止基底融化等。

Ⅳ级(强融沉):$10\% < \delta_0 \leqslant 25\%$,融化下沉量很大,因此施工、运营期内不允许地基发生融化,设计时应保持冻土不融或采用桩基础。

Ⅴ级(融陷):$\delta_0 > 25\%$,为含土冰层,融化后呈流动、饱和状态,不能直接作地基,应进行专门处理。

2)多年冻土对工程的危害性

(1)冻胀引起的破坏　冻胀的外观表现是土表层不均匀升高,冻胀变形常常可以形成冻胀丘及隆起等一些地形外貌。当地基土的冻结线侵入到基础的埋深范围内时,会引起基础冻胀。

(2)融沉引起的破坏　融沉又称热融沉陷,指冻土融化时发生的下沉现象。在天然情况下发生的融沉往往表现为热融凹地、热融湖沼和热融阶地等,这些都是不利于建筑物安全和正常运营的条件。

3)多年冻土融沉量计算

冻土地基总融沉量由两部分组成:一是冻土解冻后冰融化体积缩小和部分水在融化过程中被挤出,土粒重新排列所产生下沉量;另一是融化完成后,在土自重和荷载作用下产生的压缩下沉。最终沉降量 s

计算如下:

$$S = \sum_{i=1}^{n} \delta_{0i} h_i + \sum_{i=1}^{n} \alpha_i \sigma_{ci} h_i + \sum_{i=1}^{n} \alpha_i \sigma_{pi} h_i \qquad (12.15)$$

式中　δ_{0i}——第 i 层冻土融化系数,见式(12.14);

　　　h_i——第 i 层冻土厚度,m;

　　　α_i——第 i 层冻土压缩系数,1/kPa,由试验确定;

　　　σ_{ci}——第 i 层冻土中点处自重应力,kPa;

　　　σ_{pi}——第 i 层冻土中点处建筑物恒载附加应力,kPa。

12.5.3　多年冻土地基设计原则

多年冻土地区的地基,应根据冻土的稳定状态和修筑建筑物后地基的地温、冻深等可能发生的变化,分别采取两种原则设计,即按保持冻结原则和容许融化原则设计。

1)保持冻结原则

保持基底多年冻土在施工和使用过程中处于冻结状态,适用于多年冻土较厚、地温较低和冻土比较稳定的地基,或地基土为融沉、强融沉时的情况。采取这一原则时地基土应按多年冻土物理力学指标进行基础工程设计和施工。基础埋入冻土上限以下的最小深度:刚性扩大基础在弱融沉土中为 0.5 m,在融沉和强融沉土中为 1.0 m;桩基础为 4 m。

一般说来,当冻土厚度较大,土温比较稳定,或者融沉性很大时,采取保持冻结状态的设计原则比较合理,特别是对那些不采暖房屋和带不采暖地下室的采暖结构物最为适宜。对于塑性冻土或采暖结构物,如能采取措施,保证冻土地基的温度不比天然状态高时,也可按保持冻结状态法进行设计。

2)容许融化原则

使基底下多年冻土在施工和使用过程中融化,一般分自然融化和人工融化。对厚度不大、地温较高的不稳定状态冻土及地基土为不融沉或弱融冻土时,宜采用自然融化原则。对较薄、不稳定状态的融沉和强融沉冻土地基,在砌筑基础前宜采用人工融化冻土,然后挖除换填。

基础类型的选择应与冻土地基设计原则协调。如采用保持冻结原则时,应首先考虑桩基,因桩基施工对冻土暴露面小,有利保持冻结。施工方法宜以钻孔灌注(或插入、打入)桩、挖孔灌注桩等为主,小桥涵基础埋置深度不大时可用扩大基础。采用容许融化原则时,地基土取用融化土的物理力学指标进行强度和沉降验算,上部结构形式以静定结构为宜,小桥涵可采用整体性较好的基础形式或采用箱形涵等。

12.5.4　多年冻土地基的处理方法

为控制地基土的变形,可根据需要采用不同的地基处理措施和结构设计方法。以多年冻土区地基设计原则为出发点,为保持地基土的冻结状态,可根据地基土和结构物的具体形式选择使用架空通风基础、填土通风管基础、用粗颗粒土垫高地基、热管基础、保温隔热地板以及把基础底板延伸至计算的最大融化深度之下等措施。当采用逐渐融化状态进行设计时,应以加大基础埋深、采用隔热地板、设置地面排水系统等设计措施来减小地基的变形。

地基处理方法的选用要力求做到安全适用、确保质量、经济合理、技术先进,因地制宜地确定合适的地基处理方法。常用冻土区地基处理方法及其适用范围见表 12.5。

表 12.5　常用冻土区地基处理方法及其适用范围

原则	方法	加固原理	适用范围
保持冻结状态的设计原则	架空通风基础法	在桩顶部设置混凝土圈梁,圈梁与地面间有一定的空间,以防土体冻胀时把圈梁抬起,将室内散发的热量带走,以保持地基土处于冻结状态	稳定的多年冻土区、且热源较大地质条件较差(如含冰量大的强融沉性土)的房屋建筑
	填土通风管基础法	将通风管埋入非冻胀性填土中,利用通风管自然通风带走结构物的附加热量,以保持地基的冻结状态	多用于多年冻土区不采暖的结构物,如油罐基础、公路或铁路路堤等
	垫层法	利用卵石、砂砾石等粗颗粒材料较大孔隙和较强的空气自由对流特性	多用于卵石、砂砾石较多的多年冻土区
	热管基础法	利用热桩、热棒基础内部的热虹吸将地基土中的热量传至上部散入大气中,来达到冷却地基的效果。基础可用热桩隔开	为既有结构物在使用中遇到基础下冻土温度升高、变形加大等不利现象时有效加固手段
	保温隔热地板法	在结构物基础底部或四周设置隔热层,增大热阻,以推迟地基土的融化,降低土中温度,减少融化深度,进而达到防冻胀的目的	多用于多年冻土地区的采暖结构物
	桩基础法	当基础底面延伸至计算的最大融化深度以下时,可以消除地基土在冻结过程中法向冻胀力对基础底部的作用,同时可以消除融沉的影响	多适用于多年冻土区的桩、柱和墩基等基础的埋置
	人工冻结法	冻土只能在负温下存在,且温度越低,冻土强度越大	利于保持结构物的稳定
逐渐融化状态的设计原则	加大基础埋深	加大基础埋深,并使基底之下的融化土层变薄,以控制地基土逐渐融化后,其下沉量不超过容许变形值	地基土在塑性冻结状态,或者室温较高,以及热管道穿过地基时,难以保持土冻结状态
	设置地面排水系统	降低地下水位以及冻结层范围内土体含水量,隔断外水补给来源并排除地表水以防止地基土过于潮湿	
	用保温隔热板或者架空热管道	防止室温、热管道及给排水系统向地基传热,达到人为控制地基土融化深度的目的	适用于工业与民用建筑,热水管道以及给排水系统铺设工程
	加强结构的整体性和空间刚度	可抵御一部分不均匀变形,防止结构裂缝	用于允许有大的不均与冻胀变形的结构物
	增加结构的柔性	适应地基土逐渐融化后的不均匀变形	用于寒冷地区公路、铁路和渠道衬砌工程中,以及地下水位较高的强冻胀性土地段工程中
预先融化状态的设计原则	粗颗粒土置换细颗粒土	利用粗颗粒材料较大的孔隙和较强的空气自由对流特性,降低土的冻胀对地基变形的影响	
	预压加密土层	预压加密后可减小地基的变形量	适用于压缩性较大的土
	加大基础埋深	加大基础埋深,并使基底之下的融化土层变薄,以控制地基土逐渐融化后,其下沉量不超过允许变形值	

习　题

12.1　陕北某黄土场地资料见表 12.6 所示,丙类建筑(基础埋深 2.5 m)。试确定该地基的湿陷等级。

表 12.6　习题 12.1 黄土场地资料

层号	1	2	3	4	5	6
层厚/m	4.0	5.0	5.0	2.0	3.0	8.0
自重湿陷系数 δ_{zs}	0.024	0.016	0.008	0.007	0.006	0.001
湿陷系数 δ_s	0.032	0.025	0.021	0.020	0.018	0.010

12.2　某建筑场地为膨胀土,地表 1.0 m 处地基土的天然含水量为 29.2%,塑限含水量为 $w_p = 22\%$,土层的收缩系数为 0.15,基础埋深 1.5 m,土的湿度系数为 0.7。试计算该地基土的收缩变形量。

12.3　某多年冻土场地,冻土层为粉土,厚度为 4.5 m,勘察中测得其自重作用下融化下沉量为 240 mm。试确定该场地的融沉分级。

参考文献

[1] 赵明华.土力学与基础工程[M].4版.武汉:武汉理工大学出版社,2014.

[2] 惠渊峰.土力学与地基基础[M].4版.武汉:武汉大学出版社,2016.

[3] 陈希哲,叶菁.土力学地基基础[M].5版.北京:清华大学出版社,2013.

[4] 陈晋中.土力学与地基基础[M].2版.北京:机械工业出版社,2013.

[5] 赵明阶.土力学与地基基础[M].北京:人民交通出版社,2011.

[6] 陈国兴,樊良本,等.土质学与土力学[M].2版.北京:中国水利水电出版社,知识产权出版社,2006.

[7] 东南大学,浙江大学,湖南大学,等.土力学[M].3版.北京:中国建筑工业出版社,2010.

[8] 高大钊,袁聚云.土质学与土力学[M].3版.北京:人民交通出版社,2003.

[9] 代国忠.土力学与基础工程[M].2版.北京:机械工业出版社,2013.

[10] 常士骠,张苏民.工程地质手册[M].4版.北京:中国建筑工业出版社,2007.

[11] 李广信,张丙印,于玉贞.土力学[M].2版.北京:清华大学出版社,2013.

[12] 陈国兴,樊良本,等.基础工程学[M].2版.北京:中国水利水电出版社,2013.

[13] 丛蔼森.地下连续墙的设计施工与应用[M].北京:中国水利水电出版社,2001.

[14] 张建勋.基础工程[M].北京:高等教育出版社,2009.

[15] 代国忠,吴晓枫.地基处理[M].2版.重庆:重庆大学出版社,2014.

[16] 龚晓南.复合地基理论及工程应用[M].2版.北京:中国建筑工业出版社,2007.

[17] 黄熙龄,钱力航.建筑地基与基础工程[M].北京:中国建筑工业出版社,2016.

[18] 中国建筑科学研究院.建筑地基基础设计规范 GB 50007—2011[S].北京:中国建筑工业出版社,2012.

[19] 建设部综合勘察研究设计院.岩土工程勘察规范 GB 50021—2001[S].北京:中国建筑工业出版社,2002.

[20] 中国建筑科学研究院.建筑桩基技术规范 JGJ94—2008[S].北京:中国建筑工业出版社,2008.

[21] 中国建筑科学研究院.建筑基坑支护技术规程 JGJ120—2012[S].北京:中国建筑工业出版社,2012.

[22] 中国建筑科学研究院.建筑抗震设计规范 GB 50011—2010[S].北京:中国建筑工业出版社,2010.

[23] 中国建筑科学研究院.建筑地基处理技术规范 JGJ 79—2012[S].北京:中国建筑工业出版社,2012.

[24] 陕西省建筑科学研究院有限公司.湿陷性黄土地区建筑标准 GB 50025—2018[S].北京:中国建筑工业出版社,2019

[25] 中国建筑科学研究院.膨胀土地区建筑技术规范 GB 50112—2013[S].北京:中国建筑工业出版社,2012

[26] 中国建筑科学研究院.建筑基桩检测技术规范 JGJ 106—2014[S].北京:中国建筑工业出版社,2014.